W0268454

Teubner Studienbücher

Chemie

Aurich/Rinze: **Chemisches Praktikum für Mediziner**
236 Seiten. DM 27,80

Breitmaier: **Vom NMR-Spektrum zur Strukturformel organischer Verbindungen**
Ein kurzes Praktikum der NMR-Spektroskopie
2. Aufl. 261 Seiten. DM 39,80

Elschenbroich/Salzer: **Organometallchemie**
Eine kurze Einführung. 3. Aufl. 562 Seiten. DM 46,–

Engelke: **Aufbau der Moleküle**
Eine Einführung. 264 Seiten. DM 38,–

Fellenberg: **Chemie der Umweltbelastung**
258 Seiten. DM 32,–

Hauptmann: **Reaktion und Mechanismus in der organischen Chemie**
227 Seiten. DM 28,80

Hennig/Rehorek: **Photochemische und photokatalytische Reaktionen von Koordinationsverbindungen**
164 Seiten. DM 24,80

Kaim/Schwederski: **Bioanorganische Chemie**
zur Funktion chemischer Elemente in Lebensprozessen
462 Seiten. DM 44,80

Kunz: **Molecular Modelling für Anwender**
Anwendung von Kraftfeld- und MO-Methoden in der organischen Chemie
243 Seiten. DM 29,80

Levine/Bernstein: **Molekulare Reaktionsdynamik**
607 Seiten. DM 59,80

Müller: **Anorganische Strukturchemie**
320 Seiten. DM 36,–

Primas/Müller-Herold: **Elementare Quantenchemie**
2. Aufl. 398 Seiten. DM 39,–

Vögtle: **Cyclophan-Chemie.** Synthesen, Strukturen, Reaktionen
Einführung und Überblick
595 Seiten. DM 48,–

Vögtle: **Reizvolle Moleküle der Organischen Chemie**
402 Seiten. DM 39,80

Vögtle: **Supramolekulare Chemie.** Eine Einführung
2. Aufl. 580 Seiten. DM 49,80

Preisänderungen vorbehalten.

B. G. Teubner Stuttgart

Teubner Studienbücher Chemie

F. Vögtle
Supramolekulare Chemie

Teubner Studienbücher Chemie

Herausgegeben von

Prof. Dr. rer. nat. Christoph Elschenbroich, Marburg
Prof. Dr. rer. nat. Friedrich Hensel, Marburg
Prof. Dr. phil. Henning Hopf, Braunschweig

Die Studienbücher der Reihe Chemie sollen in Form einzelner Bausteine grundlegende und weiterführende Themen aus allen Gebieten der Chemie umfassen. Sie streben nicht die Breite eines Lehrbuchs oder einer umfangreichen Monographie an, sondern sollen den Studenten der Chemie – aber auch den bereits im Berufsleben stehenden Chemiker – kompetent in aktuelle und sich in rascher Entwicklung befindende Gebiete der Chemie einführen. Die Bücher sind zum Gebrauch neben der Vorlesung, aber auch – da sie häufig auf Vorlesungsmanuskripten beruhen – anstelle von Vorlesungen geeignet. Es wird angestrebt, im Laufe der Zeit alle Bereiche der Chemie in derartigen Lernbüchern vorzustellen. Die Reihe richtet sich auch an Studenten anderer Naturwissenschaften, die an einer exemplarischen Darstellung der Chemie interessiert sind.

Supramolekulare Chemie

Eine Einführung

Von Prof. Dr. rer. nat. Fritz Vögtle

unter Mitarbeit von F. Alfter, S. Grammenudi, V. Hautzel,
M. Hecker, R. Hochberg, P. Knops, W. Orlia, A. Ostrowicki,
K. Saitmacher, Ch. Seel, P. Stutte, E. Weber

Universität Bonn

2., überarbeitete und erweiterte Auflage
Mit zahlreichen Abbildungen

B. G. Teubner Stuttgart 1992

Prof. Dr. rer. nat. Fritz Vögtle

Geboren 1939 in Ehingen/Donau. Studium der Chemie in Freiburg und Chemie und Medizin in Heidelberg. 1965 Promotion (bei Prof. Dr. Dr. H. A. Staab) mit der Arbeit „Valenzisomerisierung doppelter Schiffscher Basen". 1969 Habilitation mit dem Thema „Sterische Wechselwirkungen im Innern cyclischer·Verbindungen". 1969 Professur an der Universität Würzburg. Seit 1975 C4-Professor und Direktor am Institut für Organische Chemie und Biochemie der Universität Bonn.

Das Umschlagbild (A. Ostrowicki, F. Vögtle) zeigt ein Kugel-Stab-Modell eines ternären (aus drei Komponenten zusammengesetzten) Komplexes („Supramolekül, Supermolekül, Übermolekül") aus γ-Cyclodextrin (als Wirthohlraum), [12]Krone-4 („als Zwischenwirt" für das Lithium-Ion und zugleich Gast des Cyclodextrins) und einem Lithium-Ion als Gast im Zentrum der konzentrischen Ringe. Näheres im Abschn. 4.2.

Die Deutsche Bibliothek – CIP-Einheitsaufnahme

Vögtle, Fritz:
Supramolekulare Chemie: eine Einführung / von Fritz Vögtle.
Unter Mitarb. von F. Alfter ... – 2., überarb. und erw. Aufl. –
Stuttgart : Teubner, 1992
    (Teubner-Studienbücher : Chemie)
    ISBN 978-3-519-13502-9   ISBN 978-3-322-94013-1 (eBook)
    DOI 10.1007/978-3-322-94013-1

Gesamtherstellung: Druckhaus Beltz, Hemsbach/Bergstraße
Umschlaggestaltung: M. Koch, Reutlingen

Vorwort zur 1. Auflage

Dieses Buch ist aus Vorlesungen an der Universität Bonn entstanden, die den Titel "Moderne Methoden, Reaktionen und Strukturen in der Organischen Chemie", "Neuere Ergebnisse und Probleme der Organischen Chemie", "Neue Moleküle und Reaktionen der Organischen, Bioorganischen und Supramolekularen Chemie" trugen.

Das Buch war zunächst so angelegt, daß auf die Erörterung "Reizvoller Moleküle der Organischen Chemie" im ersten Teil ein zweiter, ebenso langer Teil über die Aggregation "von Molekülen zu supramolekularen Strukturen" folgte. Da der *Supramolekularen Chemie* nach der Verleihung der Chemie-Nobelpreise 1987 ein größerer Raum zugestanden werden mußte, der gesamte Stoff aber den Rahmen der vorliegenden Studienbuch-Reihe gesprengt hätte, wurde er geteilt, so daß nun zwei annähernd gleich umfangreiche und aufeinander abgestimmte Bände mit den Titeln *"Reizvolle Moleküle der Organischen Chemie"* und *"Supramolekulare Chemie - Eine Einführung"* vorliegen werden. Leider mußten wegen der Beschränkung der Seitenzahl weitere vorbereitete Abschnitte entfallen.

Die Behandlung des *Phthalocyanins* am Ende des Bandes "Reizvolle Moleküle der Organischen Chemie" leitet zum vorliegenden Band "Supramolekulare Chemie" über, während das *Bipyridin* am Anfang der "Supramolekularen Chemie" die Molekül-Thematik des zugehörigen Bandes "Reizvolle Moleküle..." aufgreift und zu den supramolekularen Strukturen weiterentwickelt.

Während im Band "Reizvolle Moleküle der Organischen Chemie" das einzelne Molekül im Vordergrund der Betrachtung steht, wird im vorliegenden das Zusammenwirken mehrerer Moleküle, also die Eigenschaften, Funktionen und Anwendungen von Molekülaggregaten und *Molekülverbänden*, erörtert. *Molekulare Erkennungsphänomene*, d.h. gezielte Wechselwirkungen zwischen Wirt- und Gastmolekülen, werden an vielen Stellen detailliert behandelt.

Im vorliegenden Band werden demnach supramolekulare Strukturen herausgegriffen und im Zusammenhang mit dem Umfeld des Gebiets erörtert, wobei die Diskussion bis in neueste Forschungsentwicklungen der Primärliteratur ausgedehnt wird.

Das Buch besteht aus vergleichsweise kurzen, in sich nahezu geschlossenen Abschnitten über supramolekulare Strukturen. Am Beispiel einer Anzahl von unterschiedlichen "Aggregaten" wird von verschiedenen

Ausgangspunkten in deren Chemie eingeführt. Dabei wird der interdisziplinäre Charakter dieses Bereiches der Chemie, der enge Zusammenhang mit Physik, Physikalischer Chemie und Biochemie (*"material sciences"* und *"life sciences"*) deutlich.

Diese Einführung in supramolekulare Strukturen kann nicht erschöpfend sein. Über die Auswahl der Beispiele läßt sich diskutieren, der Vorrat ist fast unbegrenzt. Molekülaggregate mit weitgehend biochemischen Aspekten (z.B. Nucleinsäuren) sowie Polymere konnten nicht aufgenommen werden; auch das große Gebiet der Membranen hätte den Rahmen gesprengt. Entsprechende Fragestellungen werden an einigen Stellen lediglich tangiert.

Nicht jedes Thema ist gleich breit und tief erörtert. Schließlich gibt es zu den verschiedenen Abschnitten mehr oder weniger viel und mehr oder weniger wichtige Literatur. Die Zitate wurden je nach vorliegenden Fakten unterschiedlich ausführlich gehalten: Wenn neuere Übersichten existieren, wurde in der Regel auf zahlreiche Originalzitate verzichtet. In Fällen, in denen keine neueren Übersichten vorliegen, sondern Originalliteratur zusammengestellt werden mußte, wurde diese z.T. detaillierter angegeben. In den vergleichsweise neuen Gebieten Kronenether, Flüssigkristalle, Clathrate, Wirt/Gast-Chemie, Organische Schalter, sind reichlich Originalzitate angeführt.

Die *Supramolekulare Chemie* hat sich so schnell entwickelt, daß es noch Mühe macht, sie in Abschnitte einzuteilen, sie exakt zu definieren und zu unterteilen. Das Buch beginnt mit einfachen Komplexbildnern und endet mit komplexen *"Supramolekülen"* und *"Überstrukturen"* (Bezeichnungen wie "Supermolekül", "Superkomplex", "Superorbital", wurden weitgehend vermieden).

Die einführenden Teile des Buches können ohne große Vorkenntnisse verstanden werden. Mit Vordiplom-Wissen sind weite Teile lesbar. Fortgeschrittenen Studenten und Diplomchemikern bietet es in den forschungsrelevanten Teilen die Möglichkeit, neue Entwicklungen und Methoden zu erfahren und mit Hilfe der zitierten Literatur Kenntnisse zu vertiefen.

Eine Besonderheit sind die zahlreichen für diesen Band entworfenen *Stereobilder* supramolekularer Strukturen, denen in der Regel Ergebnisse von *Röntgen*-Kristallstrukturanalysen zugrundeliegen. Eine ähnliche, unmittelbare Vergleiche zulassende Sammlung von Raumstrukturen gibt es bisher nicht, und zudem sind diese Bilder oft eine ästhetische Augenweide.

Gedankt sei den Mitarbeitern, die an diesem Buch engagiert mitgeholfen haben. Außer den auf der Titelseite erwähnten Mitarbeitern und Prof. Dr. *E.Weber* haben zeitweilig beigetragen: *R.Baginski, S.Billen, J.Dohm, W.Jaworek, H.-W.Losensky, W.M.Müller, L.Rossa, A.Schröder, H.-P.Schwenzfeier, A.Wallon, D.Worsch.* Dem Teubner-Verlag, insbesondere Herrn Dr. *P.Spuhler*, bin ich für die harmonische Betreuung dankbar.

Bonn, im Frühjahr 1989   *F.Vögtle*

Vorwort zur 2. Auflage

Außer einer Reihe von Korrekturen und Ergänzungen wurden vom Autor einige völlig neue Kapitel geschrieben: Sensoren, NLO-Materialien, Langmuir-Blodgett-Filme, Calixarene, Zaun- und überbrückte Porphyrine als Häm- und Enzymmodelle. Sie runden das Erscheinungsbild der "Supramolekularen Chemie" als Forschungsthema und im Studienbuch ab. Auf die Beschreibung chiroselektiver Chromatographie-Materialien wurde verzichtet, da es auf diesem eigenständigen Gebiet nicht an Literatur mangelt.

Bei dieser Gelegenheit waren auch drucktechnische Verbesserungen wie Blocksatz, neue Schrifttypen, Umstellung der - stark ergänzten - Literaturzitate, genauere Kopfzeilen im Literaturverzeichnis, möglich. Um den Textfluß nicht zu stören, wurden alle Literaturhinweise bewußt am Ende des Bands belassen.

Mein Dank gilt Prof.Dr.*J.F.Stoddart* und Prof.Dr.*E.Weber* für das Zurverfügungstellen von Zeichnungen zu Catenanen und Clathraten sowie den Mitarbeitern *G.Brodesser, M.Frank, R.Güther, W.Josten, D.Karbach, H.-P.Michels, J.Schmitz, M.Schönberg, A.Schröder, J.E.Schulz, P.-M.Windscheif* für Computer-Zeichnungen, *R.Berscheid, J.Boettcher, M.Frank, R.Friederich, R.Güther, D.Karbach, W.-M.Müller, J.Schulz* und *Ch.Seel* für Hilfestellungen.

Bonn, im Herbst 1991   *F.Vögtle*

Inhalts-Verzeichnis

1 Supramolekulare, Bioorganische und Bioanorganische Chemie

1.1 Einleitung

Das Gebiet der *Supramolekularen Chemie* ist noch jung. Es basiert einerseits auf der Entwicklung der Chemie der Kronenether und Cryptanden, andererseits auf Fortschritten beim Studium der Selbstorganisation von Molekülen (z.B. Membranen, Micellen) und organischer Halbleiter/Leiter. Das Gesamtgebiet wurde bisher nicht streng gegliedert. Im engeren Sinne geht man dabei von (intermolekularen) Wechselwirkungen zwischen wenigstens zwei, meist aber mehreren molekularen Spezies mit sich selbst oder mit Ionen in Lösung aus.

Supramolekulare Chemie wird als Chemie "über das Molekül hinaus" definiert, als Chemie der maßgeschneiderten intermolekularen Wechselwirkungen. In "Supramolekülen" ist Information in Form von strukturellen Besonderheiten gespeichert. Aber nicht nur das Zusammenwirken von Molekülen, sondern auch das von charakteristischen Molekülteilen (mit bestimmten Funktionen) wird als supramolekular angesprochen.

1.2 Supramolekulare, Bioorganische, Bioanorganische und Biomimetische Chemie

Die supramolekulare Chemie hängt eng mit der bioorganischen und der bioanorganischen Chemie zusammen. Im folgenden sollen Gemeinsamkeiten und Unterschiede herausgestellt werden:

"Bioorganische Chemie *ist die biomimetische in vitro-Chemie von Naturstoffen und analogen Verbindungen. Die 'Nachahmung' der lebenden Natur ist gleichbedeutend mit Vereinfachung; man beschränkt sich auf ausgesuchte, jeweils genau zu spezifizierende Besonderheiten chemischer Reaktionen in oder an biologischen Zellen. Diese bioorganischen Besonderheiten, im Vergleich zur konventionellen Naturstoffchemie, können z.B. die Art der Reaktion, das Reagens oder die Reaktionsbedingungen sein ...*" [1]

"Der biologisch wichtigste Reaktionstyp ist die selektive Zusammenlagerung von Naturstoffen zu Molekülkomplexen und Membranen. Die Bildung

von *Zellen, die Katalyse in Enzym-Coenzym-Substrat-Komplexen, die photochemische Ladungstrennung in organisierten Redoxketten und die Wechselwirkung von Hormonen und Drogen mit biologischen Rezeptoren folgen in erster Näherung aus selektiven schwachen Wechselwirkungen zwischen Naturstoffen. Da sich die bioorganische Chemie um das Verständnis und die Beherrschung dieser Prozesse bemüht, sind Analyse, Synthese und Reaktionen von Molekülaggregaten ("Supramolekulare Chemie") ihr (vielleicht) wichtigstes Thema"* [1].

"Eine zweite Besonderheit biologischer im Vergleich zu konventionell organisch-chemischen Reaktionen ist das Reaktionsmedium. Es setzt sich, vereinfacht ausgedrückt, aus den drei Komponenten Wasser, polaren Oberflächen und weniger polaren Innenräumen von Membranen und Biopolymeren zusammen. Dieses Mehrkomponentensystem ist strukturell organisiert und erlaubt vektorielle Reaktionsketten sowie die effiziente Katalyse extrem regio- und stereoselektiver Reaktionen" [1]. Die **bioorganische** und die **supramolekulare Chemie** versuchen, organisierte Reaktionsräume zu "synthetisieren" und anzuwenden.

In Enzymen und Proteinen sind neben den organischen Wirkgruppen nahezu alle Übergangsmetalle der vierten Periode des Periodensystems als essentielle Bestandteile identifiziert worden. Die Suche nach den aktiven Zentren, die Bestimmung ihrer Strukturen sowie das Verständnis der an ihnen ablaufenden Elementarreaktionen sind Gegenstand eines interdisziplinären Forschungsbereiches der anorganischen Chemie und der Biochemie, der als **bioanorganische Chemie** bezeichnet wird. Aus der Sicht des Anorganikers lassen sich derartige Metallkomplexe als **Koordinationsverbindungen** vom *Werner*-Typ mit sehr großen Liganden verstehen. Mit Hilfe der modernen physikalisch-chemischen Meßmethoden (ESR-, UV/Vis-, *Mößbauer*-, *Raman*-Spektroskopie, magnetische Suszeptibilität, magnetischer Circulardichroismus, EXAFS-Spektroskopie) ist es dem Bioanorganiker möglich, aus einer großen Zahl unterschiedlicher Informationen Aussagen über die Koordinationsweise der Metalle zu treffen.

Sind die Struktur und die Koordinationssphäre eines Komplexes bekannt, so besteht die weitere Aufgabe in der Synthese eines Modellkomplexes auf niedermolekularer Ebene, worauf Studien zu Stereochemie, Reaktionen, biomimetischem Verhalten, (industrielle) Anwendung zur Katalyse folgen.

1.3   Von molekularen Materialien zu supramolekularen Strukturen

Moleküle werden durch starke kovalente und andere Bindungen zwischen Atomen gebildet und lassen sich durch die stereochemischen Begriffe Konstitution, Konfiguration und Konformation eindeutig beschreiben. Durch Zusammenlagerung solcher Moleküle können sich supramolekulare Strukturen ausbilden [2].

Die *"molekularen Untereinheiten"* können durch eine Vielzahl chemischer Reaktionen gezielt dargestellt und durch physikalisch-chemische Eigenschaften und Kriterien [Schmelz-, Siedepunkt, chemisches Verhalten, Redoxpotential, Polarität, Polarisierbarkeit, Spinzustand, HOMO-/LUMO-Orbitalniveaux, Farbe, Chiralität (optische Aktivität)] und dynamische Parameter (Schwingungszustände, Lebensdauer angeregter Zustände usw.) charakterisiert werden.

Makroskopisch geben sie sich durch die Aggregatzustände Plasma, Gas, Flüssigkeit oder fester Zustand zu erkennen. Feste Phasen sind von besonderem Interesse, da die molekularen Bausteine in bestimmter Weise zu größeren Gebilden *("Molekulare Materialien")* geordnet und kondensiert werden. Während sich die Eigenschaften der kondensierten Phasen von den Charakteristiken der isolierten molekularen Bausteine ableiten lassen, ist es andererseits schwierig, die Struktur der molekularen Untereinheit mit dem Organisationstyp der kondensierten Phase zu korrelieren. Dies liegt vor allem in der Vielzahl der die Organisation dirigierenden Parameter begründet.

In Abb.1 wird eine Einteilung der wichtigsten Typen molekularer Bausteine für "Molekulare Materialien" und der entsprechenden Organisations-Parameter aus den Bereichen der anorganischen, organischen, metallorganischen und organometallischen Chemie versucht [3].

Beispiele für die Haupttypen molekularer Bausteine, die zum Aufbau "molekularer Materialien" benutzt werden können, sind demnach:
- Polymolybdat- und Polywolframat-Einheiten oder der in Abb.2 gezeigte ß-Käfig (in der *anorganischen Chemie*);
- das Steroidgerüst, geradkettige und verzweigte Kohlenwasserstoffketten, Polymere, Aromaten-Abkömmlinge, Adamantan (in der *organischen Chemie*);
- Metallophthalocyanine, Bis(salicyliden)ethylendiamin-Komplexe (in der *metallorganischen Chemie*);

- Übergangsmetall-Haptokomplexe wie $[(\eta^3\text{-}C_5H_5)Fe(CO)_4]$ oder $[Pt_9(CO)_9(\mu^2\text{-}CO)_9]^{2\ominus}$ [3] (in der *Organometall-Chemie*).

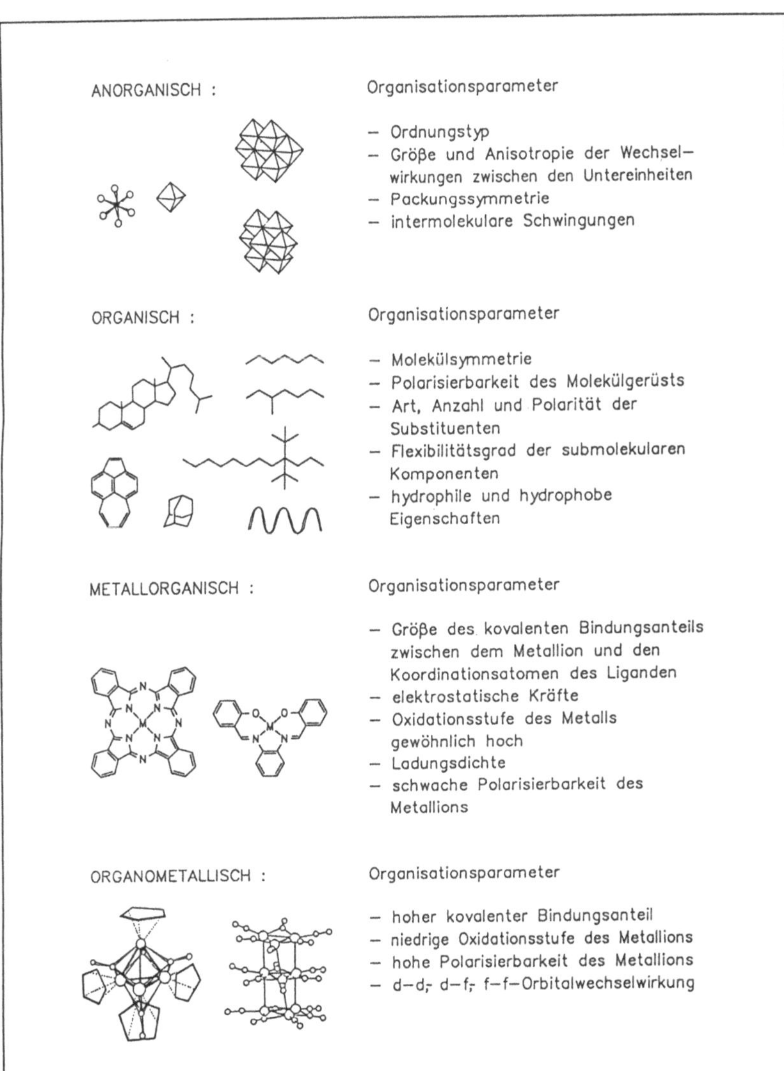

Abb.1. Molekulare Bausteine und Organisationsparameter für die entsprechenden "molekularen Materialien" [3]

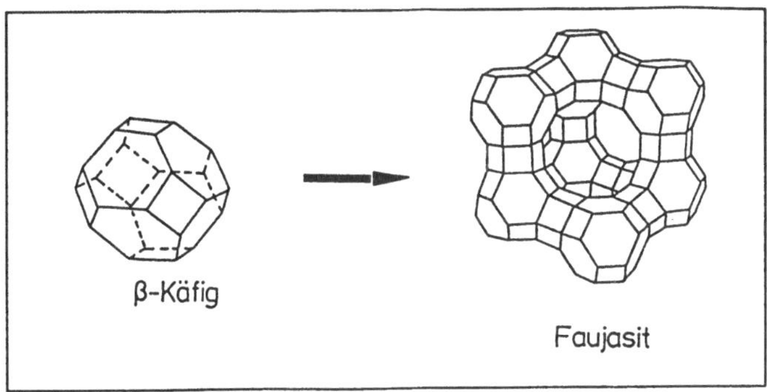

<u>Abb.2</u>. Übergang vom ß-Käfig-Baustein zur Struktur des Faujasits

Aus den für die verschiedenen Verbindungstypen gültigen Ordnungskriterien ergeben sich für den festen Zustand drei verschiedene Kondensationsformen:
- Der *Einkristall* mit einer dreidimensionalen periodischen Anordnung von Atomen, Ionen und Molekülen
- die *polykristalline Form*, bestehend aus kleineren Einkristallen, die relativ zueinander angeordnet sind
- der *amorphe Zustand*, in dem nur in kleineren Bereichen eine Positionskorrelation zwischen den Grundbausteinen möglich ist.

Vor allem der *feste Zustand* organischer Materie wurde intensiv untersucht. Danach lassen sich die unterschiedlichen Grundbausteine durch insgesamt 32 Punktgruppen beschreiben. Jeder Punktgruppe entspricht ein Satz bestimmter Symmetrieoperationen, die sich auf den jeweiligen Grundbaustein anwenden lassen. Treten diese Grundbausteine zu einer dreidimensionalen festen Phase zusammen, so erfolgt die Charakterisierung durch 230 Raumgruppen.

80% von 30000 untersuchten organischen Verbindungen gehören zu nur sechs Raumgruppen. Nach einem gängigen Modell erfolgt dabei die Anordnung nach dem Prinzip der dichtesten Packung. Andererseits darf die Beschreibung durch Symmetrieelemente nicht zu der Annahme verleiten, feste Phasen als starre Gebilde zu betrachten. So können selbst im festen Zustand Schwingungs- und Reorientierungsprozesse auftreten. Rotationen von Methylgruppen mit einer Energiebarriere von 1-50 kJ/mol sowie von aromatischen Molekülen (um ihre Hauptachse) gehören ebenso zu den Eigenschaften der festen Phase, auch wenn *Röntgen*-kristallstrukturanalytische Untersuchungen keinen Hinweis auf eine Unordnung geben. Die zu diesen dynamischen Prozessen gehörenden Zeitkonstanten sind durch die Gitterrelaxationszeit (intermolekulare Vibrationen) begrenzt und können deshalb den Wert von 10^{-11} bis 10^{-12} Sekunden nicht überschreiten. Wird jedoch durch Wärmeeinwirkung in einem Kristall eine abnorme Koordination von z.B. nur fünf anstelle von sechs Nachbarn geschaffen, so wird durch die thermische Bewegung in einem Bereich des Kristalls eine analoge Fehlordnung erzeugt, die sich kooperativ durch den gesamten Kristall fortpflanzt und auch zur Deutung des Schmelzvorgangs herangezogen wird.

Neben diesen dynamischen Veränderungen, die das Gesamtkristallsystem ungestört erscheinen lassen, treten in Kristallen auch permanente Störungen wie Abstandsveränderungen, Fehlbesetzungen oder Packungsfehler auf. Die Untersuchung der Strukturmerkmale und der sich aus den kooperativen Effekten ergebenden Eigenschaften fester, kondensierter Materialien gehört zum Aufgabenbereich der Festkörperphysik. Erinnert sei in diesem Zusammenhang an Piezoelektrizität, Pyroelektrizität und Halbleiter (vgl. hierzu Abschn.10).

Aber auch aus organischen Grundbausteinen bestehende kondensierte Materialien sind nach wie vor interessante Forschungsobjekte. Insbesondere auf dem Gebiet flüssigkristalliner Phasen wurden entscheidende Fortschritte erzielt. Nur so war der vielfältige Einsatz von Flüssigkristallen möglich (vgl. Abschn.8). Dabei ergeben sich flüssigkristalline Eigenschaften schon durch intermolekulare Wechselwirkungen und Orientierungen ein- und desselben molekularen Grundbausteins.

Dehnt man jedoch diese kooperativen Effekte zwischen Molekülen auf intermolekulare Wechselwirkungen zwischen zwei oder mehr unterschiedlichen Spezies (Moleküle, Ionen) aus, so gelangt man in den Bereich der *"supramolekularen Chemie"* [2-9]:

In vielen Sparten der Chemie hat die Forschung und Entwicklung auf molekularer Ebene in den letzten zwanzig Jahren wesentliche Fortschritte gebracht. Eine natürliche Konsequenz ist der heutige Trend der Chemiker, komplexere Systeme und Wechselwirkungen zu erforschen. Repräsentative Beispiele sind die Entwicklungen in den Gebieten makropolycyclischer Strukturen, der Wirt-Gast-Chemie, das Studium aktiver Zentren von Metallo-

enzymen (Bioorganik), elektronischer Systeme auf molekularer Ebene, organischer Leiter und supra-molekularer Effekte der Photo- und Elektrochemie.

Gegenüber der molekularen Chemie, die auf einer vorwiegend kovalenten
Bindung von Atomen beruht, basiert die **supramolekulare Chemie** auf
intermolekularen Wechselwirkungen, d.h. auf der Assoziation von zwei oder
mehr Bausteinen, die durch zwischenmolekulare Bindungen zusammengehalten werden.

Intermolekulare *(supramolekulare) Wechselwirkungen* bilden die Basis
von hochspezifischen Prozessen in der Biologie wie beispielsweise die
Substratbindung durch Enzyme oder Rezeptoren, die Bildung von Protein-
komplexen, von Intercalationskomplexen der Nucleinsäuren, die Entschlüsse-
lung des genetischen Codes, Neurotransmitterprozesse sowie die zelluläre
Erkennung (Immunologie).

Die exakte Kenntnis von energetischen und stereochemischen Merkmalen
dieser nichtkovalenten, multiplen intermolekularen Wechselwirkungen
(elektrostatische Kräfte, Wasserstoffbrückenbindungen, van der Waals-Kräfte
usw.) innerhalb definierter Strukturbereiche sollte z.B. den Entwurf von
künstlichen *Rezeptormolekülen* erlauben, die Substrate fest und selektiv -
unter Ausbildung (maßgeschneiderter) supramolekularer Strukturen - binden;
"Supramoleküle" (Übermoleküle) von definierter Struktur und Funktion. In
Abb.3 ist die Bildung eines solchen "Supermoleküls" (Abb.3b) der Entstehung eines einzelnen Moleküls (Abb.3a) gegenübergestellt. Anschließend
soll am konkreten Beispiel des Bipyridins der Übergang vom Molekül zu
supramolekularen Strukturen einleitend vollzogen werden, so wie dies am
Schluß des (in dieser Studienbuch-Reihe erschienenen) Bandes "Reizvolle
Moleküle der Organischen Chemie" am Beispiel der Phthalocyanine - mit
anderer Betonung - anklingt.

Auf diese Weise wird von der klassischen Komplexbildung mit
Übergangsmetallen eine Brücke zu den darauffolgenden größeren Abschnitten der Kronenverbindungen, Cryptanden, Spheranden usw. geschlagen. Wie
dort und im Band "Reizvolle Moleküle der Organischen Chemie" werden
verschiedene Aspekte einschließlich Synthese und Stereochemie auch der
freien Ligandmoleküle kurz erörtert; der Übergang Molekül → Supramolekül
ist allgegenwärtig. Nur vor diesem Hintergrund können *supramolekulare
Strukturen, supramolekulare Komplexe* [10], *supramolekulare Katalysen* [11]
und *supramolekulare Photochemie* [10a] verstanden und weiterentwickelt
werden [12].

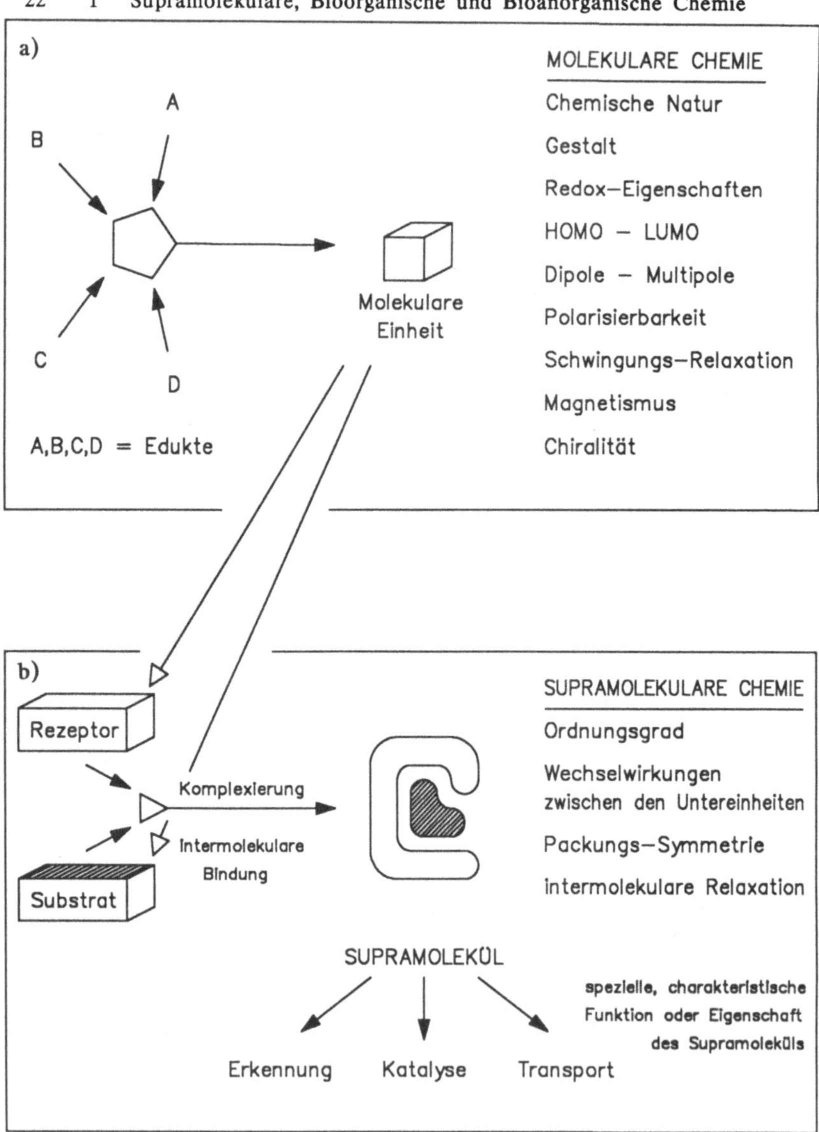

<u>Abb.3</u>. "Supermoleküle verhalten sich somit zu Molekülen und deren intermolekularen Bindungen (<u>Abb.3b</u>) wie Moleküle zu Atomen und deren kovalenten Bindungen" (<u>Abb.3a</u>) [2,4]

2 Wirt/Gast-Chemie mit Kationen und Anionen

2.1 Bipyridin

2.1.1 Einleitung

2,2'-Bipyridin (1) und seine Abkömmlinge sind für ihre Fähigkeit bekannt, Koordinationsverbindungen mit Metallionen aus fast allen Gruppen des Periodensystems einzugehen. Die Beschreibung der koordinativen Bindung in diesen Komplexen auf der Basis der MO-Theorie geht von der Voraussetzung aus, daß das Zentralion und die Liganden zur Ausbildung von σ- und π-Bindungen befähigt sind.

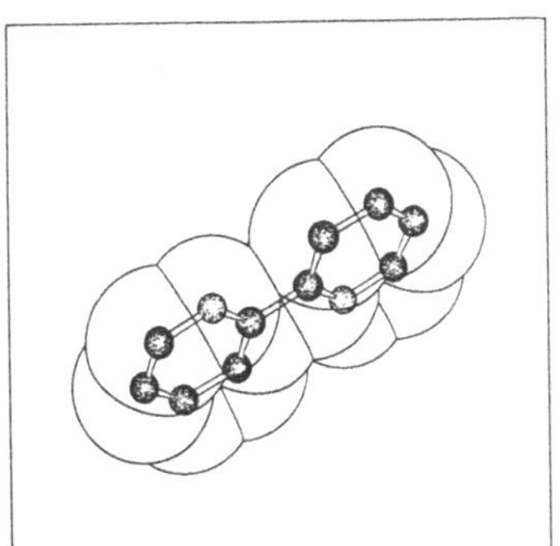

1

Es nimmt daher kaum Wunder, daß das Bipyridin ein molekularer Grundbaustein (s. <u>Abschn.1</u>) par excellence für Molekül- und Ionenaggregate (*"Supramoleküle"*) vieler verschiedener Typen ist (vgl. <u>Abschn.2.2:2.5:12</u>).

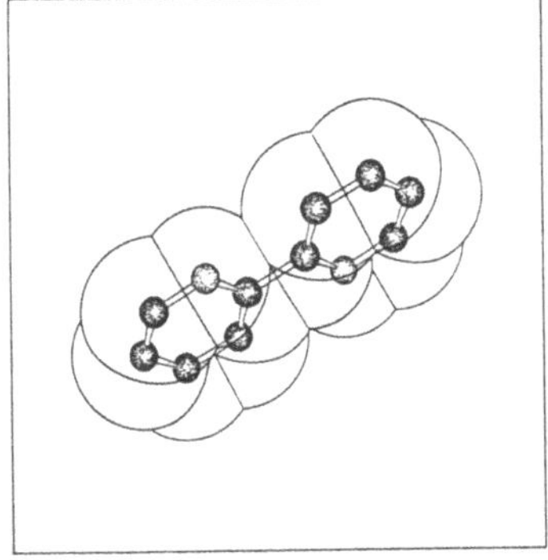

<u>Abb.1</u>. 2,2'-Bipyridin (Stereobild auf der Basis der *Röntgen*-Kristallstrukturanalyse)

Ein Grund, sich mit dem Bipyridin und seiner Chemie im folgenden etwas allgemeiner und näher zu befassen.

Im Jahre 1888 synthetisierte *Blau* [1] die erste Komplexverbindung zwischen Fe(II)-Salzen und 2,2'-Bipyridin und isolierte eine Reihe von Salzen der Zusammensetzung $Fe(bipy)_3X_2$.

Versetzt man Lösungen von Fe(II)-Salzen mit 2,2'-Bipyridin (Kürzel bipy oder bpy), so entstehen intensiv rote Verbindungen, deren Farbe auf komplex gebundenes Fe(II) zurückzuführen ist und die durch hohe Stabilität ausgezeichnet sind. Durch Behandlung mit Chlor oder Kaliumpermanganat in saurer Lösung geht die rote Farbe in blau über. Dies deutet darauf hin, daß die blaue Substanz dreiwertiges Eisen enthält, was durch die Isolierung des Komplexes $[Fe(bipy)_3]_2[PtCl_6]_3 \cdot 5.5\ H_2O$ bestätigt wurde. Dieses Verhalten von Bipyridin-Komplexen wird in der analytischen Chemie zur Bestimmung von Metallen - insbesondere Fe(II) - genutzt [2].

Außerdem können 2,2'-Bipyridine biologische Systeme beeinflussen [3]. Ihre Aktivität ist meist eine Folge ihrer Fähigkeit, jene Metalle zu komplexieren, die für die Enzymaktivität im Organismus mitverantwortlich sind. Ferner können sie die Aktivität einiger Enzyme stimulieren, wahrscheinlich durch Entfernung des das Enzym inhibierenden Metalls [3b].

Neben dem Antibiotikum *Caerulomycin* (2) ist das Bis(pyridinium)-Salz 3 (*"Diquat"*-dibromid) das wichtigste biologisch aktive Derivat des 2,2'-Bipyridins. Es wird industriell hergestellt und als Herbizid eingesetzt [4].

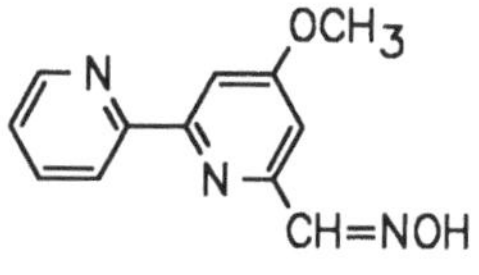

2 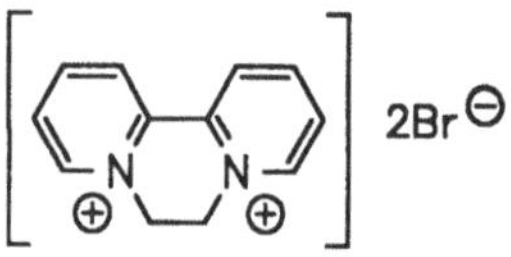   **3**

Diquat wird im Frühjahr auf die Felder gesprüht, vom wachsenden Unkraut aufgenommen und zum Radikalkation reduziert. Bei der Reoxidation in Gegenwart von Licht entstehen hohe Konzentrationen an Wasserstoffperoxid, durch das die Pflanzen vergiftet werden. Die grüne Pflanze entfärbt sich (Chlorose), wobei das Chlorophyll durch Radikal-Kettenreaktionen zerstört wird. Da das Radikalkation des Diquats in Gegenwart von Licht und Sauerstoff nur eine kurze Lebensdauer hat und im Feld rasch zu ungiftigen, gut wasserlöslichen Verbindungen abgebaut wird, bietet dieses Mittel eine

Möglichkeit, die Unkrautbildung zeitlich gezielt und vergleichsweise umweltfreundlich einzudämmen.

Darüber hinaus wird 3 als Redoxindikator und als Einelektronen-Transferreagens verwendet.

2,2'-Bipyridin (1) ist auch im nichtbiologischen Bereich wichtig. Es fungiert als Aktivator für die Polymerisation verschiedener Alkene [5] und als Katalysator für bestimmte Reaktionen [6]. Weiterhin erhöht es die Qualität von Galvanisations-Prozessen [7] und dient als Zusatz für Kopiermaterial [8].

Aufgrund ihrer vielseitigen und wichtigen Anwendungsmöglichkeiten werden 2,2'-Bipyridin-Verbindungen und ihr Komplexierungsvermögen auch heute noch intensiv erforscht.

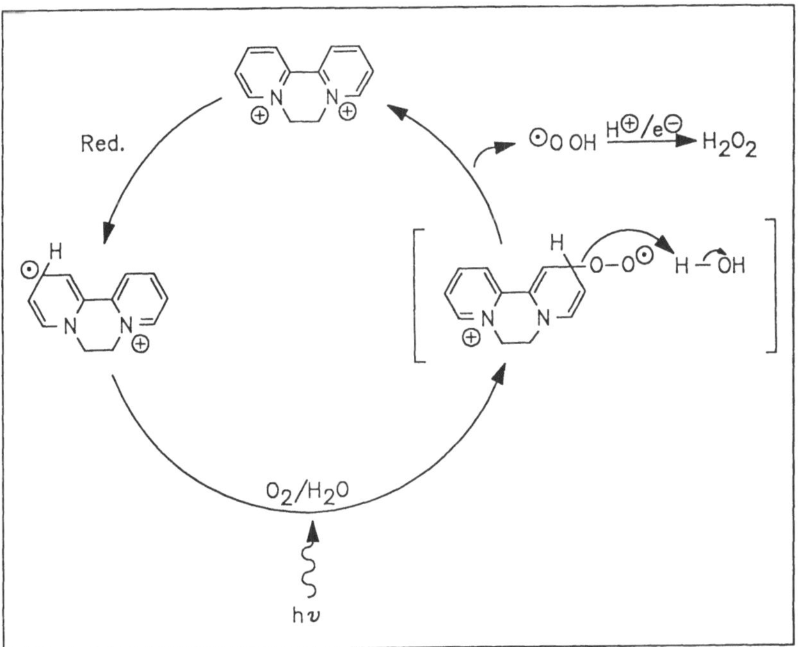

Schema 1. Reoxidation des Diquats (3) in Gegenwart von Licht

2.1.2   Zur Synthese von 2,2'-Bipyridin

Reines 2,2'-Bipyridin (1) wurde erst 1889 von *Blau* [9] durch trockene Destillation von Kupferpicolinat synthetisiert und analysiert.

Oxidation von 1,10-Phenanthrolin (4) [10] durch alkalische Permanganat-Lösung führt teilweise zu 2,2'-Bipyridin-3,3'-dicarbonsäure (5) und Diaza-fluorenon (6); anschließende Decarboxylierung von 5 liefert 2,2'-Bipyridin.

Die Umsetzung von 2-Halogenpyridinen mit Kupfer [11] nach der Ull-mann-Reaktion liefert ebenfalls 2,2'-Bipyridin (1). Diese Reaktion kann auch verwendet werden, um symmetrisch substituierte 2,2'-Bipyridine [12], 2,2':6',2''-Terpyridine und Polypyridine [11a] herzustellen.

Eine günstigere Darstellung des 2,2'-Bipyridins gelang *Badger* und *Sasse* 1956, wobei Raney-Nickel [13] als Katalysator eingesetzt wurde. Substituierte 2,2'-Bipyridine wurden aus α-Picolin, 4-Ethylpyridin, Nicotinsäure, Nicotin-säureethylester und anderen verwandten Verbindungen hergestellt.

2.1.3   *Röntgen*-Kristallstruktur von 2,2'-Bipyridin

Wie die *Röntgen*-Kristallstrukturuntersuchung ergab (Abb.1), liegen die beiden Pyridinringe im kristallinen 2,2'-Bipyridin zwar koplanar zueinander, jedoch stehen die beiden Stickstoffatome auf entgegengesetzten Seiten der Kohlenstoffbindung C(1)-C(1') [14,15].

Das Molekül weist dementsprechend ein Symmetriezentrum auf. Der Bindungsabstand zwischen den Pyridinringen ist mit 150 pm etwas größer als die Distanz der Phenylringe im Biphenyl (148 pm, Abb.2). Die Bindungs-winkel zeigen, daß die Pyridinringe etwas verzerrt sind. Die Kräfte, die zwi-schen den Molekülen im Kristall herrschen, sind nur schwache *van der*

Waals-Kräfte, die den niedrigen Schmelzpunkt (70-73°C) des 2,2'-Bipyridins (1) und seine Neigung, bei Raumtemperatur langsam zu sublimieren, verständlich machen (Sdp. 273°C).

Für 2,2'-Bipyridin (1) werden Dipolmomente von 0.61 bis 0.91 D angegeben [16]. Das Molekül hat in der exakt planaren *transoid*-Konformation kein Dipolmoment, während der *cisoid*-Konformation ein solches von 3.8 D entspricht.

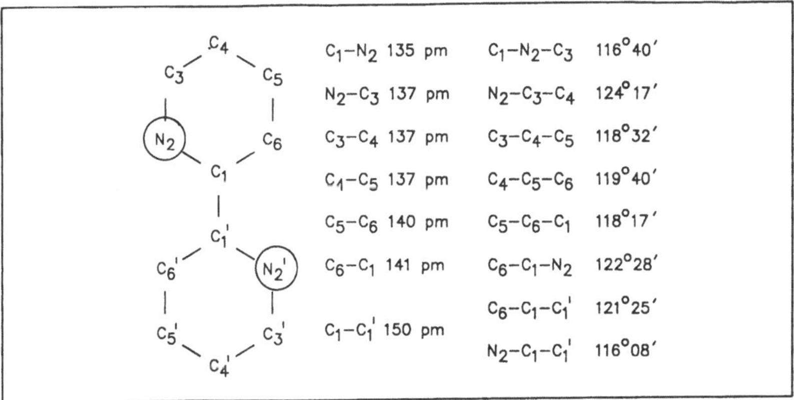

Abb.2. Bindungslängen und -winkel im 2,2'-Bipyridin- Molekül (1)

In Benzen-Lösung liegt es in *transoid*-ähnlichen Konformationen und annähernd planar vor; der Winkel zwischen den Ebenen der Pyridinringe beträgt nur ca. 20°. Mesomerieeffekte und Dipol-Dipol-Wechselwirkungen sind jedoch zu gering, um eine Rotation zu verhindern und eine völlig planare *transoid*-Konformation in Lösung zu stabilisieren.

2.1.4   Reaktionen des 2,2'-Bipyridins

Die *Reduktion* von 2,2'-Bipyridin (1) mit Natrium in siedendem Alkohol [17] oder die katalytische Hydrierung [18] führt zu 2,2'-Bipiperidin (7). Dagegen liefern die Reduktion mit Zinn und HCl [18b,19], die kontrollierte katalytische Hydrierung [20] und die elektrochemische Hydrierung [21] 1,2,3,4,5,6-Hexahydro-2,2'-bipyridin (8).

Durch *Oxidation* von 2,2'-Bipyridin mit heißer Permanganat-Lösung wird Picolinsäure gewonnen [1].

7   **8**

Während die *Chlorierung* des 2,2'-Bipyridins in der Gasphase bei 555°C [22)] sowie die Reaktion mit PCl_5 [23)] bei 300°C fast quantitativ Octachlor-2,2'-bipyridin liefern, reagiert 2,2'-Bipyridin bei niedrigen Temperaturen (200-400°C) mit Chlor in der Gasphase zu 6-Chlor- und 6,6'-Dichlor-2,2'-bi-pyridin [24)]. Entsprechende Reaktionen mit Brom in der Gasphase bei 500°C liefern 6-Brom- und 6,6'-Dibrom-2,2'-bipyridin, bei niedrigeren Temperaturen (250°C) aber 5-Brom- und 5,5'-Dibrom-2,2'-bipyridin.

Sulfonierungsreaktionen führen mit Schwefelsäure bei 300°C zu 2,2'-Bipy-ridin-5-sulfonsäure und 2,2'-Bipyridin-5,5'-disulfonsäure [25)], während mit Schwefeltrioxid bei 200-225°C [26)] oder Oleum unter Einwirkung eines Kata-lysators [27)] 2,2'-Bipyridin-5-sulfonsäure entsteht. Je nach den Bedingungen reagiert Aryl- oder Alkyllithium mit 2,2'-Bipyridin zu 6-Aryl- [27,28)] oder 6-Alkyl- [28c,29)] bzw. 6,6'-Diaryl- oder 6,6'-Dialkyl-2,2'-bipyridin.

Die Umsetzung von 2,2'-Bipyridin mit Halogenalkanen im Verhältnis 1:1 ergibt das 1-Alkyl-2,2'-bipyridinium-halogenid (vgl. **9**) [30)]. Mit überschüs-sigem Halogenalkan oder Dialkylsulfat entsteht das doppelte Salz [9,31)].

9   **10**

Das Monosalz **9** wird durch Fe(III) zu dem Pyridon **10** oxidiert, das mit einer Mischung aus Phosphorpentachlorid und Phosphoroxychlorid zu 6-Chlor-2,2'-bipyridin reagiert.

Durch Umsetzung von 2,2'-Bipyridin (**1**) mit 1,2-Dibromethan wurde das verbrückte Bis(pyridinium)-Salz **3** erhalten. Dieses ist, wie schon erwähnt, als Diquat-dibromid und wichtiges Herbizid bekannt. Nach der Entdeckung der herbiziden Eigenschaften von **3** wurde in dieser Richtung viel geforscht, auch um bessere Darstellungsmethoden [4b)] zu finden. Interessant ist die intramolekulare Kupplung [32)] des doppelten Pyridiniumsalzes **11** zu **12**.

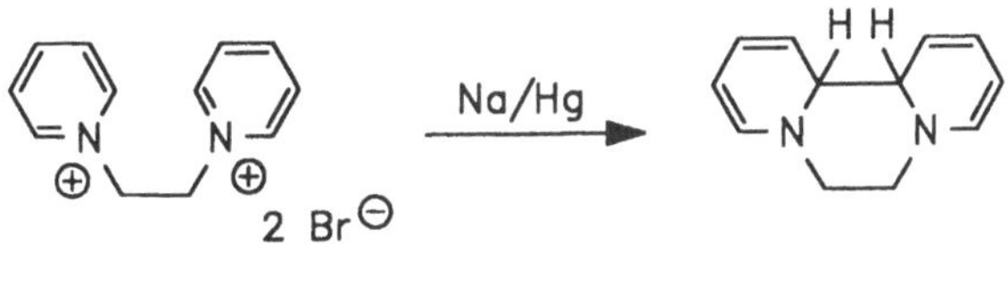

$$\text{11} \quad \xrightarrow{\text{Na/Hg}} \quad \text{12}$$

11 **12**

Dehydrierung des 6-Hydroxy-Derivats von **3** mit Thionylchlorid ergibt das Salz **13** [33)]. Auch einige Homologe **14-16** [34-36)] dieses Verbindungstyps seien erwähnt:

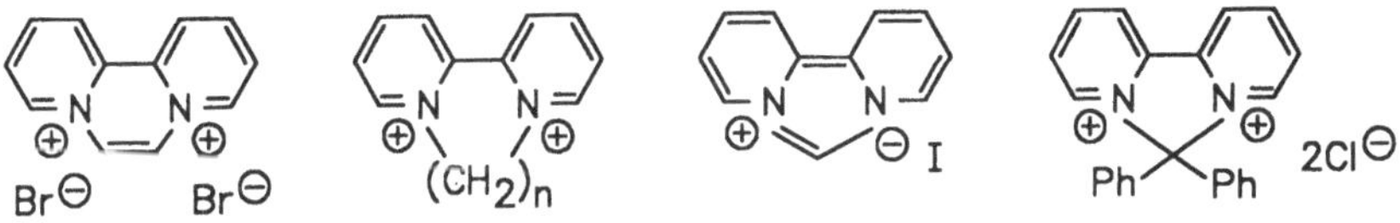

13 **14** **15** **16**

Bei der Umsetzung von 2,2'-Bipyridin mit überschüssigem Peroxid in Eisessig entsteht das N,N'-Bis-N-oxid **17** [37)] neben dem Mono-N-oxid **18** [37b,d,e)].

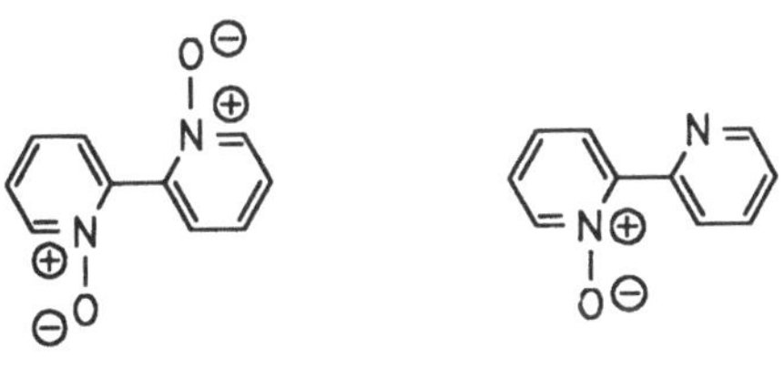

17 **18**

2.1.5 Reaktionen substituierter 2,2'-Bipyridine

Die Oxidation Methyl-substituierter 2,2'-Bipyridine mit Kaliumpermanganat [38] oder Selendioxid [39] liefert die entsprechenden Carbonsäuren.

3,3'-Bis(hydroxymethyl)-2,2'-bipyridin wurde mit ditosylierten Polyglycolen zu Kronenethern des Typs **19** kondensiert [40].

$$\textbf{19} \qquad \textbf{a}:\ n = 0 \qquad \textbf{b}:\ n = 1 \qquad \textbf{c}:\ n = 2$$

Solche Liganden binden mit ihrem Kronenether-Teil Alkali-/Erdalkalimetallionen und mit den Stickstoffatomen Übergangsmetall-Kationen, wobei auch supramolekulare Strukturen ausgebildet werden können (s. <u>Abschn.2.2;3</u>).

2,2'-Bipyridin-6,6'-dicarbonsäuredichlorid reagiert mit langkettigen Diaminen zu Ringen vom *Ansa*-Typ wie **20** [41].

20

2,2'-Bipyridin-3,3'-dicarbonsäuredimethylester liefert bei Überschuß an Methyllithium das Diol **21**, welches unter Einwirkung heißer Schwefelsäure zu **22** cyclisiert [42].

21   **22**

2.1.6 Liganden mit 2,2'-Bipyridin als Donorzentrum: Historisches

Die früheste Beschreibung einer Komplexverbindung überhaupt geht auf *Diesbach* und das Jahr 1704 zurück. Er berichtete über die Darstellung von Berliner Blau aus Eisensulfat und Kalilauge, in der zuvor organische stickstoffhaltige Substanz erhitzt worden war [43].

Mit den Arbeiten von *Tassaert* [44], der auf dem Gebiet der Kobalt-Ammin-Komplexe arbeitete, gewann die Komplexchemie vermehrtes Interesse. Dies zeigen auch Arbeiten von *Thénard* [45] und *Fremy* [46]. Die Strukturen derartiger Komplexverbindungen gaben nach Messungen der Leitfähigkeit und bei Fällungsexperimenten einzelner Komplexbestandteile Rätsel auf. Die Unkenntnis der Natur der Bindung in Komplexen führte in Anlehnung an die Kohlenstoffketten in der organischen Chemie zu abenteuerlichen Strukturformeln [47].

Mit einer Reihe von Theorien versuchte man frühzeitig eine Erklärung der Eigenschaften der Koordinationsverbindungen [47]; aber erst durch *A. Werner* [49] entwickelte sich im Jahre 1893 ein besseres Verständnis.

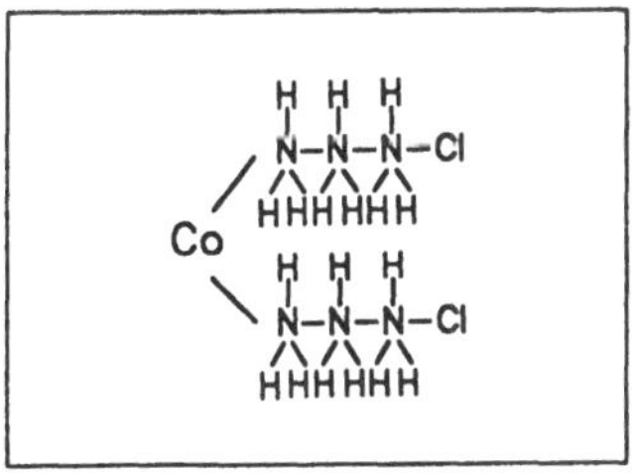

Abb.3. Historische Schreibweise des Kobaltkomplexes $[Co(NH_3)_6]Cl_2$ nach *Blomstrand* [48]

Werner ging von phänomenologischen Gesichtspunkten aus und schloß auf den räumlichen Bau, weniger auf die Natur der Bindungen im Komplex.

Der erweiterte Wissensstand in der Chemie führte zu immer umfassenderen Theorien über Komplexe. Die Anwendung der *Lewis*schen Oktaeder-Regel durch *Sidgwick* [50] auf Koordinationsverbindungen ermöglichte eine Erklärung der unterschiedlichen Komplexstabilitäten der verschiedenen Oxidationsstufen des Zentralions.

Die Geometrie der Komplexe sowie magnetische Eigenschaften ließen sich durch das Modell der Orbital-Hybridisierung von *Pauling* erklären [51].

Aber erst die Ligandenfeldtheorie [52] schuf eine Basis, von der aus die meisten Phänomene (magnetische Eigenschaften, Farbe, thermodynamische Größen wie Gitterenergie, Ionenradien und Komplexstabilität) der Koordinationsverbindungen gedeutet werden konnten.

Bei Koordinationsverbindungen wie Carbonyl-, Sandwich-, Alken-Komplexen oder Komplexen mit molekularem Stickstoff oder Sauerstoff allerdings versagt die Ligandenfeldtheorie. Einen Lösungsansatz liefert hier die MO-Theorie [53].

Am Anfang der Komplexchemie standen anorganische Komplexe, aber es zeigte sich, daß auch organische Moleküle befähigt sind, stabile Komplexe zu bilden.

2.1.7   Komplexierungsvermögen des 2,2'-Bipyridins und seiner Abkömmlinge

Seit der Entdeckung des 2,2'-Bipyridins als Nachweisreagens für zweiwertiges Eisen [1] sind viele seiner Derivate auf ihre Schwermetall-Komplexierung untersucht worden. Ihr starkes Komplexierungsvermögen wird durch den Chelateffekt und die besondere elektronische Struktur der Liganden gesteuert.

2.1.7.1   Der Chelateffekt [54]

Liganden, die - wie das 2,2'-Bipyridin - zwei oder mehrere zur Koordination geeignete Donorzentren besitzen, können durch Komplexierung mit einem Metallkation cyclisieren, wobei das Metallion Ringbestandteil ist. Fünf- und sechsgliedrige Cyclen bilden die stabilsten Komplexe. Diese Form der Komplexierung wird nach der Art des "Angriffes" der Liganden *Chelat* (von griech. Krebsschere) genannt. Chelatisierende Liganden gehören zu den wichtigsten organischen Komplexliganden.

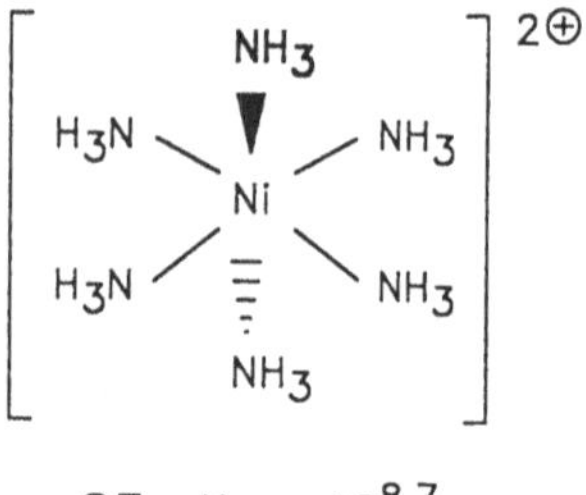

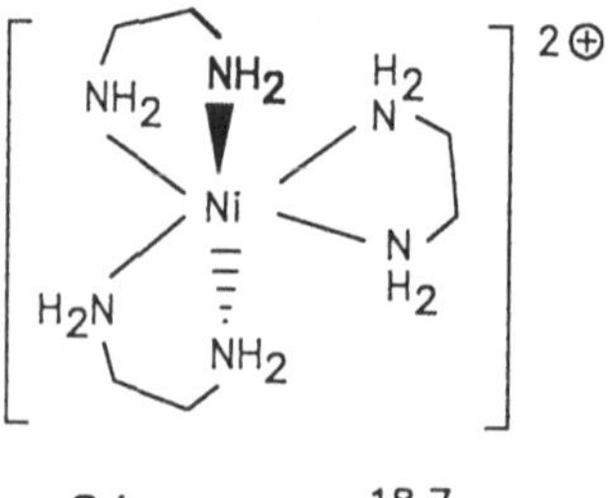

$$23: K_1 = 10^{8.7} \qquad\qquad 24: K_2 = 10^{18.7}$$

Obwohl die Nickelkomplexe **23** und **24** die gleiche Anzahl an analogen Donorzentren enthalten, findet man einen großen Unterschied der Komplexbildungskonstanten (K). Dieser beim Übergang von **23** zu **24** auffallende "Chelateffekt" läßt sich thermodynamisch begründen, da die Komplexbildungskonstante K nach Gleichung (1) mit der freien Enthalpie ΔG verknüpft ist:

$$\ln K = -\frac{\Delta G}{RT} \tag{1}$$

Diese steht mit der Enthalpie ΔH und der Entropie ΔS im Zusammenhang:

$$\Delta G = \Delta H - T\Delta S \tag{2}$$

(*Gibbs-Helmholtz*-Gleichung)

Daraus folgt:

$$\ln K = -\frac{\Delta H}{RT} + \frac{\Delta S}{R} \tag{3}$$

Die Entropie, Maß für die Unordnung eines Systems, nimmt nach Anlagerung eines zweizähnigen Liganden zu, denn bei jeder Substitution werden zwei Lösungsmittelmoleküle vom Zentralion verdrängt, so daß nach der Umsetzung die Zahl der unabhängig voneinander beweglichen Teilchen größer ist. Aus thermodynamischer Sicht ist der Chelateffekt also ein Entropieeffekt. Vielzähnige Liganden üben einen besonders großen Chelateffekt aus.

2.1.7.2 Die Natur der Bindung

Die Beschreibung der koordinativen Bindung in Komplexen auf der Basis der MO-Theorie geht von der Voraussetzung aus, daß das Zentralion und die Liganden zur Ausbildung von σ- und π-Bindungen befähigt sind.

2,2'-Bipyridin (1) ist ein σ-Donor und ein π-Acceptor. Das freie Elektronenpaar an den Stickstoffatomen ist befähigt, mit einem unbesetzten s-Orbital des Metallions eine σ-Bindung zu bilden, wobei der Ligand beide Bindungselektronen beisteuert. Aufgrund der aromatischen π-Systeme des Bipyridins können besetzte Orbitale des Metallions mit günstiger Geometrie, wie z.B. d-Orbitale, mit unbesetzten π^*-Orbitalen des Bipyridins überlappen. Beide Bindungsanteile unterstützen einander, da die σ-Donorbindung die Elektronendichte am Metallion erhöht und somit dessen Fähigkeit verstärkt, eine π-Bindung zum Liganden einzugehen: Rückbindung.

<u>Tab.1</u>. Spektrochemische Reihe, nach steigenden D_q-Werten [55] geordnet (Bei multivalenten Molekülen ist das Donorzentrum unterstrichen). bipy= 2,2'-Bipyridin; phen= Phenanthrolin

$$I^\ominus \; < \; Br^\ominus \; < \; Cl^\ominus \; \approx \; SCN^\ominus \; \approx \; N_3{}^\ominus \; < \; F^\ominus \; < \; \underline{O}C(NH_2)_2$$

$$< \; OH^\ominus \; \approx \; HCOO^\ominus \; \approx \; H_3CCO\underline{O}^\ominus \; < \; (COO)_2{}^{2\ominus} \; \approx \; H_2O$$

$$\approx \; \underline{O}OCCH_2CO\underline{O}^{2\ominus} \; < \; \underline{N}CO^\ominus \; < \; \underline{N}CS^\ominus \; \approx \; \underline{N}CSe^\ominus \; < \; NH_3$$

$$\approx \; C_5H_5N \; < \; H_2\underline{N}H_2CH_2\underline{N}H_2 \; < \; bipy \; \approx \; phen \; < \; \underline{N}O_2{}^\ominus$$

$$< \; \underline{C}NO^\ominus \; < \; \underline{C}N^\ominus$$

Die α-Diimin-Struktur -N=C-C=N- bewirkt beim 2,2'-Bipyridin eine Delokalisierung der Elektronen im Chelatring. Dies erzeugt eine größere π-Acceptorstärke und einen höheren Platz in der *"spektrochemischen Reihe"* [55] (<u>Tab.1</u>) sowie das Auftreten von "low spin"-Komplexen ($^1A_1$), z.B. Trichelate des Cr(II)- und des Fe(II)-Kations mit 2,2'-Bipyridin. Trichelate von Mn(II)-, Co(II)-, V(II)-, Ni(II)- und Cu(II)-Ionen mit 2,2'-Bipyridin sind vom "high spin"-Typ ($^5T_2$) [56].

2.1.7.3 Basizität des Bipyridins

Bipyridin ist ein schwach basischer Ligand (L) und wird in wäßriger Lösung üblicherweise monoprotoniert ($LH^{\oplus}$). Aber auch diprotonierte Moleküle konnten in saurer Lösung nachgewiesen werden (UV-Messungen). Die Stabilitätskonstanten für $LH^{\oplus}$ und $LH_2^{2\oplus}$ sind:

$$pK_1 \quad = \quad 4.3$$
$$pK_2 \quad = \quad 0.2\text{-}0.5 \quad [57].$$

Nach *Baxendale* und *George* [58] ist das monoprotonierte Bipyridin $LH^{\oplus}$ durch Wasserstoffbrückenbindungen stabilisiert; dies würde die Bildung des Dikations $LH_2^{2\oplus}$ erschweren. Andere Autoren sind allerdings der Auffassung, daß Wasserstoffbrücken sowohl in Lösung als auch im festen Hydrochlorid keine ausschlaggebende Rolle spielen [59].

<u>Tab.2.</u> Stabilitätskonstanten von 2,2'-Bipyridin-Komplexen mit bivalenten Metallkationen mit den Stöchiometrien $M^{2\oplus}$bipy, $M^{2\oplus}(bipy)_2$ und $M^{2\oplus}(bipy)_3$

Kation	$\log K_1$	$\log K_2$	$\log K_3$
$V^{2\oplus}$	4.9	4.7	3.9
$Cr^{2\oplus}$	4.0	6.4	3.5
$Mn^{2\oplus}$	2.6	2.0	1.0
$Fe^{2\oplus}$	4.3	3.7	9.5
$Co^{2\oplus}$	5.9	5.5	4.7
$Ni^{2\oplus}$	7.1	6.8	6.3
$Cu^{2\oplus}$	9.1	5.5	3.4
$Zn^{2\oplus}$	5.2	4.4	3.8
$Cd^{2\oplus}$	4.3	3.5	2.6
$Hg^{2\oplus}$	9.6	7.1	2.8

2.1.7.4 Stabilitätskonstanten von Bipyridin-Komplexen

Bipyridin wirkt als weiche σ-Base und als weiche π-Säure [60]. Dies läßt sich dadurch belegen, daß gerade weiche Metallionen, vor allem der Übergangsmetalle, in niederen Oxidationsstufen wie Fe(II), Cu(I) [61] stabilisiert werden. Ursache ist die höhere dπ-pπ*-Wechselwirkung zwischen Metall (M) und Ligand (L) [62]. Einen Überblick über die Stabilitätskonstanten K_1, K_2, K_3 des Bipyridins gibt Tab.2 [63]. Dabei entspricht K_1 dem Komplex mit der Stöchiometrie $M^{2\oplus}L$, K_2 der Zusammensetzung $M^{2\oplus}L_2$ und K_3 dem aus einem Metallion und drei Bipyridin-Molekülen gebildeten Komplex ($M^{2\oplus}L_3$).

2.1.8 Spektroskopie von Bipyridin-Komplexen

IR-Spektren von 2,2'-Bipyridin-Komplexen zeigen im Vergleich zum IR-Spektrum des freien Liganden Bandenverschiebungen zu höheren Wellenlängen [64], was besonders im Bereich von 1600-1000 cm^{-1} deutlich wird. Es wird auch eine bathochrome Verschiebung [65] der Banden bei 995 und 759 cm^{-1} beobachtet. Auch der Spektralbereich zwischen 600-200 cm^{-1} ("fernes IR" [66]) wurde untersucht, da hieraus Informationen über die Bindung Metall-Ligand erhalten werden können.

UV-Spektren: Die freie Bipyridin-Base (1) absorbiert bei 280 nm (Bande I) und 235 nm (Bande II). Es handelt sich um π-π*-Übergänge [67]. *Kiss* und *Csaszar* [68] nahmen an, daß die n-π*-Übergänge unter dem π-π*-Übergang liegen. Durch Komplexierung von Metallionen verschiebt sich die UV-Absorption nach längeren Wellen [69]. UV-Spektren von Bipyridin-Komplexen mit Metallionen gleicher Oxidationsstufe [70], z.B. Fe(bipy)$_3{}^{2\oplus}$ und Zn(bipy)$_3{}^{2\oplus}$, sind einander ähnlich. Monoprotoniertes Bipyridin absorbiert bei 303 nm (Bande I) und 243 nm (Bande II), während das Dikation nur eine Absorptionsbande bei 290 nm zeigt. Das Auftreten der Farbe in den Komplexen ist auf einen erlaubten t$_2$g-π*-Übergang zurückzuführen [71].

^{1}H-NMR-Spektren: Das ^{1}H-NMR-Spektrum des Bipyridins hängt vom Lösungsmittel ab [72]: In unpolaren Lösungsmitteln nimmt das Molekül eine *transoid*-planare Konformation ein (Interplanarwinkel = 0°, s.o.), während in polaren Lösungsmitteln für mono- und diprotonierte Bipyridine eine transoide *skew*-Konformation (Interplanar-Winkel 25-30°) gefunden wurde. Die ^{1}H-NMR-Spektren der Komplexe zeigen kaum Unterschiede gegenüber 1,

allerdings tritt eine Hochfeld-Verschiebung der Wasserstoffatome in α-Position zum Stickstoffatom um ca. 1 ppm auf. Die Verschiebung hängt von der Länge der Metall-Stickstoff-Bindung ab [72].

2.1.9   Neuere Entwicklungen

Oligopyridin-Liganden wie das "Quaterpyridin" und das "Quinquepyridin" können mit Metallionen spontan helicale Komplexe bilden ("spontaneous self-assembly") [73]:

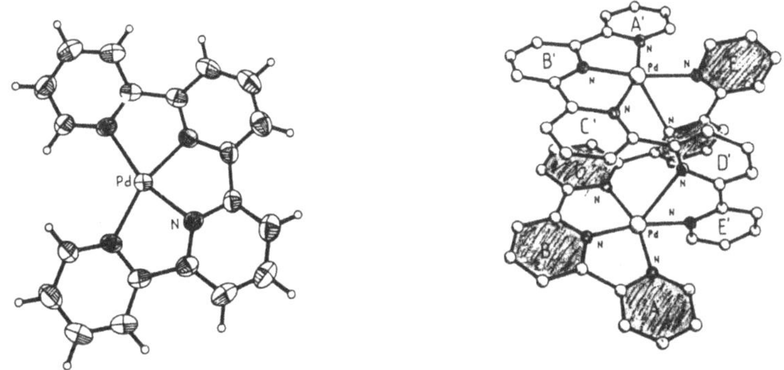

Abb.4. *Röntgen*-Kristallstruktur der Palladium-Komplexe von Quaterpyridin und Quinquepyridin [73]

Die von *Rebek* et al. synthetisierten, mit Kronenethern verknüpften Bipyridine **25** verfügen über zwei unterschiedliche Koordinationsstellen [40]: den Kronenether-Hohlraum zum Binden von Alkali-, Erdalkali- und Ammonium-Ionen und die 2,2'-Bipyridin-Ligandeinheit zur Bindung von Übergangsmetallkationen. Hieraus resultieren *"allosterische Effekte"*.

Die Komplexierung des Bipyridins durch Übergangsmetallkationen führt zu einer planaren Konformation der Pyridylringe. Dies behindert die konformative Beweglichkeit des Kronenether-Teils, wodurch das Komplexierungsvermögen der Sauerstoffatome beeinträchtigt wird (vgl. Abschn.2.2).

Ein anderer Typ eines 2,2'-Bipyridin-Kronenethers (**26**), der $CoCl_2$ komplexiert, wurde von *Newkome* et al. beschrieben [74].

Der Bipyridin-Cryptand **27** ist ein starker Ligand für Alkalimetall-Ionen [41]. Auch die restlichen Kronenether-Bauteile konnten durch Bipyridin- und Phenanthrolin-Einheiten ersetzt werden [75].

Sauvage gelang die Synthese des Liganden **28** mit zwei Koordinationsstellen unterschiedlicher Selektivität [76].

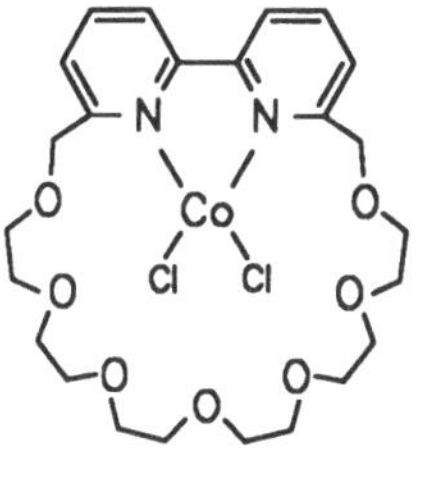

26 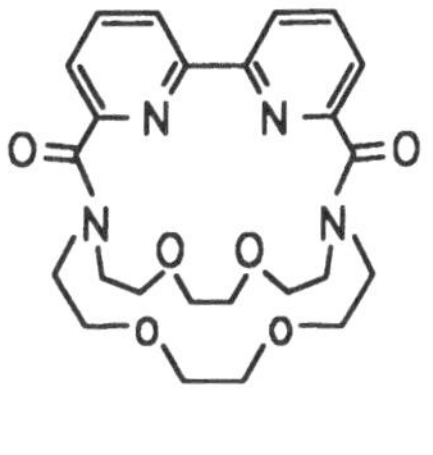   **27** 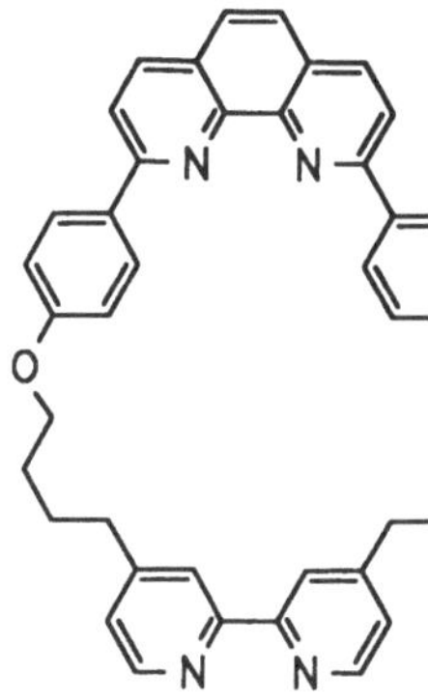   **28**

Solche Multiliganden können allosterische Eigenschaften (s.o.) zeigen, wenn eine Seite des Moleküls die Komplexierung einer weiteren Koordinationsstelle im Molekül beeinflußt:

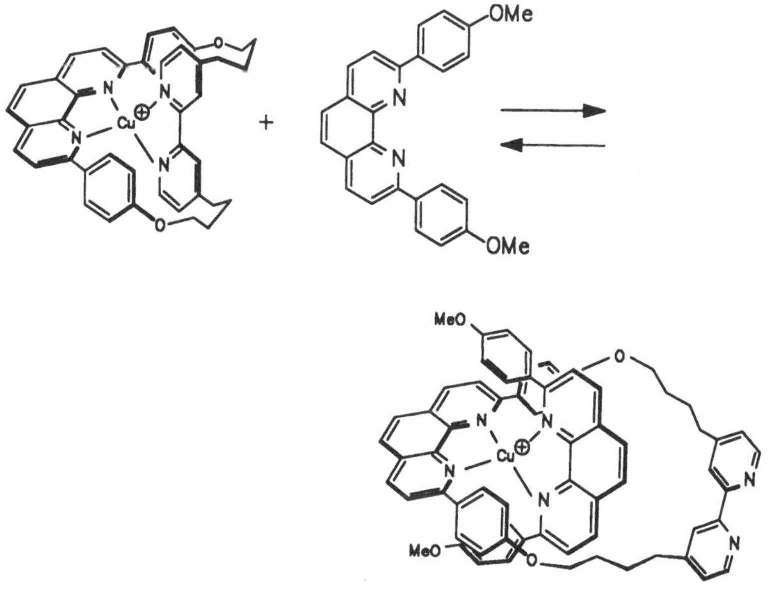

Die Bindung von Ru(II) in oktaedrischer Umgebung erlaubt eine Komplexierung von Cu(I) in tetraedrischer Anordnung:

Ferner ist es möglich, innerhalb des Moleküls fixierte photo- und elektroaktive Zentren *Elektronen-Transfer-Studien* zu unterziehen, die für biologische Redoxvorgänge einschließlich der Photosynthese bedeutsam sind.

"Große Molekülhohlräume für kleine Ionen" konnten 1987 durch doppelte Verbrückung dreier Bipyridin-Einheiten aufgebaut werden. Der offenkettige (29) und noch mehr der makrobicyclische Ligand 30 sind extreme Fe^{2+}- und Ru^{2+}-Komplexbildner [77]. Der Makrobicyclus 30 [77] ist befähigt, Übergangsmetall-Ionen in oktaedrischer Koordination zu komplexieren. Mit Fe(II) entsteht eine intensive rote Farbe (Komplex 31), so daß eine Anwendung zur colorimetrischen Fe(II)-Bestimmung naheliegt. Der Rh(III)-Komplex des offenkettigen Liganden 29 läßt sich als *Redox-Katalysator* (Mediator) für die selektive elektrochemische Regeneration von NADH aus NAD^{+} in Gegenwart NADH-abhängiger Enzymsysteme (HLADH) einsetzen [78] (siehe auch Abschn.13).

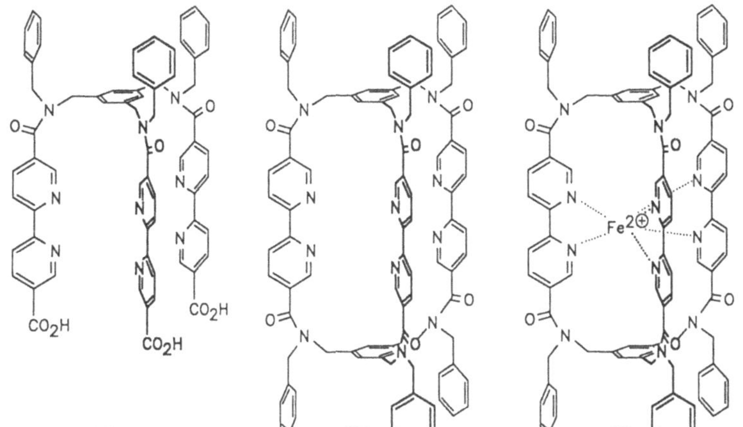

29   **30**   **31**

Der "Cyclooctatetraen-Ring" im - chiralen - Cycloocta[2,1-b:3,4-b']bipyri-
din (C_2-Achse) und dessen Benzo-Analogon wird bei der Metall-Komplexierung (z.B. Mo, Pd) eingeebnet [79a]:

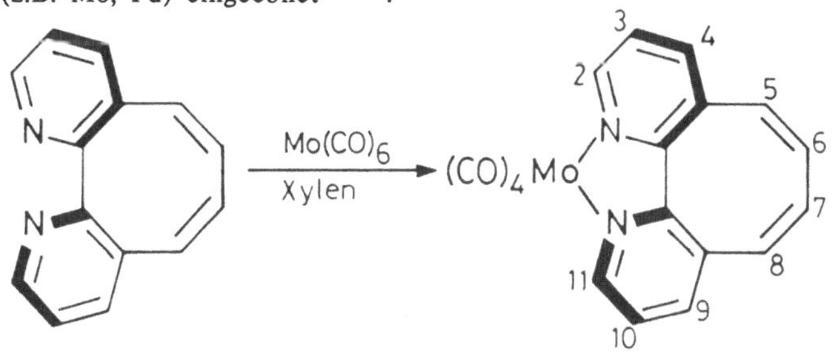

"Verkronte Phenanthroline" beschrieb *Lüning* [79b] als Beispiel für ein
"konkaves Reagens"; über Katalyse mit optisch aktiven Bipyridinen siehe Lit.
[79c].

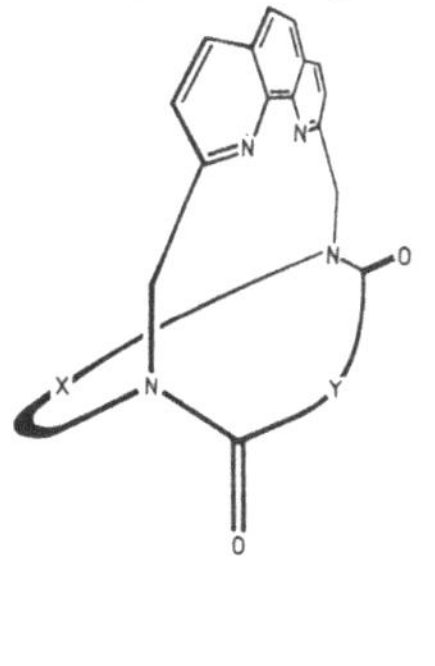

Mit den mehrere Bipyridin-Einheiten enthaltenden Liganden "BP$_2$" (32) und "BP$_3$" (33) konnten *Lehn* et al. bei der Komplexierung mit Cu(I)-Ionen einen attraktiven Typ **"supramolekularer Strukturen"** erreichen [80]: doppelsträngige doppel-helikale Gebilde ("Helicate") im Komplex. <u>Abb.5</u> zeigt ein Schema der Anordnung, <u>Abb.6</u> die *Röntgen*-Struktur des [Cu$_3$(BP$_3$)$_2$]$^{3\oplus}$-Komplexes.

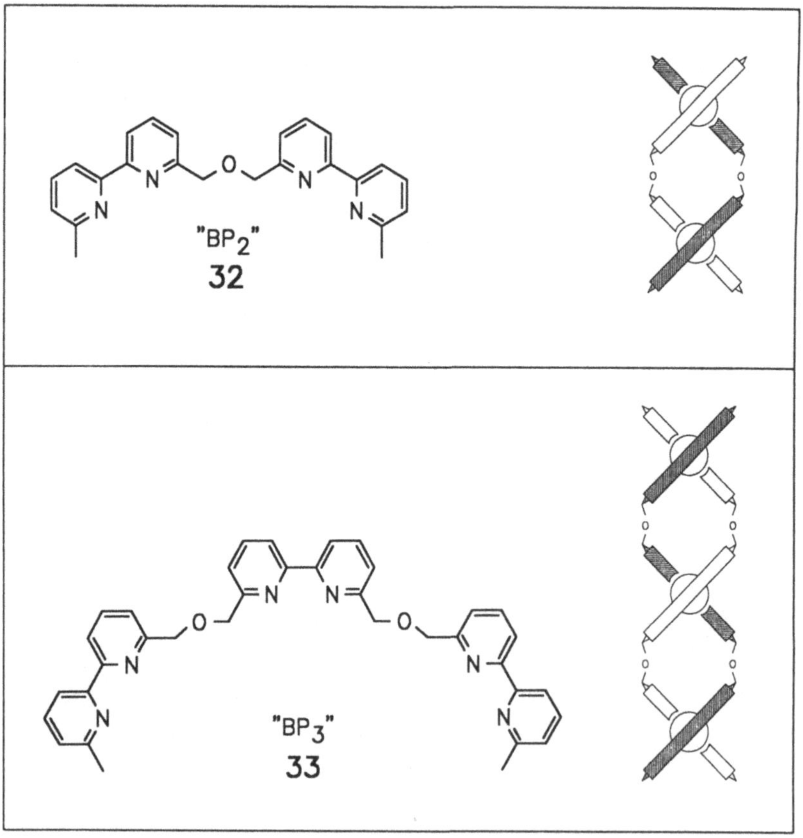

<u>Abb.5</u>. Schematische Skizze der doppelsträngigen "Helicate", die bei der Komplexierung von Cu$^{1\oplus}$ mit BP$_2$ und BP$_3$ entstehen (vgl. <u>Abb.6</u>)

Auch mit Zuckern und Nucleobasen substituierte Helicat-Anordnungen wurden von *Lehn* erhalten [80].

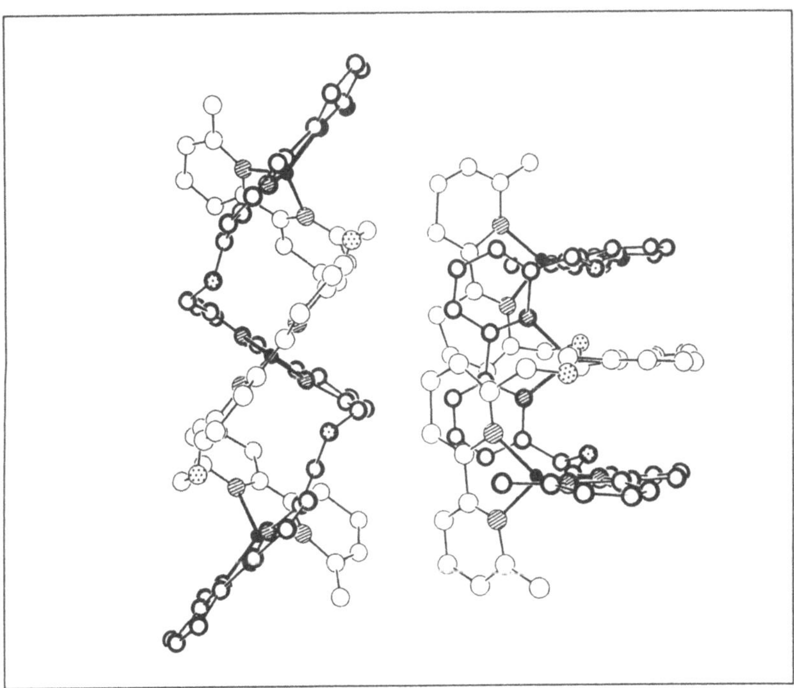

<u>Abb.6</u>.   *Röntgen*-Kristallstruktur des $[Cu_3(BP_3)_2]^{3\oplus}$-Komplexes. Zwei Ansichten von der Seite; einer der beiden Helixstränge ist jeweils fett gezeichnet. ● = Cu, ◍ = N, ⊕ = O (vgl. <u>Abb.5</u>)

Zum Schluß dieses Abschnitts sei darauf hingewiesen, daß bestimmte [30]Kronen-10 als Wirtsubstanzen für verschiedene Quat-Verbindungen zu deren Nachweis mittels ionenselektiver Elektroden eingesetzt wurden [81].

Neuartige Catenane und Rotaxane konnten von *Stoddart* et al. [82a] auf der Grundlage von Donor-Acceptor- (DA-)Wechselwirkungen zwischen Bipyridinium-Ionen und Benzo- bzw. Naphthaleno-Kronen aufgebaut werden (siehe <u>Abschn.2.5.3</u>):

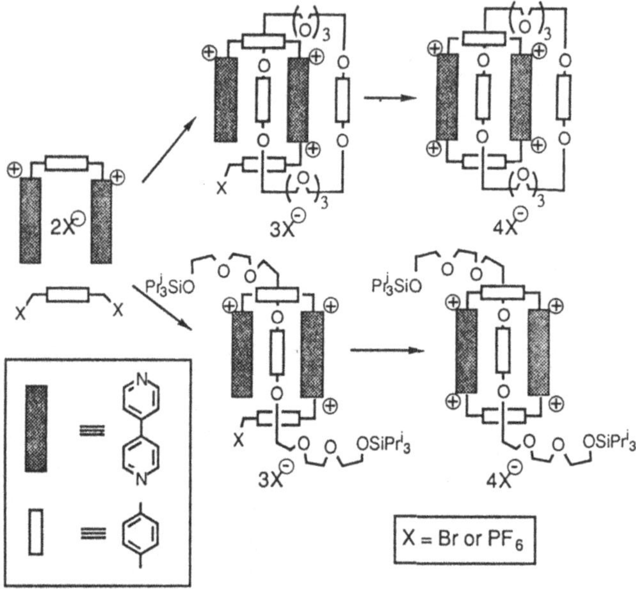

Nach dem gleichen Bindungsprinzip "funktionieren" auch die "molekularen Abacuse" [82b]:

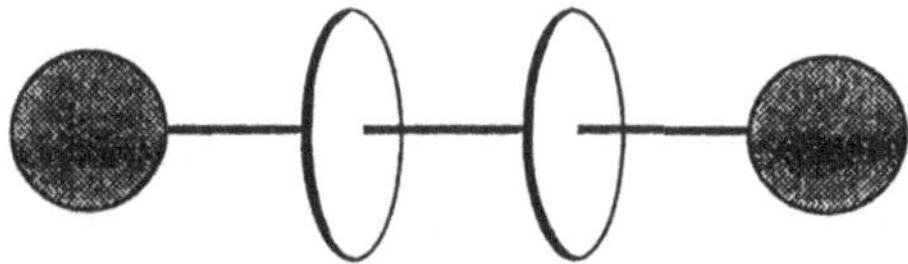

Dabei wird die Verschiebung der beiden Ringe entlang der Kette durch spezifische DA-Wechselwirkungen zwischen den Bauteilen streckenweise gehemmt. Die betreffenden Energiebarrieren konnten in einigen Fällen bestimmt werden.

2.2   Kronenether, Cryptanden, Podanden, Spheranden

2.2.1   Kronenether und Analoge: Cryptanden, Podanden, Spheranden

Die Entdeckung der Kronenether vor rund 20 Jahren [1] hat der Chemie und Komplexchemie organischer Liganden, insbesondere der Neutralliganden, grundsätzlich neue Impulse gegeben. Eine beträchtliche Zahl von Originalveröffentlichungen, Übersichtsartikeln und Monographien sind über dieses Forschungsgebiet erschienen [2-95]. Die Forschung mit Kronenether-artigen Verbindungen blieb nicht auf die präparative organische Chemie beschränkt, sondern ist, wie aus vielen Abschnitten dieses Bandes hervorgeht, interdisziplinär.

Der erste Kronenether war eine "Zufallsentdeckung": Der Industriechemiker *C. J. Pedersen* (DuPont, Delaware, USA; Nobelpreis 1987) wollte aus dem mono-geschützten Brenzkatechin 1 und Bis(2-chlorethyl)ether (2) das Bis-phenol 3 synthetisieren (Abb.1). Dabei wurde 1 in unreiner Form eingesetzt (es enthielt ungeschütztes Brenzkatechin). Aus diesem Grund fiel bei der Aufarbeitung des Reaktionsproduktes neben 3 in geringer Ausbeute (0.4% !) der cyclische Hexaether 4 mit an [16].

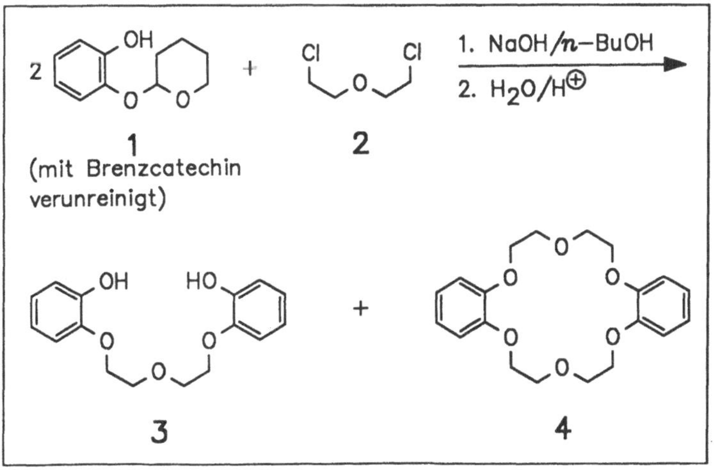

Abb.1. Zur Entdeckung der Kronenether (veröffentlicht 1967)

Er zog die Aufmerksamkeit *Pedersens* wegen seiner guten Kristallisierbarkeit, noch mehr aber wegen seines eigenartigen Löslichkeitsverhaltens auf sich: Während der Hexaether **4** in Methanol wenig löslich war, ging er auf Zugabe von Natriumsalzen überraschend leicht in Lösung. Dies und der Befund, daß festes Kaliumpermanganat durch **4** in organischen Solventien wie Benzen oder Chloroform (mit violetter Farbe) gelöst wird, veranlaßte den Entdecker des neuen Substanztyps zu der damals kühnen Aussage: *"It seemed clear to me now that the sodium (potassium) ion had fallen into the hole in the center of the molecule."* [16)]

Von bestimmten Naturstoffen, den **Ionophoren** [z.B. *Nonactin* (**5**); *Valinomycin* (**6**); Abb.2] war schon kurz zuvor bekannt geworden [96)], daß sie Ionen der Alkalimetalle ($Na^{\oplus}$, $K^{\oplus}$) in ihrem Molekül-Innern aufnehmen und in biologischen Systemen, z.B. Membranen, transportieren können, was im Zusammenhang mit der Erregung der Nervenmembranen von Interesse ist [97)]. Die Parallele zu **4** ist eklatant.

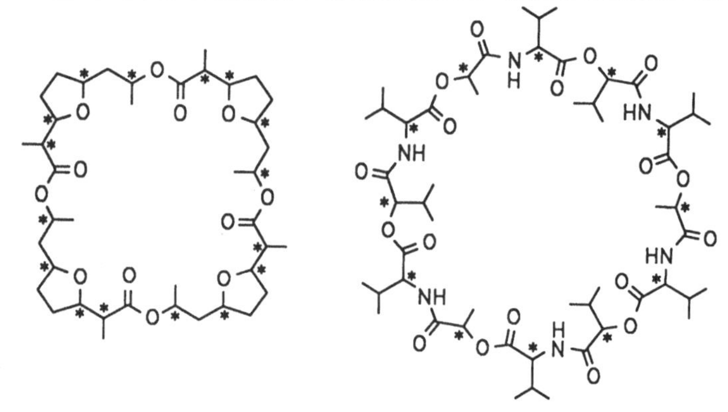

Abb.2. Die Naturstoff-Ionophore *Nonactin* (**5**) und *Valinomycin* (**6**) (Chiralitätszentren gesternt)

Pedersen gab cyclischen Oligoethylenglycolethern wie **4** die Familienbezeichnung **"Kronen"**-Verbindungen: *"My excitement, which had been rising during this investigation, now reached its peak and ideas swarmed in my brain. I applied the epithet 'CROWN' to the first member of this class of macrocyclic polyethers because its molecular model looked like one and* *with it, cations could be crowned and uncrowned without physical damage to either, just as the heads of royalty."* [16)]

2.2.1.1 Nomenklatur der Kronen- (und verwandter) Verbindungen

Aus der ursprünglich wohl mehr als Scherz gedachten Bezeichnung "Kronen" entwickelte sich bald eine eigene Nomenklatur für den Verbindungstyp Kronenether [29)]. Abb.3 enthält einige Beispiele.

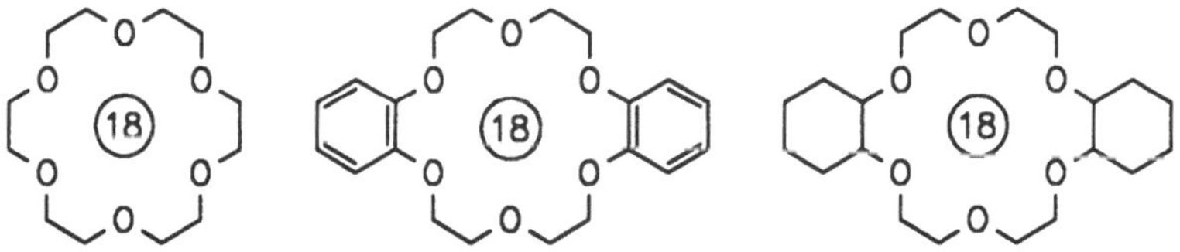

[18]Krone-6 *18C6* — *Dibenzo[18]krone-6* *DB18C6* — *Dicyclohexano[18]krone-6* *DCH18C6*

Abb.3. Klassische Kronenether (Nomenklatur)

Die Ringgröße der Krone wird in eckigen Klammern angegeben, z.B. [18] bei **4**. Darauf folgt die Familienbezeichnung "Krone". Am Schluß wird die Anzahl der Donorstellen genannt, hier jeweils sechs Sauerstoffatome. Zusätzliche Substituenten oder ankondensierte Ringe werden wie "Dibenzo" (**4**) oder "Dicyclohexano" (**8**) vorangestellt. Die Vorzüge dieser Nomenklatur werden beim Vergleich mit den komplizierten IUPAC-Namen deutlich, z.B. "2,5,8,15,18,21-Hexaoxatricyclo[20.4.0.0^{9,14}]hexacosa-1(22),9,11,13,23,25-hexaen" für **4**. Oft findet man in der Literatur Akronyme wie "18C6", "DB18C6".

Die *Pedersensche* Kronen-Nomenklatur ist aber strenggenommen nur in Verbindung mit einer Formel eindeutig oder wenn man bestimmte Strukturparameter als gegeben annimmt, z.B. Ethano-Brücken zwischen den Ether-Sauerstoffatomen. Dies hat zu einem neuen Klassifizierungs- und Nomenklaturvorschlag für organische Neutralliganden mit beliebiger Struktur

Veranlassung gegeben (z.B. 18<$O_6 2_6$Coronand-6> für 4) [98]. Wir werden hier jedoch der Einfachheit halber die *Pedersenschen* Bezeichnungen verwenden.

Die in <u>Abb.3</u>. gezeigten sind nicht nur die populärsten und gebräuchlichsten Kronenether, sie sind auch die am längsten bekannten [1].

Um Zusammenhänge zwischen Struktur und Eigenschaften kennenzulernen, hat man frühzeitig alle möglichen Parameter im klassischen Kronenetherring variiert: Ringgröße, Art und Anzahl der Donorstellen und molekulare Flexibilität. Schließlich hat man weitere Brücken eingeführt bzw. den Ring zur Kette geöffnet (siehe unten). Man kennt heute etwa 6000 Kronenverbindungen [5]. Nach topologischen Gesichtspunkten kann man Neutralliganden dieses Komplexierungstyps in drei Gruppen unterteilen (<u>Abb.4</u>) [98]:

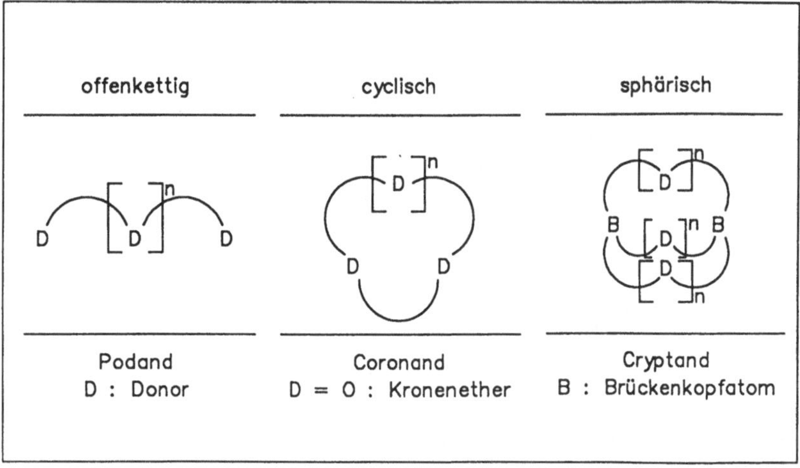

<u>Abb.4</u>. Topologie und Klassifizierung organischer Neutralliganden

In die *offenkettigen* Verbindungen, die *"Podanden"* genannt werden, in die *monocyclischen* Vertreter, die man *"Coronanden"* nennt und in die *oligocyclischen (sphärischen)* Liganden, die *"Cryptanden"*. Aus historischen Gründen wird bei jenen Coronanden, die *ausschließlich* Ether-*Sauerstoff*-atome enthalten, der Name *"Kronenether"* beibehalten. Die folgenden <u>Abb.5-12</u> vermitteln einen Eindruck von der Vielfalt möglicher Strukturvariationen.

2.2.1.2 Wichtige Kronenether und Neutralliganden [99]

Kronen-Verbindungen: Neben mehreren Ether-Sauerstoffatomen sind an-kondensierte Ringe ein Merkmal klassischer Kronenether (Abb.3). Bei der Variation der Ringgröße wird meistens auch die Anzahl der Donoratome verändert. Abb.5 zeigt Kronenether unterschiedlicher Ringweite mit Glieder-zahlen zwischen 12 bis 30 und mit vier bis zehn Donoratomen. Damit ist [12]Krone-4 (9) der kleinste bisher eingesetzte Kronenetherring {[9]Krone-3 ist zwar nachgewiesen worden, aber schwierig erhältlich und mangels Hohl-raum kein starker Komplexbildner}. Mit Dibenzo[30]krone-10 (13) ist die obere Grenze noch nicht erreicht [5].

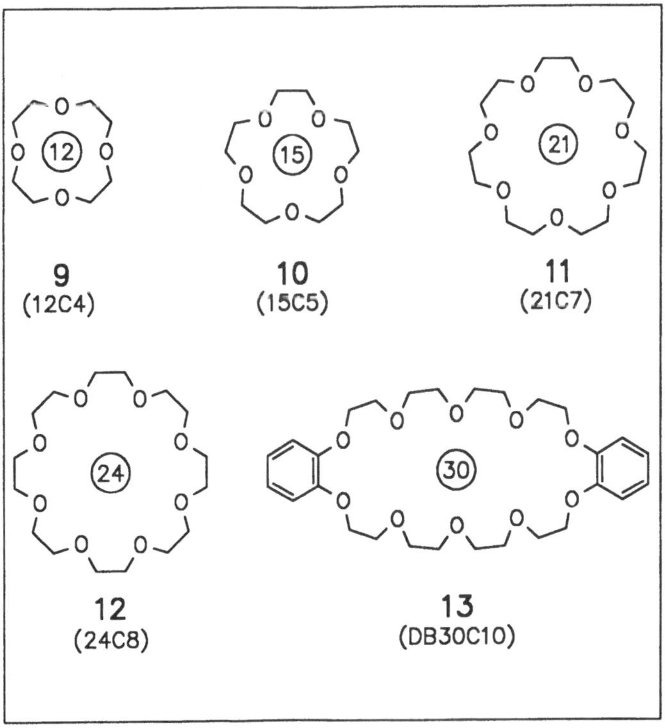

Abb.5. Kronenether verschiedener Ringgröße und Anzahl von Donoratomen

Pedersen hatte bereits Kronenether mit unterschiedlich ankondensierten Benzenringen (14-16, <u>Abb.6</u>) synthetisiert [1]. Heute ist von der Monobenzo-kondensierten [18]Krone-6 bis zur Hexabenzo[18]krone-6 (16) jedes Zwischenglied bekannt, einschließlich aller Positionsisomere (vgl. **4** mit **14**) [100].

Wie unten in <u>Abb.6</u> zu erkennen ist (17-19), lassen sich die Sauerstoffatome im Ring unterschiedlich anordnen, z.B. mittels variierter Brückensegmente aliphatischer (17) [1] oder aromatischer Bauart (18) [101,102]. Bei **19** wird eines der Ether-Sauerstoffatome mit einem intraanularen Substituenten eingebracht [103]. In <u>Abb.7</u> ist die chemische Natur der Donorstelle variiert.

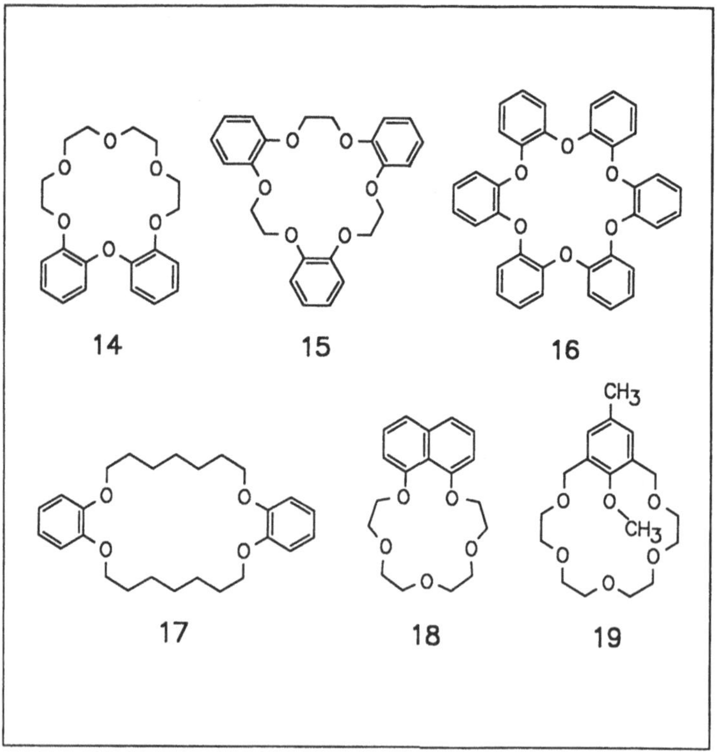

<u>Abb.6</u>. Kronenether verschiedener Ringflexibilität und verschiedener Anordnung von Donorstellen

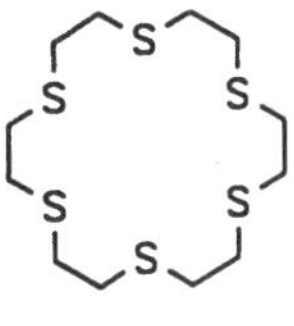
20

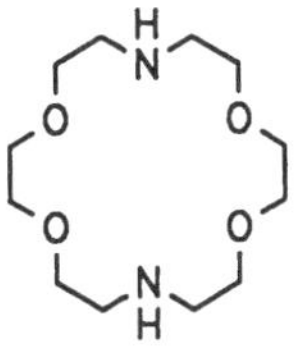
21

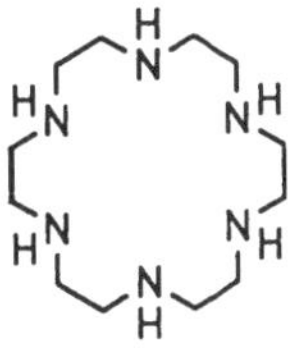
22

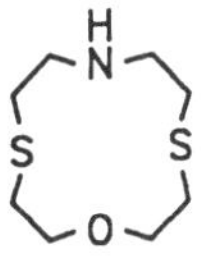
23

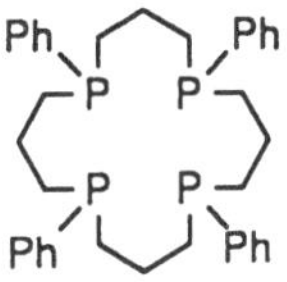
24

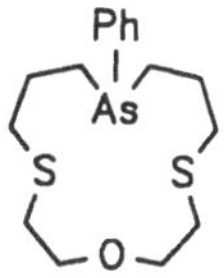
25

Abb.7. S-, N-, P-, As-haltige Coronanden (Hetero-Kronen)

20 ist eine Kronenverbindung, bei der die Ether-Sauerstoffatome durch Sulfidschwefel ersetzt sind. Dies kann in anderen "Thiacoronanden" auch einzeln erfolgt sein [24].

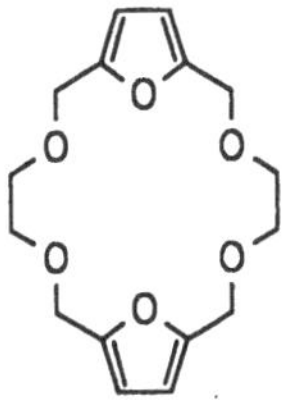
26

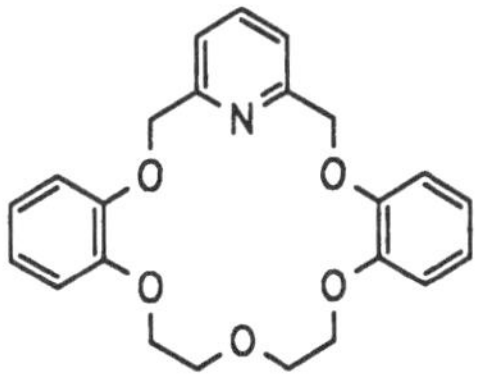
27
(DBPy18C6)

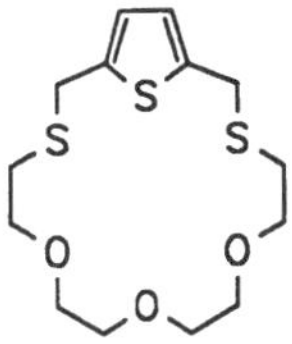
28

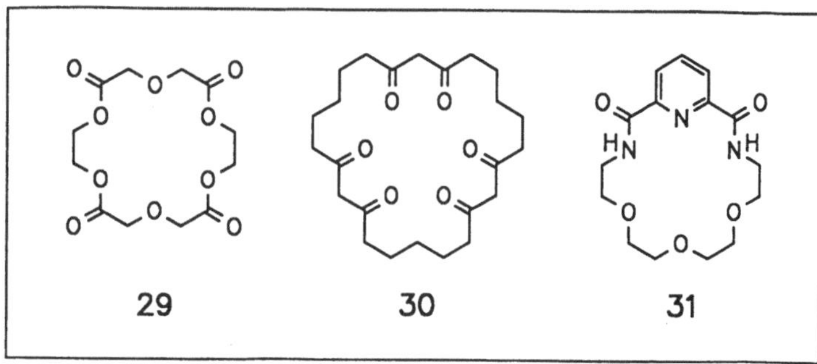

Abb.8. Coronanden mit heteroaromatischen Strukturelementen und mit funktionellen Gruppen als Donorstellen

Entsprechendes ist durch Ersatz von Sauerstoff- durch Stickstoffatome möglich, was zu "Azacoronanden" führt (21, 22) [75,104]. Neben Sauerstoff- können die beiden Ersatz-Donorstellen Schwefel- oder Stickstoffatome zugleich im Ring vorhanden sein (23) [20,24]. Man kennt auch Kronenringe, die Phosphor- (24) [4] oder Arsenatome (25) [105] enthalten.

Auch heteroaromatische Bauelemente können Donorpositionen übernehmen (Abb.8). Die Furano-, Pyridino- und Thiopheno-Verbindungen 26-28 sind bekannte Vertreter dieses Kronentyps [41,77].

Schließlich lassen sich funktionelle Gruppen, wie sie z.B. in Estern [52], Amiden, Ketonen usw. vorliegen (29-31) [5], als Donorstellen in Kronenringe einbauen. Im folgenden seien topologische Gesichtspunkte herausgestellt.

Cryptanden: Sphärische Molekülstrukturen entstehen, wenn Coronanden (z.B. Diazacoronanden) mit einer weitere Donorstellen tragenden Kette überbrückt werden. Eine Auswahl von Verbindungen dieses Typs ist in Abb.9 zusammengestellt (32-37).

bicyclisch:

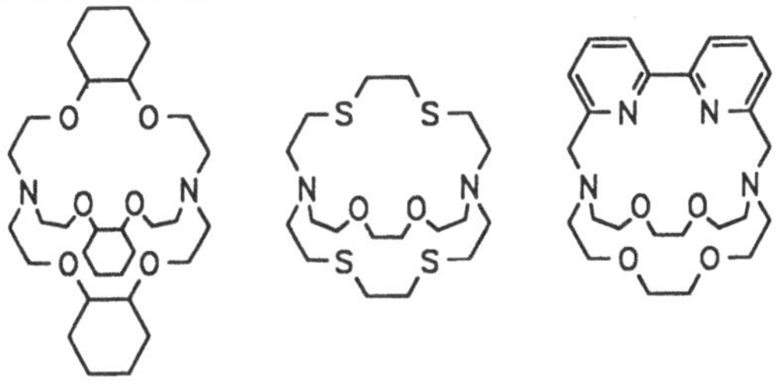

35   **36**   **37**

$[2.2_{SS} \cdot 2_{SS}]$

tricyclisch:

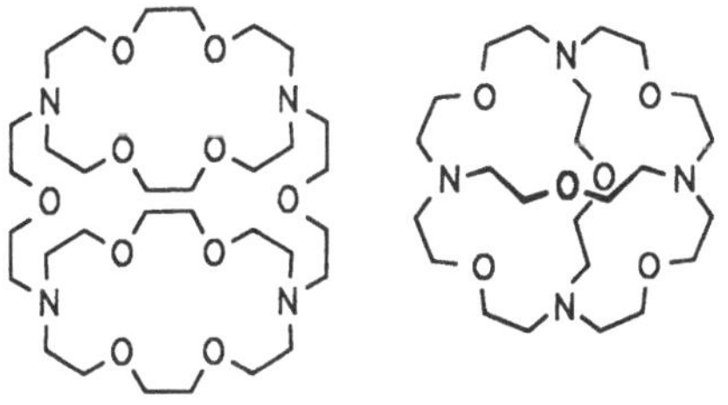

38   **39**

<u>Abb.9</u>. Cryptanden

Sie wurden von *Lehn* (Universität Straßburg; Nobelpreis 1987) zu Beginn der 70er Jahre entdeckt und rasch unter dem Namen *"Cryptand"* (Handelsbezeichnung "Kryptofix"®) bekannt [47,106]. Sie weisen einen dreidimensional ummantelten Hohlraum auf, dessen Größe je nach Brückenlänge variiert. Für die Verbindungen sind Kurzbezeichnungen in Form einer Zahlenleiste geläufig, wobei die Zahlen die Menge der Donorstellen in jeder Brücke symbolisieren, z.B. für **32-34** "[2.1.1]", "[2.2.1]" oder "[2.2.2]" [22].

Auch hier ist die Donorstellen- und Substituentenvariation möglich (**35-37**) [48,86]. Die Brücken können auch von Kohlenstoffatomen ausgehen [107,108]. Zusätzliche Brückenschläge führen zu weiteren Ligandtopologien, darunter sind vor allem die zylindrischen Cryptanden (z.B. **38**) sowie das sogenannte *"Fußballmolekül"* (soccerball cryptand) **39** zu nennen [40].

Podanden: Im Gegensatz dazu zeichnen sich die - offenkettigen - *"Podanden"* (Abb.10) gerade durch das Fehlen von Ring- und Brückenstrukturen aus. Im Prinzip ist dieser Verbindungstyp, z.B. in Form der Glymes [109] (vgl. Pentaglyme **40**), schon lange bekannt. Aber erst im Zuge der Kronenether-Chemie begann man mit der gezielten Synthese von spezielleren Podanden, vor allem von solchen mit "Endgruppen" (**41-43**) [60] und ausgeprägter Lipophilie (**44**) [110]. Der mit Chinolin-Kettenenden ausgestattete Podand **41** (n=2, Handelsbezeichnung Kryptofix-5®) [111] gehört in das Sortiment der gebräuchlichsten Kronen-Verbindungen.

linear (offenkettige Kronenether/Coronanden) :

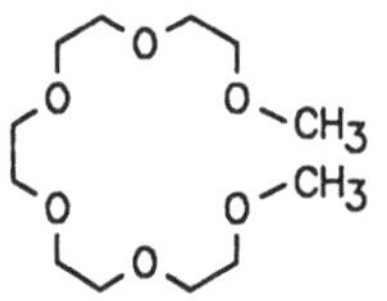

40
Pentaglyme
(Glyme-6)

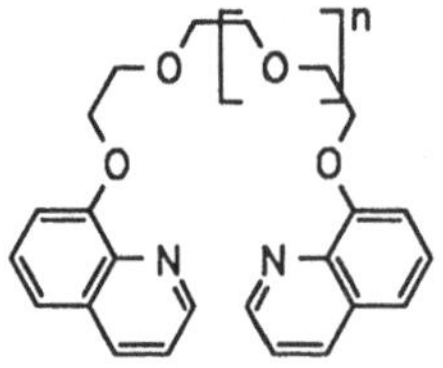

41
n = 0-5
n = 2 : Kryptofix-5

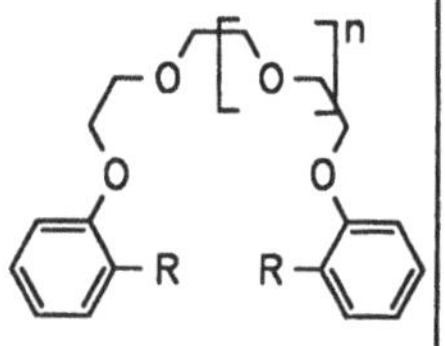

42
n = 0-2
R = H, OCH_3, NO_2,
COOH, COOEt,
CONHR, NHCOR

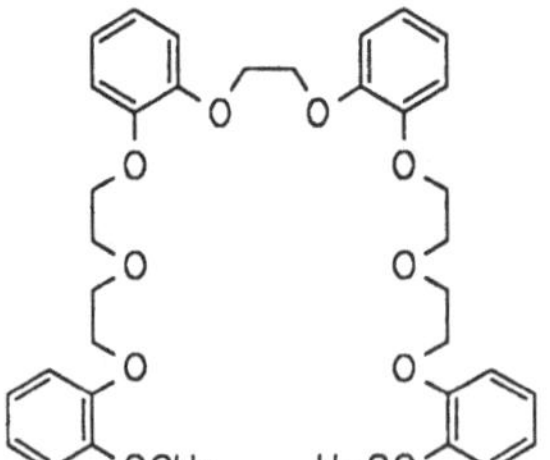

43

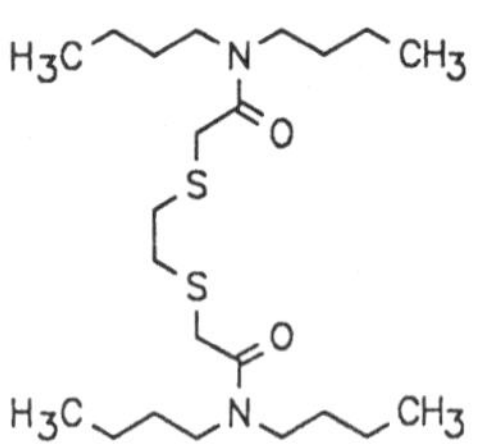

44

drei- und vierarmig (offenkettige Cryptanden) :

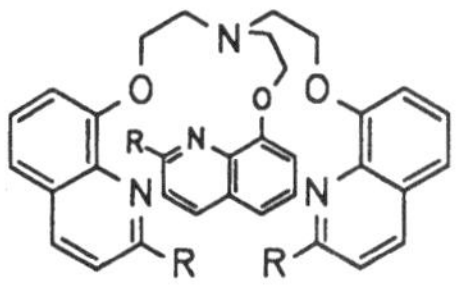

45
R = H, CH_3

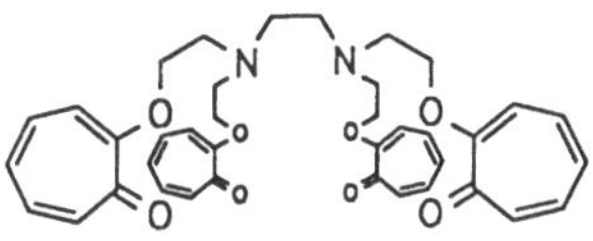

46

Abb.10. Einige Podanden

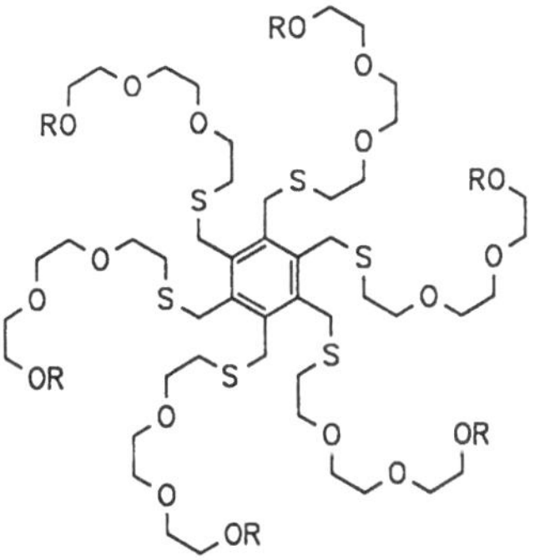

47

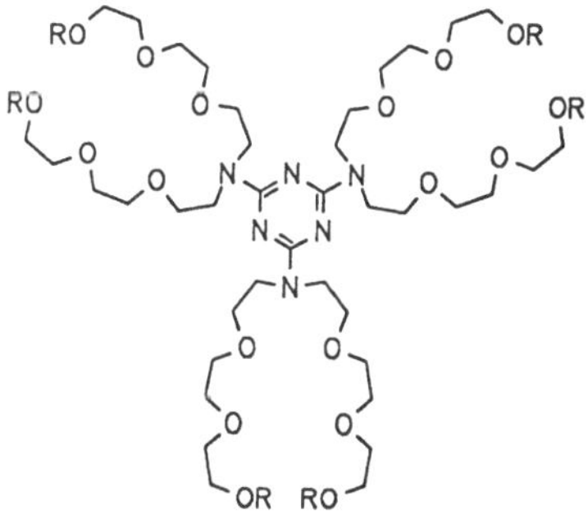

48

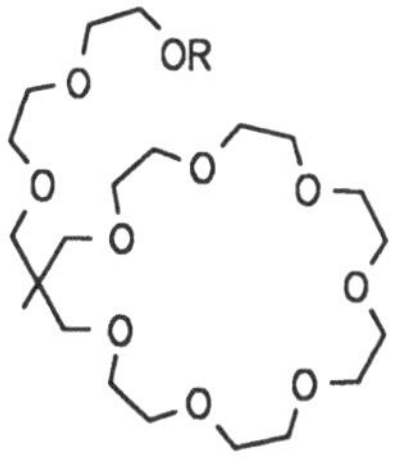

49

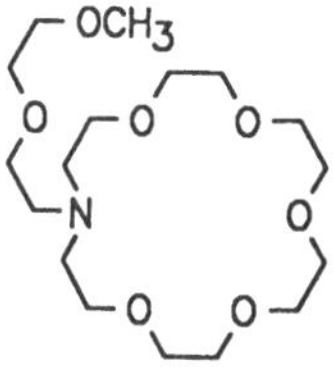

50

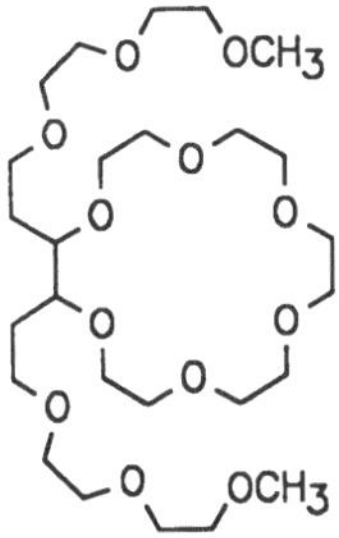

51

Abb.11. Krakenmoleküle und Lariatether

Auch bei Podanden sind topologische Steigerungen möglich, z.B. in Form der drei- und vierarmigen sog. "offenkettigen Cryptanden" (45, 46) [70].

Wegen ihrer Analogie zu der Gestalt und Saugnapf-Bestückung eines Tintenfisches bezeichnet man vielarmige Liganden des in Abb.11 gezeigten Typs 47 [112], 48 [113] als *"Kraken"-Verbindungen* (auch "Tentakel"-Moleküle) [60]; man vgl. hierzu auch die *"Kaskaden-Moleküle"*, *"Arborole"*, *"Dendrimere"* und *"starburst"*-Verbindungen [60a].

Topologische Hybride, die sich aus einem Kronenring mit anhängendem Podandarm zusammensetzen (49-51), werden salopp **"Lasso-Ether"** ("lariat ether") genannt [114].

Abb.12 zeigt Mehrfach-Kronen (52-54), deren Bauprinzip in einer Ansammlung von gleichen (53) oder unterschiedlichen Kronenether- bzw. Coronand-Einheiten besteht (52, 54) [115]. Von ästhetischem Reiz ist der sphärische Hexakronenether 53 [116].

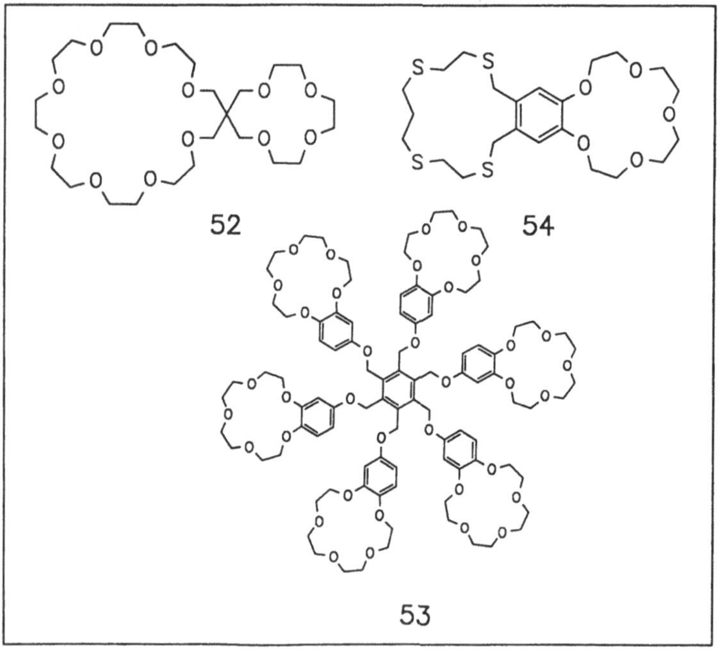

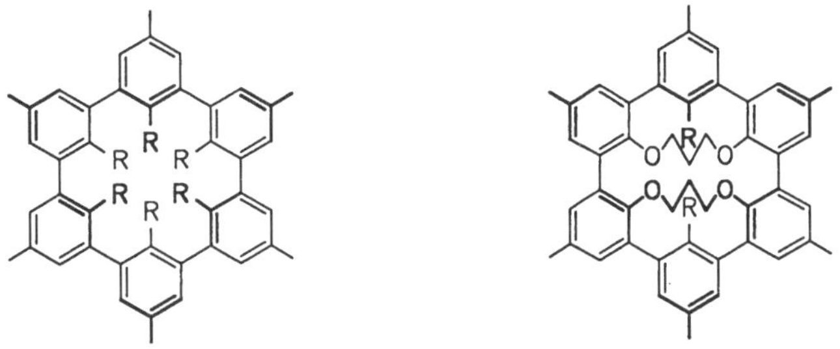

55
R = OCH$_3$; OH

56
R = OCH$_3$

<u>Abb.12</u>. Vielfach-Kronen und Spheranden

Spheranden: Für Verbindungen des Typs **55** und **56** hat *Cram* die Bezeichnung *"Spherand"* vorgeschlagen [117]: Ins Ringinnere eines starren Molekülskeletts ragen Donorzentren in Form von intraanularen Substituenten (OCH$_3$, OH, O$^{\ominus}$).

Polycyclische Kronenverbindungen wie in <u>Abb.12</u>, ebenso die Cryptanden (<u>Abb.9</u>), erfordern einen hohen Syntheseaufwand. Für viele der monocyclischen Ringkonstitutionen existieren gut ausgearbeitete Synthesevorschriften [118,119]; die Ausbeuten liegen wegen besonderer Hilfseffekte ("Templateffekt") [66,99] in der Regel bemerkenswert hoch [5]. Am wenigsten Schwierigkeiten bereitet allerdings die Synthese von Podanden, schon deswegen, weil der Cyclisierungsschritt entfällt. Präparative Details sind in Monographien [5,6] und Übersichten [24,41,62,66,75] zu finden.

2.2.1.3 Eigenschaften der Kronen-Verbindungen

Polarität und Löslichkeit: Da auf ein hydrophiles Sauerstoffatom jeweils eine lipophile Ethano-Gruppe entfällt, repräsentieren Kronenether einen hinsichtlich Bindungssymmetrie und Polarität ausbalancierten Zustand. In der *Hantzschen* Lipophilieskala [120] ergibt sich gerade der Wert "Null", also eine ideale **Hydrophilie/Lipophilie-Balance.** Dies macht die universellen Löslichkeits-Eigenschaften der Kronenverbindungen verständlich. Viele Kronenether sind sowohl in hydrophilen Medien, wie Wasser und Alkoholen, als auch in lipophilen Medien, z.B. Benzen und Chloroform, gut löslich. Die Art des Solvens übt jedoch einen signifikanten Einfluß auf die Konformation der Kronenetherringe aus (Abb.13):

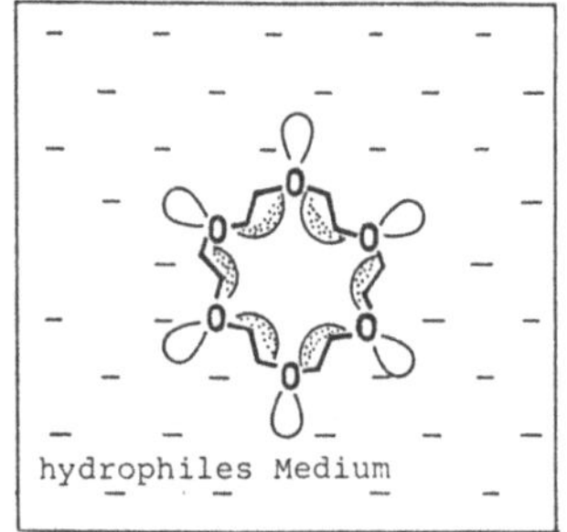

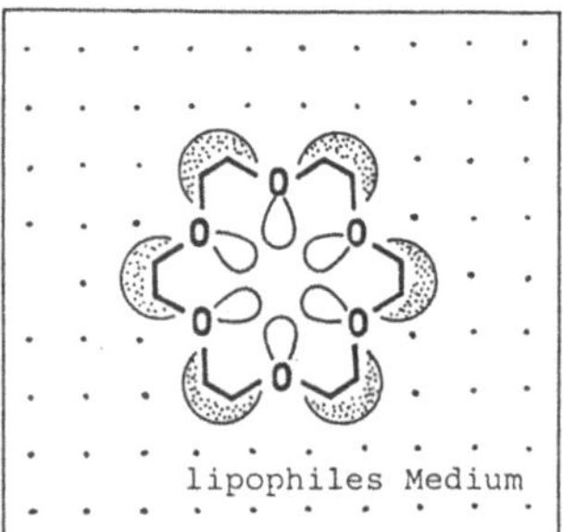

Abb.13. Zur Lösungsmittelabhängigkeit von [18]Krone-6. Links: hydrophiles; rechts: lipophiles Medium

In hydrophilen Medien werden die polaren Sauerstoffenden nach außen zeigen und einen lipophilen Kohlenwasserstoffkern verursachen. Das Kronenether-Innere ist unter diesen Umständen mit einem Fetttröpfchen in Wasser vergleichbar. In lipophilen Medien ist die Molekülpolarität umgekehrt: Die Sauerstoffatome werden konformativ nach innen gedrängt, und die fettverträglichen CH_2-Gruppen zeigen nach außen. Der Kronenether(-Hohlraum) verhält sich nun wie ein Wassertröpfchen in Öl. In diesem Fall entsteht ein hydrophiler und elektronenreicher Molekülhohlraum, der zur Einlagerung, d.h. Komplexierung von Kationen geeignet ist.

Komplexbildung der Kronenether mit Metall-Kationen:
a) Einfluß von Lösungsmittel, Ringgröße und Donorstelle [4,71,93]: Die obige einfache Betrachtungsweise läßt prinzipielle "Kronenether-Eigenschaften" bereits erahnen [36,99]. Außerdem wird deutlich, warum die Art des Lösungsmittels die Komplexbildungsfähigkeit eines Kronenethers beinflußt. Vergleichbare Komplexe werden in wenig polaren Medien eine viel höhere Stabilität aufweisen als in stärker polaren, wie auch aus der Gegenüberstellung in Abb.14 hervorgeht.

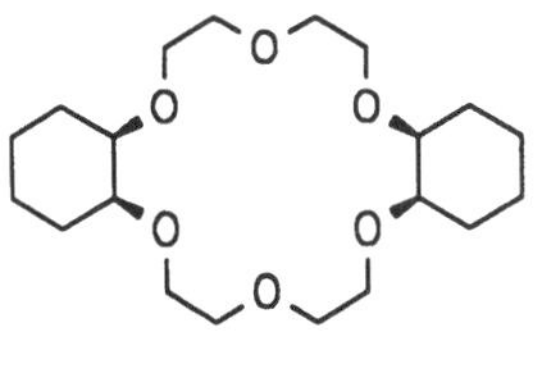

8
DCH18C6
Isomer A
(*cis–syn–cis*-Isomer)

log K_f bei 25 °C (potentiometrisch):

	Na$^{\oplus}$	K$^{\oplus}$
H$_2$O	1.21	2.02
MeOH	4.08	6.01

<u>Abb.14</u>. Zum Lösungsmitteleffekt auf die Kronenether-Kation-Komplexierung

DCH18C6 (**8**) bindet K$^{\oplus}$-Ionen in Wasser mit einer Komplexbildungskonstante (K_f) von ca. 10^2, in Methanol hingegen ist K_f entschieden höher [71]: ca. 10^6.

Aus <u>Abb.14</u> ist auch zu entnehmen, daß der Kronenether **8** unter vergleichbaren Bedingungen Na$^{\oplus}$-Ionen um ein bis zwei Größenordnungen schwächer als K$^{\oplus}$ bindet. Offenbar ist die effektive Hohlraumgröße des 18-gliedrigen Kronenetherrings auf den Ionendurchmesser von K$^{\oplus}$ (266 pm) besser als auf den von Na$^{\oplus}$ (190 pm) abgestimmt, weshalb K$^{\oplus}$-Ionen in **8** günstigere räumliche Verhältnisse als Na$^{\oplus}$-Ionen vorfinden und stabiler eingelagert werden.

Entsprechend verhält sich 18C6 (**7**), dessen Hohlraumdurchmesser besser bekannt ist (je nach Konformation 260-320 pm). Die Kalottenmodelle in <u>Abb.15</u> lassen sowohl den verfügbaren Ligand-Hohlraum von **7** als auch das paßgenaue Anschmiegen des lückenlosen Kranzes von Sauerstoffatomen an die Ionenkugel im entsprechenden Komplex erkennen, d.h. die optimale räumliche Komplementarität zwischen K$^{\oplus}$ und dem Innenraum von 18C6. Auch für die kleineren und größeren Alkalimetallionen findet man Kronenether mit passend dimensioniertem Innenhohlraum (<u>Tab.1</u>). So harmoniert z.B. das kleine Li$^{\oplus}$ mit der Ring-engeren 12C4 (**9**), das größere Na$^{\oplus}$ mit der Ring-weiteren 15C5 (**10**), K$^{\oplus}$ (wie erwähnt) mit 18C6 (**7**) und Cs$^{\oplus}$ mit 21C7 (**11**) [70].

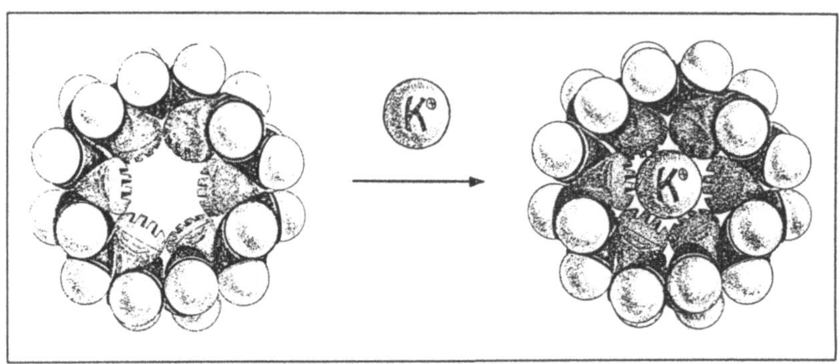

Abb.15. Kalottenmodell der [18]Krone-6 (7) und ihres $K^{\oplus}$-Komplexes (freies 7 liegt je nach Solvens oder Aggregatzustand in anderer Konformation vor)

Tab.1. Vergleich des Durchmessers verschiedener Alkalimetall-Kationen und Kronenverbindungen

Kation	Durchmesser [pm]	Krone	Durchmesser [pm]
$Li^{\oplus}$	136	12C4 (9)	120-150
$Na^{\oplus}$	190	15C5 (10)	170-220
$K^{\oplus}$	266	18C6 (7)	260-320
$Cs^{\oplus}$	338	21C7 (11)	340-430

In Abb.16 sind für Kronenether unterschiedlicher Ringgröße (und Anzahl von Ether-Sauerstoffatomen) die Komplexkonstanten (logarithmiert) gegen die Ionenradien für $Na^{\oplus}$, $K^{\oplus}$ und $Cs^{\oplus}$ aufgetragen. Mit steigender Ringweite des Kronenethers werden jeweils die größeren Kationen stärker komplexiert. Die relativen Stabilitätsunterschiede für die Komplexe mit unterschiedlichen Kationen sind maßgebend für den Kurvenverlauf. Dieser wiederum liefert Aussagen über die Komplexierungsselektivität [70], d.h. die bevorzugte Komplexierung eines bestimmten Ions in Gegenwart von anderen.

Im Fall des Kronenethers 57 liegt z.B. Peakselektivität für $K^{\oplus}$ vor, da sowohl $Na^{\oplus}$ als nächst kleineres, wie $Cs^{\oplus}$ als nächst größeres Alkalimetallion deutlich schwächer komplexiert werden. Fällt die Kurve hingegen nur nach einer Seite hin àb, so spricht man von Plateauselektivität. Dieser Fall liegt

in etwa bei der 15-gliedrigen Krone **58** vor, die das Maximum der Komplexbildungskonstante bei Na$^\oplus$ aufweist, K$^\oplus$ nur geringfügig schwächer, Cs$^\oplus$ hingegen deutlich schwächer komplexiert.

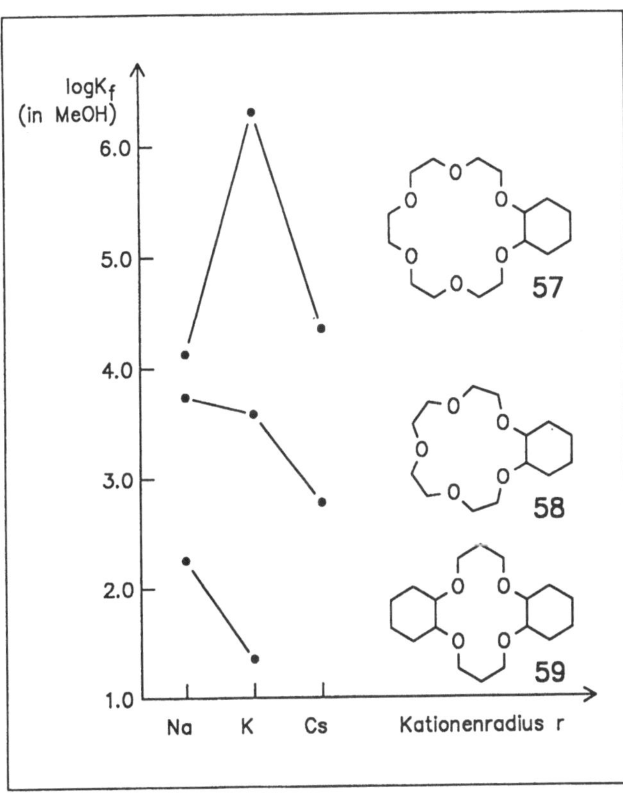

Abb.16. Einfluß der Ringgröße auf die Kronenether-Kation-Komplexierung

Die räumlichen Beziehungen zwischen Ligandhohlraum und Kationdurch-
messer spiegeln sich in den Kristallstrukturen der Komplexe wider
42,65,70,121,122) (Abb.17). So findet man im kristallinen Komplex von 18C6
(**7**) mit Kaliumthiocyanat das Kaliumion exakt im Zentrum des Rings lokalisiert (Abb.17a, vgl. Abb.15). Im Falle der B15C5 (**60**) hingegen, deren
Ringweite zur Einlagerung von K$^\oplus$ nicht ausreicht, wird ein Sandwich-Kom-
plex ausgebildet (Abb.17b). Mit zunehmender Ringweite und steigender Fle-

xibilität neigen die Kronenetherliganden dazu, räumlich zu kleine Kationen durch Umschlingen zu komplexieren: Die Ligandkonformation im 1:1-Komplex von DB30C10 (13) mit Kaliumiodid erinnert an die Form einer Tennisballnaht. Andererseits kann ein zu groß dimensionierter Kronenetherring auch von zwei Kationen gemeinsam besetzt werden, wie der Dinatrium-Komplex der 30-gliedrigen Krone 13 zeigt. In <u>Abb.17c</u> sind die Komplexstrukturen dieser und weiterer Kronenether/Kation-Kombinationen schematisch wiedergegeben [123].

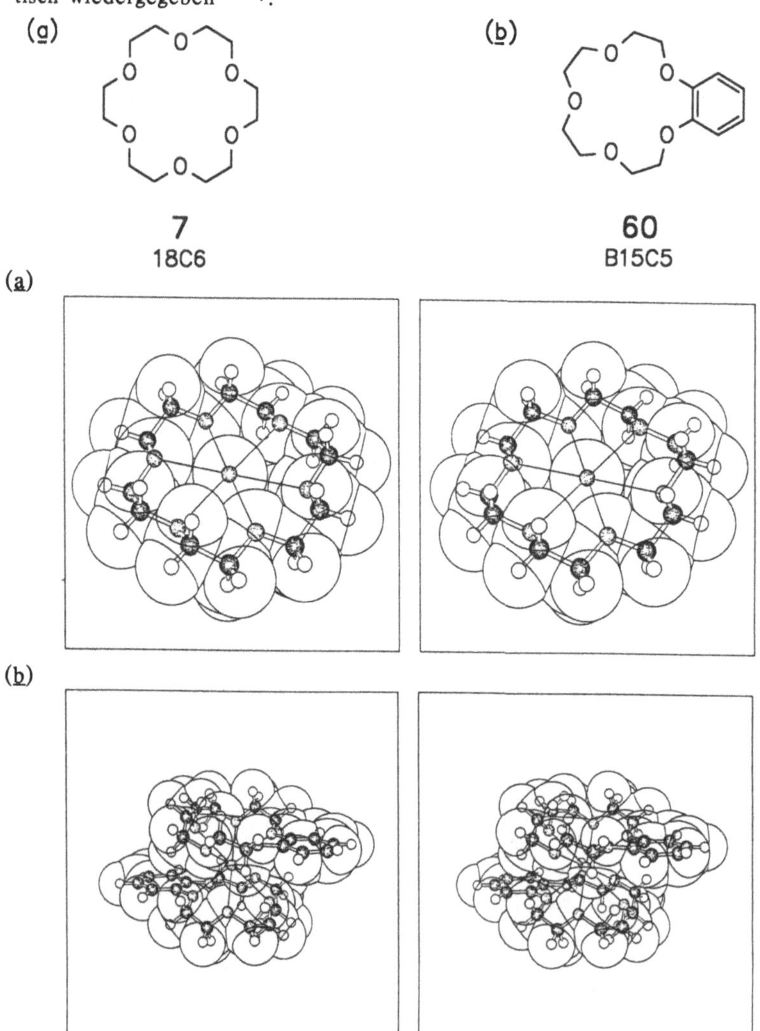

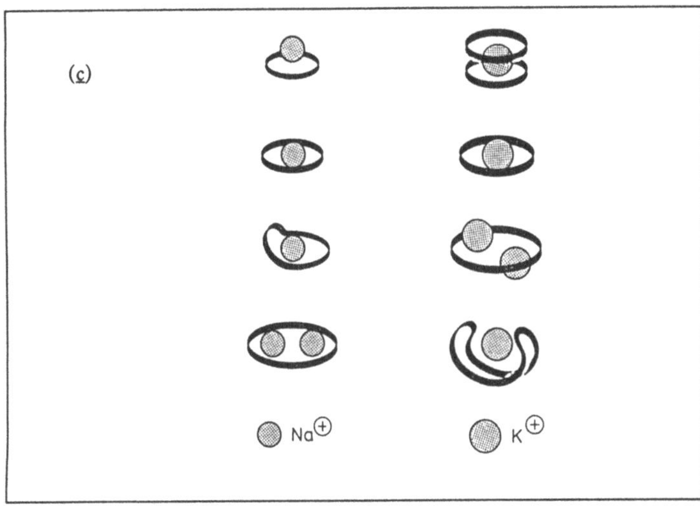

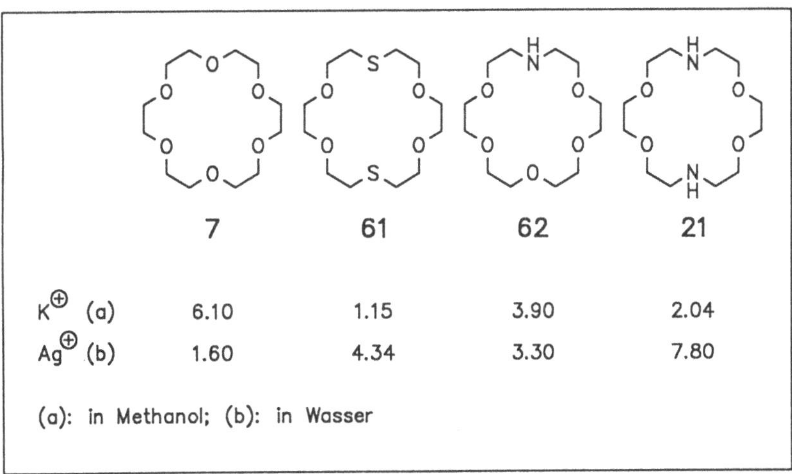

Abb.17. Kristallstrukturen des $K^\oplus$-Komplexes von 18C6 (**a**) und von B15C5 (**b**); (**c**) Topologien von Kronenether-Komplexen (die Ringgröße nimmt nach unten zu)

		7	61	62	21
$K^\oplus$	(a)	6.10	1.15	3.90	2.04
$Ag^\oplus$	(b)	1.60	4.34	3.30	7.80

(a): in Methanol; (b): in Wasser

Abb.18. Einfluß der Donorstellen-Variation auf die Komplexbildungseigenschaften (log K_f-Werte)

Die Möglichkeit, unterschiedlich strukturierte Komplexe ausbilden zu können, läuft der Komplexierungsselektivität entgegen. Dies betrifft vor allem die Kronenether mit kleinen *(Sandwich-Komplexe)* und großen Ringweiten *(Zweikernkomplexe)*. Ungeachtet dessen haben die räumlichen Gegebenheiten einschneidende Folgen hinsichtlich der Komplexierung.

Der Austausch von Donorstellen in Kronenethern, z.B. von O gegen N oder S (vgl. Abb.7) kann noch tiefergreifende Änderungen des Komplexierungsverhaltens bewirken (Abb.18): Während die Komplexbildung mit Alkalimetallionen, z.B. $K^\oplus$, bei Ersatz von Sauerstoff (7) durch Schwefel (61) oder Stickstoff (21, 62) im Kronenring drastisch abfällt, steigt sie für Übergangsmetallionen, z.B. $Ag^\oplus$, in dieser Reihenfolge signifikant an [39,70]. Diese Beobachtung steht im Einklang mit dem HSAB-Prinzip [124], wonach harte Sauerstoffzentren mit harten Alkaliionen und weiche Schwefel- bzw. Stickstoffzentren mit weichen Übergangsmetallionen energetisch bessere Paarungen ergeben.

b) <u>Einfluß der Ligandtopologie:</u> Die Ligandtopologie (Abb.8) ist maßgebend für die günstigen Komplexierungseigenschaften der *Cryptanden* [22,47,66]. Abb.19 zeigt das Kalottenmodell des Kaliumkomplexes des [2.2.2]Cryptanden (34). Das komplexierte Ion, das den Ligandhohlraum gerade optimal ausfüllt, wird von den drei Polyetherbrücken so stark abgeschirmt, daß es in der Abbildung nur schwer zu erkennen ist. Es ist gleichsam im Hohlraum des Wirtmoleküls versteckt, wovon der Name *"Cryptat"* für solche Komplexe herrührt.

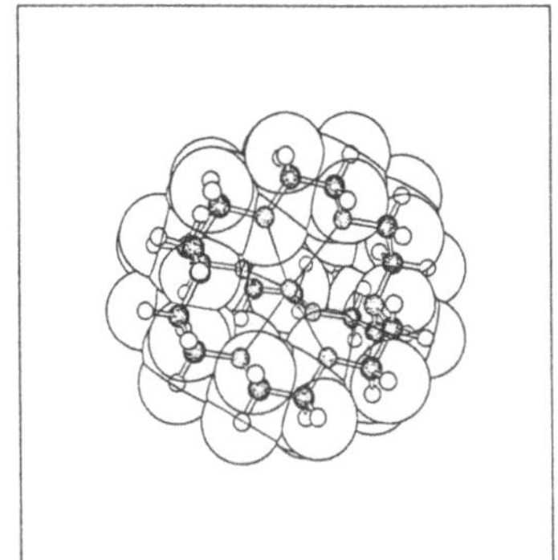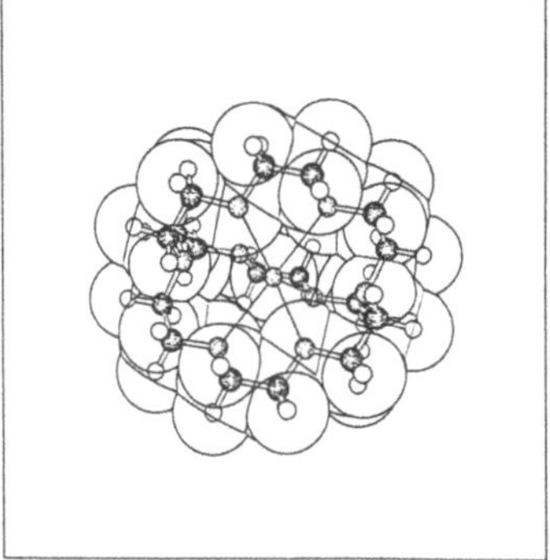

Abb.19. Kalottenmodell des $[2.2.2]\cdot K^\oplus$-Komplexes (Stereobild)

Als Folge der dreidimensionalen Verkapselung (topologische Abschirmung) bilden Cryptanden generell stabilere Komplexe als vergleichbare
monocyclische Kronenether/Coronanden mit räumlich passenden Kationen
[70,86]. Wegen ihrer geringen Deformierbarkeit sind auch die Komplexierungs-Selektivitäten in der Regel höher (topologische Kontrolle). Während
die Komplexierungseigenschaften der Cryptanden stark von der starren
Hohlraumgeometrie bestimmt werden, mangelt es den *Podanden* (Abb.9) gerade an diesem Merkmal [60]. Sie besitzen von vornherein keinen eigentlichen Molekülhohlraum, in den sich ein Kation einlagern könnte. Doch sind
sie befähigt, bei der Komplexierung einen Ligandhohlraum aufzubauen [57].
Abb.20 zeigt die Situation beim $Rb^{\oplus}$-Komplex des Podanden "Kryptofix-5"
(**41**). Der Ligand ist spiralig um das Kation gewunden. Dies entspricht einer
ungünstigen Entropieänderung, die auf Kosten der Komplexstabilität geht.

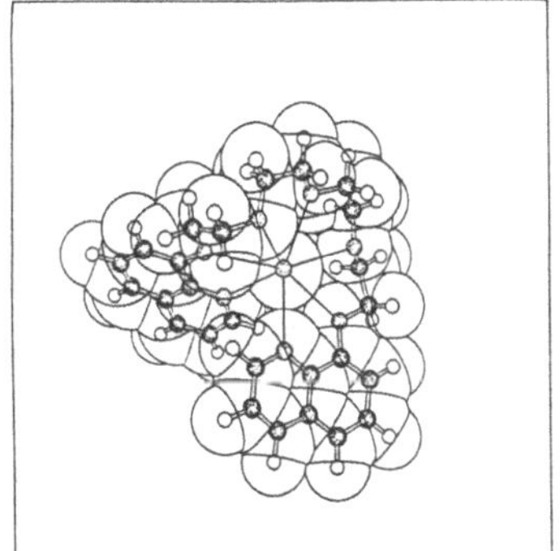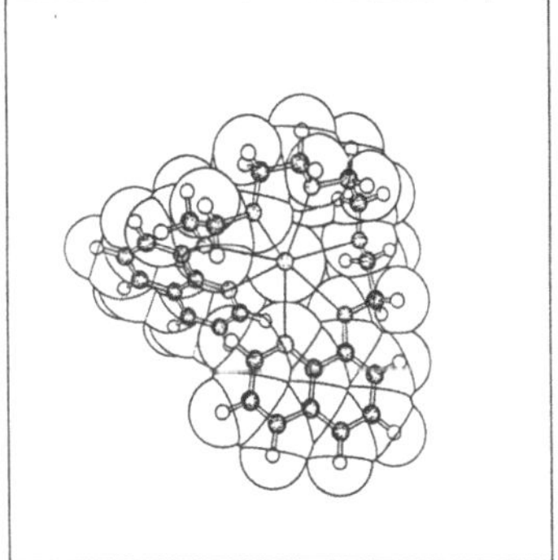

Abb.20. Kristallstruktur des 41-$Rb^{\oplus}$-Komplexes (Stereobild)

Vergleichbare Komplexe zwischen Podanden *("Podate")* und Alkali-
/Erdalkalimetallionen sind daher um Größenordnungen labiler als Kronenether- bzw. Coronand-Komplexe *("Coronate")* und diese wiederum stehen
den Cryptand-Komplexen *("Cryptate")* um mehrere Zehnerpotenzen nach.
Typische Größenordnungen der Komplexbildungskonstanten (K_f), z.B. in Methanol, sind 10^2 bis 10^4 für Podate, 10^4 bis 10^6 für Coronate und 10^6 bis
10^8 für Cryptate (Tab.2) [70]. Mit jeder neu hinzukommenden Dimension im
Ligandmolekül, von *fadenartig* über *cyclisch* nach *sphärisch*, steigt also die
Stabilität entsprechender Komplexe um jeweils 2-3 Zehnerpotenzen an. Man
kann dies auch anhand von speziellen Effekten zum Ausdruck bringen
(Tab.2) [47]. Damit ist aber lediglich die Thermodynamik der Komplex-

bildung charakterisiert *("statische Komplexstabilität")*. Unterschiede zwischen den verschiedenen Ligandtypen ergeben sich auch aus ihrem kinetischen Verhalten bei der Komplexbildung wie beim Komplexzerfall *("dynamische Komplexstabilität")* [37,70,93].

Die konformativ starreren Cryptanden komplexieren langsam, die flexiblen Podanden hingegen schnell, Coronanden liegen dazwischen. Es lassen sich *"Kation-Rezeptoren"* und *"Kation-Carrier"* unterscheiden, je nachdem, ob hohe Komplexstabilität bei langsamer Komplexierung/Dekomplexierung oder geringe Komplexstabilität bei rascher Komplexierung/Dekomplexierung vorliegt. Daher ist je nach Art des Liganden eine Komplexbildung unter sehr unterschiedlichen Gesichtspunkten möglich.

<u>Tab.2</u>.   Beziehung zwischen Komplextyp, Komplexkonstante und Komplexstabilisierungs-Effekt

Komplex-Typ	K_f	Effekt
Podat	10^2-10^4	Chelat-Effekt
Coronat	10^4-10^6	makrocyclischer Effekt
Cryptat	10^6-10^8	makrobicyclischer Effekt

c) <u>Komplexierung von Molekül-Kationen, chiroselektive Komplexbildung</u>: Kompliziertere Verhältnisse ergeben sich für die Komplexierung von molekularen Kationen, z.B. von Organylammonium-Ionen, da hier die richtige geometrische Anordnung von spezifischen Bindungsstellen, d.h. die geometrische *Komplementarität* ("steric fit") [32,46,47,53,69] eine noch größere Rolle spielt.

In <u>Abb.21</u> ist unter <u>a</u>) die *"trigonale Erkennung und Bindung"* eines primären Ammoniumsalzes durch einen Azacoronanden gezeigt, der drei spezifische H-Brückenkontakte mit dem Gastmolekül ermöglicht [125]. Man spricht in diesem Zusammenhang von einer *"Dreipunkt-Wechselwirkung"*. Unter <u>b</u>) erkennt man die *"tetragonale Bindung"* des unsubstituierten Ammonium-Ions mit Hilfe eines sphärischen (tricyclischen) Cryptanden (39 in <u>Abb.9</u>) [47,48]. <u>Abb.21c</u> zeigt die perfekte Komplexierung eines endständigen Diammonium-Salzes in einem zylindrischen Cryptand-Hohlraum *(Dihapto-Komplex)* [86,99]. Noch einen Schritt weiter geht die Anordnung im Komplex <u>d</u>). Hier nehmen sowohl der zentrale Ring wie auch die lateralen Sei-

tenarme (Abb.10) an der Erkennung und Komplexierung des bifunktionellen
Ammonium-Ions teil. Die Art des molekularen Gastions, ein Nicotinamid,
läßt die Zielsetzung - *Enzym-analoge Bindung* - erkennen.

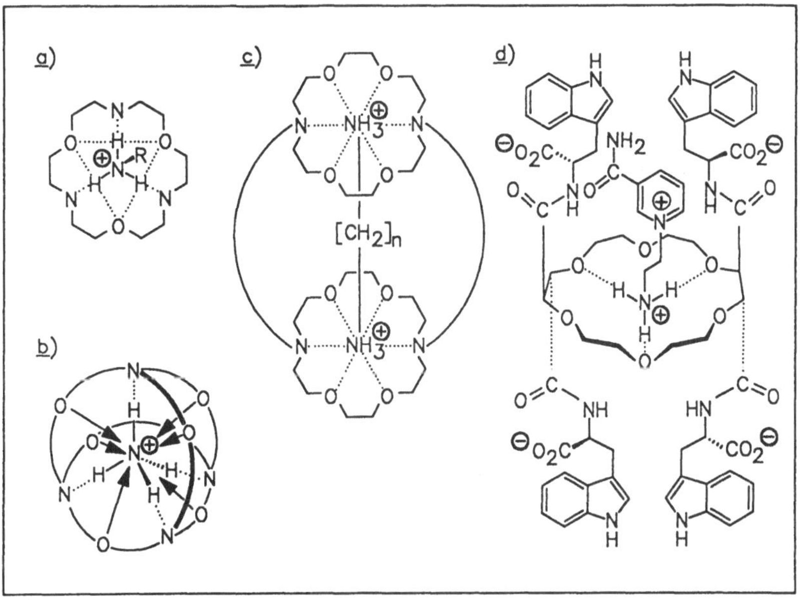

Abb.21. Selektive Bindung von Ammonium-Ionen: trigonale, tetragonale, di-
hapto- und laterale Erkennung

Der in Abb.21d gezeigte Ligand, ein Tryptophan-Weinsäure-Abkömmling,
weist auch eine Reihe von asymmetrisch substituierten Zentren auf
(insgesamt acht). Er sollte sich daher zur *"chiroselektiven Erkennung"* von
enantiomeren Ammonium-Gastverbindungen eignen. Dies ist tatsächlich gelungen [48], doch erwies sich ein Ligand-Typ mit anderer Konstitution (63,
Abb.22) als effizienter [29,32,46]. Für Liganden vom Typ 63 ist molekulare
C_2-Symmetrie (Dissymmetrie) und das Vorhandensein des Binaphthyl-
"Scharniers" als chirale Barriere kennzeichnend.

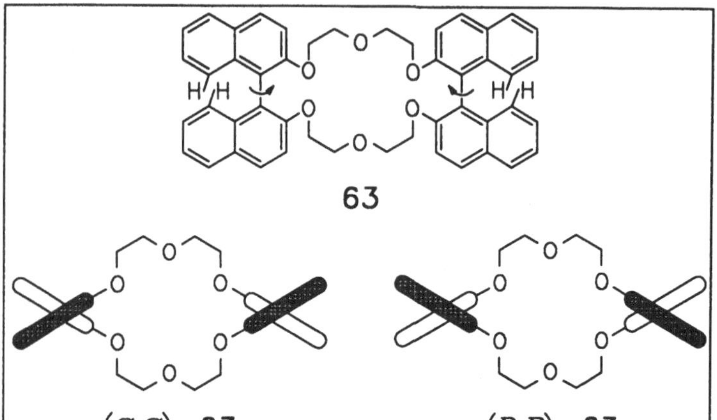

63

$(S,S)-63$ $(R,R)-63$

<u>Abb.22</u>. Chirale Binaphthyl-Kronenether

Wegen der sterischen Hinderung der *peri*-Wasserstoffatome in **63** kommt es zu einer Verdrillung des Moleküls, woraus zwei Enantiomere von **63** resultieren [mit *S,S* und *R,R* spezifiziert (daneben existiert eine inaktive *meso*-Form *R,S*)], die im unteren Teil von <u>Abb.22</u> in der Aufsicht schematisch wiedergegeben sind.

Cram hat die **chiroselektive Komplexierung** von Enantiomeren-reinem **63** sowie von ähnlichen Liganden gegenüber optisch aktiven Ammoniumsalzen untersucht und festgestellt, daß sich auf dieser Basis gute Racemattrennungen erzielen lassen [32]. <u>Abb.23</u> liefert die Erklärung: Als Komplexierungspartner des Liganden **63** (optisch einheitlich, z.B. als reines *S,S*-Enantiomer) wird racemisches Phenylglycinat [(*R*)/(*S*)-**64**] vorgelegt, nachdem es vorher in das protonierte Salz übergeführt wurde.

Es lassen sich nun zwei Fälle denken, die im unteren Teil von <u>Abb.23</u> gezeigt sind [29,32,46]. In der Mitte ist der Ligand (*S,S*)-**63** mit dem (*S*)-Enantiomer der protonierten Gastverbindung **64**, unten dagegen mit der (*R*)-Gastverbindung kombiniert. Man blickt auf die beiden Komplexe in Richtung der C-N-Bindung. Aus den unterschiedlichen geometrischen Anordnungen resultieren Energieunterschiede, z.B. wird der untere Komplex durch vier Bindungsstellen, eine davon an der Carboxylgruppe, der obere jedoch nur durch drei Kontakte zusammengehalten. Die zuunterst stehende *Wirt/Gast-Anordnung* ist daher energetisch günstiger, der Komplex stabiler, er wird bevorzugt gebildet. Dies liefert die Voraussetzung für die Racemat-Trennung von **64**, die sich an einer mit optisch aktivem **63** präparierten Chromatographiesäule durchführen läßt [29,32].

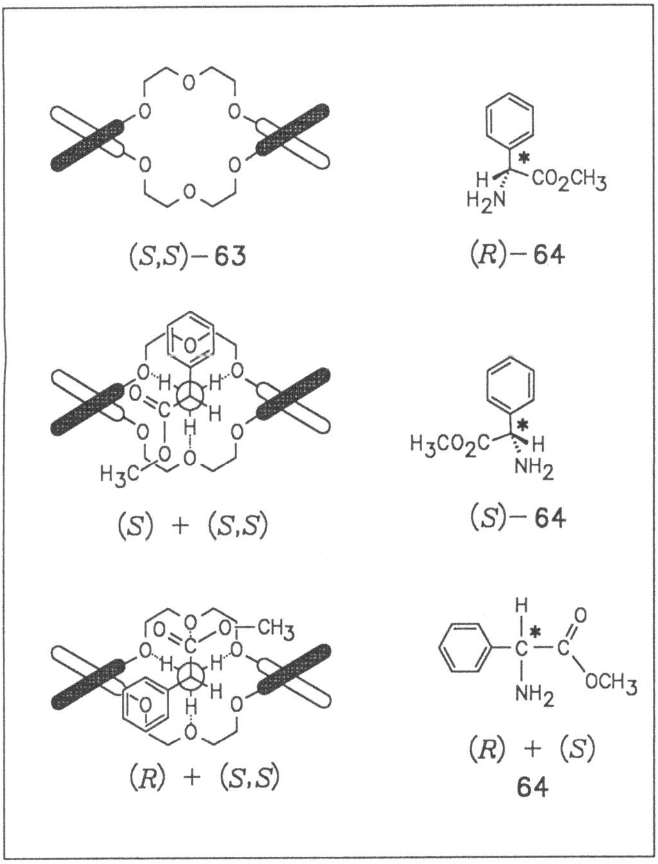

Abb.23. Chiroselektive Erkennung und enantiodifferenzierende Komplexbildung

d) <u>Komplexbildung mit Anionen und mit ungeladenen organischen Gastmolekülen</u>: Auch für die selektive Komplexbildung von *Anionen* existieren Liganden (<u>Abb.24</u>) [86].

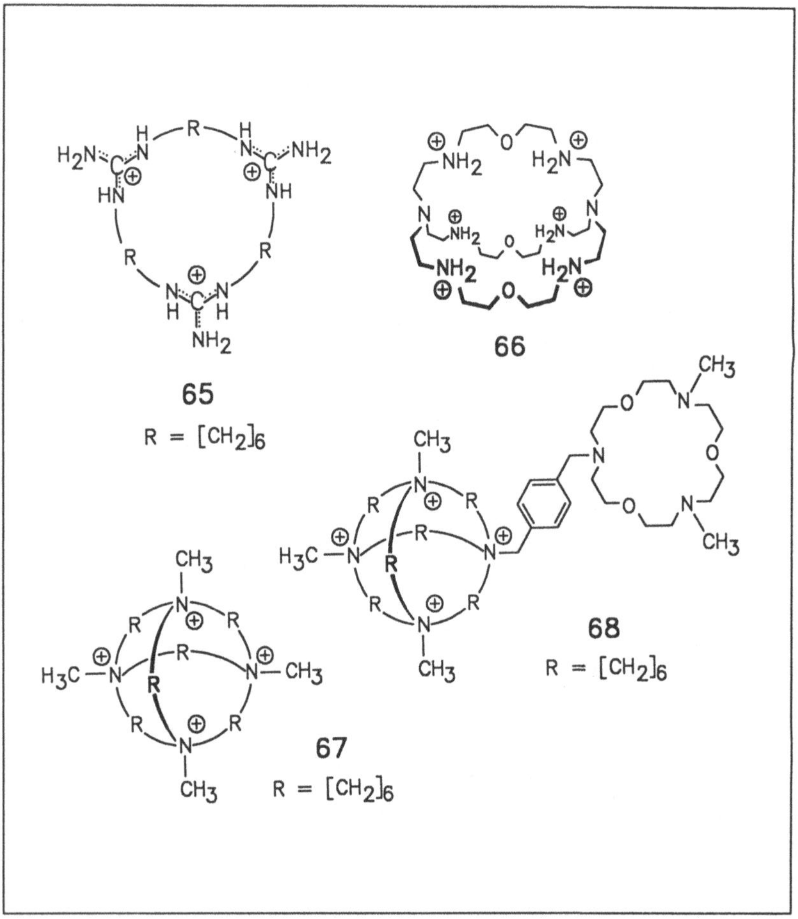

Abb.24. Kronen-analoge Liganden zur Komplexierung von Anionen und Kation/Anion-Kombinationen (Zwitter-Ionen)

Hierzu bedarf es Liganden mit vergleichsweise großem Hohlraum (vgl. Ionendurchmesser $Na^{\oplus}$ = 190 pm, dagegen $Cl^{\ominus}$ = 360 pm), welche synthetisch noch schwierig zugänglich sind. Hinzu kommt, daß die elektrostatischen Anziehungskräfte wegen der geringen Ladungsdichte von Anionen generell schwächer als bei Kationen sind; zudem ist man bei der Auswahl an Donorstellen eingeschränkt. Notwendigerweise müssen diese ein umgekehrtes Ladungsvorzeichen verglichen mit Kronenethern aufweisen. In der Regel handelt es sich um protonierte oder quartäre Stickstoff-Funktionen, die an strategischen Stellen in geeignete Coronanden oder Cryptanden eingebaut sind (65-67).

Für die Selektivität der Liganden gegenüber verschiedenen Gästen ist wieder die Komplementarität zwischen Anion und Ligandhohlraum maßgebend. Der Guanidinium-haltige Monocyclus **65** bindet vorzugsweise *Phosphat* [126], das bicyclisch-ellipsoide **66** ist besonders zur Aufnahme des linear-dreiatomigen *Azid-Ions* geeignet [127], und der tricyclisch-sphärische Tetraammonium-Ligand **67** weist ein Komplexierungs-Maximum für das *Bromid-Ion* auf [128].

Durch *Röntgen*-Kristallstrukturanalyse wurde bewiesen, daß in den Komplexen H-Brückenbindungen wirksam sind und daß sich die Anionen tatsächlich im Innenhohlraum der betreffenden Liganden befinden [129]. Die zugehörigen Komplexbildungskonstanten liegen jedoch noch weit unter denen für vergleichbare Kation-Komplexe [86].

Mit der Synthese des *heterotopen Liganden* **68** (Abb.24) wurden erste Schritte in Richtung auf eine gemischte Kation/Anion- (Ionenpaar-)- Komplexchemie bzw. der von Zwitterionen (Aminosäuren) und dipolaren Reaktionsübergangszuständen getan [130]. Da Kronenverbindungen früher nur als Liganden für Kationen angesehen wurden, blieb ihre Fähigkeit, auch mit *ungeladenen organischen Molekülen* Komplexe eingehen zu können, lange unberücksichtigt [131,132]. Inzwischen ist das Interesse an dieser neuen Seite der Kronenverbindungen gestiegen [88,91,133]. Abb.25 zeigt zwei typische Beispiele derartiger Komplexe (Gastmoleküle Dimethylsulfat bzw. Methanol).

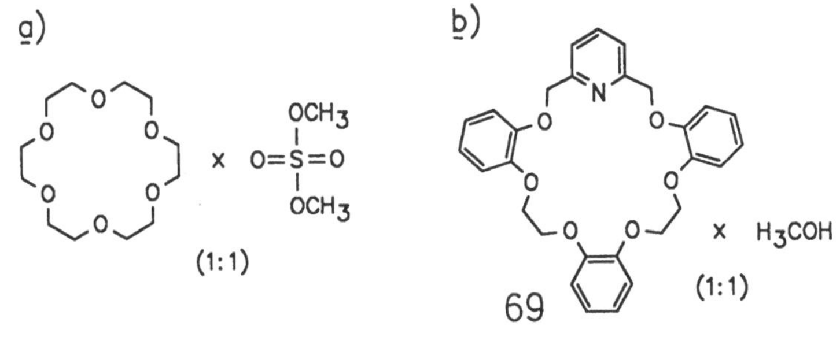

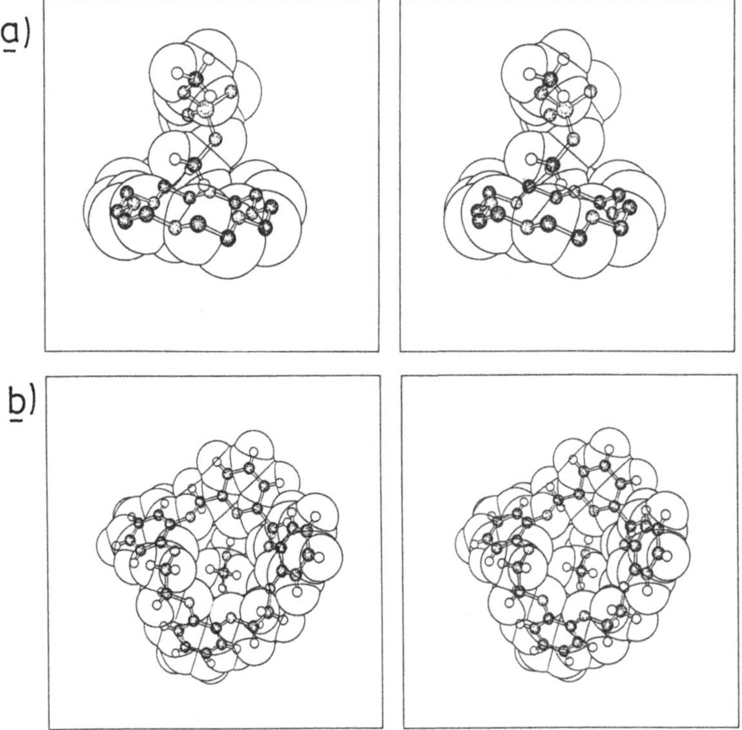

Abb.25. Kristallstrukturen von repräsentativen Kronen- bzw. Coronand-Komplexen mit ungeladenen organischen Gastmolekülen (Stereobilder). a) Dimethylsulfat-Komplex der 18C6; b) Methanol-Komplex einer Tribenzopyridino-Krone (siehe Formeln S.71)

Die Wirt/Gast-Bindung erfolgt in der Regel über H-Brückenkontakte, wozu auch schwach CH-acide Methylgruppen (Abb.25a) [134] oder CH$_2$-Gruppen herangezogen werden. Sie verringern durch Überbrückung von Sauerstoff- oder Stickstoff-Zentren deren gegenseitige Abstoßung. Daneben sind, wie in **69**, sterisch abschirmende Gruppen und konformative Starrheit des Liganden wichtig (Abb.25b) [135].

Anion- und Neutralmolekül-Komplexe [136-139] könnten auch auf dem Anwendungssektor von Kronenverbindungen wichtig werden [140]. Zur Zeit stehen zwei Hauptanwendungsgebiete der Kronen im Vordergrund: Eines im Bereich der analytischen Fragestellungen, wie Ionentrennung und Ionenbestimmung, das andere liegt auf dem chemisch-synthetischen Sektor.

2.2.1.4 Anwendung von Kronenverbindungen als Synthese-Reagentien

Prinzipielles: Zwei Auswirkungen der Eigenschaften von Kronenverbindungen sind im wesentlichen für ihren präparativen Nutzen maßgeblich [35,44,99,141] (Abb.26). Um die Elektroneutralität der Lösung bei der Komplexierung von Kationen durch Kronen zu wahren, muß das zugehörige Anion mit in Lösung gehen. Da es nicht komplexiert und im organischen Medium nur schwach solvatisiert ist, befindet es sich in einem reaktiven Zustand und vermag ungewöhnliche Reaktionen einzuleiten. Im Extremfall liegen sog. *"nackte Anionen"* vor ("Ionensex") [44]. Dies trifft besonders für die Cryptate zu, bei denen auch der Kontakt mit dem komplexierten Kation, welcher in Coronaten und Podaten im Prinzip noch möglich ist, entfällt. Kronenverbindungen machen also anorganische Salze in organischen Medien löslich und *aktivieren* dabei die Anionen (das Kation wird dabei *maskiert*).

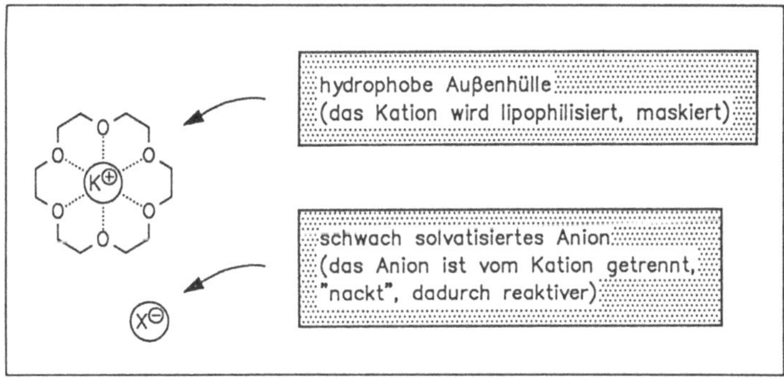

Abb.26. Kronenether-Effekte bei chemischen Synthesen: Erhöhung der Lipophilie und Anionaktivierung eines $K^{\oplus}$-Salzes durch Komplexierung mit 18C6 [148]

Die dadurch bewirkte Lösungsvermittlung läßt sich durch einfache Reagenzglasversuche sichtbar machen, z.B. wenn ein farbiges Anion wie das Permanganat- oder Pikrat-Ion beteiligt ist [36]. So entsteht beim Schütteln einer Suspension von festem $KMnO_4$ in Benzen auf Zugabe eines Kronenethers (18C6) eine tiefviolette organische $KMnO_4$-Lösung (*"purple benzene"),* was die Assistenz des Kronenethers bei der Lösungsvermittlung demonstriert [44]. Der Vorgang wird als *fest/flüssig-Phasentransfer* bezeichnet.

Ein anderes einfaches Experiment veranschaulicht, daß Kronenverbindungen auch beim Salztransport zwischen zwei flüssigen Phasen wirksam sind [44]: Gelbes Kaliumpikrat, das in einer wäßrigen Phase gelöst ist, wird nach Zugabe von Kronenether beim Schütteln in eine angrenzende Chloroformphase transportiert. In diesem Falle spricht man von *flüssig/flüssig-Phasentransfer.*

Der präparative Nutzen liegt auf der Hand: Reaktionskomponenten, die sich aufgrund unterschiedlicher Polarität nicht in einem gemeinsamen Lösungsmittel vereinigen lassen, können nun in homogener Phase umgesetzt werden. Dies eröffnet neue Einsatzmöglichkeiten für salzartige oder schwerlösliche Reagentien. Viele Reaktionen, die früher entweder nicht, oder nur mit geringen Ausbeuten durchführbar waren, gelingen in Gegenwart von Kronenverbindungen - oft nur katalytischen Mengen - glatt (s.u.).

Synthetische Anwendung von Kronenethern: Jede chemische Reaktion, bei der Ionen oder ionische Intermediate in irgendeiner Form beteiligt sind, kann im Prinzip durch Kronenverbindungen modifiziert oder verbessert werden. Dies gilt für *nucleophile Substitutionen* (z.B. Halogen- und Pseudohalogenaustausch, O-, N-, S-Alkylierung), *Reaktionen mit Carbanionen, C-C-Bindungsknüpfungen* (z.B. *Darzens-, Knoevenagel-*Kondensation), *Additionen, Eliminationen, Carben-Erzeugung, Gasextrusionen* (N_2, CO_2), *Oxidationen, Reduktionen* ("dissolving metal", "Elektride" [66], Metallhydride), *Umlagerungen* (*Favorskii, Cope*), *Isomerisierungen* und *Polymerisationen.* Weitere Anwendungsgebiete der Kronenverbindungen liegen im Bereich der *Makrolid-Synthese,* der *Organometall-* und *Schutzgruppen-Reaktionen* sowie bei Fragestellungen der *Phosphor-* und *Silicium-Chemie.* Im folgenden kann keine umfassende Zusammenstellung über sämtliche Anwendungen von Kronenverbindungen in der chemischen Synthese gegeben werden (Monographien [142-145] und Übersichtsarbeiten [33-35,45,78,84,141,146-151]). Jedoch seien einige grundlegende präparative Einsatzmöglichkeiten von Kronenverbindungen angedeutet.

In Abb.27 ist gezeigt, wie "violettes Benzen" (Benzen-gelöstes Permanganat) für *Oxidationszwecke* eingesetzt wird [152,153].

Die Ausbeuten für die formulierten Reaktionen betragen jeweils 100%. Auch andere anorganisch-ionische Oxidationsmittel (Abb.27) sind unter ähnlichen Bedingungen in organischen Medien verwendbar, z.B. um die im unteren Teil von Abb.27 skizzierten Transformationen durchzuführen [152-157].

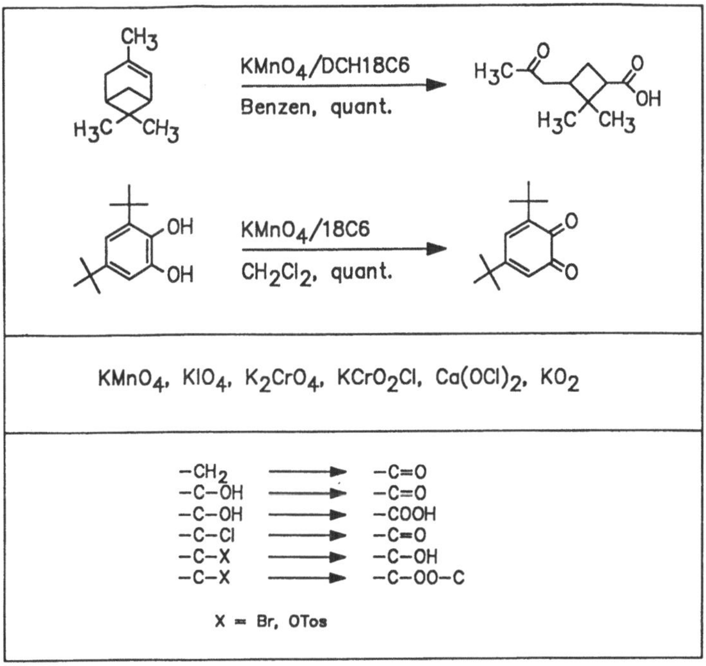

KMnO$_4$/DCH18C6
Benzen, quant.

KMnO$_4$/18C6
CH$_2$Cl$_2$, quant.

KMnO$_4$, KIO$_4$, K$_2$CrO$_4$, KCrO$_2$Cl, Ca(OCl)$_2$, KO$_2$

$-CH_2 \longrightarrow -C=O$
$-C-OH \longrightarrow -C=O$
$-C-OH \longrightarrow -COOH$
$-C-Cl \longrightarrow -C=O$
$-C-X \longrightarrow -C-OH$
$-C-X \longrightarrow -C-OO-C$

X = Br, OTos

Abb.27. Nacktes Permanganat und andere Kronen-assistierte Oxidantien

Während es dabei aber im wesentlichen auf die *Lösungsvermittlung* für das anorganische Salz ankam, liefern andere Reaktionen ein Maß für die *Anionaktivierung* [44]. Ein Modellfall ist die *Koenigs-Knorr*-Reaktion, d.h. die Umsetzung von Acetobromglucose mit Alkoholen in Gegenwart von Silbernitrat (Abb.28) [158]. In Abwesenheit von Liganden wird praktisch ausschließlich das ß-Glycosid gebildet. Auf Zugabe von Kronen wird es mehr oder weniger aktiviert und konkurrenzfähig, so daß entsprechende Mengen an ß-Salpetersäureester auftreten. Der bicyclische Cryptand, der auch die beständigsten Komplexe mit Silber-Ionen bildet, aktiviert am stärksten (Abb.28).

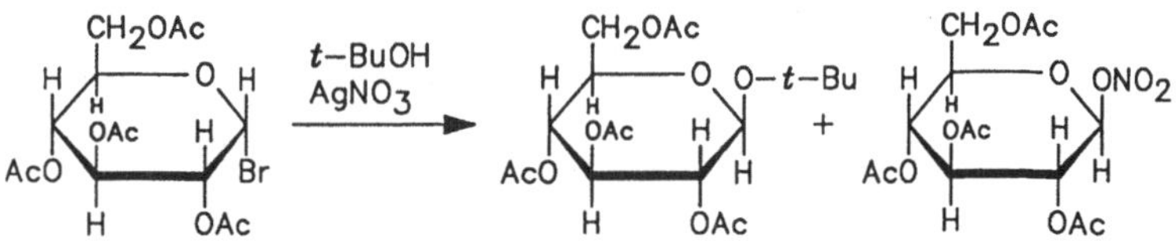

Katalysator	Relative Ausbeute (%)		
DB18C6	100	:	0
[2.2]	95	:	5
[2.2.2]	64	:	36

Abb.28. Anion-Aktivierung: Ligand-kontrollierte *Koenigs-Knorr*-Reaktion

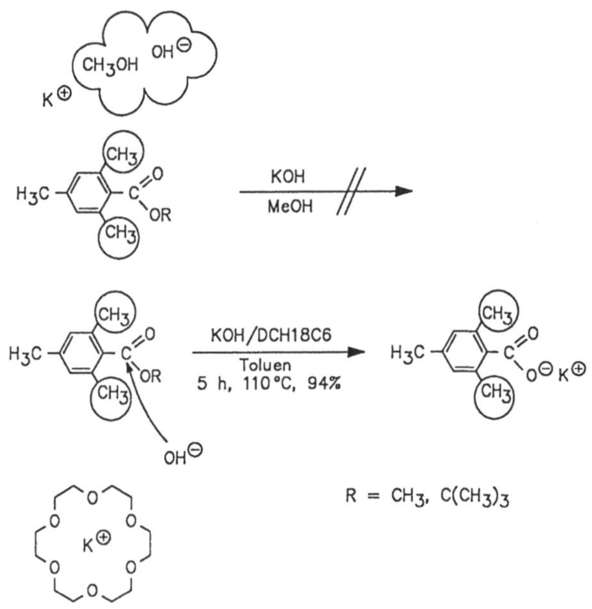

Abb.29. Hydrolyse von sterisch gehinderten Mesitylencarbonsäureestern durch "nacktes Hydroxid"

Ein präparativ nützliches Beispiel ist auch die Verwendung von *"nacktem Hydroxid"* zur *Hydrolyse von sterisch gehinderten Estern* (Abb.29) [159,160].

Schon *Pedersen* stellte fest, daß sich die Ester der sperrigen Mesitylencarbonsäure mit Kaliumhydroxid-Lösung in Toluen in Gegenwart von DCH18C6 glatt verseifen lassen [159] (gegenüber KOH allein verhalten sich die Ester dieser Säure inert). Die Wirkung wird dem hochnucleophilen nackten Hydroxid zugeschrieben: Unter Normalbedingungen, z.B. in alkoholischer Lösung, liegt das Hydroxid-Ion stark solvatisiert vor und kann, schon seiner Größe wegen (Abb.29 oben), das Reaktionszentrum nicht erreichen. Im nackten Zustand (Abb.29 unten) scheint dies aber möglich. Anionaktivierung beinhaltet daher meist auch eine *sterische Erleichterung* (geringere sterische Hinderung).

Fluorid-Ionen sind als träge Reaktionspartner bei nucleophilen Substitutionen bekannt, da sie sich in Solventien mit guten Lösungseigenschaften für $F^{\ominus}$ mit einer starken Solvathülle umgeben. Durch *"nacktes" Fluorid* hingegen sind schwer zugängliche Fluoralkane herstellbar (Abb.30a) [161]. "Nacktes" Fluorid wirkt in unpolaren Medien aber nicht nur als starkes *Nucleophil*, sondern auch als starke *Base*, so daß, wenn Protonabspaltung im Molekül begünstigt ist, auch in verstärktem Maße Eliminationsprodukte auftreten (Abb.30b) [161].

Anionaktivierung kann also sowohl eine *Steigerung der Nucleophilie wie der Basizität* von Anionen bedeuten.

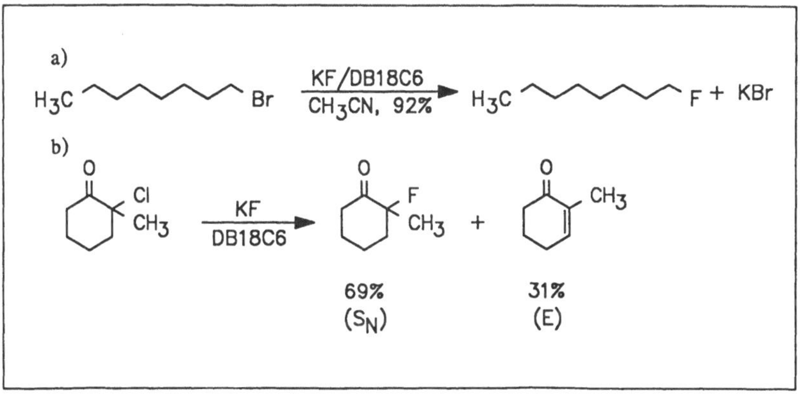

Abb.30. "Nacktes Fluorid" als Nucleophil und Base

Weitere Anionen, die durch Einwirkung von Kronenethern in den "nackten" und aktivierten Zustand übergeführt und für Substitutionsreaktionen eingesetzt wurden [45,78,84], sind in Abb.31 zusammengestellt.

$$\text{"Nackte Anionen":} \quad F^\ominus,\ Cl^\ominus,\ Br^\ominus,\ I^\ominus,\ CN^\ominus,\ SCN^\ominus,\ OCN^\ominus,\ NO_2^\ominus,\ RO^\ominus,\ RCOO^\ominus,\ OH^\ominus$$

Abb.31. Gängige "nackte Anionen"

Im Gegensatz zur Anionaktivierung werden Kation-assistierte Reaktionen durch Komplexierung behindert (Maskierung des Kations) [67], z.B. bei der Reduktion von Carbonyl-Gruppen durch Metallhydride [162,163] und bei der Addition von Organolithium-Verbindungen [164]. Cryptat-Bildung mit $LiAlH_4$ oder $NaBH_4$ bewirkt eine Abnahme der Reaktionsgeschwindigkeit (vgl. Abb.32) [162]. Dies läßt sich im Zusammenhang mit α,β-ungesättigten Carbonyl-Verbindungen auch vorteilhaft nutzen: regioselektive 1,4-Addition gegenüber sonst bevorzugter 1,2-Addition (Abb.32) [165].

Reagens (Äquivalent pro mol Keton)		% 1,4—Additionsprodukt
$LiAlH_4$	(2)	18
$LiAlH_4$	(2) + [2.2.1] (2)	keine Reaktion
$LiBH_4$	(2)	35
$LiBH_4$	(2) + [2.2.1] (2)	~ 77
$NaAlH_4$	(2)	40
$NaAlH_4$	(2) + [2.2.1] (2)	keine Reaktion
$NaBH_4$	(2)	45
$NaBH_4$	(2) + [2.2.1] (2)	77

Abb.32. Einfluß der Kation-Komplexierung auf die Hydridreduktion einer α,β-ungesättigten Carbonylverbindung (2-Cyclohexenon)

Ein anderer **Maskierungseffekt** durch Kronenether erlaubt die **selektive Acylierung** von sekundären Aminen in Gegenwart von primären [166,167]. Die Selektivität beruht darauf, daß die Komplexe der Kronenverbindung mit den zugehörigen Ammoniumsalzen (primär bzw. sekundär) unterschiedliche Stabilitäten aufweisen ("dynamic protection"). Kronenether sollten daher erst nach sorgfältigem Abwägen ihrer **Anion-aktivierenden** und ihrer **Kation-desaktivierenden Wirkung** bei einer bestimmten Reaktion eingesetzt werden.

Für **ambidente Ionen** wie Cyanid, Thiocyanat, Oxinat, Nitrit usw. gilt Besonderes, wie aus <u>Abb.33a</u> ersichtlich: Im Fluorenonoxinat-Anion ist die Ambidenz für ein hartes Sauerstoff- und ein weicheres Stickstoffzentrum vorgebildet. Dies führt bei Einwirkung von Iodmethan zu beiden Alkylierungsprodukten.

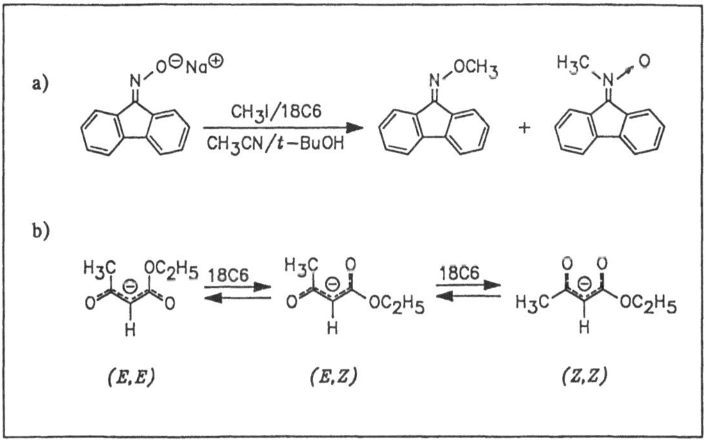

<u>Abb.33</u>. Kronenether-Komplexierung bei ambidenten und konfigurativ flexiblen Ionen

In Gegenwart von 18C6 wird das **O/N-Alkylierungsverhältnis** zugunsten der O-Alkylierung verschoben, da mehr freies Oxinat vorliegt [168]. Kronenether-Zugabe beeinflußt auch die Lage des Prototropie-Gleichgewichts des Acetessigesters, das sich in Gegenwart des Liganden auf die linke Seite verschiebt und eine Störung der Ionenassoziation bewirkt (<u>Abb.33b</u>) [169].

Ionenassoziations-Effekte beeinflussen auch den Mechanismus und damit die Produktzusammensetzung bei **β-Eliminationsreaktionen**, wie in <u>Abb.34</u>

anklingt [170]. Dort entspricht X der Abgangsgruppe, B der Base und M dem Gegenion. ÜZ I stellt eine Anordnung dar, bei der ein assoziiertes Basenmolekül beteiligt ist, ÜZ II hingegen geht von einem dissoziierten Basemolekül aus.

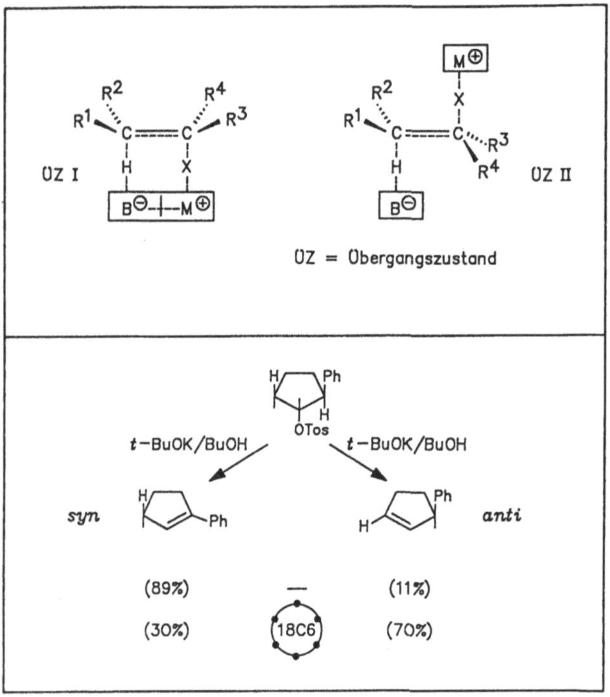

Abb.34. Einfluß von 18C6 auf den Mechanismus der ß-Elimination

In der darunter aufgeführten Modellreaktion (Abb.34) wird 1-Phenylcyclopenten durch *syn*-Elimination nach ÜZ I und 3-Phenylcyclopenten durch *anti*-Elimination nach ÜZ II gebildet.

Unter gewöhnlichen Bedingungen ergibt sich ein Verhältnis für das *syn/anti*-Produkt von 89:11, da Kalium-*tert*-butylat aggregiert vorliegt. In Gegenwart von 18C6 werden die Aggregate abgebaut, und das Produktverhältnis kehrt sich um. Dies ist gleichbedeutend mit einer Änderung des Reaktionsmechanismus, wie er im oberen Teil von Abb.34 formuliert ist.

Kronenverbindungen sind auch hilfreich bei der Herstellung von *Carbenen* (Abb.35). Methylen, Dichlorcarben und andere Carbene werden bequem zugänglich; die *Phasentransfer*-Variante ist inzwischen zur Standardmethode geworden [171,172]. Man kann dabei in organisch-wäßrigen Zweiphasensystemen arbeiten. Das mittels Alkali in der organischen Phase erzeugte Carben reagiert dort mit dem zugesetzten Substrat sofort ab, ohne vorher mit Wasser in Berührung zu kommen. Die Effizienz dieser Methode drückt sich in einer hohen Produktausbeute aus, z.B. 68% für die in Abb.35 aufgeführte Ringerweiterungsreaktion [173]. *C-C-Kupplungen* zählen zu den wichtigsten Reaktionsschritten in der organischen Synthese, darunter die *Darzenssche* Epoxidierung und die *Michael*-Addition an α,β-ungesättigte Carbonylverbindungen.

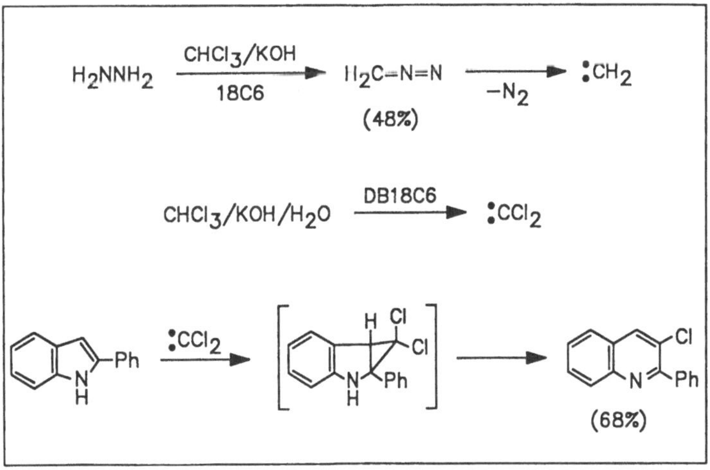

Abb.35. Kronenether-vermittelte Carben-Quellen

Für beide Methoden bringt Kronenetherzugabe (Abb.36) Vorteile, jedoch in unterschiedlicher Hinsicht: Im Falle der *Darzens*-Reaktion (Abb.36a) [172] ist es die einfache Handhabung der Base (wäßrige Natronlauge) in Gegenwart von Kronenether, bei der *Michael*-Addition [174] steht zusätzlich die Stereochemie im Vordergrund. Zum Beispiel wird die in Abb.36b skizzierte *Michael*-Reaktion ohne optische Information zu einem racemischen Gemisch enantiomerer Additionsprodukte führen. In Gegenwart von *chiralen Kronen-*

ethern des Typs **63** (Abb.22) hingegen lassen sich fast 100% Enantiomeren-überschuß erzielen [175].

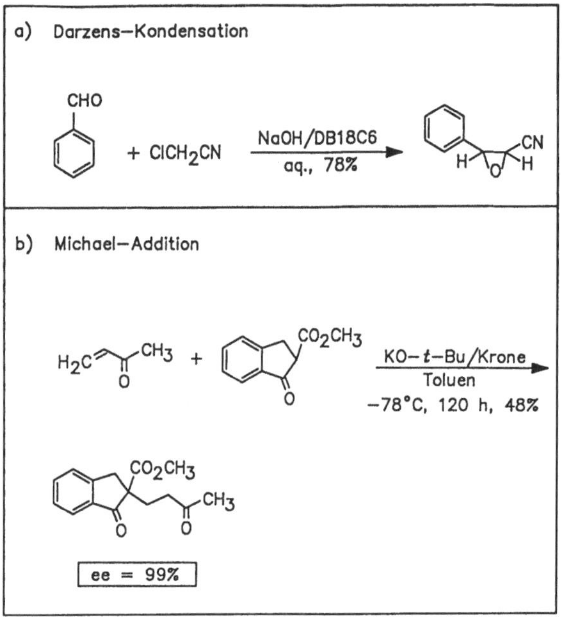

Abb.36. Kronenether-assistierte C-C-Kupplung

Der Mechanismus der *Stereodifferenzierung* ist in Abb.37 erläutert. Ausgehend von den beiden enantiomerenreinen Kronenethern (links *S,S*, rechts *R,R*) erscheint es plausibel, daß die jeweils darunter angegebenen Reaktions-Übergangszustände (ÜZ I bzw. ÜZ II) durchlaufen werden. Das Carbanion mit fixierter Geometrie ist darin am komplexierten Kalium-Ion gebunden und in die chirale Nische des Kronenethers mit seiner flachen Seite eingebettet. In dieser Anordnung gelingt es dem Alken, jeweils nur von der sterisch offenen Seite her mit dem reaktiven Zentrum des *Michael*-Substrats in Kontakt zu treten: die Produktbildung verläuft enantioselektiv.

Aus ökonomischer Sicht ist es wichtig zu wissen, daß neben dieser auch viele andere Kronenether-assistierte Reaktionen **katalytisch** in Bezug auf den Liganden durchgeführt werden können [142-145]. Dabei müssen aber bestimmte Voraussetzungen erfüllt sein.

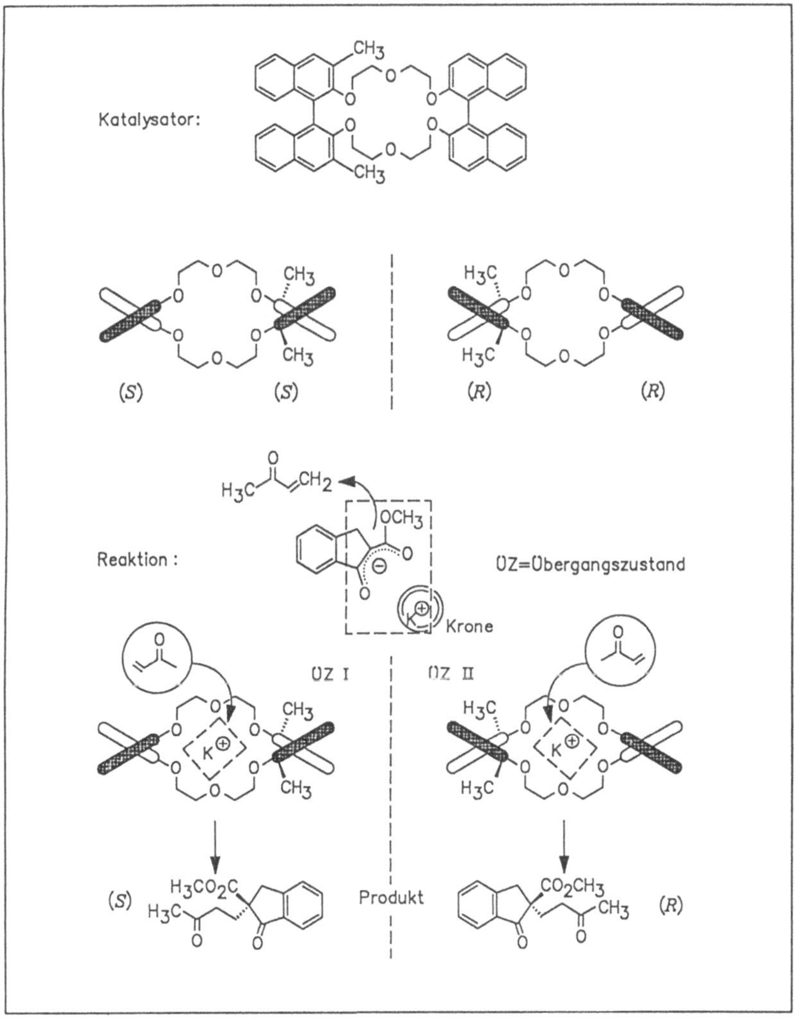

Abb.37. Enantioselektive *Michael*-Addition mit chiralen Kronen als Katalysator

Ein anderes ökonomisches Verfahren beruht auf der Verwendung von leicht regenerierbaren polymeren oder an *polymeren Trägern* verankerten Kronenverbindungen (s.u.) [78,150,176].

2.2.1.5   Anwendung von Kronenverbindungen in der chemischen Analyse

Während die chemisch-synthetische Anwendung von Kronenethern in erster Linie auf den Anionteil entsprechender Komplexe abgestimmt war, steht bei der chemischen Analyse das komplexierte Kation im Vordergrund. Kationen werden je nach Konstitution der Kronenverbindung unterschiedlich stark komplexiert (s.o.). Aus einem Gemisch verschiedener Kationen werden daher jene zur Komplexbildung ausgewählt, die mit der betreffenden Kronenverbindung die stabilsten Komplexe ergeben. Dies läßt sich zur *Anreicherung, Trennung, Maskierung* und *Konzentrationsbestimmung* von Ionen nutzen [50,92,177-179].

Selektive Ionenextraktionen [6,92,180,181]: Dabei bedient man sich - neben der selektiven *Komplexierung* von Kationen - des *Phasentransfers* Kronenether-komplexierter Salze aus einer wäßrigen in eine angrenzende organische Phase (s.o.). Welche Ionenkombination eines vorgelegten Salzgemisches beim Schütteln mit einer organischen Kronenether-Lösung aus der wäßrigen Lösung in die organische Phase übertritt, hängt vom Verhältnis der Extraktionskoeffizienten (K_{ex}) für das einzelne Ion ab (Abb.38). Diese ist in erster Näherung eine Funktion der Komplexstabilität (K_s) und des Verteilungskoeffizienten (D) des gebildeten Komplexes für die organische und die wäßrige Phase. Günstige Voraussetzungen für den Salztransfer sind daher hohe Stabilität und hohe Lipophilie des gebildeten Kronenetherkomplexes [181].

Dies ist in Abb.38 durch unterschiedliche Symbole und deren Stärke zum Ausdruck gebracht ($M_1^{\oplus}$ wird stark, $M_3^{\oplus}$ wenig und $M_2^{\oplus}$ überhaupt nicht transferiert).

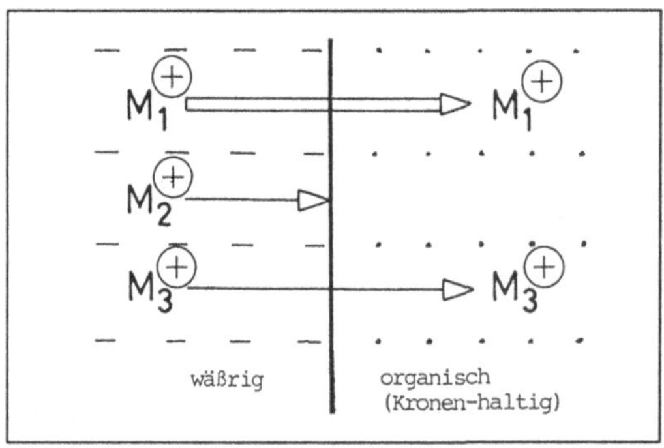

Abb.38. Ionenextraktion: Selektiver Ionentransfer in eine organische Phase

Für DB18C6 (**4**) und die Alkalimetallionen ergibt sich beispielsweise [im Phasentransfersystem H_2O/Nitrobenzen] die in Abb.39 gezeigte Extraktionsreihe [182]. $K^{\oplus}$ wird wegen der hohen Komplexstabilität mit **4** am intensivsten extrahiert. Für die übrigen Kationen ist die Lipophilie entscheidend.

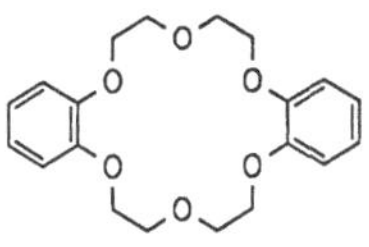

4

$\boxed{K^{\oplus}} > Rb^{\oplus} > Cs^{\oplus} > Na^{\oplus} > Li^{\oplus}$ (H_2O/Nitrobenzen)

$\boxed{\text{Pikrat}^{\ominus}} > SCN^{\ominus} \approx ClO_4^{\ominus} > I^{\ominus} > NO_3^{\ominus} > Br^{\ominus} > OH^{\ominus} > Cl^{\ominus} > F^{\ominus}$ (H_2O/CH_2Cl_2)

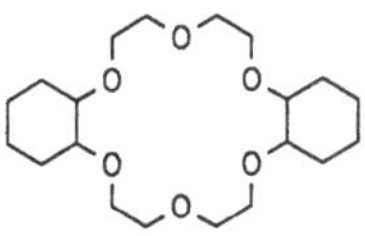

8

$\boxed{Sr^{2\oplus}}$ ($H_2O/CHCl_3$)

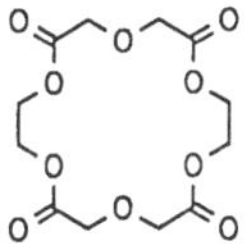

29

$\boxed{Li^{\oplus}, Ca^{2\oplus}}$ ($H_2O/CHCl_3$)

Abb.39. Extraktive Ionenanreicherung und -trennung (die bevorzugt transportierten Ionen sind eingerahmt)

Der Einfluß der Lipophilie auf die ***Ionenextraktion*** wird auch in der Reihe der Anionen sichtbar (Abb.39) [183,184]. Aus einem äquimolaren Gemisch aller untersuchter Ionen würde sich nach dem Extraktionsvorgang mit **4** Kaliumpikrat in der organischen Phase anreichern. Die Methode läßt sich also in zweifacher Hinsicht analytisch nutzen: zur selektiven Anreicherung und Trennung sowohl von *Kationen* wie von ***Anionen (Co-Extraktion)*** [92]. Dies ist Grundlage einer spektrometrischen bzw. fluorimetrischen Konzentrationsbestimmung von Kationen, wenn ein lipophiles Farbstoff-Anion wie Bromkresolgrün, Eosin etc. zur Co-Extraktion verwendet wird [92,181]. Die Methode arbeitet noch im µg/ml-Bereich selektiv und ermöglicht z.B. die colorimetrische Bestimmung von $K^{\oplus}$ bzw. $Na^{\oplus}$ im Blutserum mit einem einfachen Teststreifen [185-187]. Die Ionenselektivität kann durch Wahl des organischen Lösungsmittels noch besser abgestimmt werden [181,182,188]. Bei Ionengemischen ist allerdings mit synergistischen Störeffekten zu rechnen [181].

Kronenverbindungen mit anderen Komplexierungseigenschaften als **4**, wie **8** oder **29**, sind zur *selektiven Extraktion* für $Li^{\oplus}$, $Ca^{2\oplus}$ oder $Sr^{2\oplus}$ einsetzbar (Abb.39); **29** ist $Li^{\oplus}$- und $Ca^{2\oplus}$-selektiv [189], **8** ermöglicht die analytisch wichtige Trennung von $Sr^{2\oplus}$ in Spuren aus einem großen Überschuß an $Ca^{2\oplus}$ [190], z.B. für radioanalytische Zwecke [191]. Auch im Falle von Gemischen radioisotoper Ionen bieten sich Trennmöglichkeiten an [94].

So liegt die Isotopenseparation für $^{40}Ca^{2\oplus}/^{44}Ca^{2\oplus}$ ($^{44}Ca^{2\oplus}$ wird als nichtstrahlungsaktiver Tracer klinisch eingesetzt) mit DCH18C6 (**8**) als extraktivem Komplexbildner (Abb.40) im ϵ-Wert etwa um eine Größenordnung höher als nach herkömmlichen Trennverfahren (Ionenaustauscher) [192]. Schließlich ist es mit chiralen Kronenverbindungen (vgl. Abb.23) im präparativen Maßstab gelungen, aus racemischen Ammoniumsalzen durch Ionenextraktion Enantiomere anzureichern [193,194].

$$^{40}Ca^{2\oplus}_{aq.} + [\,^{44}Ca^{2\oplus}\,Lig]_{CHCl_3} \xrightleftharpoons{K_C} \,^{44}Ca^{2\oplus}_{aq.} + [\,^{40}Ca^{2\oplus}\,Lig]_{CHCl_3}$$

$$Lig = DCH18C6 \quad (\mathbf{8}) \qquad\qquad \epsilon = 4 \cdot 10^{-3}$$

$$K_C \equiv \alpha = \frac{(^{44}Ca/^{40}Ca)_{aq.}}{(^{44}Ca/^{40}Ca)_{org.}} = 1 + \epsilon = 1.004$$

Abb.40. Isotopenanreicherung durch Extraktion ($H_2O/CHCl_3$)

Abb.41 gibt einige neuere Beispiele von Kronenverbindungen mit besonderen Selektivitätsmerkmalen bei der Ionenextraktion, z.B. **69** für $Na^{\oplus}$ [195], **70** für $UO_2^{2\oplus}$ [196]. **71** ist ein Ligand mit hoher Lipophilie [197], wodurch sein Verbleib in der organischen Phase garantiert ist.

Ionenchromatographie [50,92,179]: Die Ionenchromatographie hat Vorzüge gegenüber dem extraktiven Trennverfahren: a) der Trennvorgang ist *multipel*, b) das Salz muß *nicht* von der Kronenverbindung getrennt werden. In diesem Zusammenhang verwendet man hochmolekulare Trägersubstanzen, die Kronenverbindungen (Cryptanden) als Ankergruppen enthalten, wie etwa

Komplexierungsharze vom Polymerisations- oder Kondensations-Typ (72-74; Abb.41) [198].

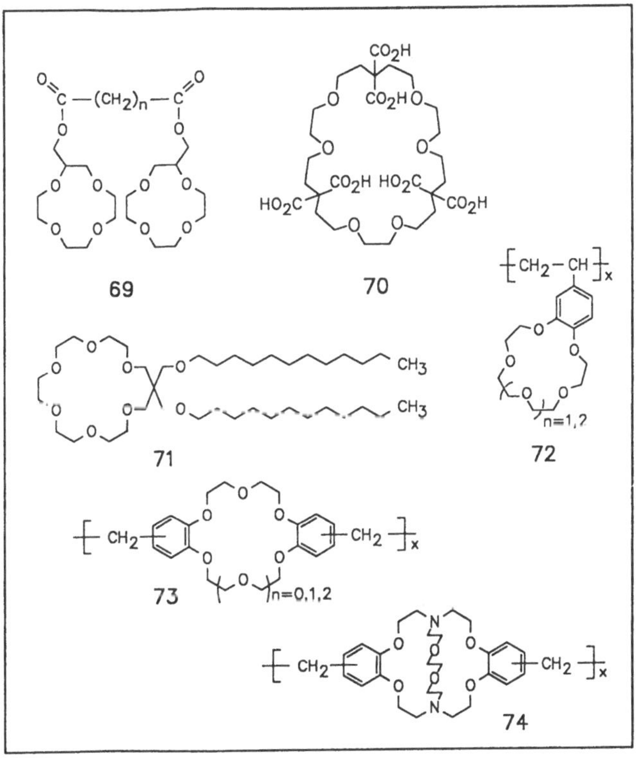

Abb.41. Carrier für die Ionenextraktion und Ionenaustauscher mit Kronenether/Cryptand-Ankergruppen

Der Trennvorgang beruht darauf, daß *Kationen* aus einem Gemisch an einer mit solchen Komplexierungsharzen präparierten Chromatographie-Säule - ihren Komplexstabilitäten entsprechend - verschieden schnell eluiert werden: Kationen labiler Komplexe rasch, solche stabiler Komplexe langsam. Abb.42 zeigt ein Trenndiagramm, das mit einem Salzgemisch (Kationgemisch) an dem Kronenetherharz P-DB21C7 (73, n=2) erhalten wurde [198].

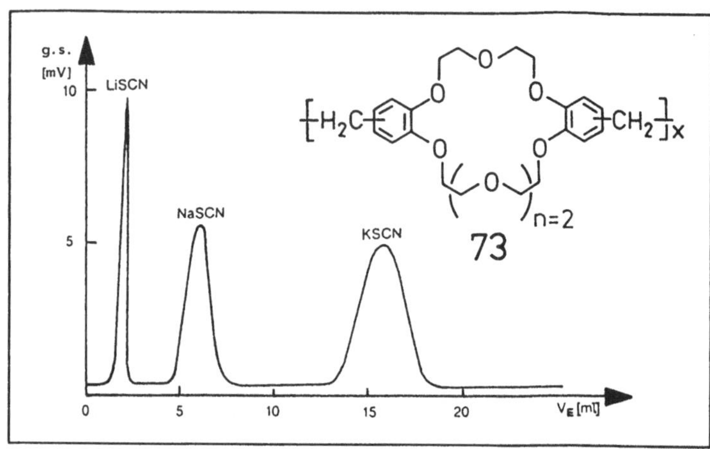

Abb.42. Trenndiagramm einer Salzmischung (LiSCN, NaSCN, KSCN; Elutionschromatographie mit Wasser)

Neben Kationentrennungen bei gleichem Anion sind auch **Anionentrennungen** bei gleichem Kation, **Salzinversion** bei verschiedenen Kationen und Anionen (s.o.) sowie die **Trennung von Aminosäure-Racematen** (als Estersalze) möglich [50]. Letzteres erfordert Austauscher, die mit optisch aktiven Kronenverbindungen ausgestattet sind (s.o.) [199,200].

Interessant ist, daß auch **Nichtelektrolyte** wie Harnstoff und Thioharnstoff analytisch nutzbare Unterschiede in den Elutionsgeschwindigkeiten aufweisen [50,198].

Ionenselektive Elektroden [201-204]: Die ionenselektive Elektroden-Meßtechnik zur selektiven Erfassung von **Ionenkonzentrationen** ist analytisch von hohem Interesse, da im kontinuierlichen Betrieb gemessen werden kann [205-208]. Die Meßelektrode (Einstabmeßkette, Abb.43) besteht aus einem Plastikrohr, das eine herkömmliche reversibel arbeitende Bezugselektrode (Arbeitselektrode) ummantelt, die in eine Innenprüflösung (Puffer) des zu bestimmenden Ionentyps (mit festgelegter Konzentration) eintaucht. Innenpuffer und Meßlösung sind durch eine Selektivmembran getrennt, die auf das zu erfassende Ion anspricht. Dort liegt der Anwendungsbereich der Kronenverbindungen.

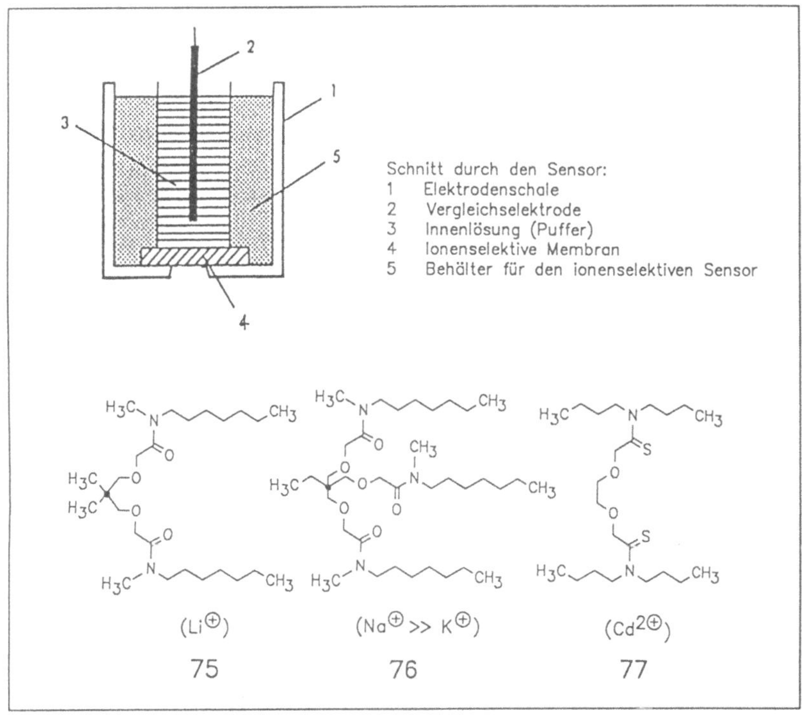

Abb.43. Ionenselektive Elektrodentechnik: Prinzip einer ionenselektiven Flüssigmembran-Elektrode (oben) und Beispiele für Sensorverbindungen (unten)

In der Regel sind in der Membran lipophile Podanden enthalten. Sie gewähren neben der Ionenselektivität rasche Ansprechzeit und hohe Lebensdauer dieses wichtigsten Meßteils der Elektrode [209,210].

Fast für jedes analytisch interessante *Kation*, z.B. Li$^\oplus$, Na$^\oplus$, K$^\oplus$, Cs$^\oplus$, Mg$^{2\oplus}$, Ca$^{2\oplus}$, Sr$^{2\oplus}$, Ba$^{2\oplus}$, Cd$^{2\oplus}$, UO$_2{}^{2\oplus}$, NH$_4{}^\oplus$ bzw. Ionenmeßproblem ist heutzutage eine geeignete Sensorkomponente (Ionophor, Kronenverbindung) verfügbar [50,92,110]. Einige (75-77) sind in Abb.43 zusammengestellt, mit Angabe der Ionenselektivität.

Auf der Basis chiraler Kronenverbindungen (s.o.) ist es auch gelungen, *enantiomer-selektive* Elektrodenmembranen herzustellen, die eine direkte potentiometrische Bestimmung von Enantiomerenüberschüssen chiraler Ammoniumverbindungen (z.B. Ephedriniumsalzen) erlauben [211,212].

Wegen ihrer bequemen Handhabbarkeit und Zuverlässigkeit finden ionenselektive Elektroden im Bereich der *klinischen* und *biologischen* Analytik weite Anwendung (z.B. zur Bestimmung von $Ca^{2\oplus}$ in Zellflüssigkeiten, Blutseren oder Bodenextrakten, von $Mg^{2\oplus}$ in lebenden Zellen, von $Na^{\oplus}$ bzw. $K^{\oplus}$ in Blut oder Urin usw.) [92,203,208,213,214]. Für die Chirurgie und für Intensivstationen ist wichtig, daß es mit Durchfluß-Multielektrodensystemen möglich ist, am lebenden Organismus mehrere Ionenkonzentrationen (bzw. -aktivitäten) direkt, gleichzeitig und kontinuierlich zu kontrollieren [215,216].

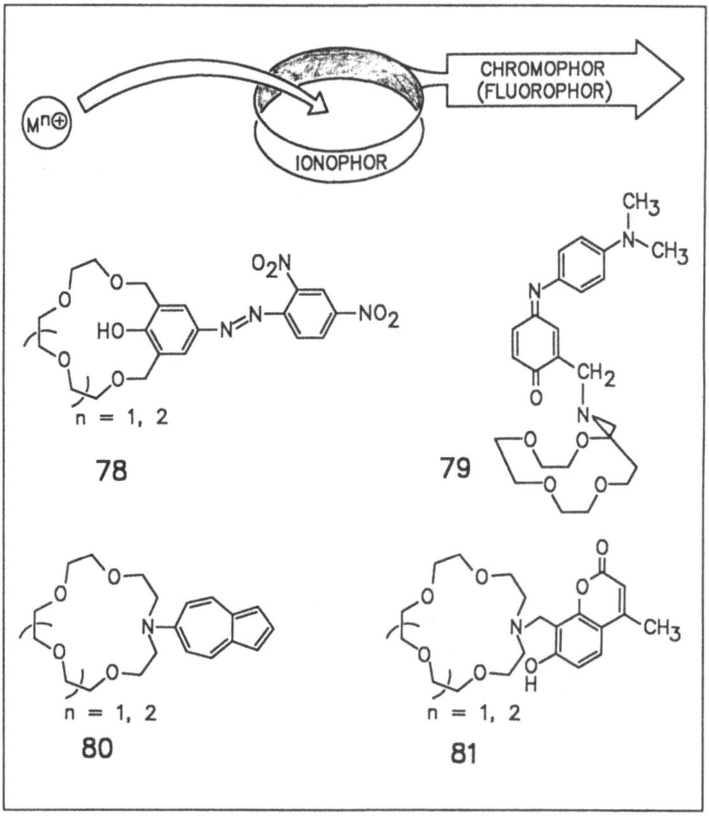

Abb.44. Chromoionophore und Fluoroionophore: Molekülbau und Beispiele

Chromoionophore und Fluoroionophore: Chromoionophore *(Farbstoff-Kronenverbindungen)* basieren auf der Idee, die selektive *Kation-komplexierung* von Kronenverbindungen durch einen im gleichen Molekül ausgelösten Farbeffekt sichtbar werden zu lassen [219].

Dies setzt voraus, daß sich neben dem Ligandteil ein Chromophor im Molekül befindet und daß zwischen beiden u.U. eine elektronische Kopplung stattfinden kann (Abb.44). [Während ionische saure (Proton-ionisierfähige) Chromoionophore schon früher prinzipiell bekannt waren, sind neutrale Farbstoff-Kronen eine grundsätzlich neuartige Spezies.]

Entsprechendes gilt für Fluoroionophore (Kronenverbindungen mit fluoreszenzaktiven Gruppen). Abb.44 zeigt Molekülbeispiele (78-81), die diese Bauprinzipien erkennen lassen [92,217,218]. Der (saure) Dinitrophenyl-azophenol-Farbstoffkronenether **78** (n=1) ergibt in Chloroform/Pyridin-Lösung bei Zusatz von $Li^{\oplus}$-Ionen eine charakteristische Farbänderung von gelb nach rot, während Alkalimetall-Ionen mit größerem Ionenradius und geringerer Ladungsdichte unter analogen Bedingungen inaktiv sind [220].

Diese Befunde wurden zur $Li^{\oplus}$-*Bestimmung* in Arzneistoffen genutzt [221]. Das Verfahren ist die empfindlichste colorimetrische Methode für $Li^{\oplus}$, wobei $Na^{\oplus}$ nicht stört.

Auch der Kronenether-Farbstoff **79** (n=1) vom Typ des Phenolblaus weist für Ionen hoher Ladungsdichte ($Li^{\oplus}$ und zweiwertige Erdalkalimetall-Ionen) extreme bathochrome Verschiebungen auf (gleichzeitig starke Hyperchromie, Abb.45), die sich spektrophotometrisch auswerten lassen [222]. Der Azulen-Farbstoff-Kronenether **80** (n=2) ist besonders sensitiv und farb-selektiv für $Ba^{2\oplus}$-Ionen, die einen Farbumschlag von gelborange nach blau-violett bewirken [223]. Von der Möglichkeit, solche Liganden in Teststreifen einzusetzen, wurde bereits Gebrauch gemacht [224].

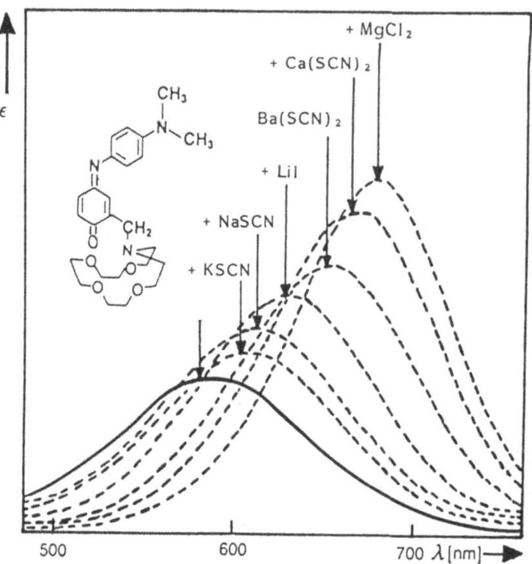

Abb.45. Selektiver Ionennachweis via kationselektive Lichtabsorption [bathochrome Verschiebungen bei Zugabe der angegebenen Salze (Kationen) zur Lösung des Chromoionophors **79** in Acetonitril]

Phenolische, d.h. dissoziationsfähige, saure Chromoionophore, wie etwa **78**, sind gegenüber neutralen Farbstoff-Kronenverbindungen für extraktive Verfahren (s.o.) gut geeignet [217]. Dies zeichnet auch die *Fluoroionophore* **81** mit Umbelliferon-Bausteinen aus, die bei Extraktionsexperimenten je nach Ringgröße für **81** (n=1 bzw. 2) hohe Selektivität für Li$^{\oplus}$ bzw. K$^{\oplus}$ hervorbringen und intensiv fluoreszieren [225]. Wegen ihrer hohen Empfindlichkeit gewinnt die Fluorimetrie bei der chemischen Spurenanalyse zunehmend an Bedeutung [226].

Eine reizvolle Entwicklung besteht darin, die Enantiomerenreinheit optisch aktiver Verbindungen durch chiroselektive Farbeffekte für das bloße Auge "sichtbar" werden zu lassen [218].

Membrantransport [89,92,227-230]: Membrantransport-Vorgänge sind wie extraktive Verfahren (s.o.) zur Trennung und Anreicherung von Ionen geeignet. Es muß jedoch keine Trennung von Ligand und Salz erfolgen. Im Prinzip werden hierbei Ionen von einer wäßrigen Phase (D = Donorphase) selektiv über eine lipophile Trennschicht (M = Flüssigmembran) hinweg in eine zweite wäßrige Phase (A = Acceptorphase) bewegt (<u>Abb.46</u>). Der *selektive Ionentransport* wird durch eine (ionophore) Kronenverbindung, die sich in der organischen Phase befindet, bewirkt [92,228].

Die Kronenverbindung übt also *Carrierfunktionen* aus, indem sie an der Phasengrenze D/M die zu transportierenden Ionen (Ionenpaar) übernimmt, als Komplex durch die Membran transportiert und an der Phasengrenze M/A wieder entläßt (*"Symport"*). Der Carrier wandert leer zurück, und der Vorgang wiederholt sich erneut so lange, bis Konzentrationsausgleich für die zu transportierenden Ionen in beiden wäßrigen Phasen eingetreten ist (Diffusionsprozeß).

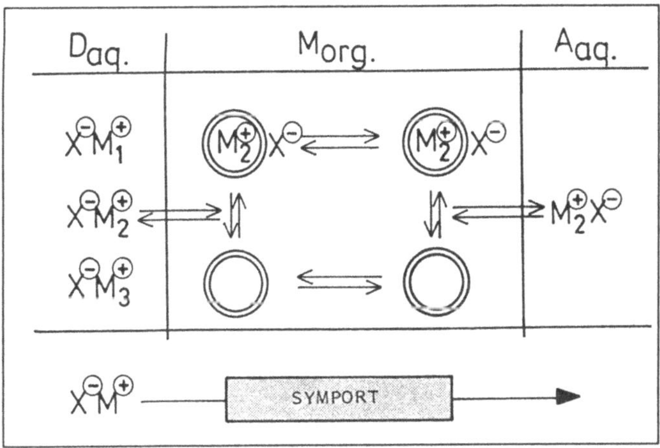

<u>Abb.46</u>. Selektiver Carrier-bedingter Ionentransport durch eine Membran (*Symport*); Kronen-Carrier sind als Ringe symbolisiert

Um möglichst vollständigen Transport zu erreichen, sollte die stationäre Konzentration an Transport-Ionen in der Membran im Gleichgewichtszustand gering sein. Daher darf die Kronenverbindung keinen allzu stabilen Komplex mit den Transport-Ionen bilden (geeignet sind z.B. Podanden wie **41**) [229]. Membrantransport und Solvensextraktion stellen also unterschiedliche Anforderungen an die einzusetzende Krone. Werden die Transport-Ionen in der Acceptorphase von außen kontinuierlich entfernt, so gelingt die selektive Überführung von *Metallionen* praktisch vollständig [92].

Cram hat auf dieser Basis unter Einsatz von chiralen Kronenethern (vgl. Abb.22) eine Maschine (Vierphasen-Transportexperiment) konstruiert, welche die Trennung von *enantiomeren* Aminosäureester-Salzen gestattet [231]. *Biogene Amine* wie Dopamin und verschiedene Pharmaka konnten ebenfalls durch Membrantransport (**41** als Carrier) selektiv von Alkalimetall-Ionen abgetrennt werden [232].

Der Transport ist aber nicht nur abhängig vom Kation (vgl. Abb.46), er wird vom begleitenden *Anion* mitbestimmt [233]. Dies wurde in Form des selektiven Membrantransports von Aminosäure-, Oligopeptid- und Nucleotid-Anionen ausgenutzt [234,235]: In der Regel liegt *passiver Ionentransport* ("down hill transport") vor, d.h. Transport in Richtung des Konzentrationsgradienten [92].

Von *aktivem* ("up hill"-)*Transport* spricht man, wenn Ionen entgegen den Konzentrationsgradienten, d.h. von niedriger nach hoher Konzentration, "gepumpt" werden. Dies ist dann möglich, wenn der Transportvorgang mit einem weiteren Prozeß gekoppelt ist, der die notwendige Energie liefert. Im einfachsten Falle ist dies durch einen Gegentransport eines anderen Ions (*Antiport*), z.B. eines Protons oder eines Elektrons, gewährleistet [92].

Für den *Proton-getriebenen Kationtransport* (Abb.47) sind Kronenverbindungen mit sauren Funktionen wie **82** [236], **83** [237] besonders geeignet. Der Carrier bewegt sich in der Membran zwischen der Kation- und Proton-reichen wäßrigen Phase (bezogen auf den Ausgangszustand) hin und zurück, wobei der Kation-Hintransport durch den Proton-Rücktransport überkompensiert wird. Unter solchen Bedingungen ist vollständige Kationüberführung möglich, auch ohne Hilfe von außen (z.B. Entfernen des transportierten Kations aus der Acceptorphase) [238].

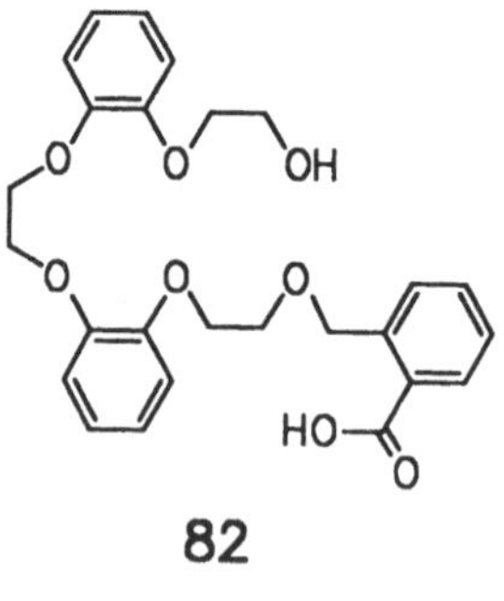

82 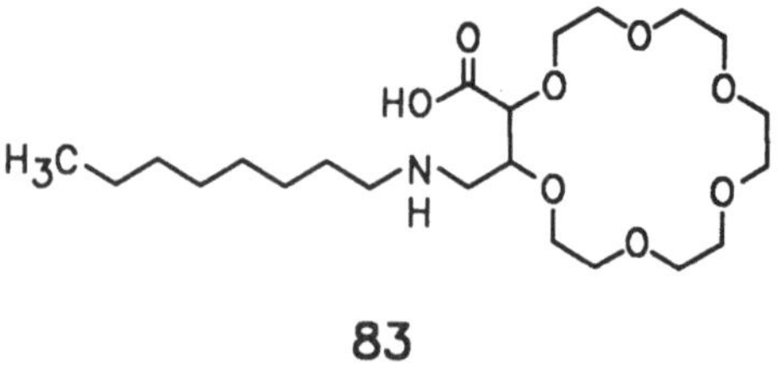   **83**

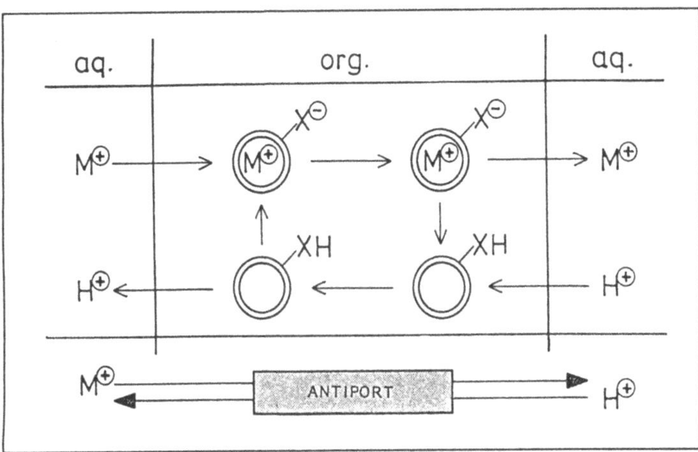

Abb.47. Carrier und Transportsystem für protongetriebenen Kationtransfer durch eine Membran (*Antiport*; der Carrier wurde durch Kreise symbolisiert)

Abb.48. Photo- und Redox-kontrollierte Komplexierung (Licht bzw. Redox-getriebener Kationtransport)

Für praktische Anwendungen und theoretische Zielsetzungen noch interessanter sind *gekoppelte Ionen-Transportvorgänge*, die sich durch Einwirkung von *Licht* oder *elektrischer Energie* ein- und ausschalten lassen (Abb.48) [239]. Kronenverbindungen, die dazu imstande sind, enthalten ein photo- oder elektrochemisch anregbares molekulares Schaltelement (vgl. Azogruppe in **84** [240,241], Disulfidbindung in **85** [242]), das eine konfigurative bzw. konstitutionelle Änderung des betreffenden Ligandmoleküls verursacht. Durch Schalten (z.B. an Phasengrenzen) kann der Ionentransport verstärkt, zu einem anderen Ion hin verändert oder unterbrochen werden [239]. *Molekular-chemischen Schaltvorgängen* wird für die Technologie der kommenden Jahre hohe Bedeutung zugemessen (vgl. Abschn.7.10) [243].

2.2.1.6 Biologische [54,61] und weitere Anwendungen [51]

Alkalimetall-Ionen spielen bei zahlreichen wichtigen biologischen Prozessen eine Rolle: Erregungsleitung im Nerven, nervöse Kontrolle von Sekretions- und Muskelfunktionen, Proteinsynthese, enzymatische Regulation von Metabolismen [51]. Kronenverbindungen sind als Komplexbildner befähigt, in solche Prozesse einzugreifen (vgl. Ionophore, Abb.2). Hier sei lediglich auf die Literatur verwiesen [244-249].

Verschiedene *Bakterien*, *Viren* (z.B. Influenza-, Rhino-Viren) und *kokzidische Krankheitserreger* können durch Kronenverbindungen in ihrem Wachstum merklich gehemmt werden, wofür die metallkomplexierende Wirkung des Liganden verantwortlich gemacht wird [250-252]. Dies gilt auch für die aus klassischen Arzneistoff- und Kronenbauteilen zusammengesetzten *Pharmakon-Kronenverbindungen* [61] (Abb.49), z.B. *Isoprenalin* als pharmakophore Gruppe in **87** [253], *Eupaverin* in **88** [254], jeweils verknüpft mit B15C5.

Bei der Arzneistoff-Kronenverbindung **89** wurde eine hohe *antineoplastische* Wirkung gefunden ("drug for the future") [255]. Eine andere Kronenverbindung wirkt bei Histamin-induzierten Geschwüren *antiulcerogen* [256]. Über die *dekontaminierende* Wirkung von Kronenverbindungen bei Schwermetallvergiftungen wurde ebenfalls berichtet [54,257].

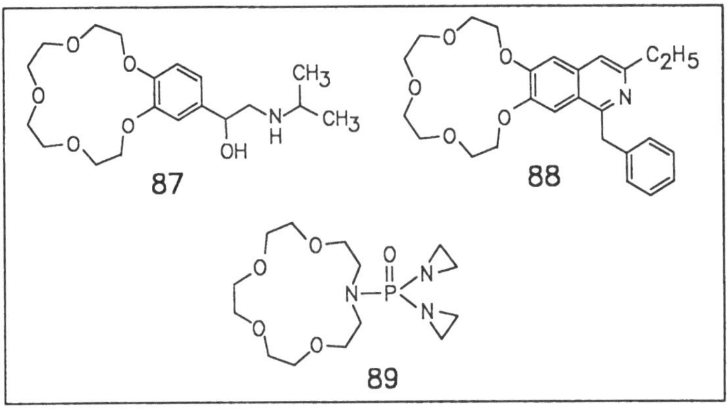

<u>Abb.49</u>. Kronenverbindungen mit anhaftenden pharmakophoren Gruppen

Nichtbiologische Anwendungsmöglichkeiten liegen im Bereich der <u>Tenside</u> 116,197,258) (s. <u>Abschn.9</u>) und *Waschmittel* (Kosmetika) 259) sowie der *organischen Leiter* 260,261) und *flüssigkristallinen Phasen* (s. <u>Abschn.8,10</u>) 262). Kronenverbindungen sind auch als Zusätze bei *elektroorganischen Reaktionen* (chirale Dotierstoffe) 263), in der *Galvanotechnik* und beim *Korrosionsschutz* von Interesse 50). Außerdem besteht die Möglichkeit, sie in der *Photographie* und *Energiespeicherung* einzusetzen 264). Bei der *LAMMA-Spektroskopie* (*Laser Microprobe Mass Analysis*) 265) wurden Neutralliganden routinemäßig mit Erfolg eingesetzt.

2.2.2   Mehrkernige Wirt/Gast-Komplexe

Über die oben beschriebenen, monotopen *"molekularen Rezeptoren"* hinaus, die selektiv ein topologisch definiertes Gastmolekül erkennen, binden und transportieren oder einer katalysierten Reaktion unterwerfen können, lassen sich makropolycyclische Wirtstrukturen als *"polytope Rezeptoren"* verwenden 266-270): In Abhängigkeit von ihrer Symmetrie und ihren Bindungsstellen können von ihnen mehrere gleiche oder unterschiedliche Substrate (Gäste) gebunden werden. Die Eigenschaften der Wirtverbindung werden damit durch *kooperative, allosterische und regulatorische Effekte* bereichert und gehen damit weit über die schon genannten Eigenschaften monotoper Rezeptoren hinaus.

Vor allem interessiert das Bindungsverhalten von *makropolycyclischen Cryptanden* gegenüber Metallkationen, die über freie Koordinationsstellen ein weiteres Substrat mit Donoreigenschaften einlagern könnten, und die Komplexierung von organischen oder biologisch relevanten Molekülkationen oder -anionen sowie neutralen Molekülen. Probleme wie die folgenden können mit mehrkernigen Wirtverbindungen studiert werden:
 - selektive Bindung und Transport des Substrats oder mehrerer Substrate
 - Katalyse von Multizentren-Multielektronen-Prozessen
 - Aktivierung von gebundenen Substraten
 - thermisch oder photochemisch ausgelöste Kondensations- oder Kreuzreaktionen von unterschiedlichen Substraten, die durch die Wirtsubstanz in räumliche Nähe gebracht werden.

Strukturell ergeben sich für makro-oligocyclische Cryptanden und deren Gäste die in Abb.50 schematisch gezeigten Möglichkeiten.

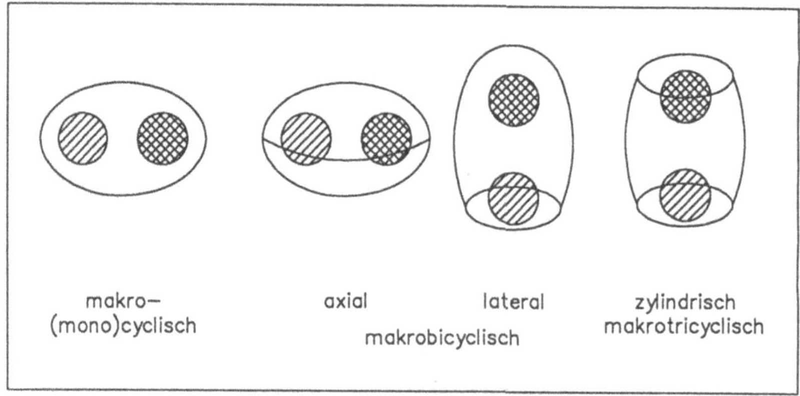

Abb.50. Verschiedene Strukturen oligocyclischer Cryptanden (Die Kreise im Innern der Oligocyclen symbolisieren Gastteilchen)

2.2.2.1 Zweikernige Makromonocyclen

Alkali-, Erdalkali- oder auch Übergangsmetalle können gemäß dem HSAB-Prinzip von Kronenverbindungen mit O-, N- oder S-Donoratomen gebunden und damit in eine cyclische Wirtverbindung aufgenommen werden. Neben der einfachen ist auch eine doppelte Metallkationen-Komplexierung möglich, der im weiteren eine zusätzliche Aufnahme von organischen Substraten folgen könnte.

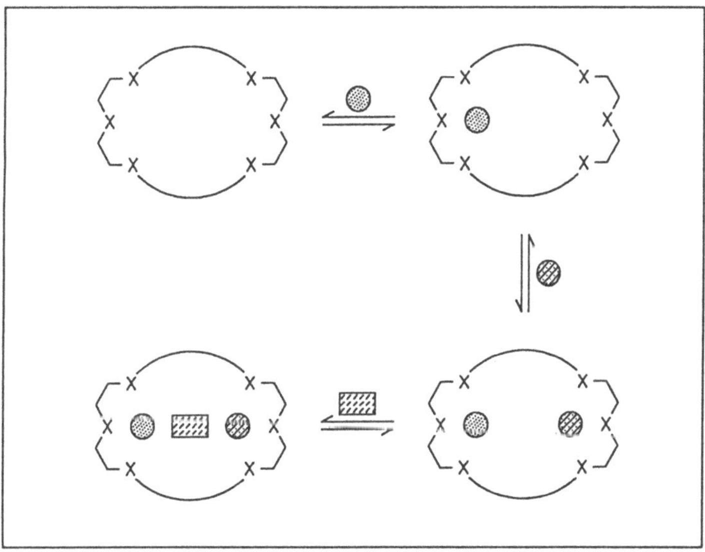

Abb.51. Mehrfachkomplexierung von Metallkationen (●) sowie organischen Substraten (■); schematisch

1970 beschrieben verschiedene Arbeitskreise die ersten binuclearen Metallkomplexe aus folgenden Bestandteilen (**90, 91**). Wenig später gelang *Lehn* die Darstellung von Hexaaza-monocyclischen Chelatbildnern wie **92-94**.

$+ \ 2 \ Cu^{II}$ $+ \ 2 \ Ni^{II}$

90   **91**

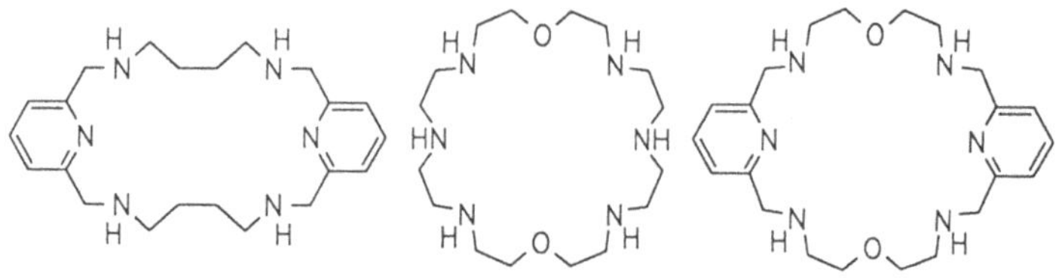

92   **93**   **94**

Alle drei Liganden bilden zweikernige Cu(II)-Komplexe, in denen der Metallionen-Abstand 598 pm (für **92**) und 479 pm (für **93**) beträgt. Eine besondere Eigenschaft derartiger Liganden besteht in ihrer Fähigkeit, die Metallionen so einzulagern, daß eine zusätzliche Verbrückung durch organische Substrate möglich wird. Dieses für bestimmte Metalloproteine angenommene oder vorgeschlagene Bindungsprinzip konnte im Falle des binuclearen Cu(II)-Komplexes von **92** durch *Röntgen*-Kristallstrukturanalyse bewiesen werden. Entsprechend Abb.52 und im Hinblick auf eine spätere Nutzung für hochspezifische Reaktionen lassen sich den Koordinationsstellen des jeweiligen Metallions unterschiedliche Aufgaben zuordnen.

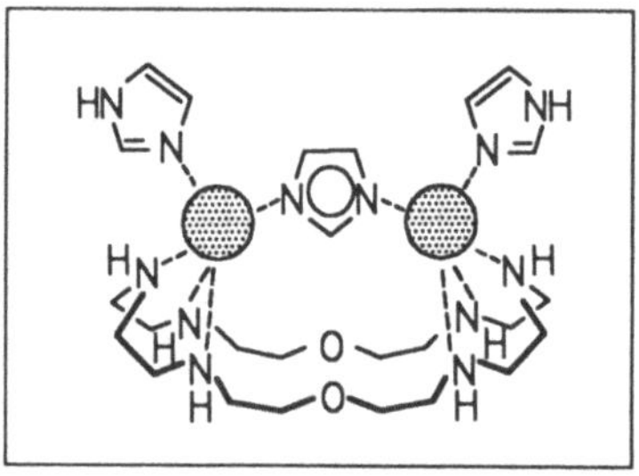

Abb.52. Struktur des Imidazol-verbrückten binuclearen Cryptats von **92**

Für die Fixierung des Metallions an den makrocyclischen Chelatbildner sind im allgemeinen zwei bis drei Koordinationsstellen ausreichend. Die restlichen Koordinationsstellen könnten dann zur Bindung von Modulatoren (wie z.B. Ph_3P) oder von Substraten dienen, welche die Eigenschaften des Kations verändern und somit enzymanaloge Reaktionen zulassen.

Hier bietet sich beispielsweise ein Vergleich mit *Carboxypeptidase A* an, einem Enzym, das in seinem aktiven Zentrum ein Zink-Ion enthält. Dieses Metallion wird einerseits durch polare Gruppen des Proteinanteils gebunden, bietet aber andererseits eine Koordinationsstelle für das vom Enzym umzusetzende Substrat.

Neben den bisher vorgestellten symmetrischen Liganden wären auch unsymmetrische Komplexbildner von besonderem Interesse, die aus verschiedenen Kronentypen zusammengesetzt sind und mit denen, z.B. für Redoxreaktionen, eine gleichzeitige Komplexierung von Cu(II)- und Zn(II)-Ionen möglich wäre.

2.2.2.2 Makrobicyclische zweikernige Cryptate

Das beachtliche Komplexierungspotential des Liganden "Tren" $[N(CH_2CH_2NH_2)_3]$ ist seit langem bekannt. Durch Eingliederung von zwei Tren-Einheiten in ein makrobicyclisches System wurde der Cryptand **95** erhalten. Er besitzt einen ellipsoidalen Hohlraum und bildet mit $Ag^{\oplus}$, $Zn^{2\oplus}$, $Cu^{2\oplus}$ oder $Co^{2\oplus}$ *binucleare Komplexe*, in denen der intermetallische Abstand durchschnittlich 450 ±50 pm beträgt. Die Bildung verläuft sukzessiv über die unsymmetrische, mononucleare Spezies. Dabei beträgt die Stabilitätskonstante für den mononuclearen Cu(II)-Komplex 16.6, für den binuclearen 11.8.

95

ESR-spektroskopische Untersuchungen deuten auf eine schwache Wechselwirkung zwischen den beiden Cu-Ionen hin. Die Oxidation des binuclearen Co(II)-Komplexes führt zu einer µ-Peroxo/µ-Hydroxo-Spezies, wie durch spektroskopische und titrimetrische Analyse festgestellt werden konnte. Durch Vergleich mit dem analogen Bis-Tren-Komplex, dessen Geometrie

aufgeklärt werden konnte, wird für den Makrobicyclus die Struktur **96** angenommen. Auffallend ist die etwas schwächere Bindung von O_2 durch den
Bicyclus gegenüber dem entsprechenden Bis-Tren-Komplex.

96

Eine strukturell ähnliche Komplexgeometrie liegt in einem von *Karlin*
kürzlich beschriebenen Cu-Komplex vor, mit dem auf niedermolekularer
Ebene das O_2-Bindungsverhalten von Porphyrinen untersucht und imitiert
werden sollte (vgl. hierzu auch Abschn.4.5):

Das Auftreten Cu-haltiger Enzyme wie *Hämocyanin*, das O_2 transportiert,
sowie die Monooxygenasen *Tyrosinase* und *Dopamin-ß-Hydroxylase*, die O-
Atome aus elementarem Sauerstoff in organische Substrate eingliedern, hatten die Entwicklung von praktikablen synthetischen Systemen zur *reversiblen
Bindung von Sauerstoff* zur Folge. Insbesondere chemische, spektroskopische
und *Röntgen*-kristallstrukturanalytische Untersuchungen der letzten Jahre
führten zu der Erkenntnis, daß zwei Cu(I)-Ionen von je drei Histidin-Ligan-
den umgeben sind und sich im Falle der O_2-Bindung eine Peroxo-Brücke
zwischen den Metallzentren ausbildet. Eine ähnliche Komplexgeometrie
konnte in der niedermolekularen Modellverbindung **97** nachgewiesen werden
(Py= α-Pyridyl).

97

Bei niedriger Temperatur wird in Dichlormethan-Lösung ein Äquivalent
O_2 aufgenommen, unter Ausbildung eines purpurfarbigen, zweizentrigen
Komplexes mit trigonal bipyramidaler Struktur und einer Peroxo-Brücke zwischen den Metallzentren. Die Sauerstoffbindung ist mit einer reversiblen

Oxidation von Cu(I) zu Cu(II) verbunden. Unter Vakuum läßt sich der Peroxo-Komplex wieder reversibel in den Cu(I)-Komplex überführen. Der gesamte Prozeß läßt sich mehrmals wiederholen, wobei allerdings eine zunehmende Zersetzung des Liganden eintritt.

2.2.2.3 Lateral makrobicyclische Chelatbildner

Lateral makrobicyclische Liganden mit zwei gleichen und einer unterschiedlichen Brücke wie beispielsweise **98** zeichnen sich in ihren binuclearen Komplexen durch eine Besonderheit aus: Wie durch Vergleich mit den entsprechenden Cu(II)-Komplexen der Teilstrukturen festgestellt werden konnte, besitzt der binucleare Cu(II)-Komplex zwei Redoxpotentiale. Dieses Verhalten ist durch die unterschiedlichen Komplexgeometrien für die beiden Cu-Ionen zu erklären. So läßt sich das Potential des Cu-Ions I einem Potential von +550 mV, das des Cu-Ions II einem Meßwert von +70 mV zuordnen.

Ähnliche Verhaltensweisen sind für Verbindungen zu erwarten, in denen Porphyrin-Grundgerüste mit chelatisierenden Ketten verbrückt sind.

98   **99**

2.2.2.4 Binucleare Cryptate von zylindrischen makrotricyclischen Liganden

Makrotricyclische Moleküle des zylindrischen Typs besitzen drei Hohlräume; zwei lateral circulare (fette Linien) und einen zentralen. Im Falle binuclearer Metallkomplexe werden diese in Abhängigkeit von der Ringgröße auf unterschiedliche Weise von den lateralen Donorzentren gebunden:

a) Bei zu kleiner Ringgröße, z.B. einem Tetracyclus, wird das Metallion auf der Cyclusoberfläche gebunden, d.h. es kann nicht in den Ring eintauchen. Durch diese Anordnung werden die Donorzentren zwangsläufig in eine Richtung zum Metallion hin ausgerichtet, so daß bei einem oktaedrischen Gesamtkomplex eine *cis*-oktaedrische Anordnung vorliegt (Abb.54a).

b) Bei ausreichender Ringgröße dagegen kann das Metallion in den Cyclus eintauchen, so daß eine *trans*-oktaedrische Komplexgeometrie möglich wird (Abb.54c).

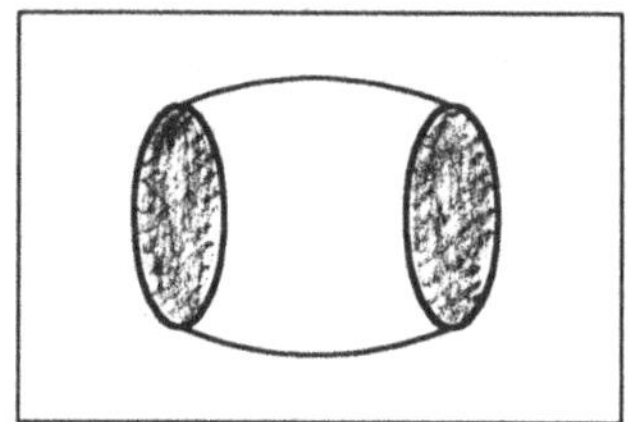

Abb.53. Zylindrischer Makrotricyclus, schematisch

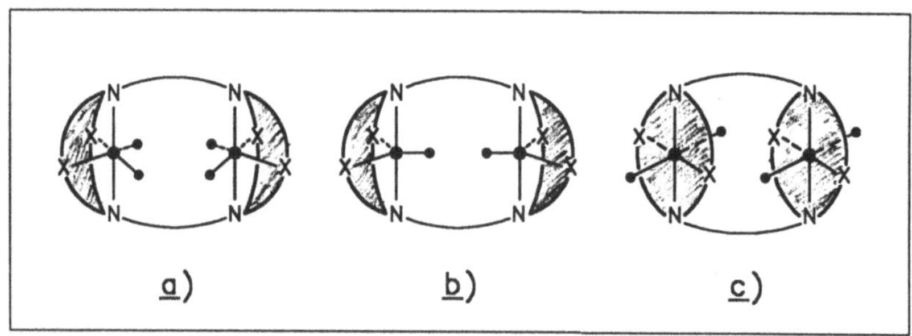

Abb.54. Komplexgeometrien makrotricyclischer Liganden: a) *cis*-oktaedrisch, b) *cis*-pentagonal-bipyramidal, c) *trans*-oktaedrisch

Der intermetallische Abstand wird durch die Länge der die beiden Monocyclen verbrückenden Einheiten bestimmt und besitzt insofern einen entscheidenden Einfluß auf die weiteren Koordinations-Möglichkeiten der an den Metallionen noch unbesetzten Koordinationsstellen.

Für die Synthese derartiger Verbindungen bieten sich zwei Methoden an (Abb.55), die Variationen in der Wahl der Brückenglieder und der Monocyclen zulassen, so daß auch unsymmetrische Tricyclen darstellbar werden.

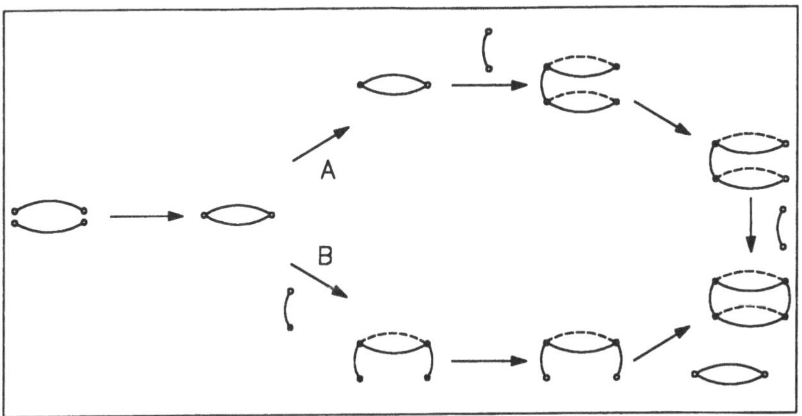

Abb.55. Synthesemethoden für zylindrische Makrotricyclen; schematisch

Die Makrotricyclen **100-104** sind typische Vertreter des zylinderförmigen Chelatbildner-Typs. Der Makrotricyclus **100** bildet außer mit den Alkali-, Erdalkali- und Lanthaniden-Kationen sowohl mit $Ag^{\oplus}$ als auch $Cu^{2\oplus}$ stabile *binucleare Cryptate.*

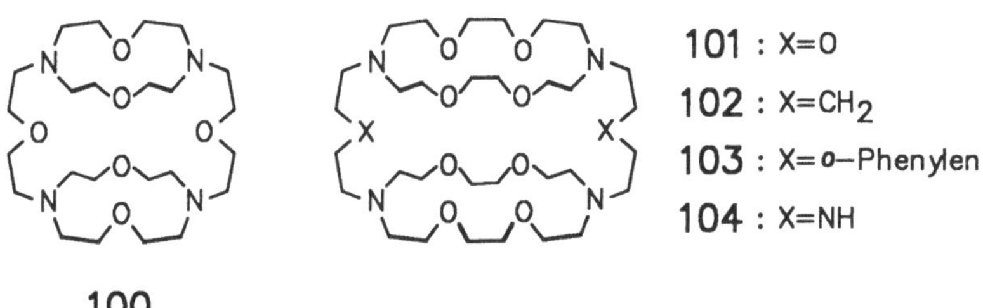

100

101 : X=O

102 : X=CH_2

103 : X=o−Phenylen

104 : X=NH

Die Strukturaufklärung des Silberkomplexes zeigt, daß die beiden Metallkationen innerhalb des zentralen Hohlraums jeweils auf der Cyclusoberfläche der beiden zwölfgliedrigen Kroneneinheiten im Abstand von 388 pm gebunden werden. Der entsprechende binucleare $Cu^{2\oplus}$-Komplex deutet auf eine geringe Wechselwirkung zwischen den Metallionen hin. Die elektrochemische Reduktion zu Cu(I) verläuft bei deutlich positiven Potentialen in zwei aufeinanderfolgenden Einelektronschritten.

Der räumlich etwas größere Tricyclus **101**, der ebenfalls mit Alkali-, Erdalkali-, $Ag^{\oplus}$- oder $Pb^{2\oplus}$-Kationen binucleare Komplexe bildet, unterscheidet sich von **100** durch seine Komplexgeometrie. Aufgrund seines 18-gliedrigen Ringsystems ist nunmehr eine Metallbindung möglich, in der das Metallion in den Ring eintaucht. So ist zu verstehen, daß im binuclearen $Na^{\oplus}$-Komplex der intermetallische Abstand 640 pm beträgt, obwohl in **100** und **101** die beiden Kronen-Untereinheiten den gleichen Abstand voneinander haben.

Neben den symmetrischen homo-binuclearen Metallkomplexen wurden auch entsprechende unsymmetrische mononucleare sowie heteronucleare Komplexe beobachtet.

Eine interessante tricyclische und dazu chirale Struktur besitzt der Cryptand **105**, in dem die beiden Kronen-Untereinheiten einseitig durch eine Binaphthol-Brücke verbunden sind. Neben der zu erwartenden Bindung von Metallionen ist auch eine Komplexierung von chiralen Molekülkationen bzw. -anionen - mit geringer chiraler Diskriminierung - möglich. Die Bindung eines chiralen, negativ geladenen Moleküls durch den chiralen Wirt geschieht dadurch, daß das Anion an primär komplexierte Metallkationen gebunden wird.

105

Werden die Sauerstoffatome in den Kronenringen durch Schwefelatome ersetzt (106-108), so ist auch eine *Komplexierung von Übergangsmetallkationen* möglich. So bildet **106** mit zwei Cu(II)-Ionen einen Komplex der

Struktur 109, in welcher der Metall-Metall-Abstand 562 pm beträgt. Die Komplexierung der Cu-Ionen verläuft in zwei Schritten mit Stabilitätskonstanten für den mono- bzw. binuclearen Komplex von 10.9 bzw. 9.0 (in wäßriger Lösung). Elektrochemische Untersuchungen dieses Komplexes ergaben einen reversiblen Zwei-Elektronenschritt bei einem Potential von +445 mV.

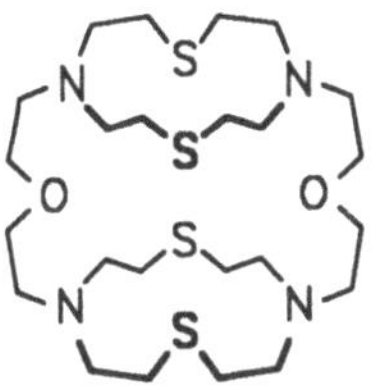

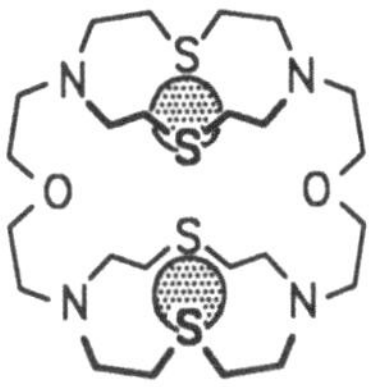

Obwohl ESR-spektroskopische Untersuchungen keine signifikante Kopplung zwischen den Metallionen zeigten, wurde bei magnetischen Suszeptibilitätsmessungen eine antiferromagnetische Kopplung gefunden.

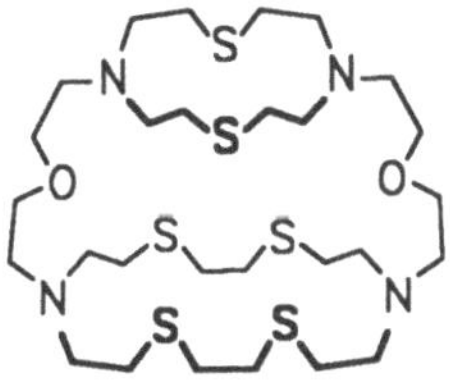

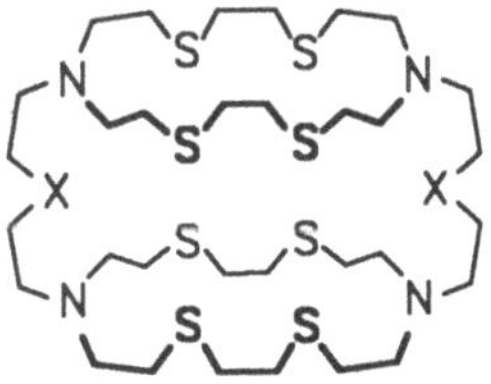

2.2.2.5 Speleanden

Die Kombination von polaren Untereinheiten mit starren, apolaren Gerüstkomponenten führt zu makropolycyclischen *"Co-Rezeptoren"* des Cryptand-Typs, die *Speleanden* genannt werden. Neben dem Speleanden 110, der durch elektrostatische und hydrophobe Effekte molekulare Kationen (1°-, 2°-, 3°- oder 4°-Ammoniumverbindungen wie z.B. Acetylcholin) intramolekular bindet, gehören auch Molekülstrukturen wie die von 111 zur Gruppe der Speleanden. Der starre intramolekulare Käfig von 111 erlaubt den Einschluß von $H_3C\text{-}NH_3^{\oplus}$-Ionen mittels einer für Kronen charakteristischen Dreipunktbindung (H-Brückenbindungen), wobei der Komplex die Struktur 111a annimmt.

110

111

Auch durch Kronen verbrückte Porphyrin-haltige Makrocyclen der Struktur **112** können als *Co-Rezeptoren* fungieren. Neben der Einlagerung von $Zn^{2\oplus}$-Ionen in die Tetrapyrrol-Systeme ist eine zusätzliche Komplexierung von organischen Diammonium-Ionen möglich, wie der Komplex **112** zeigt.

111a

112

Die gleichzeitige Komplexierung von organischen und anorganischen Substraten bietet eine Möglichkeit zu physikalischen oder chemischen Wechselwirkungen und Reaktionen zwischen dem Metallzentrum und einem organischen Substrat.

2.2.2.6 Photoaktive Cryptanden

1984 wurden von *Lehn* et al. *photoaktive Cryptanden* beschrieben [271, 272]. Die Donorzentren liefern hier Bipyridin- oder Phenanthrolin-Einheiten.

1987 wurde über *Energietransfer-Lumineszenzen* von Europium(III)- und Terbium(III)-Cryptaten berichtet. Eu(III)- und Tb(III)-Cryptate der Liganden **113** und **114** sowie Eu(III)-Cryptate von **115** können durch Umsetzung von entsprechenden Na-Cryptaten mit Eu(III)- oder Tb(III)-Salzen erhalten werden. Es bilden sich stabile, kinetisch inerte Komplexe, bei denen die Metallionen im Hohlraum des Liganden eingeschlossen sind, wobei Wechselwirkungen mit dem Solvens oder anderen gelösten Molekülen unterbunden sind [273]. Die Besonderheit dieser Eu-Cryptate besteht nun darin, daß sie im Gegensatz zu den einfachen Aquo-Komplexen bei Raumtemperatur in wäßriger Lösung eine starke Lumineszenz zeigen und ihre Redoxpotentiale deutlich von denen der Aquo-Komplexe abweichen.

113   **114**   **115**

Während die Anregungsspektren der Komplexe denen der freien Liganden entsprechen, zeigen die roten bzw. grünen Emissionen Spektren, die für die Eu(III)- oder Tb(III)-Lumineszenz charakteristisch sind.

Nach diesen Befunden wird das vom Liganden absorbierte UV-Licht durch intramolekularen Energietransfer zur Anregung von Eu- bzw. Tb-Zuständen benutzt, die dann ihrerseits aus $^5D_0$- bzw. $^5D_4$-Zuständen emittieren. Der Absorptions-Emissions-Prozeß derartiger *Lichtwandler* ist in Abb.56 schematisch wiedergegeben.

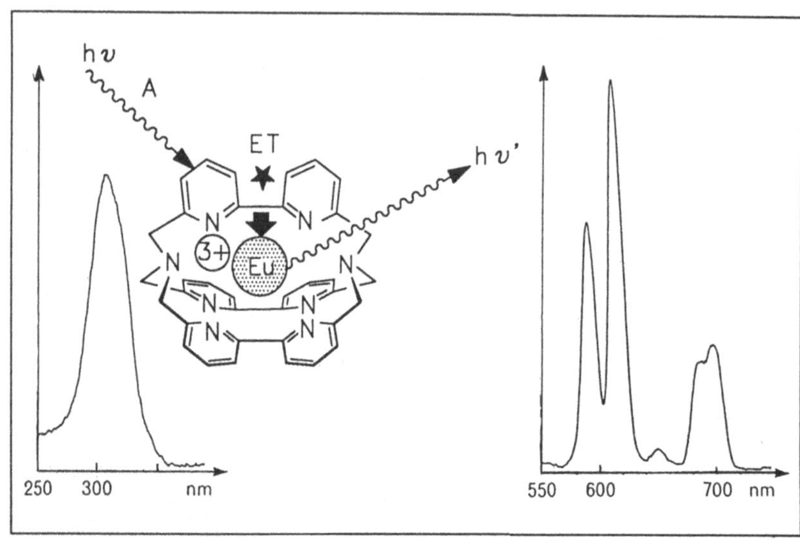

Abb.56. Schema des Lichtumwandlungsprozesses Absorption-Energietransfer-Emission (A-ET-E) am Beispiel des Cryptats [Eu$^{3\oplus}\cdot$**113**]
(Mitte). Links: Anregungsspektrum (Emission bei 700 nm); rechts:
Emissionsspektrum (Anregung bei 320 nm); 10^{-6}M wäßrige Lösung
des Nitrats bei 20°C

Elektrochemische Untersuchungen haben gezeigt, daß die Reduktion des
Eu-Cryptats von **113** bei einem Potential von -555 mV reversibel ist und
damit der Eu(II)-Zustand stabilisiert wird. Auch die Emissions-Lebensdauer
der Cryptate liegt höher als in entsprechenden Aquo-Komplexen. Dies ist
zumindest teilweise auf die bessere Abschirmung der Metallionen durch die
makrobicyclischen Liganden zurückzuführen.

Neben dem photophysikalischen und photochemischen Interesse [274] an
diesem Komplextyp (vgl. Abschn.13) sind auch eine Reihe potentieller Anwendungen denkbar, beispielsweise für die Entwicklung von Lumineszenz-
Materialien und -Markern für biologische Zwecke.

2.3   Siderophore

2.3.1   Einleitung: Enterobactin und natürliche Eisenkomplexierung

Im Jahre 1911 entdeckten Wissenschaftler, daß Mycobakterien eine "essentielle Substanz" brauchen, die für ihr Wachstum wesentlich ist [1]. Erst 40 Jahre später wurde dieser Wachstumsfaktor durch Kristallisation des entsprechenden Aluminium-Komplexes isoliert [2]. Durch ein besonderes Reinigungsverfahren konnte der metallfreie Wachstumsfaktor [3] isoliert und später seine wichtigsten chemischen Eigenschaften bestimmt werden [4]. Diese Verbindung erhielt den Namen *Mycobactin*. Nach weiteren 30 Jahren wurde klar, daß die Mycobactine zu den **Siderophoren** gehören, einer wichtigen Substanzklasse zur Förderung des mikrobiologischen Wachstums. Siderophore sind Eisen-bindende, niedermolekulare Substanzen (Molmasse 500-1000 D) mit bemerkenswerten chemischen Eigenschaften.

Der Siderophor *Enterobactin* (1) wurde im Jahre 1970 von *Neilands* sowie von *Gibson* erstmals beschrieben [5]. Er wurde aus Bakterienkulturen von *Aerobacter aerogenes*, *Escherichia coli* und *Salmonella typhimurium* in kleinen Mengen isoliert. Diesen Bakterien dient er als Ligand zur Eisen-Aufnahme und zum Eisen-Transport und spielt bei ihrem Wachstum eine Rolle.

Enterobactin ist der cyclische Triester von 2,3-Dihydroxybenzoyl-*L*-serin. Es bindet $Fe^{3\oplus}$-Ionen so stark, daß bei pH 7 mit EDTA keine Konkurrenzreaktion eintritt. Die Komplexbildungskonstante, ein Maß für die Stabilität eines Komplexes, von $K_f = 10^{52}$ ist die höchste, die jemals für einen Naturstoff-Eisenkomplex berichtet wurde.

Erst neuerdings konnte die hohe Komplexbildungskonstante des Enterobactins durch gezielte Synthese makrobicyclischer Eisenliganden noch um sieben Zehnerpotenzen übertroffen werden. So wurde über einen synthetischen makrobicyclischen Liganden berichtet, dessen Komplexbildungskonstante mit $Fe^{3\oplus}$ von $K_f \approx 10^{59}$ die höchste bisher für einen Eisenkomplex bekannte ist (s.u. und <u>Abschn.3</u>).

Siderophore (griech. Eisenträger; die Bezeichnung wurde 1973 von *Lankford* geprägt) [6] wie Enterobactin sind Eisenionen-Liganden, die von Mikroorganismen bei Eisenmangel erzeugt werden. Sie übernehmen allgemein eine wichtige Rolle beim Löslichmachen und beim *Transport von Eisen(III)-Ionen* in Organismen. Mikroorganismen, die zirkulierendem Blut ausgesetzt werden, produzieren Siderophore. Im Organismus eines erwachsenen Menschen befinden sich 4-5 Gramm Eisen, davon etwa 65% im

Sauerstofftransport-Protein *Hämoglobin*, weitere 30% in den Eisenspeicher-Proteinen *Ferritin* und *Hämosiderin*. Das Protein *Transferrin* (Synonym: *Siderophilin*) vermittelt den Eisentransport und die Aufrechterhaltung kleiner freier Eisen-Konzentrationen.

Trotz der Fähigkeit des menschlichen Organismus, den Eisenspiegel zu regulieren, sind größere Mengen dieses Elements toxisch. Die falsch verstandene Einnahme eisenangereicherter Vitaminpräparate hat, besonders bei Kleinkindern, zu akuten Eisenvergiftungen geführt. Ein chronischer Eisenüberschuß tritt als Nebenwirkung nach der erforderlichen Bluttransfusion bei Patienten auf, die an *Cooleys* Anämie leiden (weltweit ca. 3 Millionen). Es handelt sich um eine genetisch bedingte Krankheit, die auf eine unzureichende Bildung der ß-Ketten des Hämoglobins zurückgeht.

Fortwährende Bluttransfusionen führen zu einer konstanten Anreicherung von Eisen im Organismus, da der Mensch keine spezifischen physiologischen Mechanismen für die Eisenausscheidung besitzt; der gesunde Mensch kann maximal 1 mg Eisen pro Tag ausscheiden. In besonderem Maße werden Herz, Leber und Pankreas geschädigt. Es gilt also Medikamente zu finden, die das Eisen durch Komplexierung in eine für den Körper ausscheidbare Form überführen. Dies kann mit Hilfe des Medikaments *Desferrioxamin* (*Desferal*®, Ciba) geschehen. Diese Substanz komplexiert Eisen, und der Komplex kann mit dem Urin ausgeschieden werden. Das Medikament läßt aber noch viele Wünsche offen; deshalb wird weiter nach spezifisch Eisen bindenden Molekülen gesucht. Mit neuen Medikamenten könnten die erforderliche Tagesdosis gesenkt und die Nebenwirkungen reduziert werden.

Die biologische Notwendigkeit für die Bildung von Siderophoren durch Mikroorganismen ist durch die unersetzbare Rolle des Eisens in fast allen *Oxidations- und Reduktionsvorgängen* von Zellen gegeben, kombiniert mit der extremen Schwerlöslichkeit von Eisenhydroxid bei physiologischem *p*H. Bei *p*H 7 liegt die Gleichgewichts-Konzentration von Eisen-Ionen (als freies Fe^{3+}) bei annähernd 10^{-18} mol/l. Mikroorganismen wie die Darmbakterien benötigen für optimales Wachstum mindestens eine Endkonzentration von $5 \cdot 10^{-7}$ mol/l. Die zur Verfügung stehende Konzentration ist also um viele Zehnerpotenzen zu niedrig. Nur gute Chelatbildner wie die Siderophore können Eisen aus der Umgebung mobilisieren und den Transport in die Mikroben-Zellen ermöglichen.

Die durch Siderophore vermittelte Eisenaufnahme setzt eine hochspezifische Erkennung durch Rezeptoren an der Zelloberfläche voraus. Im Falle von Darmbakterien bestehen diese Rezeptoren entweder aus einem oder mehreren Proteinen mit hohen Molekulargewichten. Um Rezeptor-/Substrat-Wechselwirkungen zu studieren, ist die Isolierung dieser Proteine von besonderer Bedeutung. Wichtige Aspekte der Wirkungsweise von Siderophoren wurden durch Studien an radioaktiv markierten synthetischen Eisenliganden mit verwandtem Molekülbau aufgeklärt.

Auch Pflanzen benötigen zur Aufrechterhaltung eines gesunden Wachstums die kontinuierliche Zufuhr einer Reihe von Metallsalzen. Eisen ist für Pflanzen eines der zur *Chlorophyll*-Biosynthese notwendigen Elemente. Obwohl grüne Pflanzen substantielle Eisenmengen enthalten, werden Eisen-Ionen nicht von alten zu neuen Blättern transportiert. Deshalb ist eine unaufhörliche Eisenzufuhr für die Pflanzen notwendig. Unzulängliche Eisenzufuhr führt zur Entwicklung einer *"Eisen-Chlorose"* (-Bleichsucht), im Verlaufe derer die jungen Blätter sich zu gelb oder weiß entfärben. Als Folge davon hören die Pflanzen auf zu wachsen und gehen eventuell zugrunde.

Normalerweise kommt Eisen in genügender Menge im Boden vor. Trotzdem ist die verfügbare Menge an Eisen(III)-Ionen in den meisten kalkhaltigen Böden für das Pflanzenwachstum unzureichend, wodurch sich eine Eisen-Chlorose entwickelt. Die Löslichkeit von Fe(III) bei pH 4 oder höherem pH nimmt pro pH-Wert-Zunahme zu ungefähr einem tausendstel ab. Einige Pflanzen wachsen allerdings in alkalischen Böden gut. Dies deutet darauf hin, daß solche Pflanzen über eine biochemische Funktion verfügen, die in Böden unlösliches Eisen in nützliche Fe(III)-Ionen verwandelt. Man kann daher in Eisen-effiziente und Eisen-uneffiziente Pflanzen unterteilen. Für die Eisenverfügbarkeit scheinen hinsichtlich der Eisenaufnahme und des -transports bei Eisen-effizienten Pflanzen vier biochemische Faktoren maßgeblich zu sein:

a) Freisetzung von Wasserstoff-Ionen aus den Wurzeln
b) Freisetzung von reduzierenden Verbindungen aus den Wurzeln
c) Reduktion von Eisen(III) zu Eisen(II) in den Wurzeln
d) Zunahme organischer Säuren (besonders Citrat) in den Wurzeln.

Es verwundert kaum, daß eine Reihe von Eisen-chelatisierenden Pflanzen-Siderophoren *("Phytosiderophoren")* aus Wurzeln isoliert werden konnte.

In den letzten 20 Jahren sind einige Dutzend Siderophore (meist aus Bakterien) isoliert worden, die als chelatisierende Gruppen *Brenzcatechin-Einheiten* (wie Enterobactin) oder aber *Hydroxamat-Gruppen* enthalten:

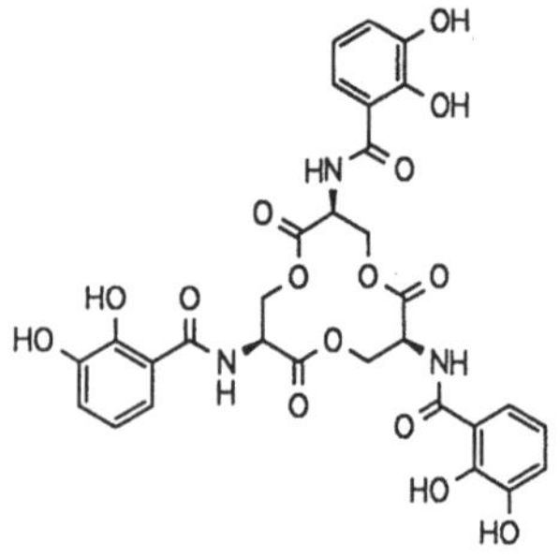

1
Enterobactin

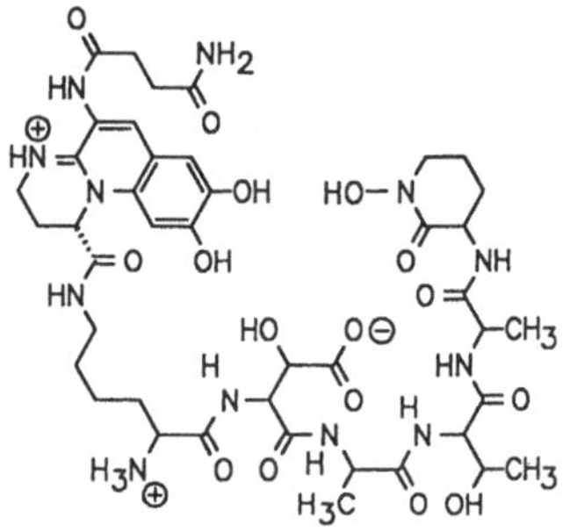

2
Pseudobactin

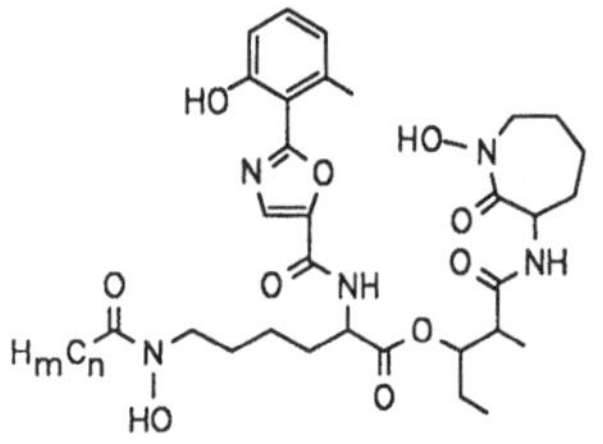

3
Mycobactin
n > 12

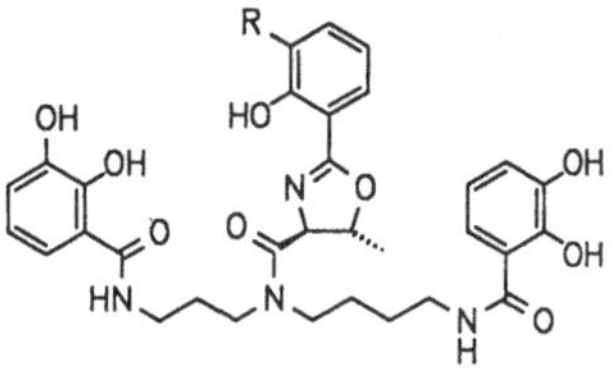

4, 5
Agrobactin (R = OH)
Parabactin (R = H)

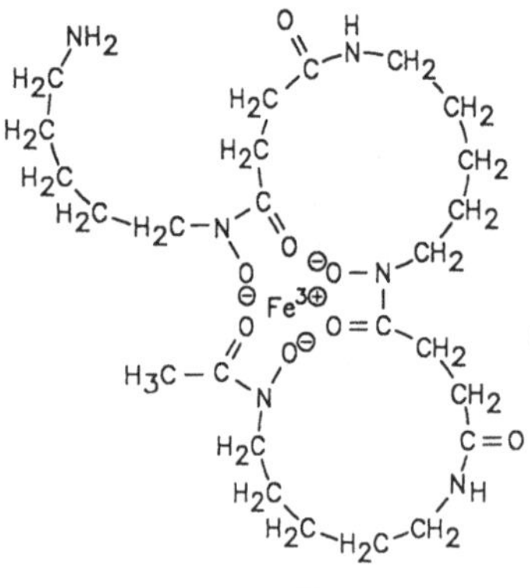

6
Ferrioxamin B

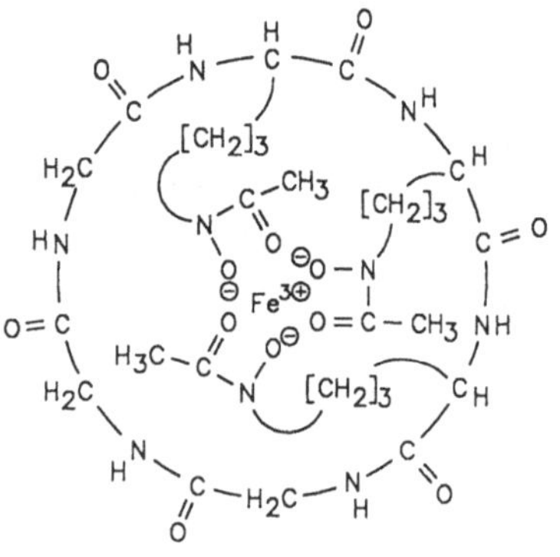

7
Ferrichrom

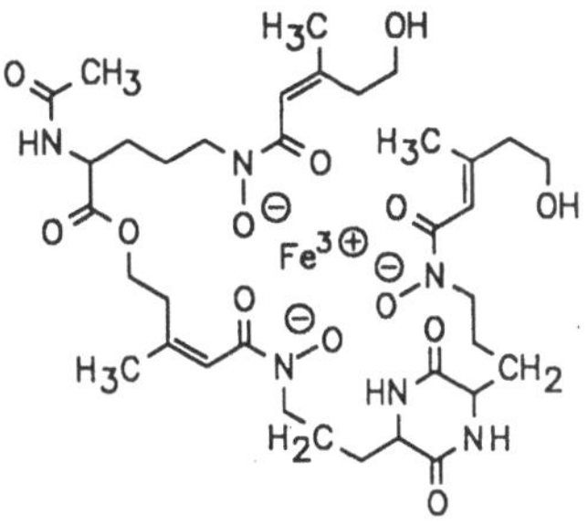

9
Fusarinin C

8
Coprogen

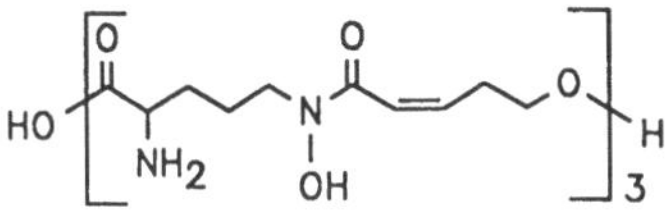

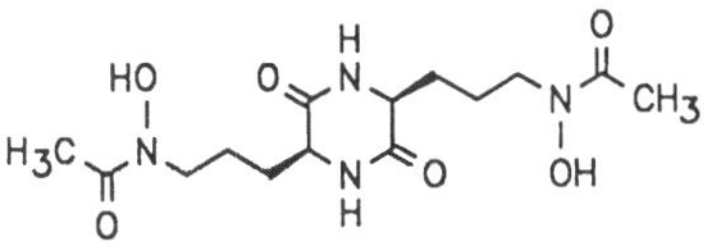

10
Rhodotorulsäure

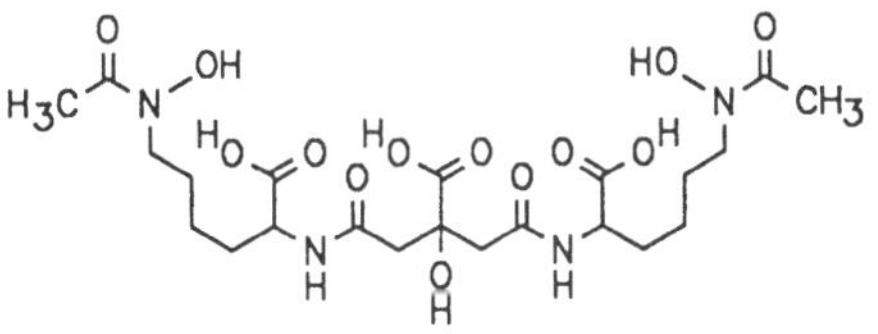

11
Aerobactin

2.3.2   Isolierung von Enterobactin; Synthese und Biosynthese

Enterobactin ist der Prototyp der Brenzcatechin-Siderophore. 1970 isolierten es unabhängig voneinander *Pollack* und *Neilands* aus *Salmonella typhimurium*[5], *O'Brien* und *Gibson* aus *Escherichia coli*[6].

Eisenarme Nährmedien begünstigen das Wachstum von *Escherichia coli* in Fermentern[6]. Den Nährmedien werden sterile Lösungen von *L*-Methionin, Thiamin und Glucose zugesetzt. Optimales Wachstum wird bei 37°C erreicht, der Vorgang ist nach sechs Stunden beendet. Die Zellen werden bei 4°C abzentrifugiert, der Rückstand mit konz. Salzsäure angesäuert und mit Essigester extrahiert. Eine weitere Reinigung gelingt auf Säulen-chromatographischem Wege. Das so gewonnene rohe Enterobactin wird aus wäßrigem Ethanol umkristallisiert. Durch dieses aufwendige Verfahren können aus einem Liter Kulturlösung schließlich 15 mg reines Produkt isoliert werden. Die Isolierung aus Nährmedien erweist sich jedoch, gemessen an den isolierten Produktmengen, als zu aufwendig. Die Synthese des Enterobactins stellte somit eine Herausforderung für die präparative Chemie dar.

Im Jahre 1977 veröffentlichten *Corey* und *Bhattacharyya* eine Synthese für Enterobactin und dessen nichtnatürliches Spiegelbild-Isomer *Enantio-enterobactin* [7]. Sie bauten zuerst die entsprechenden Trilactone aus *L-* bzw. *D-*Serin auf, die dann mit 2,3-Dihydroxybenzoylchlorid umgesetzt wurden.

Schema 1:

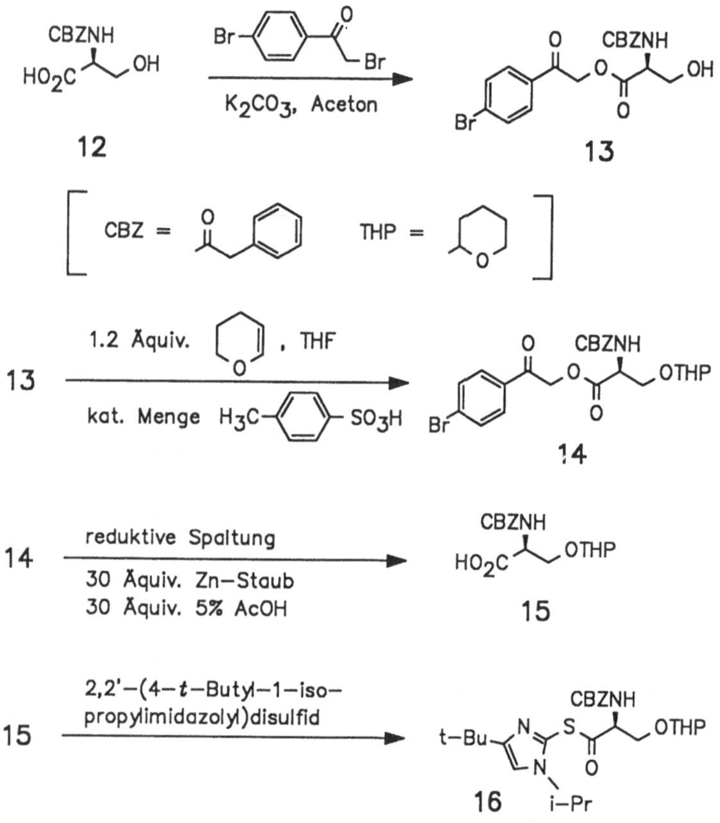

12 → 13   K$_2$CO$_3$, Aceton

[CBZ =   THP =]

13 → 14   1.2 Äquiv.   , THF / kat. Menge H$_3$C—⟨⟩—SO$_3$H

14 → 15   reduktive Spaltung / 30 Äquiv. Zn–Staub / 30 Äquiv. 5% AcOH

15 → 16   2,2'–(4–*t*–Butyl–1–iso-propylimidazolyl)disulfid

16
1 Äquiv. 13
CBZNH
CBZNH
Br
O
O
O
O
OTHP
17

17
reduktive Spaltung
30 Äquiv. Zn-Staub
30 Äquiv. 5% AcOH
CBZNH
CBZNH
HO
O
O
O
OTHP
18

18
1.: Aktivierung analog 16
2.: 1 Äquiv. 13
CBZNH
CBZNH
CBZNH
Br
O
O
O
O
O
O
OTHP
19

19
AcOH, CH3OH, THF
CBZNH
CBZNH
CBZNH
Br
O
O
O
O
O
O
OH
20

20
reduktive Spaltung
30 Äquiv. Zn-Staub
30 Äquiv. 5% AcOH
CBZNH
CBZNH
CBZNH
HO
O
O
O
O
O
OH
21

21
Cyclisierung
des 2,2'-(4-t-Butyl-1-isopropyl-
imidazolyl)thiolesters, in situ gebildet
aus 1 Äquiv. 21, 1.2 Äquiv. 2,2'-(4-
t-Butyl-1-isopropylimidazolyl)disulfid
und 1.3 Äquiv. PPh3 in CH2Cl2
NHCBZ
CBZHN
NHCBZ
O
O
O
O
O
22

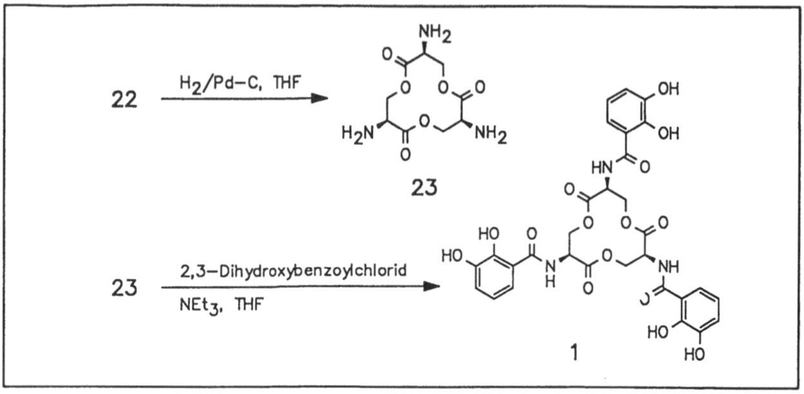

22 $\xrightarrow{\text{H}_2/\text{Pd}-\text{C, THF}}$ 23

23 $\xrightarrow[\text{NEt}_3\text{, THF}]{\text{2,3-Dihydroxybenzoylchlorid}}$ 1

1981 berichtete *Rastetter* über eine weitere Synthese für Enterobactin und dessen Antipoden [8]. Das nicht natürliche Enantioenterobactin erwies sich in Wachstumsversuchen mit Bakterien nicht nur als völlig unwirksam, sondern es verhindert sogar das Wachstum, indem es das Eisen im Nährmedium blockiert.

Die neueste und einfachste Synthese gelang *Shanzer* unter Nutzung des **Templat-Effekts** [9]:

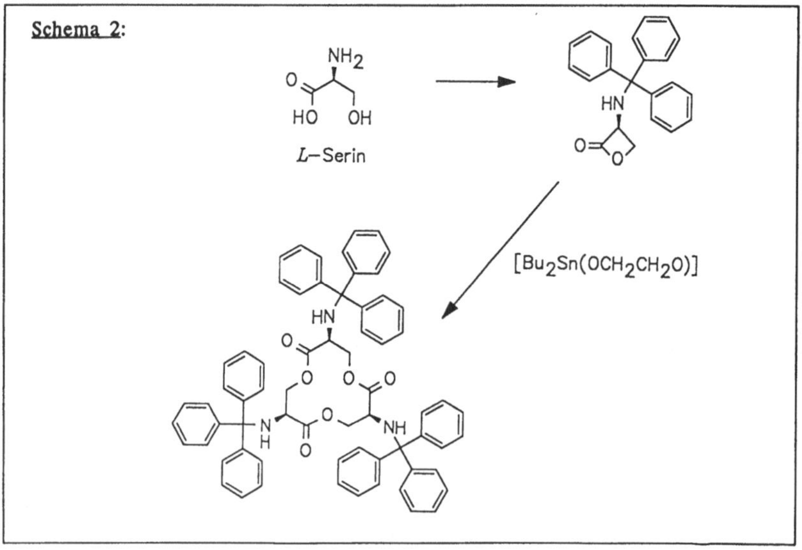

Schema 2:

L-Serin

$[\text{Bu}_2\text{Sn}(\text{OCH}_2\text{CH}_2\text{O})]$

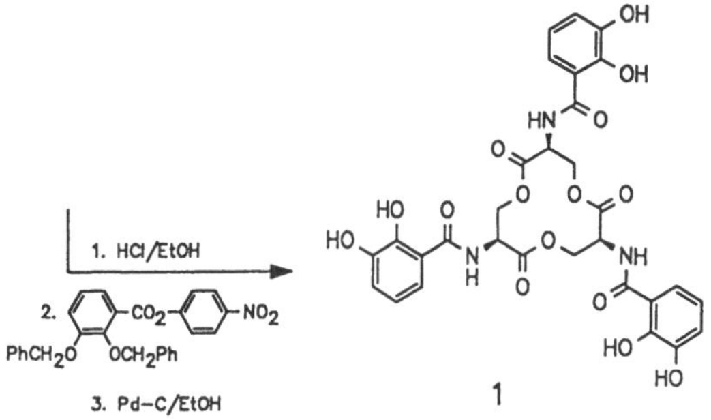

Biosynthese des Enterobactins: Wie gezeigt werden konnte, inhibieren Eisen-Ionen die Biosynthese der meisten Siderophore. Der Mechanismus, durch den diese Kontrolle zustandekommt, ist noch nicht bekannt.

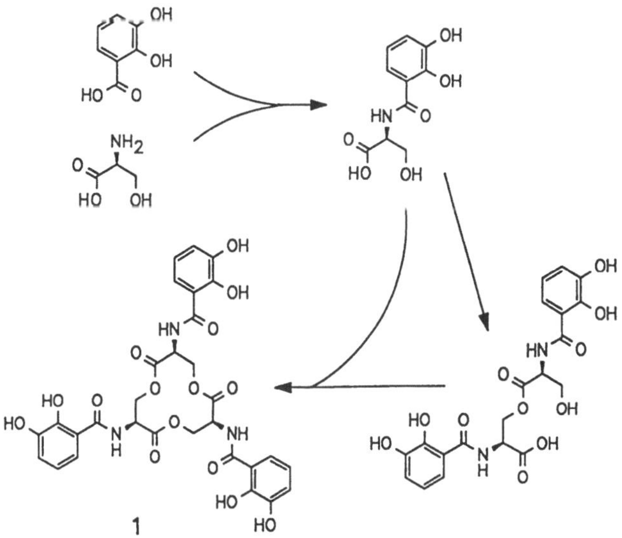

Zellfreie Extrakte, die zur Biosynthese von Enterobactin (und auch *Parabactin*) in der Lage sind, benötigen nur ATP als Cofaktor, die Gegenwart von Coenzym A ist nicht notwendig. Zur Enterobactin-Biosynthese aus Dihydroxybenzoesäure und *L*-Serin sind wenigstens vier Proteine erforderlich (Schema 3) [10].

2.3.3 Synthetische Siderophor-Analoge

Um die außergewöhnlichen Eigenschaften des Enterobactins besser verstehen zu lernen, wurde eine Reihe von Vergleichsliganden synthetisiert und insbesondere auf ihre Eisen- und neuerdings Nucleobasen-bindenden Eigenschaften hin untersucht [31]:

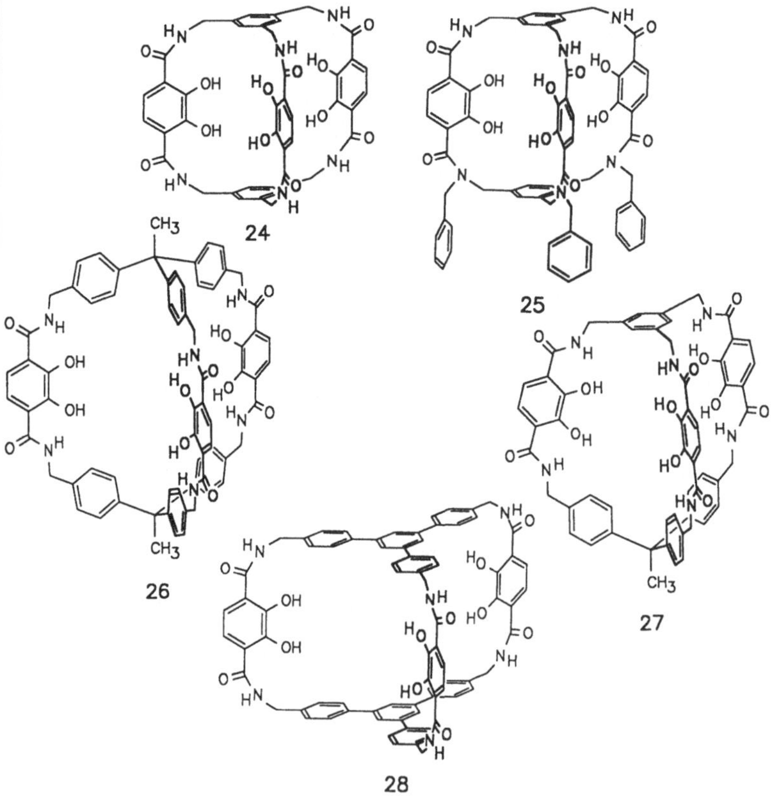

24 25 26 27 28

Wie Enterobactin enthalten sie drei Brenzcatechin-Einheiten, die an einem gemeinsamen "Ankergerüst" verankert sind, das meist eine dreizählige Symmetrie(achse) aufweist. Auch offenkettige Ankergruppen wurden eingesetzt:

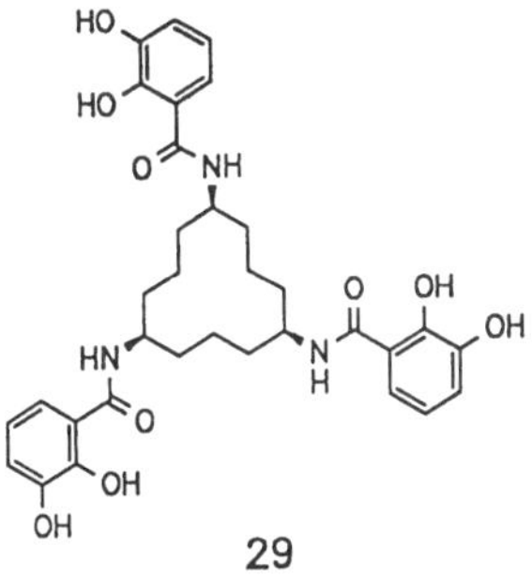

MECAM

29 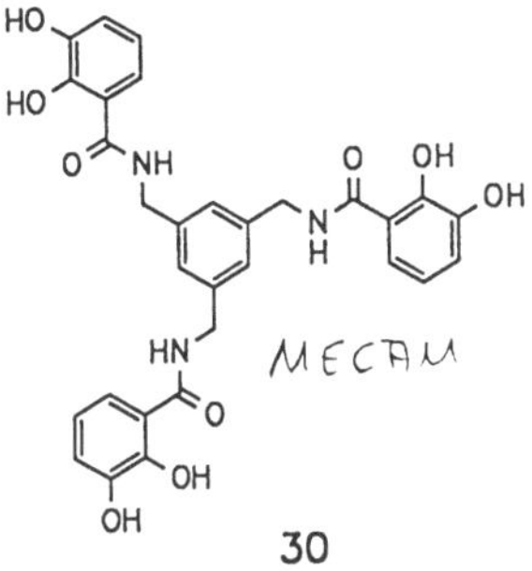   30 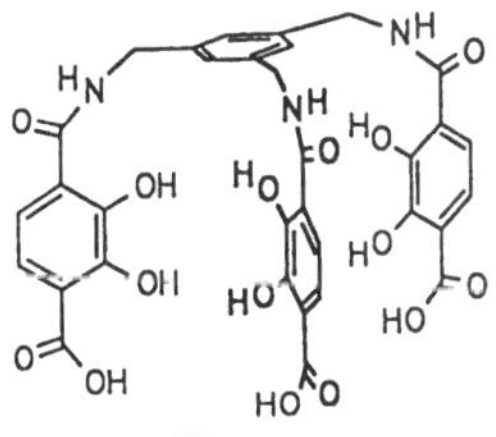   31 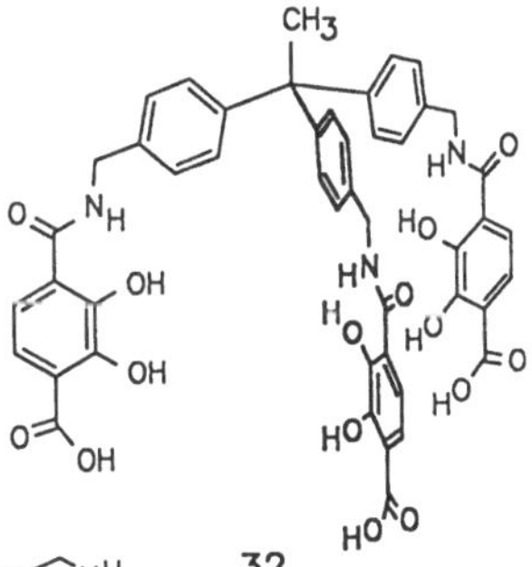   32 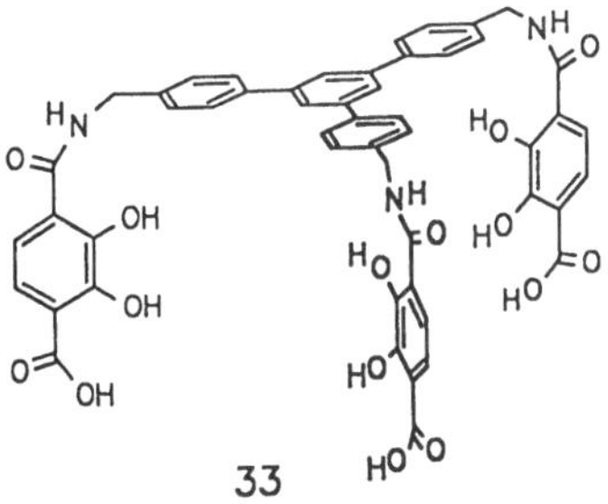   33

Molekülmodell-Studien zeigen, daß das starre Mesitylen-System von **30** und **31** den Triester-Ring des Enterobactins nachahmen kann. Die Fe^{3+}-Bindungskonstante von MECAM ist dementsprechend hoch: $K_f \approx 10^{46}$. Sie liegt jedoch immer noch sechs Zehnerpotenzen unter der des Enterobactins. Da die Bindungsstellen (drei Brenzcatechin-Einheiten) jeweils gleich sind, läßt dies vermuten, daß stereochemische Faktoren die Grundlage der Sonderstellung des Enterobactins ausmachen. Jedoch ist $[Fe(MECAM)]^{3-}$ biologisch dem $[Fe(ent)]^{3-}$ ähnlich: Es benutzt das Enterobactin-Rezeptorsystem von *E. coli* und fördert dessen Wachstum! MECAM hat für den Experimentator gegenüber Enterobactin sogar den entscheidenden Vorteil, den hydrolyseanfälligen Triesterring nicht zu enthalten.

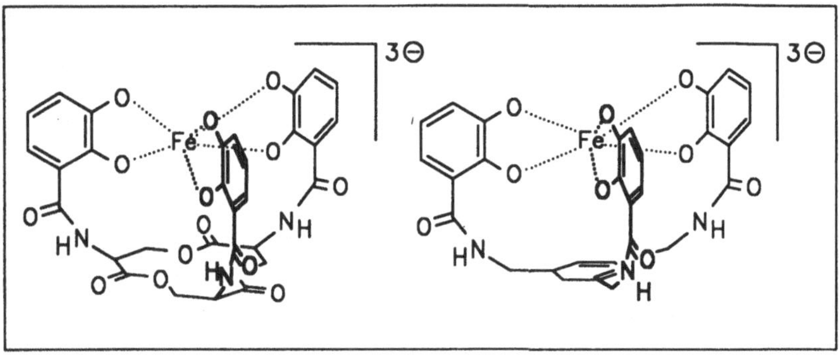

Abb.1. $[Fe(ent)]^{3-}$ und $[Fe(MECAM)]^{3-}$

2.3.4   Eigenschaften

Enterobactin ist eine wenig stabile Substanz: der Triesterring ist hydrolyseanfällig, und die Brenzcatechin-Einheiten sind oxidationsempfindlich. Enterobactin ("ent") bindet Fe^{3+}-Ionen so stark, daß bei *p*H 7 mit *EDTA* keine Konkurrenzreaktion eintritt. Erst bei *p*H 5 kommt es zu einer meßbaren Verteilung des Fe^{3+} zwischen beiden Liganden, die photometrisch genutzt werden kann. Die Bildungskonstante ist ca. 10^{20} mal größer als die von *Ferrichrom* und *Ferrioxamin B* [Je höher die Komplexkonstante K_f oder deren (negativer) Logarithmus, desto höher ist die Stabilität des betreffenden Komplexes].

$$K_f = \frac{[Fe(ent)]^{3\ominus}}{[Fe^{3\oplus}]\,[ent^{6\ominus}]} = 10^{52}$$

<u>Abb.2</u> gibt eine Vorstellung von der - geringen - pH-Abhängigkeit des sichtbaren Spektrums von $Fe^{3\oplus}\cdot$Enterobactin. Brenzcatechin ist eine schwache Säure; die pK_a-Werte liegen bei 9.2 und 13. Deshalb konkurrieren Protonierungsreaktionen mit der Komplexbildung.

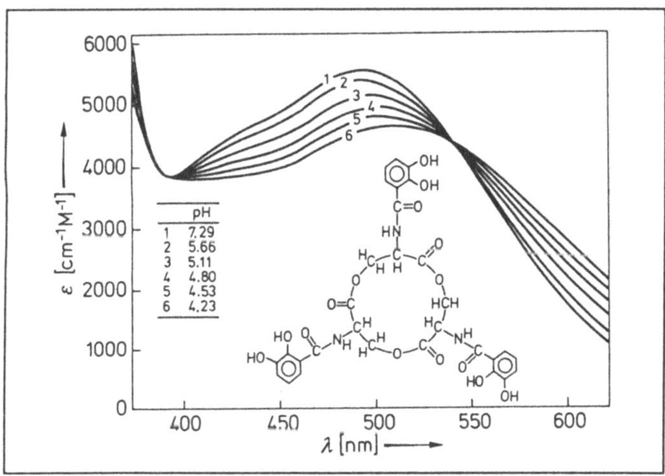

<u>Abb.2</u>. Die pH-Abhängigkeit des sichtbaren Spektrums von $Fe^{3\oplus} \cdot$ Enterobactin

Infolge der pH-Abhängigkeit der Komplexbildungskonstanten lassen sich diese durch die Eisen-bindenden Fähigkeiten des Liganden nur unzureichend miteinander vergleichen. Deshalb wurde der pM-Wert eingeführt:

$$p\text{M} = -\log [Fe(H_2O)_6]^{3\oplus}$$

Er gibt die *errechnete* Gleichgewichtskonzentration an $[Fe(H_2O)_6]^{3\oplus}$ in einer Lösung an, die 1 µM totale $Fe^{3\oplus}$-Konzentration und 10 µM totale Ligandkonzentration sowie den physiologischen pH 7.4 hat [11]. Die Protonierung von $[Fe(L\text{-}L\text{-}L)]^{3\ominus}$ [dabei ist (L-L-L) das Hexa-Anion von Enterobactin oder MECAM] verläuft in Ein-Proton-Schritten:

$$Fe(L-L-L)^{3\ominus} + H^{\oplus} \rightleftharpoons Fe(LH-L-L)^{2\ominus}$$

$$Fe(LH-L-L)^{2\ominus} + H^{\oplus} \rightleftharpoons Fe(LH-LH-L)^{\ominus}$$

$$Fe(LH-LH-L)^{\ominus} + H^{\oplus} \rightleftharpoons Fe(LH-LH-LH)$$

<u>Tab.1.</u> pM-Werte einiger Enterobactin-Analogen [12,13]

Ligand	pM-Wert	log K_f
Enterobactin	35.5	52
HBED	31.0	
MECAMS	29.4	41
MECAM	29.1	46
LICAMS	28.5	41
MeMECAMS	26.9	40.6
Ferrioxamin B	26.6	30.5
EHPG	26.4	
Ferrichrom A	25.2	32
TRIMCAMS	25.1	
NacMECAMS	25.0	
CYCAMS	24.9	
Diethylentriaminpentaessigsäure	24.7	
Transferrin	23.6	
EDTA	12.2	
1,2-Dihydroxy-3,5-disulfobenzen	19.5	
N,N-Dimethyl-2,3-dihydroxy-5-sulfobenzamid	19.2	

Dieses Verhalten wird im sichtbaren Spektrum während der Titration deutlich. Bestärkt wird der Befund durch das IR-Spektrum von $Fe(H_3MECAM)$. Hier fehlt die C=O-Streckschwingung von $[FeMECAM]^{3\ominus}$

bei 1610 cm^{-1}, aber eine OH-Deformationsschwingung tritt wieder auf [14].
Die Autoren folgern daraus, daß bei der Protonierung der Brenzcatechin-
Bindungstyp **34** in einen Salicylat-Bindungstyp **35** übergeht [14a].

34   **35**

Diese Ein-Proton-Reaktionen treten folglich auch nicht auf, wenn sich
die Carbonylgruppe nicht mehr in Nachbarschaft zum Ring befindet, wie am
Beispiel von 1,3,5-Tris[(2,3-dihydroxy-5-sulfobenzyl)carbamido]benzen (TRIM-
CAMS, **36**) gezeigt werden konnte. [TRIMCAMS ist isomer mit MECAMS
(**37**)].

36   **37**

Bei **36** haben wir es stattdessen mit Zwei-Protonen-Schritten zu tun, die
mit der Dissoziation einer Dihydroxybenzylamid-Seitengruppe vom Zentralatom einhergehen [12].

Die Sulfonsäure-Gruppe läßt sich gut in die Position 5 der Liganden einführen und hat mehrere Vorteile: Die Wasserlöslichkeit wird erheblich ver-

bessert, die Oxidationsempfindlichkeit ist niedriger, und die Protonierungs-
konstanten werden durch den elektronenziehenden Effekt erniedrigt.

1976 klärten *Raymond* et al. [15] die Frage der Koordinationszahl der
Eisen(III)-Komplexe von Brenzcatechin-Liganden zuverlässig durch *Röntgen*-
Kristallstrukturanalyse. Das Eisenatom des im Eisen-Komplex unsubstituierten Brenzcatechins ist verzerrt oktaedrisch von sechs Brenzcatechin-Sauer-
stoffatomen umgeben, wie in <u>Abb.3</u> gezeigt ist.

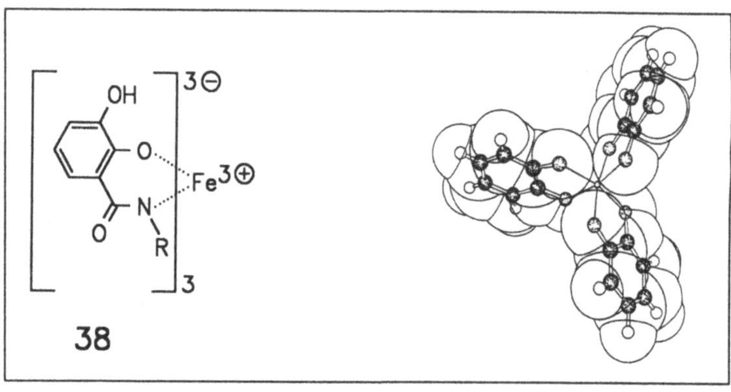

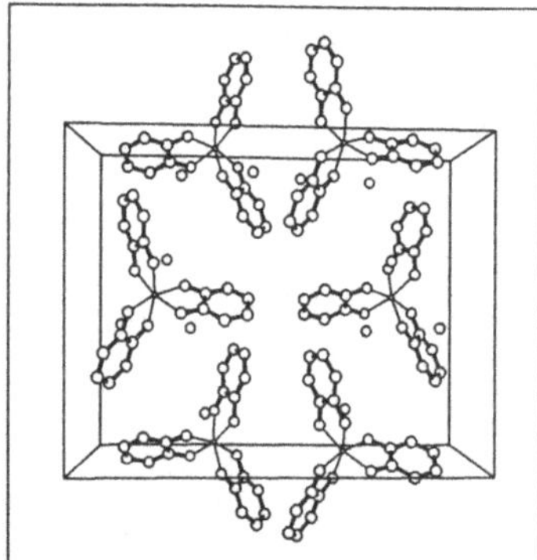
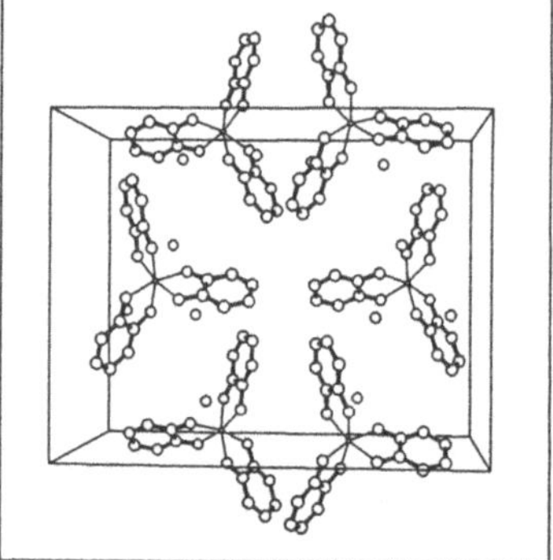

<u>Abb.3</u>. Perspektivische Zeichnung des Anions $[Fe(C_6H_4O_2)_3]^{3\ominus}$ des $Fe^{3\oplus}$-
Komplexes des unsubstituierten Brenzcatechins (oben rechts) und
Packungsdiagramm von $K_3[Fe(C_6H_4O_2)_3] \cdot 1.5\ H_2O$ [15] (stereosko-
pisch, unten)

Im Enterobactin-Komplex halten einige Autoren [16] zwar auch die Struktur **38** mit Beteiligung der Stickstoffatome an der Eisenbindung für möglich, aber *Raman-* und CD-Spektren [17] sprechen mehr für ein ausschließlich über Sauerstoffatome gebundenes Eisen.

Durch Vergleich der CD-Spektren von Δ-$K_3[Cr(C_6H_4O_2)_3]$ und von $(NH_4)_3[Cr(ent)]$ konnte gezeigt werden, daß das vorherrschende Isomere des Enterobactin-Komplexes die absolute Konfiguration Δ-*cis* haben muß [18,19] [Abb.4,5; Δ bedeutet nach IUPAC rechtsläufige Windungsrichtung (im Uhrzeigersinn, Plus-Helix)]. Auch empirische Kraftfeld-Berechnungen ergaben eine um ca. 2.1 kJ/mol höhere Stabilität des optisch aktiven Δ-Isomeren [20]. Der äußere Membranrezeptor von *E.coli* zeigt eine hohe chirale Erkennung. Die Frage, ob die chirale Umgebung des Eisenatoms (Λ oder Δ) oder die chirale Grundplatte (aus *L*- oder *D*-Serin) eine größere Rolle dabei spielt, muß wohl dahingehend beantwortet werden, daß das ca. 1.4 nm große Komplexzentrum die größere Bedeutung hat. Dieser Befund wird durch die ca. halb so effektive biologische Wirkung des Racemats (Λ und Δ) des carbocyclischen Enterobactin-Analogen **29** bekräftigt [21].

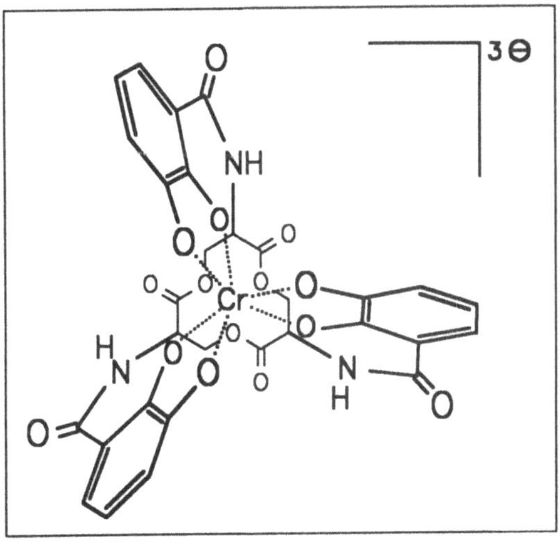

<u>Abb.4.</u> Δ-*cis*-$[Cr(ent)]^{3\ominus}$ [18,19]

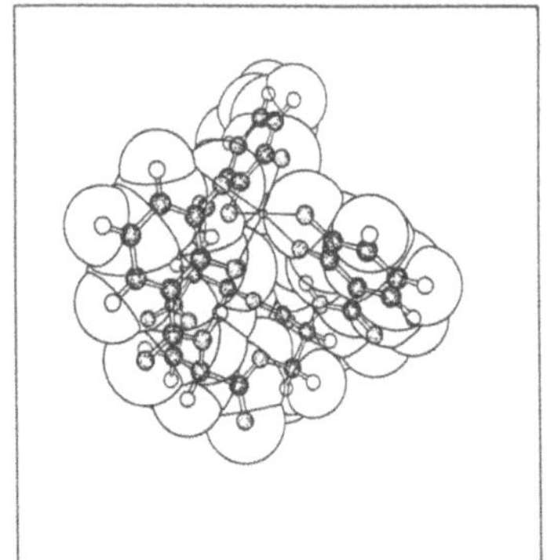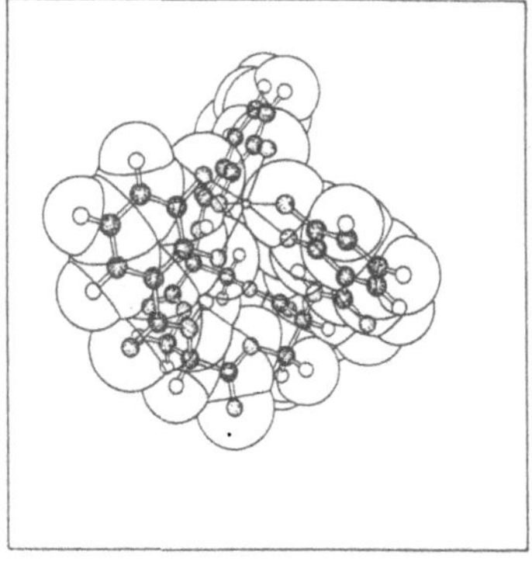

Abb.5. Stereobild des $[Fe(ent)]^{3\ominus}$-Komplexes in der Λ-Konfiguration (Minus-Helix; Empirische Kraftfeld-Rechnung [20]; Stereobilder)

2.3.5   Weitere Liganden vom Siderophor-Typ

2.3.5.1 Liganden mit Hydroxamsäure-Donoren

Hydroxamsäuren bilden mit Fe(III)-Salzen intensiv rote Komplexe (λ_{max} = ca. 430 nm). Allgemein können sie wie in **39** formuliert werden:

39

n = 2, m = 1 oder
n = 3, m = 0

Etliche Mikroorganismen produzieren solche Hydroxamat-Gruppen enthaltende Stoffe, die zur Klasse der Siderophore gehören und auch *Siderochrome* genannt werden [22,23]. Es gibt zwei Arten von Hydroxamat-Gruppen enthaltenden Siderochromen, die *Ferrichrome* und die *Ferrioxamine*.

Die *Ferrichrome* enthalten als Basisstrukturelement ein cyclisches Hexapeptid. Die drei Hydroxamat-Gruppen werden durch Anknüpfen von N^{δ}-

Acyl-N^δ-hydroxy-*L*-ornithin gebildet. Die Produktion von Ferrichrom z.B. durch *Ustilago sphaerogena* ist am höchsten, wenn die Mikroorganismen in eisenarmen Nährmedien wachsen [24]. Wie aus Abb.6 zu ersehen ist, liegt ein annähernd oktaedrischer Komplex vor, der nicht ideal oktaedrisch, sondern etwas tordiert ist. Abb.7 zeigt die mögliche oktaedrische und trigonal-prismatische Anordnung bei sechs Donaratomen.

Ferrichrom	R	R'	R''	R'''
Ferrichrom	H	H	H	CH_3
Ferrichrysin	CH_2OH	CH_2OH	H	CH_3
Ferricrocin	H	CH_2OH	H	CH_3
Ferrichrom C	H	CH_3	H	CH_3
Ferrichrom A	CH_2OH	CH_2OH	H	$-CH=C(CH_3)-CH_2CO_2H$ (*E*)
Ferrirhodin	CH_2OH	CH_2OH	H	$-CH=C(CH_3)-CH_2CH_2OH$ (*Z*)
Ferrirubin	CH_2OH	CH_2OH	H	$-CH=C(CH_3)-CH_2CH_2OH$ (*E*)
Albomycin δ_1	CH_2OSO_2X	CH_2OH	CH_2OH	CH_3

Abb.6. Molekülbau der Ferrichrome [25,26]

Die tetragonal verzerrte Anordnung (D_{4h}) ist ebenfalls möglich [27]. Abb.9 zeigt als Ergebnis einer *Röntgen*-Kristallstrukturanalyse die absolute Konfiguration am Eisenatom im Ferrichrom A. Die absolute Konfiguration wurde durch Anomale *Röntgen*-Dispersion bestimmt. Die drei Fünfringe am Eisenatom haben die Gestalt eines linksläufigen Propellers, eine Konfiguration, die nach IUPAC Λ-*cis* heißt und bei *Ustilago sphaerogena* biologisch aktiv ist [28].

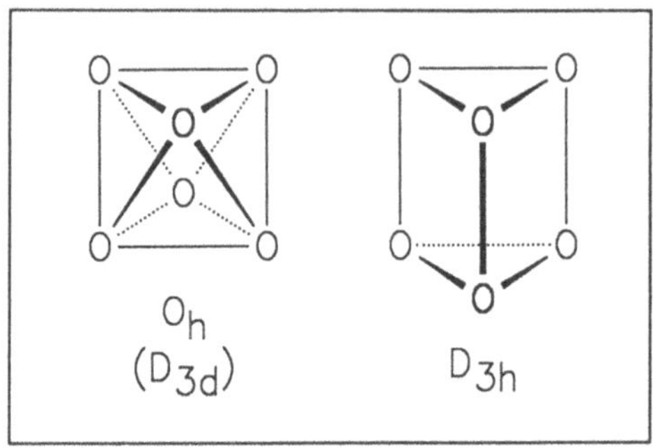

Abb.7. Ligandanordnung der Sauerstoffatome bei KZ 6

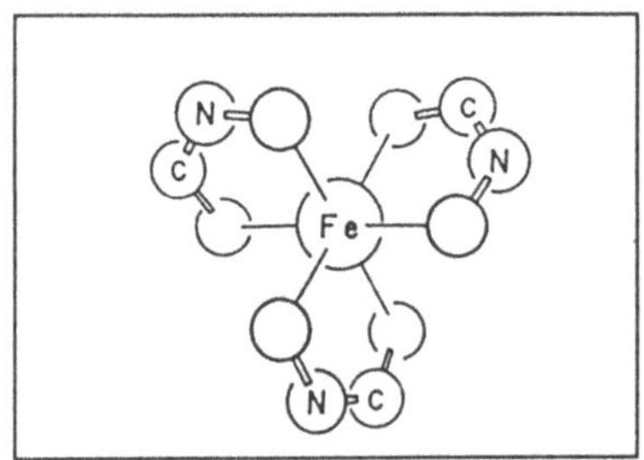

Abb.8. Absolute Konfiguration am Eisenatom des Ferrichrom A

Drei zweizähnige Liganden können wie in **Abb.9** angeordnet werden, wobei die Liganden als dicke Striche dargestellt sind. Die Abbildung zeigt eine Projektion in die zur C_3-Achse orthogonale Ebene.

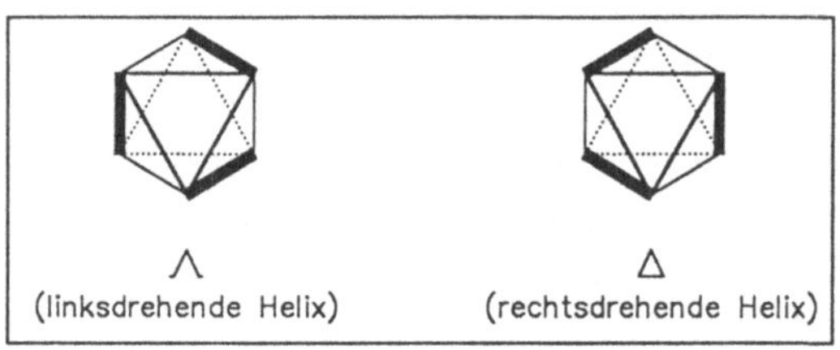

Abb.9. Oktaedrische Anordnungen von jeweils drei zweizähnigen Liganden

Befinden sich z.B. alle Stickstoffatome wie in <u>Abb.8</u> über der Oktaedermitte, so liegt *cis*-Konfiguration vor. Liegen C und N abwechselnd über der Oktaedermitte, so hat man es mit verschiedenen *trans*-Konfigurationen zu tun. Alle diese Diastereomere können, wie im Fall der Ferrichrome, wo optisch aktive Aminosäuren das Grundgerüst bilden, zusätzlich in Enantiomere aufgespalten werden.

Die andere Gruppe wird von den linearen Ferrioxaminen (Sideraminen) gebildet. **Ferrioxamin B** wird z.B. von *Streptomyces pilosus* produziert. Es konnte 1960 von *Prelog* isoliert werden. Die lineare Trihydroxamsäure wird von alternierenden 1-Amino-5-(hydroxyamino)-pentan- und Bernsteinsäure-Einheiten gebildet. Sie dient auch als **Wachstumsfaktor** z.B. bei *Microbacterium lacticum.* <u>Abb.10</u> zeigt den Molekülbau einiger Ferrioxamine [29].

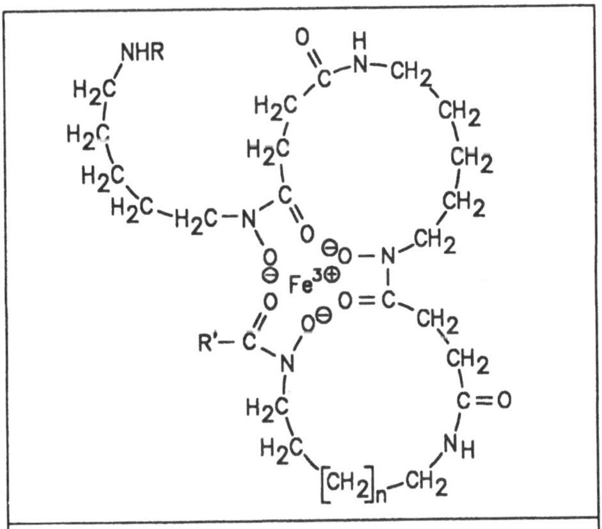

Ferrioxamin	R	n	R'
Ferrioxamin B	H	2	H_3C-
Ferrioxamin D_1	$H_3C(C=O)-$	2	H_3C-
Ferrioxamin G	H	2	$HO_2C(CH_2)_2-$
Ferrioxamin A_1	H	1	$HO_2C(CH_2)_2-$

<u>Abb.10</u>. Verschiedene Ferrioxamine [29]

Schwarzenbach et al. zeigten, daß Desferrioxamin B eine beachtliche Affinität zu Fe(III), eine geringe zu anderen Ionen, die in Ladung und Größe unterschiedlich sind und fast keine zu Fe(II) hat [30]. Hier sind fünf Enantiomerenpaare möglich, ein *cis*-Paar und vier *trans*-Paare. Der dem freien Aminende nächste Chelatring wird mit 1 bezeichnet. Liegt der Stickstoff im Ring 1 unter dem Kohlenstoff, so wird die Konfiguration mit N benannt. Das Umgekehrte gilt entsprechend. Den Ringen 2 und 3 wird je nach der Anordnung im Vergleich mit Ring 1 *cis* und *trans* zugeordnet.

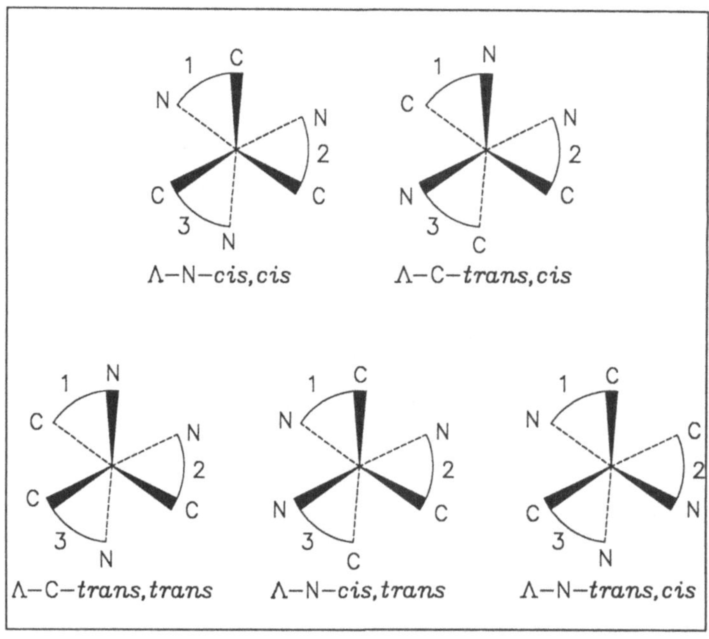

Abb.11. Konfiguration am Fe-Atom im Desferrioxamin-B-Komplex [29]

2.3.5.2 Makrobicyclische "Sideranden"

Vögtle und *Kiggen* synthetisierten den neuartigen Komplexliganden **24** [31], einen käfigartigen Makrobiclus, der einen dreiseitig umschlossenen Hohlraum mit funktionellen Gruppen zur Komplexierung enthält. Die konformative Beweglichkeit der Brenzcatechin-Einheiten ist hier stark eingeschränkt. Im Hexaanion von **24** ist eine annähernd oktaedrische Donorgeometrie für Metallkationen vorgebildet; bei der Komplexierung entsteht eine helical-chirale Konfiguration.

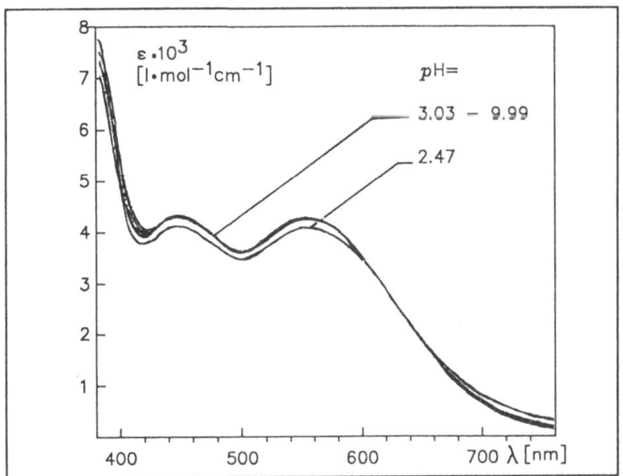

Abb.12. *p*H-Unabhängigkeit des **24**·Fe^{3+}-Komplexes **24a** (UV-/Vis-Spektren)

Zum Vergleich mit dem Enterobactin ist in <u>Abb.12</u> die *p*H-<u>Un</u>abhängigkeit der Fe^{3+}-Komplexierung dieses makrobicyclischen *"Sideranden"* wiedergegeben. Die Fe^{3+}-Ionen-Bindung ist so stark, daß offenkettigen Sideranden die Kationen entzogen werden. Dies ist in <u>Abb.13</u> gezeigt [31b]. Weitere Käfig-Sideranden sind inzwischen von *Raymond* et al. beschrieben worden [31f].

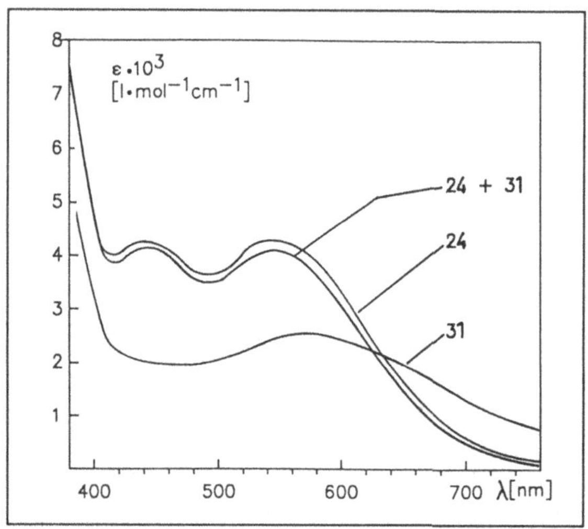

<u>Abb.13</u>. Ausschließliche Bildung des $24 \cdot Fe^{3+}$-Komplexes (24a) bei Gegenwart (Konkurrenz) des offenkettigen Liganden 31

2.3.5.3 Achtzähnige Liganden mit vier Brenzcatechin-Donoren

Siderophor-Liganden mit vier Brenzcatechin-Einheiten beanspruchen besonderes Interesse: Große Ionen bieten oft nicht nur sechs, sondern auch acht Donoratomen die Möglichkeit zur Koordination; deshalb eignet sich zur Komplexierung von $Pu^{4\oplus}$ z.B. die achtzähnige *Diethylentriaminpentaessigsäure* [32,33]. Liganden mit vier Brenzcatechin-Einheiten sollten interessante achtzähnige Komplexliganden sein. **40** und **41** wurden bereits synthetisiert [34-38].

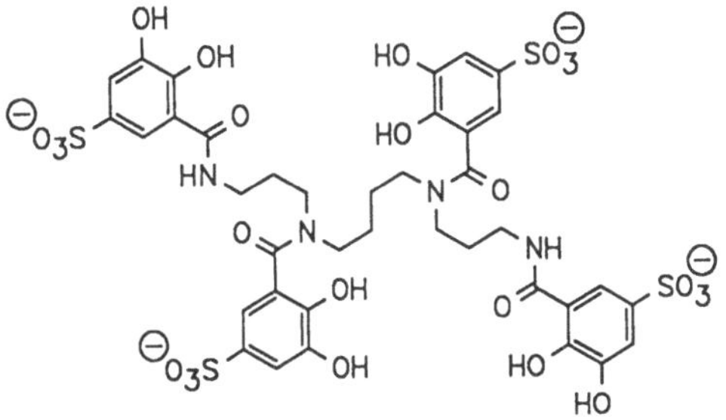

40 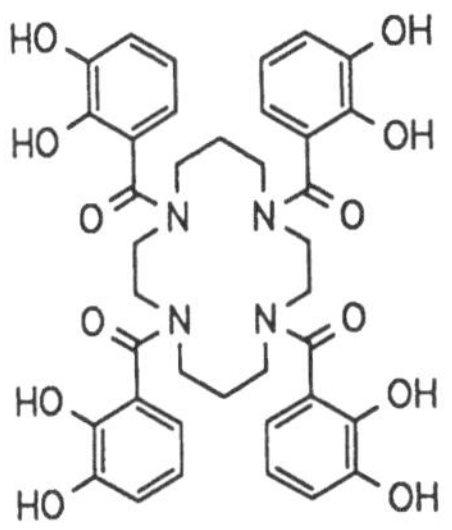   41

Chemisch und biologisch verhalten sich, abgesehen von der Radioaktivität, Fe(III) und Pu(IV) wegen des fast gleichen Ladung/Radius-Quotienten (4.6 bzw. 4.2) ähnlich. Inkorporiertes radioaktives Plutonium wird von *Transferrin* und *Ferritin* auf die gleiche Weise gebunden wie Eisen, kann also auf natürliche Weise praktisch nicht ausgeschieden werden.

Auch der achtzähnige Tetrakis(Brenzcatechin)-Ligand **40** kann gleichfalls spezifisch Pu(IV) komplexieren. In *in vivo*-Tests konnte gezeigt werden, daß Liganden dieses Typs in der Lage sind, radioaktive Actiniden wie Pu(IV) aus dem Organismus auszuschwemmen *("sequestering agents")*.

2.3.5.4 Tunichrome

Nakanishi et al. haben sich mit einer bestimmten Gruppe von Meeres-organismen befaßt, den Manteltieren *(Tunicata)*, welche die Fähigkeit haben, Metalle wie Vanadium, Eisen, Molybdän und Niob anzureichern [39]. So kann *Ascidia nigra* fünfwertiges Vanadium aufnehmen, 10^6-fach konzentrieren und bei physiologischem *p*H-Wert (ca. 7.2) in reduzierter Form als V(III) oder V(V) speichern. Wahrscheinlich dient dazu ein Komplexbildner, der zugleich stark reduzierend wirkt. Hierfür kommen die **Tunichrome** in Frage, die leuchtend gelben Blutfarbstoffe von *A. nigra* und verschiedenen anderen Manteltieren. Da die Tunichrome labil sind und als komplexes Gemisch nahe verwandter Verbindungen vorkommen, hatten sie sich lange einer Isolierung und Strukturaufklärung entzogen.

42

Inzwischen ist es gelungen, Tunichrom B-1 (**42**) als erstes Glied dieser Gruppe neuer biologischer Reduktionsmittel zu isolieren und zu charakterisieren. Reduzierend wirkt dabei das Pyrogallol-Strukturelement im Tunichrom B-1, von dem man weiß, daß es V(V) zu V(IV) reduzieren und im Komplex binden kann [40].

2.3.6 Anwendungen von Liganden des Brenzcatechin-Typs

Auf analytischem Gebiet spielt die Brenzcatechin-3,5-disulfonsäure (43) eine Rolle. Sie wird sowohl in der komplexometrischen Titration als Indikator [41] als auch zur photometrischen Bestimmung von Titan und Eisen - auch nebeneinander [42] - eingesetzt. Daher rührt auch der Trivialname *Tiron*.

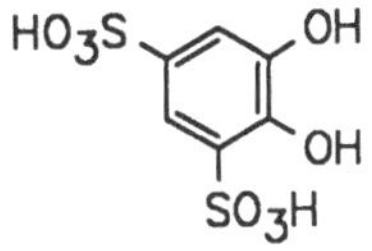

Ende der zwanziger Jahre erhielt das Natrium-Salz des $Sb^{3\oplus}$-Komplexes von Brenzcatechin-3,5-disulfonsäure unter dem Namen *Fuadin* Bedeutung als Medikament gegen die Bilharziose. Erwähnt seien auch die Chelatkomplexe des Alizarins.

Vielzähnige Komplexliganden werden zur selektiven Extraktion von Metallionen aus Lösungen verschiedenster Art und Herkunft eingesetzt. In der vorbereitenden Anreicherung und Durchführung analytischer Methoden spielen sie schon lange eine klassische Rolle. Metallkomplexe verschiedener Typen haben katalytische Eigenschaften. In der Medizin gibt es bestehende und potentielle Einsatzbereiche: Bei Schwermetallvergiftungen kann mit Hilfe von Komplexliganden eine Entgiftung des Organismus erreicht werden. Die pathologische Speicherung führt zu Herz-, Lungen- und Pankreasschäden. Da auch der gesunde Mensch pro Tag höchstens 1 mg Eisen ausscheiden kann, muß dann in jedem Fall Eisen mittels Desferrioxamin eliminiert werden. - Mit Hilfe von Komplexliganden können Radioisotope an Antikörper fixiert werden und zur Tumordiagnostik (Metastasen-Früherkennung, "Imaging") und Tumortherapie dienen [43].

2.3.7 Schlußfolgerung: Die Sonderstellung des Enterobactins und makrobicyclischer "Sideranden"

Nimmt man alle experimentellen Daten und Berechnungen für das Enterobactin zusammen, dann ergibt sich folgendes Bild: Unkomplexiertes Enterobactin liegt in unpolaren Lösungsmitteln überwiegend in einer stabilen symmetrischen Konformation mit C_3-Symmetrie vor, in der die Seitenketten in einer axialen *rechts*-händigen Orientierung angeordnet sind. Diese Konformation wird mit steigender Polarität des Lösungsmittels zunehmend geschwächt. Die axiale Orientierung der Seitenketten wird durch intramolekulare H-Brückenbindungen zwischen den Amid-Protonen der Seitenketten und den Lacton-Sauerstoffatomen des Rings stabilisiert. Die Bindung der Amid-Wasserstoffatome an die Lacton-Sauerstoffatome derselben asymmetrischen Einheit (*L*-Lysin) ist günstiger als die Bindung an das Lacton-Sauerstoffatom der Nachbareinheit, und diese Bevorzugung bewirkt das Vorherrschen der Δ-Konformation des freien Enterobactins über das Konformations-Diastereomer Λ.

Im Zuge der Bindung von Fe(III)-Ionen rotieren die Seitengruppen, um sich nach innen auszurichten, und die Wasserstoffbrückenbindungen der Amide zum Ring werden gebrochen, während jene zu den Catechol-Sauerstoffatomen verkürzt werden. Das Enterobactin-Molekül erfährt bei der Bildung des Fe·Enterobactin$^{3\ominus}$-Komplexes nur wenig Spannung.

Der beste Catechol-Ligand, BEL (**24**), erreicht eine zusätzliche Stabilisierung des Komplexes dadurch, daß eine oktaedrische Donorgeometrie bereits weitgehend vorgebildet ist, und daß das Kation durch einen starren makrobicyclischen Hohlraum allseitig umhüllt wird. Die konformative Beweglichkeit der Brenzcatechin-Einheiten ist stark eingeschränkt, und der Eisen(III)-Komplex ist besonders stabil. Die extrem hohe Komplexbildungskonstante $K_f \approx 10^{59}$ ist das hervorstechende Merkmal dieses neuartigen makrobicyclischen Liganden, den man zur Gruppe der "Sideranden" (synthetische Siderophore) zählen kann. Der Makrobicyclus **24** zeichnet sich weiter durch Oxidations- und Hydrolysestabilität aus und erfüllt somit alle Anforderungen, die an maßgeschneiderte Liganden gestellt werden.

Vor kurzem konnten starke $Fe^{2\oplus}$-Komplexbildner vom Siderand-Typ synthetisiert werden, die anstelle der Brenzcatechin-Einheiten (vgl. **24-28**) Bipyridin-Bausteine enthalten [31e] (vgl. Abschn.2.1).

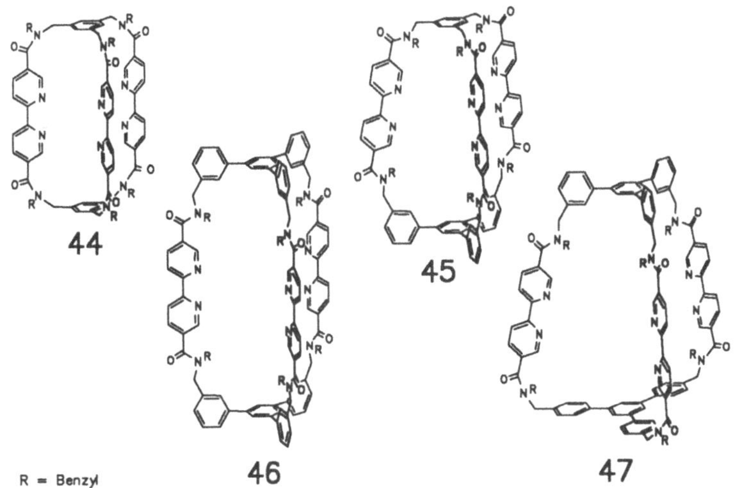

Auch hier konnte die Hohlraumgröße durch Verwendung geeigneter Spacer-Bausteine in weiten Grenzen variiert werden (Baukasten-System), wodurch "Rezeptoren" für kleine Ionen ebenso wie für organische Moleküle (z.B. Phloroglucin als Gast in **46**) zur Verfügung stehen.

Die Suche nach neuen *Extrem-Liganden*, außer Eisen(III)-komplexierenden insbesondere auch solchen für Gallium- und Indium-(III), wird auch in Zukunft wichtig sein [44].

2.4   π-Spheranden

2.4.1   Cycloalken-Silber-Komplex

McMurry nutzte die nach ihm benannte Synthese, um 1,4-Cyclohexandion zu einem 16-gliedrigen Kohlenwasserstoff-Makrocyclus (1; vier Cyclohexadiyliden-Einheiten) [1] zu cyclisieren (Pentacyclo[12.2.2.2^{2,5}.2^{6,9}.2^{10,13}]-1,5,9,13-tetracosatetraen).

1

Hierzu wurde jedoch nicht Cyclohexandion direkt der *McMurry*-Reaktion unterworfen, sondern das offenkettige tetramere Diketon 7 eingesetzt, wobei 1 (Schmp. >300°C) in der hohen Ausbeute von 90% isoliert wird. Das Edukt 7 wurde bemerkenswerterweise nicht durch *McMurry*-Reaktion, sondern nach der *Barton*-Methode über ein Spiro-Thiadiazolin erhalten. Die entscheidende *McMurry*-Cyclisierung 7 → 1 wurde durchgeführt, indem man das Diketon 7 langsam innerhalb von 48 Stunden zu einer siedenden Mischung von TiCl$_3$/Zn/Cu in Dimethoxyethan tropfte.

Eine *Röntgen*-Kristallstrukturanalyse sicherte die Konstitution des Kohlenwasserstoffs 1 und zeigte, daß der Abstand zwischen zwei im Ring gegenüberliegenden Doppelbindungen 511 pm beträgt.

Diese Hohlraumgröße erfordert einen Metall-Kohlenstoff-Bindungsabstand von ungefähr 250 pm. Bei der Komplexierung müßte das Kation alle anderen Liganden einschließlich Lösungsmittel abstreifen, um in den Hohlraum eintreten zu können. Wenn das Tetraen 1 als Achtelektronen-Donor und quadratisch-ebener Ligand fungieren sollte, dann wäre dies wohl nur mit d^{10}-Metallen möglich, da die d^8-Metalle keine quadratisch-planare Geometrie annehmen. Aufgrund dieser Argumente wurde Ag(I) als Kation ausgewählt, weil bekannt ist, daß es Silber-Olefin-Komplexe mit Bindungslängen von 240-260 pm ausbildet und weil das schwach gebundene Trifluormethansulfonat (Triflatsalz) gut zugänglich ist. In der Tat löst sich das vergleichsweise schwerlösliche Tetraalken 1 in THF nach Zusatz von Silbertriflat innerhalb von Minuten zu einer homogenen Lösung, aus der bald ein farbloses Pulver langsam ausfällt.

2 → (a) / 75 % → **3** → (b–d) / 83 %

4

4 + **5** → (e) / 95 %

6 → (b,c,d,f) / 30 %

7 → (g) / 90 % → **1**

$$(O) = \begin{array}{c} O \\ O \end{array}$$

(a) N_2H_4; EtOH; (b) H_2S, CH_3CN; (c) $Pb(OAc)_4$, CH_2Cl_2; (d) HCl, H_2O, CH_2Cl_2; (e) NaH, THF; (f) Toluen, Δ; dann $P(OEt)_3$, Δ; (g) $TiCl_3$/Zn/Cu, Dimethoxyethan, 48 h Zugabe, Δ

Umkristallisation aus THF ergibt in 66% Ausbeute einen kristallinen *Silber-Alken-Komplex*, dessen ^{1}H- und ^{13}C-NMR-Spektren eine hochsymmetrische Struktur nahelegen. Darüber hinaus zeigt das ^{13}C-NMR-Spektrum Kohlenstoff-Silber-Kopplungen, die auf einen statischen, stabilen Komplex hinweisen.

Die *Röntgen*-Kristallstrukturanalyse sicherte den Aufbau des CF_3SO_3Ag-Komplexes **8**: das $Ag^{\oplus}$-Ion ist in der Mitte des Hohlraums zentriert (Abb. 1).

Der Silberkomplex ist stabil gegenüber Luft, Hitze, Licht und hydroxylische Solventien unter Bedingungen, unter denen normale Silber-Olefin-Komplexe üblicherweise auf der Stelle zerstört werden. **8** ist das erste Beispiel sowohl eines statischen Silber-Olefin-Komplexes als auch eines quadratischplanaren d^{10}-metallorganischen Komplexes.

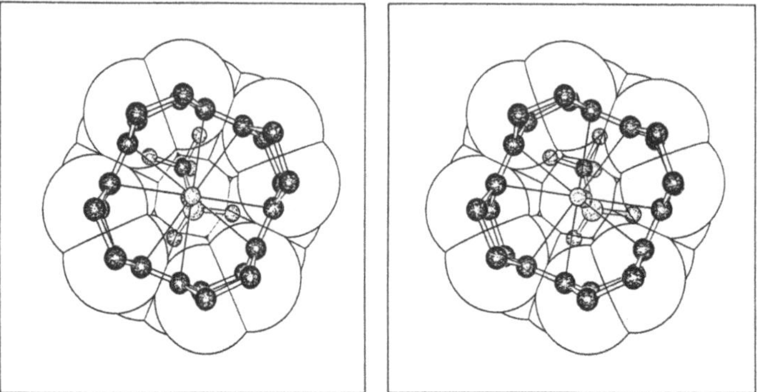

Abb.1. *Röntgen*-Kristallstruktur des $Ag^{\oplus}CF_3SO_3^{\ominus}$-Komplexes **8** von **1** (Stereobild)

2.4.2   Benzenringe als π-Donoren zur Kation-Komplexierung

2.4.2.1   π-Prismand

Das [2.2.2]Paracyclophan (**9**) kann leicht durch modifizierte *Wurtz*-Reaktion aus 1,4-Bis(brommethyl)benzen erhalten werden [2]. Es wurde 1981 als *π-Komplexbildner* charakterisiert: Aus ^{1}H-NMR-Spektren wurde zunächst auf einen $Ag^{\oplus}$-Komplex geschlossen, in dem das Silber-Ion in der Mitte zwischen den senkrecht zur Großringebene (18 Ringglieder) angeordneten Benzenringen liegen und damit von allen Benzenringen gleichzeitig komplexiert werden sollte.

Die Geometrie des *"π-Prismanden"* **9** selbst ist durch *Röntgen*-Kristall-
strukturanalyse bewiesen (<u>Abb.2</u>) [3]. Die Benzenringe liegen parallel zu der
dreizähligen Molekülachse, die den 18-gliedrigen Makrocyclus in der Mitte
senkrecht durchsticht. Der oben angesprochene 1:1-Silber-Trifluormethan-
sulfonat- (Triflat-)Komplex **11** von **9** bildet sich als stabiles kristallines Pulver schon bei Raumtemperatur nach Mischen äquimolarer Mengen von **9**
und Silbertriflat in trockenem THF. Der Schmelzpunkt des umkristallisierten
Komplexes **11** liegt scharf bei 192°C und damit um 24°C höher als der
Schmelzpunkt der freien Wirtverbindung **9**. - Das Felddesorptions- (FD-)
Massenspektrum zeigt Ionen, die $[9 \cdot Ag]^{\oplus}$ und $[9]^{\oplus}$ entsprechen.

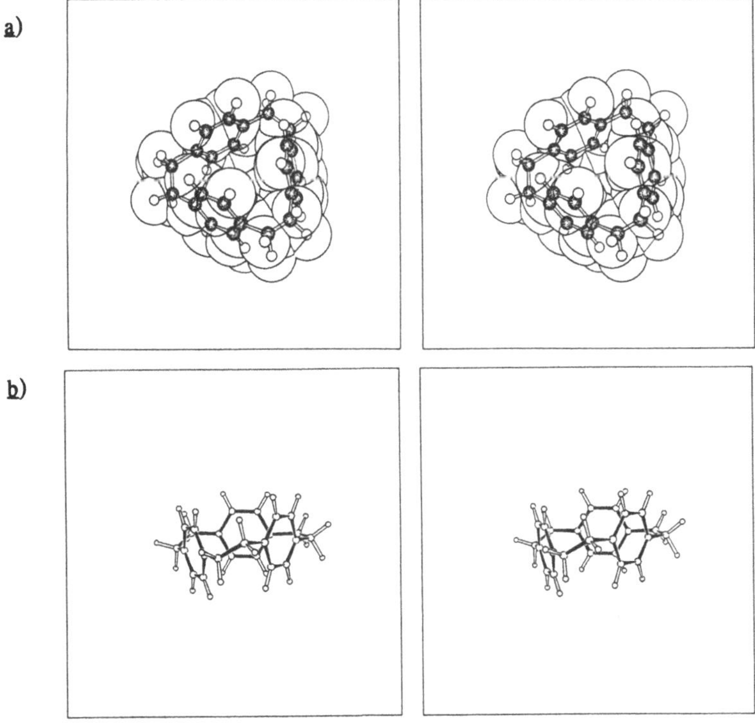

<u>Abb.2</u>. *Röntgen*-Kristallstrukturanalyse des [2.2.2]Paracyclophans (**9**): <u>a</u>)
Blick in Richtung der dreizähligen Molekülachse; <u>b</u>) Seitenansicht
(Stereobilder)

Während die Löslichkeit von CF_3SO_3Ag in Chloroform durch Zugabe äquimolarer Mengen der offenkettigen Vergleichsverbindung **10** kaum verändert wird, beobachtet man eine starke Erhöhung der Löslichkeit bei Zugabe von **9**.

Die Komplexbildungseigenschaften von **9** gehen auch klar aus ^{1}H-NMR-Studien in $CDCl_3$- oder CD_3OD-Lösung hervor: Das ^{1}H-NMR-Spektrum der Vergleichsverbindung **10** wird durch die Gegenwart eines Äquivalents Silbertriflat kaum beeinflußt, während die Protonenresonanz von **9** starke Verschiebungen erfährt. Die Aromatenprotonen von **9** werden nach tiefem Feld verschoben, was auf eine Abnahme der π-Elektronendichte der komplexierenden Benzenringe zurückzuführen ist.

Wird eine Probe, die eine 2:1-Mischung von **9** und CF_3SO_3Ag in $CDCl_3$ enthält, im verschlossenen Rohr erhitzt, so beobachtet man Linienverbreiterungen der Protonensignale der unkomplexierten und der komplexierten Spezies. Koaleszenz erhält man bei 52°C für die aromatischen und bei 31°C für die benzylischen Protonen. Dies entspricht Austauschgeschwindigkeiten von $k(\text{Aren-H}) = 77\ \text{sec}^{-1}$ und $k(\text{Methylen-H}) = 27\ \text{sec}^{-1}$. Bei der Koaleszenztemperatur (52°C) ist die Freie Enthalpie der Aktivierung nach der *Eyring*-Gleichung $\Delta G^{\ddagger} = 67\ \text{kJ/mol}$.

Die Stabilitätskonstante des Komplexes wurde mittels der *Benesi-Hildebrand*-Gleichung durch ^{1}H-NMR-Messungen bestimmt (Konzentrationsabhängigkeit chemischer Verschiebungen). Sie ergab sich zu $195 \pm 10\ \text{l}\cdot\text{mol}^{-1}$ bei 24°C. Zum Vergleich: Die bekannten Werte für übliche *Aromaten-Silbersalz-Wechselwirkungen* in Methanol sind von der Größenordnung 2-3 $\text{l}\cdot\text{mol}^{-1}$, also wesentlich schwächer.

Während die 2:1-Mischung von **9** und CF_3SO_3Ag temperaturabhängige ^{1}H-NMR-Spektren liefert, ist das ^{1}H-NMR-Spektrum des 1:1-Komplexes temperaturunabhängig. Auch der Vergleich mit Verbindung **2** schien die Hypothese zu untermauern, daß das Silber-Ion innerhalb des Hohlraums des [2.2.2]Paracyclophans eingeschlossen ist. Dieser *π-Cryptat-Effekt* scheint die Stabilität des Komplexes ungefähr um das hundertfache zu erhöhen, obwohl nur π-Bindungsstellen (Benzenringe als π-Donoren) involviert sind.

Spätere dynamische ^{1}H-NMR-Untersuchungen des Silber-Triflat-Komplexes **11** des $[2_3](1,4)$Cyclophans (**9**) durch *Boekelheide* [4] deuteten darauf hin, daß das Silber-Ion in diesem Fall außerhalb des Hohlraums liegen müßte; auch für **11** beobachtet man raschen Austausch in Lösung (wie für Deltaphan, s.u.). Diese Annahme wurde durch *Röntgen*-Kristallstrukturanalysen des Silbertriflat- (11) und des Silberperchlorat-Komplexes **12** von **9** bestätigt (Abb.3,4).

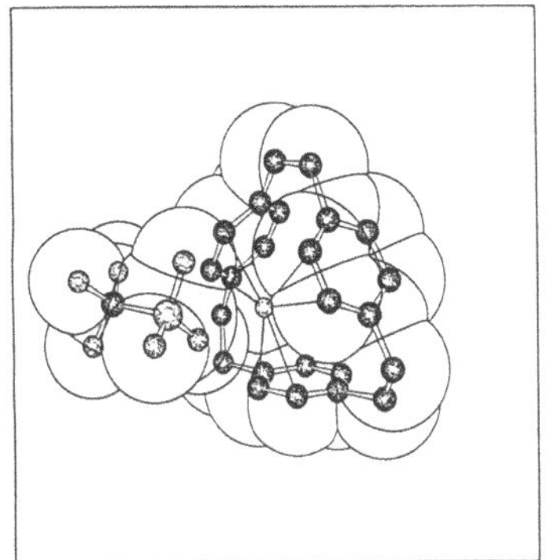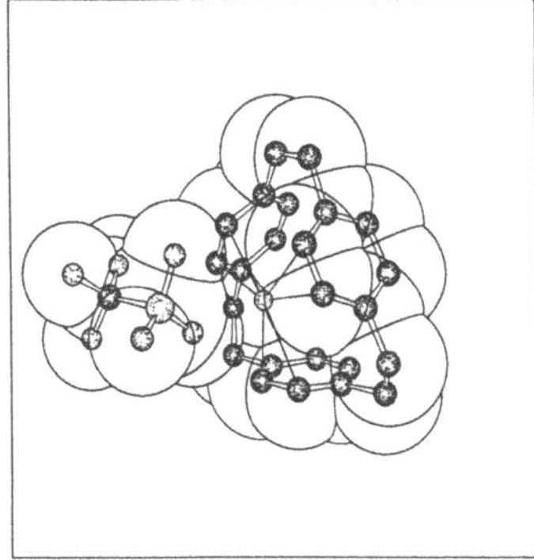

Abb.3. *Röntgen*-Kristallstruktur des Ag-Triflat-Komplexes (11) von [2.2.2]-(1,4)Cyclophan (**9**) [4]. Die eingezeichneten Ag-C-Abstände betragen 240-260 pm (Stereobild)

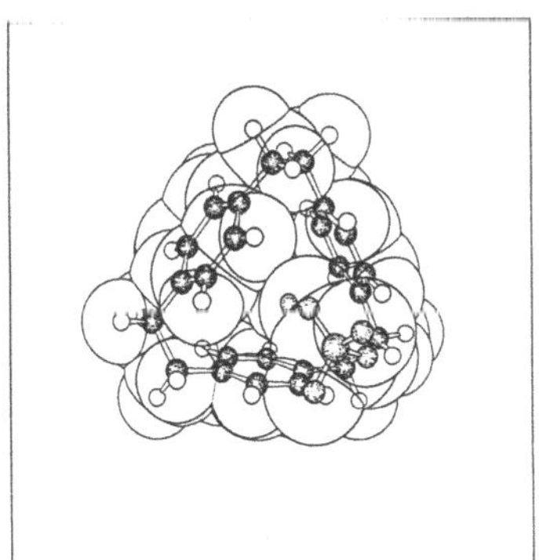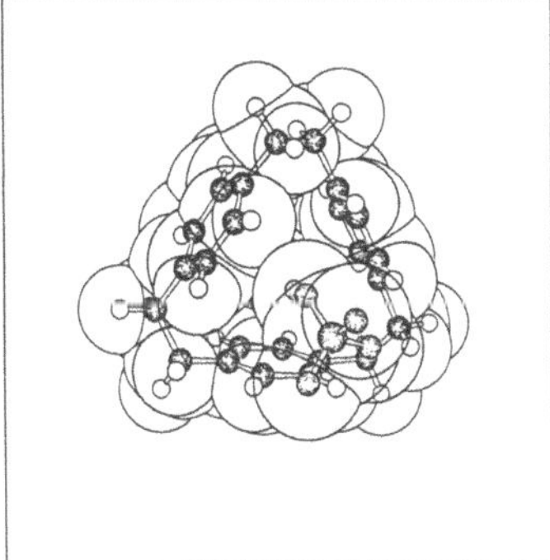

Abb.4. *Röntgen*-Kristallstruktur des $AgClO_4$-Komplexes (12) von **9** [3] (Ag-C-Abstände 255-267 pm, Stereobild)

Beide Kristallstrukturanalysen zeigen übereinstimmend, daß das $Ag^{\oplus}$-Ion zwar auf der (pseudo-)dreizähligen Achse des ursprünglichen Kohlenwasserstoffs **9** liegt, jedoch nicht exakt in der Mitte zwischen den drei *para*-Phenylenringen, sondern etwas (ca. 20 pm) vor der Ebene (außerhalb des Hohlraums) lokalisiert ist, die durch die Zentren der drei Benzenringe definiert wird.

2.4.2.2 Deltaphan

Boekelheide gelang es, das von ihm so genannte *Deltaphan* **19** {[2_6]-(1,2,4,5)Cyclophan} zu synthetisieren und einen $Ag^{\oplus}$-Komplex damit herzustellen [4].

Bei der Gasphasenpyrolyse von Benzo[1,2;4,5]dicyclobuten (**13**) im Stickstoffstrom bei 425°C enstehen neben **19** auch [2_4](1,2,4,5)Cyclophan (**16**) und methylsubstituierte Cyclophane **20**:

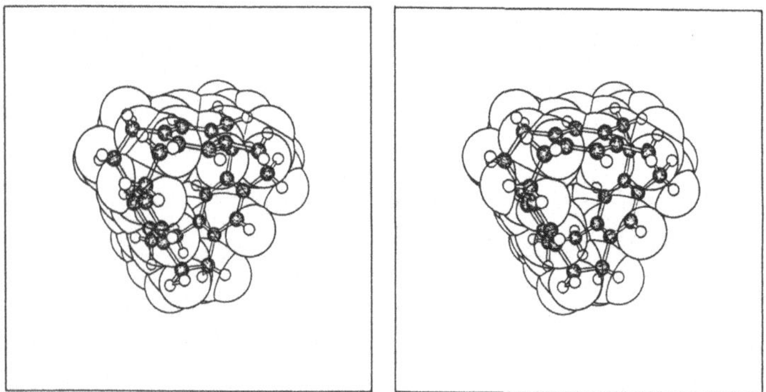

Die Konstitution des Deltaphans (**19**) wurde durch Einkristall-*Röntgen*-Strukturanalyse gesichert. Danach sind die drei Benzenringe in dem starren Gerüst in *"face-to-face"-Anordnung* zu so enger Nachbarschaft gezwungen, daß eine gewisse π-Elektronen-Delokalisation zwischen allen drei Ringen möglich ist.

Abb.5. *Röntgen*-Kristallstruktur des Deltaphans (**19**) [4] (Stereobild)

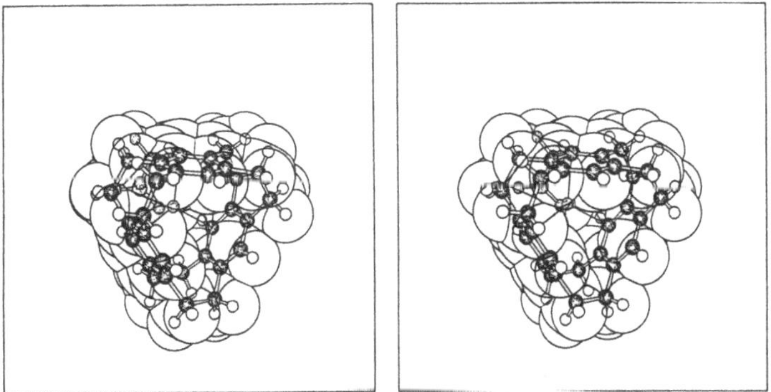

$$19 \; + \; Ag^{\oplus}\;{}^{\ominus}O_3SCF_3 \;\rightleftarrows\; \mathbf{21} \quad {}^{\ominus}O_3SCF_3$$

Das Deltaphan (19) bildet einen Silbertriflat-Komplex **21**. Die *Röntgen-*Kristallstrukturanalyse zeigte, daß das Silber-Ion symmetrisch komplexiert wird, allerdings etwas außerhalb des Deltaphan-Gerüsts (<u>Abb.6</u>, vgl. π-Prismand·Ag$^{\oplus}$-Komplex, oben).

<u>Abb.6</u>. *Röntgen*-Kristallstruktur des Silbertriflat-Komplexes **21** des Deltaphans (19) [4]. Die Ag-C-Abstände liegen zwischen 241 und 248 pm (Stereobild)

Die temperaturabhängigen ^{1}H-NMR-Spektren von Lösungen von **21** zeigen, daß das Silber-Ion einem raschen Austausch unterliegt. In der Lösung des Deltaphan-Ag-Triflat-Komplexes **21** stellt sich wahrscheinlich ein dynamisches Gleichgewicht des Typs **21a** ⇌ **21b** ein:

$$F_3CSO_3{}^{\ominus}\;{}^{\oplus}Ag \qquad\rightleftarrows\qquad Ag^{\oplus}\;{}^{\ominus}O_3SCF_3$$

$$\mathbf{21a} \qquad\qquad \mathbf{21b}$$

Der Prozeß **21a** ⇄ **21b** könnte entweder durch einen externen intermolekularen Austausch oder durch eine interessante "intramolekulare"
Tunnelung des Silbers durch den Deltaphan-Hohlraum ablaufen. Daß ein intermolekularer Austausch des Silber-Ions in **21** vorliegt, konnte bewiesen
werden, da bei Erhöhung der Konzentration von **21** um 30% die Koaleszenztemperatur um 10°C sank. Weil der intermolekulare Prozeß durch Veränderung der Konzentration beeinflußt wird, während ein intramolekularer
Vorgang nicht konzentrationsabhängig wäre, ist hier der intermolekulare
Austausch begünstigt. Ähnliche Verhältnisse wurden bei der schon früher
bekannten Silbertriflat-Komplexverbindung **11** des $[2_3](1,4)$Cyclophans (**9**)
vorgefunden, weshalb auch hier ein intermolekularer Silberionen-Aus-
tauschmechanismus vorliegen dürfte.

Ein entsprechender Komplex mit einem Kation, das exakt im Zentrum
des Deltaphan-Hohlraums liegt, ist bisher nicht bekannt geworden, wohl
aber denkbar.

2.4.2.3 Ga$^{\oplus}$-Komplex des [2.2.2]Paracyclophans

Ein makrocyclischer Tris(aren)-Komplex von Ga(I) mit η^{18}-Koordination
wurde 1987 von *Schmidbaur* et al. erstmals hergestellt [5]. Während das
oben erwähnte [2.2.2](1,4)Cyclophan (**9**) ein Silber-Ion nicht ins Zentrum
des Hohlraums einbaut, konnte dies für den Komplex **22** desselben π-Li-
ganden mit dem Kation Ga(I) gesichert werden:
ns^2-konfigurierte Metalle der Hauptgruppen des Periodensystems bilden
mit aromatischen Kohlenwasserstoffen zentrisch η^6-gebundene Komplexe, deren lange Abstände zwischen Metall und Arenzentrum aber relativ schwache
Wechselwirkungen andeuten. Bei Ga, In und Tl existieren für die Oxidationsstufe +1 neben den 1:1- auch 1:2-Komplexe, in denen die Ringe zueinander geneigt angeordnet sind. Bei Verbrückung der Arenliganden ist für
diese Bindungsart durch den Entropieeffekt eine beträchtliche Stabilisierung
in Lösung zu erwarten. Optimale Verhältnisse und damit hohe Bildungs-
tendenz sollten sich danach mit Cyclophanen, insbesondere [2.2.2]Paracyclo-
phan (**9**, s.o.), ergeben. Versuche zur Einlagerung von Ga$^{\oplus}$, In$^{\oplus}$ oder Tl$^{\oplus}$
zwischen die Benzenringe von [2.2]- und [3.3]Paracyclophanen und von ver-
wandten Naphthalen-Derivaten waren jedoch bis dato fehlgeschlagen: Die
Metallatome in den erhaltenen Addukten waren jeweils von außen an die
Benzenringe der Cyclophane koordiniert. Die Kenntnis der bevorzugten

Metall-Aren-Abstände und der Koordinationsmodalitäten legten den Versuch nahe, das Kation Ga$^\oplus$ zentrisch in den Innenraum des [2.2.2]Paracyclophans (9) einzunisten. Diese neuartige Koordination gelang experimentell überraschend leicht:

Kristallines Ga[GaBr$_4$], dessen Struktur kurz zuvor geklärt worden war, löst sich in Benzen als dimerer Tetraaren-Komplex der Konstitution [(C$_6$H$_6$)$_2$Ga·GaBr$_4$]. Lösungen dieses Typs ergeben bei Zusatz des Cyclophans 9 kristalline Niederschläge der analytischen Zusammensetzung des 1:1-Komplexes 22 (Schmp. 176°C, aus Benzen).

$$[p\text{–}C_6H_4\text{–}CH_2\text{–}CH_2]_3 \ + \ Ga[GaBr_4] \ \longrightarrow \qquad\qquad GaBr_4^{\ominus}$$

9   22

22 bildet farblose, kaum luftempfindliche Kristalle, die in aromatischen Kohlenwasserstoffen nur wenig löslich sind und darin keine elektrische Leitfähigkeit zeigen, was einen ausgeprägten Ionenpaarcharakter anzeigt.

Wie die *Röntgen*-Kristallstrukturuntersuchung zeigt, ist das **Metallion** in 22 in der Tat *im Zentrum des Cyclophan-Hohlraums* untergebracht, und das Ga$^\oplus$ unterhält zu allen drei Benzenringen eine gleichartige η^6-Bindungsbeziehung (Abb. 7). Das Gallium-Ion ist von den achtzehn Kohlenstoffatomen der Arene annähernd gleich weit entfernt. Das Metallion liegt allerdings nicht völlig in der Ebene, die durch die drei Arenring-Zentren definiert wird, sondern ist davon um 43 pm abgehoben. Unter Mitberücksichtigung der Lage des Anions wird klar, daß diese Verlagerung auf die Annäherung eines Bromatoms zurückzuführen ist, die am Metall eine in Richtung Tetraeder verzerrte Koordinationsgeometrie induziert (Abb. 7).

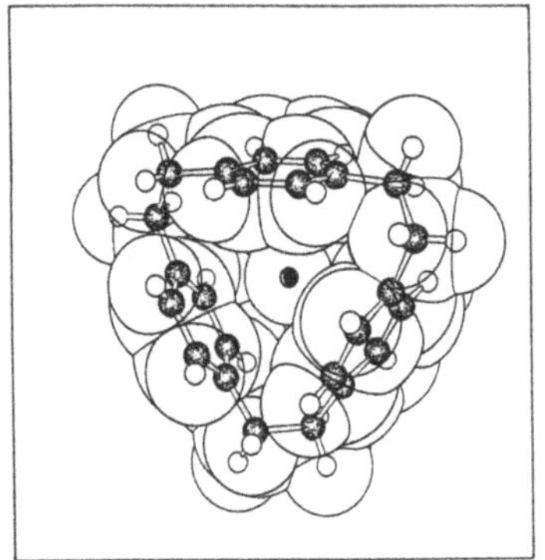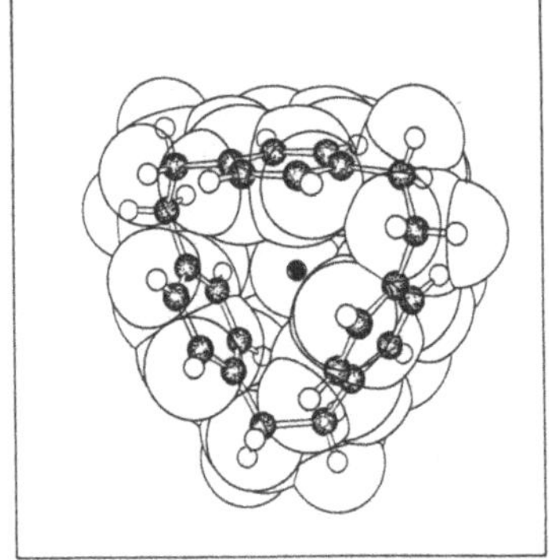

Abb.7. *Röntgen*-Kristallstruktur des Ga$^{\oplus}$-Komplexes **22** von **9** (Stereobild)

In Lösung dürften Ionenpaare mit vergleichbarer räumlicher Anordnung vorliegen. Kalottenmodelle lassen die perfekte räumliche Anpassung des Cyclophan-Liganden **9** und des Metallatoms deutlich erkennen.

2 ist der erste Metallkomplex mit drei zentrisch gebundenen neutralen Arenliganden. Das Zentralatom enthält somit in der ersten Koordinationssphäre nicht weniger als neunzehn Atome. Diese hohe Haptizität unterscheidet die Verbindung prinzipiell von dem analogen *Silber*komplex $[C_6H_4CH_2CH_2]_3AgClO_4$, in dem das Metall nicht vollständig in den(selben) Liganden eintaucht, sondern vor dem Hohlraum plaziert bleibt, wo es drei η^2-Beziehungen zu den Arenringen eingeht [3,4]. Die Arenkoordination in **22** ist offensichtlich derart effizient, daß alle acht im Kristall von Ga[GaBr$_4$] vorliegenden Ga$^{\oplus}$-Kontakte zu Bromatomen bis auf einen einzigen aufgegeben werden. In allen anderen bisher strukturell untersuchten Fällen bleiben mehrere Anionenkontakte erhalten.

2.5   Catenane, Catenanden, Catenate

2.5.1   Topologische Stereochemie und topologische Chiralität

Die Beschreibung der meisten chemischen Strukturen ist möglich, indem
man einerseits ihre molekulare Zusammensetzung (Topologie) und andererseits ihre euklidische Geometrie (Stereochemie) betrachtet. Es gibt einige
wichtige Strukturen, deren stereochemische Unterschiede auf topologischen
Faktoren beruhen. Solche chemischen Strukturen sind in jüngster Zeit nicht
mehr nur von theoretischem Interesse, sondern auch Gegenstand organisch-
chemischer Synthesen geworden.

Der Begriff der *Topologie* kommt aus der Mathematik. Die Topologie ist
ein Teilgebiet der Geometrie, bei dem geometrische Strukturen unter allgemeinen Gesichtspunkten betrachtet werden. Dabei werden Größen wie Län-
gen, Flächen und Winkel außer acht gelassen. Während in der euklidischen
Geometrie Äquivalenz oder Ähnlichkeit durch identische Größen und
Größenverhältnisse hervorgerufen werden, ergibt sich topologische Äquivalenz aus der Art der Verknüpfung innerhalb einer Struktur.

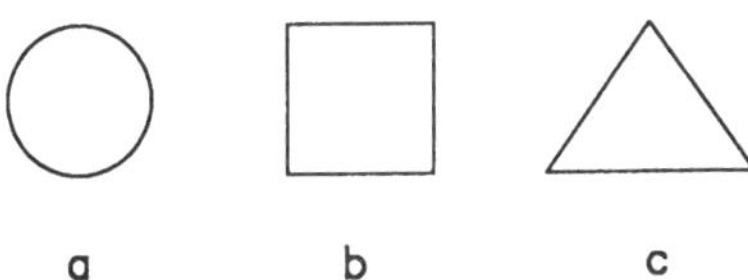

a   b   c

Die drei Strukturen **a**, **b** und **c** zeichnen sich durch die Eigenschaft der
identischen Verknüpfung aus, sie sind homöomorph. Da sie sich zudem
durch Deformation ineinander überführen lassen, sind sie topologisch äquivalent (isotop). Die drei Figuren repräsentieren die geometrische Struktur
der geschlossenen Kurve.

Obwohl topologische Eigenschaften korrekt nur abstrakt mathematisch erfaßt werden, können einfache Zusammenhänge durch einen *"Graphen"*
wiedergegeben werden. Ein *Graph* ist eine zweidimensionale Wiedergabe aus
Linien und Punkten. Man bezeichnet eine Linie, die Punkte miteinander
verbindet, als Kante, und Punkte, die mit mehr als zwei anderen Punkten
über eine Linie verbunden sind, als Ecken. Ein Graph gibt die Nachbar-
schafts-Beziehungen innerhalb eines Objekts an und entspricht damit der
Wiedergabe einer molekularen Struktur, dem molekularen Graphen. Dabei
stehen Punkte für Atome und Linien für Bindungen zwischen Atomen. Ein

molekularer Graph ist oft soweit vereinfacht, daß nur topologisch relevante Strukturmerkmale berücksichtigt werden.

Die Graphen der beiden konstitutionsisomeren Alkane *n*-Butan (**I**) und Isobutan (**II**) reduzieren sich so auf die Kohlenstoffgerüste.

Da Konstitutionsisomere stets unterschiedliche Verknüpfung aufweisen, sind sie weder homöomorph noch isotop.

Die geometrische Unterscheidbarkeit der konfigurationsisomeren Alkene (*Z*)- und (*E*)-2-Buten (**III** und **IV**) beruht auf ihrer Starrheit.

Da sie durch Deformation ineinander übergeführt werden können, sind Konfigurationsisomere und Konformationsisomere isotop und damit auch homöomorph.

Neben den Konstitutions- und Stereoisomeren gibt es solche Isomere, die in diese beiden Kategorien nicht passen. Die drei Figuren **d**, **e** und **f** sind homöomorph, aber nicht isotop. Handelt es sich dabei um homöomorphe Cycloalkane, so spricht man von topologischen Stereoisomeren.

d und **e** (**f**) sind topologische Diastereomere. **e** und **f** sind *topologische Enantiomere.* Man hat es mit dem seltenen Fall der topologischen Chiralität zu tun.

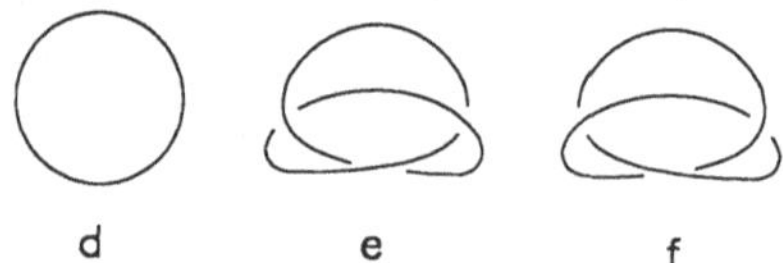

Topologische Chiralität tritt dann auf, wenn
1) es sich um einen molekularen Knoten handelt (**e** und **f**),
2) eine orientierte Kettenverknüpfung vorliegt,

3) Ringe in einer anderen chiralen Art verknüpft sind,

4) zu einer topologischen Struktur kein Graph gefunden werden kann, der achiral ist.

Nach diesen allgemeinen topologischen Betrachtungen taucht die Frage auf, wie eine solche topologisch chirale Struktur synthetisch realisierbar ist. Mögliche Strategien hierfür wurden schon 1961 von *Wasserman* aufgezeigt [1]. Die als *"Einfädeln"* bezeichnete Strategie ist anhand von Modellbetrachtungen an Molekülmodellen bei einer Alkankette mit mindestens 50 Kohlenstoffatomen denkbar. Man bildet eine Schleife, zieht das eine Ende hindurch und verknüpft beide Enden (Abb.1).

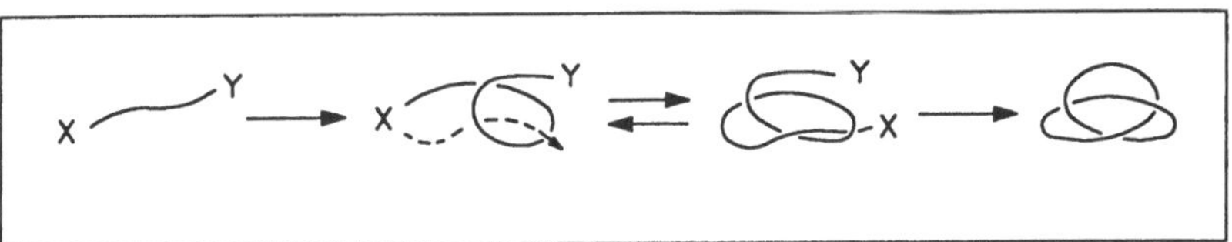

Abb.1. "Einfädeln" zum molekularen Knoten

Die Wahrscheinlichkeit, auf diese Weise zu einem nachweisbaren molekularen Knoten zu gelangen, ist allerdings ziemlich gering. Die Strategie des "Einfädelns" kommt auch bei der Catenan-Synthese in Betracht. Ein Ring wird vorgelegt, eine Alkankette hindurchgezogen und ihre Enden verknüpft (Abb.2). Catenan-Synthesen haben auf ähnliche Weise bereits zum Erfolg geführt [2].

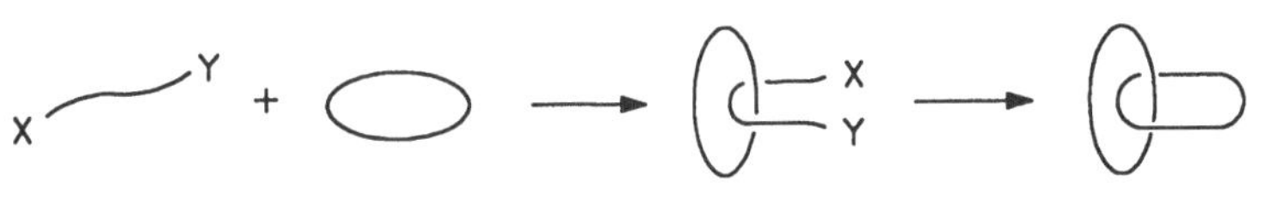

Abb.2. "Einfädeln" zum Catenan

Die zweite Methode wird als *"Möbius*-Band-Strategie" bezeichnet. Ein *Möbius*-Band besitzt eine einzige Oberfläche. Konstruiert man ein solches Band als molekulare Leiter, verknüpft die Enden in der Art eines *Möbius*-Bandes und spaltet anschließend die Sprossen, so erhält man einen einzigen Großring (Abb.3).

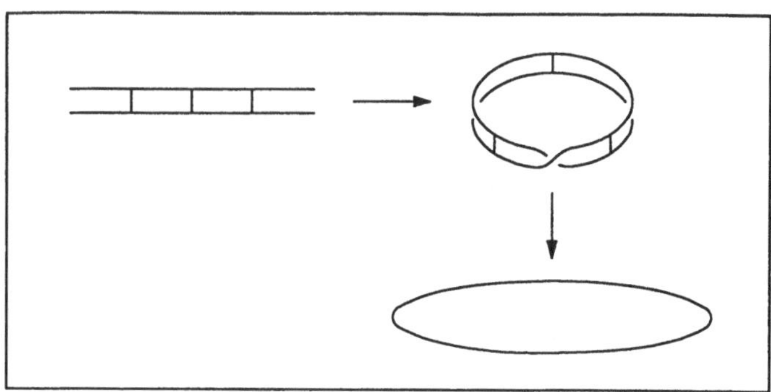

<u>Abb.3</u>. "*Möbius*-Band-Strategie"

Die entsprechenden einfach bzw. 1.5-fach verdrehten Strukturen liefern bei Spaltung der Sprossen ein Catenan und einen Knoten (<u>Abb.4</u>).

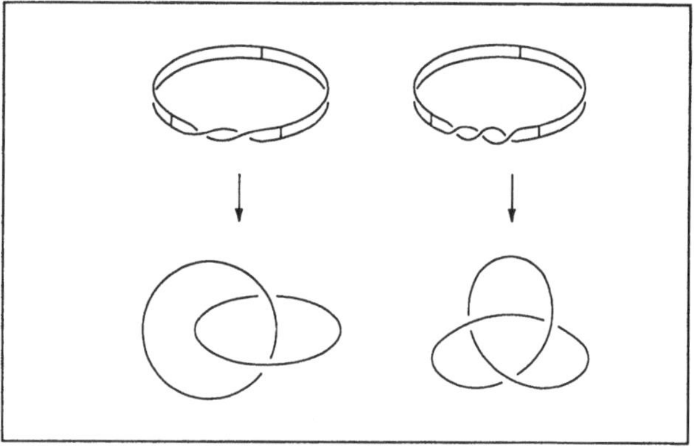

<u>Abb.4</u>. Synthese von Catenan und molekularem Knoten nach dem "*Möbius*-Band-Konzept"

Walba realisierte den "*Möbius*-Band-Weg" durch die Synthese der THYME-Polyether (<u>T</u>etra<u>hy</u>droxy<u>me</u>thylethen-) [3].

Während bei der doppelten Kopf-Schwanz-Verknüpfung des Dioltosylats **V** (n = 1) nur ein zylinderartiger Makrocyclus vom Typ **VI** entsteht [4], reagiert das dreisprossige Dioltosylat **V** (n=2) zu einem trennbaren Gemisch aus **VI** und **VII** (n=2), wobei **VII** als Racemat vorliegt [5].

Das Spalten der Sprossen ist durch Ozonolyse der Doppelbindungen möglich. Die Isolierung höher verdrehter Moleküle ist bisher nicht gelungen. Bei der Cyclisierung des viersprossigen Dioltosylats **V** (n=3) entstanden überwiegend Produkte vom Typ **VI** und **VII** [6].

HO— O O O — O O —OTs
HO— O O O — O O —OTs
n
V   → NaH / DMF →   **VI**   n

VII   n

Möbius-Band-Moleküle vom Typ **VII** sind chiral. Zur Klärung der Frage, ob sie auch topologisch chiral sind, muß man diese Strukturen als *Möbius*-Leitern betrachten. Entsprechend der vierten Bedingung für topologische Chiralität versucht man, durch Deformation zu jeder Struktur einen Graphen zu finden, der achiral ist. Ein planarer Graph ist eine Abbildung, bei der Punkte miteinander verbunden sind, ohne daß sich Linien kreuzen. Da ein planarer Graph eine Spiegelebene besitzt, ist die zugehörige Struktur topologisch achiral. Findet man keinen planaren Graphen, so hilft eine möglichst symmetrische Wiedergabe weiter.

Demnach ist eine zweisprossige *Möbius*-Leiter achiral. Moleküle derartiger Topologie wurden bereits hergestellt (z.B. **VIII**) [7].

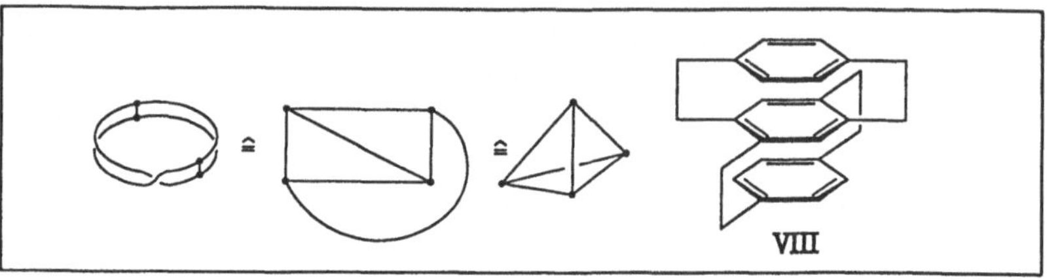

Abb.5. Zweisprossige *Möbius*-Leiter: 4 Ecken, 6 Kanten

Die topologische Achiralität des hypothetischen zweisprossigen THYME-Polyethers kann man sich anschaulich so vorstellen, daß die beiden Enantiomere durch Drehung um die Doppelbindungen ineinander überführbar sind. Das ist bei dem dreisprossigen Polyether nicht möglich. Betrachtet man alle Kanten der dreisprossigen *Möbius*-Leiter als äquivalent, so ist die Struktur topologisch achiral (Abb.6).

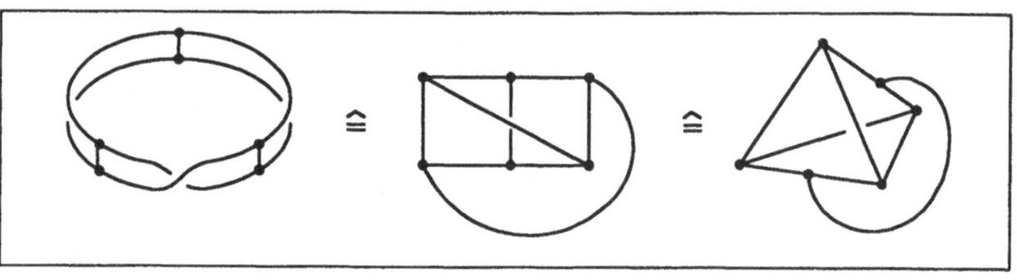

Abb.6. Dreisprossige *Möbius*-Leiter: 6 Ecken, 9 Kanten

Beim THYME-Polyether haben aber nicht alle Kanten die gleiche Struktur. Berücksichtigt man das, so findet man keinen topologisch achiralen Graphen (Abb.7).

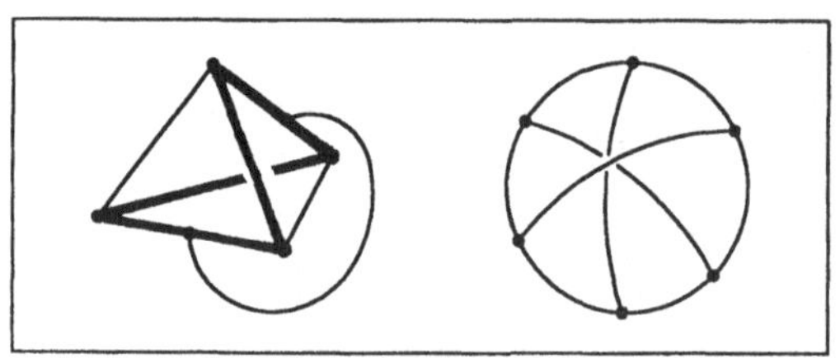

Abb.7. Dreisprossige *Möbius*-Leiter: 6 Ecken, 6+3 Kanten

Die topologische Chiralität eines solchen Graphen ist inzwischen mathematisch nachgewiesen worden [8].

2.5.2   Catenane, Rotaxane

Ein *Catenan* [9] besteht aus zwei definierten Untereinheiten; da zwischen den beiden Ringen des Catenan-Moleküls keine klassische chemische Bindung besteht, wird dieser Zusammenhalt auch als *mechanische Bindung* oder nach *Wasserman* als *topologische Bindung* bezeichnet [10].

Moleküle vom Catenan-Typ scheinen auf den ersten Blick nur theoretisch interessant zu sein. Jedoch wurden solche verschlungenen Moleküle auch in der Natur gefunden; z.B. als verkettete DNA-Dimere in menschlichen, von Leukämie befallenen Leukocyten. Deren DNA enthielt 26% ringförmige, dimere DNA mit einem 3%igen Anteil an verschlungenem Dimer. Solche *Catena-DNA*-Moleküle bilden mit Aminoacridinen oder Ethidiumbromid Intercalationskomplexe, die durch Sedimentation (in der Zentrifuge) nachgewiesen werden können. Catena-DNA konnte auch Elektronen-mikroskopisch direkt beobachtet werden.

Ethidiumbromid

DNA-Catenane wurden auch in den Mitochondrien von Mäusezellen, die durch bestimmte Viren transformiert wurden, gefunden, sowie in der kinetoplastischen DNA von *Trypanosoma cruzi*.

Die Existenz solcher verketteter Ringe läßt die Frage nach ihrer Bildung in der Natur aufkommen. Tatsächlich konnten mehrere Arbeitsgruppen Enzyme isolieren, die *Überspiralen* ("supercoils") und Catenane von Erbmolekülen erzeugen, die *Topoisomerasen* (Typ I und II). Erstere senkt den Verflechtungsgrad der umeinandergeschlungenen Wendel eines ringförmigen DNA-Moleküls, indem es den DNA-Ring durchschneidet und die Enden entgegen der Windungsrichtung der Doppelhelix umeinander dreht. Wird der Ring wieder geschlossen, so besitzt er einen geringeren Verflechtungsgrad und damit eine höhere innere Spannung als vorher, die sich durch Ausbildung einer *Überstruktur* entlädt.

Die Verkettung zweier doppelsträngiger DNA-Ringe bewirkt eine DNA-*Topoisomerase* des Typs II (Abb.8). Dieses Enzym wurde erstmalig in *Escherichia coli* gefunden und als *DNA-Gyrase* bezeichnet.

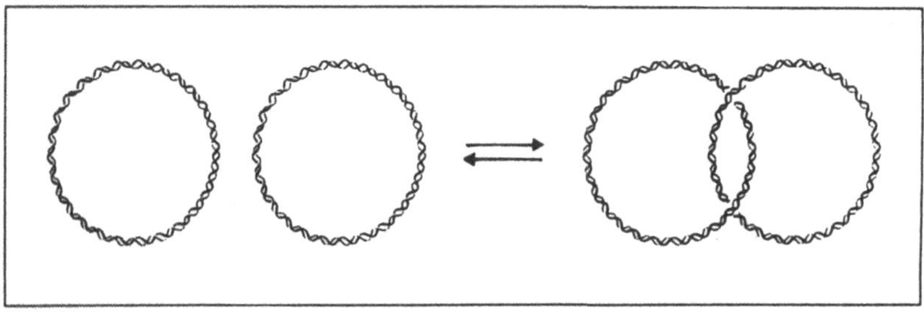

Abb.8. Zwei doppelsträngige DNA-Ringe bilden ein Catenan

Die erste Synthese eines organischen Catenans (4) gelang auf statistischem Weg. Dieser *"statistischen Catenan-Synthese"* liegt folgende Strategie zugrunde [10]: Tetratriacontandisäurediethylester (1) wurde mit Natrium zum Acyloin 2 ringgeschlossen und mit deuterierter Chlorwasserstoffsäure nach der *Clemmensen*-Methode zum cyclischen Kohlenwasserstoff 3 (mit fünf Deuteriumatomen) reduziert. Der Diester 1 wurde dann bei Gegenwart von deuteriertem Cycloparaffin 3 in Xylen cyclisiert, wobei 3 im 100fachen Überschuß zum Diester 1 vorgelegt wurde. Unveränderter deuterierter Ring wurde chromatographisch abgetrennt, der einfache Acyloinring mit H_2O_2 in alkalischem Milieu oxidiert und als Dicarbonsäure 5 isoliert. Der Erfolg dieser Synthese ist allerdings wegen des Fehlens eines Massenspektrums nicht völlig abgesichert. Die Ausbeute an 4 wurde mit 0.0001% angegeben.

Schill und *Lüttringhaus* gelang 1964 die erste *gezielte Synthese eines Catenans* aus einem in vielstufigen Reaktionssequenzen aufgebauten Präcatenan durch spezifische Spaltung bestimmter Bindungen [9].

$EtO_2C-[CH_2]_{32}-CO_2Et$ → (1) Na, Xylen 140°C (2) HOAc → **2** $[CH_2]_{32}$ C=O, OH → Zn/DCl → $C_{34}H_{63}D_5$ **3**

1

(50% Ausb.)

4 $D_5H_{63}C_{34}$ ... $[CH_2]_{32}$ C=O, OH

5 $HO_2C-[CH_2]_{32}-CO_2H$

Ausgangsstoff dieser effektiveren Strategie war der Dialdehyd **6**, an den durch *Wittig*-Reaktion mit 10-Methoxycarbonyldecylidentriphenyl-phosphoran zwei unverzweigte "Alkyldiester-Arme" ankondensiert wurden. Nach der Hydrolyse zur Dicarbonsäure **8** wurde reduziert und zu **9** verestert. Der Diester **9** wurde mit LiAlH₄ zum Diol **10** reduziert, in das Dibromid **11** und das Dinitril **12** übergeführt, das durch *Ziegler*-Cyclisierung zum Cyanketimid reagierte. Nach dessen Verseifung und Nachmethylierung entstand das Keton **13**. *Huang-Minlon*-Reduktion und Etherspaltung ergaben das 3,5-Pentacosamethylenbrenzcatechin **14**.

6 → WITTIG → **7**: R = Me   **8**: R = H

9 → **10**: X = OH   **11**: X = Br   **12**: X = CN

13

14

Dieses Ansa-Brenzcatechin wurde mit 1,25-Dichlorpentacosan-13-on acetalisiert, das Benzdioxol **15** mit Kupfernitrat in Acetanhydrid nitriert, zum Amin **17** reduziert und mit Kaliumcarbonat in Amylalkohol unter Zusatz von Kaliumiodid in ca. 29%iger Ausbeute zum 2,2,N,N-Bis(didecamethylen)-4,6-pentacosamethylen-5-aminobenzdioxol (**18**) cyclisiert.

14 ⟶

15: R = H
16: R = NO$_2$
17: R = NH$_2$

18

Das Acetal **18** wurde mit HBr geöffnet, in das Diacetat **20** umgewandelt und mit Eisen(III)-sulfat zum Amino-o-chinon **21** oxidiert. Saure Hydrolyse lieferte das Catenan **22** und dessen Tautomer **23**.

18 $\xrightarrow{\text{HBr}}$

19 : R = H
20 : R = COCH$_3$

21

22

23

Das *O,N*-Diacetat **24** wurde mit Acetanhydrid/Natriumacetat erhalten; dessen reduktive Acetylierung ergab das Tetraacetat **25**, das alkalisch zum Catenahydroxy-*p*-chinon **26** verseift wurde:

$$\textbf{23} \xrightarrow[\text{Ac}_2\text{O}]{\text{NaOAc}}$$

24

25

26

Die Acetate eigneten sich zur Charakterisierung des Catenans.

Schill et al. gelang die Synthese des ersten reinen **Kohlenwasserstoff-Catenans** [11]: [2]Cyclohexatetracontan ([Cyclooctacosan]-catenan, **35**). Zunächst wurde das hantelförmige Molekül **27** mit Cyclooctacosan (**28**) unter Toluensulfonsäure-Einwirkung in das **"Rotaxan"** **29** (10% Ausbeute, Öl) übergeführt. Nach zweifacher Metallierung mit Lithiumdiisopropylamid (LDA) in THF wurde mit 13-Brom-1-tridecin (**30**) zweifach zu **31** alkyliert.

$$R'SO_2-[CH_2]_{20}-SO_2R' \;+\; [CH_2]_{28} \xrightarrow{H^{\oplus}} R'SO_2-[CH_2]_{20}-SO_2R'$$

27   **28**   **29**

$$\xrightarrow{\text{Br}-[CH_2]_{11}-C\equiv CH}$$

30

31

Das Rotaxan **31** wurde durch *Glaser*-Kupplung in Ether/Pyridin mit Kupfer(II)-acetat zum Catenan **32** cyclisiert. Dessen Reduktion und die Abspaltung der beiden Triphenylmethyl-Gruppen, anschließende Überführung in das Dichlorid **34** sowie dessen Reduktion mit Natriumamalgam und katalytische Hydrierung lieferte das rein carbocyclische Catenan **35** (farblose Kristalle, Schmp. 58-59°C).

$$\textbf{31} \longrightarrow$$

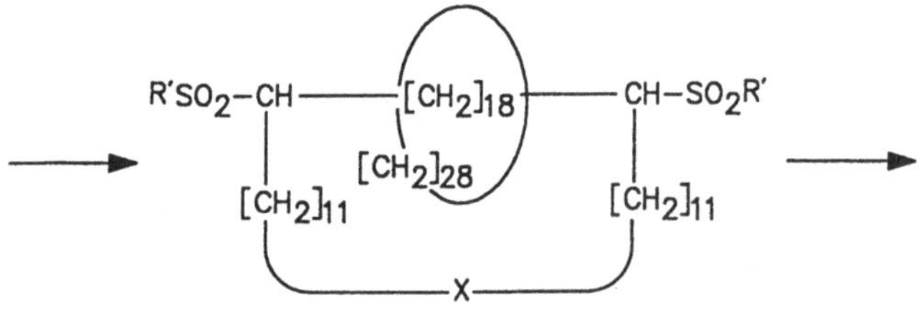

32: X = $-C\equiv C-C\equiv C-$

33: $-[CH_2]_4-$

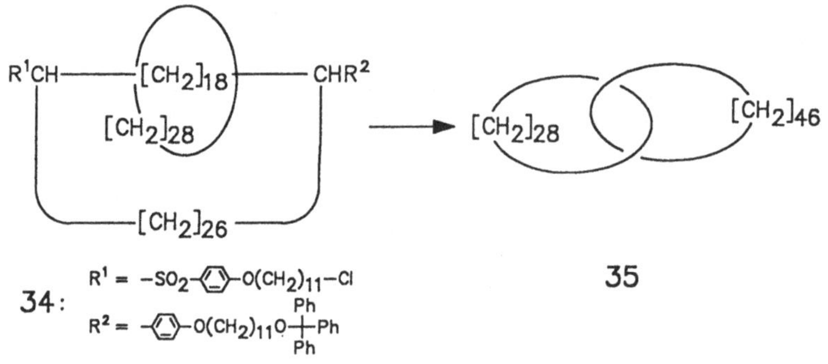

34: $R^1 = -SO_2-\langle\rangle-O(CH_2)_{11}-Cl$

$R^2 = -\langle\rangle-O(CH_2)_{11}O-CPh_3$

35

2.5.3   Catenanden, Catenate

Neue, einfachere und ergiebigere Synthesen allerdings Aromaten-versteifter und heterocyclischer Catenane fand *Sauvage* [12]. Der mühevolle Aufbau von Präcatenanen wird durch Einsatz des aus der Komplexchemie bekannten "Schablonen- (Templat-)Effektes" ersetzt. Diesen *Templat-Synthesen* liegt die Idee zugrunde, daß ein genügend großer ringförmiger Ligand intern ein Metallion binden kann, welches mit seinen noch vorhandenen freien Koordinationsstellen einem zweiten Liganden zur Fixierung dient.

Wie <u>Reaktionsschema 1</u> zeigt, müssen dabei die komplexierenden N-Atome wegen der vorgegebenen Ringanordnung aus der günstigen quadratisch-planaren in die tetraedrische Anordnung ausweichen. Der zweite Ligand kann dann selbst wieder zu einem Ring geschlossen werden, der zwangsläufig mit dem ersten verkettet vorliegt.

<u>Reaktionsschema 1</u>: Templat-Strategie zur Catenan-Synthese

b) Bausteine und Reaktionen:

Die Templat-gesteuerte Synthese der *"Catenanden"* (Catenane mit Ligandeigenschaften) gelingt sogar direkt ausgehend von den offenkettigen Bausteinen **37** und **39** bei Gegenwart von Kupfer-Ionen und Cäsiumcarbonat *(Cäsium-Effekt)*. Die Nutzung dieser und anderer Synthesetaktiken erlaubte auch die Darstellung von [3]Catenanen wie **41** in praktikablen Ausbeuten.

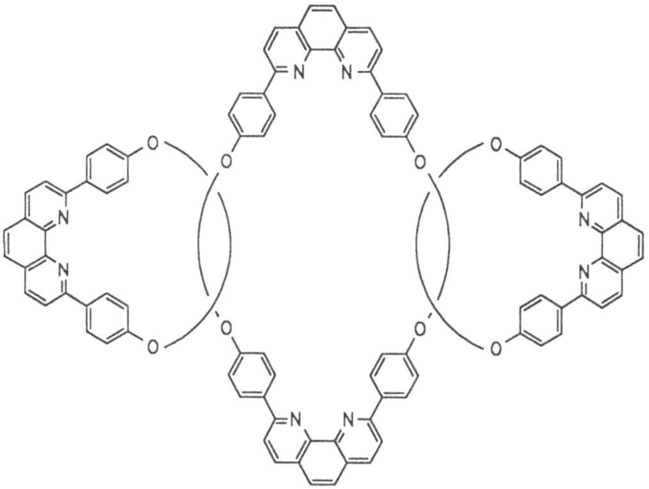

41

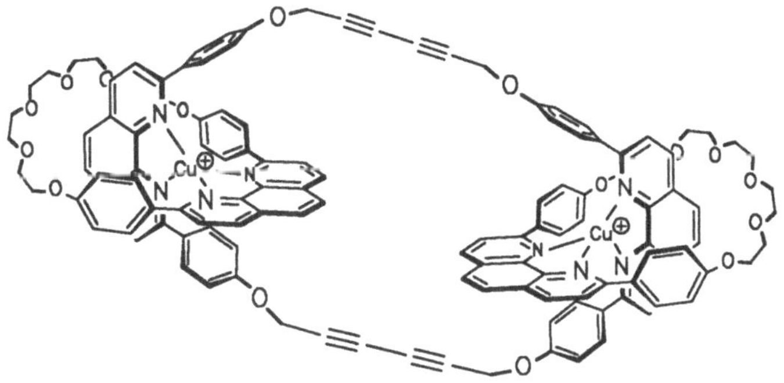

41· 2 Cu$^{\oplus}$

<u>Abb.9</u> zeigt das charakteristische Massenspektrum von **41** mit dem Mol-peak der gesamten verschlungenen Struktur; <u>Abb.10</u> gibt einen Eindruck vom Molekülbau des **41** · 2 Cu-Komplexes [12d].

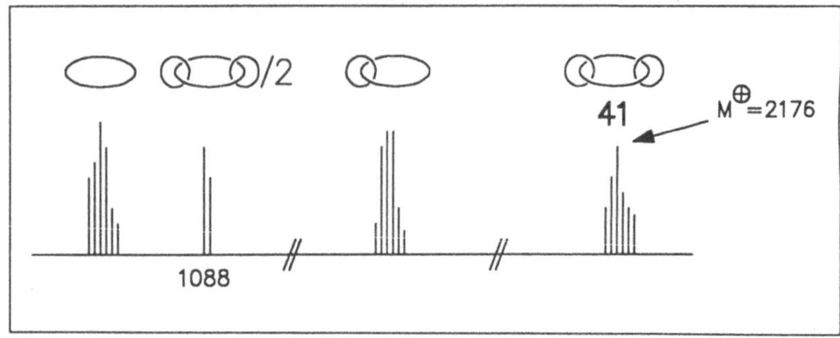

<u>Abb.9</u>. Massenspektrum des [3]Catenanden **41** (mit Fragment-Ionen)

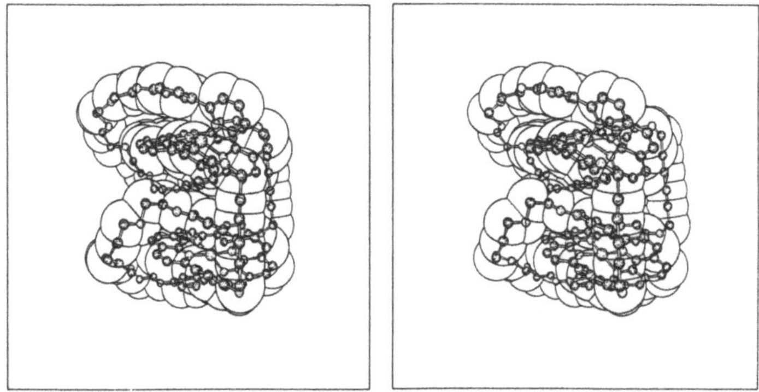

<u>Abb.10</u>. *Röntgen*-Kristallstruktur des **41** · 2 Cu(I)-Komplexes {[3]Catenat; Stereobild}

Inzwischen sind Knoten-artig verschlungene Catenane des Typs **42** bekannt geworden [12g].

Über die von *Stoddart* et al. unter Anwendung starker Charge-Transfer-Wechselwirkungen synthetisierten neuartigen Catenane und Rotaxane aus Bipyridinium- (Quat-) und Kronen-Bausteinen (<u>Abb.11</u>) siehe Lit. [12h].

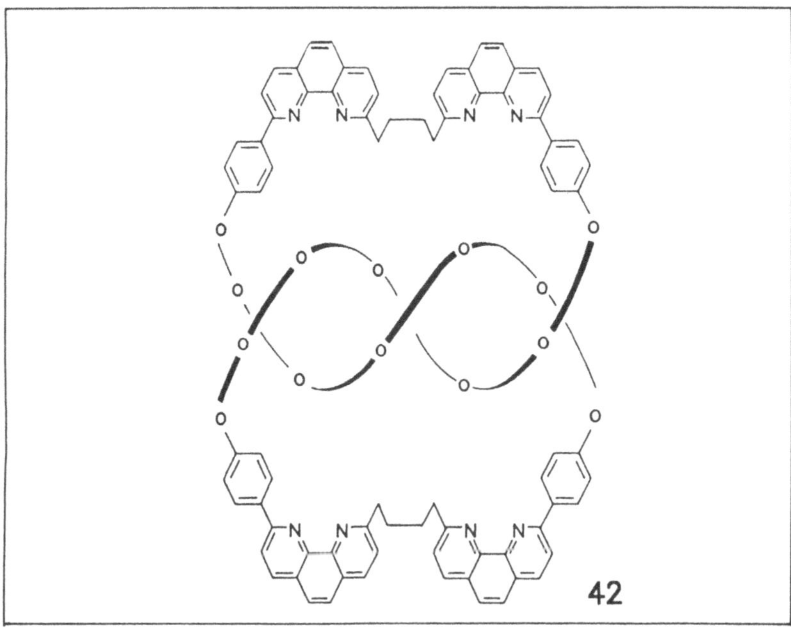

42

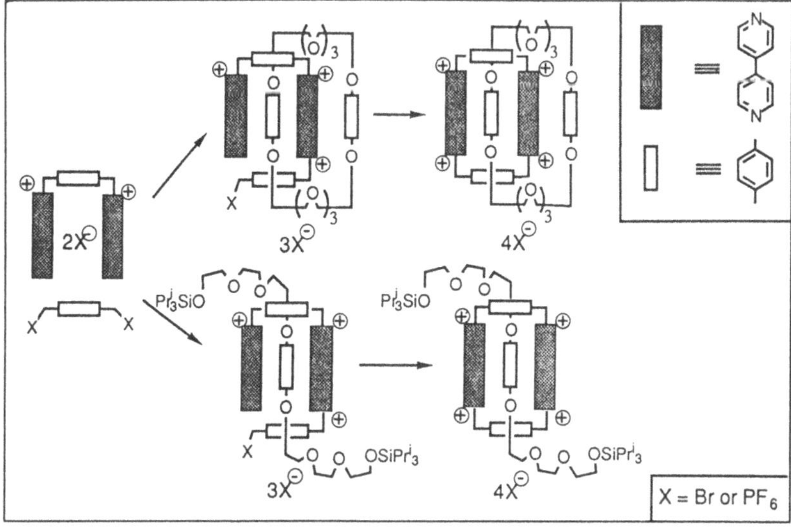

Abb.11. Schema der Catenan-Bildung nach *Stoddart* [12h]

3 Bioanorganische Modellverbindungen

Wir teilen die über die oben erörterten Kronenether und Cryptand-Komplexe hinausgehenden, noch "anspruchsvolleren" Wirt/Gast-Komplexierungen im folgenden - zugegebenermaßen etwas formalistisch - in zwei Unterabschnitte ein: einen eher anorganischen (vgl. hierzu auch <u>Abschn.2.2.2</u>) und darauffolgend in einen mehr organischen Teil. Im ersten Teil fungieren (Metall-)Kationen, im zweiten organische Moleküle als Gäste.

Zu den bioanorganischen Modellverbindungen sind viele der einfachen und der mehrkernigen neutralen und geladenen Liganden und Komplexe zu zählen, die wir in <u>Abschn.2</u> bereits kennengelernt haben. Hier seien einige darüber hinausgehende und neuere Entwicklungen skizziert.

1973 veröffentlichte *Collman* ein bei 25°C funktionierendes *"Hämoglobin-Modell"* [1]:

1

Der $Fe^{2\oplus}$-Komplex des *"Lattenzaun-Porphyrins"* (*"picket fence"*) 1 bindet in Gegenwart von substituierten Imidazolen, Pyridin oder THF reversibel Sauerstoff. Durch geschickte Auswahl von sterisch hindernd angebrachten bzw. nichthindernden Imidazolen läßt sich sogar der Steuerungsmechanismus der Sauerstoff-Bindung nachahmen. Im Falle sterisch hindernder Imidazole, die die fünfte Koordinationsstelle des Eisens auf der unsubstituierten Porphyrinseite besetzen, können diese durch das Metallion nicht in Richtung der Porphyrin-Ebene mitgezogen werden. In diesem gespannten Zustand ist deshalb eine Sauerstoff-Bindung nicht möglich (T-Zustand). Dagegen lassen räumlich weniger anspruchsvolle Imidazole eine Sauerstoff-Aufnahme zu (R-Zustand).

In der Folgezeit wurden vor allem wegen der auftretenden Oxo-Dimerisierung (Ausbildung eines zweikernigen Komplexes) und der irreversiblen

Oxidation von Fe(II) zu Fe(III) eine Anzahl von mit Kappe versehenen
(*"capped"*) oder überbrückten (*"bridged"*) Porphyrinen (2, 3) synthetisiert [2].

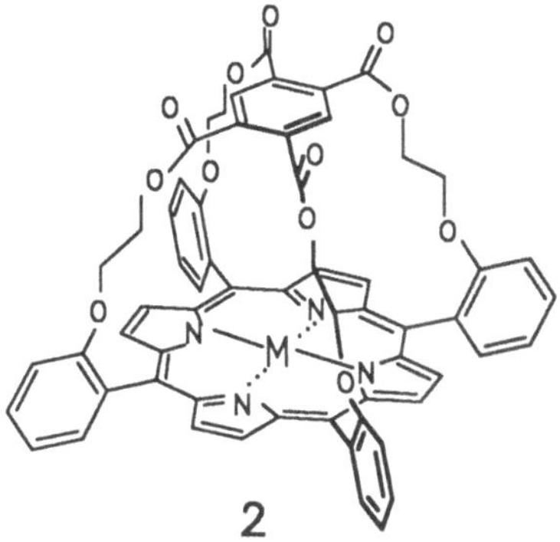

2

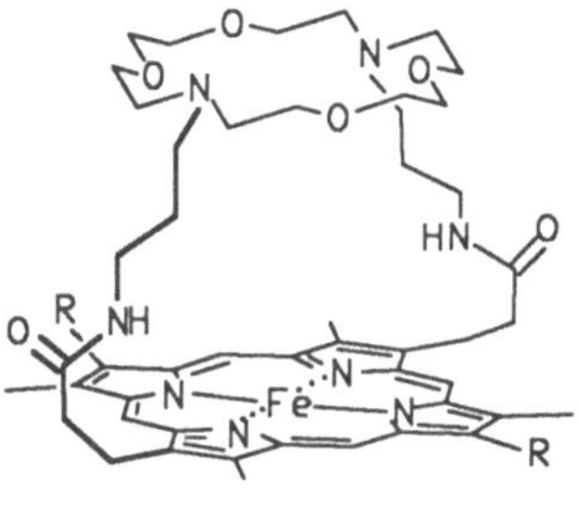

3 $R=C_6H_{13}$

Es gelang so, das Zentralatom wirksam vor den schon erwähnten Dimeri-
sierungsprozessen zu schützen. Eine vollständige Verhinderung der Metall-
oxidation [nur Fe(II) ist in der Lage, Sauerstoff zu binden], wie sie in den
natürlichen Vorbildern durch den Proteinanteil erreicht wird, konnte bislang
nicht erreicht werden. Näheres über Hämoglobin- und Cytochrom-Modelle
siehe Abschn.4.5 sowie *"Cyclophan-Chemie"*, Teubner, Stuttgart 1990.

1986 gelang es *Maverick*, die ***binuclearen Modellkomplexe*** 4 und 5 dar-
zustellen [3].

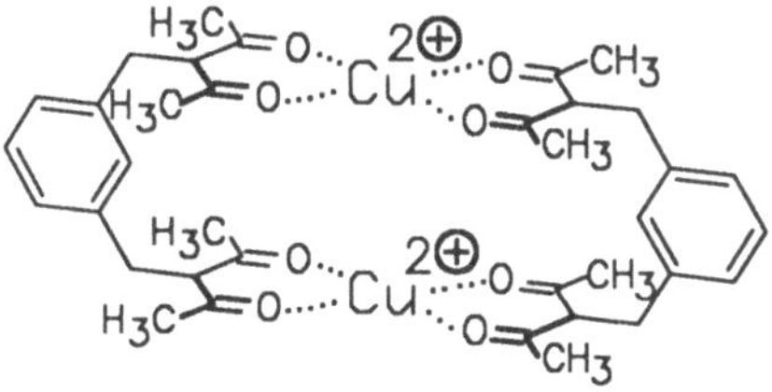

4

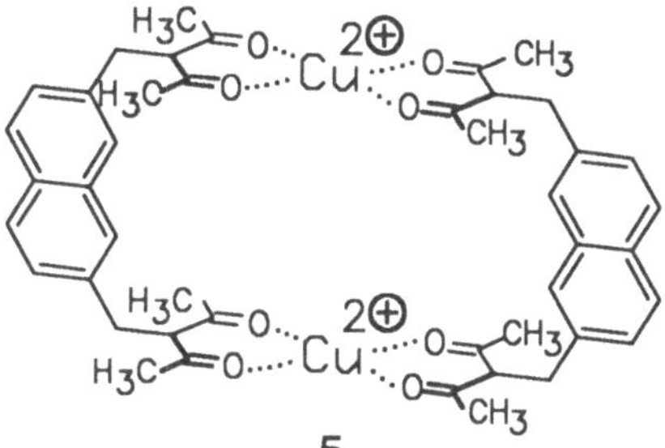

5

Die beiden Chelatkomplexe liegen in Chloroform als grüne Lösungen vor.
Die Abstände zwischen den Cu(II)-Ionen wurden zu 490.8 pm (4) und 734.9
pm (5) bestimmt. Die Winkel zwischen den Komplexebenen und den aromatischen Einheiten betragen 89.8° (4) und 82-83° (5). Bei Zugabe von Lewis-
Basen treten Farbwechsel nach hellgelb (4 mit Pyridin) bzw. türkis [5 mit

Pyridin, Dabco (Diazabicyclooctan), Pyrazin und Chinuclidin] auf. ^{1}H-NMR-spektroskopische Untersuchungen in $CDCl_3$ deuten in beiden Fällen durch Signalverbreiterung auf H-Brückenbindungen zwischen dem Keton und Chloroform hin.

Während im hellgelben Pyridin-Komplex von **4** die *Lewis*-Basen axial an den Cu(II)-Ionen außerhalb des Monocyclus koordiniert sind, liegt im türkisfarbenen Dabco-Komplex von **5** ein intramolekularer Einschluß vor. Die beiden N-Atome koordinieren mit den beiden Cu-Ionen so, daß diese um 14 pm aus der Tetraketon-Ebene in Richtung des "Gastes" verschoben werden. Es bildet sich so ein doppelter, quadratisch-pyramidaler Komplex, in dem der Cu(II)-Cu(II)-Abstand nunmehr 740 pm beträgt. Der intramolekulare Einschluß wurde *Röntgen*-kristallstrukturanalytisch untersucht. <u>Abb.1</u> zeigt ORTEP-Zeichnungen des Komplexes.

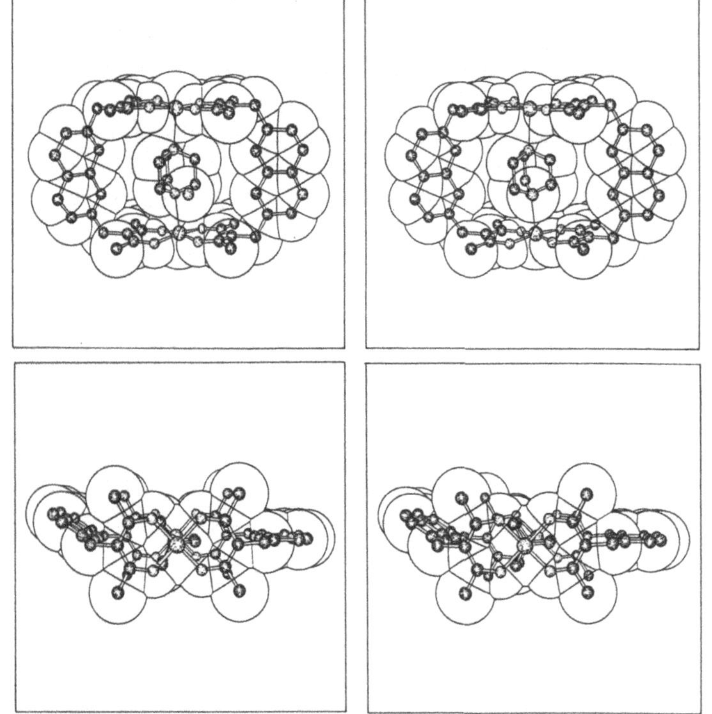

<u>Abb.1</u>. ORTEP-Zeichnungen des Dabco-Komplexes von **5** [3] (Stereobilder zweier verschiedener Ansichten)

Obwohl diesem Modellkomplex kein direktes, natürliches Vorbild zugrundeliegt, veranschaulicht er eindrucksvoll die Funktion des Metallions. Durch diese Koordination wird erst eine cyclische Anordnung geschaffen. Bei der Einlagerung von Dabco fungieren die beiden Cu-Ionen dann zusätzlich als Bindungsstelle zum Substrat [4].

Nicht nur in der Technik, wie etwa bei der selektiven Metallionen-Extraktion (Purex-Verfahren) oder metallkatalysierten Prozessen, sondern auch auf verschiedenen anderen Gebieten rückt die Chemie der organischen mehrzähnigen Komplexliganden immer mehr ins Blickfeld. Vor allem die Verbindungsklassen der *"Siderophore"* (vgl. Abschn.2.3) und *"Ionophore"* (Abschn.2.2) beanspruchen wegen ihrer Komplexstabilität, -selektivität und ihrer physiologischen Relevanz Interesse.

Neben Liganden mit Phenol-, Carbonsäure-, Stickstoff- oder Hydroxamsäure-Donoren wurden vor allem solche mit Brenzcatechin-Einheiten untersucht. Das wohl bekannteste Beispiel ist der Brenzcatechin-Siderophor *Enterobactin*, der folgenden $Fe^{3\oplus}$-Komplex bildet (Näheres siehe Abschn.2.3):

Nach der Synthese *künstlicher Siderophore*, die mit dem $Fe^{3\oplus}$-Extremliganden 6 kulminierte (Abschn.2.3), gelang 1986 die Synthese eines bicyclischen Hexalactam-Siderophors 7, der anstelle der üblichen Brenzcatechin-Bausteine drei Bipyridin-Einheiten enthält [5]. Dieser Ligand zeigt eine so hohe Affinität zu Fe(II)-Ionen, daß weder Oxidation zu Fe(III)-Ionen in DMSO noch Zerstörung des Komplexes durch EDTA oder HCl (pH = 1) auftritt (siehe Abschn.2.1).

Wie sich anhand von Molekülmodellen zeigen läßt, nimmt der Ligand bei oktaedrischer Koordination von Fe(II)-Ionen eine helikale Konformation an. Die hohe Komplexstabilität läßt auf einen intramolekularen Fe(II)-Einschluß schließen. Die exolipophilen Eigenschaften des Komplexes ermöglichen seine

Extraktion mit Chloroform. Über die **Komplexierung von Edelmetallen** wie Rh und Ru wurde bereits berichtet [5], indirekte **elektrochemische Redoxreaktionen** und die **photochemische Wasserspaltung** (siehe Abschn.13) könnten Anwendungsbereiche sein.

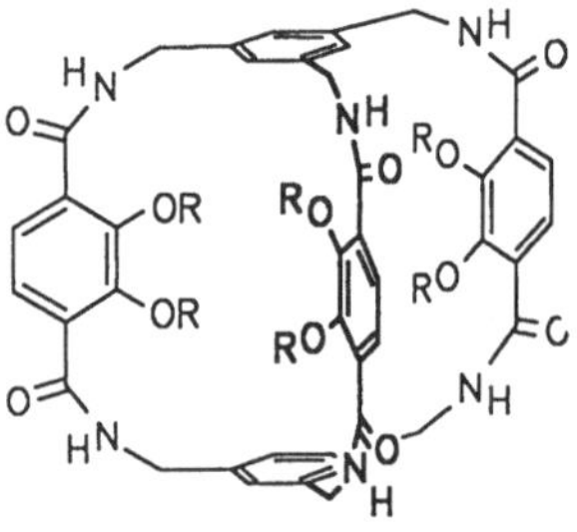

6

a: R = CH$_3$
b: R = H

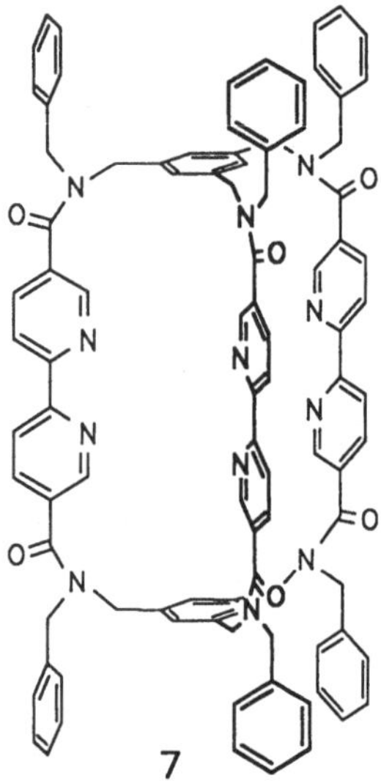

7

Eine interessante Kombination von Donorstellen für mehrere Übergangsmetall-Ionen und freibleibendem großen Hohlraum gelang auch *Lehn:* Durch Umsetzung von "Tren" mit 4,4'-Diphenylmethan-dialdehyd wurde die Schiffsche Base **8** erhalten, die in bestimmtem Abstand voneinander zwei Metallkationen einlagert (vgl. **9** und Abb.2) [6].

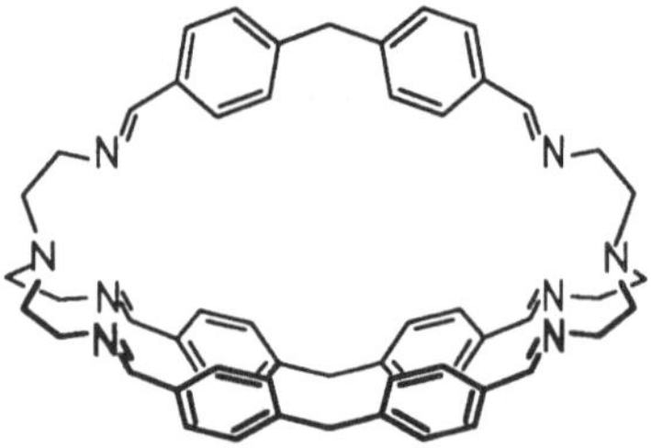

8

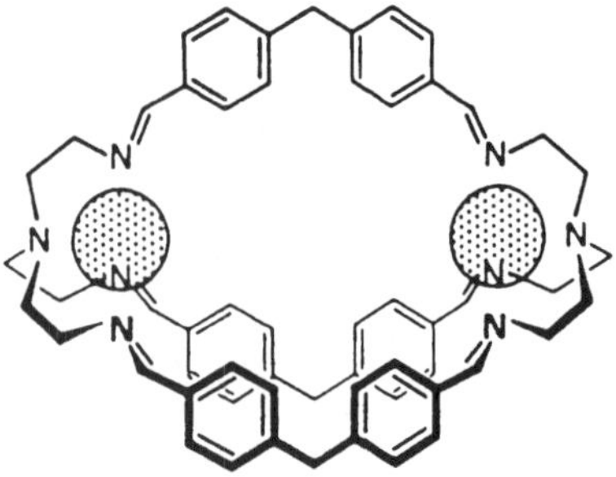

9

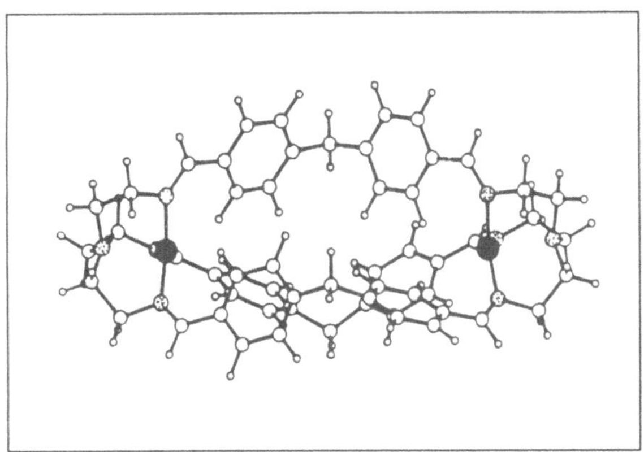

<u>Abb.2</u>. Komplexierung zweier Metallkationen durch den Liganden **8** (Komplex **9**, *Röntgen*-Kristallstruktur) [6]

Räumlich gezielt angeordnete binucleare [7] und selbst tetranucleare makrocyclische Liganden, die z.B. vier Ni(II)- oder Cu(II)-Ionen binden, konnten in den letzten Jahren maßgeschneidert werden [8].

Auf neue Sauerstoff-bindende und -aktivierende [9] sowie auf (Fe- und Mo-) Cluster-Komplexe [10] mit biomimetischem Hintergrund und auf eine ausführliche Übersicht über die bioanorganische Chemie [11] des Eisens [12] und des Mangans [13] sowie auf eine Beschreibung der Entwicklung des Konzepts der bioanorganischen Chemie [14] sei hingewiesen.

4 Bioorganische Modellverbindungen

4.1 Selektive Komplexierung topologisch komplementärer organischer Moleküle

Die Untersuchung und Nachahmung biologischer Prozesse ist Gegenstand eines in den letzten Jahren steigende Bedeutung erlangenden Forschungsgebiets *(Bioorganische Chemie)*. Ein über die Kronenether und die Cryptanden hinausgehender Zweig der *"Wirt/Gast-Chemie"*, der an das Schlüssel/Schloß-Prinzip *Emil Fischers* (1894) anknüpft, beschäftigt sich mit den Eigenschaften Raum-umschließender, konkaver, meist makrocyclischer Moleküle *(Wirtverbindungen)*. Grundlage dieser Untersuchungen bildet die Synthese maßgeschneiderter Wirtmoleküle, die im gelösten Zustand - ähnlich wie biologische Rezeptoren oder Enzyme - selektiv kleinere, räumlich komplementäre Moleküle *(Gäste)* anlagern bzw. in sich aufnehmen können *(molekulare Erkennung)* [1]. Dies führt primär zu einer mehr oder weniger ausgeprägten *"molekularen Verkapselung"* und *"Maskierung"* der Gastverbindung:

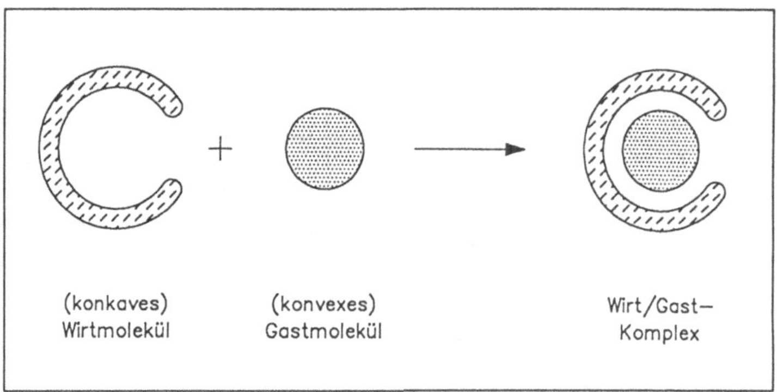

Abb.1. Komplexierung (Einschluß) molekularer Gäste durch topologisch komplementäre organische Wirtmoleküle (schematisch)

Neben dem Studium des Einschlußverhaltens und der intermolekularen Wechselwirkungen zwischen "Wirt" und "Gast" steht vor allem die Synthese *"künstlicher Enzyme"* im Blickpunkt, mit deren spezifischer, katalytischer Wirkung Edukte schnell und mit hoher Ausbeute in gewünschte, enantiomeren- oder diastereomerenreine Produkte übergeführt werden können [2].

4.2 Die Cyclodextrine

Vorbild solcher neuartiger Wirtverbindungen und Katalysatoren sind seit ihrer Entdeckung die *Cyclodextrine.* Sie sollen zur Einführung in die Thematik kurz beschrieben werden:

Die Cyclodextrine wurden 1891 von *Villiers* als Abbauprodukte der Stärke isoliert, 1904 von *Schardinger* als cyclische Oligosaccharide charakterisiert und schließlich 1938 von *Freudenberg* et al. [3] als aus α-(1,4)-glykosidisch verbundenen Glucopyranose-Einheiten aufgebaute makrocyclische Verbindungen beschrieben.

Cyclodextrine lassen sich mit Hilfe von Cyclodextrin-Glycosyltransferasen durch enzymatischen Abbau von Stärke, einem aus α-(1,4)-verbundenen Glucose-Einheiten bestehenden Polysaccharid, das als linksgängige Schraube mit sechs Glucose-Einheiten pro Windung vorliegt, gewinnen.

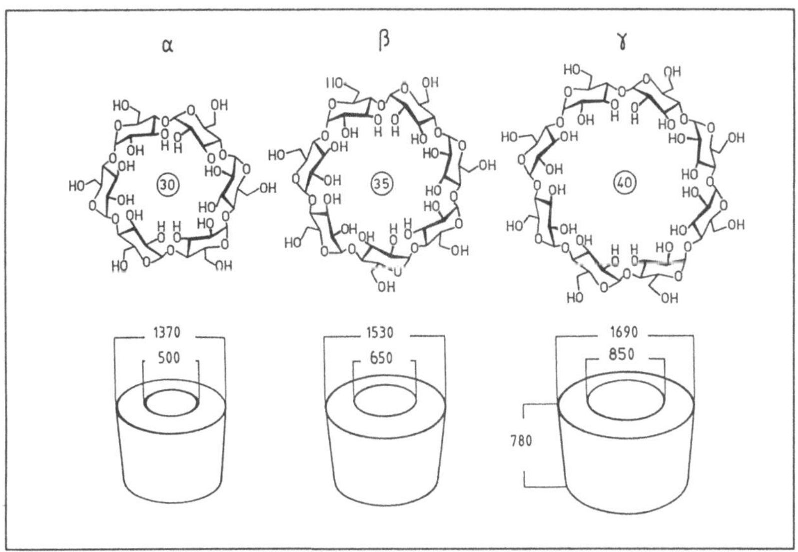

Abb.2. Cyclodextrine: Abbauprodukte der Stärke (Maße in pm; die Ringgliederzahlen sind im Innern der Cyclen eingekreist)

Dabei entstehen Verbindungen mit sechs bis zwölf Glucopyranose-Einheiten pro Ring. Je nach Reaktionsführung und in Abhängigkeit vom verwendeten Enzym entstehen vorwiegend α- (sechs Glucopyranose-Einheiten), β-

(sieben Glucopyranose-Einheiten) und γ-Cyclodextrine (acht Glucopyranose-Einheiten). Es handelt sich dabei um toxikologisch unbedenkliche, kristalline Verbindungen, die im festen wie auch im gelösten Zustand in einer runden, konischen Konformation vorliegen, deren Höhe etwa 800 pm beträgt und deren innerer Hohlraumdurchmesser zwischen 500-850 pm variiert (Abb.2). Sie besitzen einen endolipophilen Hohlraum, der durch die vielen nach außen zeigenden OH-Gruppen wasserlöslich wird.

Eine der faszinierendsten Eigenschaften der Cyclodextrine ist ihre Fähigkeit, im festen wie im gelösten Zustand andere organische Verbindungen in den *Hohlraum* aufzunehmen. Derartige Wirt/Gast-Komplexe sind von den nur im festen Zustand auftretenden *Clathraten* (Gitter-Einschlußverbindungen) abzugrenzen [4] (vgl. Abschn.5).

Während die Cyclodextrine in der Regel 1:1-Komplexe mit den Gästen bilden bzw. sich im Falle der Iod-Einlagerung ($I_3^{\ominus}$) die Wirtverbindungen röhrenförmig übereinanderlagern (Analogie zur Iod-Stärke-Reaktion), besetzen die Gäste in Clathraten Zwischengitterplätze im Wirt-Kristall.

Das beträchtliche Komplexierungsvermögen wurde erstmals von *Freudenberg* erkannt und in den 50er Jahren durch Komplexierungs-Studien von *Cramer, Saenger* [5] und anderen belegt. Der Nachweis, daß der aufgenommene Gast sich inmitten des Hohlraums befindet, konnte durch Bestimmung der Assoziationskonstante für den gelösten Komplex (*Benesi-Hildebrand*-Methode) erbracht und durch *Röntgen*-Kristallstrukturanalysen gesichert werden. Abb.3 zeigt ein Stereobild von in *α-Cyclodextrin* als Wirtmolekül eingeschlossenem *m*-Nitranilin (als Gastmolekül).

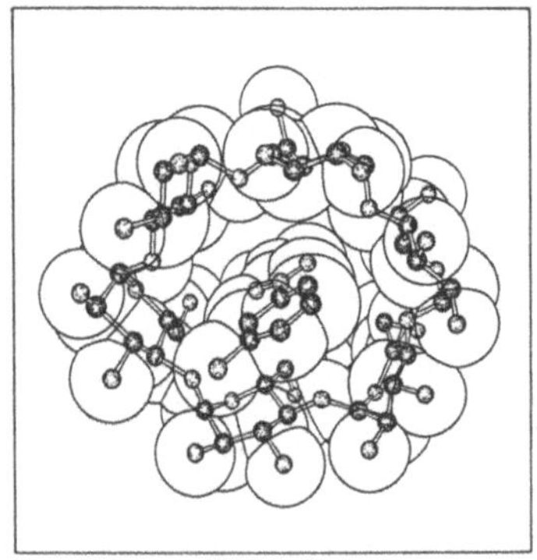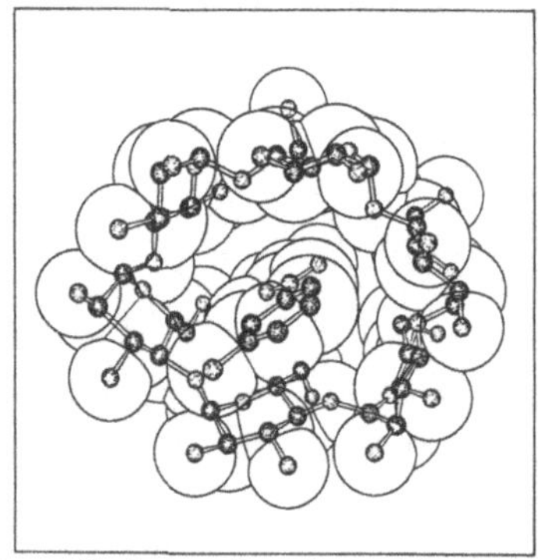

Abb.3. *Röntgen*-Kristallstruktur von in α-Cyclodextrin eingeschlossenem *m*-Nitranilin (Stereobild) [6]

Primäres Kriterium für die *Einlagerung von Gästen* inmitten des Wirthohlraums ist offensichtlich deren Größe ("size selectivity"). Dies wird auch
durch Tab.1 widergespiegelt.

Tab.1.   Korrelation zwischen Hohlraumgröße der (derzeit zugänglichen) Cy-
         clodextrine und der Gastgröße

Cyclo-dextrin	Anzahl der Glucose-Einheiten	innerer Hohl-raumdurch-messer (Mitte)	Ring-glieder-zahl	eingelagerte Gäste
α	6	500 pm	30	Benzen, Phenol
β	7	620 pm	35	Naphthalen, 1-Anilino-8-naph-thalensulfonat
γ	8	800 pm	40	Anthracen, Kronenether, 1-Anilino-8-naph-thalensulfonat

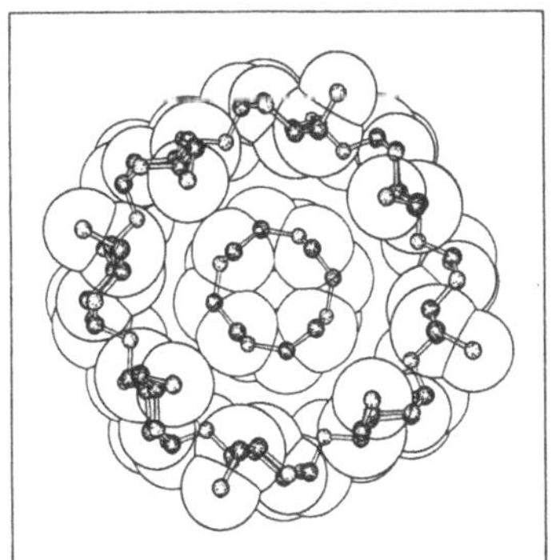

Abb.4.   [12]Krone-4 als Gast im Hohlraum des γ-Cyclodextrins [8] (vierzäh-
         lige Symmetrie; Ergebnis der *Röntgen*-Kristallstrukturanalyse; Ste-
         reobild)

Zu den schönsten neueren Beispielen solcher Gasteinlagerungen mit optimaler *Konkav-/Konvex-Komplementarität* gehört zweifellos die Aufnahme

von Kronenethern (die selbst Wirtmoleküle gegenüber Kationen sind) als
Gäste im Hohlraum des γ-Cyclodextrins sowie die zusätzliche Einlagerung
von Metallionen in den Hohlraum der Krone, die ihrerseits im Cyclodextrin-
Hohlraum sitzt (analog der "Puppe in der Puppe in der Puppe") [7]. Die
Abb.4,5 zeigen die hohe Symmetrie dieser Komplexe [8].

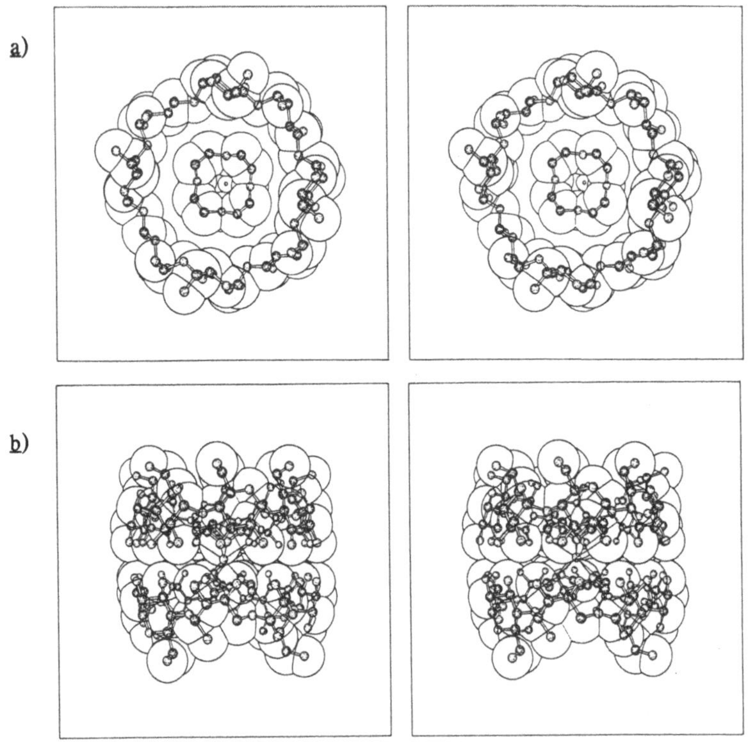

Abb.5. [12]Krone-4-Komplex des Li⊕SCN⊖ im Hohlraum des γ-Cyclodextrins
(C$_4$-Symmetrie; *Röntgen*-Struktur) [8]: a) Blick in den Hohlraum, b)
Seitenansicht (Stereobilder)

Die Komplexierung beruht je nach Wirt/Gast-Typ und Solvens auf dem
Zusammenwirken mehrerer *intermolekularer Wechselwirkungen* [9a] (und
evtl. hydrophoben Effekten [9b]):

a) Sterische Anpassung ("fit")
b) van der Waals-Wechselwirkungen
c) Dispersionskräfte
d) Dipol-Dipol-Wechselwirkungen
e) Charge-Transfer-Wechselwirkungen
f) Elektrostatische Wechselwirkungen
g) Wasserstoffbrückenbindungen

Auch *Entropieeffekte* sind zu berücksichtigen: Beim Eintritt des Gasts in den Hohlraum streift der Gast - in wäßriger Lösung - seine Hydrathülle ab. Das *Einnisten des Gasts* führt durch Abnahme von Freiheitsgraden des Gastmoleküls zu einer Entropieabnahme (zunehmender Ordnungsgrad). Dieser Entropie-Verlust muß durch günstige Wechselwirkungen zwischen Gast und Wirt kompensiert werden. Den Komplex stabilisierende Einflüsse resultieren aus der Entropiezunahme, die sich beim Verdrängen von zuvor im Wirthohlraum befindlichen Wassermolekülen bei der Komplexierung ergibt [5c]. Auch Konformationsänderungen des Cyclodextrins beim "Auswechseln" der Gäste spielen eine Rolle ("induced fit").

Obwohl die Cyclodextrine in ihren Komplexierungs-Eigenschaften bezüglich der Gäste relativ unselektiv und die Zuckereinheiten harten Reaktionsbedingungen gegenüber (z.B. saurem Medium) nicht hinreichend stabil sind, eröffnete sich ein weites Forschungs- und *Anwendungsfeld.* So werden Cyclodextrine zur Mikroverkapselung Licht- oder Sauerstoff-empfindlicher Substanzen, von Riechstoffen sowie von Pharmaka und toxischen Verbindungen eingesetzt. Außerdem lassen sich an polymere Träger gebundene Cyclodextrine vorteilhaft in der Gelinclusions-Chromatographie und zur Enantiomeren-Trennung einsetzen.

Eine stürmische Entwicklung erfuhr jene Arbeitsrichtung, die sich mit *"Enzymmodellen"* und *"künstlichen Enzymen"* beschäftigt. Ihr Ziel ist es, Enzyme in ihrer Fähigkeit nachzuahmen - wenn möglich zu übertreffen -, bestimmte Substrate rasch und selektiv, reversibel und nichtkovalent zu binden und deren Reaktionen zu katalysieren.

Eine Reihe von Eigenschaften lassen die Cyclodextrine als *Enzymmodelle* sinnvoll erscheinen. Dazu gehören:

a) Ihre *Wasserlöslichkeit,* denn unter physiologischen Bedingungen ist Wasser das häufigste Medium.

b) Gäste werden im Hohlraum *reversibel* gebunden; allerdings verläuft das Freisetzen der Gäste in der Regel nicht so schnell wie bei Enzymen.
c) Bei der Einlagerung von achiralen Molekülen in den *chiralen Cyclodextrin-Hohlraum* können diese einen induzierten Circulardichroismus zeigen. Auch enantioselektive Komplexierungen sind möglich.
d) Eine Reihe chemischer Reaktionen läßt sich durch Zusatz von Cyclodextrinen *katalysieren.* Beispielsweise wird die Hydrolyse von *p*-Nitrophenol-Estern in Gegenwart von ß-Cyclodextrin bis zu 750 000-fach beschleunigt.

Einen Überblick über die durch Cyclodextrine katalysierten Reaktionen gibt Tab.2. Wie eine durch Cyclodextrin katalysierte Reaktion ablaufen könnte, ist in Abb.6 schematisiert.

Tab.2. Übersicht über die mit Cyclodextrinen katalysierten Reaktionen

Reaktionen	Substrate	Beschleunigungs-faktor	Art der Katalyse
Esterhydrolyse	Phenylester	300	K
asymmetr. Induktion	Mandelsäureester	1.4	U
Amidhydrolyse	Penicilline	89	K
	N-Acylimidazole	50	K
	Acetanilide	16	K
Spaltung von Phos-phor- und Phosphon-säureestern	Pyrophosphatester	200	K
	Methylphosphon-säureester	66	K
Carbonatspaltung	Arylcarbonat	19	N
intramolekulare Acylwanderung	2-Hydroxymethyl-4-nitrophenylpivalat	6	N
Decarboxylierung	Glyoxylat-Ion	4	N
	Cyanacetat-Ion	44	N
Oxidation	Hydroxyketone	3	N

Die in der letzten Spalte angegebenen Abkürzungen stehen für:
K: Zwischenstufe ist kovalent gebunden
N: Zwischenstufe ist nicht kovalent gebunden
U: Unbekannter Mechanismus

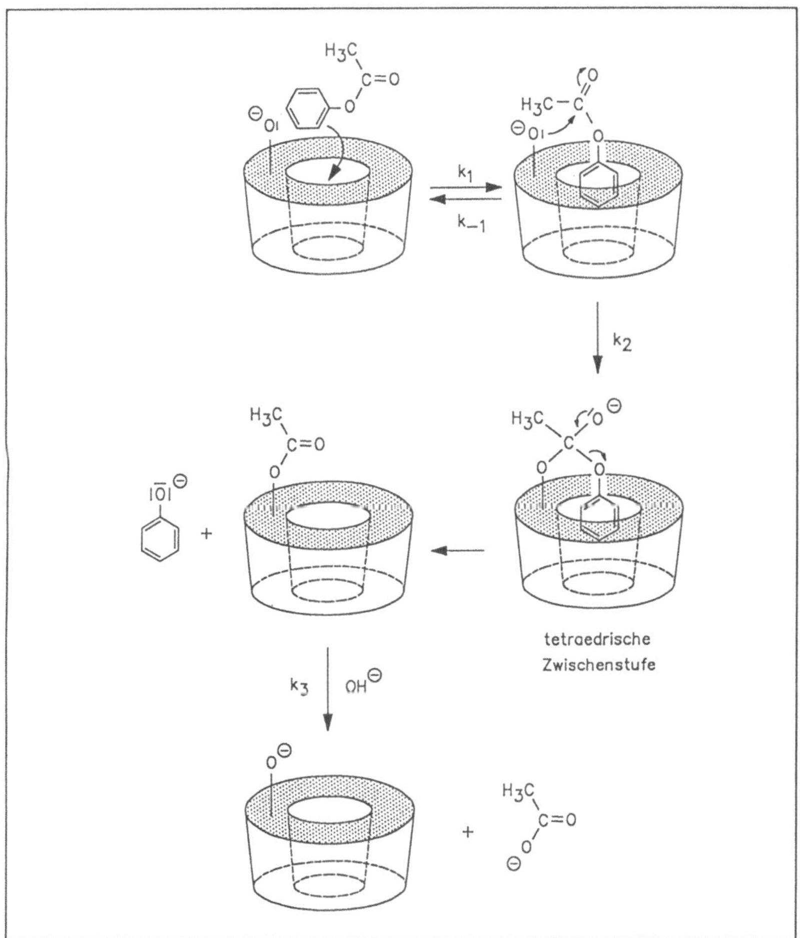

Abb.6. Verlauf der Cyclodextrin-katalysierten Hydrolyse von Phenylacetat (nach *Diederich*, modifiziert) [10]. - Zur Beteiligung von H_2O-Molekülen bei dieser Transacylierung siehe *J.F.Kennedy, Ch.A.White, Bioactive Carbohydrates*. Wiley, New York 1983, S.134. Zur Rolle von Alkoholen und von ternären Komplexen bei der Hydrolyse von *p*-Nitrophenylhexanoat siehe *O.S.Tee, M. Bozzi*, J.Am.Chem.Soc. **112** (1990) 7815

Cyclodextrine wurden schließlich mit Wirkgruppen natürlicher Enzyme funktionalisiert. Dies führte im Falle des Histamin-Restes zu einer deutlichen Steigerung der Hydrolyse-Geschwindigkeit [11] von *p*-Nitrophenylacetat.

4.3 Bioorganische Molekül-Komplexe

Gegenüber ihren natürlichen Vorbildern stellen Modellverbindungen immer eine Vereinfachung dar. So werden bei künstlichen *"Rezeptoren"* und artifiziellen "Enzymen" die Aminosäuren der Peptide und Proteine durch aliphatische oder aromatische Bausteine ersetzt. Auch die Verknüpfung der Bausteine untereinander geschieht nur in einigen Fällen über Amidbindungen. Während in den natürlichen Enzymen in der Regel keine makrocyclischen Peptide enthalten sind, versucht man in *Enzymmodellen* die Ausbildung einer Nische, Spalte oder Höhle oft durch makrobicyclische Strukturen zu erreichen. Für die Synthese von Wirtmolekülen wurden daher häufig Molekülstrukturen mit trigonaler Symmetrie als starre, den Hohlraum stabilisierende Bausteine *(Spacer)* eingesetzt.

Eine der ersten synthetischen Wirtverbindungen, die in organischer Phase eine Reihe von ungeladenen organischen Gastmolekülen in ihren Hohlraum aufnahm, war das Hexabenzyl[6.6.6]paracyclophan I. Dieser 30-gliedrige Makrocyclus schließt nicht nur im Kristall kleine Halogenkohlenwasserstoffe wie Chloroform oder Bromoform ein - wie *Röntgen*-kristallstrukturanalytisch gesichert wurde [12] - sondern die Komplexierung mit diesen Gastmolekülen ist auch in Lösung eindeutig nachgewiesen [13,14].

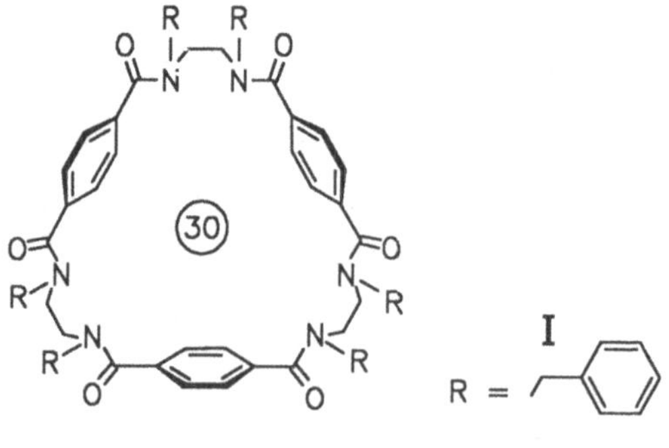

4.3.1   Komplexierung kleiner Moleküle mit Cryptophanen

4.3.1.1 Einführung

Ein in den letzten Jahren wachsende Bedeutung erlangendes Arbeitsgebiet der organischen Chemie beschäftigt sich mit dem Einschlußverhalten Raum-umschließender makrocyclischer Verbindungen. Ziel ist die Synthese maßgeschneiderter konkaver Wirtmoleküle, die im gelösten Zustand kleinere, räumlich komplementäre konvexe Moleküle als Gäste in sich aufnehmen können (*molekulare Verkapselung*, Maskierung, s. Abschn.4.1, Abb.1).

Neben dem Studium des Einschlußverhaltens und der intermolekularen Wechselwirkungen (molekulare, evtl. chiroselektive Erkennung, s.u.) zwischen "Wirt" und "Gast" steht vor allem die Synthese von katalytisch wirkenden Wirtverbindungen im Blickpunkt, mit deren spezifischer Wirkung Substrate - ähnlich wie mit Enzymen - schnell und mit hoher Ausbeute selektiv (möglichst chemo-, regio- und stereoselektiv) in gewünschte Produkte übergeführt werden können.

Für die Synthese solcher Wirtmoleküle (*"künstliche Enzyme"*) haben sich Bausteine mit trigonaler Symmetrie als günstig erwiesen. Unter diesen hat sich das Cyclotriveratrylen- (CTV-)Gerüst bewährt, das als "Bodenplatte" oder "Dach" für geeignete Wirtmoleküle eingesetzt werden kann:

H₃CO
H₃CO H₃CO   OCH₃ OCH₃
OCH₃

1

Cyclotriveratrylen

4.3.1.2 Historisches

Angeregt durch Untersuchungen von *Ewins* [1] aus dem Jahre 1909, im Verlauf derer aus Homopiperonylalkohol und PCl_5 ein hochschmelzender, wenig löslicher Feststoff mit der vermuteten Konstitution **2** isoliert wurde, war es *Robinson* [2] 1915 gelungen, in einer analogen Reaktion mit Homoveratrylalkohol eine kristalline Substanz zu isolieren und als 2,3,6,7-Tetramethoxy-9,10-dihydroanthracen (3) zu identifizieren. Damit schien auch indirekt die Konstitution von **2** gestützt. Daß es sich jedoch bei der von *Robinson* isolierten Verbindung **3** um ein Molekül mit 1,5-facher der ursprünglich angenommenen Masse handelt (s.u.), wurde erst 1963 erkannt [3].

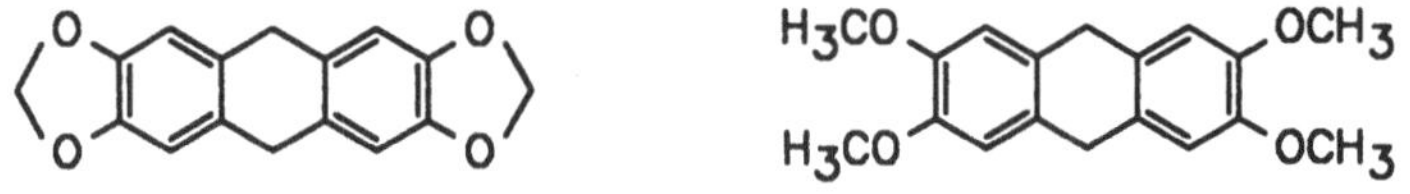

2

3

10,15-Dihydro-2,3,7,8,12,13-hexamethoxy-5H-tribenzo[a.d.g]cyclononen (*Cyclotriveratrylen*, 1) ist ein Molekül mit C_{3v}-Symmetrie. Die drei Benzenringe besetzen die Flächen einer dreiseitigen Pyramide, während die CH_2-Gruppen auf den Pyramidenkanten liegen und zur Pyramidenspitze gerichtet sind. Für das Molekül sind zwei Konformationen denkbar, eine "Sattel"- und eine "Kronen"-Konformation. Die letztere ist aus sterischen Gründen stabiler, wie auch durch ^{1}H-NMR-spektroskopische Untersuchungen nachgewiesen werden konnte.

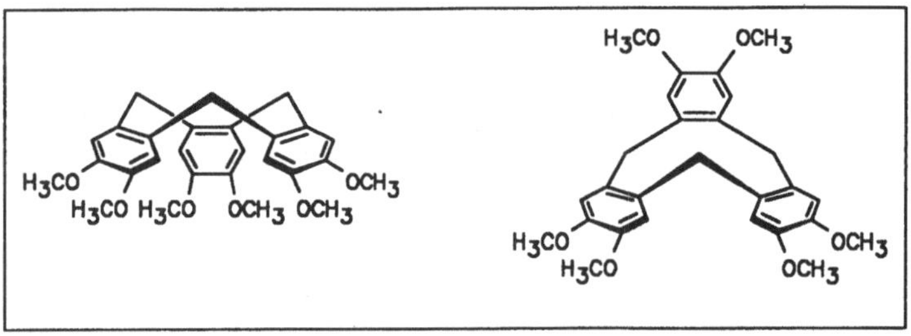

Abb.7. Cyclotriveratrylen (1), Kronen- und Sattel-Konformation

Cyclotribenzylen (4) und seine Abkömmlinge lassen sich vergleichsweise leicht auf folgenden Wegen erhalten:

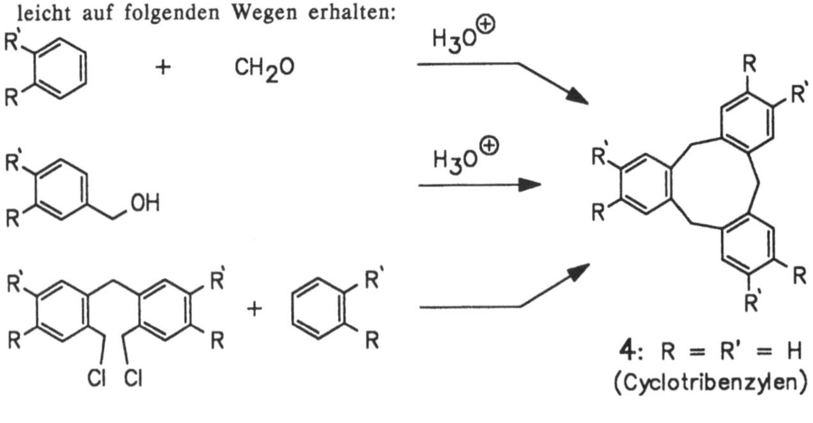

4: R = R' = H
(Cyclotribenzylen)

Die Reaktion gelingt dann besonders gut, wenn die Reste R und R'
Elektronendonor-Substituenten (+M-Effekt) sind. In allen Fällen mit R =
R' erhält man ein achirales Produkt. Ist jedoch R ≠ R', so entsteht bei der
Reaktion ein Racemat, das sich im Falle von OH- oder Ether-Substituenten
durch Veresterung mit chiralen, enantiomerenreinen Säuren via Diastereo-
mere trennen läßt. So konnten im Jahre 1966 erstmals von *Lüttringhaus* und
Peters chirale Cyclotriveratrylen-Derivate in die Enantiomere getrennt wer-
den [4].

In der Folgezeit zeigte sich die vielseitige Einschlußfähigkeit des Cyclotriveratrylens in mehreren Bereichen der organischen Chemie: Von *Bhagwat*
wurden Clathrate des Cyclotriveratrylens (1) mit Benzen, Chlorbenzen, Toluen, Chloroform, Aceton, Schwefelkohlenstoff, Essigsäure, Thiophen, Decalin, Ethylmethylketon und Ethanol beschrieben [5]. Analoge des CTV (1) wie
Trithiacyclotriveratrylen (5) oder Cyclotricatechylen (6) zeigen ebenfalls Cla-
thrat-bildende Eigenschaften.

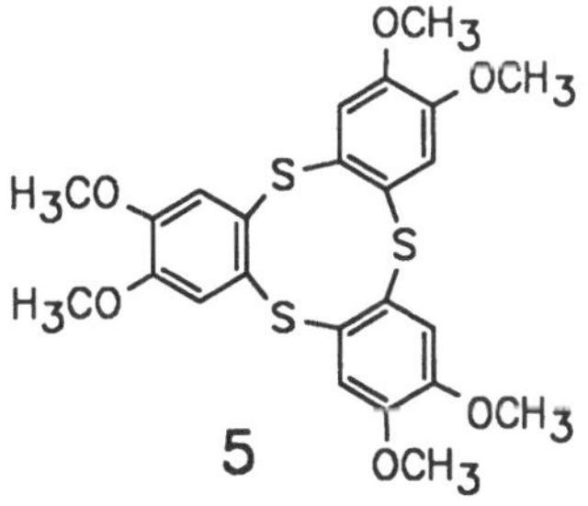

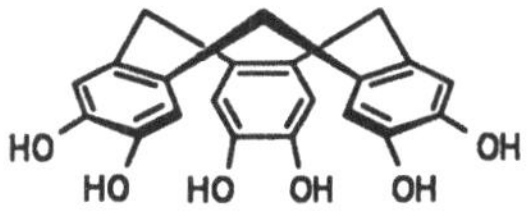

Zimmermann konnte an Hexaalkoxy-substituierten Tribenzocyclononenen
flüssigkristalline Eigenschaften nachweisen [6]. *Hyatt* gelang die Synthese von
achtarmigen *"Octopus-Molekülen"*, die gegenüber Alkali-Kationen ähnliche
Komplexierungs-Eigenschaften aufweisen wie Kronenether [7]. Letzteres gilt
auch für die zuvor hergestellten dreifachen Kronenether mit CTV-Anker-
gruppe 7 [8].

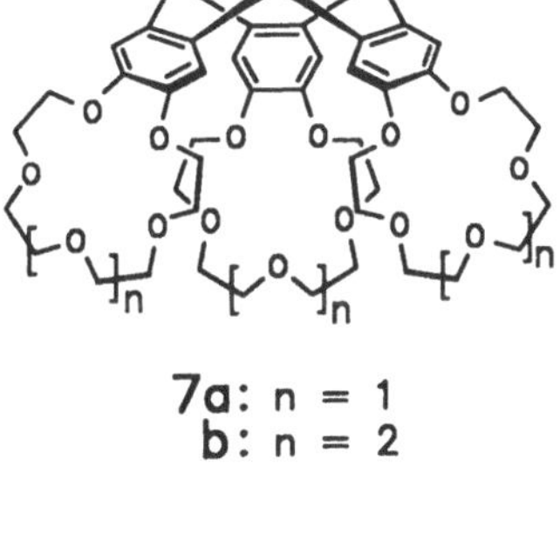

Die Verknüpfung der Cyclotriveratrylene mit dem Cryptand-Konzept (siehe Abschn.2.2) gelang *Collet* 1982 [9]. Die so erhaltenen *"Speleanden"* 8 sind befähigt, mit kleineren Ammoniumsalzen ähnlich wie übliche Cryptanden Komplexe zu bilden.

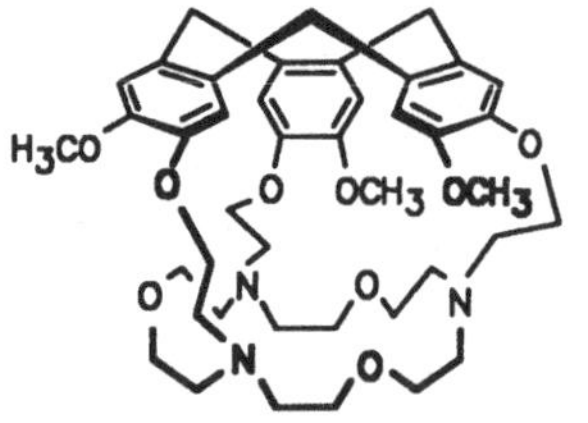

8 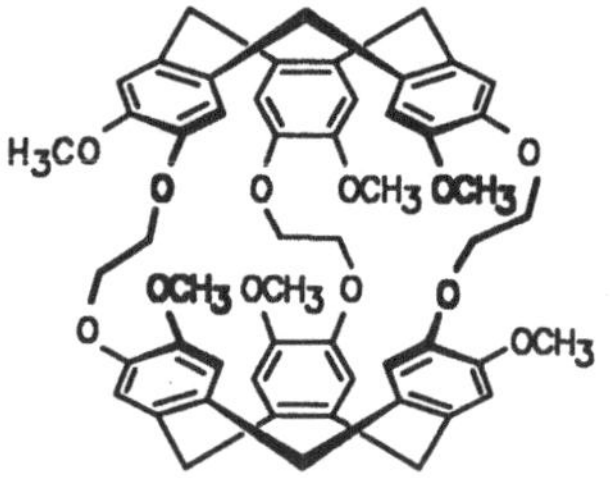   9

Durch Verbrückung zweier Cyclotriveratrylen-Einheiten mit drei Alkanketten gelangte *Collet* zu den interessanten *"Cryptophanen"*, deren Einschlußverhalten bezüglich kleinerer Gastmoleküle wegen ihrer Neuartigkeit nun etwas detaillierter erörtert werden soll:

4.3.1.3 Wirt/Gast-Komplexierung

Der erste von *Collet* vorgestellte bicyclische Hexaether war das (chirale) *Cryptophan A* mit der Konstitution 9 [10]. Der kristalline, hochschmelzende, chirale Feststoff bildet mit Chloroform einen kristallinen Komplex. Durch ^{1}H-NMR-spektroskopische Untersuchungen konnte jedoch ein etwaiger Einschluß von Chloroform- oder Dichlormethan-Molekülen nicht eindeutig nachgewiesen werden. Dies steht im Einklang mit Modellbetrachtungen, nach denen die sechs Methoxy-Gruppen von 9 die Zugänge zum Wirt-Innenraum versperren und somit einen molekularen Einschluß erschweren.

Auf der Grundlage solcher Betrachtungen wurde die Synthese der *Cryptophane C* und *D* (10, 11, jeweils als Racemat), in denen je drei Methoxy- durch H-Atome ersetzt sind, durchgeführt [11]. Durch die vergrößerten Zugangsöffnungen in diesen Wirtmolekülen sollte die Komplexierung von kleinen Gastmolekülen wie Halomethan-Verbindungen des Typs CH_2XY erleichtert sein.

10

(−)−Cryptophan C

11

(+)−Cryptophan D

Die zunächst an *(±)-Cryptophan C* (10) durchgeführten Komplexierungsversuche konnten aufgrund der schwachen Komplexierung von Chloroform
(Komplexkonstante K_S = 0.1 M^{-1} bei 310-330 K) in $CDCl_3$-Lösung vorgenommen werden. Für die geprüften Gastmolcküle des Typs CH_2XY und
CHXYZ wurden die in Tab.1 wiedergegebenen Komplexbildungskonstanten
und Energieschwellen für den Einschluß gefunden:

Tab.1. Komplexbildungskonstanten und Energiebarrieren für den Einschluß
von Halomethanen im Cryptophan 10

Energiebarriere für den Einschluß [kJ/mol]	"Gast"	Komplexkonstante K_S bei 310-330 K [M^{-1}]
46	CH_2Cl_2	2.6
	CHClBrF	0.22-0.3
46	CH_2Br_2	0.7
63	$CHCl_3$	0.1

Der intramolekulare Einschluß von Dichlormethan als Gast konnte außer
durch die Hochfeldverschiebung der CH_2-Signale des CH_2Cl_2 ($\Delta\delta$ = 4
ppm!) und Signalverbreiterungen im ^{1}H-NMR-Spektrum (aufgrund der lang-
samen Komplexierung/Dekomplexierung) durch *Röntgen*-Kristallstrukturana-
lyse gesichert werden.

Analog zu den Untersuchungen an dem *Cryptophan C* (10) wurden
Komplexierungsversuche mit *(+)-Cryptophan D* (11) durchgeführt. Dabei ergaben sich für Dichlormethan als Gast ähnlich signifikante Hochfeldverschiebungen ($\Delta\delta$ = 4.2 ppm). Jedoch liegen die gemessenen Komplex-

konstanten hier um den Faktor 10 niedriger (K_s = 0.28 M^{-1} für CH_2Cl_2) als mit *(-)-Cryptophan C* (10). Im Vergleich zu Dichlormethan wird das etwas größere Gastmolekül Dibrommethan von *(+)-Cryptophan D* (11) stärker komplexiert; der Energieunterschied zwischen beiden Komplexen wurde zu 6 kJ/mol bestimmt.

Auch für den *Cryptophan D*-Komplex mit Dichlormethan als Gast wurde durch *Röntgen*-Kristallstrukturanalyse gesichert, daß der Gast im Inneren des Wirthohlraums eingeschlossen ist. Ein grundsätzlicher Unterschied besteht jedoch in der Kristallstruktur der beiden Dichlormethan-Cryptophan-Komplexe (vgl. <u>Abb.9</u>).

Während aus einer racemischen Mischung von *(+)-Cryptophan D* (11) in Dichlormethan/Aceton-Lösung lediglich das (+)-Enantiomer mit zwei bis drei Molekülen Dichlormethan als Komplex auskristallisiert (Enantiomerentrennung durch Kristallisation; Konglomeratbildung), liegen im entsprechenden *(+)-Cryptophan C*-Komplex homochirale Schichten des (+)- und (-)-Enantiomers mit einem Gastmolekül pro Wirt vor (Racemat).

4.3.1.4 Chirale Erkennung bei der Komplexierung

In den bisher erörterten Komplexierungs-Experimenten wurden die Wechselwirkungen zwischen einem chiralen Wirt und einem achiralen Gast beschrieben. Das Komplexierungsverhalten von *(+)-Cryptophan C* (10) gegenüber dem gleichfalls *chiralen Halomethan-Gast* CHClBrF [(+)-12] bot eine Möglichkeit zum Studium chiroselektiver Erkennungs-Phänomene zwischen Molekülen. Im vorliegenden Fall konnten sogar Drehwert und absolute Konfiguration des Gasts bestimmt werden, ein lange Zeit ungelöstes Problem.

Zur Untersuchung von stereochemischen und Selektivitäts-Fragen wurden alle vier Stereoisomere der *Cryptophane C* und *D* in Form von leicht trennbaren Diastereomerenpaaren dargestellt. Sie unterscheiden sich weniger in ihrer Hohlraumgröße als vielmehr in der Gestalt des Hohlraums (Frage der "size"- versus "shape"-Selektivität): Bei den ^{1}H-NMR-spektroskopischen Studien zeigte sich, daß zwischen *(+)-Cryptophan C* (10) und racemischem (+)-12 erst nach Erwärmen eine Komplexierung auftritt, erkennbar an verbreiterten, Hochfeld-verschobenen Gastsignalen. Während bei 233 K die Komplexierungs-Geschwindigkeit niedrig ist und man im ^{1}H-NMR-Spektrum (vgl. <u>Abb.10.11</u>) lediglich ein Dublett ($\delta = 7.62$ ppm, $J_{FH} = 52$ Hz) des un-komplexierten Gasts beobachtet, führt eine Temperaturerhöhung auf 273 K zur Steigerung der Komplexierungs-Geschwindigkeit, verbunden mit einer Hochfeldverschiebung und Verbreiterung der Gastsignale.

Dabei ist die Hochfeldverschiebung in starkem Maße von der Wirt- und Gast-Konzentration abhängig. So sind bei 300fachem Überschuß des Gasts und einer Temperatur von 215 K die Signale um 4.4-4.8 ppm zu höherem Feld verschoben. Weitere Temperatursteigerung auf 333 K führt zur Auf-spaltung in zwei Sätze scharfer Dubletts, die den diastereomeren Komplexen [(+)-12 mit *(+)-Cryptophan C*, "p-Komplex"; und (-)-12 mit *(+)-Cryptophan C*, "n-Komplex"] zugeschrieben werden (p bzw. n bezieht sich auf den Dreh-sinn von Wirt und Gast):

<table>
<tr><td>(+)-Wirt</td><td>und</td><td>(+)-Gast</td><td>→</td><td>"p-Komplex"</td></tr>
<tr><td>(+)-Wirt</td><td>und</td><td>(-)-Gast</td><td>→</td><td>"n-Komplex"</td></tr>
</table>

Wie nämlich an geringfügig angereichertem (+)-12 mit einem Enantio-merenüberschuß ee = 4.3±1 % in Gegenwart von *(+)-* oder *(-)-Cryptophan C* (10) gezeigt werden konnte, läßt sich das stärker hochfeldverschobene Dublett jeweils demjenigen Komplex zuordnen, in dem der Drehsinn des Cryptophans und des Gasts übereinstimmen.

Die Ermittlung der Komplexkonstanten ergab bei 332 K in $CDCl_3$ Werte von 0.3 und 0.22 M^{-1}. Aus der Temperaturabhängigkeit ist zu schließen, daß der "p-Komplex" um etwa 1.1 kJ/mol energieärmer als der "n-Komplex" ist. Worauf der Energieunterschied beruht, ließ sich noch nicht eindeutig klären, zumal alle Versuche, die Komplexierung *Röntgen*-kristallstrukturanalytisch abzusichern und damit zugleich einen Einblick in die Geometrie der Wirt-Gast-Wechselwirkungen zu erhalten, scheiterten, da in den gezüchteten Kri-stallen die Wirthohlräume nicht mit Gästen belegt waren.

Um auch sterisch anspruchsvollere Halomethan-Derivate komplexieren zu können, wurde 1986 von *Collet* ein etwas vergrößertes *Cryptophan E* (13) synthetisiert [12]. Nach Modellbetrachtungen sollte ein Einschluß von CCl_4 möglich sein. Im Gegensatz zum schwerer löslichen Diastereomeren *F* (14) konnten von *E* (13) mit Dichlormethan, Chloroform und Bromoform Kri-stalle erhalten werden. Die ^{1}H-NMR-spektroskopische Untersuchung ergab, daß *Cryptophan E* (13) einen Komplex mit zwei $CHCl_3$-Molekülen bildet, dessen Stabilitätskonstante bei 300 K zu 470 M^{-1} bestimmt wurde (die

Komplexkonstanten für die CH_2Cl_2- und $CHBr_3$-Komplexe liegen bei 100 M^{-1} bzw. 40 M^{-1}). Bei der gleichen Temperatur wurden die Energiebarrieren für den *Inclusions-Exclusions-Vorgang* zu 56 und 72 kJ/mol berechnet. Abb.8 zeigt ein in $(CDCl_2)_2$ aufgenommenes ^{1}H-NMR-Spektrum von *Cryptophan E*, in dem das Proton-Signal des eingeschlossenen Gasts $CHCl_3$ gegenüber dem des nicht komplexierten Chloroforms um 4.44 ppm (!) zu höherem Feld verschoben ist.

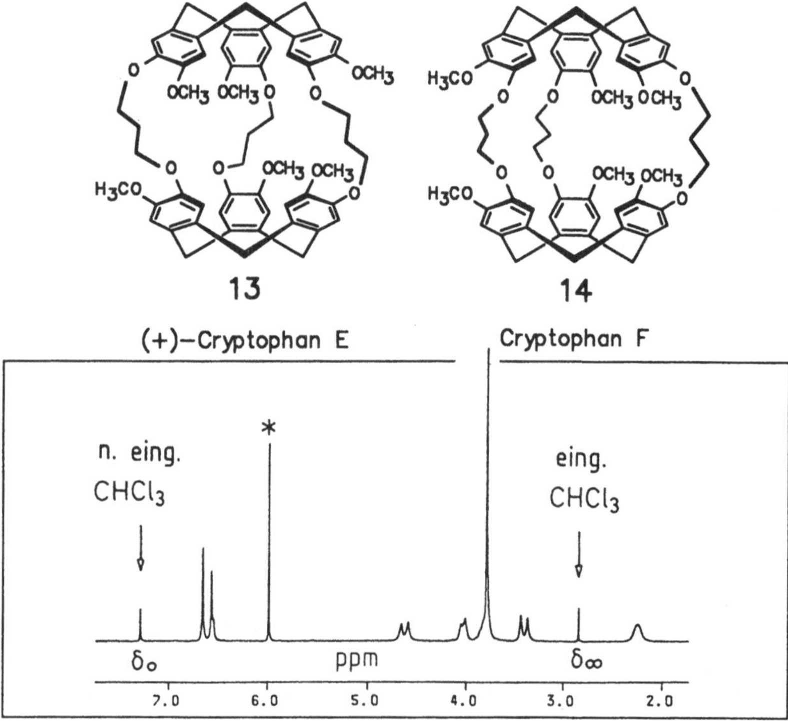

Abb.8. ^{1}H-NMR-Spektrum des *(+)-Cryptophan E*-Komplexes mit dem Gast $CHCl_3$ in $(CDCl_2)_2$ als Lösungsmittel. Die beträchtliche Hochfeldverschiebung von Chloroform in $Cl_2DCCDCl_2$ nach Zugabe des (+)-Cryptophans E ist deutlich zu erkennen. Gesternt: geringe Mengen teildeuterierten Lösungsmittels $Cl_2HCCDCl_2$ (eing. = eingeschlossenes, n. eing. = nicht eingeschlossenes Chloroform)

Thermodynamische Betrachtungen ergaben eine hohe Enthalpie-Abhängigkeit der Komplexierung (ΔH = -29 kJ/mol, ΔS = -46 kJ/mol•K). Des weiteren konnte eine (schwächere) Komplexierung von Aceton, Benzen und Ethanol nachgewiesen werden.

Die *Synthese* der bisher erörterten ***Cryptophane*** **9-11** und **13, 14** ist in Schema 1 zusammengestellt.

Schema 1. Synthese von Cryptophanen

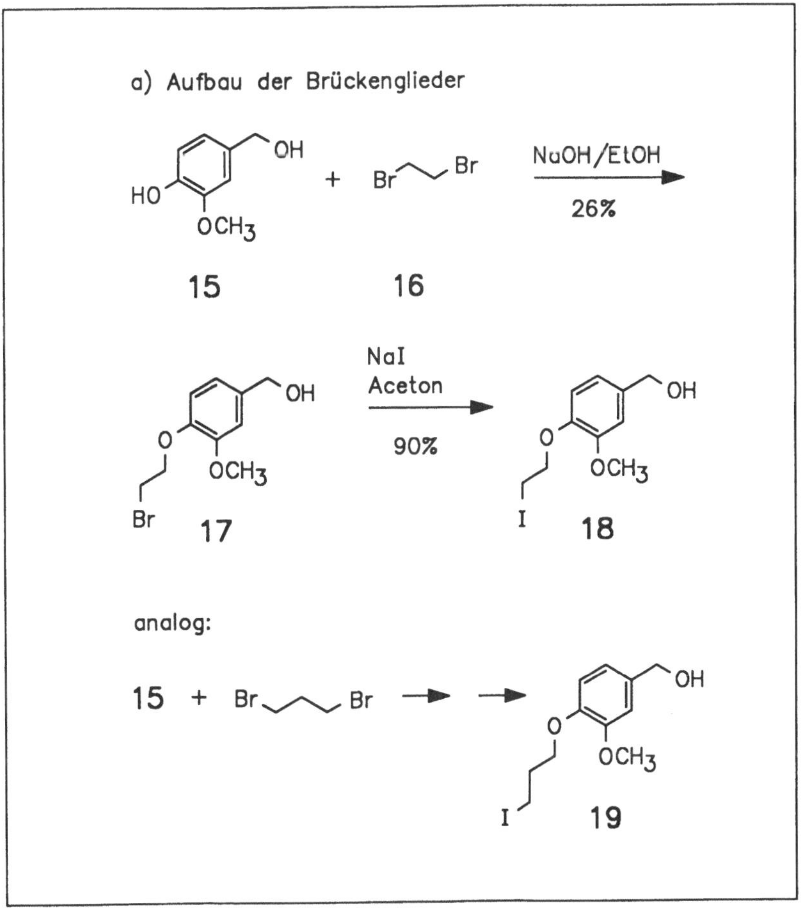
a) Aufbau der Brückenglieder
OH
HO
OCH3
+
Br
Br
NaOH/EtOH
26%
15
16
NaI
Aceton
90%
OH
O
OCH3
Br
17
OH
O
OCH3
I
18
analog:
15
+
Br
Br
OH
O
OCH3
I
19

b) Synthese der Cryptophane

K_2CO_3
Aceton
80%

15 + **20** → **21**

CH_3OH
$HClO_4$ (65%)
53%

$(+/-)$–**22**

Dioxan/C_2H_5OH
Pd/C (10%)
$HClO_4$ (65%)
80%

+   Enantiomerenpaar
23

Durch Veresterung mit (R)–(+)–2–Phenoxypropionsäure / DCC lassen sich die Enantiomere chromatographisch trennen

getrennte
diastereomere
Ester

$LiB(C_2H_5)_3H$
THF
65–70%

24 + **25**

23 +

DMF/KO–*t*–Bu
90%

Pd/C (10%) /H_2
CH_2Cl_2/CH_3OH
90%

$BBr_3{\cdot}CH_2Cl_2$
100%

26
Enantiomerentrennung
wie beschrieben
18
90%
DMF/HCOOH
Cryptophane C/D
19
36%
HCOOH
Cryptophane E/F
1. Veretherung
2. Kondensation
3. Trennung
24 + 18
Cryptophan A
Li-diphenylphosphid
THF
60%
27
+
NaOH/H₂O
CH₃OH
65%
28

1987 gelang *Collet* die Synthese eines neuen hydrophilen Cryptophans [13], das aus dem schon bekannten *Cryptophan A* (9) durch selektive Ether-spaltung der Methoxylfunktionen mittels Lithiumdiphenylphosphid und an-schließender Reaktion mit α-Bromessigester zugänglich ist. Durch Verseifung der Esterfunktionen wurde die entsprechende Hexasäure **28** erhalten, die nun als *wasserlösliches Cryptophan* erstmals eine vergleichende Untersu-chung der Rolle des "*hydrophoben Effekts*" bei der Komplexbildung in wäß-riger Lösung zuließ.

Die ^{1}H-NMR-spektroskopischen Untersuchungen wurden in D_2O/NaOD durchgeführt. Dabei muß die Cryptophan-Konzentration unter der "*kritischen Micellkonzentration*" (CMC) bleiben, da es sonst zu Aggregationen (Micel-lenbildung) der Wirtmoleküle kommt (vgl. Abschn.9).

Es zeigt sich, daß Chloroform und Dichlormethan unter diesen Bedingun-gen im Hohlraum von **28** aufgenommen werden. Die ^{1}H-NMR-Signale von $CHCl_3$ bzw. CH_2Cl_2 werden auch hier ähnlich stark hochfeldverschoben ($\Delta\delta$ = 4.5 ppm). Thermodynamische Berechnungen und Konkurrenzversuche er-gaben für den $CHCl_3$-Komplex eine um 1 kJ/mol höhere Stabilitäts-konstante als für den CH_2Cl_2-Komplex.

Mit denselben Gästen wurden zum Vergleich auch Messungen an dem lipophilen, nicht wasserlöslichen *Cryptophan A* [in $(CDCl_2)_2$ als Lösungs-mittel] durchgeführt. Für $CHCl_3$ liegt die Hochfeld-Verschiebung in diesem Fall mit $\Delta\delta$ = 4.33 ppm etwas niedriger, aber dennoch im Rahmen der mit **28** erhaltenen Werte. Der entscheidende Unterschied zwischen *Cryptophan A* und seinem wasserlöslichen "Konkurrenten" **28** liegt jedoch im vertausch-ten Affinitätsverhalten: Während **28** $CHCl_3$ stärker komplexiert, wird von Cryptophan A CH_2Cl_2 als Gast bevorzugt.

Obwohl die Energiebarriere für den Komplexierungsschritt im lipophilen und im wäßrigen Lösungsmittel nur geringe Abweichungen voneinander zei-gen, scheint der "*hydrophobe Effekt*" doch eine Rolle zu spielen.

So läßt sich erklären, daß im wäßrigen Medium das im Volumen gegen-über CH_2Cl_2 um 30% größere $CHCl_3$ von **28** stärker gebunden wird. Unter diesem Aspekt ist auch das unterschiedliche Selektivitätsverhalten zu verste-hen. Abb.9 gibt einen Eindruck von der *Röntgen*-Kristallstruktur der beiden Dichlormethan-Cryptophan-Komplexe jeweils aus Blickrichtung der C_3-Achse.

a)

b)

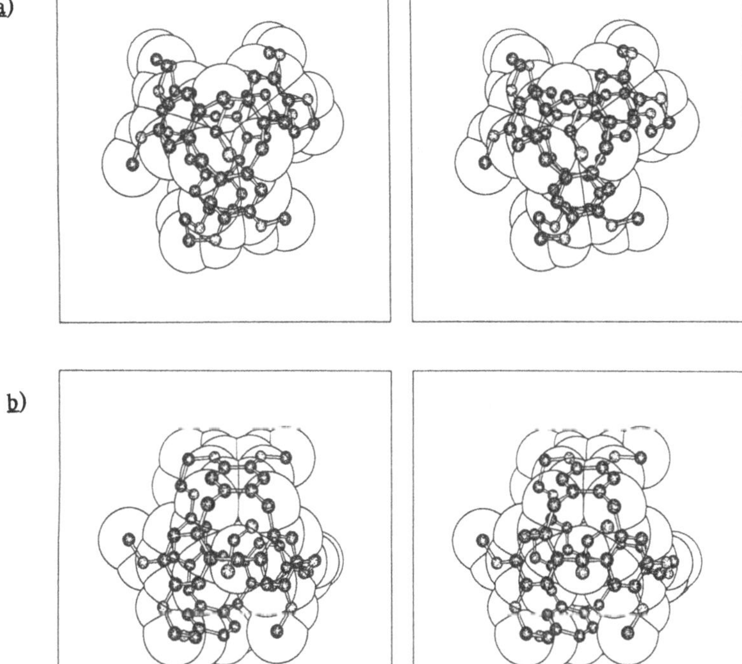

<u>Abb.9.</u>   a) *(+)-Cryptophan D* ·CH_2Cl_2-Einschluß (Konglomerat); b) (+)/(-)-
Cryptophan C · CH_2Cl_2-Einschluß (Racemat). Der Kristall bestand
aus alternierenden, homochiralen Schichten des (+)- und (-)Wirts
(Stereobilder)

Ausschnitte aus einem 200 MHz-^{1}H-NMR-Spektrum von *(+)-Cryptophan
C* und racemischem (±)-CHFClBr, aufgenommen in $CDCl_3$, zeigen
<u>Abb.10.11</u>. Mit steigender Temperatur nimmt die Komplexierung zu; erkenn-
bar an den verbreiterten, hochfeldverschobenen Signalen. Bei 329 K beobachtet man eine Aufspaltung in zwei Dubletts für die beiden diastereomeren
Komplexe. Die Dublettaufspaltung (F-H-Kopplung) ist im folgenden Teil-
spektrum herausgestellt:

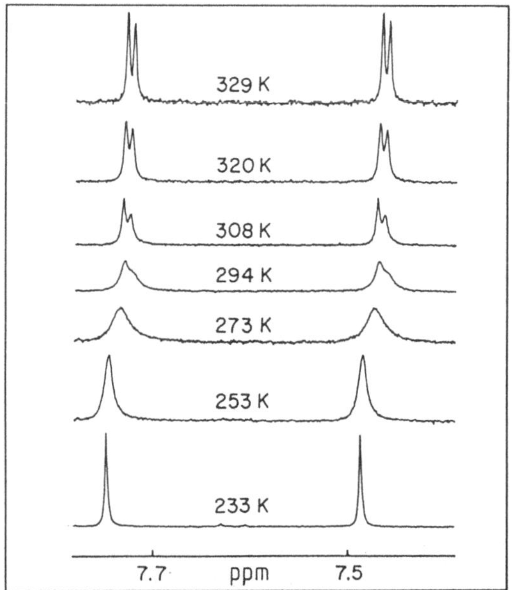

Abb.10. 200 MHz-^{1}H-NMR-Spektren von (±)-CHFClBr (**12**) bei verschiedenen Temperaturen in Gegenwart von (+)-Cryptophan C (**10**)

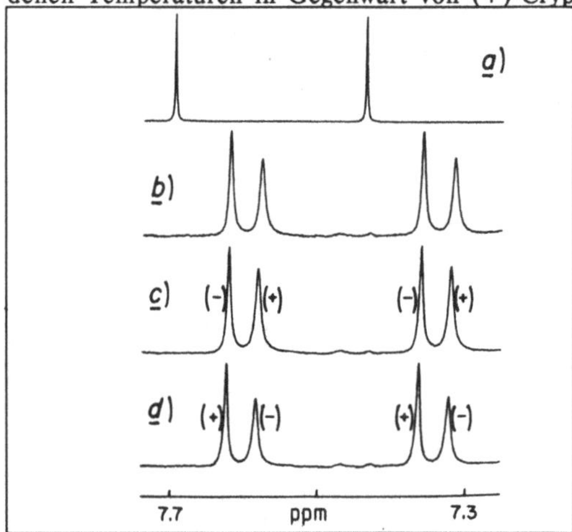

Abb.11. Hochtemperatur-200MHz-^{1}H-NMR-Spektrum (332 K) in CDCl$_3$ von a) (±)-Bromchlorfluormethan (CHFClBr), b) (±)-CHFClBr (**12**) und (+)-Cryptophan C, c) (+)-CHFClBr und (+)-Cryptophan C, d) (+)-CHFClBr und (-)-Cryptophan C

Von *Cram* wurden CTV- und Calixaren-Ringe auch allseitig mit starren Brücken verklammert ("Cavitanden") [14]. Die erhaltenen *"Carceranden"* scheinen schon bei der Synthese kleine organische Moleküle und Salze (z.B. DMF, THF, CsCl, Ar) einzuschließen (siehe Abschn.4.5).

4.3.2   Synthetische Großhohlräume und Nischen für Gastmoleküle

In den letzten Jahren sind eine ganze Reihe Hohlraum-haltiger makro-mono- und -bicyclischer Wirtverbindungen synthetisiert worden, die - wie Enzyme - in wäßriger Phase löslich sind. Sie sollen im folgenden beschrieben werden. Ältere Arbeiten, die hier nicht berücksichtigt sind, können anhand der zitierten Literatur eingesehen werden.

4.3.2.1 Wasserlösliche Wirtmoleküle

Die ersten erfolgreichen *wasserlöslichen Wirtsubstanzen* für organische Neutralgäste enthielten *Kogas* Diphenylmethan-Baustein (vgl. 1) [1], das analoge *o*-Terphenyl-System (vgl. 3, 4) [2] oder das dreizählige [n.n.n]Paracyclophan-Gerüst (vgl. 2) [3].

1

a : R =

b : R =

c : R =

d : R =   CH_3

e : R =

2

	X	R
3a	O	CH_3
3b	O	
4	H_2	CH_3

Wählt man als Gastverbindung 2,7-Dihydroxynaphthalen in saurer wäßriger Lösung, so erfahren dessen Aromatenprotonen nach Zugabe von **2a-c** oder **4** starke Hochfeldverschiebungen in unterschiedlichem, vom Wirt und vom Gast abhängigem Ausmaß. Mit **3** und **4** ließen sich erstmals auch aliphatische Gastmoleküle wie 1,4-Cyclohexandiol komplexieren. **3b** beschleunigt außerdem - wie **2a** - den H/D-Austausch im 2,7-Dihydroxynaphthalen-Gast.

Als Abstandhalter in den 30- bis 40-gliedrigen *carbobicyclischen Großhohlräumen* **5-7** fanden Triphenylethan- und Triphenylbenzen-Gerüste Anwendung [4]. Als freie Dodecasäuren sind sie in wäßrig-alkalischem Medium löslich. Für **7a** konnte die Aufnahme von Benzen, Toluen und Mesitylen im Wirt-Hohlraum ^{1}H-NMR-spektroskopisch nachgewiesen werden. In diesen Komplexen sind die Gastprotonen - aufgrund des Anisotropie-Einflusses der aromatischen Wirtprotonen - deutlich zu höherem Feld verschoben.

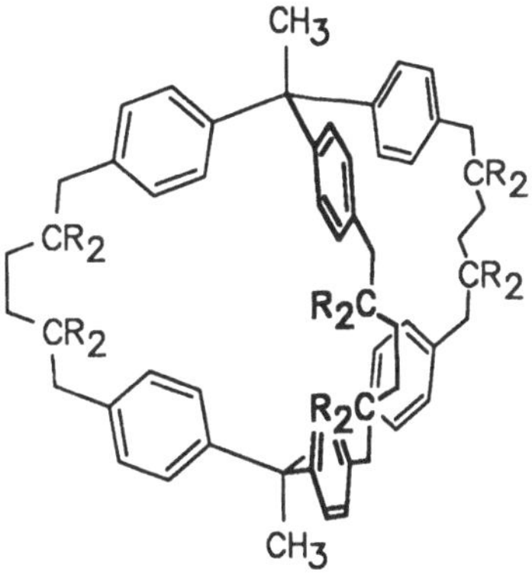

5

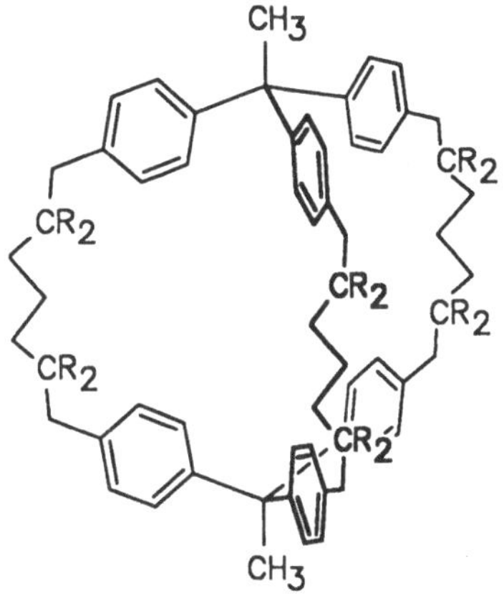

6

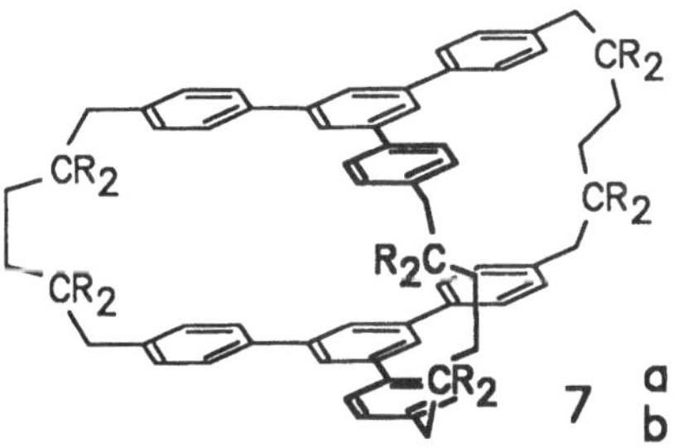

$$7 \quad \begin{aligned} \mathbf{a} &: R = CO_2Et \\ \mathbf{b} &: R = CO_2H \end{aligned}$$

Vögtle et al. gelang die Synthese eines **bicyclischen Hexaamins 8**, in dem Diphenylmethan-Einheiten dreifach als Brückenglieder benutzt wurden [5]. Durch Protonierung der Amin-Stickstoffatome in saurem Medium wird die Wirtverbindung wasserlöslich und nimmt verschiedene aromatische Gastsubstanzen auf. Der Nachweis der Komplexierung erfolgte Fluoreszenz-spektroskopisch und mit Hilfe der ^{1}H-NMR-Spektroskopie. Die Geometrie des Hohlraums ermöglicht einen bemerkenswert selektiven Einschluß von flachen diskoiden Gästen wie z.B. Triphenylen, Pyren, Fluoranthren, während teilhydrierte Aromaten wie Hexahydropyren, Acenaphthen und Dodecahydrotriphenylen kaum komplexiert werden. Bemerkenswert sind auch die Selektivitäten bei der Komplexierung von Gemischen wie Phenanthren/Anthracen und 1,2-Benzpyren/Chrysen. Während das angular kondensierte Phenanthren komplexiert werden kann, wird das lineare Anthracen nicht nennenswert gebunden. Genauso wird das von der rundlichen Geometrie abweichende Chrysen nicht nachweislich komplexiert, wohl aber 1,2-Benzpyren.

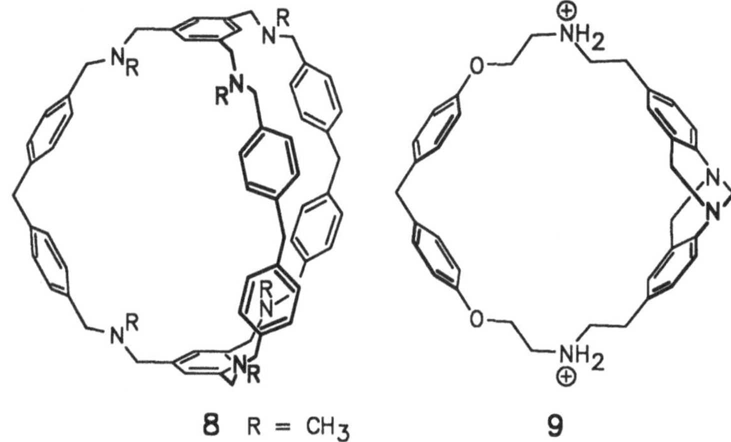

8 R = CH₃   **9**

Von *Wilcox* und *Cowart* wurden von der *Tröger*-Base abgeleitete, wasser-lösliche makrobicyclische Wirthohlräume wie **9** synthetisiert [6]. Ihr Vorteil ist die relativ große Starrheit, mit der aromatische Einheiten derart in einer gewinkelten Lage fixiert werden, daß sich eine **lipophile Tasche** bildet. Mit Gästen wie 2,4,6-Trimethylphenol wurden in wäßriger Lösung chemische Verschiebungen der Gastprotonen bis $\Delta\delta$ = 2.33 ppm gefunden. Einen wei-teren Hinweis auf den intramolekularen Einschluß geben die ebenfalls beob-achteten Verschiebungen der Wirtprotonen.

Vögtle und *Franke* berichteten über die beiden **isomeren Wirtmoleküle** **10** und **11**, die unterschiedliche Gastselektivität aufweisen [7]. Während der sterisch ungestörte Hohlraum des *out/out*-Isomers **10** das kugelförmige Adamantan in wäßriger Lösung aufzunehmen vermag, ist das *in/out*-Isomere **11** dazu nicht befähigt. Flache Gäste, wie z.B. Naphthalen oder unter-schiedlich substituierte Naphthalendiole, werden dagegen von beiden Wirten komplexiert. Fluoreszenz-spektroskopische Messungen ergaben für die Kom-plexbildungskonstante des *in/out*-Isomeren **11** mit der fluoreszierenden 1,8-Anilinonaphthalensulfonsäure (1,8-ANS) als Gast einen Wert von pK = 4, während der Komplex aus dem *out/out*-Isomeren und 1,8-ANS mit pK = 4.6 deutlich stabiler ist. **"Molecular modelling"-Berechnungen** stehen in Übereinstimmung mit diesen experimentellen Befunden [8].

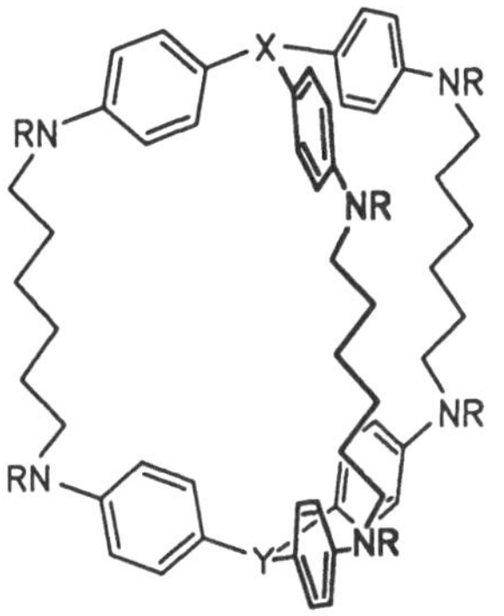

out/out

10 : X, Y = C–CH_3
12 : X, Y – N
13 : X = N, Y = C–CH_3

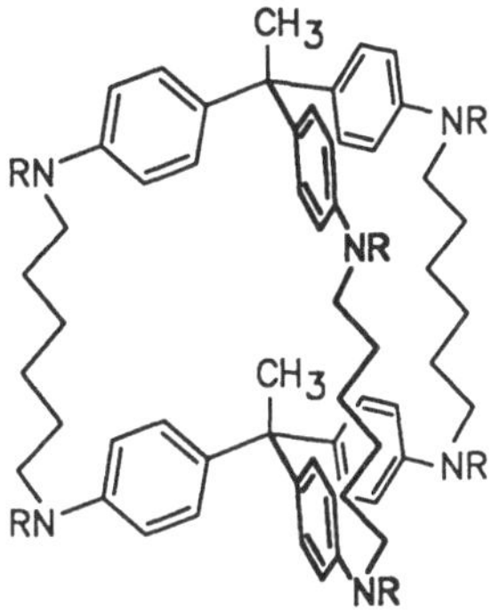

out/in

11

a : R = H
b : R = $H_2^{\oplus}$

In den Wirtmolekülen **12** und **13** sind eine (**13**) oder beide (**12**) Triphenylethan-Einheiten durch eine Triphenylamin-Einheit ersetzt. Da der Triphenylamin-Stickstoff aufgrund der Delokalisation des freien Elektronenpaars in den aromatischen Ringen eher planar als tetraedrisch ist, erhält man einen abgeflachten Hohlraum, der andere ***Gastselektivitäten*** als beim Triphenylmethan-Analogen erwarten läßt. Dementsprechend werden unterschiedlich substituierte Naphthalendiole komplexiert, nicht aber das kugelförmige Adamantan. Der Nachweis erfolgte durch ^{1}H-NMR-Spektroskopie und Fluoreszenz-spektroskopische Messungen. Die Triphenylamin-Einheit, die sich elektrochemisch leicht zum Radikalkation oxidieren läßt, eröffnet darüberhinaus die Möglichkeit, Redox-Untersuchungen an molekularen Hohlräumen durchzuführen. Bei der Cyclovoltammetrie ergaben sich starke Potential-Unterschiede zwischen einer offenkettigen Triphenylamin-Vergleichssubstanz und den beiden bicyclischen Wirtverbindungen **12** und **13**.

Im Vergleich zu den makromonocyclischen Wirtmolekülen **15** und **16** ist die für **14** gefundene Assoziationskonstante gegenüber ANS größer [9]. Dies dürfte darauf zurückzuführen sein, daß bei **14** ein starreres Gerüst als bei **15** und **16** vorliegt und dadurch auch die Seitenwände des Hohlraums genauer definiert sind.

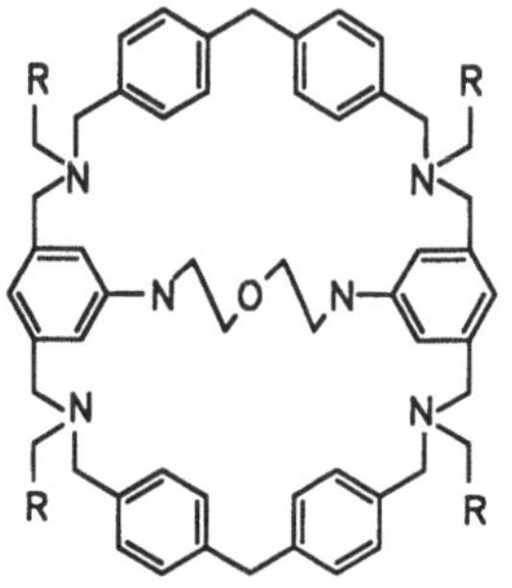

14

15,16
R = C_6H_5

	X	R^1	R^2
15a	N	H	–
15b	C	H	NO_2
15c	C	H	NH_2
15d	C	NO_2	H
16	C	NH_2	H

Mit wasserlöslichen ***Calixaren-carbonsäuren*** können nach *Shinkai* Gastmoleküle (z.B. Phenolblau) nach ihrer Größe selektiert werden [9b].

Hinsichtlich der Calixarene selbst sei auf Abschn.4.4 sowie auf das Buch von *Gutsche* [9c] hingewiesen (vgl. auch "Cyclophan-Chemie". Teubner, Stuttgart 1990).

4.3.2.2 Wirtmoleküle mit katalytischer Aktivität

Neuere monocyclische Wirtverbindungen mit katalytischer Aktivität wurden - abgesehen von den Cyclodextrin-Vorbildern - von *Schneider* [10], *Cram* [11], *Murakami* [11a] und anderen beschrieben. Die von *Diederich* entwickelten mono- und bicyclischen Spiromoleküle 17 und 18 [12], die ein hohes Einschlußpotential gegenüber Arenen besitzen und sich in vielen Komplexierungsversuchen bewährten, wurden durch einen katalytisch aktiven Einschlußbildner 19 ergänzt [13].

Zur Einschränkung unproduktiver Konformationen wurde hier eine katalytisch wirksame Thiazolgruppe über zwei Amidbindungen in das schon bekannte Grundgerüst 17 eingegliedert.

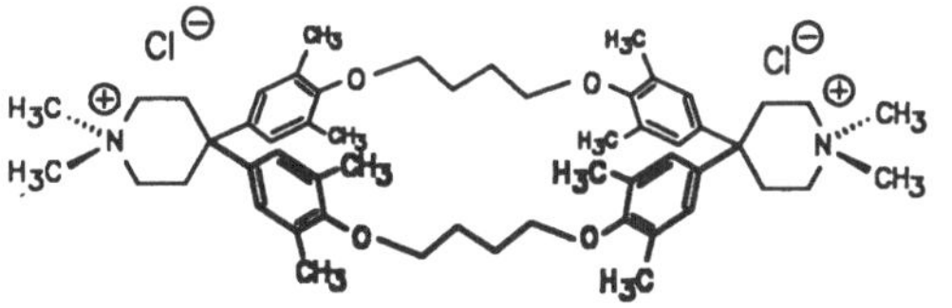

17

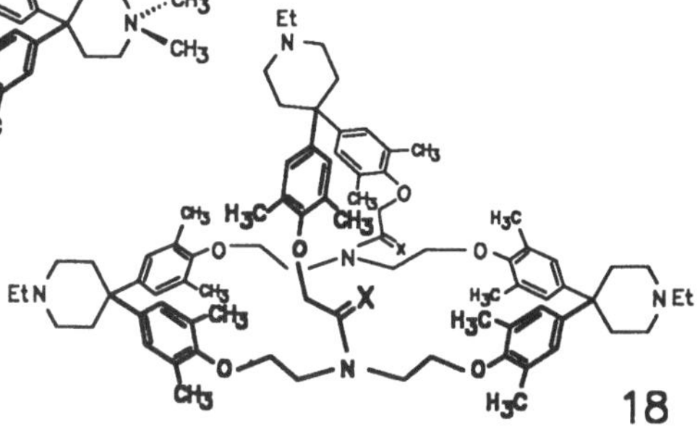

18

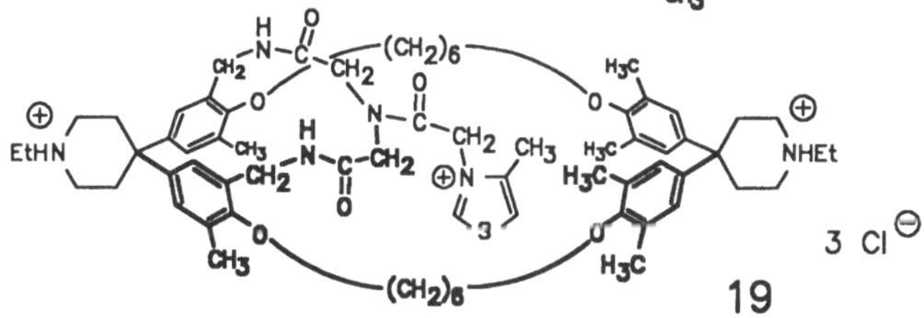

19

Die Kinetik der *Benzoin-Kondensation* wurde ^{1}H-NMR-spektroskopisch durch Integration der Edukt- und Produktsignale in Gegenwart von **19** und der Vergleichssubstanzen **20**, **21** verfolgt. Nach acht bis zwölf Stunden waren die Signale des eingesetzten Benzaldehyds verschwunden. Chromatographische Aufarbeitung der Reaktionslösung lieferte neben dem unveränderten Katalysator bei Einsatz von **19**, **20** oder **21**: 93%, 74% bzw. 27% Benzoin. Die noch relativ hohe Ausbeute von 74% bei **20** läßt sich nach CPK-Modell-Betrachtungen mit einer auch hier vorhandenen *Bindungsnische für Benzaldehyd* erklären.

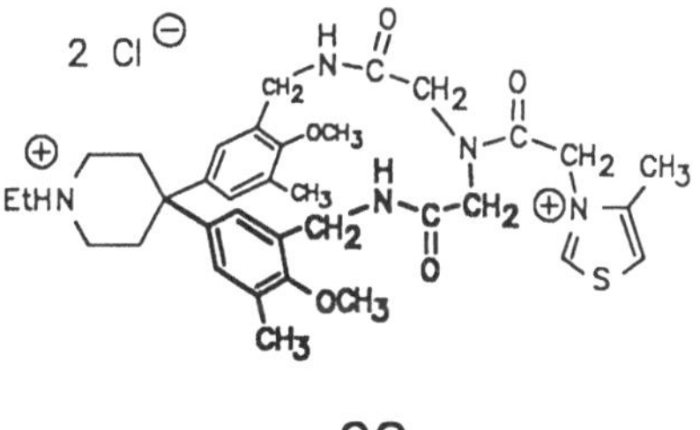

20

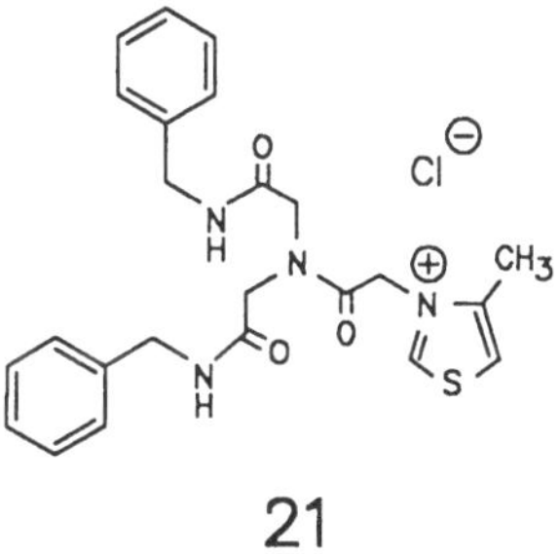

21

Die Messung der Zu- bzw. Abnahme der Intensität der Eduktsignale ergab eine Reaktion erster Ordnung bezüglich des Benzaldehyds. Die Abhängigkeit der Anfangs-Reaktionsgeschwindigkeit von der Benzaldehyd-Konzentration erbrachte den Nachweis für eine Sättigungskinetik. **19** scheint demnach der bisher effektivste *Katalysator für die Benzoin-Kondensation* zu sein [13].

4.3.2.3 Chirale Wirtmoleküle

Breslow et al. gelang 1985 die Synthese eines neuen bicyclischen Hexaethers **22**, in dem zwei Triphenylethan-Einheiten über drei Diacetylen-Brücken miteinander verknüpft wurden [14]. Die *Röntgen*-Kristallstrukturanalyse der aus Benzen umkristallisierten Substanz ergab einen intramolekularen 1:1-Einschluß mit Benzen, in dem sich der Wirt helical um den Gast legt.

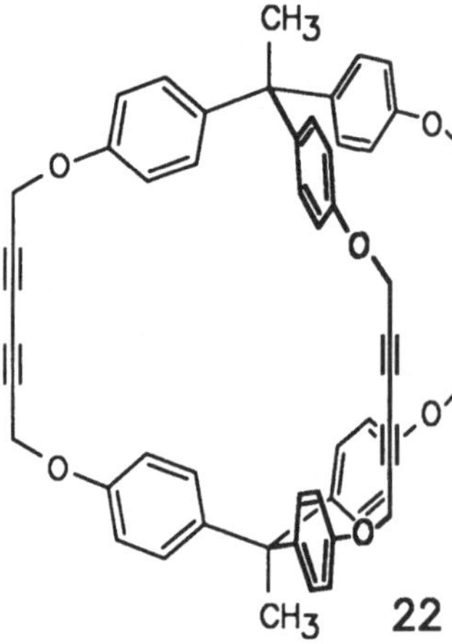

Die Verwendung von Diacetylenen als starre Brückenglieder wurde von *Whitlock* aufgegriffen [15]. Ihm gelang die Darstellung zweier Makrobicyclen **23**, **24** mit zwei gleichen und einem funktionalisierten Brückenglied. Sie wurden als Isomere in der optisch inaktiven *meso*-Form **23** und der optisch aktiven *d,l*-Form **24** isoliert.

24 zeichnet sich außer durch Chiralität durch die Eingliederung eines Donorzentrums aus, dessen Basizität durch die *p*-ständige N,N-Dimethylamino-Gruppe erhöht wird. Durch ^{1}H-NMR-Spektroskopie (in CDCl$_3$) und *Röntgen*-Kristallstrukturanalyse wurde ein Einschluß von 4-Nitrophenol durch

24 gesichert. Versuche, auch 2,4-Dinitrophenol zu komplexieren, scheiterten. Dies weist darauf hin, daß die Säure-Base-Eigenschaften von Wirt und Gast genau aufeinander abgestimmt sein müssen. Durch Wasserstoffbrückenbindung zwischen dem Pyridin-N-Atom und der Hydroxylgruppe des Gasts wird dieser in den Hohlraum hineingezogen und richtet sich mit seiner aromatischen Ringebene parallel zu den Naphthalenringen aus.

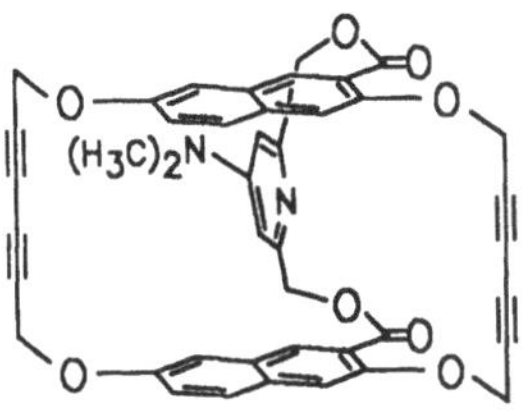

23 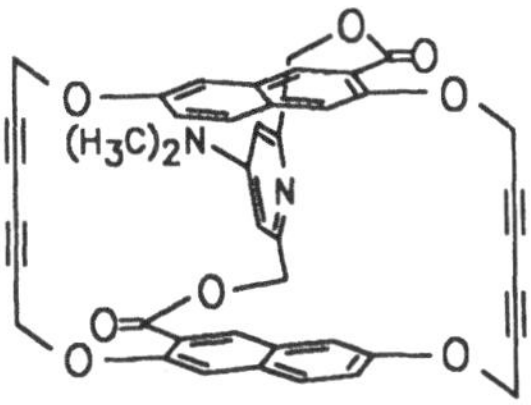   **24**

Die beiden wasserlöslichen monocyclischen Hohlraummoleküle **25** und **26** mit *meso-* bzw. *d,l*-Konfiguration sind gleichfalls isomer und zeigen gegenüber aromatischen Verbindungen wie Anthracen und Pyren hohe Affinität [16]. Intramolekulare Einschlüsse konnten durch bathochrome Verschiebungen im UV-Spektrum sowie ^{1}H-NMR-Hochfeld-Verschiebungen nachgewiesen werden.

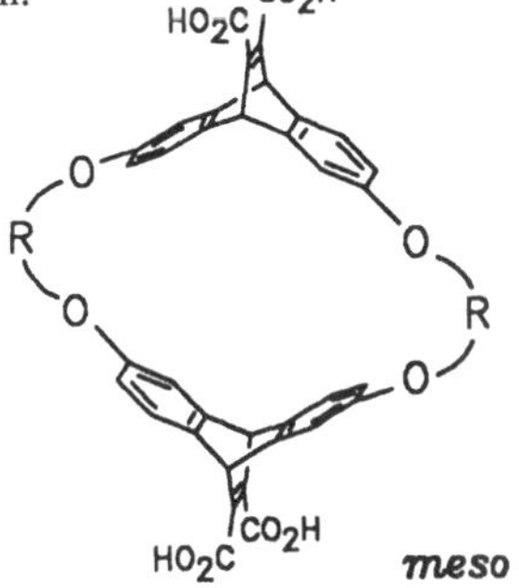

meso

d,l

25 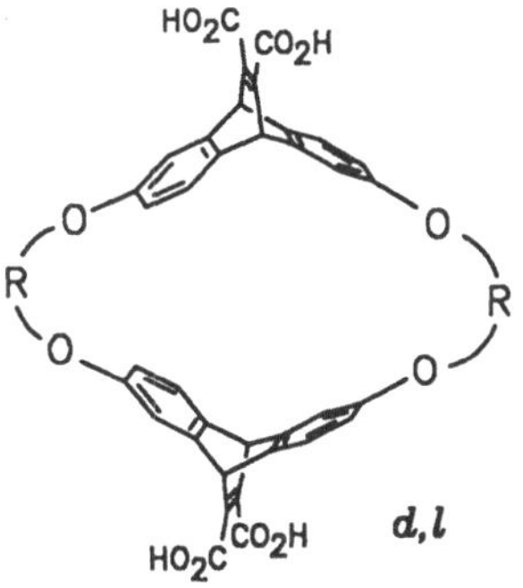   **26**

$$R = (CH_2)_3 \text{ , } (CH_2)_4 \text{ , } (CH_2)_5 \text{ , }$$

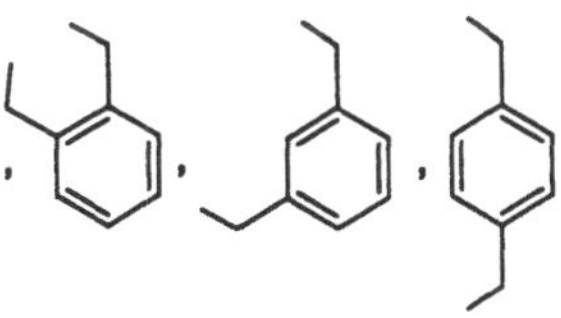

Diederich beschrieb das makrocyclische, **optisch aktive Wirtmolekül** (+)-27 [17]. Es enthält als chiralen, den Hohlraum begrenzenden Baustein das nicht natürlich vorkommende 4-Phenyltetrahydrochinolin-Alkaloid (-)-28.

Mit "Naproxen®" (29), einem chiralen Cyclooxigenase-Inhibitor, wurde die Bildung von *diastereomeren Wirt/Gast-Komplexen* mit (+)-27 als Wirt ^{1}H-NMR-spektroskopisch beobachtet. Die aromatischen Signale des (*R*)- und (*S*)-Gasts werden in unterschiedlichem Maße verschoben.

Über ein von *Koga* studiertes Enzymmodell zur Peptidsynthese siehe Lit. 17a).

4.3.2.4 Wirtmoleküle zur Komplexierung anionischer Gäste

Verglichen mit der Komplexierung neutraler oder positiv geladener Gastmoleküle ist die Anionen-Komplexierung ein relativ wenig erforschtes Gebiet der **bioorganischen Chemie**. Von *Lehn* et al. [19] wurde 1986 über drei bicyclische Anionenliganden berichtet, die sich in Größe und Gestalt voneinander unterscheiden.

Durch Protonierung werden 31-33 in die entsprechenden Ammoniumverbindungen übergeführt, in denen die quartären N-Atome als Bindungsstellen für Anionen fungieren. Die Bindung eines Anions kann auf zweierlei Weise geschehen: durch intramolekulare Aufnahme in den Hohlraum oder durch eine externe Koordination mit den positiven Ladungszentren. So dürfte wohl für die Liganden 31 und 33 eine intramolekulare Bindung möglich sein, während 32 aufgrund seiner Größe eher durch Koordination außerhalb des Hohlraums bindet. Neben der Größe der Anionen spielt auch der Aggregatzustand eine wichtige Rolle. So wurde für den Nitrat-Komplex von 31 im kristallinen Zustand durch *Röntgen*-Kristallstrukturanalyse eine externe Bindung von sechs Nitrationen gefunden. Im gelösten Zustand dagegen sprechen die höhere Stabilitätskonstante und weitere NMR-Daten eher für einen intramolekularen 1:1-Einschluß eines $NO_3^{\ominus}$-Ions.

31: R = $-(CH_2)_3-$

32: R = $-CH_2CH_2OCH_2CH_2-$

33: R = $-CH_2CH_2OCH_2CH_2-$

Die Bestimmung der Komplexkonstanten ergab für *Di*anionen (Sulfat, Oxalat, $S_2O_6^{2\ominus}$) wesentlich höhere Werte als für die einfach geladenen negativen Ionen ($NO_3^{\ominus}$, $Cl^{\ominus}$).

Außer diesen bicyclischen Verbindungen wurden von *Lehn* verschiedene offenkettige Wirtmoleküle mit 2,7-Diazapyrenium-Einheiten ($DAP^{2\oplus}$) hergestellt [20]: Die Kationen **34** und **35** sowie nischenförmige Bis(diazapyrenium)-Moleküle wie **36** binden verschiedene molekulare *Anionen*, wie z.B. aromatische Polycarboxylate. Der Nachweis erfolgte aufgrund der Verschiebungen von ^{1}H-NMR-Signalen, Veränderungen der UV/Vis-Absorptionsspektren sowie durch Löschen auftretender Fluoreszenzen. Die gefundenen Komplexe haben wahrscheinlich eine *"face-to-face"-Anordnung.* Die Stabilitätskonstanten sind bemerkenswert hoch, besonders für Bis(diazapyrenium)-Kationen **36**, von denen vermutet wird, daß sie Einlagerungskomplexe bilden. Neutrale Gastmoleküle, wie z.B. Adenin, werden gleichfalls gebunden, doch wesentlich schwächer als anionische Gäste. Bei der Bestrahlung von $Me_2DAP^{2\oplus}$ mit sichtbarem Licht in Gegenwart verschiedener Elektronendonoren bildet sich das reduzierte Salz $Me_2DAP^{\oplus}$, mit dem sich DNA selektiv spalten läßt.

34: R , R' = CH_3

35: R = CH_3, R' = $C_6H_5CH_2$

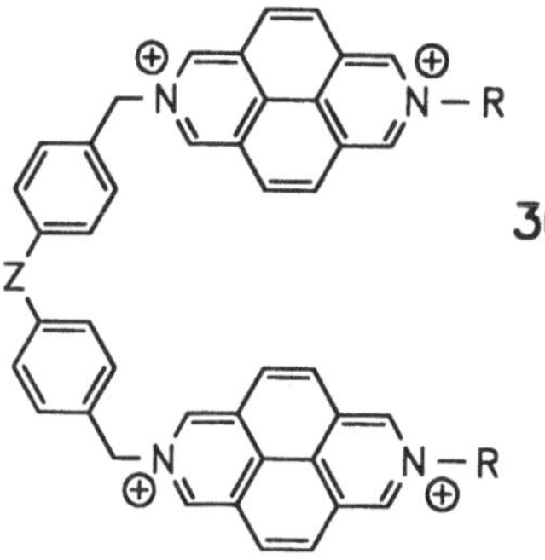

36 a: R = CH$_3$, Z = CH$_2$
 b: R = CH$_3$, Z = O
 c: R = CH$_3$, Z = (CH$_3$)$_2$C

Pascal et al. stellten ein kleineres bicyclisches Wirtmolekül (37) für **anionische Gäste** her [21]. Vorbild für diese Wirtverbindung war das Sulfat-bindende Protein von *Salmonella typhimurium*, in dem N-H-Wasserstoff-atome von Peptidbindungen (O=C-NH) fünf der acht Bindungsstellen anbieten.

Nach "Verlängerung" von 1,3,5-Benzentriessigsäuretrichlorid konnte dieser Anionen-Wirt ohne Anwendung des Verdünnungsprinzips in 11% Ausbeute erhalten werden. ^{1}H- und ^{19}F-NMR-Spektren von **37** in Gegenwart von Tetrabutylammoniumfluorid deuten auf eine Assoziation zwischen Wirt und Fluorid-Ionen hin. Ob es sich wirklich um einen intramolekularen Einschluß handelt, konnte bislang nicht geklärt werden.

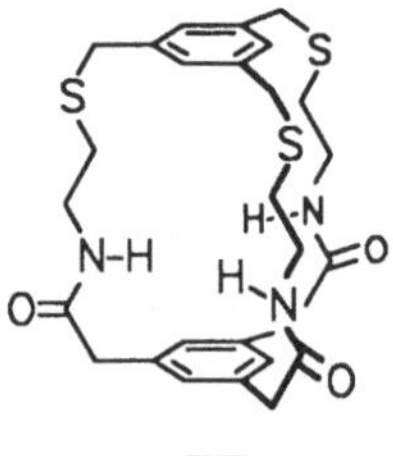

37

Von *Schmidtchen* wurden **ditope "Rezeptormoleküle"** des Typs **38** synthetisiert, die sich aus zwei tetraedrischen Strukturelementen aufbauen, welche über eine *p*-Xylylen-Brücke miteinander verbunden sind [18].

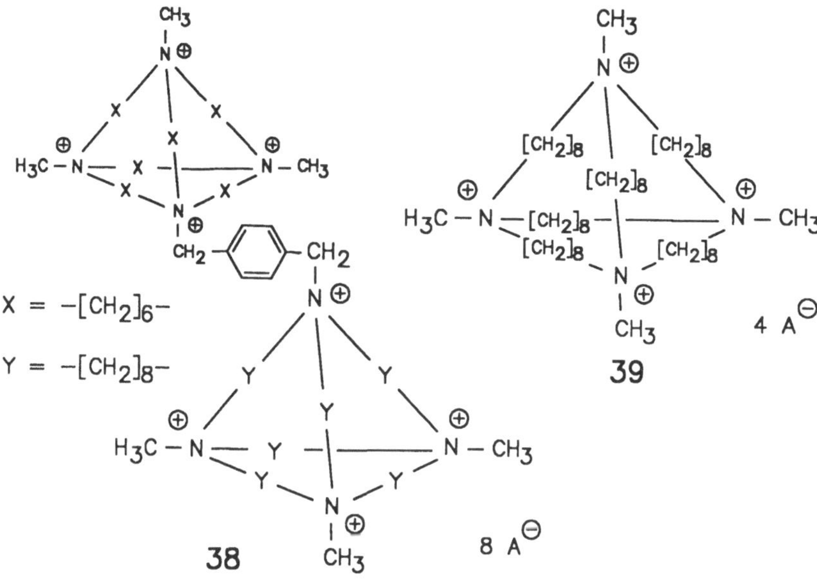

Für unterschiedlich lange bifunktionelle Gäste (**40-44**) wurden die Assoziationskonstanten mit dem Wirt **38** bestimmt. Ein Vergleich der *Selektivitätsunterschiede* der verschiedenen Gäste, die sich nur durch den Abstand der negativ geladenen Gruppen, nicht aber durch ihren chemischen Charakter unterscheiden, zeigt einen sprunghaften Anstieg bei den Gästen **43** und **44**. Dieses Verhalten spricht für eine Beteiligung beider Rezeptorstrukturelemente an der Komplexierung dieser Gäste, wohingegen bei den anderen Gästen **40-42** die Kettenlänge zu kurz ist. Im Vergleich zu dem *"monotopen Rezeptor"* **39** komplexiert der *"ditope Rezeptor"* **38** um den Faktor 3 stärker

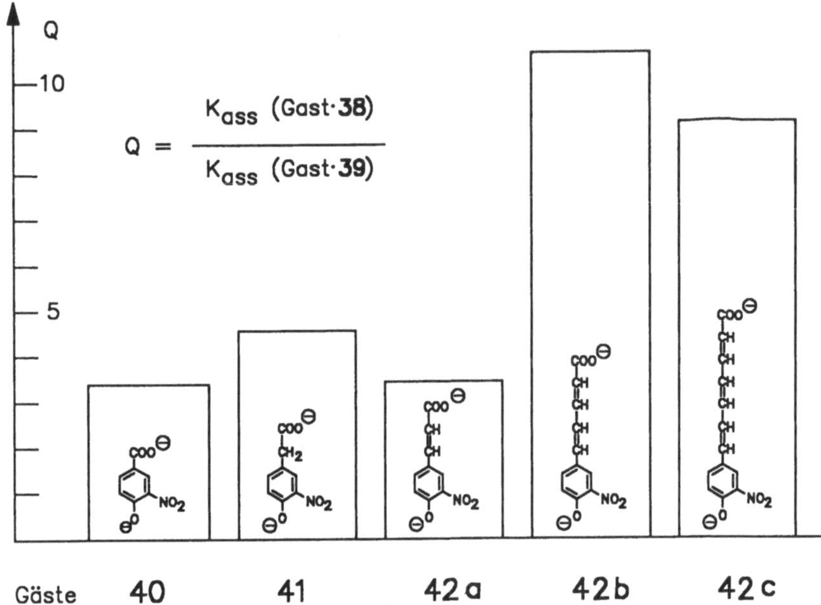

Die von *Stoddart* et al. [22] durch mehrfache Diels-Alder-Reaktionen synthetisierten Makrocyclen *"Kohnken"* (43) und *"Trinacren"* (44) bilden Hohlräume; derjenige von 43 enthält nach der *Röntgen*-Kristallstrukturanalyse ein Molekül Wasser:

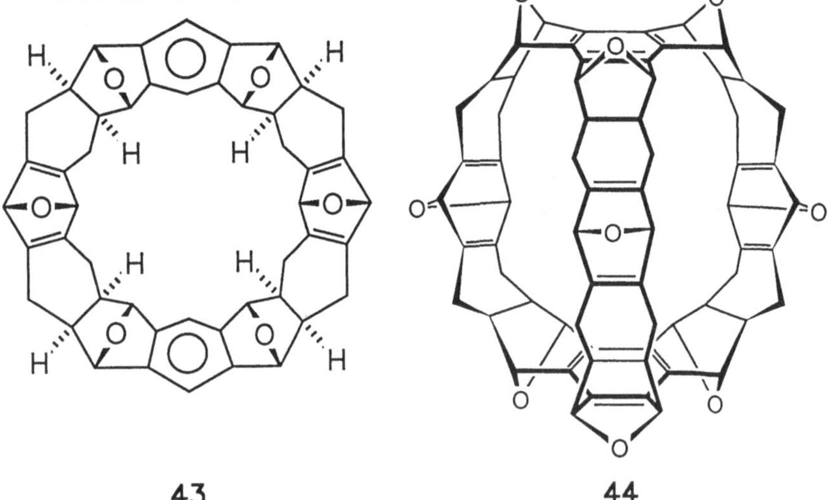

4.3.2.5   Offenkettige molekulare Nischen und Pinzetten zur selektiven Bindung komplementärer Gäste

Die bis jetzt vorgestellten makrocyclischen Wirtmoleküle haben ihren Ursprung in Untersuchungen von *Stetter* und *Roos* [23], die sich Anfang der 50er Jahre an der Universität Bonn mit der Synthese von Stickstoff-haltigen Ringsystemen beschäftigten. Ihre Ergebnisse sollten sich später als nützlich erweisen, obwohl die ursprünglichen Makrocyclen lediglich Clathrate (vgl. Abschn.5) bilden, nicht aber Gäste im Molekülhohlraum aufnehmen. Bei der Nacharbeitung der Makrocyclen [24] konnte dieser Sachverhalt 1982 durch *Vögtle* et al. und *Saenger* et al. endgültig geklärt werden [25].

In der Zwischenzeit hatten sich Arbeitskreise in aller Welt mit der Synthese analoger Makrocyclen befaßt und das Studium der Wirt/Gast-Wechselwirkungen stürmisch - wie oben beschrieben - vorangetrieben.

Einen anderen Weg gingen 1985 *Rebek* et al. [26]. Ihnen gelang die Darstellung von pinzettenartigen, acyclischen Molekülen wie **45** und **46**, die als *Rezeptormodelle* (*molekulare Nische*, "molecular cleft") für Gäste komplementärer Größe und Gestalt dienen sollten. Die Bindung erfolgt dabei durch Wasserstoffbrücken ausgehend von zwei konvergent präorganisierten Carbonsäure-Funktionen. Sie sind damit dem aktiven Zentrum von Aspartat-Proteinase und Lysozym nachempfunden, die ebenfalls über zwei Carboxylatgruppen verfügen. Hier wird also eine weniger vollkommene Nische durch zusätzliche, räumlich ausgerichtete Funktionen ergänzt (Abb.12).

45

46

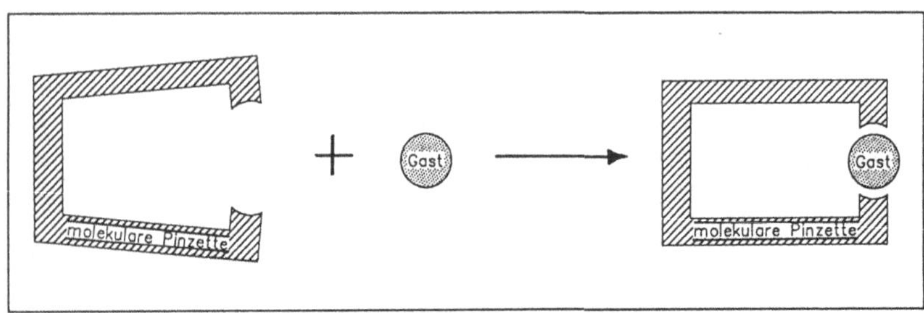

Abb.12. Schema einer "molekularen Pinzette" [27)] und deren molekulare Erkennung und Bindung eines Gastteilchens

Die Synthese verläuft über eine Kondensationsreaktion zwischen *cis,cis*-1,3,5-Trimethylcyclohexan-1,3,5-tricarbonsäure und Acridingelb bzw. 2,7-Diamino-3,6-dimethylnaphthalen. Der Abstand zwischen den gegenüberliegenden Carboxylgruppen beträgt für **45** 800 pm und für **46** 550 pm. Die aliphatischen CH_3-Gruppen verhindern dabei das Umklappen der Cyclohexan-Sessel, während die aromatischen CH_3-Gruppen die Rotation um die C_{Aryl}-N_{Imid}-Bindung blockieren. Entsprechend ihrer Größe werden von **45** Pyridin und Diazabicyclooctan, von **46** Diole, Diamine und Aminoalkohole als Gäste gebunden. Durch die räumliche Nähe zwischen Wirt und Gast erfahren die zum Gast gerichteten aromatischen Protonen dabei eine Hochfeldverschiebung um durchschnittlich 0.5 ppm.

47

48

Die Überführung von **45** in das entsprechende Diamid **47** ermöglicht die Bindung von Diketopiperazinen (vgl. **48**).

Neben der *selektiven Erkennung von Aminosäuren* durch **45** (vor allem ß-Arylaminosäuren) ist ein Transport von Gästen durch Flüssigmembranen möglich. Das Pikrat von **45** ist in der Lage, Oxalsäure von Pikrinsäure zu trennen. Derartige Experimente belegen die hohe Stabilisierung der konjugierten Basen von Malon- und Oxalsäure durch **45**.

Das *Pinzettenmolekül* **49** unterscheidet sich von seinen Vorläufern **45** und **46** durch das Fehlen der aromatischen CH_3-Gruppen. Dadurch ist eine Rotation um die C_{Aryl}-N_{Imid}-Bindung möglich, die erst durch Zugabe von Dicarbonsäuren unterbunden wird (vgl. Molekülkomplex **50**).

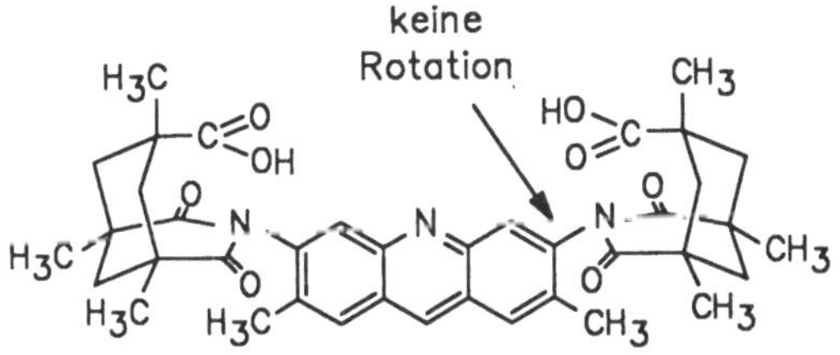

45

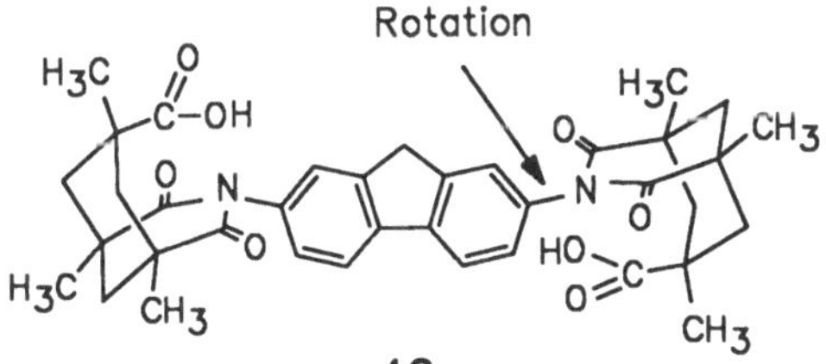

49

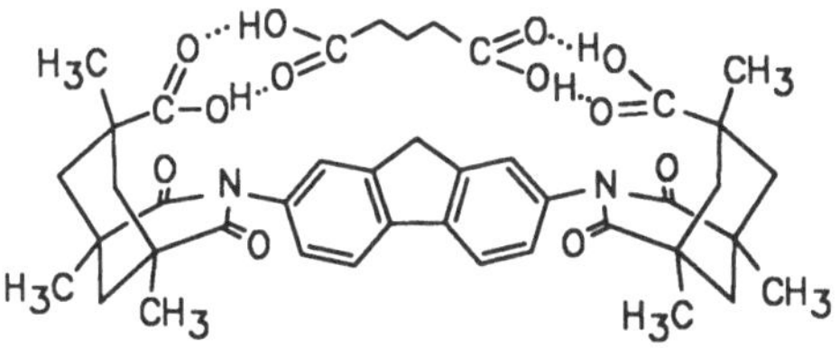

50

Bei Verwendung von Acridin-haltigen "Pinzetten" kommt es neben einer intramolekularen Protonierung (vgl. **51** ⇄ **52**) bei der Komplexierung geeigneter aromatischer Dicarbonsäuren zu einer *π-π-Wechselwirkung* zwischen Wirt und Gast (vgl. **53**), die zur Komplexstabilisierung beiträgt [26c,28,29]:

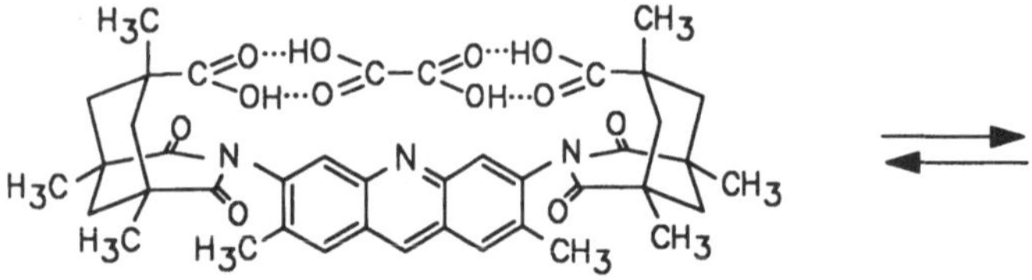

51

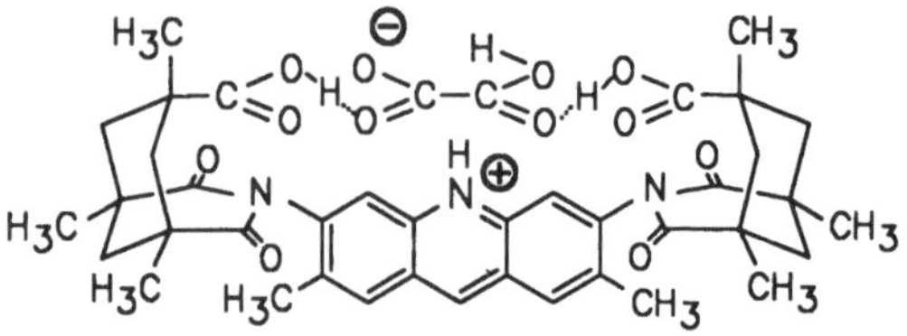

52

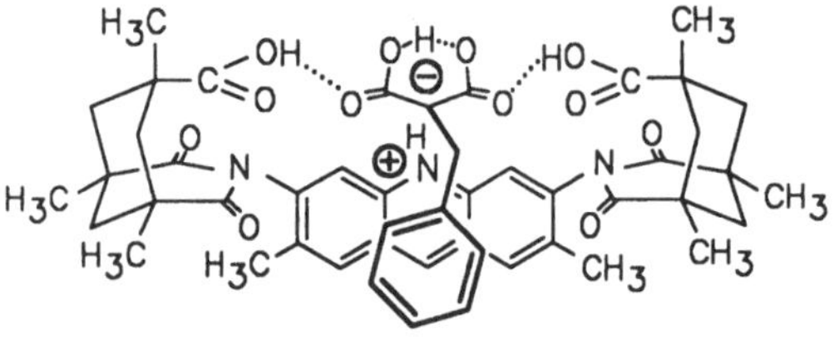

53

Als *molekulare Pinzette* [30] ist auch der von *Vögtle* und *Leppkes* bereits 1981 veröffentlichte EDTA-"stereologe" Ligand **54** aufzufassen [31], der wie die Ethylendiamintetraessigsäure - trotz des größeren Abstands der Pinzettenspitzen $[N(CH_2COO^\ominus)_2]$ - $Ca^{2\oplus}$-Ionen bevorzugt [31]:

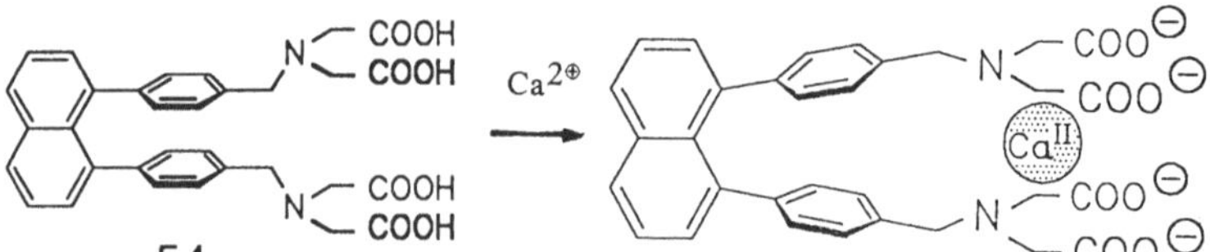

54

4.3.3   Neue Wirt/Gast-Systeme

Bei den molekularen **π-Pinzetten** 1 [1] soll der Gast von den beiden Dreifachbindungen gemeinsam (kooperativ) in die Zange (Pinzette) genommen werden. Der Kohlenwasserstoff 1 erwies sich allerdings nur als eine Einweg- oder Einmalpinzette: Er reagiert mit $Fe(CO)_6$ zu einem Eisenpentacarbonyl-Komplex, bei dem zwischen den beiden Dreifachbindungen eine C-C-Einfachbindung entsteht, die nicht reversibel gelöst werden kann [1].

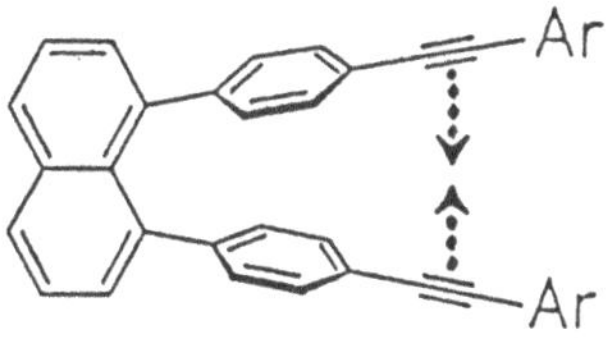

Die erkennbare Präorganisation und das "π-stacking" (Übereinanderschichten von π-Donoren und π-Acceptoren) spielen auch bei den neuen molekularen Pinzetten ("molecular tweezers") des Typs 2 eine Rolle, die *Zimmerman* et al. vor kurzem beschrieben [2]. Aromatische Ringe bilden eine starr vorgeformte Nische, in welche sich ebene Gastverbindungen mit π-Defizit (wie 2,4,5,7-Tetranitrofluorenon, 3) einnisten können. Die Untersuchungen an solchen Verbindungen zeigen, daß Präorganisation und Starrheit bei der Entwicklung von "Rezeptorsubstanzen" für ungeladene Gastmoleküle ähnlich wichtig sind wie bei der Kationbindung an die Cyanospheranden (s.u.).

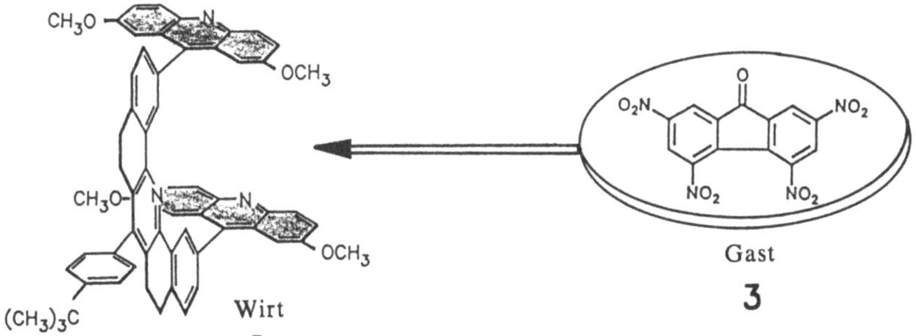

Von *Schmidtchen* wurden kationische Pinzetten (4) beschrieben, die nicht nur selektiv für (Oxo-)anionische Gäste sind. Sie erlauben auch die Enantio-Differenzierung von Carboxylaten [3].

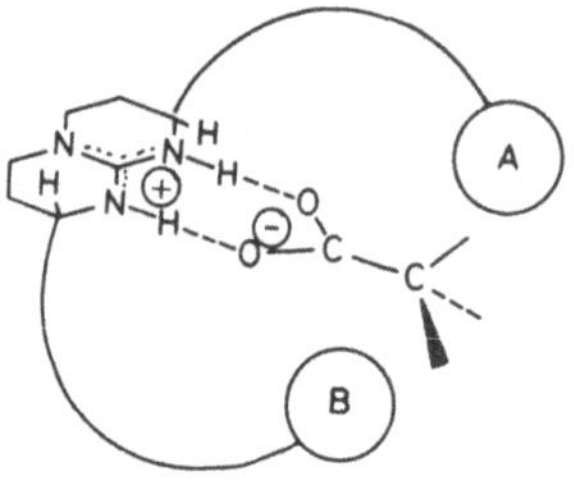

4

Hosseini, Lehn et al. berichteten über **"multiple molekulare Erkennung"** von ATP, ADP und katalytische Effekte bei der ATP-Hydrolyse mit Aza-kronen des Typs 5 [4)]:

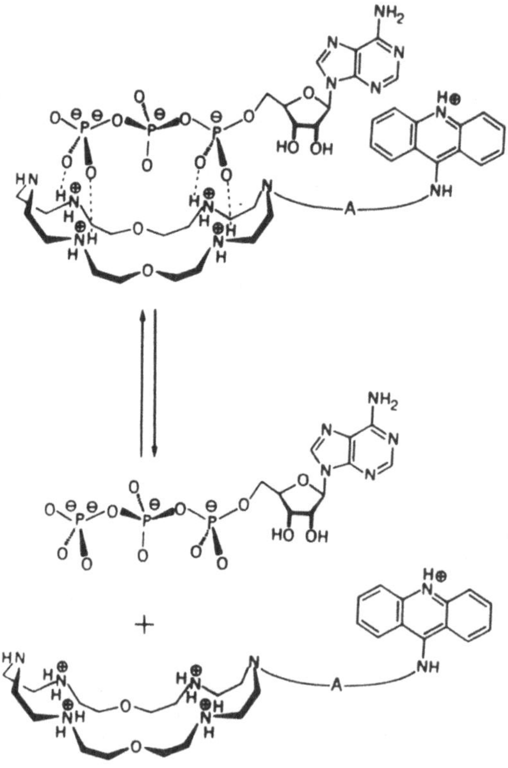

5

Rebek konnte das Wirtmolekül **6** autokatalytisch reduplizieren, wobei über das "Wasserstoff-verbrückte Dimer" **7** das Dimer **8** gebildet wird [5].

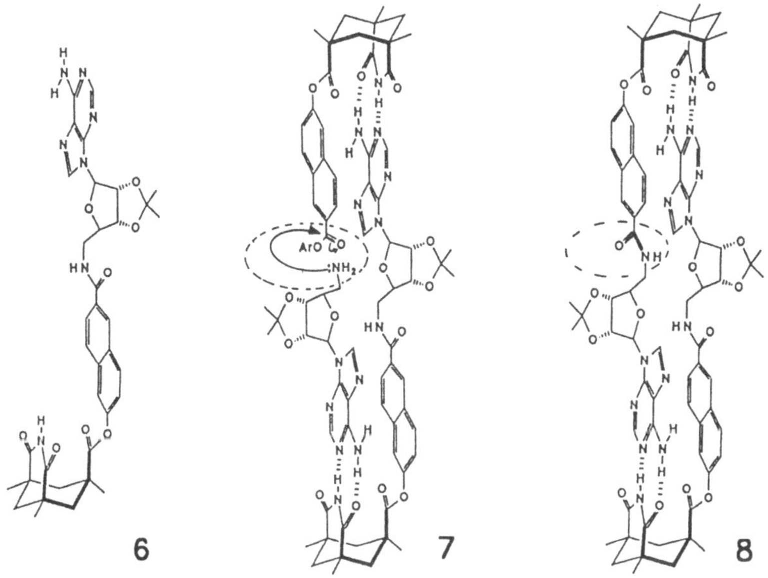

6   **7**   **8**

In Zeitungsberichten wurde dieser Vorgang (Selbst-Duplizierung erstmals mit nichtnatürlichen Substanzen) "als ein primitives Anzeichen von Leben" (ohne Nucleinsäure) gewertet.

Die stereospezifische Synthese (>99:1) von α-Alkylcarbonsäuren **11** gelingt mit chiralen Hilfsverbindungen wie **9**, einem Derivat der *Kempschen* Trisäure. **9** wird mit dem Säurechlorid **10** an der Imidgruppe gekuppelt. Lithiierung (→ Enolat), Alkylierung und Abspaltung von **9** ergeben **11**. Die Wirkung von **9** beruht darauf, daß es eine Seite des Enolats vor dem angreifenden Elektrophil EX abschirmt [6].

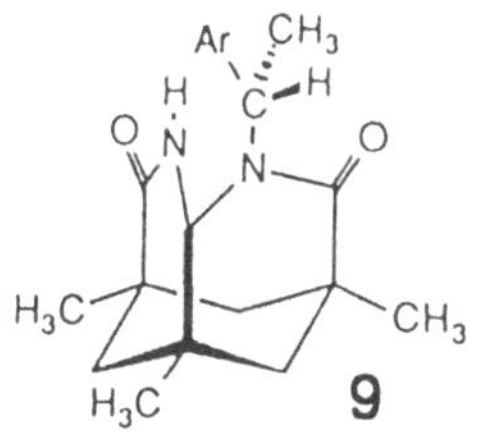

9

$$R-CH_2-COCl \longrightarrow R-\overset{*}{C}HE-COOH$$

10   **11**

Von *Hamilton* wurde gezeigt, daß Cyclobutan-Photodimere von Thymin in organischer Lösung 2:1- und 1:1-Komplexe mit Mono- und Diaminopyridinen bilden [7]:

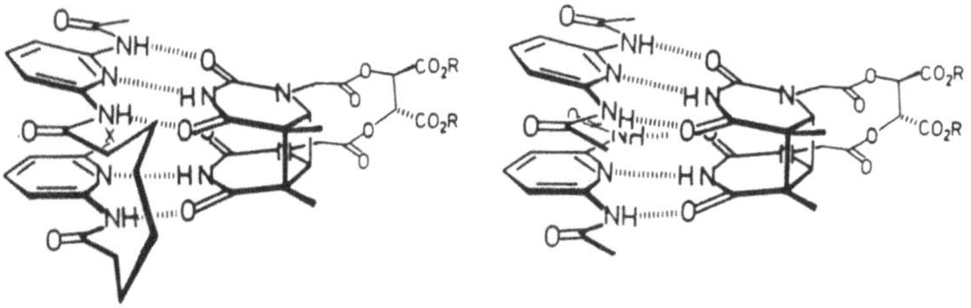

Ein neuer Rezeptor-Typ für Harnstoff-Derivate wurde via *Fischer*-Indol-Synthese erhalten [8]:

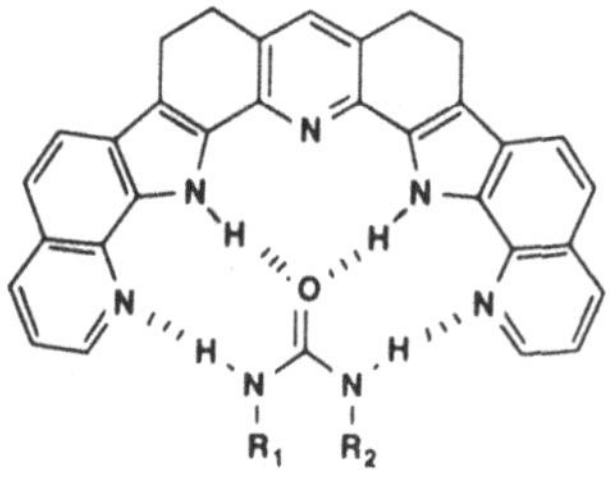

Allosterische Effekte bei Wirt/Gast-Wechselwirkungen wurden an cyclischen und acyclischen Endorezeptor-Modellen untersucht [9].

4.4   Calixarene

Die Calixarene [1] sind schon seit vielen Jahren bekannt. In den letzten Jahren sind sie stärker in den Blickpunkt des Interesses gerückt, weil sie vielgliedrige Kohlenstoffringe bieten, die einen Hohlraum aufspannen und zusätzlich funktionelle Gruppen tragen. Von der Konstitution her gesehen sind sie $[1_n]$Cyclophane des Typs 1. Wegen ihrer kelchartig aussehenden Konformationen haben sie von *Gutsche* den Namen *"Calixarene"* (griech. *calix:* Kelch; *aren:* aromatische Ringe als Bestandteil des Makrocyclus) erhalten [1]. Sie sind im Zusammenhang mit der Wirt/Gast- bzw. Rezeptor/-Substrat-Chemie besonders wegen ihrer leichten Herstellbarkeit von steigendem Interesse, und einige Calixarene sind dementsprechend kommerziell erhältlich.

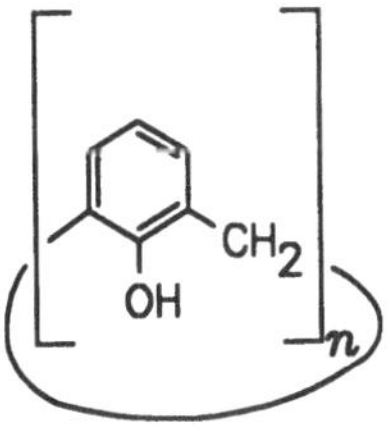

4.4.1   Nomenklatur

Da die IUPAC-Nomenklatur schon für einfache Calixarene zu komplizierten Namen führt, wurde frühzeitig nach alternativen Nomenklaturen gesucht.

Nach der von *Gutsche* entwickelten Calixaren-Nomenklatur heißt das aus *p-tert*-Butylphenol und Methylen-Einheiten zusammengesetzte cyclische Tetramer 3 *p-tert-Butylcalix[4]aren.*

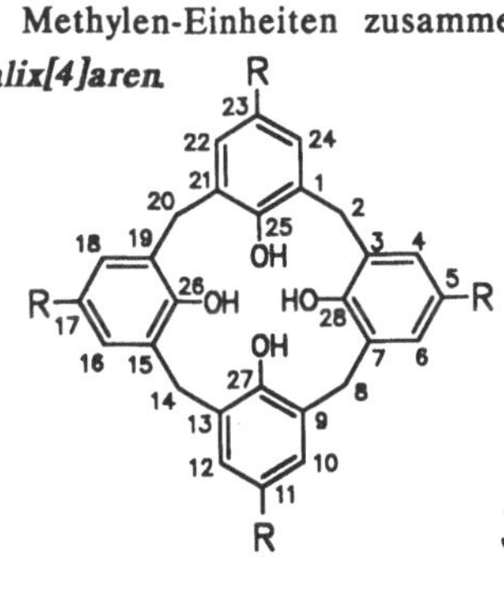

4.4.2 Synthese

Die Calixarene sind durch basen- und säurekatalysierte Kondensation von Phenolen mit Formaldehyd und anderen Carbonylverbindungen zugänglich. Sie lassen sich aber auch stufenweise über offenkettige Vorstufen synthetisieren. Schließlich sind Calixarene erhältlich, die anstelle der verbrückenden Methylen-Einheiten Ether-Sauerstoff enthalten. Außerdem können die Hydroxy-Gruppen der Calixarene verethert und verestert werden. Aus der Vielzahl der heute bekannten Methoden, die auch im Zusammenhang mit der Herstellung von Chemiewerkstoffen (Bakelite, Novo-Lacke) interessieren, seien im Zusammenhang mit der historischen Entwicklung einige charakteristische herausgegriffen [1].

Die Geschichte der Calixarene beginnt mit *Adolf von Baeyer* [2], der im Jahre 1872 wäßrigen Formaldehyd mit Phenol erhitzte und ein hartes harziges, nichtkristallines Produkt erhielt. Die damaligen Methoden erlaubten die Charakterisierung solcher Materialien nicht, und so blieb die Struktur der entstandenen Produkte unbekannt. Drei Jahrzehnte später entwickelte *Baekeland* einen Prozeß, der diese Phenol-Formaldehyd-Reaktion zur Herstellung eines "Phenoplast"-Materials ausnutzte, das unter dem Namen "Bakelite" mit Erfolg kommerziell vertrieben wurde. Dadurch wuchs das Interesse an dem Phenol-Formaldehyd-Prozeß. Arbeiten *Zinkes*, der verschiedene *p*-substituierte Phenole, wäßrigen Formaldehyd und Natriumhydroxid bei verschiedenen Temperaturen einsetzte, lieferten hochschmelzende, unlösliche Materialien, für die damals die Konstitution eines cyclischen Tetrameren 3, also eines *Calix[4]arens*, postuliert wurde. *Cornforth* versuchte später zu zeigen, daß es sich jeweils nicht um eine einzige Verbindung handelte, sondern daß die höher und tiefer schmelzenden Produkte aus der Kondensation von Formaldehyd mit *p-tert*-Butylphenol und anderen Phenolen Konformationsisomere der Calix[4]arene seien. Diese Vermutung wurde jedoch durch Arbeiten von *Kämmerer* (1972) [3] und von *Munch* (1977) [4] widerlegt, die durch temperaturabhängige ^{1}H-NMR-Messungen nahelegten, daß in Calix[4]arenen rasche Konformationsumwandlungen ablaufen (s.u.).

Gutsche konnte schließlich 1981 klären, daß es sich um Gemische von Cyclooligomeren mit verschiedener Ringgröße handelt [5]. An einem gut studierten Beispiel wurde gezeigt, daß die Kondensation von *p-tert*-Butylphenol und Formaldehyd das cyclische Tetramer 3 (R = *tert*-Butyl) sowie das cyclische Hexamer (5, R = *tert*-Butyl), das Octamer 7 (R = *tert*-Butyl) als

Hauptprodukte sowie kleine Mengen des Pentamers **4** (R = *tert*-Butyl) und des Heptamers **6** (R = *tert*-Butyl) liefert.

4

5

6

7

Raschig schien schon im Jahre 1912 die Existenz von cyclischen Verbindungen in Bakelit-Produkten bei der Kondensation von *p-tert*-Butylphenol und Formaldehyd nachgewiesen zu haben. *Zinke* und *Ziegler* beschrieben 1941 ein Produkt aus *p-tert*-Butylphenol und Formaldehyd mit einem Schmp. oberhalb von 340°C, dessen Acetat eine Molekularmasse von 1725 haben sollte [6]. Es scheint, daß diese Autoren das *p-tert*-Butylcalix[8]aren (**7**, R = *tert*-Butyl) isoliert hatten. Näheres zur Historie der Calixarene findet man bei *C. D. Gutsche* [1].

Gutsche berichtete 1975 über die Herstellung von cyclischen Tetrameren verschiedener *p*-substituierter Phenole mit Formaldehyd nach einem Kondensationsverfahren der "Petrolite-Corporation". Bei dem "Petrolite-Verfahren", das zur Herstellung von oberflächenaktiven Verbindungen entwickelt worden war, wird ein *p*-substituiertes Phenol mit Paraformaldehyd und einer Spur 50%igem NaOH in Xylen zum Sieden erhitzt. Aus der erkalteten Reaktionsmischung setzt sich ein unlösliches Produkt ab, das im Falle des *p-tert*-Butylphenols aus cyclischem Octamer (7, R = *tert*-Butyl) besteht, das damit in Ausbeuten von 60-70% verfügbar ist.

Wird bei derselben Kondensation anstelle der katalytischen eine stöchiometrische Menge an Base eingesetzt, so erhält man das *p-tert*-Butylcalix[6]-aren (5, R = *tert*-Butyl) in Ausbeuten von 70-75%. Dagegen wird 3 als kleinstes ganzzahliges Cyclo-Oligomer in der geringsten Ausbeute erhalten: Das Verfahren ist "kapriziös", und man muß mit variierenden Ausbeuten zwischen 0 und 45% vorlieb nehmen.

Nach *Gutsche* gewinnt man das *tert*-Butylcalix[4]aren (3) nach folgendem Verfahren: Man benutzt die Methode von *Zinke*, modifiziert nach *Cornforth*, und pulverisiert das feste harzige Material im letzten Verfahrensschritt. Diese Substanz, die sich in fester Form nicht basenfrei isolieren läßt, wird nun in einem organischen Lösungsmittel gelöst und mit Säure gewaschen, worauf nach Abdampfen des Lösungsmittels basenfreies Harz erhalten werden kann. Zugabe einer kleinen Menge Base liefert 3 in 25-30% Ausbeute.

Die ungeradzahligen Calixarene sind schwieriger in größeren Mengen zu gewinnen als diejenigen mit gerader Anzahl von Aromateneinheiten. *Ninagawa* und *Matsuda* [7] erhielten mit einem modifizierten Petrolite-Verfahren ein Reaktionsgemisch, aus dem sie 23% des Tetramers 3, 5% des Pentamers 9 und 11% des Octamers 5 isolierten. Mit Dioxan als Lösungsmittel und 30 Stunden Erhitzen gelang *Nakamoto* und *Ishida* [8] die Isolierung des Hexamers, Heptamers und Octamers mit einem 6%-Anteil des Heptamers 6.

Während der Mechanismus der Bildung der cyclischen Oligomere noch wenig bekannt ist, sind die ersten Stufen der Reaktion des Formaldehyds mit dem Phenol geklärt: Aus Formaldehyd und Phenol entwickeln sich in einem basenkatalysierten Prozeß zunächst 2-Hydroxymethyl- und 2,6-Bis(hydroxymethyl)phenole (Abb.1).

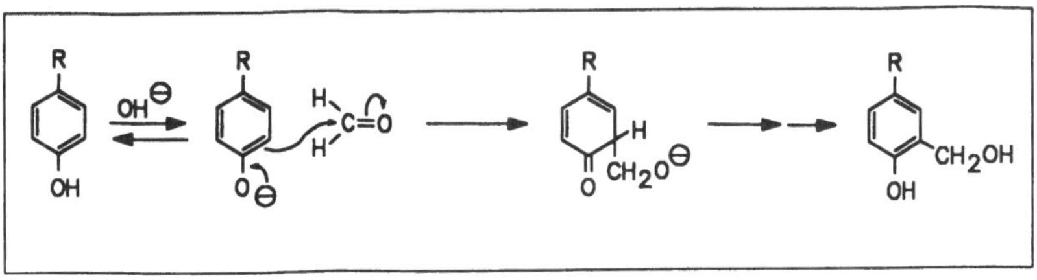

Abb.1. Basen-katalysierte Hydroxymethylierung von Phenolen

Anschließende Kondensation des Ausgangsphenols mit den Hydroxyme-thylphenolen führt zu linearen Dimeren, Trimeren, Tetrameren usw., wobei als Intermediate auch *ortho*-Chinonmethid-Stufen auftreten können, die mit den Phenolat-Ionen in einer Michael-ähnlichen Umsetzung weiterreagieren können (Abb.2):

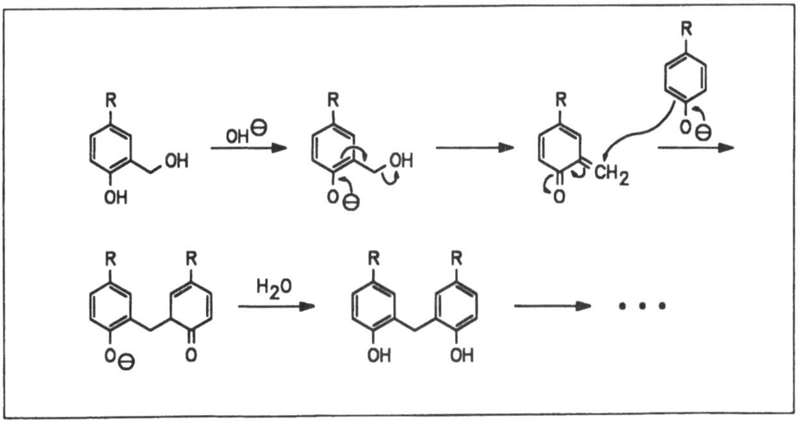

Abb.2. Basen-katalysierte Bildung linearer Oligomerer aus Phenolen und Formaldehyd

Auch intermolekulare Dehydratisierungen von 2-Hydroxymethylphenolen unter Bildung von Dibenzylethern können unter den Bedingungen der *Zinke-Cornforth-* und Petrolite-Kondensationsreaktionen ablaufen, wie in Abb.3 skizziert ist. **8a** kann beispielsweise zum Ether **9** führen, während **10** beim Erhitzen polykondensierte Ether ergibt.

Daraus folgt, daß die Gemische, aus denen die Calixarene entstehen, lineare Oligomere verschiedener Länge enthalten, in denen die *o,o'*-Brücken aus CH_2- ebenso wie aus CH_2OCH_2-Gruppen bestehen.

Was in der Endphase der Reaktionssequenzen passiert, die zu den Calixarenen führen, bleibt rätselhaft. Obwohl klar ist, daß die linearen Oligomere unter Wasser- und Formaldehyd-Verlust in die Cyclooligomere übergehen, weiß man wenig über die unmittelbaren Vorläufer der Calixarene. Eine gemeinsame Vorstufe scheint nicht wahrscheinlich.

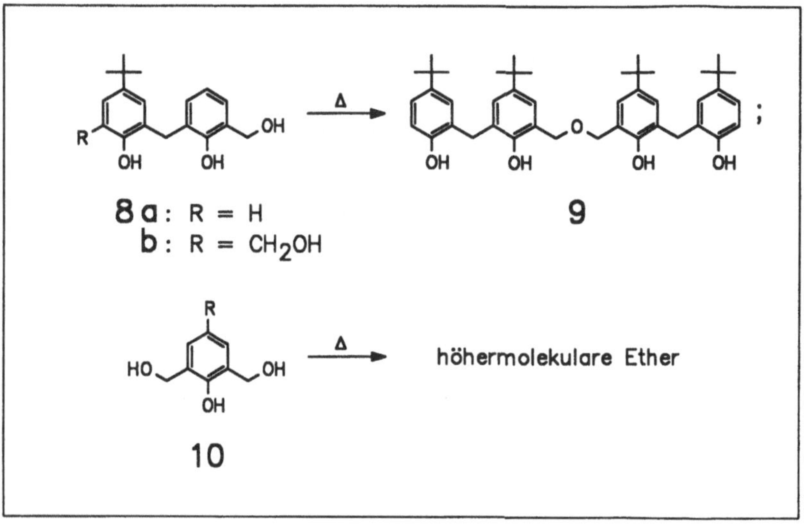

Abb. 3. Bildung von Dibenzylethern ausgehend von 2-Hydroxymethylphenol

Die Triebkraft für die vergleichsweise hohen Ausbeuten an Calixarenen, vor allem für das Cyclohexa- und -octamer, ist ebenso wenig klar wie die Tatsache, warum die höheren Cyclo-Oligomere leichter als das Cyclotetramer gebildet werden, obwohl letzteres aus Entropiegründen bevorzugt sein sollte. Allerdings können einige gute Argumente zur Erklärung dieser Befunde angebracht werden: *intramolekulare Wasserstoffbrücken-Bildung* und *Kationen-Templat-Effekte:*

Wie die Konzentrationsunabhängigkeit der OH-Streckschwingung im IR-Spektrum von **3** (3160 cm^{-1}) zeigt, ist dieser Cyclus intramolekular *Wasserstoffbrücken*-gebunden. Allerdings findet man auch für die konformativ flexibleren Cyclohexa- und -octamere ähnliche IR-Banden (3150 bzw. 3230 cm^{-1}), was auf starke intramolekulare Wasserstoffbrücken-Bindungen auch in diesen Ringsystemen hinweist. Überraschender noch ist die Tatsache, daß die *linearen offenkettigen Tetramere, Pentamere* und *Hexamere* analoge OH-Streckschwingungen bei 3210 cm^{-1} aufweisen, die gleichfalls starke intramolekulare Wasserstoffbrücken indizieren. Wasserstoffbrückenbindungen können bei den linearen Oligomeren entweder *inter*molekular sein (*"Hemicalixarene"*), wodurch pseudocyclische Anordnungen entstehen (Abb.4), oder es können *intra*molekulare Wasserstoffbrücken vorhanden sein, die gleichfalls zu Pseudocyclen führen (Abb.4). Die letztgenannten wurden *"Pseudocalixarene"* genannt.

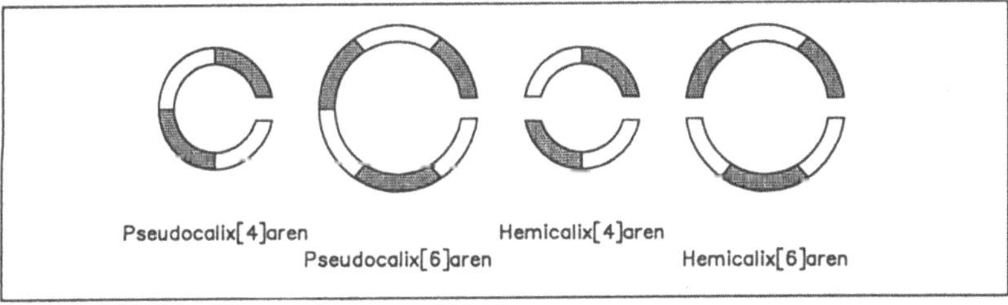

Abb.4. Offenkettige Calixaren-Vorläufer und ihre Anordnung zu pseudoringförmigen Hemi- und Pseudocalixarenen. Die schraffierten und nicht-schraffierten Bogenteile symbolisieren die Areneinheiten (nach *Gutsche* [1])

Auch der oben angesprochene *Templateffekt* kann zur Interpretation der Ringbildungs- bzw. Oligomer-Selektivität herangezogen werden. Hierfür spricht der Befund, daß die Ausbeute an Calix[6]aren, dem Hauptprodukt beim stöchiometrischen Einsatz von Base, mit RbOH höher ist als mit CsOH, KOH oder NaOH; LiOH ist dagegen unwirksam. Auch wurde von *Izatt* gezeigt, daß die Calixarene in der Tat ionophore Eigenschaften für NaOH, KOH, RbOH und CsOH aufweisen, jedoch nicht für LiOH.

Ein anderer, neuerer Befund ist bei der *Oligomer-Selektivität* gleichfalls zu berücksichtigen: Kürzlich wurde bewiesen, daß eine 20-35%ige Ausbeute an *p-tert*-Butylcalix[4]aren erhalten wird, wenn *p-tert*-Butylcalix[8]aren und *p-tert*-Butylcalix[6]aren in siedendem Diphenylether bei Gegenwart einer kleinen Menge Kalium-*tert*-butylat erhitzt werden. Diese Befunde deuten

darauf hin, daß zumindest bei längerer Temperierung von Phenol-Formalde-
hyd-Ansätzen eine thermodynamische Äqulibrierung eventuell kinetisch kontrolliert gebildeter Cyclooligomerer möglich ist.

*Säurekatalysierte Kondensationen von Alkylbenzenen und Formaldehyd
sowie von heterocyclischen Arenen und Aldehyden:* Die Calix[4]arene **11a,b**
wurden aus Mesitylen und 1,2,3,5-Tetramethylbenzen durch Kondensation mit
Formaldehyd in Gegenwart von Eisessig hergestellt.

11 a : R = H
b : R = CH$_3$

12 : X = O
13 : X = S
14 : X = NH

R = CH$_3$, C$_2$H$_5$

Ähnliche Makrocyclen, die heterocyclische Aromatenkerne über eingliedrige C-Brücken verknüpfen, sind durch Kondensation von Furanen, Thiophenen und Pyrrolen mit Aldehyden und Ketonen erhalten worden (12-14). Diese Verbindungen werden üblicherweise nicht als Calixarene bezeichnet, obwohl sie ihnen in ihrem Molekülbau und in der Synthesemethodik nahestehen. Die Ausbeute bei der Herstellung von **12** aus Furan und Aceton kann durch Zusatz von LiClO$_4$ von ca. 20% auf über 40% gesteigert werden. Dies hat zur Annahme eines Templateffekts geführt. Neuere Befunde zeigen jedoch, daß die höheren Ausbeuten nicht mit der Art des eingesetzten Metallions korrelieren, sondern mit der Acidität des Reaktionsmediums 9).

Stufenweise Synthesen von Calixarenen

Hayes-Hunter-Kämmerer-Synthese: Diese Autoren entwickelten 1956 eine "rationale" Synthese, mit der verschieden substituierte Calixarene verschiedener Ringgliederzahl durch stufenweise Verlängerung der zunächst offenkettigen Vorstufen und anschließende Cyclisierung erhältlich sind. Ausgehend von *p*-Kresol wurde eine der *ortho*-Positionen durch Bromierung geschützt, wonach Methylengruppen (durch baseninduzierte Hydroxymethylierung) sowie Arylgruppen eingeführt wurden (durch säurekatalysierte Arylierung).

Das lineare bromsubstituierte Tetramer **15a** wurde debromiert und dann zu **15b** cyclisiert (<u>Abb.5</u>).

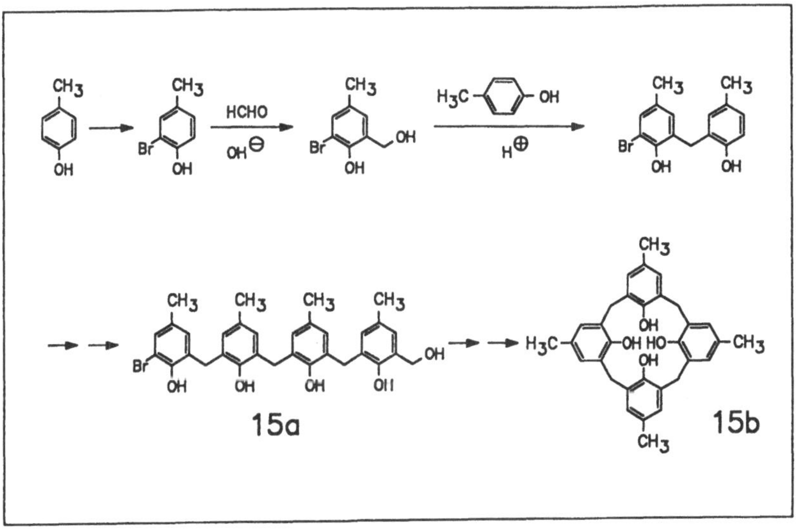

Abb.5. Zehnstufen-Synthese von *p*-Methylcalix[4]aren (15) nach der *Hayes-Hunter*-Methode

Kämmerer verbesserte diese Synthesemethode und dehnte sie auf pentamere, hexamere und heptamere Methyl- und *tert*-Butyl-substituierte Calixarene aus [10]:

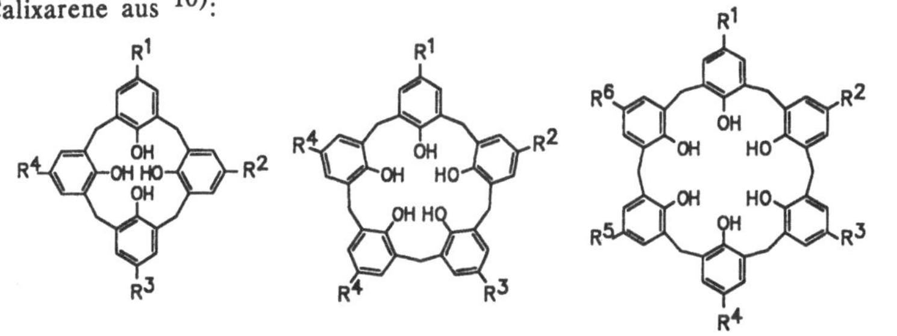

16   17   18

19 a : $R^1 = R^2 = R^3 = R^4 = CH_3$

Die Umsetzung von *p-tert*-Butylphenol führt allerdings nur mit 11% zum *tert*-Butylcalix[4]aren, das *p*-Phenylphenol in nur 0.5% Ausbeute zum *p*-Phenylcalix[4]aren (21):

20

21

Synthese nach Böhmer, Chhim und Kämmerer: Diese Autoren entwickelten eine stärker konvergente Synthesestrategie. Zunächst wird stufenweise ein lineares Trimer 22 aufgebaut und mit einem 2,6-Bis(halomethyl)phenol (23) umgesetzt (Abb.6).

Diese Strategie hat zwar den Vorteil geringerer Stufenzahlen, leidet jedoch auch unter den geringen Ausbeuten beim Cyclisierungsschritt: 10-20% im günstigsten Fall.

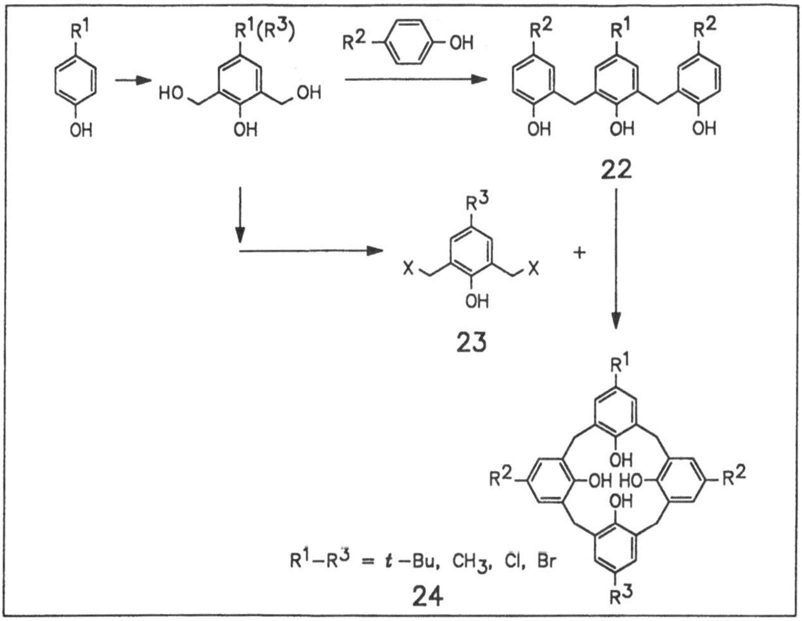

Abb.6. Konvergente stufenweise Synthese von Calix[4]arenen nach *Böhmer, Chhim, Kämmerer* [11]

Synthese nach No und Gutsche: Eine Methode, die Calixarene in vergleichsweise hohen Ausbeuten über offenkettige Vorprodukte nach einer konvergenten Synthese liefert, wobei auch viele Substituenten berücksichtigt werden, wurde von den oben genannten Autoren entwickelt. In Abb.7 ist eine Vierstufen-Synthese ausgehend von *p*-Phenylphenol und Formaldehyd gezeigt, deren Umsetzung unter kontrollierten Bedingungen das Bis(hydroxymethyl)-Dimer **25** ergibt. Letzteres wird mit zwei Äquivalenten eines Phenols (z.B. *p-tert*-Butylphenol) kondensiert und liefert das lineare Tetramer **26** (R = *tert*-Butyl). Cyclisierung des Monohydroxy-methylierten Produkts **27** ergibt das Calix[4]aren **28** in etwa 10% Gesamtausbeute. Angesichts der preiswerten Ausgangsmaterialien und der einfachen Durchführung und Aufarbeitung ist diese Methode recht günstig.

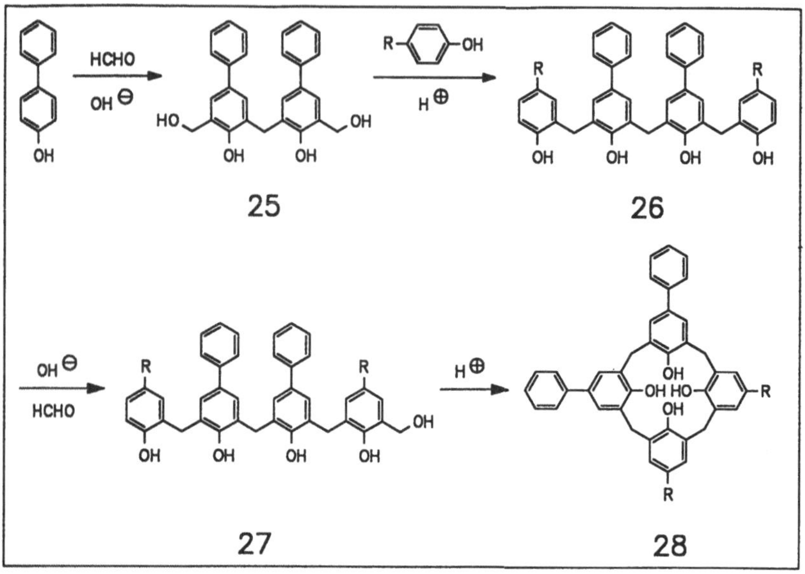

Abb.7. Darstellung von Calix[4]arenen

Calixarenester und -ether

Die phenolischen OH-Gruppen der Calixarene können leicht in Ester und Ether übergeführt werden. Von vielen Calixarenen wurden die entsprechenden Acetate hergestellt, wie schon von *Zinke* und *Ziegler* beschrieben war [6]. Die Acetate sind in organischen Lösungsmitteln meist leichter löslich als die Calixarene mit freien OH-Gruppen. Einige Calixarene können auf diesem Umweg über Kristallisation, Säulenchromatographie oder fraktionierte Extraktion gereinigt werden. Die Estergruppen können mittels Ethylendiamin in DMF abgespalten werden.

Mit überschüssigem Acylierungs-Agens wird üblicherweise das vollständig acylierte Calixaren erhalten, jedoch sind auch unvollständig acetylierte Calixarene beschrieben worden.

Außer den Acetaten sind Benzoate und *p*-Toluensulfonate als leicht erhältlich beschrieben worden; dasselbe gilt für die Mono- und Dikampfersulfonylester des *p-tert*-Butylcalix[8]arens.

Die vollständige Alkylierung der Calixarene zu den entsprechenden Ethern gelingt durch Behandeln in THF/DMF-Lösung mit Halogenalkanen bei Gegenwart von NaH. Die Methyl-, Ethyl-, Allyl- und Benzylether sind so in sehr guten Ausbeuten erhältlich. Auch Oligoethylenglycolether sowie partiell veretherte Calixarene wurden beschrieben, ebenso wie 2,4-Dinitrophenylether.

Interessante Calixarenether sind das Hexatrimethylsilylcalix[6]aren und das Octatrimethylsilylcalix[8]aren, die mit Hexamethyldisilazan bzw. Chlortrimethylsilan erhalten wurden [5].

4.4.3   Physikalische und spektroskopische Eigenschaften [1]

Schmelzpunkte: Die Calixarene schmelzen ungewöhnlich hoch, beträchtlich höher als ihre offenkettigen Vorstufen. Fast alle Calixarene schmelzen oberhalb von 250°C, die meisten viel höher. *p-tert*-Butylcalix[4]aren schmilzt beispielsweise bei 344-346°C, *p-tert*-Butylcalix[6]aren bei 380-381°C und *p-tert*-Butylcalix[8]aren bei 411-412°C. Der Schmelzpunkt von *p*-Phenylcalix[4]aren liegt bei 407-409°C, derjenige von *p*-Phenylcalix[8]aren oberhalb von 450°C. - Die Calixaren-Ester und -Ether schmelzen normalerweise bei tieferen Temperaturen.

Löslichkeit: Abgesehen von den hohen Schmelzpunkten ist die geringe Löslichkeit der Calixarene in organischen Lösungsmitteln charakteristisch. Trotzdem sind viele Calixarene hinreichend löslich, um (in $CHCl_3$) osmometrische Molekulargewichts-Bestimmungen und NMR-Messungen (meist in $CDCl_3$ und Pyridin-D_5) zu erlauben.

Die Art des Substituenten in *p*-Stellung zur phenolischen OH-Gruppe hat einen beträchtlichen Einfluß auf die Löslichkeit des Calixarens. Die *p*-Allylcalixarene sind am besten, die *p*-Phenyl- und Adamantylcalixarene am wenigsten löslich. Die aus den Calixarenen erhaltenen Ether und Ester sind im allgemeinen in unpolaren Solventien leichter löslich als die Calixarene selbst: Der Octamethylether des *p*-Phenylcalix[8]arens ist in krassem Gegensatz zum Calixaren selbst in $CHCl_3$ einigermaßen löslich.

IR-Spektren: Charakteristisch für die Calixarene sind konzentrationsunabhängige OH-Streckschwingungen bei 3200 cm^{-1} im IR-Spektrum, die starke intramolekulare Wasserstoffbrücken-Bindungen anzeigen. Allerdings weisen die linearen Oligomere OH-Streckschwingungen in derselben Region auf (s.o.). Im Fingerprint-Bereich der IR-Spektren sind sich die Calixarene recht ähnlich; jedoch lassen feine Unterschiede häufig annähernd einen Schluß auf eine bestimmte Größe des makrocyclischen Rings zu.

UV-Spektren: Die UV-Spektren der Calix[4]arene unterscheiden sich nur wenig von denen der linearen Oligomere: Beide Verbindungstypen absorbieren bei λ_{max}= 280 und 288 nm, mit ähnlichen Extinktionskoeffizienten.

NMR-Spektren: Die NMR-Spektroskopie bietet die beste Erkennungsmöglichkeit für die Calixarene. Beispielsweise zeigen die ^{1}H-NMR-Spektren der *p-tert*-Butylcalixaren-Reihe ein einziges Signal für die aromatischen Protonen, ein Signal für die *tert*-Butylprotonen und temperaturabhängige Methylenprotonen. Während die ^{13}C-NMR-Spektren der linearen Oligomere mit zunehmender Länge komplizierter werden, findet man für die Cyclooligomere aufgrund der Symmetrie einfache Signalmuster.

Massenspektren: Wie bei anderen Verbindungstypen liefern die Massenspektren die Molekülmassen des "parent ion". Diese Information muß bei den Calixarenen jedoch mit Vorsicht gehandhabt werden. Beispielsweise zeigt das Massenspektrum des *p-tert*-Butylcalix[8]arens (m/z= 1872) einen relativ intensiven Peak bei m/z= 648, der dem Cyclotetramer entspricht. Aufgrund dieses leicht irreleitenden Befunds wurde das Hauptprodukt des Petrolite-Verfahrens fälschlicherweise als Cyclotetramer angesehen.
Nach *Kämmerer* weisen die Cyclooligomere charakteristische Unterschiede in den Massenspektren verglichen mit denen der analogen linearen Oligomere auf [10]: Die Cyclooligomere verlieren bevorzugt Methyl- oder *tert*-Butylgruppen und behalten ihre Ringstruktur, während die linearen Oligomere vorzugsweise in ihre phenolischen Untereinheiten gespalten werden. Beim Calix[5]aren 17a beobachtet man den intensivsten Peak bei m/z= 480; er zeigt den Verlust einer der Areneinheiten an. Die entsprechenden Cyclotetramere bieten ein ähnliches Verhalten, d.h. Extrusion einer, zweier oder dreier Areneinheit(en).

4.4.4   Stereochemie

Topologie der Calixarene: Wie erwähnt, erhielten die Calixarene ihren Namen aufgrund der Ähnlichkeit ihrer Molekülgestalt mit einer griechischen Vase. Abb.8 gibt eine Vorstellung vom räumlichen Aussehen des *p*-Phenylcalix[4]arens.

Abb.8. *p*-Phenylcalix[4]aren nach CPK-Kalottenmodellen. Links: Seitenansicht, rechts: Blick von oben in den Konus hinein

Abb.9 zeigt zum Vergleich die Topologie und Konus- bzw. Hohlraumgröße am Beispiel des *p*-Phenylcalix[8]arens.

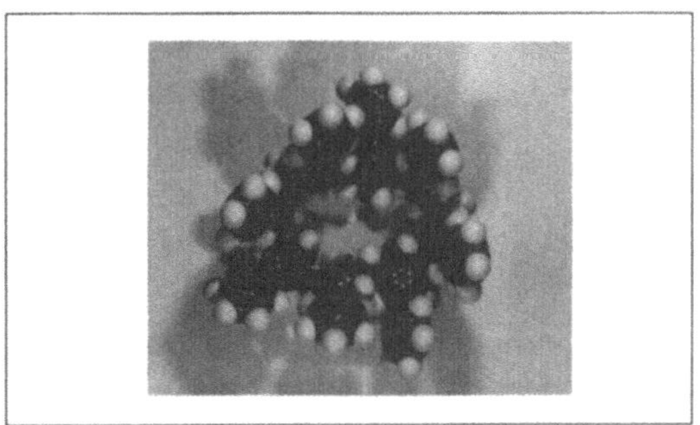

Abb.9. CPK-Kalottenmodell des *p*-Phenylcalix[8]arens; Ansicht von oben (in den Konus hinein)

Man erkennt, daß die Hohlraumgröße erwartungsgemäß mit steigender Anzahl von Areneinheiten im makrocyclischen Ring zunimmt. Bei der konformativen Fixierung der Konusform spielen intramolekulare Wasserstoff-brücken-Bindungen eine Rolle.

Aus *Röntgen*-Kristallstruktur-Bestimmungen weiß man, daß die Calix[4]-arene und die Calix[5]arene im kristallinen Zustand in dieser "Konus-Konformation" vorliegen (<u>Abb.8-10</u>), während die Calix[6]arene und Calix[8]arene in einer "alternierenden Konformation" mit abwechselnd nach oben und unten gerichteten OH-Gruppen bzw. Substituenten mehr oder weniger konformativ fixiert sind (Näheres s.u.).

Konformativ bewegliche Calixarene: Die Möglichkeit der Konformations-isomerie bei den Calix[4]arenen wurde von *Cornforth* zuerst ausgesprochen [12]. Er wies darauf hin, daß vier diskrete Konformationen existieren können, die als "Konus", "partieller Konus", "1,2-" und "1,3-alternierende" Konformationen bezeichnet werden. Sie sind in <u>Abb.10</u> skizziert.

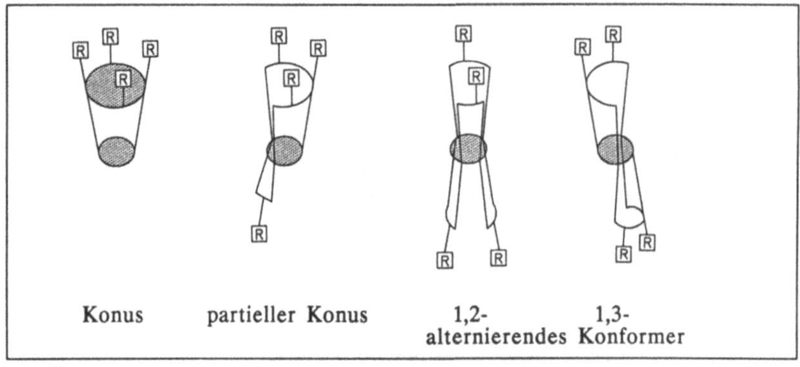

<u>Abb.10.</u> Konformere der Calix[4]arene (nach *Gutsche* [1])

Kämmerer zeigte zuerst, daß die Konformere der Calix[4]arene ineinander umwandelbar sind [3]. Im ^{1}H-NMR-Spektrum von *p*-Alkylcalix[4]arenen findet man die Aren-C<u>H</u>$_2$-Aren-Wasserstoffatome oberhalb von Raumtemperatur als scharfes Singlett, unterhalb von Raumtemperatur bilden diese Protonen ein AB-System. Diese Befunde lassen sich mit der Annahme deuten, daß bei höherer Temperatur eine "Konus-Konformation" vorliegt, die bei diesen Temperaturen rasch und bei tiefer Temperatur langsam interkonvertiert. Aus der Koaleszenztemperatur von ca. 45°C kann man die Geschwindigkeit dieser Interkonversion zu ca. 100 sec^{-1} abschätzen.

Bemerkenswerterweise wurde für das *p-tert*-Butylcalix[8]aren durch dynamische ^{1}H-NMR-Spektroskopie in $CDCl_3$ und C_6D_5Br eine nahezu gleiche konformative Beweglichkeit wie für das *p-tert*-Butylcalix[4]aren gefunden: Während die CH_2-Protonen des Calix[4]arens bei ca. 15°C zu einem AB-System aufspalten, findet man für das Calix[8]aren bei Temperaturen bis herab zu -90°C lediglich ein Singlett (Pyridin-D$_5$). Die Ähnlichkeit der dynamischen ^{1}H-NMR-Spektren in nichtpolaren Solventien wie $CDCl_3$ wird intramolekularen Wasserstoffbrückenbindungen im cyclischen Octamer zugeschrieben, für das man wegen der größeren Ringweite konformative Flexibilität erwartet hätte. Die intramolekularen Wasserstoffbrücken führen jedoch zu einer zusammengedrückten Konformation, die in Abb.11 skizziert ist.

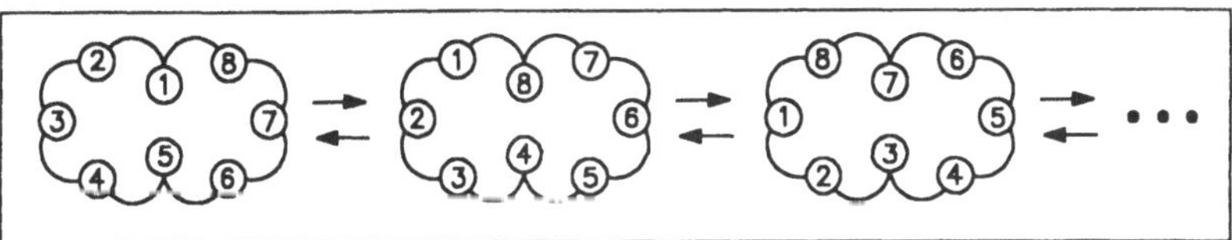

Abb.11. *para*-substituiertes Calix[8]aren in der "zusammengedrückten" ("pinched") Konformation. Das zusammengedrückte Konformer entspricht formal einem Paar von Tetrameren, was erklärt, daß sich das cyclische Octamer ähnlich verhält wie cyclische Tetramere

Die im Cyclooctamer vorhandenen Wasserstoffbrücken-Bindungen wurden in Analogie zu den von *Saenger* [13] beschriebenen Verhältnissen bei den Cyclodextrinen als *"circulare Wasserstoffbrücken-Bindungen"* bezeichnet. Sie bewirken eine besondere Stabilität. Das Calix[8]aren kann durch "transannulares Zusammenziehen" aufgrund der Wasserstoffbrücken eine Konformation einnehmen, die zwei solchen circularen Wasserstoffbrücken-gebundenen Anordnungen entspricht, wobei jede vier OH-Gruppen enthält. Dies entspricht einer Pseudorotation der H-Brücken-Anordnung, welche die CH_2-Gruppen mit einer Geschwindigkeit mittelt, die im Hinblick auf die NMR-Zeitskala rasch ist. Diese Mittelung der CH_2-Gruppen durch pseudorotierende, z.T. transannulare Wasserstoff-Brückenbindungen ist in Abb.11 illustriert, wobei die Zahlen für die acht OH-Gruppen des Cyclooctameren stehen, zwischen denen die H-Brückenbindung stattfindet.

Auch andere Calixarene mit verschiedenen *p*-Substituenten und verschiedener Ringgröße sind mittels der dynamischen ^{1}H-NMR-Spektroskopie auf ihre konformative Beweglichkeit hin untersucht worden. Die Freien Aktivierungsenthalpien für die Ringumklappvorgänge liegen in der Größenordnung 38-67 kJ/mol; die Koaleszenztemperaturen variieren zwischen -90 und +53°C.

Konformativ starre Calixarene: Um Calixarene konformativ zu fixieren, muß man die H-Atome der OH-Gruppen durch größere Substituenten ersetzen. Dies erschien interessant, weil konformativ unbewegliche Calixarene wegen ihres konusförmigen Hohlraums befähigt sind, kleinere Moleküle als Gäste einzuschließen. Synthetische Verbindungen, die einen konformativ fixierten Hohlraum aufweisen ("enforced cavity"), wurden von *Cram* als *Cavitanden* bezeichnet [14]. Die OH-Gruppen der Calixarene setzen normalerweise einer Umwandlung der Konformationen keinen nennenswerten Widerstand entgegen, wie raumfüllende Kalottenmodelle (CPK-Modelle) zeigen. Bei diesen Konformationsumwandlungen rotiert eine Areneinheit um ihre *meta*-Bindungsachse so, daß die OH-Gruppen durch die Mitte des makrocyclischen Rings hindurchtreten. Größere als OH-Gruppen können diese Konformationsumwandlung blockieren, was sich mittels der dynamischen Kernresonanz gut zeigen läßt.

		Y
29	**32**: R = H	a: OCH_3
30	**33**: R = t–C_4H_9	b: OC_2H_5
31	**34**: R = $CH_2CH=CH_2$	c: $OCH_2CH=CH_2$
		d: $OCH_2C_6H_5$
		e: $OSi(CH_3)_3$
		f: $OCOCH_3$
		g: OSO_2–C$_6$H$_4$–CH_3

Auf der anderen Seite kommt die 1,3-alternierende Konformation bei den Derivaten der Tetrahydroxycalix[4]arene (z.B. **29-31**) vergleichsweise selten vor, und die "partiellen Konus"- und "Konus"-Konformationen sind im allgemeinen bevorzugt.

So liefert beispielsweise **32** ein Tetraacetat **33**, das in einer partiellen Konus-Konformation fixiert ist, wie durch *Röntgen*-Kristallstrukturanalyse bewiesen werden konnte. Durch Methylierung und Ethylierung von **29** und **30** und Allylierung von **29** wurden die entsprechenden Ether **32a-c, 33a,b** in der partiellen Konus-Konformation erhalten.

Überraschenderweise sind die Tetramethylether **32a** und **33a** leichter konformativ beweglich, als die Inspektion der CPK-Modelle vorhersagen ließ. Dies zeigt, daß raumerfüllende Modelle dazu neigen, die Barrieren konformativer Umwandlungen zu überschätzen. Bei Raumtemperatur findet man in den ^{1}H-NMR-Spektren dieser Tetramethylether nur eine breite Absorption für die Methylen-Gruppen, analog zu den Verhältnissen bei den Ausgangs-Calixarenen (mit OH-Gruppen anstelle der Etherfunktionen). Diese Methylen-Absorption wird bei höherer Temperatur schärfer, bei tiefer Temperatur komplexer. Letzteres steht im Einklang mit einer partiellen Konus-Konformation.

Wird **30** in seine Tetraallylether **33c**, Benzylether **33d** oder Trimethylsilylether **33e** umgewandelt, oder **29** in den Tetrabenzylether **32d** oder das Tetratosylat **32e** oder **31** in seinen Trimethylsilylether **34e** oder sein Tetratosylat **34g**, dann werden offensichtlich Konus-Konformationen fixiert.

Bei den Calix[4]arenen kann man durch geeignete Wahl des Derivatisierungs-Agens eine Fixierung in der "Konus"- oder "partiellen Konus"-Konformation erreichen. Letzteres scheint in vielen Fällen durch die Acetylierung möglich, während durch Benzylierung und Trimethylsilylierung das Konus-Konformer fixiert wird. Auf diese Weise kann man aus den Calixarenen nicht nur Cavitanden machen, sondern hat auch die Möglichkeit, die Hohlraumkonturen durch gezieltes Design zu modellieren.

Für die partiell alkylierten Calixarene wurde das Vorliegen einer "abgeflachten partiellen Konus"-Konformation gesichert (Trimethylether), während die Monomethyl- und Dibenzylether eine abgeflachte 1,3-alternierende Konformation einnehmen. Die Trimethyl- und Monomethylether sind konformativ weniger flexibel als die Tetramethylether; dies wird intramolekularen Wasserstoffbrücken-Bindungen zugeschrieben, die von den freien Hydroxyl-Gruppen im Molekül ausgehen.

Obwohl die Calix[8]arene den Calix[4]arenen im Hinblick auf die konformative Beweglichkeit ähneln (s.o.), sind ihre Ester- und Ether-Abkömmlinge im Gegensatz zu den Calix[4]arenethern und -estern bei tiefen Temperaturen nicht konformativ fixiert. Dies läßt sich auf den Unterschied in der Größe der Hohlräume in den beiden Reihen zurückführen: Die Calix[4]arene haben nur ein enges Loch, durch das lediglich kleine Gruppen wie OH und OCH_3 hindurchtreten können. Dagegen bieten die Calix[8]arene eine viel größere Öffnung, durch die sogar so große Gruppen wie Tosyl hindurchzuschwingen vermögen.

Die Calix[6]arene liegen in ihrer konformativen Beweglichkeit zwischen den Calix[4]- und Calix[8]arenen. Ihre Derivate sind konformativ flexibler als die der Calix[4]arene, sie können aber bei tiefen Temperaturen auf der NMR-Zeitskala eingefroren werden. *Ungaro* leitete aus der dynamischen ^{1}H-NMR-Spektroskopie des Hexa(2-methoxyethyl)ethers des *p-tert*-Butylcalix[6]arens als bevorzugte Konformationen entweder eine 1,3,5-alternierende (drei *up-* und drei *down*-OH-Gruppen) und/oder eine 1,4-alternierende Flügel-Konformation ("winged"-Konformation) ähnlich der für das freie Calix[6]aren vorgeschlagenen ab. Nach *Röntgen*-Kristallstrukturergebnissen bedeutet dies im festen Zustand das Vorliegen einer *up,down,out/down,up,out*-Konformation [1].

Ein anderer Weg, um die konformative Beweglichkeit der Calixarene stark einzuschränken, ist die Verbrückung zweier oder mehrerer Regionen des Moleküls mit einer entsprechenden Anzahl von Brückenatomen. *Cram* erreichte kürzlich die Umwandlung des Octahydroxycalix[4]arens 10 zum konformativ starren 35 (R = H) und 36 durch Umsetzung mit Chlorbrommethan bzw. 2,3-Dichlor-1,4-diazanaphthalen [14].

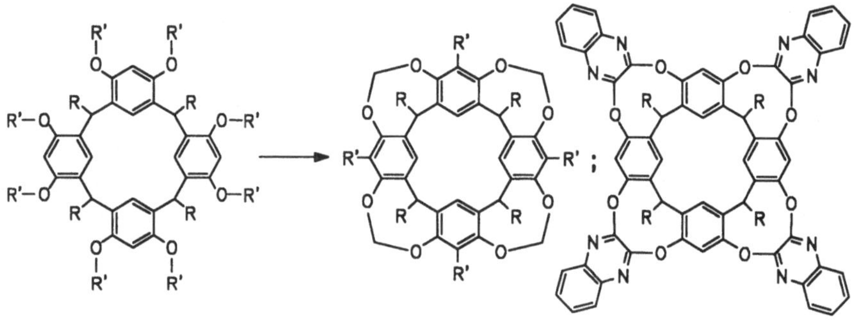

10   35   36

Gutsche synthetisierte das verbrückte Diphenol **37** und baute es schrittweise in ein Bis-homooxacalix[4]aren (**39**) ein. Obwohl die einfachen Brücken in **38** und **39** die konformative Flexibilität nicht völlig unterbinden, wie es die vier Brücken in **35** und **36** bieten, so ist doch eine vollständige Inversion nicht mehr möglich, wie die höheren Koaleszenztemperaturen bei dynamischen ^{1}H-NMR-Untersuchungen zeigen [1].

37

38: X = CH_2

39: X = CH_2OCH_2

4.4.5 Funktionalisierung der Calixarene

Die Umwandlung oder Einführung neuer funktioneller Gruppen in die Calixarene ist wegen deren Potential als Enzymmodelle ("enzyme mimicks") von Interesse. Zur Einführung funktioneller Gruppen haben sich die *p-tert*-Butylcalixarene als gut geeignete Ausgangssubstanzen erwiesen, denn durch De-*tert*-butylierung von *p-tert*-Butylcalix[4]aren (**40**) erhält man beispielsweise den Cyclus **41**, der nun in der *p*-Position neue funktionelle Gruppen aufnehmen kann. Die Bromierung des Tetramethylethers des Calix[4]arens **42** verläuft unter Bildung der Tetrabrom-Verbindung **43**, die durch Lithiierung mit darauffolgender Carbonisierung den Tetramethylether des *p*-Carboxycalix[4]arens (**47a**) oder durch Cyanierung den Tetramethylether des *p*-Cyanocalix[4]arens (**47b**) liefert. Ähnlich wird durch Friedel-Crafts-Acylierung von **42** das *p*-Acetylcalix[4]aren erhalten, das durch Haloform-Oxidation **47a** bildet.

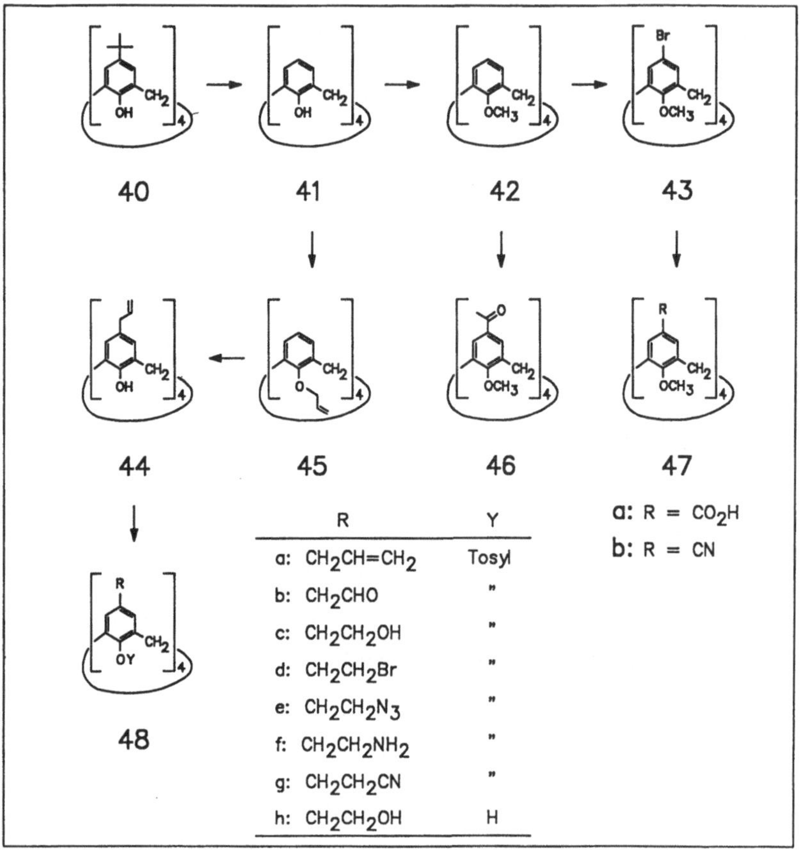

40 → 41 → 42 → 43

44 ← 45   46   47

48

	R	Y
a:	$CH_2CH=CH_2$	Tosyl
b:	CH_2CHO	"
c:	CH_2CH_2OH	"
d:	CH_2CH_2Br	"
e:	$CH_2CH_2N_3$	"
f:	$CH_2CH_2NH_2$	"
g:	CH_2CH_2CN	"
h:	CH_2CH_2OH	H

a: R = CO_2H

b: R = CN

<u>Abb.12.</u> Darstellung funktionalisierter Calix[4]arene

Gerade die Bromierungs- und Acetylierungsreaktionen zeigen, daß die Calixarene übliche elektrophile Substitutionsreaktionen ohne Aufbrechen des makrocyclischen Rings überstehen (<u>Abb.12</u>).

Alternativ zur elektrophilen Substitution zur Einführung funktioneller Gruppen in die Calixarene bieten die Allylether neue Möglichkeiten: Der Tetraallylether **45** unterliegt beim Erhitzen in Diethylanilin einer vierfachen *para*-Claisen-Umlagerung unter Bildung von *p*-Allylcalix[4]aren (**44**) in ausgezeichneter Ausbeute. Ausgehend vom Tetratosylester von **44** (**48a**) wurde eine Vielzahl funktionalisierter Calixarene zugänglich, z.B. der Aldehyd **48b**, der Alkohol **48c**, das Bromid **48d**, das Azid **48e**, das Amin **48f** und das Nitril **48g**. Die Entfernung der Tosylgruppe unter milden basischen Bedingungen liefert beispielsweise das *p*-(2-Hydroxyethyl)calix[4]aren (**48h**).

4.4.6   Calixarene als Wirtmoleküle

Komplexierung neutraler Gastmoleküle im festen Zustand: Seit langem weiß man, daß eine Reihe von Calixarenen beim Umkristallisieren Lösungsmittel zurückhält. So bildet *p-tert*-Butylcalix[4]aren im kristallinen Zustand Addukte (Clathrate oder Komplexe) mit Chloroform, Benzen, Toluen, Xylen und Anisol [15]. *p-tert*-Butylcalix[5]aren bildet "Komplexe" mit Isopropylalkohol [5] und Aceton [15]. Vom *p-tert*-Butylcalix[6]aren sind "Komplexe" [*] mit Chloroform und Methanol bekannt. *p-tert*-Butylcalix[8]aren bildet Addukte mit Chloroform, *p-tert*-Butyl-dihomo-oxacalix[4]aren einen "Komplex" mit Dichlormethan. Wie stark die Gastverbindung vom Calixaren-Wirt festgehalten wird, ist unterschiedlich: Während das cyclooctamere Calixaren den Chloroform-Gast schon bei mehrminütigem Stehen bei Raumtemperatur und Atmosphärendruck verliert, kann man das Chloroform beim cyclischen Hexamer sogar bei sechstägigem Erhitzen auf 275°C im Vakuum (1 Torr) nicht austreiben.

Wie *Röntgen*-Kristallstrukturanalysen von *Andreetti* zeigten, ist das Gastmolekül an verschiedener Stelle im Kristallgitter der Calixarene zu finden [16]: Im *p-tert*-Butylcalix[4]aren-Toluen-"Komplex" ist das Toluen im Zentrum des Hohlraums lokalisiert, wobei der Wirt die Konus-Konformation einnimmt [15]; diese Anordnung wurde als ***endo-Calix-Komplex*** charakterisiert (Abb.13). Benzen, *p*-Xylen und Anisol als Gäste bilden ähnliche Komplextypen.

---

[*] Zur Definition der Begriffe Komplex, Addukt, Clathrat, Einschlußverbindung siehe Abschn.4.3;5.

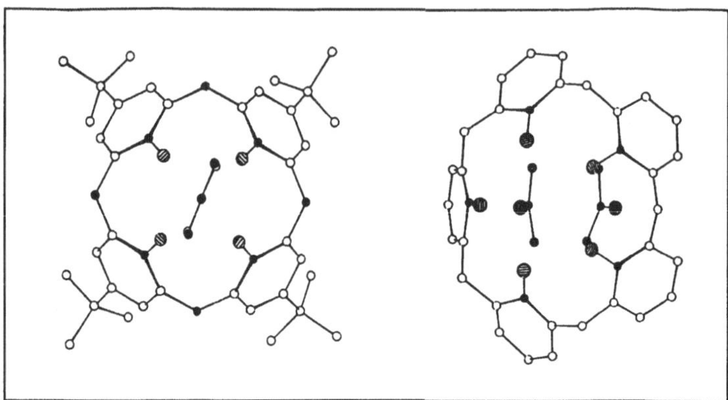

Abb.13. *Röntgen*-Kristallstruktur des 1:1-"Komplexes" des *p-tert*-Butylcalix-[4]arens mit Toluen als Gast [16) (links) und des 1:2-Komplexes des Calix[5]arens mit Aceton als Gast [15) (rechts)

Die Wirtverbindung *p*-(1,1,3,3-Tetramethylbutyl)calix[4]aren (3, R = 1,1,3,3-Tetramethylbutyl) bildet mit aromatischen Gastmolekülen *exo-Calix-Komplexe* (kanalartige Strukturen). Calix[5]aren (4, R = H) bildet einen 1:2-Komplex mit Aceton als Gast, in dem sich ein Aceton-Molekül im Hohlraum befindet, das zweite außerhalb (Abb.13). Die *Röntgen*-Kristallstrukturanalyse des lösungsmittelfreien (gastfreien) 1:1-*p*-(1,1,3,3-Tetramethylbutyl)calix[4]arens beweist das Vorliegen der Konus-Konformation und zeigt, daß zwei der 1,1,3,3-Tetramethylbutyl-Gruppen zum Hohlraum hin orientiert sind, d.h. sie werden intramolekular im eigenen Hohlraum "komplexiert".

Da das unsubstituierte Calix[4]aren keine *endo*-Calix-Komplexe mit aromatischen Gastmolekülen bildet, wurde postuliert, daß die *tert*-Butylgruppen eine Rolle bei der Bildung von Komplexen spielen; sie fördern die Komplexbildung. Als Gründe hierfür werden folgende angesehen:

a) Die *tert*-Butylgruppe ist nicht flexibel genug, um sich dem Innern des Hohlraums zuzuneigen und den Hohlraum selbst auszufüllen.

b) Die *tert*-Butylgruppe ist in der Lage, CH_3/π-Wechselwirkungen zwischen den Methylgruppen der *tert*-Butylgruppe und dem aromatischen Ring des Gastmoleküls auszuüben.

Die *Gastselektivität* der Komplex- bzw. Clathratbildung der Calixarene zeigt sich beim Umkristallisieren von *p-tert*-Butylcalix[4]aren aus 1:1-Gemischen zweier Gastverbindungen (Benzen vs. *p*-Xylen). Dabei stellte sich heraus, daß Anisol und *p*-Xylen bevorzugt vor den meisten anderen aromatischen Kohlenwasserstoffen gebunden werden. Auch als chromatographisches Säulenmaterial bewirkt *p-tert*-Butylcalix[4]aren Selektivität (Mischungen aromatischer Kohlenwasserstoffe als Substrat).

Komplexbildung der Calixarene mit neutralen Gästen bzw. Organylammonium-Verbindungen: Die Isolierung und Charakterisierung der Komplexe im kristallinen Zustand, die am ehesten als Clathrate bezeichnet werden können (vgl. <u>Abschn.5</u>), heißt nicht notwendigerweise, daß ähnliche Komplexe auch in Lösung existieren. Tatsächlich gibt es keine Beweise für die Komplexbildung von Calixarenen mit gelösten Neutralmolekülen, wie beispielsweise Chloroform, Benzen, Toluen usw.

Organische Amine bilden jedoch "Komplexe" mit Calixarenen als Wirtmolekülen [1]. Allerdings ist hier in der ersten Reaktionsstufe ein *Protonenübergang* vom sauren Calixaren auf das basische Amin nachgewiesen, so daß die eigentliche Assoziation auf einer Ionenpaarbildung zwischen einem Calixaren-Anion und einem Organylammonium-Ion beruht. Ob man daher hier von einer Komplexbildung der Calixarene mit neutralen Gästen sprechen kann, sei dahingestellt. Mischt man *p*-Allylcalix[4]aren und *tert*-Butylamin in Acetonitril, so findet man in den ^{1}H-NMR-Spektren tieffeldverschobene *tert*-Butylamin-Protonen ($\Delta\delta = 0.3$ ppm) sowie entsprechende Tieffeldverschiebungen aromatischer Protonen des Calixarens ($\Delta\delta = 0.4$ ppm). Eindeutige Nachweise für eine Assoziatbildung bieten auch die Befunde, daß die Geschwindigkeit der konformativen Inversion des Calixarens reduziert und die Relaxationszeit (T_1) der *tert*-Butylamin-Wasserstoffatome verkürzt ist. Auch Kern-Overhauser-Effekte auf die Protonen der Allylgruppe des Calixarens wurden beobachtet. In <u>Abb.14</u> ist die im ersten Schritt eintretende Anionbildung (**49**) des Calixaren-Wirts skizziert sowie dessen Bindung des entstandenen Ammonium-Ions im Hohlraum des Calixaren-Anions. Es handelt sich also hier um einen **endo-Calix-Komplex** (**51**).

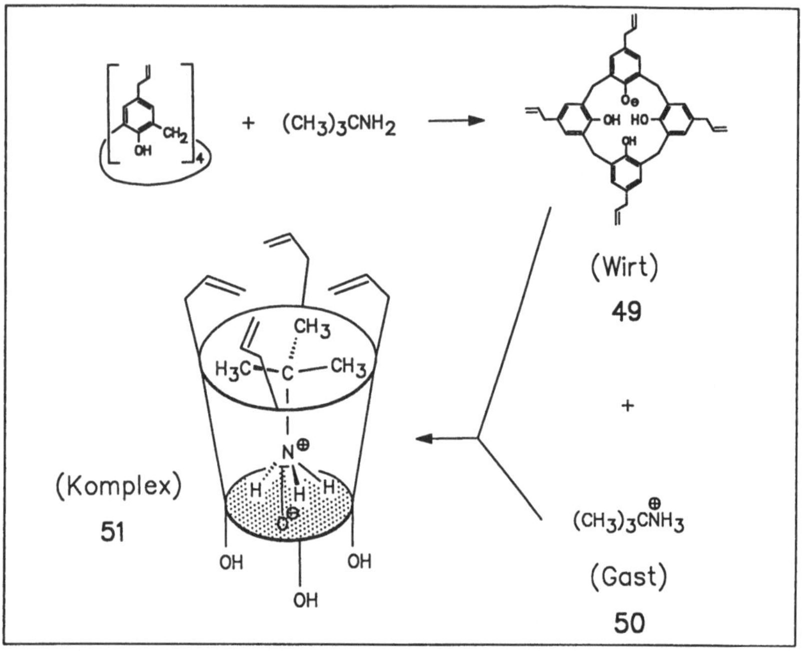

Abb.14. Komplexbildung zwischen dem Anion **49** des *p*-Allylcalix[4]arens und dem *tert*-Butylammonium-Ion (als Gast) [1]

Für die in Abb.14 formulierte Protonübertragung zwischen Wirt und Gast spricht auch der Befund, daß Anilin als schwache Base keine Komplexe mit Calixarenen bildet. Darüber hinaus werden vergleichbare ^{1}H-NMR-Verschiebungen beobachtet, wenn das Calixaren mit starker Base und das Amin getrennt mit starker Säure behandelt werden. Auch die Tatsache, daß das Calixaren eine gewisse Selektivität gegenüber dem Amin-Gast (bzw. Ammonium-) zeigt, untermauert den Einschluß des Ammonium-Ions als Gast: Neopentylamin, das annähernd die gleiche Basizität wie *tert*-Butylamin aufweist, bildet beispielsweise einen weniger stabilen Komplex, was der gewinkelten Struktur dieses Amins zugeschrieben werden kann. Nimmt man an, daß die drei Ammonium-Wasserstoffatome des Neopentylamins so nahe wie möglich an die Calixaren-Sauerstoffatome herankommen, so läßt sich das Gerüst des *tert*-Butylammonium-Ions bequem im Hohlraum unterbringen, während das Neopentylamin-Kation zu einer abstoßenden sterischen Wechselwirkung mit dem Seitenrand des Calixarens führt.

Komplexbildung der Calixarene mit Kationen in Lösung: Wie *Izatt* und Mitarbeiter fanden, ist es möglich, Metallionen mit Hilfe von *p-tert*-Butylcalixarenen durch hydrophobe Flüssigmembranen zu transportieren [17]. Interessanterweise gelingt diese Komplexierung nicht in neutraler, sondern erst in basischer Lösung, wie die in Tab.2 angegebenen Daten illustrieren.

Tab.2. Vergleich des Kationen-Transports mit Hilfe von Calixarenen, [18]Krone-6 und *p-tert*-Butylphenol in alkalischer Lösung [1]

	Ionen-Durchfluß [mol/sec·m^2 · 10^8] [a]		
	p-tert-Butylcalixaren (als Wirt)		
Gast-Ionen	8	10	12
$Li^{\oplus}OH^{\ominus}$	-	10 [b]	2 [b]
$Na^{\oplus}OH^{\ominus}$	1.5	13	9
$K^{\oplus}OH^{\ominus}$	0.4	22	10
$Rb^{\oplus}OH^{\ominus}$	5.6	71	340
$Cs^{\oplus}OH^{\ominus}$	260	810	1200

[a] Daten gerundet.- [b] Zum Vergleich: [18]Krone-6 bzw. *p-tert*-Butylphenol mit $Li^{\oplus}OH^{\ominus}$ als Gast-Ion: 0.9 mol/sec·m^2 · 10^8.

Der Vorteil der Calixarene besteht darin, daß sie Ionen in *alkalischer* Lösung transportieren, während [18]Krone-6 im Gegensatz dazu weit effektiver KNO_3 als KOH transportiert. *p-tert*-Butylcalix[4]aren, -[6]aren und -[8]-aren zeigen alle eine ähnliche relative Kationen-Transportfähigkeit, wie die Reihenfolge $Cs^{\oplus}$ > $Rb^{\oplus}$ > $K^{\oplus}$ > $Na^{\oplus}$ >> $Li^{\oplus}$ nahelegt. Das cyclische Tetramer weist die größte Selektivität für $Cs^{\oplus}$ auf, während das cyclische Octamer die größte absolute Transportfähigkeit für $Cs^{\oplus}$ zeigt. Kontrollexperimente mit *p-tert*-Butylphenol lassen darauf schließen, daß der makrocyclische Ring entscheidend ist, denn die offenkettige Vergleichsverbindung zeigt keinen Alkalimetallion-Transport.

Die Calixarene spielen hier keine Kronenether-analoge Rolle; es ist unwahrscheinlich, daß sie die Kationen mit einer planaren Anordnung von Sauerstoff-Donoren umringen. Für eine Ummantelung des großen Ions $Cs^{\oplus}$

ist der Hohlraum des Calix[4]arens zu klein, während der Hohlraum der Calix[8]arene zu groß für eine Ioneneinlagerung ist. Die oben erläuterten Ergebnisse der Calixaren-Amin-Komplexierung legen vielmehr eine Deutung der Metall-Komplexierung als *endo-Calix-Komplexierung* nahe, d.h. es liegt eine Ionenpaar-Wechselwirkung zwischen Alkalimetallkation und Calixarenat-Anion vor, bei der das Kation in den lipophilen Konus-Hohlraum eintaucht.

Die $Cs^{\oplus}$-Selektivität der Calixarene rührt nach *Izatt* daher, daß Cs-Ionen ihre Hydrationssphäre leichter als die anderen monovalenten Kationen verlieren. Wenn das Calix[8]aren in einer transannular eingedellten Konformation vorliegt (siehe "pitched"-Konformation, oben), dann sollte es zwei Cs-Ionen per Wirtmolekül aufnehmen können und daher zweimal so wirksam sein wie Calix[4]aren. Die Experimente ergaben, daß es ungefähr viermal so wirksam ist.

Nach *Izatt* sind die Calixarene Ionencarrier, insbesondere aufgrund ihrer geringen Wasserlöslichkeit, ihrer Fähigkeit, neutrale Komplexe mit Kationen zu bilden (nach Verlust eines Protons von einer OH-Gruppe des Calixarens). Sie bieten die Möglichkeit, eine Kopplung des Kationtransports mit dem umgekehrten Einfließen von Protonen (gekoppelter Ionentransport) zu erreichen.

Wasserlösliche Calixarene wurden von *Shinkai* [18] sowie *Schneider* [19] und anderen [1a] beschrieben. Über polymere Calixarene und Calixarene als Katalysatoren siehe Lit. [1a]; wegen neuerer Ergebnisse (*Reinhoudt* et al.) muß auf die Literatur verwiesen werden [20].

4.4.7   Schlußfolgerung

Die Calixarene bieten einen einfachen und preiswerten Einstieg in die "Hohlraum-Chemie". Vorteilhaft hierfür ist nicht nur die simple und effiziente Cyclisierungsmethodik, sondern auch die Flexibilität bei der Substituentenwahl und die Umfunktionalisierungs-Möglichkeiten. Man hat auf diese Weise die Wahl der Hohlraumgröße und der funktionellen Gruppen am Hohlraumrand. Die Substanzen **39c,h** sind Hydrolysekatalysatoren; die Verbindung **39f** ist als Metallchelator und Sauerstoffcarrier eingesetzt worden. Die Calixarene und ihre Komplexe zeichnen sich durch Kristallinität aus, wodurch ihr Molekülbau ebenso wie derjenige der Wirt/Gast-Komplexe eindeutig festgelegt werden kann. Das Gebiet der Calixarene dürfte sich somit erst am Beginn der Entwicklung befinden [1a].

4.5   Spheranden

Auf die *Spheranden* wurde bereits im Studienbuch "Cyclophan-Chemie" (Teubner, Stuttgart 1990) eingegangen. Diese von *Cram* [1] entwickelte Ligand-Familie basiert auf der starren Struktur der von *Staab* erarbeiteten Oligo-*m*-phenylene [2] und kombiniert diese mit dem Konzept der intraannularen funktionellen Gruppen, das von *Vögtle et al.* ausgearbeitet worden war [3].

Durch die starre *Präorganisation* der funktionellen Gruppen (OCH$_3$, OH) in Spheranden wie 1 sollte ein annähernd runder Hohlraum entstehen, der von mehreren Bindungsstellen umrahmt ist. Dieser Hohlraum soll nach *Cram* durch ein unterstützendes starres Gerüst von Kovalenzbindungen verstärkt werden ("enforced cavity"). Die konformative Flexibilität soll so gering sein, daß die Wirtverbindung ihren eigenen Hohlraum nicht durch rotierende Bauteile oder Substituenten ausfüllen kann. Der charakteristische und zuerst beschriebene *Spherand* 1 enthält demnach ein starres Hexa-*m*-phenylen-Gerüst mit sechs konvergent angeordneten Methoxygruppen. CPK-Modelle zeigen, daß hieraus eine alternierende *up-down*-Anordnung der sechs Methoxygruppen resultiert: Die OCH$_3$-Gruppen sind abwechselnd nach oben und unten voneinander weggerichtet. Die konformative Beweglichkeit in 1 ist so gering, daß die Methoxygruppen nicht durch das Zentrum des Hohlraums rotieren können. Die Anisyl-Bausteine sind daher *selbstorganisierend*. Die Solvation der Sauerstoffatome ist infolgedessen durch sechs Phenylen- und sechs Methylgruppen behindert. Die Sauerstoffatome liegen in einer nahezu perfekten oktaedrischen Anordnung vor. Der Durchmesser des Hohlraums variiert mit dem Diederwinkel der sechs Arengruppen, wobei ein Mittelwert von 162 pm erreicht wird. Dieser entspricht etwa der Größe des Durchmessers von Li$^\oplus$ (148 pm) und Na$^\oplus$ (175 pm). Der Spherand 1 bietet daher eine Präorganisation, die sowohl im elektronischen als auch im sterischen Sinne komplementär zu Li$^\oplus$ und Na$^\oplus$ ist. K$^\oplus$ und größere Kationen sind demnach nicht als Gastionen geeignet. Dementsprechend findet man für die Pikratsalze von Li$^\oplus$ und Na$^\oplus$ in CDCl$_3$ bei 25°C eine Freie Bindungsenthalpie von -ΔG^0> 96 und 80 kJ/mol, während für andere Ionen die Bindung kaum nachweisbar klein ist [1].

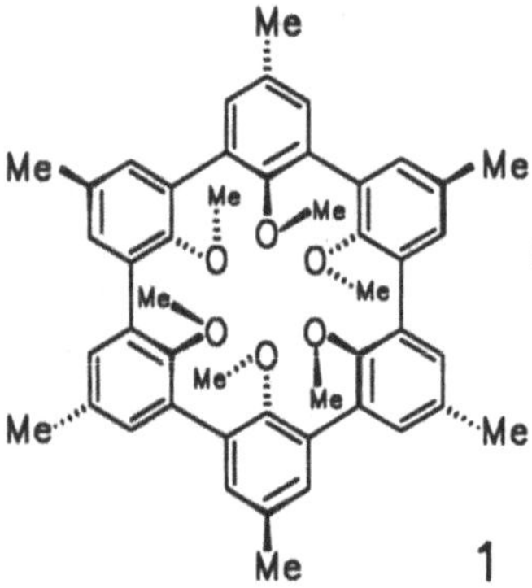

Me

Me

Me

Me

Me

Me

Me

1

MeO   MeO   MeO   MeO   MeO   MeO

H

Me   Me   Me   Me   Me   Me

H

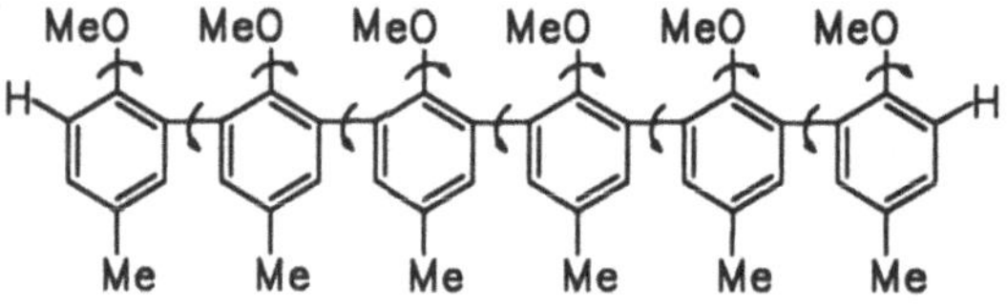

2

Gegenüber der nicht präorganisierten offenkettigen Vergleichsverbindung
2 hat der Makrocyclus 1 den Vorteil der sterisch starr präorganisierten oktaedrischen Anordnung der sechs Sauerstoffatome und der Abschirmung von
der Solvation. Der offenkettige Oligo-Phenolether 2 bindet $Li^{\oplus}$ und $Na^{\oplus}$ nur
mit $-\Delta G^0 < 25$ kJ/mol. Der Grund liegt darin, daß 2 anders als 1 in
zahlreichen Konformationen vorliegen kann, die durch Rotation um die
Aren-Aren-Einfachbindungen und um die O-Methyl-Einfachbindungen entstehen und von denen nur zwei für eine kooperative Bindung voll organisiert
sind. Die meisten der Konformationen von 2 stellen die Donorzentren eher
für die Solvation als für die Koordination eines Kations zur Verfügung.

Abb.1 zeigt skizzenhaft die Insertion eines (Alkalimetall-) Kations in den
Hohlraum des Spheranden 1 [1b]:

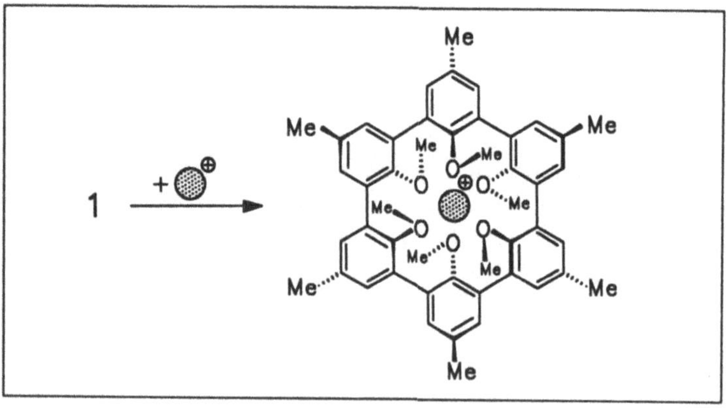

Me

Me

Me

Me

Me

Me

1   +

Abb.1. Kation-Komplexierung des Spheranden 1

Von vielen Spheranden und deren Metallkomplexen existieren inzwischen *Röntgen*-Kristallstrukturanalysen [1]. Erwartungsgemäß zeigen die freien Liganden eine ähnliche Konformation wie die Komplexe; sie unterscheiden sich nur dadurch, daß der freie Ligand einen leeren Hohlraum enthält, der im Komplex mit dem Kation ausgefüllt ist.

Weitere von *Cram* hergestellte Spheranden weisen verschiedene Heteroatome, verschiedene Ringgröße, verschiedene Bindungsstellen oder verschiedene Konnektivität auf (Abb.2) [1].

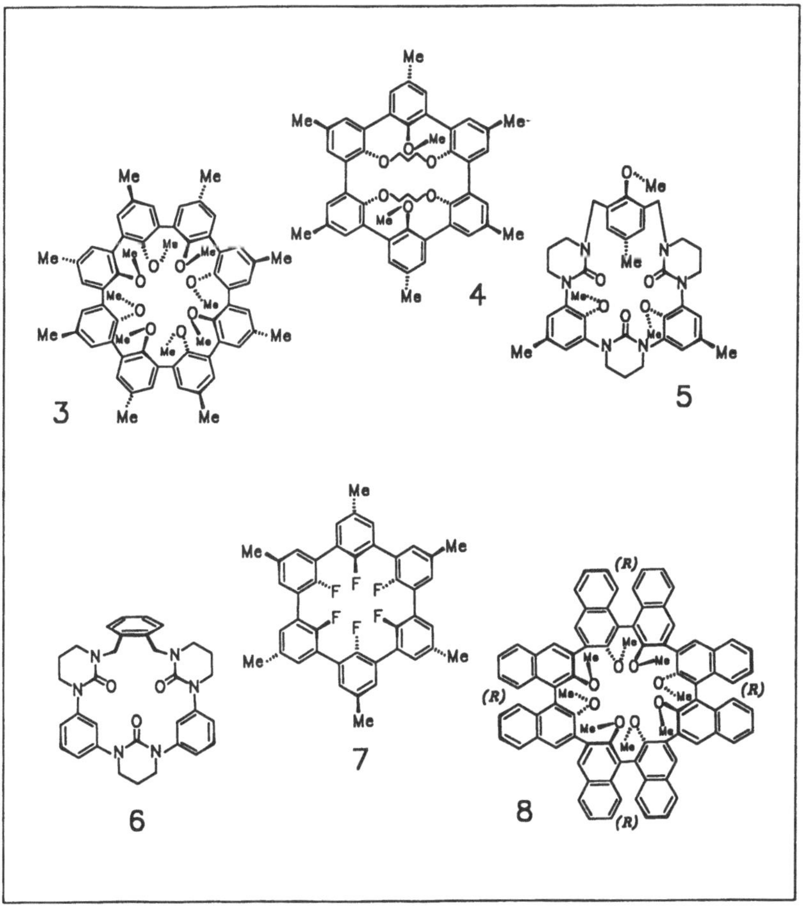

Abb.2. Einige *Spheranden* mit unterschiedlichem "Design"

Die "Harnstoff-Einheiten" als Bausteine in 5 und 6 führen zu einer geringeren sterischen Hinderung und befähigen den Liganden, Gäste über Wasserstoffbrücken zu binden. Die Kationenbindung der intraannular Fluor-substituierten Spheranden 7 ist mäßig: 7 bildet keinen Komplex mit $Li^\oplus$. Den chiralen Binaphthyl-Spheranden 8 erhielt *Cram* mit 1.6% Ausbeute. Wegen der Details der Gastbindung der verschiedenen Spherand-Modifikationen sei auf Übersichts- und Originalliteratur verwiesen [1].

Im folgenden sei noch auf die "Hemispheranden", "Cryptospheranden" und "Carceranden" eingegangen [1]:

Hemispheranden (Abb.3) unterscheiden sich von den Spheranden durch ihren geringeren Grad an Präorganisation. Sie besitzen eher ein halbflexibles als ein starres Molekülgerüst und sind eigentlich Kombinationen von Spheranden mit Kronen und Cryptanden. Die besondere Mischung von Starrheit und Flexibilität von Hemispheranden bietet neue Möglichkeiten für Studien von Struktur-Bindungs-Korrelationen und für das gezielte "Züchten" bestimmter Kation-Selektivitäten.

Cryptospheranden sind halborganisierte Cryptanden, die mit Spherand-Elementen "vermischt" sind. Eine Auswahl charakteristischer Vertreter dieser Verbindungsfamilie bietet Abb.3.

Aus den vielfältigen Untersuchungen *Crams* zur Chemie der Spheranden seien einige Bemerkungen zur Kinetik und Selektivität ausgewählt: Für die starr präorganisierten Spheranden war eine langsame Kinetik der Komplexierung mit Gastionen zu erwarten. In der Tat komplexiert der Spherand 1 $Li^\oplus$- und $Na^\oplus$-Pikrate mit Geschwindigkeitskonstanten $k^\rightarrow = 8 \cdot 10^4$ $l \cdot mol^{-1} \cdot sec^{-1}$. Die Dekomplexierungskonstante $k^\leftarrow$ für den $1 \cdot Li^\oplus$-Komplex liegt dagegen bei $< 10^{-12}$. Diese Daten erinnern an die Cryptanden, die eine ähnliche Kinetik der Ionenkomplexierung zeigen. Insgesamt ergibt sich, daß die Geschwindigkeiten für die Komplexierung und Dekomplexierung umso geringer sind, je höher präorganisiert eine Wirtverbindung für die Komplexierung ist.

Die höchsten $Li^\oplus/Na^\oplus$-Selektivitätsfaktoren weisen die Spheranden 1 und 4 auf. Die höchsten $Na^\oplus/Li^\oplus$-Selektivitäten liefern der "Cryptohemispherand" 12b und der überbrückte Hemispherand 13. Hohe Selektivitäten von $Na^\oplus$ über $K^\oplus$ werden von den Spheranden 1, 2 und dem Cryptohemispheranden 12a geboten. Der Cryptospherand 12c zeigt die höchsten $K^\oplus/Na^\oplus$-, der Hemispherand 13 die höchsten $K^\oplus/Rb^\oplus$- und der Spherand 3 die höchsten $Rb^\oplus/K^\oplus$-Selektivitäten.

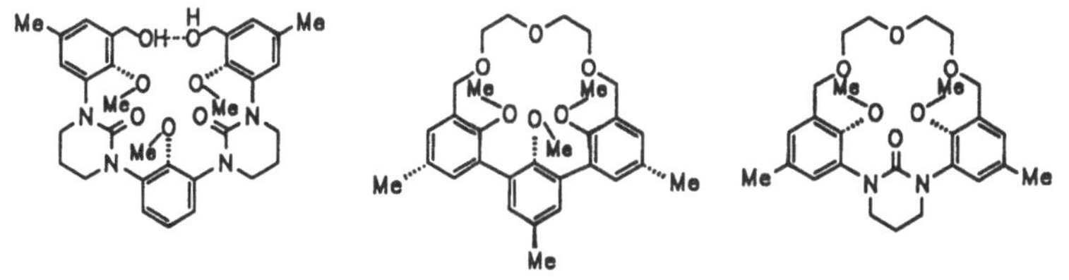

9   10   11

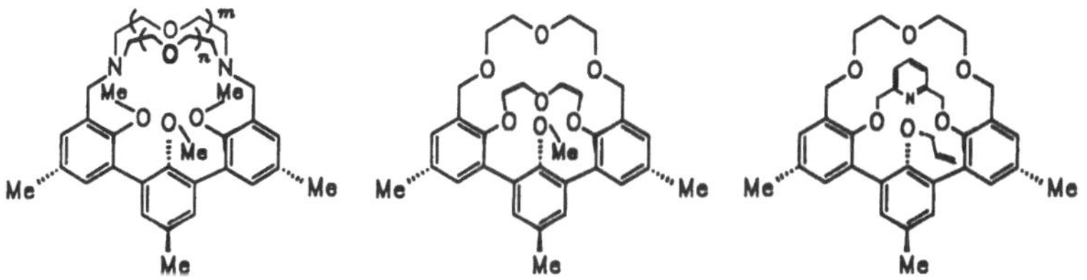

12a : $n = m = 1$ 13   14
  b : $n = 2, m = 1$
  c : $n = m = 2$

Abb.3. *Hemispheranden* (9-11) und *Cryptospheranden* (12-14) mit verschiedenem Grad an Präorganisation

Insgesamt wurde gefunden, daß die Spheranden **1** und **4** mit ihrer hohen Spezifität für die Bindung von $Li^\oplus$ gegenüber $Na^\oplus$ und für die Bindung von $Na^\oplus$ gegenüber allen anderen Ionen einzigartig sind. Nur die kleinen Cryptanden "[2.2.1]" oder "[2.1.1]" (vgl. Abschn.2) und einige Cryptohemispheranden (**12a,b**) zeigen vergleichbar hohe Spezifitäten für $Li^\oplus$ und $Na^\oplus$. Das Prinzip der Präorganisation gilt also nicht nur für die Bindungsstärke, sondern ist auch für die Ionenselektivität zuständig.

Die von *Cram* 1989 beschriebenen *Cyanospheranden* bieten gegenüber den Spheranden und Hemispheranden grundsätzlich Neues [4]: Während die Spheranden eine negativierte "Höhle" für Kationen enthalten, wird bei den Cyanospheranden ein positivierter Hohlraum für Anionen erzeugt und zudem zwei äußere Bindungsorte mit hoher negativer Ladungsdichte für Kationen. Sie kommen durch das hohe Dipolmoment und die Orientierung der intraannularen Cyano-Substituenten zustande und sollten zu einem neuen kooperativen Bindungstyp für Salze (Komplexierung von Kationen *und* Anionen) führen. Kooperativ, weil die Koordination an einem Ende der Cyano-Einheit die Bindungsfähigkeit am anderen Ende verstärkt. Im Molekül **15a** liegt nach *Cram* eine streng präorganisierte [*(up-down)*$_4$]-Konformation vor:

Je vier Cyanogruppen ragen abwechselnd über und unter die Ringebene und bilden (durch die positivierten C≡N-Kohlenstoffatome) einen fast kugelförmigen (sphärischen) positiv polarisierten Hohlraum mit einem Durchmesser von ca. 220 pm. An der Hohlraumöffnung befinden sich kranzförmig angeordnet die negativen Stickstoffatome. Die *Röntgen*-Kristallstrukturanalyse des Di-K$^\oplus$-Komplexes von **15a** zeigt, daß die Komplexierung des Kations in der Tat erreicht wurde. Der weitere von *Cram* postulierte Schritt, die Anionverkapselung zwischen den beiden Kationen, ist noch nicht geglückt.

Die Cyanospheranden **15b** und **15c** sind konformativ flexibler und deshalb weniger gut präorganisiert. Trotzdem binden sie Alkali- und Ammonium-Ionen stärker als übliche Kronenether.

Der Ersatz der Anisyl-Bausteine in den Spheranden durch Pyridin-Einheiten gelang *Newkome et al.* [5] und *Toner et al.* [6], wobei der Natriumkomplex **18** und das *"Cyclosexipyridin"* **16** erhalten wurden. Hinsichtlich der Synthesemethodik sei auf die Originalliteratur bzw. Übersichten [1c] verwiesen.

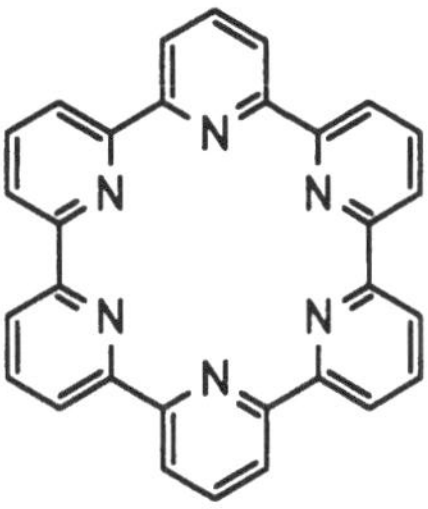

16

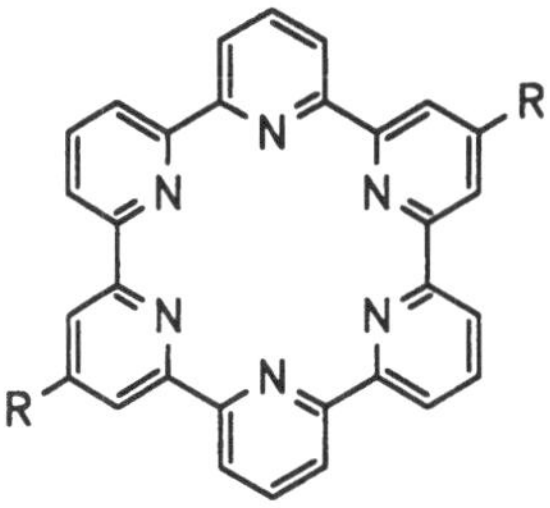

17

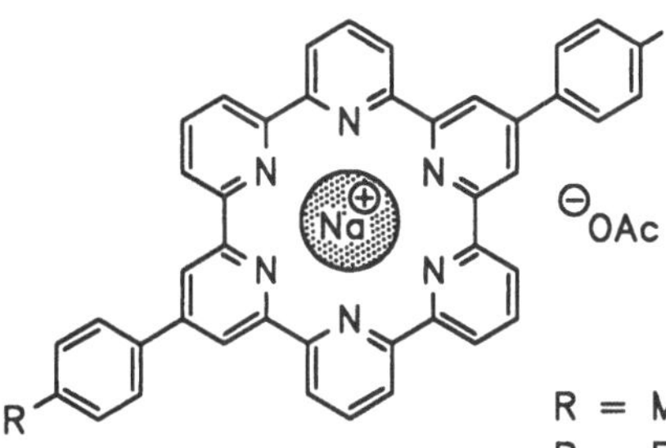

R = Me
R = Et

18

Auch die Herstellung der überbrückten *Pyridino-Spheranden* bzw. Dodecahexahydroaza-Kekulene **19** wurde berichtet [7].

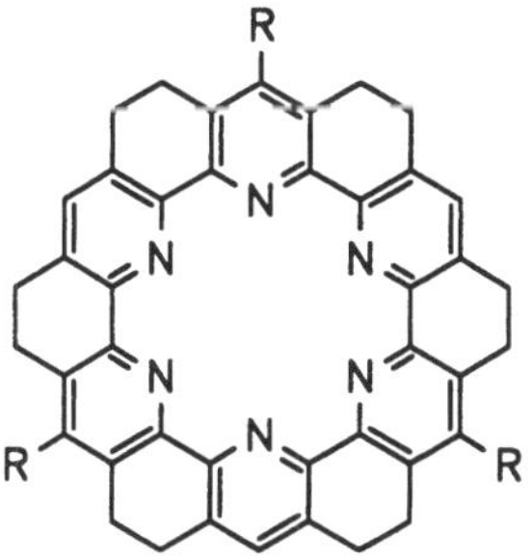

R = H
R = Bu

19

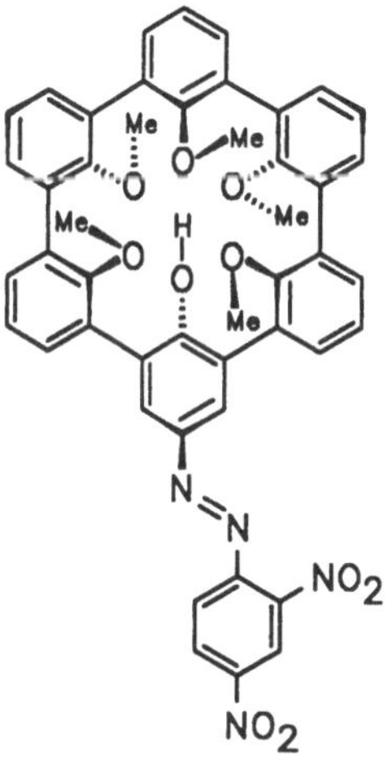

20

Eine interessante Entwicklung, die auf den von *Vögtle et al.* [8] und von *Takagi, Ueno* und *Misumi et al.* [9] entwickelten "Chromoionophoren" bzw. "Chromoaceranden" basiert, sind die Farbstoff-Spheranden des Typs 20 [10], die bei Salz- oder Amin-Zusatz ihre Farbe Kation- bzw. Amin-selektiv verändern.

Cavitanden und Carceranden: Cavitanden sind, wie oben erwähnt, als Moleküle mit Struktur-verstärkten Hohlräumen, passend für Ionen oder Moleküle, zu verstehen. Von *Cram et al.* wurden durch Kondensation von Resorcin mit Acetaldehyd und anschließende Verbrückung der entstandenen OH-Gruppen *Cavitanden* des Typs 21 (Veratrylen-, nicht Spherand-Abkömmlinge) erhalten, von denen einige als "Solvate" kristallisieren [11]:

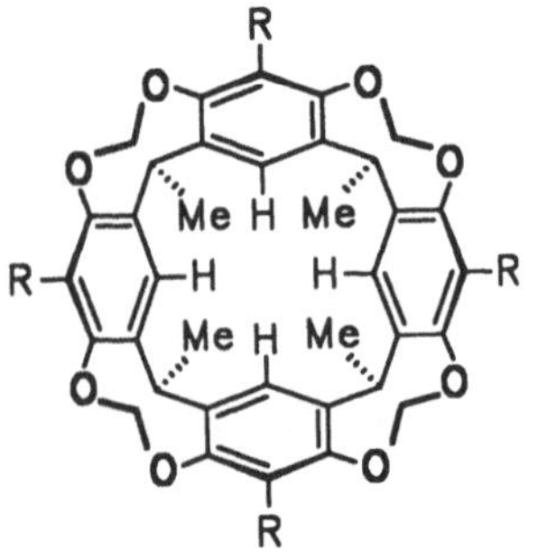

21a : R = H
21b : R = Br
21c : R = CO_2Me

Cavitanden dieses Typs konnten uhrglasartig miteinander verbrückt werden, wobei *"Carceranden"* wie 22 entstehen [12].

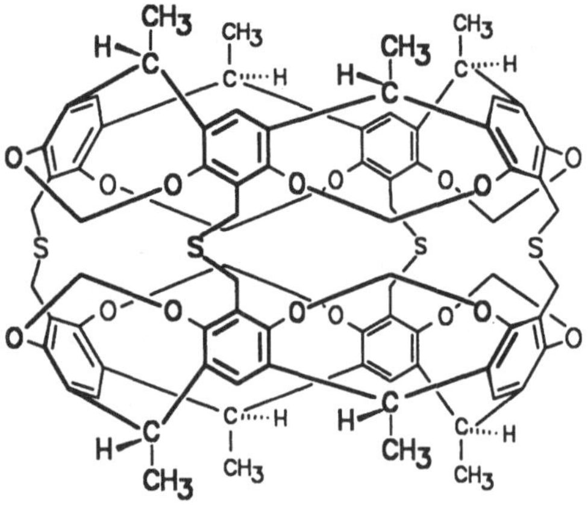

22

Diese weisen, wie der Name ausdrückt, derart starre und vollständig umschlossene Hohlräume auf, daß bei der Synthese sogar Bestandteile des Reaktionsgemisches aus der Cyclisierungslösung im Hohlraum eingeschlossen werden. Beispiele für solche bei der Cyclisierung eingefangene Gäste sind $Cs^{\oplus}$, Argon und $ClCF_2CF_2Cl$. In diesen käfigartigen Wirtverbindungen sind die Gäste umschlossen wie durch Gitterstäbe. Die Komplexe der Carceranden heißen nach *Cram* *"Carceplexe"*. Auch Lösungsmittelmoleküle wie THF und DMF wurden eingeschlossen. Die Charakterisierung der entstandenen Carceplexe gelang erst, als lösliche Carceplexe kristallin erhalten werden konnten. Mit Hilfe der NMR-Spektroskopie konnte *Cram* zeigen, daß die Gastmoleküle im Hohlraum orientiert sind und daß Gastmoleküle mit länglicher Gestalt dazu gebracht werden können, um ihre Längsachse zu rotieren. Kleinere "Käfiginsaßen" bewegen sich dagegen in allen drei Raumrichtungen ungehindert innerhalb des "Karzers".

4.6   Porphyrine als Wirtverbindungen

In diesem Abschnitt wird auf neuere Porphyrine, die durch zaunförmig angeordnete Substituenten oder mit Brücken oder Kappen versehen sind, eingegangen [1]. Durch die hinzugekommenen Brücken wird zusätzlich zum relativ kleinen "Loch" in der Mitte des Porphyrin-Gerüsts, das lediglich für kleine Kationen als Hohlraum dienen kann, ein größerer und zum Studium von Wirt/Gast-Wechselwirkungen geeigneter Hohlraum aufgebaut.

Eine Reihe von ideenreichen Autoren hat es verstanden, das Porpyhrin nicht nur als "Ankergruppe" für vielfältige Überbrückungen einzusetzen, sondern zudem als Modell-Liganden für die Eisen-Komplexe des Hämoglobins und Myoglobins sowie die Cytochrome zu nutzen. Verbrückte, verkappte und zaunhaltige Porphyrine [1] können als *Funktionsmodelle* für biologische Moleküle und Umsetzungen dienen. Die Herausforderung besteht in der biomimetischen Nachahmung und möglichst Überbietung der Wirkungsweise von Hämoglobin, Myoglobin, Cytochromen und anderen natürlichen Porphyrinen.

4.6.1   Hämoglobin- und Myoglobin-Modellverbindungen

Das *Hämoglobin* (Hb), der rote Blutfarbstoff, zählt zu den Metalloproteinen. Seine Funktion in Wirbeltieren ist der Transport von Sauerstoffmolekülen von der Lunge zum Muskelgewebe. Jedoch spielt es auch eine Rolle beim Transport von CO_2 vom Muskel zu den Lungen. *Myoglobin* (Mb) findet sich in Skelettmuskelzellen; seine Aufgabe ist es, das O_2, das vom Hämoglobin geliefert wird, zu speichern [1a].

Hb und Mb enthalten Fe(II)-Protoporphyrin (Häm, 1) als prosthetische Gruppe. Hämoglobin ist ein Dimer von Dimeren, bestehend aus zwei α- und zwei ß-Untereinheiten. Jede Untereinheit setzt sich aus einer Häm-Gruppe und einer Polypeptid- (Globin-)Kette zusammen. Mb besteht aus einer Häm-Gruppe und einer einzigen Globin-Kette.

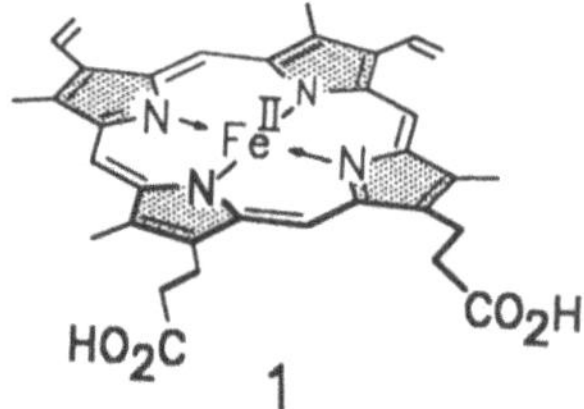

Da die *Röntgen*-Kristallstrukturen von Hb und Mb vor und nach der Aufnahme von O_2 bekannt sind, kann man die stereochemischen Konsequenzen der Oxygenierung (Sauerstoffaufnahme) verfolgen: In der Deoxy-Form von Hb und Mb liegt das Fe(II) pentakoordiniert vor. Dabei werden vier planare Ligand-Donorzentren von den Porphyrin-Stickstoffatomen und das fünfte von dem axial dazu stehenden Imidazol eines Histidin-Rings beigesteuert.

Bei der Sauerstoffaufnahme ändert sich der Fe-Imidazol-Stickstoff-Abstand kaum. Das Fe-Atom jedoch, das eine Spinzustands-Änderung von "high spin" zu "low spin" erfährt, bewegt sich auf die Porphyrin-Ebene zu und zieht damit das proximale Imidazol mit sich (<u>Abb.1</u>).

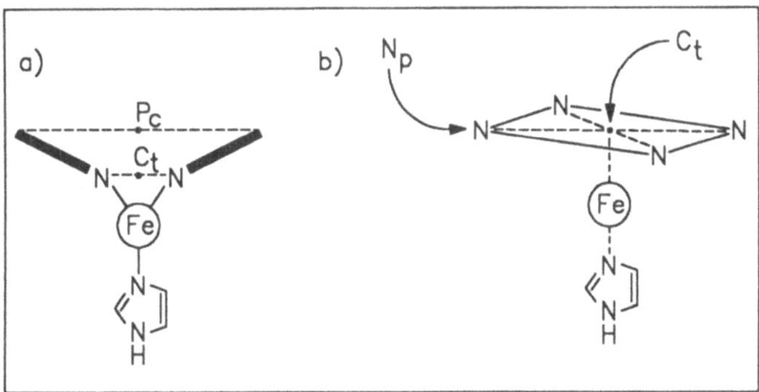

Abb.1. a) Seitenansicht, b) perspektivische Ansicht des pentakoordinierten Fe(II)-Porphyrins

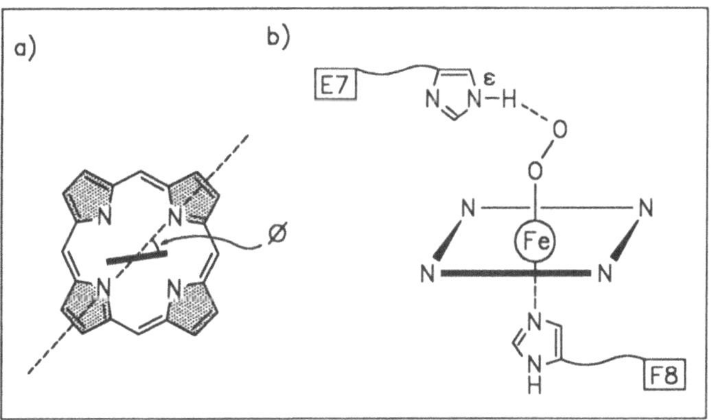

Abb.2. a) Ekliptischer Winkel ($\neq$) zwischen der Imidazol-Ebene und der Porphyrin-Achse, b) Wasserstoffbrückenbindung zwischen N^ε des Histidin-Rests E7 und dem gebundenen O_2-Molekül

Diese Bewegung ist im mechanischen Modell von *Perutz* ein wichtiger Faktor für die Kooperativität, die das Hb bei der Bindung von O_2 zeigt [2]. Beim Oxy-Mb ist diese Bewegung nicht so ausgeprägt. Die Tatsache, daß das $Fe^{2\oplus}$ außerhalb der Porphyrin-Ebene verbleibt, könnte auf die ekliptische Orientierung der Imdiazol-Ebene zu den Porphyrin-N-Atomen zurückzuführen sein. Ist dieser Winkel groß (siehe Abb.2), dann werden sterische Wechselwirkungen zwischen den Imdiazol- und Porphyrin-Stickstoffatomen kleiner. Da der Fe-Imidazol-Stickstoff-Abstand ungefähr konstant bleibt, sollte eine weitere Annäherung an die Porphyrin-Ebene möglich sein.

Das O_2-Molekül ist in einer gewinkelten, "end-on"-Geometrie gebunden, wie von *Pauling* vorausgesagt (Abb.2b) [3]. Die Wasserstoffbrückenbindung zum Histidin E7 ergab sich aus der Neutronenbeugungs-Analyse.

4.6.2   Sauerstoff-Bindung an Porphyrine

Trägt man die Sättigung des Hämoglobins mit O_2 gegen den Sauerstoff-Partialdruck auf, so erhält man einen S-förmigen Kurvenverlauf (Sauerstoffbindungs-Kurve) [1a,4]. Bei niedrigem Sauerstoff-Partialdruck (in den Muskeln) wird das O_2 wieder abgegeben und bei mäßigem Druck (in den Lungen) wieder gebunden. Dagegen nimmt die Sauerstoffbindungs-Kurve für das Myoglobin einen hyperbolischen Verlauf.

Die Änderungen in der Tertiär- und Quartärstruktur des Hb im Verlaufe der O_2-Aufnahme haben zur Unterscheidung zweier Formen des Hb geführt:

T-Zustand (geringe O_2-Affinität), z.B. Deoxy-Hb

R-Zustand (höhere O_2-Affinität), z.B. Oxy-Hb.

Die bisher bekannten Hämoglobin-Modelle versuchen die Eigenschaften dieser Zustände nachzuahmen.

Planare Eisen(II)-Porphyrine wie der Octaaza-Makrocyclus 2 reagieren (bei tiefer Temperatur) rasch und irreversibel mit O_2 [5].

Das Oxidationsprodukt ist normalerweise ein "μ-Oxo-Dimer". Der Mechanismus dieser Reaktion ist recht gut bekannt; einige der in den folgenden

Gleichungen angegebenen Zwischenstufen wurden mit spektroskopischen Methoden charakterisiert:

$$
\begin{array}{llll}
PFe(II) + L & \rightleftarrows & PFe(II)L & \text{(a)} \\
PFe(II)L + L & \rightleftarrows & PFe(II)_2 & \text{(b)} \\
PFe(II)L + O_2 & \rightleftarrows & PFe(II) \cdot O_2 & \text{(c)} \\
PFe(II)L \cdot O_2 + PFe(II)L & \rightleftarrows & LPFe(II)\text{-}O\text{-}O\text{-}Fe(II)PL & \text{(d)} \\
LPFe(II)\text{-}O\text{-}O\text{-}Fe(II)PL & \rightarrow & 2\,[LPFe(IV)\text{=}O] & \text{(e)} \\
LPFe(IV)\text{=}O + LPFe(II) & \rightarrow & PFe(III)\text{-}O\text{-}Fe(III)P + 4L & \text{(f)}
\end{array}
$$

Der Reaktionsschritt (e) ist irreversibel: Dort wird das im Reaktionsschritt (d) gebildete **μ-Peroxo-Dimer** "zersetzt". Dieses Dimer wird in einem bimolekularen Prozeß erzeugt, der zwei Metallo-Porphyrin-Kerne benötigt [Gl. (d)]. Die Reaktion (d) muß vermieden werden, wenn die Zersetzung des Fe(II)-Porphyrins unterbunden werden soll. Es ist daher ein allgemeines Charakteristikum aller Porphyrin-Modelle, den Teilschritt (d) zu verhindern. Dies kann durch einen sterischen Schutz wenigstens einer Seite des Metallo-Porphyrins erreicht werden. Im Hämoglobin selbst ist dieser bimolekulare Prozeß dadurch blockiert, daß das Protein die Häm-Einheiten stets voneinander getrennt hält, wobei der Minimumabstand ca. 2500 pm beträgt.

Der Octaaza-Makrocyclus **2** war ein erstes erfolgreiches Porphyrin-Modell, das die sterische Hinderung ausnutzte, um die μ-Oxo-Dimerbildung zu verhindern oder wenigstens zu verlangsamen. Der 1973 von *Baldwin* beschriebene Eisen-Komplex ist tatsächlich ein reversibler Sauerstoff-Carrier, allerdings bei relativ niedriger Temperatur [5].

4.6.3   Lattenzaun-Porphyrine

Das erste Beispiel für ein Lattenzaun-Porphyrin ("fenced porphyrin") ist das von *Collman* 1973 publizierte Pivaloyl-substituierte Molekül **3** [6].

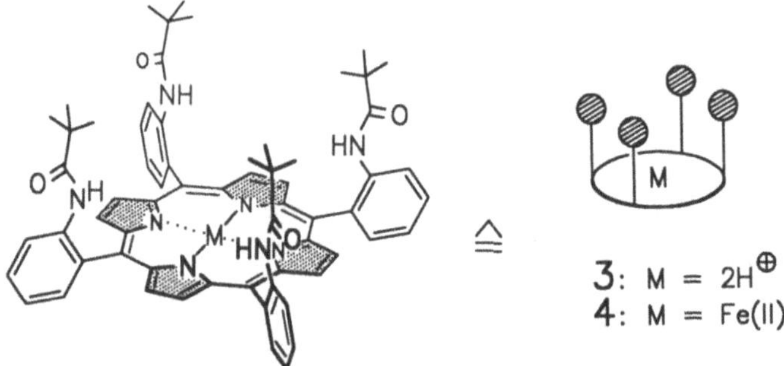

Ein Syntheseschema für Lattenzaun-Porphyrine ist in <u>Abb.3</u> skizziert.

Der Nachteil dieser Synthese liegt in der chromatographischen Trennung und Isolierung der vier atropisomeren Tetrakis(aminophenyl)porphyrine. Da die Atropisomere aber reäquilibriert werden können, ist das all-*cis*-α,α,α,α-Tetra-*o*-aminophenylporphyrin (**5**) doch in gewissen Mengen erhältlich. Obwohl nach einer neueren Methode alle Atropisomere in die α,α,α,α-Form umgewandelt werden können [7], sind doch die Chromatographie und Aufarbeitung mühsam.

Die Metallierung [Komplexierung mit Fe(II)] kann auf verschiedene Weise erfolgen: Normalerweise wird das Eisen als $Fe^{3\oplus}$ inkorporiert und vor den Komplexierungsstudien zum $Fe^{2\oplus}$ reduziert. Da manchmal Probleme im Reduktionsschritt auftauchen, sind auch Verfahren zur direkten Einführung von $Fe^{2\oplus}$ entwickelt worden.

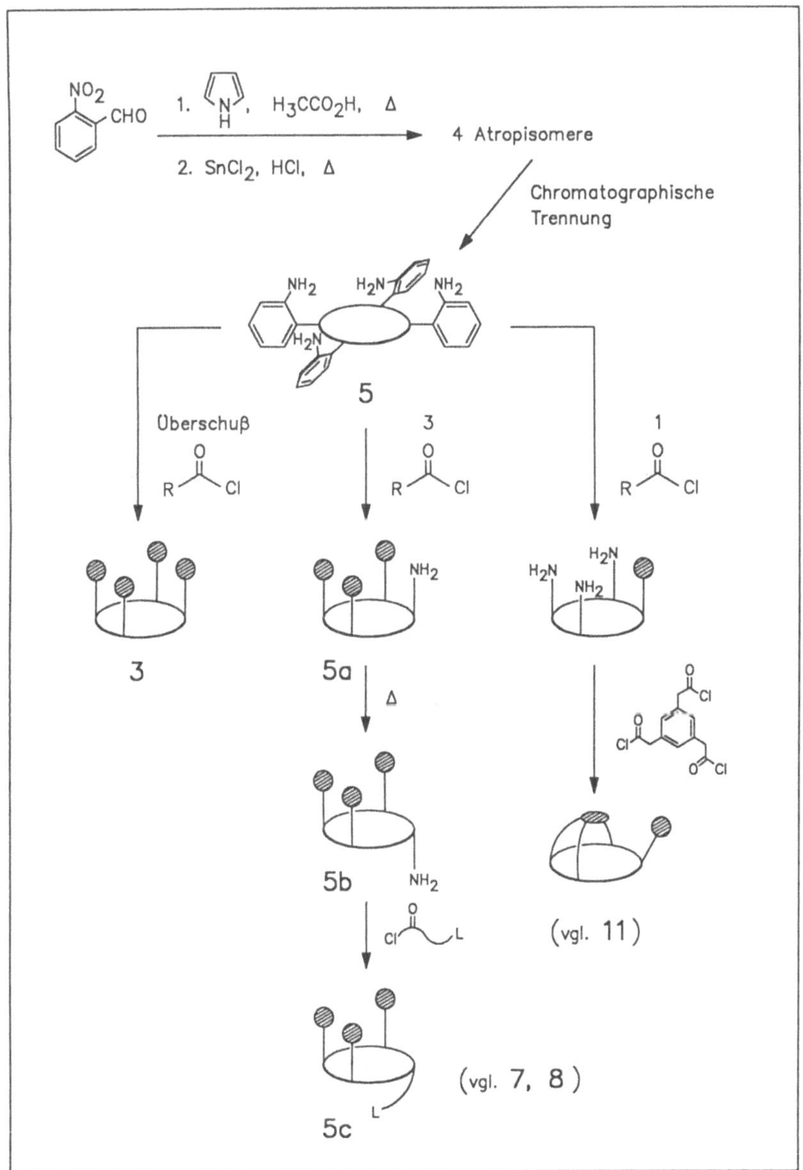

Abb.3. Synthese von Lattenzaun-Porphyrinen

Der Fe-Komplex **4** bindet O_2 reversibel in Gegenwart eines von vielen möglichen axialen Liganden (darunter 1-Alkylimidazole, 1,2-Diimidazole, Pyridin, Bipyridin, Tetrahydrothiophen, Tetrahydrofuran). In Benzen-Lösung bei 25°C unter einer Atmosphäre trockenen Sauerstoffs und drei Äquivalenten 1-Methylimidazol hat der Komplex eine Halbwertszeit von zwei Monaten. Der Lattenzaun bewirkt also einen gewissen Schutz gegen die irreversible μ-Oxo-Dimerbildung. Da bekannt ist, daß **4** mit zusätzlich koordinierenden Liganden hexakoordinierte Komplexe bildet, ist es wahrscheinlich, daß auch diese zu seiner bemerkenswerten Stabilität beitragen. Jeder hexakoordinierte Komplex von **4** ist wirksam gegen "inner sphere"-Reaktionen mit O_2 geschützt, die zur irreversiblen Oxidation führen können (<u>Abb.4</u>).

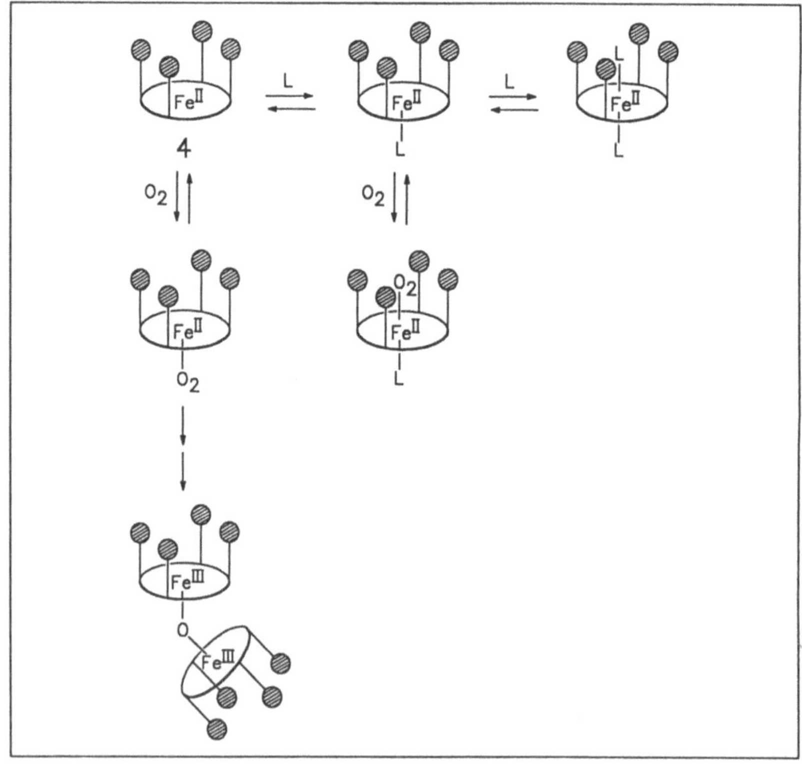

<u>Abb.4.</u> Gleichgewichte bei der Reaktion von **4** mit O_2 bei Ligand-(L-)Überschuß

Die erfolgreiche Isolierung und *Röntgen*-Kristallstrukturbestimmung einiger hexakoordinierter Eisen-Lattenzaun-Oxy-Komplexe erwies sich als wichtig. Das erste Beispiel war **6** [8], das als Modell für den R-Zustand von Oxy-Hb und Oxy-Mb fungierte:

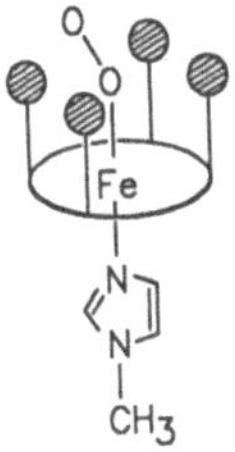

6

Seine Komplexstruktur stützte *Paulings* Voraussage einer abgeknickten "end-on"-Geometrie für Oxy-Hb.

Einige mit Armen versehene ("tailed") Lattenzaun-Porphyrine wie **7** und **8** erwiesen sich für Komplexierungs- und Sauerstoffbindungs-Studien als nützlich [9].

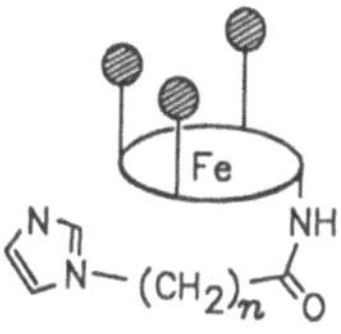

7: $n = 3$

8: $n = 4$

$Fe(Piv)_3(4CImP)Por$ (**7**) und $Fe(Piv)_3(5CImP)Por$ (**8**) liegen in verdünnter Lösung und bei Raumtemperatur bevorzugt als pentakoordinierte "high spin"-Komplexe vor (C = Kettenlänge, P = Phenyl, Im = Imidazol, Por = Porphyrin). Bei tieferer Temperatur tritt jedoch Dimerisierung ein; bei -25 °C findet man mehr als 50% Dimer mit gemischtem spin-System ($S = 2$ und $S = 1$):

Die O_2-Affinität von **7** und **8** ähnelt der des R-Zustands von Hb. Ihre "Halbwertszeit" beträgt ungefähr 33 Stunden; sie gehören damit zu den stabilsten bisher beschriebenen mononuclearen O_2-Carriern.

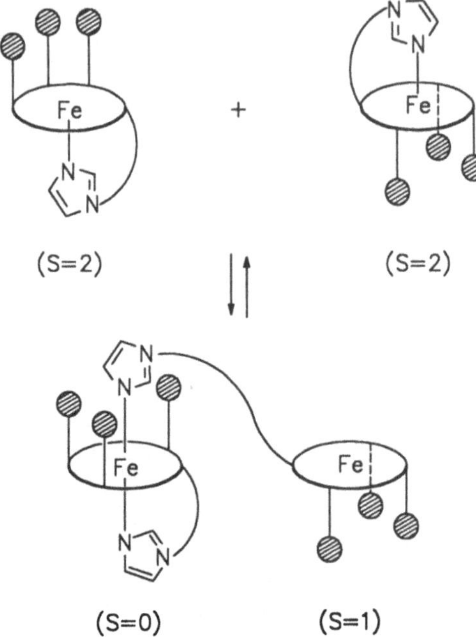

Das Anbinden des Arms zur Herstellung von "tailed" Liganden gelang durch Kopplung des entsprechenden Säurechlorids mit dem $\alpha,\alpha,\alpha,\beta$-Atropisomer (Abb.3). Die mit Arm versehenen Porphyrine sind licht- und sauerstoffempfindlich, weshalb alle Reaktionen unter Inertgas und im Dunkeln durchgeführt wurden.

Da viele Lattenzaun-Porphyrin-Modelle ganz ähnliche O_2-Affinitäten wie Fe- und Co-Hb und -Mb aufweisen, wurde geschlossen, daß die Proteinteile abgesehen von der Verhinderung irreversibler Oxidationen keine spezielle Rolle bei der Sauerstoffbindung spielen.

Auch die "Spannung" im Hb, also die Bewegung des Eisen-Ions zur Porphyrin-Ebene bei der Sauerstoff-Bindung, sollte mit Modellstrukturen "nachempfunden" werden. Mit diesem Ziel vor Augen wurden Modelle wie **9** und **10** für den Deoxy- und Oxy-T-Zustand des Hb hergestellt, bei denen der axiale Ligand eine große Raumbeanspruchung erhielt:

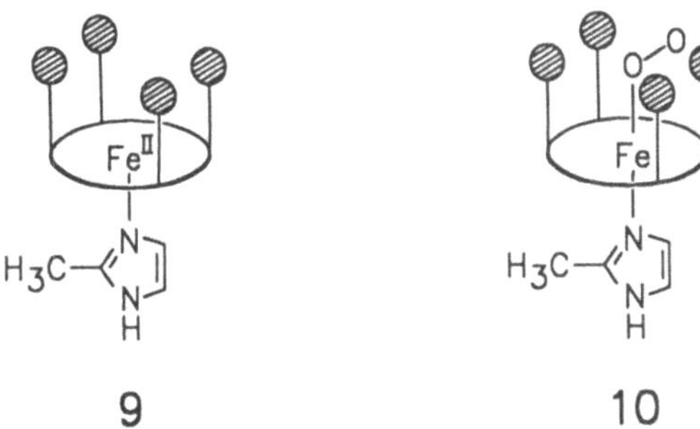

9   10

Deren *Röntgen*-Kristallstrukturanalysen verschafften erstmals Einblicke in die Sauerstoff-Bindung an pentakoordinierte "high spin"-Fe(II)-Porphyrine auf molekularem Niveau [10]. Es zeigte sich, daß das O_2-Molekül in einer abgewinkelten, "end-on"-Weise (vgl. **10**) gebunden ist. Erwartungsgemäß bewegt sich das Fe-Ion, das in den "low spin"-Zustand übergeht, zur Porphyrin-Ebene hin, aber nicht in die Ebene hinein, wobei das axiale 3-Methylimidazol mitgezogen wird.

Von Interesse war auch die Bindung von CO an diese Modellverbindungen, verglichen mit der CO-Bindung des Hb und Mb. Dabei zeigt sich, daß die natürlichen Systeme wesentlich niedrigere Affinitäten aufweisen. Um die Frage nach den Ursachen zu klären, wurde u.a. das *"Taschen-Porphyrin"* **11** synthetisiert, von dem erwartet wurde, daß es eine normale Sauerstoff-Bindung gewährleistet, die Bindung von CO jedoch gehindert wäre [11]:

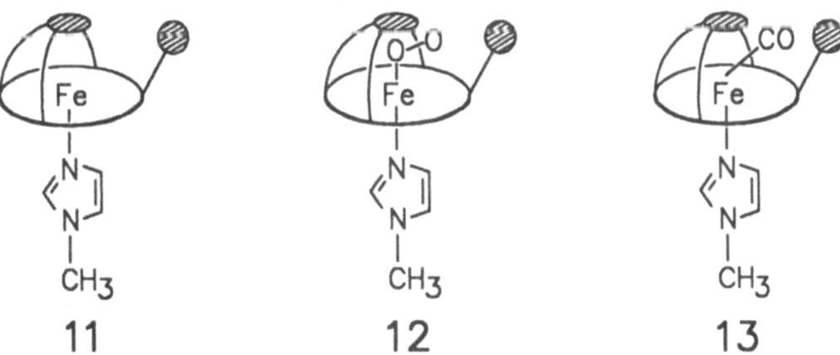

11   12   13

Dies erwies sich als richtig: Die O_2-Affinität von **11** ist vergleichbar derjenigen der natürlichen Systeme, die CO-Affinität von **11** ist dagegen beträchtlich geringer. Dieser Befund wurde so interpretiert, daß eine Bindung des CO in einer linearen Anordnung gehindert sei, wodurch K_{CO} geringer wird (vgl. **13**). Während das O_2-Molekül bekanntermaßen in einer abgewinkelten Form (**12**) gebunden wird, ist diese Geometrie für die Bindung des CO ungünstig.

Einen anderen Typ von Porphyrinen bieten die Komplexe **14** und **15**, die auf beiden Seiten "Zäune" tragen [12]. Bei tiefer Temperatur werden mit Sauerstoff pentakoordinierte O_2-Addukte wie **16** und **17** gebildet. Beim Erwärmen der Lösungen von **16** und **17** dissoziieren sie zu ihren Deoxy-Formen zurück oder oxidieren irreversibel zu den Fe(III)-Verbindungen. μ-Peroxo- oder μ-Oxo-Dimere werden nicht gebildet, was in scharfem Kontrast zu den anderen pentakoordinierten O_2-Addukten (s.o.) steht. Der Verbindungstyp **14**, **15** ist daher auch für den Entwurf zukünftiger O_2-Carrier interessant.

14: R = CH_3
15: R = C_2H_5

16: R = CH_3
17: R = C_2H_5

4.6.4 Mit Kappe versehene Porphyrine

Der Grund dafür, daß Porphyrine mit Kappen versehen wurden ("capped porphyrins"), liegt darin, daß eine Bindungsstelle für O_2 geschaffen werden sollte, die vollständig vor der μ-Oxo-Dimerbildung geschützt ist. Eine sichere Abschirmung vor der Dimerisierung sollte eine starr angebrachte, von der Seite der Kappe unzugängliche sterische Barriere bieten. Die Synthese folgt der *Rothemund*-Strategie: Alle vier Aldehyd-Gruppen, welche die *meso*-Positionen des Porphyrin-Systems bilden sollten, werden in dem Pyromellitsäure-Derivat **18**, das in zwei Stufen aus Salicylaldehyd zugänglich ist [13], vorgegeben:

Das "FeC2Cap" **19a** ist in Benzen-Lösung mit überschüssigem 1-Methylimidazol pentakoordiniert. Dieser Komplex ist bei Raumtemperatur ein reversibler O_2-Carrier. Die Affinität des "FeC2Cap-1-MeIm" für O_2 ist deutlich geringer als diejenige offener Vergleichssysteme. Dies hat zusammen mit seiner Unfähigkeit, hexakoordinierte Komplexe zu bilden, eine relativ kurze Halbwertszeit von fünf Stunden zur Folge [14].

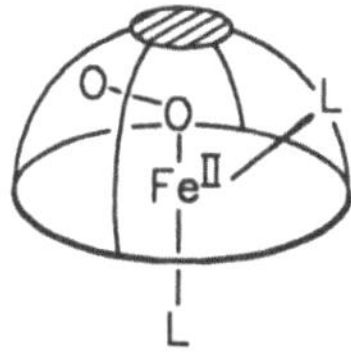

19a : $n = 2$, "C2Cap"
19b : $n = 3$, "C3Cap"

Im Gegensatz dazu kann das mit einer größeren "Kappe" versehene "FeC3Cap" (19b) hexakoordinierte Komplexe bilden, die O_2 in Lösung reversibel binden, wobei heptakoordinierte Oxy-Komplexe gebildet werden. Da die Bindung des zweiten Liganden schwach und damit nicht im Einklang mit einer axialen Koordination ist, wird angenommen, daß der zweite Ligand eine nichtaxiale Koordinationsstelle besitzt [1a]:

Es zeigte sich, daß die CO-Affinität der beiden verkappten Porphyrine 19 ähnlich derjenigen offenkettiger Vergleichsverbindungen ist; allerdings sind die O_2-Affinitäten deutlich geringer. Kristallstrukturanalysen und NMR-Studien legen eine beträchtliche konformative Beweglichkeit der verkappten Strukturen nahe. Es könnte sein, daß die "Kappe" in Lösung eine Konformation annimmt, welche die O_2-Bindung beeinträchtigt, während die CO-Bindung weniger gehindert ist.

Auch entsprechende Naphthalen-haltige, mit Kappe versehene Porphyrine wurden dargestellt (vgl. **20**).

Es sind auch Strategien entwickelt worden, um an der nicht mit Kappe versehenen Seite des Porphyrin-Rings zusätzlich Arme anzubringen. Hierzu war eine periphere Funktionalisierung des verkappten Porphyrins notwendig. Um die entsprechenden Mononitro-Verbindungen **21** und **23** herzustellen, wurde das bereits verkappte Porphyrin der nucleophilen Nitrierung unterworfen; anschließend wurde zum Monoamino-verkappten Porphyrin **24** reduziert:

20 : X = H

X = OBz

X = OH

21 : X = H, Y = NO_2

22 : X = H, Y = NH_2

23 : X = NO_2, Y = H

24 : X = NH_2, Y = H

Die mit Kappen versehenen Porphyrine konnten in neuerer Zeit noch mit einer Brücke auf der anderen Seite der Kappe versehen werden: *capped strapped porphyrins* [1a]:

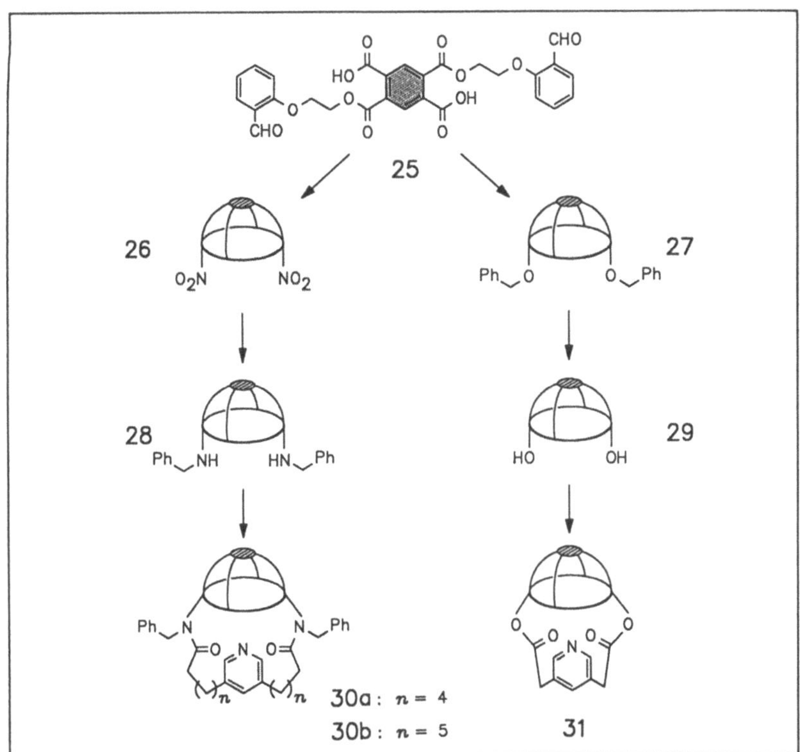

Die Synthese ist in <u>Abb.5</u> illustriert.

Abb.5. Synthese von "capped strapped"-Porphyrinen. Näheres siehe Lit. [1a]

Schlüsselstufen sind die α,γ-bifunktionalisierten verkappten Porphyrine **28** und **29**. Die Bildung der der Kappe gegenüberliegenden Brücke erfolgte durch Cyclisierung der entsprechenden Pyridindicarbonsäure unter Verdünnungsbedingungen und Esteraktivierung mit 2-Chlormethylpyridiniumiodid. Der erhaltene Porphyrin-Typ **30**, **31** bildet bei Raumtemperatur stabile reversible O_2-Carrier.

4.6.5   Überbrückte Porphyrine

4.6.5.1   Einfach überbrückte Porphyrine

Ab 1971 sind mehrere Dutzend unterschiedlicher einfach überbrückter Porphyrine bekannt geworden [1]. Außer Oligomethylen-Brücken wurden solche mit raumfüllenden Einheiten wie Biphenyl, Anthracen, Naphthalen usw. in den Brücken beschrieben. Zur Synthese kann das fertige Porphyrin mit einer Brücke versehen werden, oder es kann die Brücke vorgegeben und das Porphyrin nachträglich aufgebaut werden. Die erstgenannte Methode ist in den letzten Jahren nahezu ausschließlich eingesetzt worden. Dabei wurde von den gut zugänglichen Diestern des *meso*-Porphyrins II (**32**, R' = H) ausgegangen:

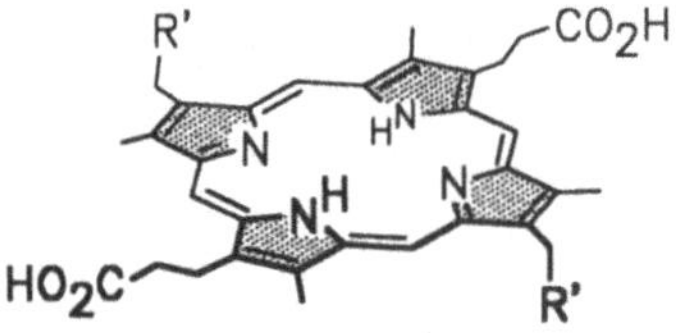

32

Von *Battersby* wurde eine sukzessive Überbrückung beschrieben, die in <u>Abb.6</u> skizziert ist [15]:

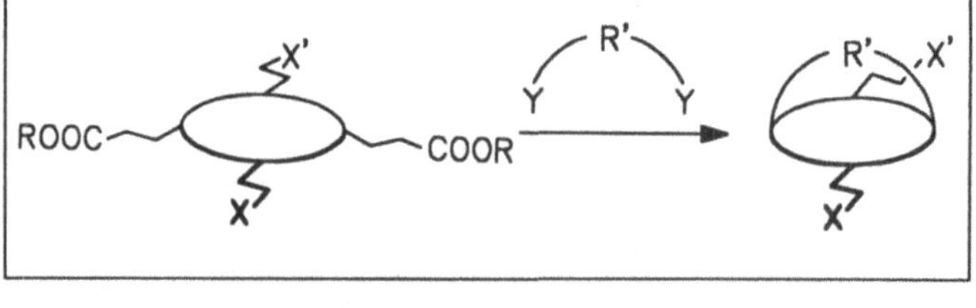

<u>Abb.6.</u>   Synthese überbrückter Porphyrine

Als Beispiel für die Vorgabe der Brücke und den nachträglichen Aufbau des Porphyrin-Systems sei *Baldwins* Synthese von α,γ-Diphenylporphyrin-Derivaten formuliert [16]:

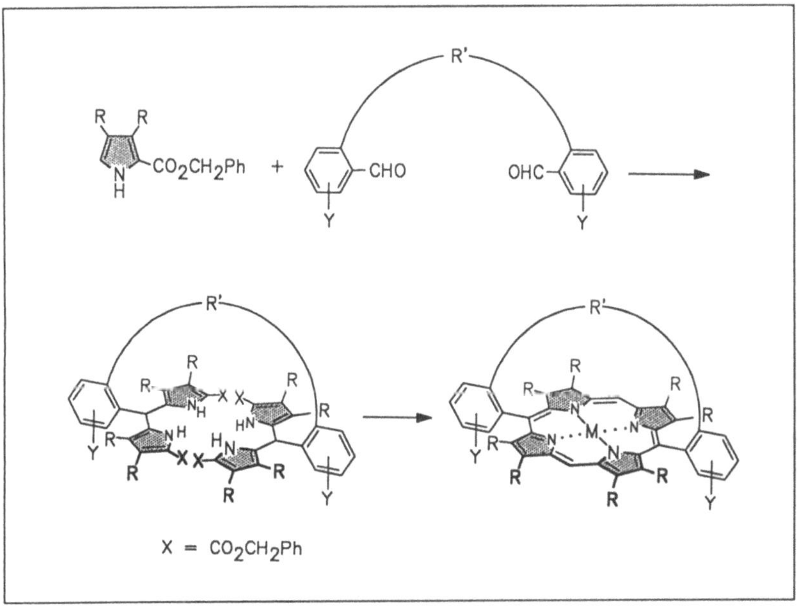

Abb. 7. Synthese überbrückter Porphyrine unter Bildung des Porphyrin-Systems im zweiten Schritt

Bei mehreren der einfach überbrückten Fe(II)-Porphyrine ist die Bindung des zweiten axialen Liganden deutlich beeinträchtigt. Die Brücke schirmt also die überbrückte Bindungsstelle ab. Wenn großvolumige Liganden wie 1-Tritylimidazol eingesetzt werden, dann können pentakoordinierte Fe(II)-Porphyrine des einfach verbrückten Typs erhalten werden.

Das "verkronte Porphyrin" ("crowned porphyrin") **33** von *Chang* hat bei Raumtemperatur eine Halbwertszeit von mehr als 1 Stunde (in Lösung unter 1 atm O_2) [17].

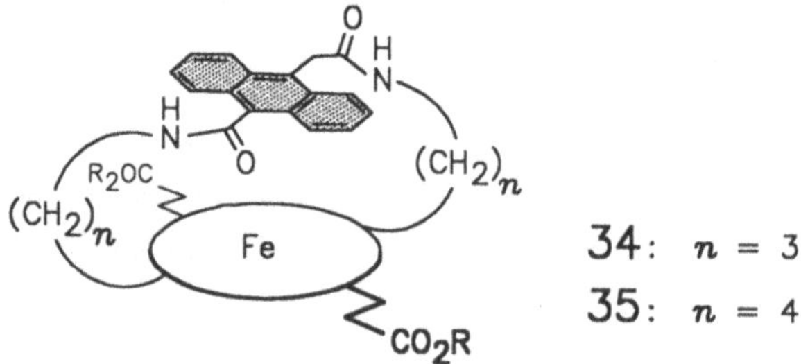

33

Die meisten überbrückten Porphyrine wurden hergestellt, um den Beitrag der sterischen Abschirmung herauszufinden, die eine Differenzierung zwischen der CO- und O_2-Bindung bewirken könnte, so wie es bei den Hämoproteinen der Fall ist.

Traylor et al. fanden für die *"Cyclophan-Porphyrine"* **34** und **35**, daß a) der engere Hohlraum von **34** sowohl die CO- als auch die O_2-Affinität reduziert, verglichen mit **35** und anderen R-Zustands-Hb-Modellen, und daß b) die Beeinträchtigung der Affinitäten bei der Verkleinerung der Hohlräume für beide Gase (CO und O_2) ganz ähnlich ist und sich fast vollständig in den Assoziationsverhältnissen widerspiegelt [18]. Bei diesen beiden Modellen scheinen daher distale (entfernte) sterische Effekte nicht zwischen O_2 und CO zu differenzieren.

34: $n = 3$

35: $n = 4$

4.6.5.2   Zweifach überbrückte Porphyrine

Die beiden zweifach überbrückten Porphyrin-Systeme **36** und **37** wurden nach der Strategie von *Battersby* erhalten [19]:

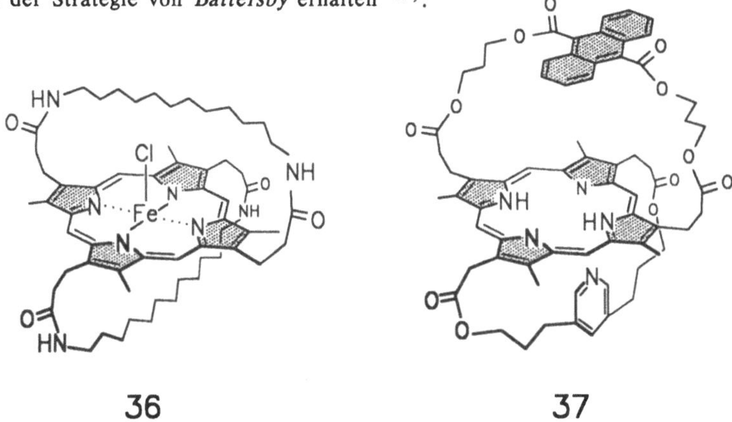

36   **37**

Die doppelt *meso*-überbrückten, mit Griff ausgestatteten, korbförmigen Porphyrine *("basked handle porphyrins")* waren auf zwei Wegen zugänglich (Abb.8) [20]:

Abb.8. Mit Griff versehene korbförmige Porphyrine

Zweifach überbrückte Porphyrine der Typen **42** und **43** wurden von *Momenteau* untersucht [21]:

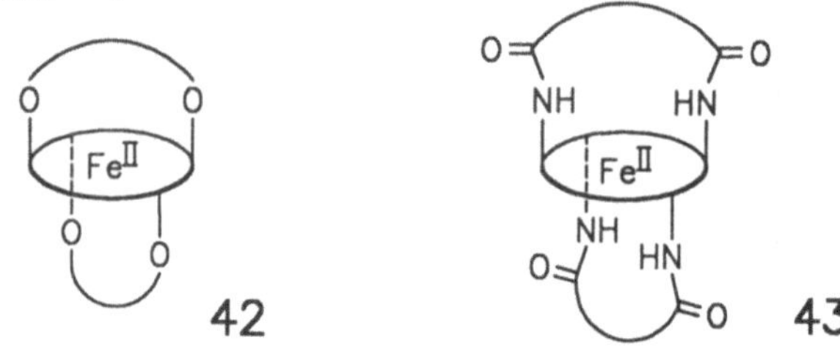

Diejenigen überbrückten Porphyrine, die in der Brücke Ligand-Donorzentren enthalten, sind als wichtiger Fortschritt beim Design von Modell-Sauerstoffcarriern, insbesondere von mononuclearen O_2-Trägern, anzusehen. Der in axialer Stellung fixiert gebundene Ligand schließt die mit einem offenkettigen Donorarm auftretenden Probleme weitgehend aus.

Die Halbwertszeit von **37** beträgt bei Gegenwart von O_2 nur 15 min [19]. Beim Übergang vom Lösungsmittel Dichlormethan zu Dimethylformamid erhöht sich $t_{1/2}$ auf >2 Stunden, wahrscheinlich eine Folge der Fähigkeit des Lösungsmittels, mit dem O_2 um die sechste Koordinationsstelle zu konkurrieren. Es ist bemerkenswert, daß das CO im **37**·CO-Komplex durch O_2 ersetzt werden kann. Dies steht im Gegensatz zu allen anderen Modellsystemen, bei denen die Affinität für CO wesentlich höher ist als die für O_2. Hier liegt eine wichtige Analogie zum Verhalten von Myoglobin vor.

Durch ^{1}H-NMR- und *Röntgen*-Kristallstrukturanalysen wurde gefunden, daß die Modellverbindungen **44** und **45**, die jeweils eine "Hälfte" von **37** repräsentieren, konformativ beweglich sind: Die Brücke kann von einer Seite der Porphyrin-Ebene auf die andere hinüberschwingen. Diese Flexibilität in Lösung macht auch die Autoxidation, der **37** unterliegt, verständlich.

Bei Gegenwart von 1-Methylimidazol und 1 atm O_2 erwies sich das *trans/trans*-Isomer **39** mit einer Halbwertszeit von 25 min als das stabilste.

Das Isomer **41**, das nur auf einer Seite des Porphyrin-Rings sterisch abgeschirmt ist, bildet rasch das µ-Oxo-Dimer. Diese Befunde untermauern die Inhibierung der µ-Oxo-Dimerbildung durch sterischen Schutz auf beiden Seiten des Porphyrin-Rings.

Für die beiden *"basket-handle"*-Verbindungen **42** und **43** wurde die Kinetik der CO- und O_2-Bindung gemessen: Diese Gase werden stärker als von ungehinderten Fe(II)-Komplexen gebunden. Darüber hinaus zeigt **43** eine um eine Größenordnung stärkere Affinität für O_2 als **42**. Dies wird ausschließlich dem Unterschied in den O_2-Dissoziationsgeschwindigkeiten zugeschrieben, welche die polarere entfernte Umgebung reflektieren, die durch die zwei Amidbindungen von **43** gegeben ist.

4.6.6   Cytochrom-Modelle

4.6.6.1   Cytochrom P450-Modellverbindungen

Die Cytochrome P450 bilden eine Gruppe von Monooxigenasen, die in tierischem Gewebe, in Pflanzen und Mikroorganismen verbreitet sind [1a]. Die Zahl 450 geht auf die UV/Vis-Absorption des Carbonyl-Addukts bei λ = 450 nm zurück. Die Bezeichnung "Cytochrom" ist etwas irreführend, da die Funktion dieses Enzyms eine ganz andere ist als die der Cytochrome der Elektronentransport-Kette. Die Cytochrome P450 katalysieren die Hydroxylierung vieler Substrate einschließlich aliphatischer und aromatischer Kohlenwasserstoffe. Sie sind für den Abbau von Arzneistoffen und die Hydroxylierung von Steroiden wichtig.

Die prosthetische Gruppe des Cytochroms P450 ist Protoporphyrin IX. Spektroskopische Befunde sprechen für eine Thiolat-Gruppe (wahrscheinlich Cysteinyl) als eine der axialen Koordinationsstellen. Die darüber hinausgehende sechste Koordinationsstelle könnte Imidazol, Tyrosin, Serin oder Wasser sein. Da Cytochrom $P450_{cam}$ aus *Pseudomonas putida*-Bakterien in hoher Reinheit erhalten werden kann, sind viele der Stufen des komplizierten Katalysecyclus dieses Enzyms bekannt. Im ersten Schritt reagiert ein Kohlenwasserstoff (RH) mit dem "low spin"-hexakoordinierten Fe(III)-Komplex zu einem "high spin"-pentakoordinierten Fe(III)·RH-Addukt. Im zweiten Schritt wird dieses reduziert, wobei das Eisen in die zweiwertige Form übergeht und "high spin"-pentakoordiniert bleibt. Im dritten Schritt wird mit molekularem Sauerstoff oxidiert, wodurch ein $Fe(II)(O_2)$·RH "low spin"-Hexakoordinat gebildet wird. Dieses wird nach Anlagerung zweier Protonen über eine aktive Oxy-Zwischenstufe zu ROH + H_2O umgesetzt, wobei der Ausgangs-Fe(III)-Komplex zurückgebildet wird.

Das Hauptaugenmerk bei der Synthese von Fe-Porphyrin-Sauerstoff-Modellen galt den beiden letzten Stufen, d.h. der aktiven Oxy-Zwischenstufe, die Substrate einschließlich CH-Bindungen oxidieren kann.

4.6.6.2 Zaun-Porphyrine

Als Modell für die aktive Oxy-Zwischenstufe E synthetisierte *Groves* einen Fe(IV)-Sauerstoff-Komplex der Struktur **46** [23]:

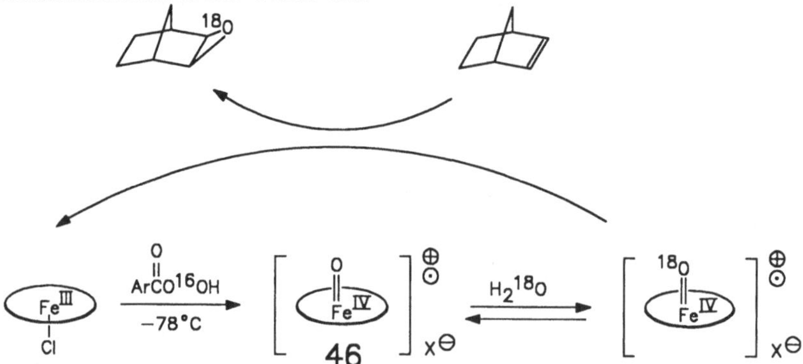

46

Behandelt man eine Lösung von **46** mit Norbornen, so erhält man Norbornenoxid in 78% Ausbeute. Setzt man eine Lösung von **46** mit $H_2{}^{18}O$ um, bevor man die Reaktion mit Norbornen durchführt, so findet man eine 99%ige Aufnahme von ^{18}O im Norbornenoxid. Dies weist auf einen leichten Sauerstoffaustausch mit Wasser hin:

^{1}H-NMR-, Elektronen-, Mössbauer- und EPR-Befunde stützen die Annahme einer Fe(IV)-Porphyrin-π-Kationradikal-Bildung. Wegen der Stabilität des Systems, die von dem Mesityl-Zaun herrührt, konnte eine solche Zwischenstufe hier erstmals beobachtet werden. **46** kann daher als gutes Modell sowohl für Cytochrom P450 als auch für Peroxidase-Verbindungen angesehen werden.

Von *Collman* wurden Cytochrom P450-Modelle auf der Basis TPivPP und TPP beschrieben, die einen mit Thiolat-Gruppe versehenen Seitenarm tragen (Abb.9) [24]. Um die konkurrierende Thioester-Bildung bei der Synthese zu vermeiden, wurden die Thiol-Gruppen als S-Trityl- oder S-Acetyl- und als Disulfid-Derivate eingeführt. Dabei stellte sich heraus, daß die Trityl-Gruppe eine günstigere Schutzgruppe als Acetyl ist, da sie in besseren Ausbeuten wieder entfernt werden kann.

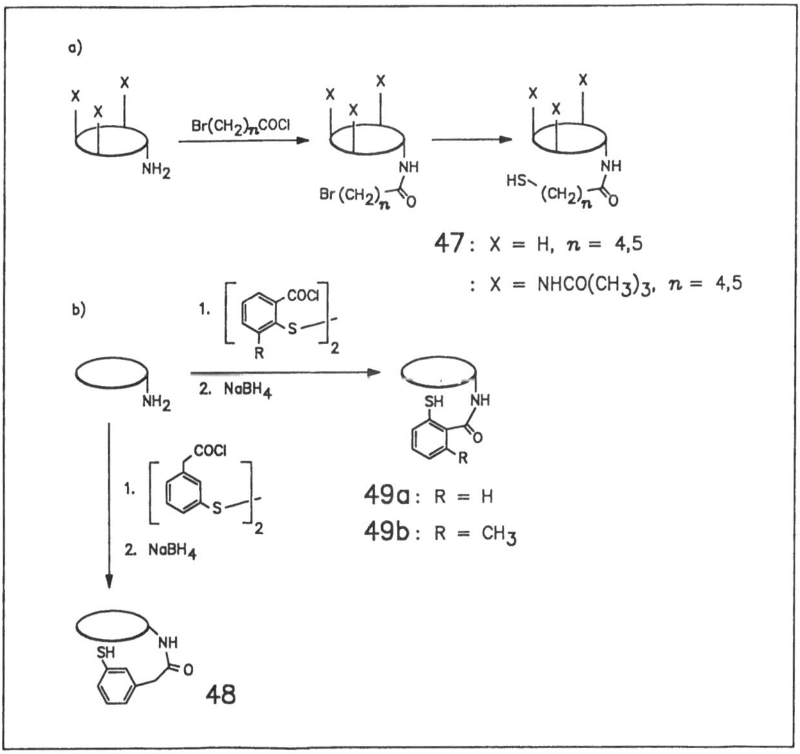

Abb.9. Synthese von mit Thiol-Seitengruppe ausgestatteten Porphyrin-Modellen für Cytochrom P450

Alle mit Thiol-Armen versehenen Porphyrine erwiesen sich als empfindlich gegenüber Luft und Licht. Dies wird auf Folgereaktionen zurückgeführt, die durch die Porphyrin-sensibilisierte Bildung von Singlett-Sauerstoff verursacht sind. Die Zersetzungserscheinungen können jedoch vermieden werden, wenn unter Inertbedingungen und mit Rotlicht gearbeitet wird.

48 bildet den pentakoordinierten Eisen-Komplex **50**:

50

Bei Gegenwart von CO liefern auch die mit Alkylthiol-Seitenkette ausgerüsteten Porphyrine **47** wie auch die Arylverbindung **48** hexakoordinierte "low spin"-Fe(II)-Komplexe. Die anderen Arylthiole **49** liegen bei 25°C in einem Gleichgewicht mit dem pentakoordinierten "tail-off"-Komplex vor, während sie bei 0°C vollständig hexakoordiniert sind:

"tail−off"   *"tail−on"*

Behandelt man **48** mit der Base $K^{\oplus}$ $H_3C(CO)N^{\ominus}(C_6H_5)$ bei Gegenwart von CO, so erhält man vollständige Umwandlung in den Thiolat-Komplex **51**. Dessen UV/Vis- und MCD-Spektren erwiesen sich als ähnlich denjenigen von reduziertem und mit CO beladenem Cytochrom P450. Solche hexakoordinierten Fe(II)-Thiolat-CO-Addukte liefern typische "Hyperporphyrin"-Spektren mit aufgespaltenen *Soret*-Banden bei ca. 450 und 380 nm:

51

4.6.6.3   Überbrückte Porphyrine

Battersby beschrieb die Synthese eines überbrückten Fe(II)-Porphyrins mit Thiolat-haltigem Arm [25]. Die Thiolat-Gruppe ist in der Mitte der Brücke befestigt und kann am Fe(II) koordinieren. Bei der Synthese (Abb.10) war die SH-Gruppe als Acetyl-Derivat geschützt:

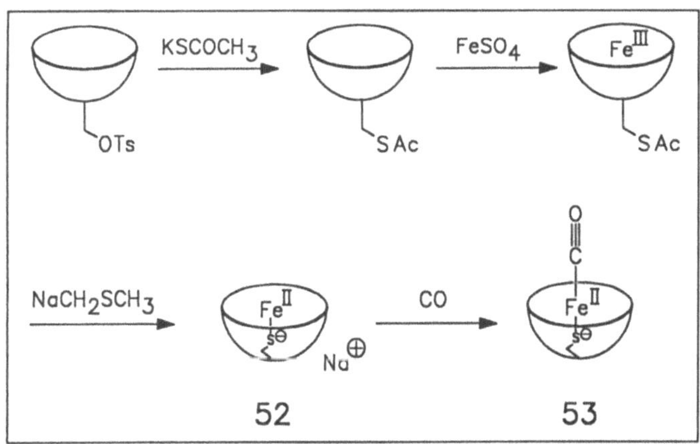

<u>Abb.10.</u> Synthese der Cytochrom P450-Modellverbindung 52 nach *Battersby*

Das UV/Vis-Spektrum des pentakoordinierten Fe(II)-Derivats 57 ähnelt dem der reduzierten Form von Cytochrom P450$_{cam}$. Behandeln von 52 mit CO ergab hexakoordiniertes 53, welches das charakteristische Hyperporphyrin-Spektrum von P450 zeigte. Der ^{13}CO-Komplex von 52 weist eine Resonanz bei δ_C = 196.8 auf, also ein signifikant hochfeldverschobenes Signal verglichen mit entsprechenden Häm-Verbindungen.

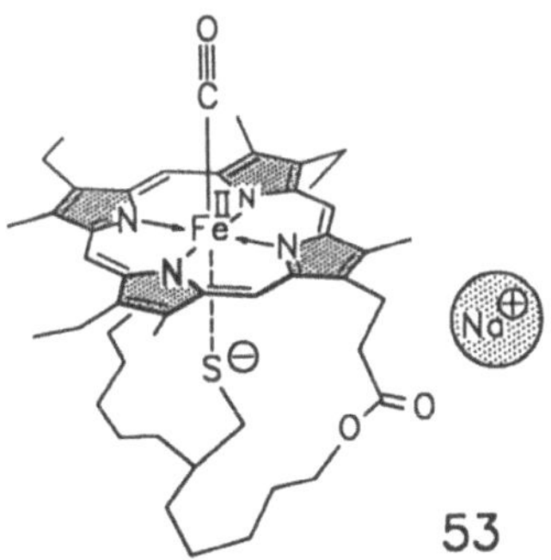

Die Methylen-Protonen der Brücke sind stark abgeschirmt [δ (CH$_2$)= 0.5 bis -3.9] verglichen mit chemischen Verschiebungen in 52. Dies spiegelt die stärkere Annäherung der Brücke an das Porphyrin als Folge der dichteren Bindung des Thiolats an das Metall wider.

4.6.7   Cytochrom C-Oxidase-Modelle

Cytochrom C kommt in Tieren, Pflanzen, Hefen und Bakterien vor. Das Enzym ist für die Katalyse der Vierelektronen-Reduktion von O$_2$ zu H$_2$O verantwortlich, der letzten Reaktion in der Mitochondrien-Elektronentransportkette. Dies geschieht durch Übernahme von vier Reduktionsäquivalenten vom Cytochrom C und deren Übergabe an das gebundene O$_2$-Molekül, wobei Wasser gebildet wird [1a]:

$$4 \; Cyt \; C^{2\oplus} \;\; + \;\; O_2 \;\; + \;\; 4 \; H^{\oplus} \;\; \rightarrow \;\; 4 \; Cyt \; C^{3\oplus} \;\; + \;\; 2 \; H_2O$$

Die physiologische Bedeutung dieses Redoxprozesses liegt darin, daß Freie Energie gewonnen wird, die durch Umwandlung zweier Äquivalente von ADP zu ATP gespeichert werden kann.

Cytochrom C-Oxidase, eine intensiv farbige Verbindung, hat eine Molmasse von ca. 140 000. Sie enthält zwei Häm-Einheiten, zwei Cu-Ionen und sieben Peptid-Untereinheiten. Die Struktur der beiden Häm ist die gleiche (Häm a). Cytochrom C-Oxidase enthält zwei unterschiedliche Cytochrome (a und a$_3$).

Für Modellstudien bieten sich folgende charakteristische Eigenschaften der Cytochrom C-Oxidase an:

a) die katalytische Vierelektronen-Reduktion von O$_2$ zu H$_2$O

b) die Elektronentransfer- und spektroskopischen Eigenschaften von Cytochrom A

c) die Eigenschaften des Fe(III)/Cu(II)-Komplexes, der starke antiferromagnetische Kopplungen zeigt [1a].

4.6.7.1 Zaun-Porphyrine

Gemischte Komplexe wie z.B. der mit Zaun versehene Porphyrin-Komplex **54** wurden von *Gunter* als Cytochrom a$_3$-Modelle beschrieben:

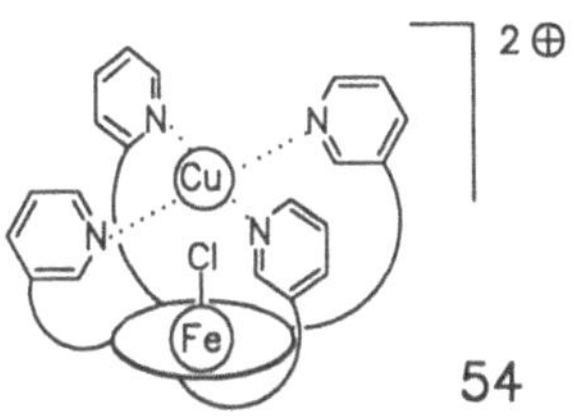

Obwohl nachgewiesen werden konnte, daß der Einbau des Cu(II) in den Komplex den elektronischen Zustand des Fe(III) deutlich stört, scheint die spin-Kopplung zwischen den Metallionen nahezu Null zu sein.

4.6.7.2 Überbrückte Porphyrine

Gunter et al. studierten überbrückte Porphyrine des Typs **56** als Cytochrom a$_3$-Modelle [27]. Die Synthese erfolgte ausgehend von *o*-Nitrobenzaldehyd und Tetramethyldipyrromethan über das α,γ-Diarylporphyrin **55**.

Die Verbrückung verlief unter Verdünnungsbedingungen in hoher Ausbeute (70%). Jedoch wurde keine spin-Kopplung in **56** gefunden. Ein Cytochrom a$_3$-Modell (**57**), das deutliche spin-Kopplung zeigt (132 cm^{-1}), wurde dagegen von *Chang* beschrieben [28]:

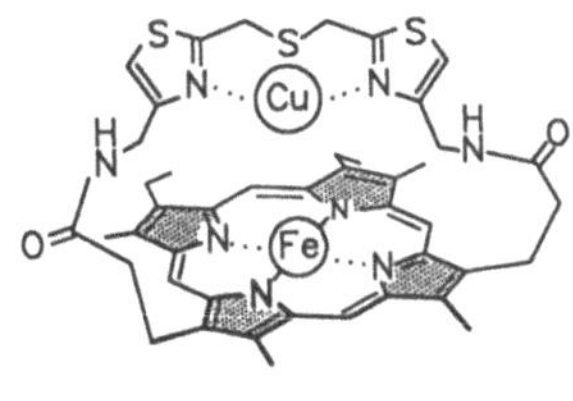

57

Es bietet eines der wenigen Beispiele für ein nicht symmetrisch über-
brücktes Porphyrin, wobei die Brückenkopfatome an benachbarten und nicht
an entgegengesetzt liegenden Pyrrol-Einheiten angebracht sind. Bei diesem
Komplex wurde bewußt die Bildung eines Cu(II)-Komplexes mit quadratisch-
planarer Geometrie vermieden.

4.6.7.3 Dimere Porphyrine

Reed et al. berichteten über die Fe- und Mg-Imidazolat-Dimere 57 und
58, deren antiferromagnetische Kopplung sich als minimal herausstellte [29].

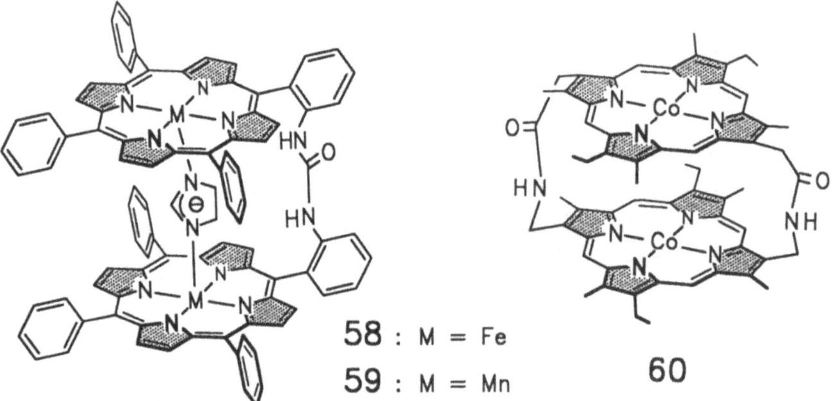

Um Modelle für die Katalyse der Vierelektronen-Reduktion von O_2 zu
H_2O zu studieren, synthetisierte *Collman* "face-to-face"-dimere Porphyrine
des Typs 60. Außer der Art des Metallions konnte auch der Abstand zwischen den beiden Porpyhrin-Ebenen variiert werden [1c]. Verbindungen dieses Typs erwiesen sich als wirksame Katalysatoren für die O_2-Reduktion. Sie
übertreffen sogar den bis dahin besten bekannten Katalysator, das Platin,
hinsichtlich der Umsetzungsgeschwindigkeiten.

4.6.8   Weitere und neuere Porphyrine

Einige Zaun-Porphyrine, überbrückte, "verkappte" und dimere Porphyrine (zwei- und mehrschichtige Porphyrine) sind im Hinblick auf ihre transannularen Donor/Acceptor-Wechselwirkungen, im Hinblick auf das Studium von Primärreaktionen bei der bakteriellen Photosynthese und manche vielleicht auch wegen ihrer reizvollen symmetrischen Struktur angestrebt worden [1].

Etwas exotische, mit Zaun versehene Porphyrine sind das Ferrocenyl- (61) und das Tetracarboranyl-substituierte 62 [30,31]:

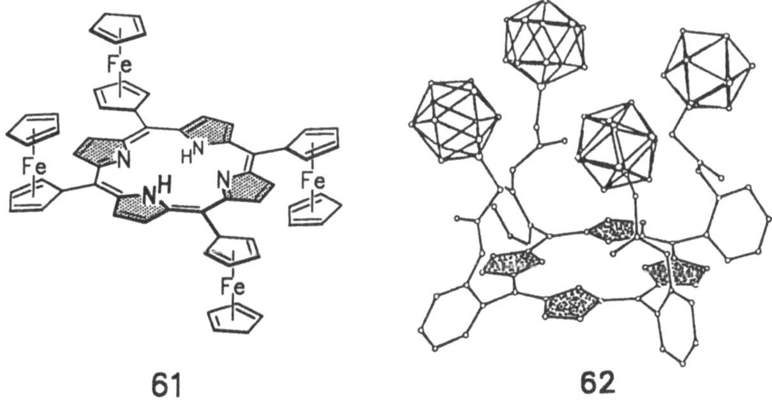

61   62

Von *Kagan* wurde das "strati-bis-Porphyrin" 63 durch Vierfachverbrückung zweier tetra-*meso*-substituierter Porphyrine synthetisiert [32]:

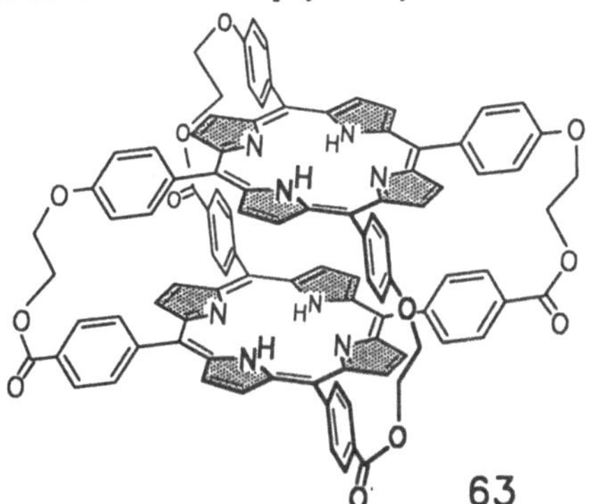

63

Die Chinon-verbrückten (64) und -verkappten Porphyrine 65 interessieren im Zusammenhang mit Charge-Transfer-Wechselwirkungen, wie sie bei den Donor/Acceptor-Phanen beobachtet werden [33]. Die Synthese von 65 ist ein

Beispiel dafür, daß die Ausbeuten bei Makrocyclisierungsreaktionen, bei denen starre Untereinheiten und reversible Reaktionstypen verwendet werden, recht hoch sein können.

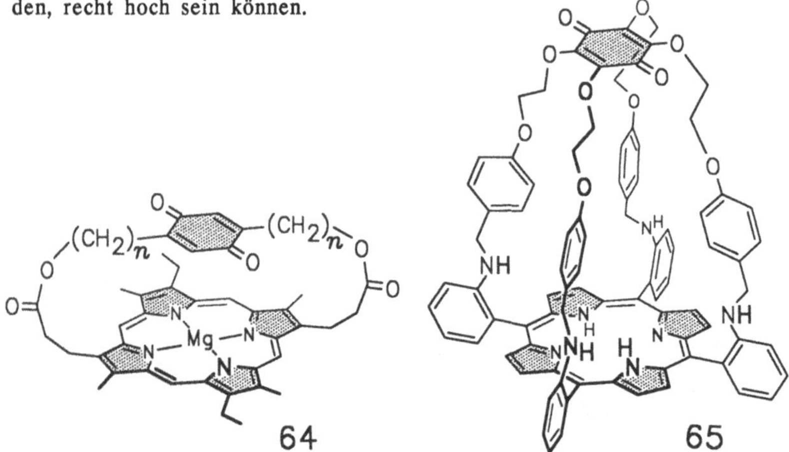

Von *Staab et al.* wurden die ersten dreilagigen Donor/Acceptor-Porphyrinophane **66**, **67** beschrieben [34]. Die "Aromaten"-Ebenen sind nach *Röntgen*-Kristallstrukturanalysen im Abstand von 342 pm parallel zueinander angeordnet. Für das Chinon **66** wurde - im Gegensatz zu **67** - ein intramolekularer Elektronenübergang nachgewiesen (Fluoreszenz-Löschung).

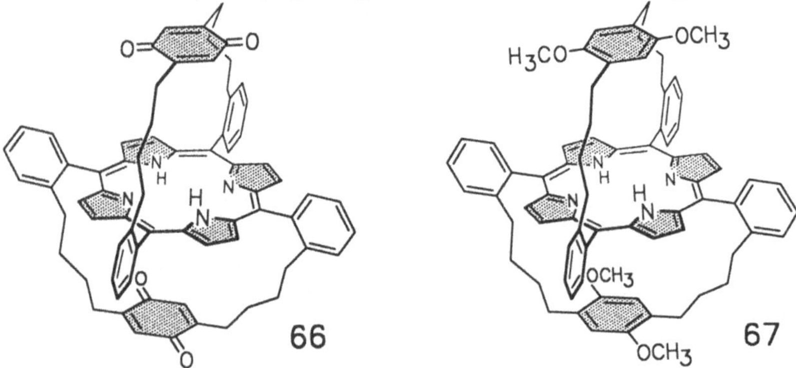

Vögtle et al. synthetisierten verschiedene chromatographisch trennbare Isomere von vierfach mit Azobenzen-Einheiten (als photoschaltbare Elemente) verbrückten Porphyrinophanen, darunter die Isomere **68a,b** [35]:

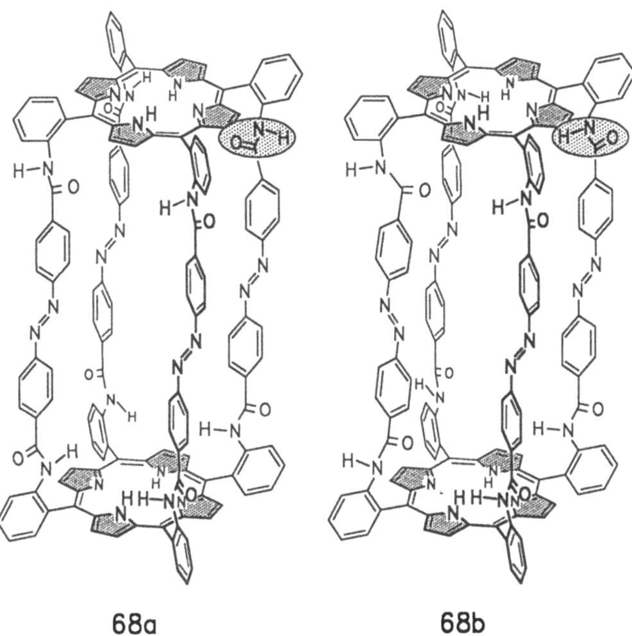

68a   **68b**

Diederich berichtete über ein Porphyrin-überbrücktes Cyclophan **69** als Modell für Cytochrom P450-Enzyme [36]):

69

Hinsichtlich weiterer neuer Porphyrinophane muß auf die Literatur verwiesen werden [37]).

5 Clathrat-Einschlußverbindungen

5.1 Einleitung

Einschlußverbindungen sind schon seit Beginn des vorigen Jahrhunderts bekannt. Wesentliches Merkmal dieses Verbindungstyps ist, daß eine hohlraumhaltige *Wirt*komponente eine oder mehrere *Gast*komponenten einlagert, *ohne kovalente Bindungen* zu betätigen.

Die älteste "Verbindung" dieser Art ist das im Jahre 1810 von *Humphrey Davy* entdeckte und 1823 von *Michael Faraday* näher untersuchte Chlorhydrat $Cl_2 \cdot 6\ H_2O$, dessen Einschlußstruktur 1949 von *von Stackelberg* aufgeklärt wurde [1].

Nach der Einführung der *Röntgen*-Strukturanalyse durch *von Laue* waren die Voraussetzungen für eine erste stürmische Entwicklungsphase der "Einschlußchemie" gegeben. Mit dieser damals neuen Methode konnte der Physikochemiker *Kratky* [2] 1936 die Struktur der Choleinsäuren aufklären und zeigen, daß Desoxycholsäure mit Fettsäuren typische Einschlußverbindungen bildet.

Den Begriff *"Einschlußverbindung"* umschrieb *Cramer* [3] bereits 1952 folgendermaßen: *"...Allen diesen Verbindungen ist nämlich gemeinsam die Fähigkeit, andere Molekeln geeigneter Größe in die Hohlräume der eigenen Molekel oder des eigenen Gitters aufzunehmen und dort räumlich einzuschließen, also festzuhalten, aber nicht durch Haupt- oder Nebenvalenzkräfte, sondern im wesentlichen durch räumliche 'Vergatterung'."*

Damit erkannte *Cramer* bereits, daß es bei Bildung einer Einschlußverbindung nicht auf funktionelle Gruppen und chemisches Reaktionsvermögen ankommt. Er schrieb weiter:

"... Die wesentlichen Voraussetzungen sind vielmehr:

1) *der einschließende Stoff muß Hohlräume aufweisen. Solche Hohlräume können entweder schon in der Molekel vorhanden sein, etwa bei großen Ringen, oder sie können sich im Kristallgitter des einschließenden Stoffes befinden. Das betreffende hohlraumhaltige Gitter braucht für sich nicht beständig zu sein, sondern kann sich in manchen Fällen erst durch Umschließen der Substanzen bilden.*

2) *muß der einzuschließende Stoff in den vorhandenen Hohlräumen genügend Platz finden können..."*

Die meisten Einschlußverbindungen sind rein zufällig entdeckt worden, etwa beim Umkristallisieren einer Substanz. So schrieb *Reddelien* 1923 [4]:

> 1,3,5-Tris(biphenyl)benzen *"kristallisiert aus Benzol mit einem Molekül Kristallbenzol. Die kristallbenzolhaltige Substanz hat dieselbe Kristallform wie die kristallbenzolfreie Verbindung. Das Benzol wird sehr fest gehalten und erst bei höherer Temperatur abgegeben, ohne daß sich das Aussehen der Kristalle merklich ändert (Analogie zu den Permutiten)..."*

An dieser Stelle seien einige in der Natur vorkommende anorganische Verbindungen erwähnt, die in ihrem Kristallgitter Hohlräume aufweisen und sich somit auch als Einschluß-Wirtsubstanzen eignen. Sie besitzen teilweise industrielle Bedeutung. Entsprechende Einschlüsse sind von den Zeolithen bekannt, von Tonmineralien wie Montmorillonit und Kaolinit, von Uranglimmer sowie Graphit u.a.

Ein Forschungszweig der **supramolekularen Chemie** beschäftigt sich nun damit, "maßgeschneiderte" Wirtverbindungen für potentielle Gastmoleküle zu konzipieren (s. auch Abschn.1.1). Einige grundsätzliche Erfahrungen aus der Chemie der Clathrate (Kristallgitter-Einschlußverbindungen) seien im folgenden zusammengestellt.

5.2   Clathrate

5.2.1   Definition

Der Begriff *"Clathrate"* [4a] wurde 1948 von *Powell* [5] eingeführt. Heute bezeichnet man als Clathrate alle kristallinen Gittereinschlußverbindungen, wobei mehrere Moleküle der Wirtverbindung *extra*molekulare Hohlräume (Zwischengitterplätze) bilden, in welche die Gastverbindung eingelagert wird. Das Auftreten von Clathraten ist somit in der Regel auf den kristallinen Zustand begrenzt [*].

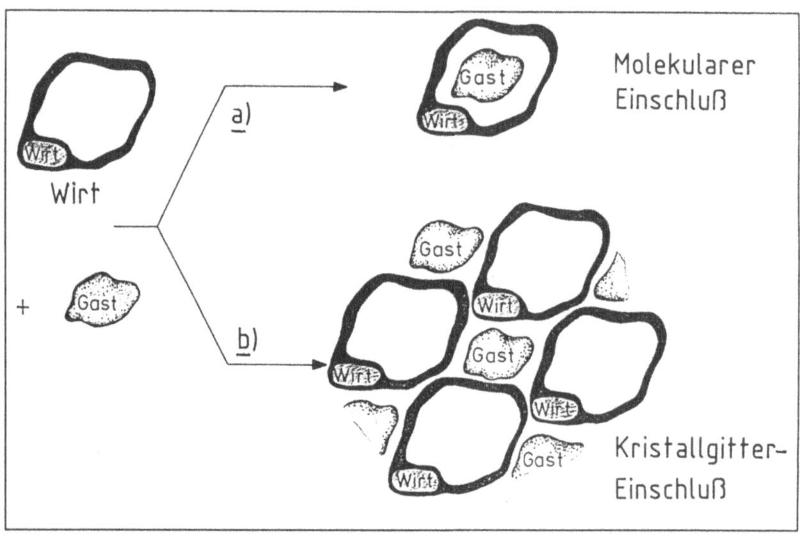

<u>Abb.1</u>   Unterschied zwischen molekularem und Gitter-Einschluß: <u>a</u>) Bildung eines *molekularen Komplexes* durch Einlagerung des konvexen Gasts in den komplementären Hohlraum *eines* Wirtmoleküls; <u>b</u>) Einlagerung von Gastmolekülen in Hohlräume zwischen *verschiedenen* Wirtmolekülen im Gitter: *Clathrat-Bildung*

---

[*]   Auch über Clathratbildung im flüssigen Zustand wurde berichtet: *J.L. Atwood*, in: "Inclusion Compounds" (*J.L.Atwood, J.E.D.Davies, D.D. Mac Nicol*, Hrsg.). 3 Bde., Academic Press, New York 1984

Gastmoleküle werden entweder in schon vorhandene extramolekulare Gitterlücken eingelagert oder sie induzieren bei der Kristallisation Strukturen des Wirtgitters mit gastspezifischen Freiräumen.

Dieser Aufbau der Clathrate unterscheidet sie grundsätzlich von den molekularen Einschlußverbindungen, bei denen das Gastmolekül im Hohlraum eines einzigen Wirtmoleküls eingeschlossen wird (Abb.1).

5.2.2   Praktische Bedeutung der Clathrate

Die Eigenschaft der Clathrate, sich leicht darstellen und durch ein geeignetes Lösungsmittel wieder zerlegen zu lassen, macht sie für industrielle Anwendungen interessant. Die Reversibilität der Clathratbildung ist für technische Prozesse von einiger Bedeutung. Die folgende Zusammenstellung gibt eine Übersicht über Anwendungsmöglichkeiten von Einschlußverbindungen:

- Trennung von Stoffgemischen (Isomere, Homologe)
- Racematspaltung
- "Verfestigung" von Gasen und Flüssigkeiten
- Stabilisierung empfindlicher und toxischer Substanzen
- Polymerisation im Innern von Einschlußkanälen (Topochemie)
- Batteriesysteme und organische Leiter.

Detaillierte Anwendungsbeispiele werden im folgenden bei der Beschreibung einzelner Clathrat-Wirte aufgeführt.

5.2.3   Klassische Clathratwirte

5.2.3.1   Wasser (Gashydrate)

Viele Gase vermögen mit *Wasser* bei tiefen Temperaturen und hohem Druck als Hydrate auszukristallisieren. Neben dem bereits 1810 von *Davy* entdeckten Chlorhydrat kennt man auch Hydrate des ClO_2, SO_2, CO_2, N_2O, $CHCl_3$ sowie von gesättigten und ungesättigten Kohlenwasserstoffen. Durch *Röntgen*-Strukturuntersuchungen konnte *von Stackelberg* [6] 1949 zeigen, daß es sich um Käfig-Einschlußverbindungen handelt, wobei Wasser als Clathratwirt *("Clathrand")* fungiert.

Die H_2O-Moleküle bilden Polyeder-Käfige, die durch Wasserstoffbrückenbindungen zusammengehalten werden. Substanzen mit polar gebundenem

Wasserstoff (wie Halogenwasserstoff, Alkohole, Säuren, Amine, Ammoniak), sowie zur Wasserstoffbrückenbildung befähigte Stoffe (wie Aldehyde, Ketone, Nitrile) bilden keine Gashydrate. Sie scheiden als Gastverbindungen aus, weil sie den Aufbau bzw. den Zusammenhalt der Wassermoleküle im Wirtgitter stören. Ähnlich wie bei den Cyclodextrinen werden also auch hier in erster Linie lipophile Gäste eingeschlossen. Daß *Gashydrate* nicht nur von akademischem Interesse sind, geht aus folgendem hervor:

In Erdgasleitungen kann eine unerwünschte Bildung von Gashydraten bei niedrigen Temperaturen auftreten, indem kristalline Hydrate der niederen Kohlenwasserstoffe entstehen. Man vermeidet die Bildung der Kristalle, indem man das Erdgas trocknet oder die Gashydrate durch Zusatz von Ammoniak zerstört bzw. deren Bildung verhindert.

Eine interessante Anwendungsmöglichkeit besteht in der Wasserentsalzung mit Hilfe von *Propan-Hydraten* [1]: Behandelt man Meerwasser mit Propan, so scheidet sich bei 8.5°C $C_3H_8 \cdot 17H_2O$ ab (44 g Propan binden 306 g Wasser). Nach Abfiltrieren der Kristalle werden die Clathrate durch Erwärmen unter Druck zerlegt. Allerdings scheint es bisher nicht gelungen zu sein, auf diese Weise salzfreies Wasser zu produzieren.

5.2.3.2   Hydrochinon

Bereits Mitte des 19. Jahrhunderts entdeckten *Wöhler* [7], *Clemm* [8] und *Mylius* [9] kristalline Einschlußverbindungen des Hydrochinons (1). So schrieb *Wöhler* 1849: *"... Das farblose Hydrochinon, $C_{12}H_6O_4$, hat die sonderbare Eigenschaft, sich in zweierlei Proportionen mit Schwefelwasserstoff zu verbinden und damit zwei wohl krystallisirende Körper zu bilden, die den hinzugetretenen Schwefelwasserstoff offenbar als solchen enthalten ...".*

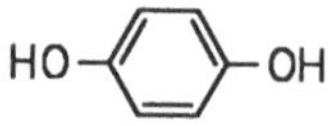

HO—⟨ ⟩—OH

1

Erst *Palin* und *Powell* [10] gelang es ab Mitte der vierziger Jahre, die Kristallstruktur der Hydrochinon-Clathrate durch *Röntgen*-Strukturanalyse aufzuklären. Die durch Wasserstoffbrücken verbundenen Hydrochinonmoleküle bilden ein dreidimensionales Netzwerk mit käfigartigen Hohlräumen im Gitter. Als Gastverbindung werden z.B. SO_2, CH_3OH, HCl, H_2S, HCN sowie die Edelgase Ar, Kr und Xe [10d] eingeschlossen.

5.2.3.3 Dianin-Verbindung

1914 synthetisierte der russische Chemiker *Dianin* die heute nach ihm benannte Verbindung 2 (4-*p*-Hydroxyphenyl-2,2,4-trimethylchroman) [11].

Er erkannte bereits, daß beim Umkristallisieren einige organische Lösungsmittel festgehalten werden. *Powell* und *Wetters* [12] konnten durch *Röntgen*-Strukturanalyse zeigen, daß es sich bei diesen Wirt/Gast-Verbindungen um Clathrate handelt. Eingeschlossen werden u.a. Argon, SO_2, NH_3, Benzen, Ethanol und Chloroform [13].

Der Clathrand bildet im Kristallgitter ein hexameres Wasserstoffbrückensystem, das den Käfig-Hohlraum nach zwei Richtungen hin abschließt. Abb.2 zeigt schematisch eine typische *Dianin-Käfig-Einschlußverbindung*. Die schwarzen Punkte symbolisieren die durch Wasserstoffbrückenbindungen verknüpften Hydroxylgruppen, die Zylinder repräsentieren den Rest des Dianin-Moleküls. Abb.3 zeigt ein Beispiel einer *Röntgen*-Struktur eines Dianin-Clathrats.

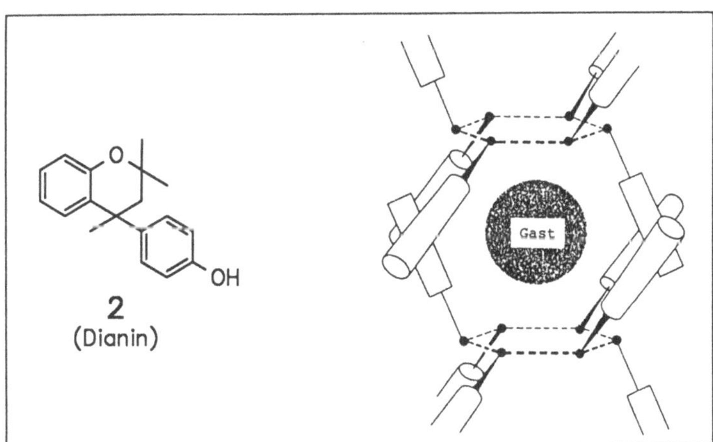

Abb.2. Hohlraum im Gitter aus Molekülen des Dianins (2); schematisch

Durch systematische strukturelle Veränderungen des Dianins wurde in der Folgezeit der Einfluß von Heteroatomen und Substituenten auf die Clathrat-Bildung näher untersucht. Wie *Baker* und Mitarbeiter [13b], sowie *MacNicol* und *McKendrick* [13d] zeigen konnten, geht das Einschlußverhalten bei den Verbindungen 3a-c verloren.

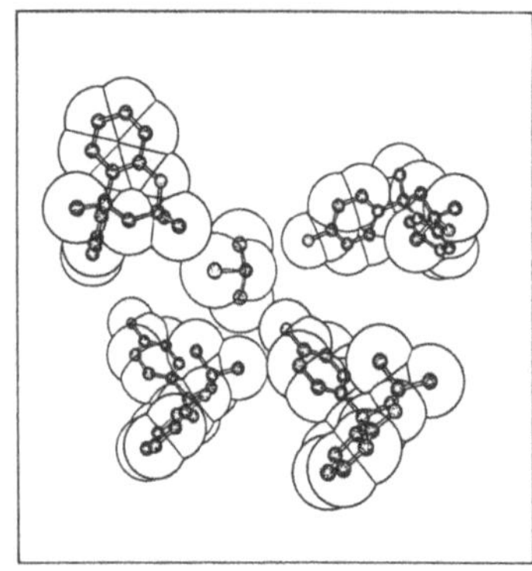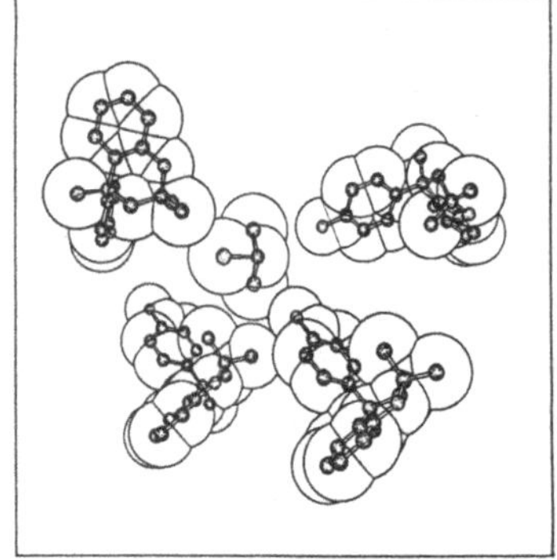

Abb.3. *Röntgen*-Struktur des Dianin·CHCl₃-Clathrats

3a : $R^1 = R^2 = H$; $R^3 = CH_3$

3b : $R^1 = R^3 = H$; $R^2 = CH_3$

3c : $R^2 = R^3 = H$; $R^1 = CH_3$

Ähnliche Auswirkungen von Substituentenvariationen wurden auch bei den thia-analogen *Dianin*-Verbindungen **4a**, **4b** [13)] beobachtet.

4a : R = H

4b : R = CH₃

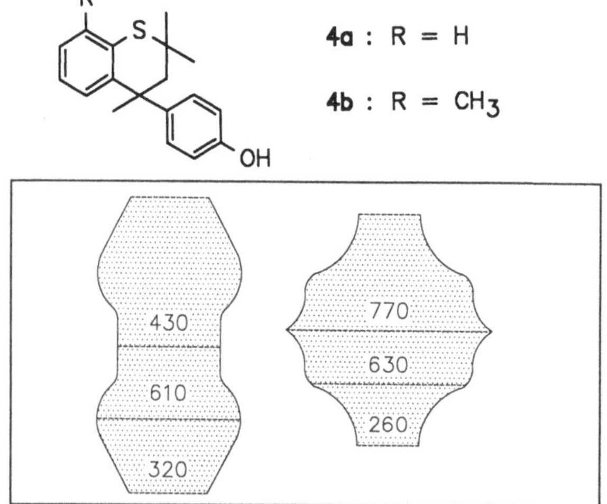

Abb.4. Hohlraumgeometrie von **4a** (links) und **4b** (rechts; Maße in pm)

Einführung von nur einer zusätzlichen Methylgruppe führt zu einer drastischen Änderung der Hohlraum-Geometrie, indem diese vom "Stundenglas" zur "chinesischen Lampe" übergeht (Abb.4).

Abschließend seien einige Anwendungsmöglichkeiten aufgezeigt: Dianin eignet sich als Matrix zum Studium freier Radikale [14] und als $(F_3CSO_2)_2CH_2$-Clathrat katalysiert es kationische Polymerisationen [15a]. Mit der thia-analogen *Dianin*-Verbindung ist die Verkapselung und damit gefahrlose Handhabung von $Hg(CH_3)_2$ möglich [15b].

5.2.3.4   Harnstoff

Wöhler gelang 1828 mit der Darstellung von Harnstoff erstmals die Synthese einer natürlich vorkommenden "organischen" Verbindung aus anorganischem Material [16]. 1940 entdeckte *Bengen* [17] die Einschlußeigenschaften des Harnstoffes, die in den folgenden Jahren von *Schlenk* [18] systematisch untersucht wurden.

Harnstoff bildet zum Teil auch anwendungstechnisch interessante Clathrate mit *n*-Paraffinen, *n*-Fettsäuren, halogenierten Kohlenwasserstoffen und vielen anderen Gastverbindungen.

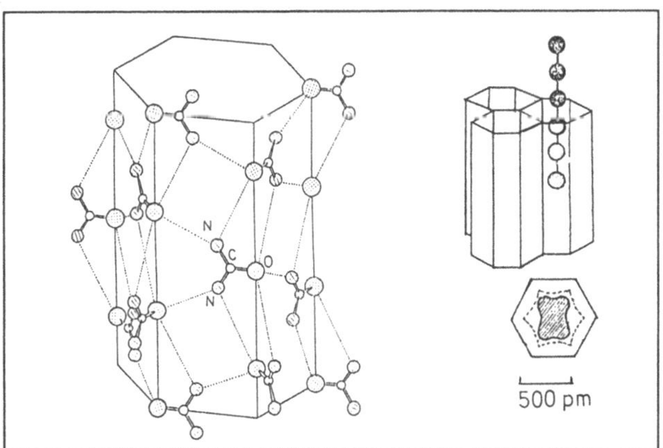

Abb.5. Kanalstruktur im Harnstoffgitter; rechts mit eingezeichnetem Gast (*n*-Paraffin) und Maßstab

Normalerweise kristallisiert Harnstoff tetragonal. Die Clathrate, die in Gegenwart von Kohlenwasserstoffen auskristallisieren, weisen jedoch eine hexagonale Kristallstruktur auf. Aus *Röntgen*-Strukturuntersuchungen geht hervor, daß im Gitter des hexagonalen Harnstoffs kanalartige Hohlräume mit 520 pm Durchmesser vorliegen, in denen bevorzugt *n*-Paraffine Platz finden.

Harnstoff eignet sich daher zur Trennung von geradkettigen und verzweigten Kohlenwasserstoffen (als Clathratgästen) in industriellem Maßstab.

Ein wesentliches Merkmal der Kanäle im Harnstoffgitter ist, daß die sie bildenden Harnstoffmoleküle in einer links- oder rechts-gängigen Helix angeordnet sind und sich somit wie "Bild und Spiegelbild" verhalten (vgl. Abb.6). Der achirale Harnstoff kristallisiert spontan in zwei enantiomorphen Gittern und kann daher dazu benutzt werden, Racemate durch Clathratbildung in die Enantiomere zu spalten.

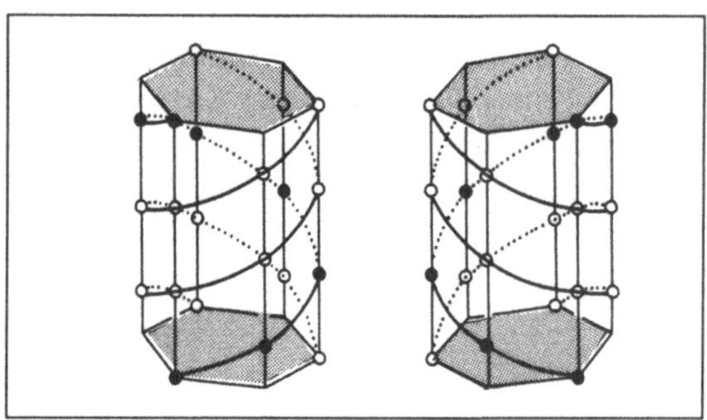

Abb.6. Die beiden spiegelbildlichen Harnstoffgitter (schematisch)

Bereits 1960 berichteten *Brown* und *White* [19] über die Polymerisation von 1,3-Butadien im Gitter von Harnstoff und Thioharnstoff. Über die *"Einschluß-Polymerisation"* mit Hilfe Kanal-Hohlraum-bildender Moleküle liegt inzwischen umfangreiche Literatur vor [20].

5.2.3.5 Choleinsäuren

Die Choleinsäuren wurden 1916 von *Wieland* [21] entdeckt, aber erst 1936 konnte *Kratky* [2] deren Struktur aufklären.

Desoxycholsäure (5) kristallisiert für sich allein nur schwer, vermag jedoch mit Fettsäuren, Paraffinen, Xylen, Naphthalen, Benzoesäure, Phenol, Campher, Cholesterol u.a. zu gut kristallisierten Addukten zusammenzutreten. *Kratky* und *Giacomello* konnten zeigen, daß das Wirtgitter der Desoxycholsäure kanalförmige Hohlräume enthält, in die Gastverbindungen eingelagert werden können [2].

Im menschlichen Organismus findet sich die Desoxycholsäure als körpereigenes Steroid in der Galle. Im Fettstoffwechsel werden mit der Nahrung aufgenommene Fette durch körpereigene Desoxycholsäure löslich gemacht und können dann infolge der feinen Verteilung leichter enzymatisch abgebaut werden. Dabei gruppieren sich die Desoxycholsäuremoleküle um die lipophile Substanz, wobei die Hydroxyl- und Carboxylgruppen in die wäßrige Umgebung ragen und somit das Lösen ermöglichen.

Pharmaka, die in wäßrigen Medien schlecht löslich sind, können durch Bildung von Wirt/Gast-Verbindungen mit Desoxycholsäure wasserlöslich gemacht werden. Nach Zerfall der Einschlußverbindung im Organismus liegt das Pharmakon in molekular-disperser Verteilung vor und kann gut resorbiert werden [22].

5.2.4 Trigonale Clathratwirte

5.2.4.1 Triphenylmethan und seine Derivate

Die Einschlußeigenschaften des Triphenylmethans [23] wurden bereits im vorigen Jahrhundert entdeckt. *Kekulé* und *Franchimont* [24] berichteten 1872 über die Darstellung und Eigenschaften dieser Verbindung:

> *"...Das Triphenylmethan ist ein fester, schön krystallisirender Körper. Er schmilzt bei 92°,5... Eine Lösung in heissem, reinem Benzol setzt beim Erkalten grosse wasserhelle Krystalle von völlig verschiedener Form ab, die beim Liegen an der Luft weiss und undurchsichtig werden und sich dann leicht zu Pulver zerreiben lassen. Ein solches Verwittern eines aus Benzol krystallisirten Kohlenwasserstoffs ist bis jetzt wohl nicht beobachtet worden und schien Anfangs schwer zu deuten. Der Versuch lehrte bald, dass diese Krystalle eine Verbindung von Triphenylmethan und Benzol sind, und dass sie auf 1 Mol. Triphenylmethan genau 1 Mol. Benzol enthalten. Die Verbindung schmilzt bei 76°, verliert dabei allmälig das Benzol und schmilzt schliesslich wie das aus Alkohol krystallisirte Triphenylmethan bei 92°,5...".*

Anschütz bestätigte 1886 die 1:1-Stöchiometrie, indem er beim Erhitzen des Addukts auf 100°C einen Gewichtsverlust von 25.36% nachwies (theoretisch: 24.22%) [25]. *Liebermann* fand 1893 den 1:1-Einschluß mit *Thiophen* als Gast, bei dem er nach Erhitzen auf 100°C einen Gewichtsverlust von 24.54% messen konnte (theoretisch: 25.6%).

Den Einschluß von *Anilin* entdeckte *Lehmann* 1881 [26], den von *Pyrrol* beschrieben *Hartley* und *Thomas* 1906 [27]. Auch diese beiden Addukte weisen ein Wirt/Gast-Verhältniss von 1:1 auf. *Norris* beschrieb 1915 die Addukte von Triphenylcarbinol sowie von Triphenylchlormethan mit CCl_4 und *Aceton* [28].

Ab Mitte der fünfziger Jahre wurden von *Driver* [29] Derivate des *4,4'-Dihydroxytriphenylmethans* mit zusätzlichen Nitro-, Amino- und Brom-Substituenten als wirksame Wirtverbindungen untersucht, die ein breites Spektrum von Gastmolekülen mit einer Stöchiometrie von 2:1 bis 1:2 einschließen. Diese Hydroxytriphenylmethan-Derivate [30] liegen zum einen in schichtförmigen Gitterstrukturen vor, wobei die Hydroxylgruppen Wasserstoffbrücken-Bindungen bilden und als Gäste *Benzen, Toluen,* und *p-Xylen* auftreten. Zum anderen können bei diesen Derivaten kanalförmige Gitterhohlräume gebildet werden, in die *n-Alkane, n-Alkene, 2,2,4-Trimethylpentan, Diisobuten* und *Squalen* eingelagert werden.

6

X = H, Cl, OH

Triphenylmethan und die substituierten Derivate liegen sowohl in Lösung als auch im festen Zustand in einer dreiflügeligen Propeller-Konformation (6) vor. Triphenylmethan selbst zeigt beim Umkristallisieren aus Lösungsmittel-Gemischen wechselnde Gast-Selektivität [31] (siehe auch Tab.1).

Tab.1. Gast-Selektivitäten von Triphenylmethan

Solvensgemisch	Prozentualer Anteil der eingeschlossenen Gäste	Gesamt-Wirt/Gast-Stöchiometrie
Benzen/Anilin	35/65	1:2
Thiophen/Anilin	45/55	1:1
Pyrrol/Anilin	28/72	1:3
Benzen/Thiophen	72/28	3:1
Benzen/Pyrrol	38/62	1:2
Benzen/Toluen [a]	80/20	5:1
Benzen/Xylen	100/0	1:0

[a]   Beim Umkristallisieren aus reinem Toluen erfolgt kein Einschluß

5.2.4.2 Trimesinsäure (TMA)

Trimesinsäure (1,3,5-Benzentricarbonsäure, 7) kann allein oder mit anderen Molekülen (wie z.B. Wasser) ausgedehnte, über Wasserstoffbrücken verbundene Netzwerke bilden, die als Wirtgitter für Kanaleinschlußverbindungen geeignet sind [32].

In einem ersten Typ bilden jeweils sechs Trimesinsäure-Moleküle (TMA) eine hexagonale Struktur ("chicken-wire", vgl. Abb.7).

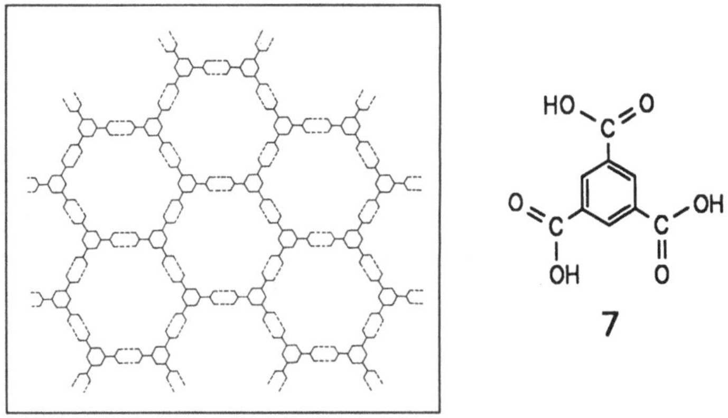

Abb.7. Hexagonales Netzwerk der Trimesinsäure (TMA, 7)

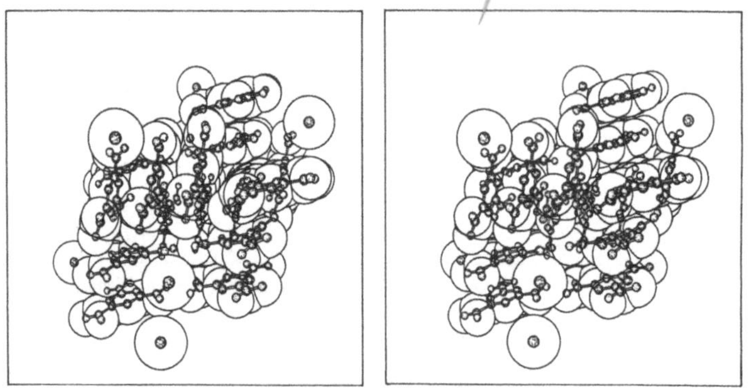

Abb.8. Das "TMA·1/6Br$_2$"-Clathrat (stereoskopisch)

Dieses Stukturprinzip findet man in Kristallen von α-TMA [33] sowie in den isomorphen Einschlußverbindungen TMA$\cdot$0.7 $H_2O\cdot$0.09 HI_5 (kurz "TMA$\cdot I_5$") sowie in TMA$\cdot$0.7 $H_2O\cdot$0.167 $HIBr_2$ und TMA$\cdot$0.7 $H_2O\cdot$0.103 HBr_5 ("TMA$\cdot Br_5$") [32]. Die Darstellung dieser TMA/Polyhalogenid-Clathrate gelingt durch Umkristallisieren von TMA aus Wasser/HI_3 bzw. aus Wasser mit äquimolaren Mengen $I^{\ominus}/Br_2$ sowie aus Wasser/HBr_3. Im Kristall wird jedes hexagonale Netzwerk von drei gleichartigen Gerüsten kettenartig durchdrungen (vgl. Abb.8).

Die Polyhalogenid-Ionen ($I_5^{\ominus}$, $Br_5^{\ominus}$, $IBr_2^{\ominus}$) befinden sich in kanalförmigen Hohlräumen, während die Gegenionen (Protonen) außerhalb der Kanäle an H_2O-Moleküle zwischen den TMA-Netzwerken gebunden sind. Darin besteht eine Analogie zu den Cyclodextrin/Polyhalogenid-Kanaleinschlußverbindungen, in denen Metallkationen an Wassermoleküle koordiniert zwischen den Cyclodextrin-Molekülen liegen.

Bei einer zweiten Gruppe von Clathraten von TMA bilden TMA- und H_2O-Moleküle ein über Wasserstoffbrückenbindungen verknüpftes Netzwerk. So erhält man beim Umkristallisieren von TMA aus Wasser neben α-TMA die zwei Hydrate TMA$\cdot 3H_2O$ und TMA$\cdot$5/6 H_2O [34] (vgl. Abb.9), wobei das erste leicht Wasser verliert. Durch Zugabe von Pikrinsäure (PA) kristallisiert die stabilere Einschlußverbindung TMA$\cdot H_2O\cdot$2/9 PA aus.

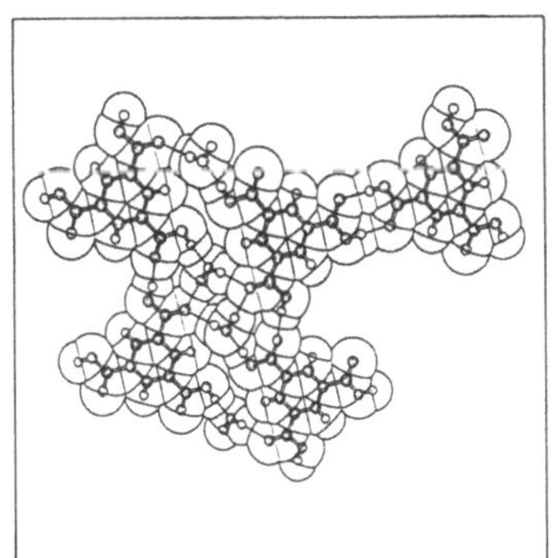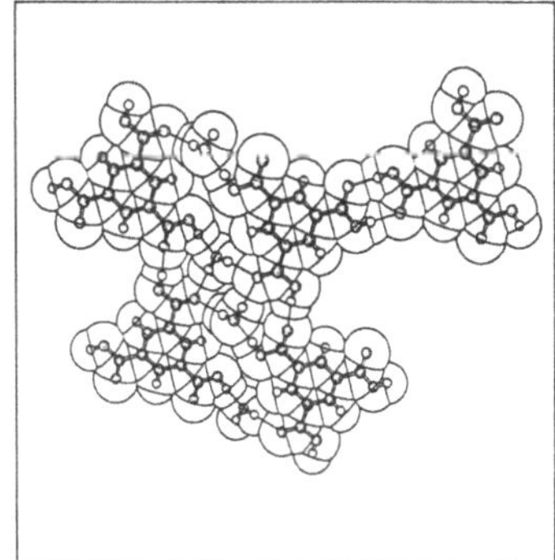

Abb.9. Struktur des TMA/H_2O-Netzwerkes (Stereobild)

Von einem dritten Typ, bei dem TMA mit anderen Molekülen ein Netzwerk bildet, ist bisher nur das Beispiel TMA$\cdot$DMSO [35] bekannt. Dabei sind die TMA-Moleküle über ihre Carboxylgruppen durch einzelne Wasserstoffbrücken-Bindungen zu Bändern verknüpft. Quer zu diesen Bändern bil-

den benachbarte TMA-Moleküle Wasserstoffbrücken mit den Sauerstoffatomen der Dimethylsulfoxid-Moleküle (vgl. Abb.10).

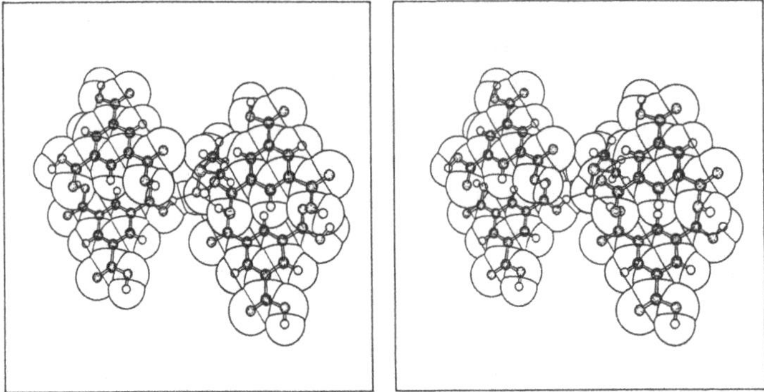

Abb.10. Struktur des TMA·DMSO-Clathrates (Stereobild)

Eine Besonderheit des TMA/DMSO-Adduktes besteht darin, daß DMSO
sowohl am Aufbau der Hohlraum-Wände im Wirtgitter beteiligt ist, als auch
mit Molekülteilen (Schwefel und die 2 Methylgruppen) die kanalförmigen
Lücken besetzt.

5.2.4.3   Tri-o-thymotid (TOT)

Nachdem bereits *Spallino* und *Provenzal* [36] 1909 die Dehydratisierung
von 2-Hydroxy-6-methyl-3-isopropylbenzoesäure (*o*-thymotic acid) untersucht
hatten, konnten *Baker*, *Gilbert* und *Ollis* 1952 bei dieser Reaktion ent-
stehendes Di-*o*-thymotid und Tri-*o*-thymotid (**8**) durch fraktionierte Kristallisation trennen [37].

8

Beim Umkristallisieren fanden sie Einschlüsse von *n-Hexan, Ethanol, Methanol, ·m-* und *p-Xylen, Benzen, Tetrachlorkohlenstoff, Chloroform* und *Dioxan.*

Aufgrund von Dipolmoment-Messungen und NMR-spektroskopischen Untersuchungen sollte *TOT* im festen Zustand in einer chiralen Propeller-Konformation vorliegen, d.h. alle drei Carbonylsauerstoffatome befinden sich auf der gleichen Seite des 12-gliedrigen Ringes [38] (Abb.11).

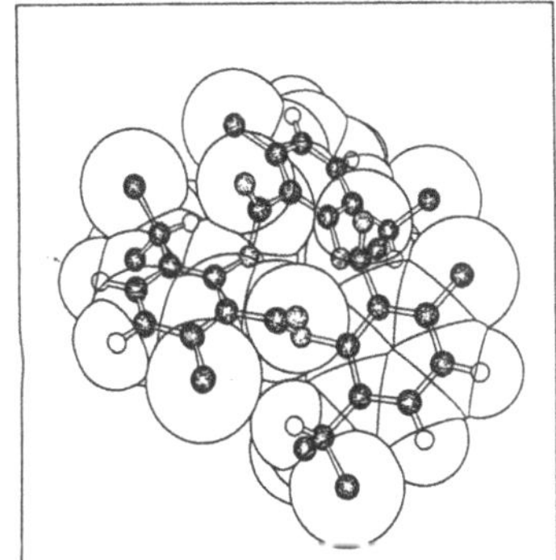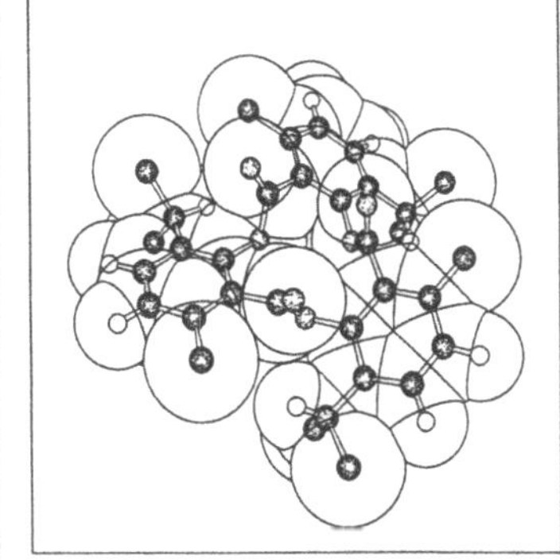

Abb.11. TOT in der chiralen Propellerkonformation (Stereobild)

Ungewöhnlich am Wirtgitter des TOT ist, daß es kanal- oder käfigförmige Hohlräume bilden kann, je nach Form und Größe der Gastmoleküle. *Kanal-Einschlußverbindungen* besitzen monokline, trikline oder hexagonale Struktur, *Käfig-Einschlußverbindungen* sind trigonal und das gastfreie TOT kristallisiert orthorhombisch.

Eine interessante Eigenschaft des als Racemat kristallisierenden TOT ist die *spontane Racematspaltung* bei der Bildung von Einschlußverbindungen mit *n-Hexan, Benzen* oder *Chloroform* [39]. Liegt ein racemisches Gemisch der Gastverbindung vor, so sollten die beiden Gast-Enantiomere in verschiedenem Ausmaß eingeschlossen werden. Beispielsweise gelang mit enantiomerenreinem TOT die optische Spaltung von racemischem *sec-Butylbromid.* *Arad-Yellin* [40] konnte zeigen, daß Käfig-Clathrate eine höhere Enantiomeren-Selektivität aufweisen, verglichen mit den Kanal-Einschlußverbindungen. Dies ist verständlich, da ein Gastmolekül in einem Käfighohlraum vollständiger umhüllt wird (höherer *"chiraler Erkennungsfaktor"*).

Ein weiteres interessantes Verhalten fand *Arad-Yellin* [41], als er die photochemischen Eigenschaften der TOT-Clathrate mit (*E*)- und (*Z*)-Stilben untersuchte. Bei beiden Stereoisomeren findet in Lösung eine *(E)/(Z)*-Photoisomerisierung statt. Während nun das im TOT-Wirtgitter eingeschlossene *(E)*-Stilben bei Bestrahlung keine Änderung erfährt, ergibt eingeschlossenes *(Z)*-Stilben eine glatte Photoisomerisierung zum *(E)*-Isomer. Dies ist ein gutes Beispiel dafür, daß chemische Verbindungen durch Kristalleinschluß ihre Reaktivität ändern können.

5.2.4.4   Cyclotriveratrylen (CTV)

Robinson erhielt 1915 bei der basenkatalysierten Reaktion von Veratrol mit Formaldehyd eine hochschmelzende kristalline Verbindung der Formel $(C_9H_{10}O_2)_n$ [42]. Daß es sich um ein "Trimeres" (n=3) handelt, wurde erst 1963 durch Arbeiten von *Lindsey* [43], *Erdtmann* [44] und *Goldup* [45] erhärtet.

Das *Cyclotriveratrylen*-Molekül (9) hat C_{3v}-Symmetrie. *Lüttringhaus* und *Peters* [46] konnten 1966 erstmals chirale Cyclotriveratrylen-Derivate in Enantiomere trennen. Durch NMR-spektroskopische Untersuchungen wurde gezeigt, daß *CTV* in einer stabilen Kronen-Konformation (analog 10) vorliegt (vgl. Abschn.4).

Die vielseitigen Einschlußeigenschaften des Cyclotriveratrylens wurden von *Bhagwat* [47] entdeckt. Inzwischen kennt man Clathrate von Cyclotriveratrylen mit *Benzen, Chlorbenzen, Toluen, Chloroform, Aceton, Kohlenstoffdisulfid, Essigsäure, Thiophen, Decalin, Ethylmethylketon* und *Ethanol.*

Abkömmlinge des CTV wie Cyclotricatechylen (11) und Trithiacyclotriveratrylen (12) zeigen ebenfalls Clathrand-Eigenschaften.

11   12

5.2.4.5   Perhydrotriphenylen (PHTP)

Nachdem *Schraut* und *Görig* bereits 1923 die Darstellung des Perhydro-9,10-benzophenanthrens untersucht hatten [48], konnte *Farina* 1963 aus dem durch Hydrierung von Dodecahydrotriphenylen entstehenden Stereoisomeren-gemisch das *trans-anti-trans-anti-trans*-Perhydrotriphenylen (*all-trans-13*) in ca. 60% Ausbeute isolieren und dessen Eigenschaften untersuchen [49].

13

PHTP bildet viele stabile **Kanal-Einschlußverbindungen** mit kugelförmigen, planaren sowie linearen Gastmolekülen. Potentielle Gäste sind aliphatische Kohlenwasserstoffe und Halogenalkane (*n-Heptan, 1-Chlorpentan*), Mono- und Dicarbonsäuren (*Palmitin-, Stearin-, Adipinsäure*), *Alkohole*, CCl_4, $CHCl_3$, *Cyclohexan, Benzen* und *Tetralin.*
Bemerkenswerterweise haben fast alle Addukte einen erheblich höheren Schmelzpunkt als die sie bildenden Komponenten (**thermodynamische Stabilität** der Clathrate). Die Wirt-Wirt- sowie Wirt-Gast-Wechselwirkungen beruhen nur auf *van der Waals*-Kräften und beinhalten keine dipolaren Wechselwirkungen und Wasserstoffbrückenbindungen. Im Gegensatz zu vielen Clathranden, deren Gitter weitgehend invariant sind, kennt man bei den PHTP-Clathraten verschiedene Kristallkonformationen, je nach Art der Gast-

moleküle. *Farina* et al. fanden, daß PHTP stabile Einschlußverbindungen mit *linearen Makromolekülen* wie *Polyethylen, (E)/(Z)-1,4-Polybutadien* und *Polyoxyethylenglycol* bildet.

Vom *all-trans*-Perhydrotriphenylen ("äquatoriales Isomer") sind zwei enantiomere, optisch aktive Formen denkbar, die gleichfalls dargestellt werden konnten (Abb.12).

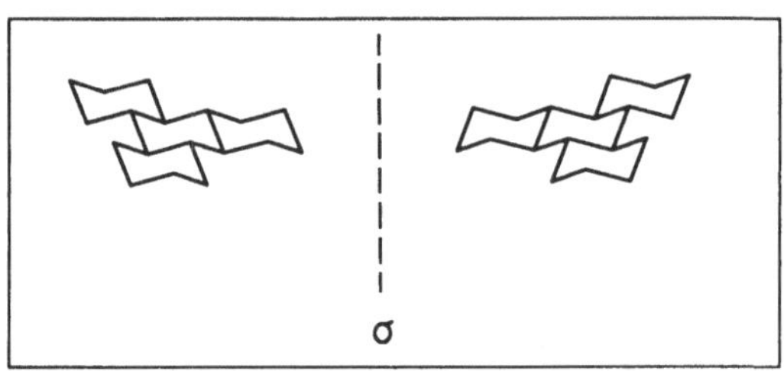

Abb.12. Enantiomere des *all-trans*-Perhydrotriphenylens

Kristalle aus einem der beiden Antipoden bieten Gastmolekülen eine asymmetrische Umgebung an. In den asymmetrischen Kanälen kann (*E*)-1,3-Pentadien zu isotaktischem Polymethylbutadien (gleiche Konfiguration an allen asymmetrischen C-Atomen) polymerisiert werden, offensichtlich unter dem Einfluß der chiralen Struktur der Wirtsubstanz.

5.2.4.6 Cyclophosphazene

Auf der Suche nach neuen Polymeren synthetisierte *Allcock* 1963 ein *Spirocyclophosphazen* 14 aus Hexachlorcyclotriphosphazen und Brenzcatechin 50). Beim Umkristallisieren aus Benzen entdeckte er die Clathrand-Eigenschaften des Tris(*o*-phenylendioxy)tricyclophosphazens 14.

14

Weitere Untersuchungen ergaben, daß *aliphatische* und *aromatische Kohlenwasserstoffe, Alkene, Ether, Chloralkane, Ketone, Nitrile* und *Alkohole* eingeschlossen werden. Durch *Röntgen*-Strukturuntersuchungen fand *Allcock*, daß die gastfreie Verbindung eine monokline oder trikline Kristallgitterstruktur aufweist, während die Wirt/Gast-Verbindung hexagonal kristallisiert.

Eine überraschende Entdeckung war, daß der Clathrand organische Flüssigkeiten wie *n*-Heptan, Ethylacetat oder Chloroform auch direkt absorbiert. Bringt man das Organophosphazen in Kontakt mit dem Dampf einer organischen Gastverbindung, so wird diese ebenfalls ins Wirtgitter eingeschlossen. Die Gastmoleküle werden in kanalförmige Hohlräume eingelagert.

Tris(*o*-phenylendioxy)tricyclophosphazen ist für *"Einschluß-Polymerisationen"* geeignet. *Finter* und *Wegner* berichteten 1979 [50f)] über die Polymerisation von Butadien und Vinylchlorid.

Weitere wirksame Clathranden vom Cyclophosphazen-Typ sind synthetisiert und untersucht worden, z.B.: Tris(2,3-naphthalendioxy)cyclotriphosphazen (15) und Tris(*o*-phenylendiamino)cyclotriphosphazen (16).

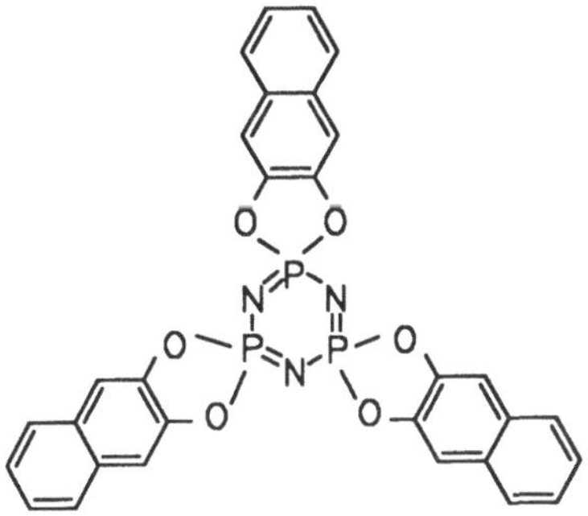

15 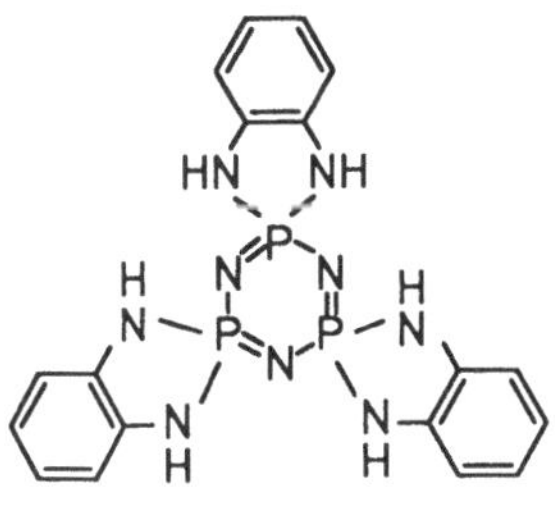   **16**

5.2.5   Neuere Konzepte zum Aufbau von Clathratwirten

5.2.5.1   "Hexahosts"

MacNicol erkannte die strukturelle Bedeutung der hexameren Wasser-
stoffbrückensysteme, die den Käfighohlraum im Dianin-Gitter nach zwei
Richtungen hin abgrenzen und auch bei Phenol- und Hydrochinon-Ein-
schlüssen als wesentliches Strukturmerkmal auftreten [51]. Abb.13 zeigt, daß
die Abmessungen dieses hexameren Bindungssystems ziemlich genau denen
eines hexasubstituierten Benzenrings entsprechen.

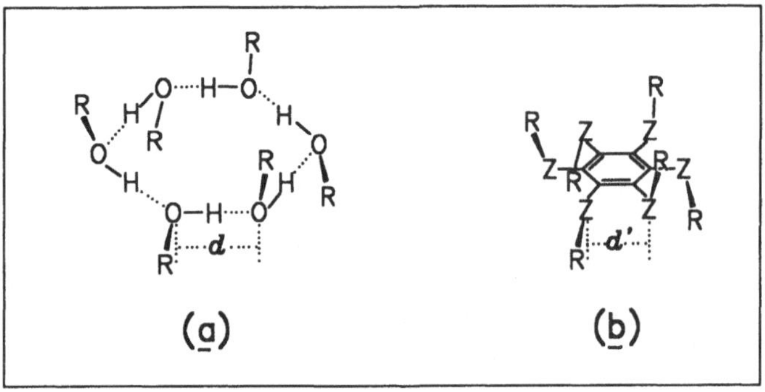

Abb.13. Hexameres Wasserstoffbrücken-System im Dianin-Gitter (a) und
Abmessungen eines hexasubstituierten Benzenrings (b)

Aus dieser Analogie heraus konstruierte *MacNicol* den neuen Wirt-Typ
der "Hexahosts", z.B. 17 und 18:

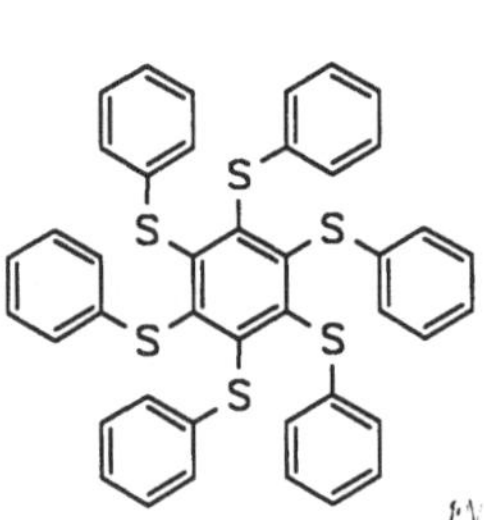

17 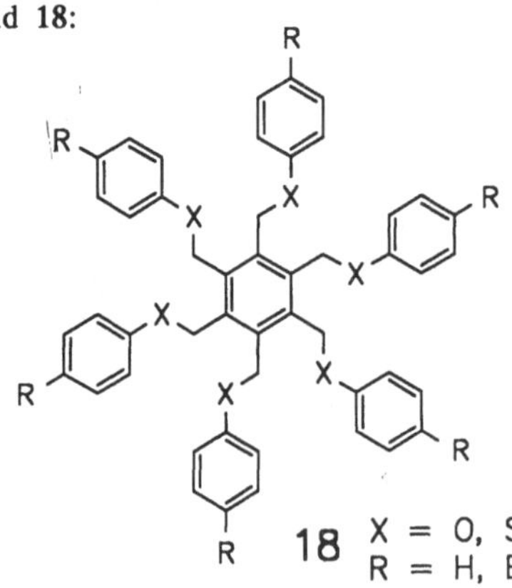   18   X = O, S
                 R = H, Bu^t, Pr^i, OH

Hexahosts bilden z.B. Clathrate mit *Aceton, Dioxan, Chloroform, Tetrachlorkohlenstoff* und *Benzenderivaten.* Beim Umkristallisieren aus Lösungsmittel-Gemischen, z.B. *o-* und *p-*Xylen, findet man je nach Wirt-Struktur verschiedene Gastselektivitäten. Die Hexahosts gehören zum C_3-Symmetrie-Typ.

5.2.5.2   Organische Oniumsalze

Vögtle und *Löhr* entdeckten 1983 bei Umkristallisations-Versuchen, daß die ***Azulen-bis(ammonium)-Verbindung*** 19 viele Arten von Solvens-Molekülen in meist stöchiometrischem Verhältnis einschließt [52]. Damit war ein neuer Clathrat-Typ gefunden.

19

Das vielfältige Einschlußvermögen dieser Clathranden beruht neben den allgemeinen Merkmalen vieler Clathratwirte, wie Sperrigkeit und begrenzte konformative Beweglichkeit, auf der Stabilität des *ionischen Wirtgitters.* Zudem sind wohl gerade die flexiblen Onium-Seitenarme dafür verantwortlich, daß Gastmoleküle unterschiedlichster Form und Größe eingeschlossen werden. *Röntgen-*Strukturanalysen zeigen eine außergewöhnliche Anpassungsfähigkeit ("induced fit") der Wirtverbindung 19 an die sterischen Anforderungen der Gastmoleküle.

Weitere organische *Oniumclathranden* mit veränderten Gastselektivitäten konnten durch folgende systematische Struktur-Variationen dargestellt werden [53]:

- Austausch der Alkylreste am Ammonium-Stickstoff
- Modifizierung der Onium-Seitenarme
- Austausch der Ankergruppe (Azulenring)
- Variation der Gegenionen

Aus diesen Arbeiten leiten sich folgende Erkenntnisse ab:

- gleichartige Alkylreste am Ammonium-Stickstoff begünstigen die Clathratbildung ebenso wie voluminöse Substituenten in 1,3-Stellung an der Ankergruppe (Azulen, Benzen)
- durch Austausch (Verkleinerung) der Anionensorte $I^{\ominus}$ gegen $Br^{\ominus}$ wird das Einschlußvermögen verringert
- ungünstig wirkt sich eine Verlängerung oder der Wegfall der "Spacer"-Einheit (Methylenbrücke) zwischen Ankergruppe und Ammonium-Stickstoff aus.

5.2.5.3   Clathranden vom "Rad- und Achse-Typ"

1968 berichtete *Toda* über die Clathrat-Eigenschaften des *Diacetylendiols* **20**, einem langgestreckten Molekül mit je zwei voluminösen Gruppen an beiden endständigen sp^3-Kohlenstoffatomen *("wheel-and-axle")* [54].

$$Ph\text{—}\underset{\underset{HO}{|}}{\overset{\overset{Ph}{|}}{C}}\text{—}C\equiv C\text{—}C\equiv C\text{—}\underset{\underset{OH}{|}}{\overset{\overset{Ph}{|}}{C}}\text{—}Ph$$

20

Dieser Clathrand bildet stöchiometrische Wirt/Gast-Verbindungen mit *Halogenalkanen, Arenen, Alkenen, Alkinen, Aldehyden, Ketonen, Estern, Ethern, Aminen, Nitrilen, Sulfoxiden* und *Sulfiden*. Wesentliche Strukturmerkmale, die den Clathrateinschluß begünstigen, sind die Fähigkeit zur Ausbildung von Wasserstoffbrückenbindungen, die Möglichkeit von π-Wechselwirkungen mit den Arenringen sowie die lineare Grundstruktur der Acetyleneinheiten.

Hart entwickelte hieraus ein neues Konzept zur strukturellen Planung von Wirtverbindungen [55]. Ausgehend vom 1,1,6,6-Tetraphenylhexa-2,4-diin-1,6-diol (**20**) führte er verschiedene Strukturvariationen durch: Zunächst ersetzte er die Hydroxylfunktion durch eine dritte Arylgruppe, wobei neben Phenyl auch *p*-Biphenyl sowie 4-Methoxyphenyl als voluminöse Substituenten eingesetzt wurden. Abhängig von der Art des Arylrestes ergaben sich Einschlüsse mit *Benzen, Toluen, Xylen* und *Chloroform*. Um festzustellen, ob die Linearität des Moleküls für das Einschlußverhalten von Bedeutung ist, wurden die sp-Kohlenstoffe durch sp^2- und sp^3-Kohlenstoffatome ersetzt (z.B. **21**).

$$Ph_3CCH_2CH = CHCH_2CPh_3$$

21

Trotz der großen Strukturvariation zeigen diese neuen Verbindungen ebenfalls noch Clathrand-Charakter.

In einem weiteren Schritt wurden Heteroatome oder fuktionelle Gruppen in den kettenförmigen Molekülteil eingebaut (22-24).

$$Ph_3C - X - CH_2CH_2 - X - CPh_3 \qquad Ph_3CCH = N - N = CHCPh_3$$

22   X = O, NH   **23**

$$Ph_3CC - CH_2CH_2 - CCPh_3$$
$$\overset{\|}{O} \qquad\qquad \overset{\|}{O}$$

24

Während 22 und 23 *Toluen* einschließen, erhält man von 24 ein 1:1-Clathrat mit *Benzen.* Die phosphoranaloge Verbindung 25 bildet ebenfalls Clathrate mit *aromatischen Kohlenwasserstoffen* [56].

$$\overset{X}{\overset{\|}{Ph_2P}} - [CH_2]_n - \overset{X}{\overset{\|}{PPh_2}} \qquad n = 2, 3$$

25   X = S, Se

Schließlich wurde die sperrige Trityl-Gruppe durch den Triptycyl-Rest ersetzt. Der Clathrand 26 bildet Clathrate mit *Toluen* sowie mit *m-* und *p-Xylen.*

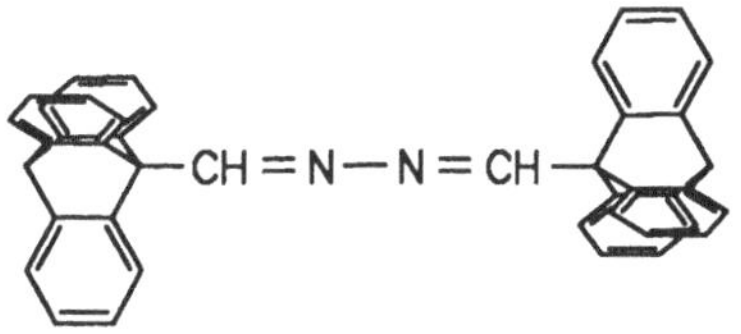

26

Hart beschrieb auch ***N,N′-Ditritylharnstoff*** als vielseitigen Clathranden [57]. *Helferich* hatte schon 1925 festgestellt, daß beim Umkristallisieren aus Ethanol *"...2 Moleküle Kristall-Alkohol festgehalten werden."* [58]

Damit scheint folgendes Erfolgsrezept zum ***Clathrand-Design*** zu gelten: Man konstruiere langgestreckte Moleküle mit sperrigen Resten an beiden Enden. Durch Einbau von funktionellen Gruppen/Heteroatomen werden koordinative Wirt/Gast-Wechselwirkungen in Form von Wasserstoffbrückenbindungen ermöglicht. Die sperrigen Molekülenden verhindern einerseits Wirt/Wirt-Wasserstoffbrückenbindungen, zum anderen bewirken sie bei der Längsausrichtung der Moleküle im Kristallgitter die Bildung von intermolekularen Hohlräumen.

Toda konnte ***chirale Clathranden*** vom "wheel-and-axle"-Typ darstellen und untersuchen [59]. So gelang mit optisch aktivem 1,6-Bis(*o*-halogenphenyl)-1,6-diphenylhexa-2,4-diin-1,6-diol (**27**) die Antipodenspaltung von 3-Methylcyclohexanon (**28**), 3-Methylcyclopentanon (**29**) und 5-Methylbutyrolacton (**30**).

$$Ph-\underset{\underset{HO}{|}}{C}-C\equiv C-C\equiv C-\underset{\underset{OH}{|}}{C}-Ph \qquad X = F, Cl, Br$$

27

28   **29**   **30**

Auch optisch aktive tertiäre Acetylenalkohole (Propargylalkohole **31**) wurden von *Toda* durch Clathratbildung mit Brucin (**32**; 1:1-Clathrate) in die Enantiomere getrennt (<u>Schema 1</u>).

Schema 1. Racematspaltung via Clathrate

$$(\pm)-\ Ph-\underset{\underset{OH}{|}}{\overset{\overset{C(CH_3)_3}{|}}{C}}-C\equiv C-H$$

31

$(-)-$Brucin

32

$\longrightarrow$ 1:1-Clathrat $\xrightarrow{HCl}$

$$(+)-\ Ph-\underset{\underset{OH}{|}}{\overset{\overset{C(CH_3)_3}{|}}{C}}-C\equiv C-H$$

$\longrightarrow$ Filtrat: $(-)-\ Ph-\underset{\underset{OH}{|}}{\overset{\overset{C(CH_3)_3}{|}}{C}}-C\equiv C-H$

5.2.5.4   Zur intermolekularen Wechselwirkung geeignete Clathratwirte

Neben einem sperrigen Basis-Skelett, das für die Hohlraumbildung im Kristallgitter verantwortlich ist, enthalten Wirtverbindungen dieses Typs funktionelle Gruppen, die zur selektiven Ausbildung von Wasserstoffbrücken-Bindungen befähigt sind [60]. Im Gegensatz zu den klassischen Hydrochinon- und Dianin-Clathraten, wo Wasserstoffbrücken-Bindungen ausschließlich zum Aufbau der Kristallgitterhohlräume benutzt werden, sind für diesen neuen Wirt-Typ koordinative Wirt/Gast-Wechselwirkungen kennzeichnend [61]. Im Grunde besteht die Konzeption darin, eine Situation im Kristall zu schaffen, bei der hoch affine funktionelle Gruppen einer Wirtverbindung aus sterischen Gründen daran gehindert sind, sich koordinativ abzusättigen. Folglich stehen diese Funktionen komplementären Gruppen von sterisch weniger anspruchsvollen (kleinen) Gastmolekülen zur Verfügung, die in der Lage sind, den Zwischenraum zu überbrücken [62].

Molekülbeispiele (siehe Abb.14), die diesem neuen Konzept ("Koordinatoclathrat-Konzept") [60-62] entsprechen, leiten sich von geometrischen Figuren wie I-III ab (z.B. **33** scherenförmig [60], **34** dachförmig [63], **35** trigonal [64]). Je nach Basisgerüst und Art der anhängenden funktionellen Gruppen (vgl. Abb.14) werden bestimmte Einschlußselektivitäten erreicht.

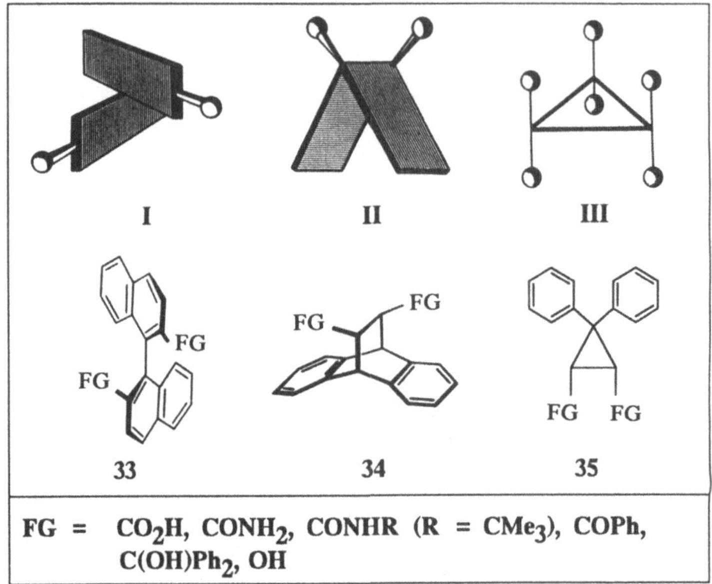

FG =   CO₂H, CONH₂, CONHR (R = CMe₃), COPh,
       C(OH)Ph₂, OH

<u>Abb.14.</u> Entwurf von Wirtmolekülen zur Koordinatoclathrat-Bildung, abgeleitet von den Grundstrukturen **I-III** (FG= funktionelle Gruppe)

Zum Beispiel koordinieren Wirte mit Carboxyl- und Carbonamid-Funktionen vorzugsweise Alkohole [60-64], aber auch Amide [65] und Sulfoxide [66] passender Größe als Gastmoleküle, während Wirte mit einfachen Hydroxy-Gruppen neben Alkoholen [67,68] und Ketonen [69] auch Amine [70] als Gastpartner favorisieren. In der Regel werden cyclische Wasserstoffbrücken-Strukturen aufgebaut [61]. Ein Beispiel, das die beabsichtigte Wirt/Gast-Komplementarität in Bezug auf die sterischen Verhältnisse und die funktionellen Gruppen des supramolekularen Verbandes gut erkennen läßt, zeigt <u>Abb.15</u> [63].

In neuerer Zeit ist das ***Koordinatoclathrat-Prinzip*** mit Erfolg auch auf enantiomorphe Wirtgitter "Naturstoff-analoger Clathratbildner" ausgedehnt worden [70]. Zum Beispiel sind mit optisch aktiven Wirtverbindungen (Derivate natürlicher Weinsäure bzw. Milchsäure) ökonomische Racematspaltungen von cyclischen Ketonen und Enonen möglich [71]. Außerdem wurde gefunden, daß mit entsprechenden Wirtsubstanzen in fester Form Gase und Lösungsmitteldämpfe selektiv sorbiert werden können *(E.Weber)* [72].

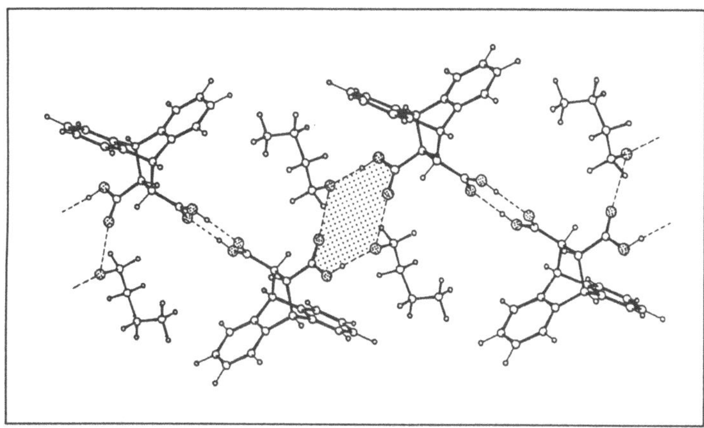

Abb.15. Supramolekulare   H-Brückenstruktur   im   Koordinatoclathrat   der Wirtverbindungen **34** (FG = CO_2H) mit *n*-Butanol (1:1)

Aus diesen Gründen haben die Kristalleinschlußverbindungen generell und die vom Koordinatoclathrat-Typ insbesondere nicht nur theoretisches Interesse gefunden [73], sie versprechen auch vielfältigen praktischen Einsatz [61,67]. An solchen Anwendungsmöglichkeiten wird besonders in Japan gearbeitet. Neben der Fixierung flüchtiger Duftstoffe und Pharmaka will man Schädlingsbekämpfungsmittel und andere Wirkstoffe einschließen, z.B. um sie sicherer in der Handhabung zu machen oder um eine Langzeitdosierung bzw. gezielte Freisetzung zu erreichen. Erst kürzlich wurden in Japan Telefonkarten erprobt, die mit einem wohlriechenden Clathrateinschluß präpariert sind. Schiffsrümpfe wurden versuchsweise mit Farben gestrichen, denen Clathrat-gebundene Wirkstoffe beigemischt sind. Sie sollen den Algenbesatz und die Anlagerung von Muscheln verhindern. Weitere Einsatzmöglichkeiten der Koordinatoclathrate sind in der *Sensorik* (siehe Abschnitt 14) zu erwarten. Der syntheseorientierte Chemiker kann auf neue topochemische Reaktionen hoffen [74], und zunehmend gewinnt der Clathrateinschluß Bedeutung bei materialwissenschaftlichen Fragestellungen [75,76].

6 Gezielte Kristallbildung durch maßgeschneiderte Additive

6.1 Einleitung

Zu den Wirt-Gast-Wechselwirkungen - an Grenzschichten - kann man auch den Einfluß von Verunreinigungen oder Additiven auf den Kristallisationsprozeß zählen. Vom Studium des Einflusses, den - *maßgeschneiderte* - *Inhibitoren* auf Wachstum und Auflösung organischer Kristalle ausüben [1], profitieren Gebiete von der Stereochemie bis zu den Materialwissenschaften. Bei organischen Kristallen, die in Gegenwart von wachstumshemmenden Additiven entstehen, besteht ein Zusammenhang zwischen der Kristallstruktur und der unter diesen Bedingungen erhaltenen *Kristallmorphologie*. Die Kenntnis solcher Beziehungen kann zur Herstellung von organischen Kristallen mit erwünschter Morphologie, zur Trennung von Konglomeraten aus enantiomeren Verbindungen oder Kristallen und, wie im folgenden gezeigt wird, zur direkten oder indirekten Bestimmung der absoluten Konfiguration chiraler Moleküle ausgenutzt werden. Darüber hinaus läßt sich aus diesen Befunden, wie wir gleichfalls erörtern werden, ein neues Modell für die spontane *Entstehung der optischen Aktivität* in der Natur ableiten. Analog zum Kristallwachstum bilden sich auch beim umgekehrten Prozeß, der Auflösung organischer Kristalle in Gegenwart von *Additiven*, auf ausgewählten Kristallflächen definierte *Ätzfiguren*, aus denen gleichfalls Schlüsse gezogen werden können [1].

6.2 Historisches

Die Morphologie von Kristallen hat aufgrund ihrer Vielfalt und Harmonie schon im Altertum das Interesse der Menschen und insbesondere der Naturforscher geweckt. *Kepler* erwog bereits, daß Kristalle aus kleinsten, nicht teilbaren Einheiten aufgebaut sind. *Pasteur* zeigte 1848 erstmals die Beziehung zwischen der Morphologie eines Kristalls und der Symmetrie der Verbindung, die den Kristall bildet, auf. Er trennte die beiden Natrium-ammoniumtartrat-Enantiomere aufgrund der Asymmetrie der Kristalle. Später zeigte sich, daß die Morphologie eines Kristalls nicht nur von der Struktur der kristallisierenden Moleküle, sondern auch von experimentellen Parametern bei der Kristallisation abhängt, wie Lösungsmittel, Temperatur, Übersättigung und Verunreinigungen. Zum Beispiel wird $PbCl_2$, das normalerweise zentrosymmetrisch kristallisiert, in Gegenwart von Dextrin mit einer chiralen

Morphologie der Symmetrie 222 erhalten. Die Anwendung von Additiven zur Erzeugung einer bestimmten Kristallmorphologie ist in der Industrie weit verbreitet, obwohl der zugrundeliegende Mechanismus kaum bekannt ist. Bei der technischen Herstellung großer NaCl-Kristalle für IR- und *Raman*-Untersuchungen werden beispielsweise schon lange geringe Anteile an $Pb^{2\oplus}$ oder $SO_4^{2\ominus}$-Ionen als Kristallisations-Hilfsmittel zugesetzt. Bei der Herstellung der Rohrzucker-Kristalle aus Melasse haben Oligosaccharide einen bestimmten Einfluß auf Kristallisations-Geschwindigkeit und Habitus.

6.3   Enantiospezifische Synthese im Kristall

Zum Verständnis des Folgenden sind die Vorgänge bei der Photodimerisierung von Molekülen im Kristall wichtig: Enantiomerenreine *chirale* Verbindungen können aus *nicht-chiralen* Edukten durch Reaktionen entstehen, bei denen das Kristallgitter mitbestimmend ist. Voraussetzung hierzu ist, daß sich aus der Lösung der Edukte chirale *Einkristalle* abscheiden. In Abb.1 ist dies am Beispiel der Herstellung von chiralen Cyclobutan-Polymeren aus nichtchiralen Dienen, die geeignet gepackte chirale Kristalle bilden, illustriert.

Das "feedback" hat eine **Kristallisations-Hemmung** zur Folge. In den chiralen Kristallen (in Abb.1 durch [ ]$_d$ und [ ]$_l$ symbolisiert) sind die Moleküle durch Translation so angeordnet, daß benachbarte C=C-Gruppen photodimerisieren können. Bei der UV-Bestrahlung eines Einkristalls entstehen Dimere, Trimere und Oligomere jeweils einer Chiralität (p_r oder p_S). In einem nichtchiralen Lösungsmittel entstehen die *d*- und *l*-Kristalle in gleichen Mengen, so daß beim Gemisch der Produkte p_r und p_S keine asymmetrische Induktion beobachtet wird. Asymmetrische Induktion tritt jedoch ein, wenn während der Bildung der kristallinen Phasen chirale Dimere, Trimere oder Oligomere *einer* Chiralität (d.h. p_r oder p_S) anwesend sind. Dabei kristallisiert diejenige Phase in großem Überschuß aus, die enantiomorph zu der Phase ist, aus der sich das Additiv gebildet hat. Das Experiment zeigt also, daß *d*-Kristalle aus einer Lösung mit p_S als Additiv und *l*-Kristalle aus einer Lösung mit p_r als Additiv erhalten werden (**"Chiralitätsumkehr-Regel"**, Abb.2).

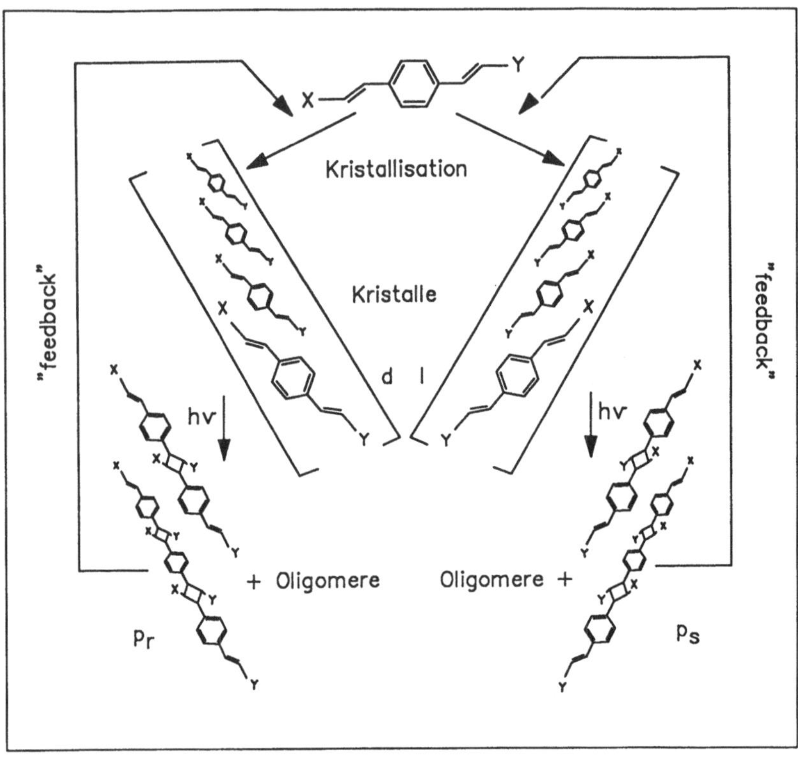

Abb.1. Durch das Kristallgitter kontrollierte Bildung chiraler Cyclobutan-Derivate (Enatiomere p_r und p_s) aus nichtchiralen Dienen in geeignet gepackten chiralen Kristallen (*d* und *l* symbolisieren jeweils enantiomere Packungen) [1]

Als wichtig erwies sich dabei die stereochemische Ähnlichkeit zwischen dem Additiv und dem jeweils enantiomorphen Kristall des Monomers. Parameter wie Temperatur oder Konzentration haben lediglich einen quantitativen Einfluß auf die beobachtete *asymmetrische Induktion.*

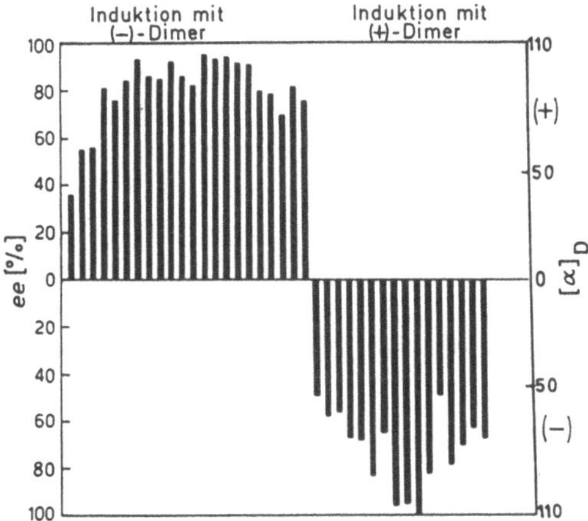

Abb.2. Enantiomerenüberschüsse (ee) von Gitter-kontrolliert gebildeten Dimeren nach der Kristallisation des Monomeren in Gegenwart
chiraler Dimere als Additive unter verschiedenen Kristallisationsbe-
dingungen (s. Abb.1) [1]

6.4   Enantiomerentrennung durch Kristallisation in Gegenwart chiraler Additive

Ausgehend von der geschilderten stereochemischen Ähnlichkeit zwischen
Additiv und enantiomorphem Monomerkristall wurde vorgeschlagen, daß ein
chirales Dimer, Trimer oder Oligomer zwei, drei oder n Monomer-Einheiten
an einem Wachstumszentrum des Kristalls ersetzt, der die gleiche Chiralität
wie der Kristall hat, dem die Photoprodukte entstammen. Die Adsorption
solcher Oligomere sollte die Wachstumsgeschwindigkeit des Kristalls derart
drastisch verringern, daß sich das Kristallisationsgleichgewicht zur nicht be-
troffenen Phase hin verschiebt. Abb.3 illustriert diese Vorstellung vom
Kristallwachstum und dessen *Hemmung*, die sich als richtig erwiesen hat.
Das achirale Monomer bildet in Lösung ein rasch racemisierendes Gleichgewicht der chiralen Konformationen R und S; $\{R\}_d$ und $\{S\}_l$ stehen für
die Chiralität der jeweiligen kristallinen Phasen.

Die Anwendung dieser Überlegungen führte zu einem neuen Verfahren
zur kinetischen Enantiomerentrennung. Es basiert auf der *gezielten
Hemmung des Kristallwachstums eines Enantiomeren*, beispielsweise $\{S\}_l$,

durch Zugabe geringer Mengen eines chiralen Additivs S' mit verwandter Stereochemie (Abb.3c). Dieser Mechanismus erklärt auch einige zufällig beobachtete kinetische Enantiomeren-Trennungen, bei denen das chirale Additiv und das in dessen Gegenwart schneller kristallisierende Enantiomer entgegengesetzte absolute Konfiguration aufweisen. Das Schema wurde auch mit den als Konglomerat kristallisierenden Aminosäuren Threonin, Glutaminsäure·HCl und Asparagin·H$_2$O geprüft, in dem Sinne, daß Voraussagen über das jeweils kristallisierende Enantiomer gemacht wurden. Als **chirale Additive zur Enantiomerentrennung** dienten in diesem Fall mehrere andere Aminosäuren.

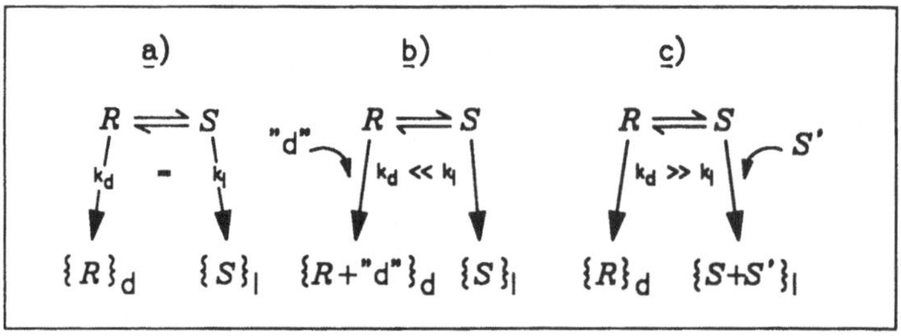

Abb.3. a) Spontane Kristallisation eines Racemats (R,S) zu einem $\{R\}_d/\{S\}_l$-Konglomerat. b) Kristallisation in Gegenwart des Additivs "d" (durch das Gitter kontrolliert gebildete Produkte der $\{R\}_d$ Phase); bevorzugte Kristallisation von $\{S\}_l$. c) Kristallisation in Gegenwart eines beliebigen chiralen Additivs S' (mit stereochemischer "Affinität" zu S); bevorzugte Kristallisation von $\{R\}_d$ [1)]

Die Güte solcher Trennungen ist unterschiedlich und hängt von Art und Konzentration des wachstumshemmenden Additivs ab. In den besten Fällen [(R,S)-Glutaminsäure·HCl + (S)-Lysin, und andere] wird vollständige Trennung (100 % ee) erreicht. Das Wachstum der beeinflußten Kristalle wird gegenüber dem der unbeeinflußten um mehrere Tage verzögert. Das Additiv wurde in allen genannten Systemen in gehemmt gewachsenen Kristallen in Anteilen von 0.05-1.5 Gew.-% eingeschlossen; in den jeweils enantiomorphen Kristallen wird es entweder nicht oder nur in geringen Anteilen wiedergefunden.

Einen sicheren Nachweis der **Wachstumshemmung** durch Adsorption ermöglicht die Veränderung der Morphologie der beeinflußten Kristalle. Die

Morphologie eines Kristalls ist eine Funktion der relativen Wachstumsgeschwindigkeiten seiner Flächen. Da ausschließlich die Wachstumsgeschwindigkeit derjenigen Flächen beeinflußt wird, die das wachstumshemmende Additiv adsorbieren, ist zu erwarten, daß Kristalle, die mit oder ohne Additiv gewachsen sind, sich im Habitus unterscheiden. In Übereinstimmung damit wurde bei den Enantiomerentrennungen nach dem Erscheinen der Kristalle mit üblichem Habitus (mit einer von den jeweiligen Komponenten abhängigen Verzögerung) das Auftreten von Kristallen mit deutlich veränderter Morphologie beobachtet. Durch Auslesen der Kristalle und anschließende Untersuchung konnte gezeigt werden, daß sie aus dem beeinflußten bzw. dem gehemmt gewachsenen Enantiomer bestehen. Zum Beispiel führt die Kristallisation von Asparagin in Gegenwart verschiedener Additive zu Kristallen mit unterschiedlicher Morphologie. Bei der Kristallisation von (R,S)-Threonin in Gegenwart von (S)-Glutaminsäure ist die Wachstumshemmung des (S)-Enantiomers so erheblich, daß es lediglich als feines Kristallpulver erhalten wird, das die gut ausgebildeten Kristalle des (R)-Enantiomers bedeckt.

Solche gezielte Kristallisationen eroffnen die Möglichkeit, das klassische Experiment *Pasteurs* zu modifizieren und auf Systeme zu übertragen, die zwar spontane Racemattrennung zeigen, jedoch keine hemiedrischen Flächen bilden, die enantiomorphen Kristalle also nicht durch ihre Morphologie unterschieden werden können.

Eine andere Möglichkeit zur visuellen Unterscheidung von enantiomorphen Kristallen ergibt sich durch Kristallisation eines Konglomerats von an sich farblosen Kristallen in Gegenwart eines chiralen, *farbigen Additivs*. Werden beispielsweise Lösungen von (R,S)-Glutaminsäure·HCl in Gegenwart des gelben N-(2,4-Dinitrophenyl)-(S)-lysins zur Kristallisation gebracht, so fallen zuerst farblose Kristalle von (R)-Glutaminsäure·HCl und danach durch das Additiv gelb gefärbte Kristalle des (S)-Enantiomers aus.

Die geschilderten stereochemischen Beziehungen zwischen Kristallen und chiralen, wachstumshemmenden Additiven zeigen eine neue Möglichkeit zur vergleichenden ***Bestimmung der absoluten Konfiguration*** auf. Dabei beeinflußt das Additiv lediglich das Enantiomer der gleichen absoluten Konfiguration.

6.5   Gezielte Beeinflussung der Kristallmorphologie

Die drastischen morphologischen Änderungen beim Wachstum organischer Kristalle bei Gegenwart von Additiven spiegeln ein hohes Maß an *spezifischer Wechselwirkung* der Fremdsubstanz (Additiv) mit den strukturell unterschiedlichen Flächen des Kristalls wider. Die morphologischen Veränderungen stehen demnach in direkter Beziehung zu den auf molekularer Ebene ablaufenden Adsorptions/Inhibitions-Prozessen. Allgemein ergab sich, daß die Größe einer Fläche relativ zur Größe anderer Flächen des Kristalls zunimmt, wenn das Wachstum senkrecht zu dieser Fläche gehemmt und damit die Wachstumsgeschwindigkeit in dieser Richtung klein ist (Abb.4). Die Unterschiede im Größenverhältnis der Flächen von unbeeinflußten und unter *Additivhemmung* gewachsenen Kristallen ermöglicht deshalb eine Identifizierung der beeinflußten Flächen und der zugehörigen kristallographischen Richtung. In allen untersuchten Fällen ergab sich bisher eine stereochemische Beziehung zwischen der Struktur der beeinflußten Kristallfläche und der Molekülstruktur des inhibierenden Additivs.

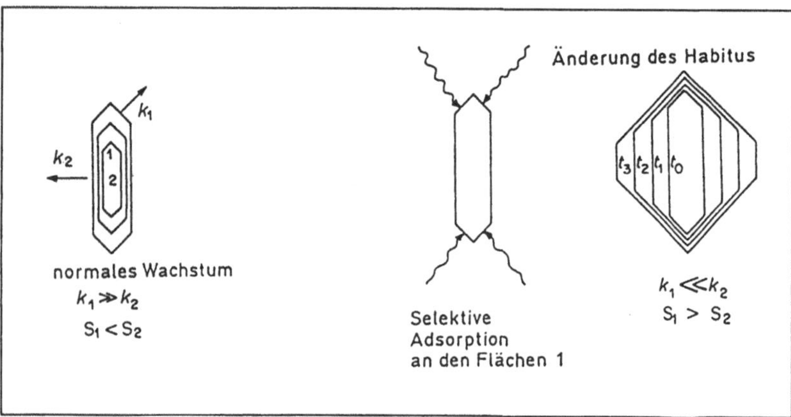

Abb.4. Ausbildung von Kristallflächen S in Abhängigkeit von der dazu senkrechten Wachstumsgeschwindigkeit k nach verschiedenen Zeiten t. Links: Habitus bei normalem Kristallwachstum; Rechts: Änderung des Kristallhabitus durch Wachstumshemmung der Flächen 1

Es wird angenommen, daß das Additiv nur an solchen Flächen adsorbiert wird, bei denen derjenige Molekülteil nach außen weist, der im Additiv mo-

difiziert ist. Das adsorbierte Additiv verhindert sodann das weitere Auf-
wachsen von Substratmolekülen, erniedrigt also die Wachstumsgeschwindigkeit senkrecht zu diesen Flächen und bewirkt so beim Wachstumsvorgang
eine relative Vergrößerung dieser Fläche gegenüber den anderen. Ein ähnlicher Mechanismus spielt bei der Änderung des Habitus von *Rohrzucker*-
Kristallen, die sich in Gegenwart von Oligosacchariden als Additive bilden,
ab.

Demnach sollte eine systematische Variation der Kristall-Morphologie
durch spezifisch konstruierte Additive möglich sein, die sich an ausgewählte
Flächen anlagern und damit das Kristallwachstum in vorhersehbarer Weise
hemmen.

Das Vorgehen wurde anhand von *Benzamid* demonstriert, das aus Ethanol in plättchenförmigen, entlang der *b*-Achse gewachsenen {001}-Kristallen
2) erhalten wird (Abb.5a). Die Packung (Abb.5b) ist charakterisiert durch
eine typische Bandenstruktur aus H-Brücken-gebundenen cyclischen Dimeren,
die über $NH\cdots O$-Bindungen entlang der *b*-Achse verknüpft sind.

Eine Wachstumshemmung der {011}-Flächen entlang *b* wird mit *Benzoesäure* als Additiv erreicht.

Wird nun ein *Benzamid*-Molekül durch ein *Benzoesäure*-Molekül ausgetauscht (vgl. Abb.5a), so wird am Ende der Bandstruktur in *b*-Richtung eine
der $NH\cdots O$-Bindungen durch eine abstoßende $O\cdots O$-Wechselwirkung ersetzt; die resultierende Wachstumshemmung in dieser Richtung führt zur
Entstehung von entlang der *a*-Achse ausgebildeten stäbchenförmigen Kristallen.

Eine **Wachstumshemmung** entlang der *a*-Achse läßt sich durch Zugabe
von *o*-Toluamid zur Kristallisationslösung erreichen. Die Kristalle wachsen
dann als Stäbchen entlang der *b*-Achse. Das Additiv *o*-Toluamid kann leicht
in das Wasserstoffbrücken-Netzwerk eingebaut werden, ohne das Kristallwachstum in *b*-Richtung zu beeinflussen. Die *ortho*-CH_3-Gruppe besetzt jedoch die (100)-Fläche und hemmt dadurch das Wachstum in *a*-Richtung, in
der die Dimerenpaare gestapelt sind (Abb.5b). Durch steigenden Zusatz von
p-Toluamid werden zunehmend dünnere Kristallplättchen erhalten, da die
Methylgruppen die ohnehin schon schwachen *van der Waals*-Wechsel-
wirkungen zwischen den Phenylschichten in *c*-Richtung stören.

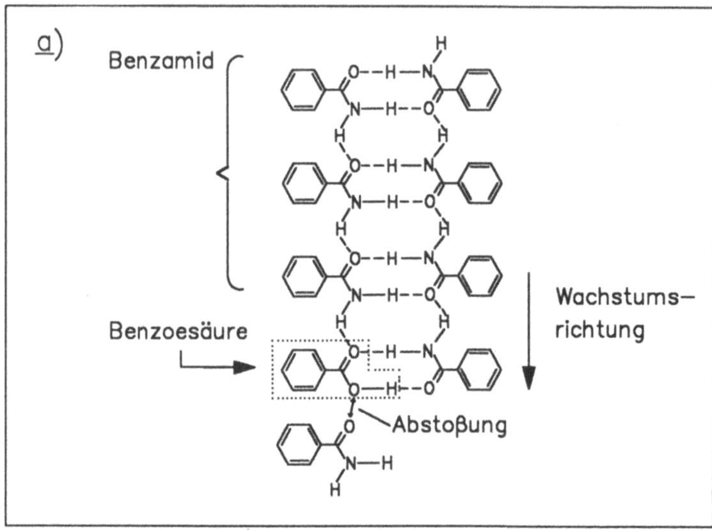

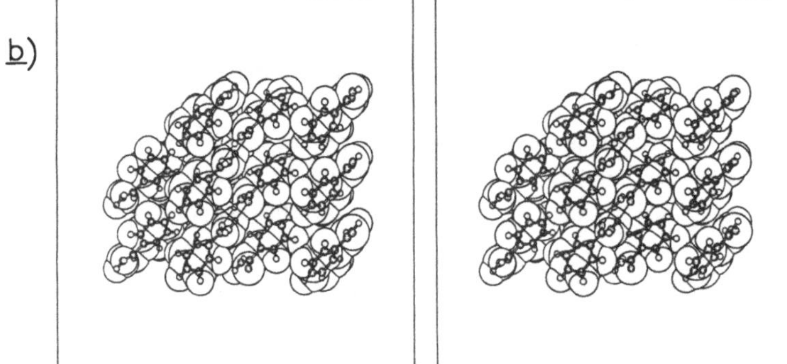

<u>Abb.5.</u> <u>a</u>) *Benzamid*-Kristallstruktur mit der in *b*-Richtung ausgedehnten H-Brücken-Bandenstruktur; am Ende ist ein Molekül *Benzoesäure* eingebaut. <u>b</u>) Projektion der Benzamid-Packung entlang der *b*-Achse (die *b*-Achse liegt senkrecht zur Papierebene; Stereobild) [1]

Ähnliche **Änderungen der Kristallmorphologie** ließen sich bei anderen primären Amiden sowie sonstigen organischen Verbindungen wie Carbonsäuren, Aminosäuren, Dipeptiden und Steroiden induzieren. Auch die Veränderung des **Kristallhabitus** von *Asparagin·H_2O* bei Kristallisation in Gegenwart von Asparaginsäure wird durch diesen Mechanismus erklärt.

Insgesamt ermöglichen die experimentellen Befunde und ihre Deutung sowohl eine Erklärung als auch eine Vorhersage von Änderungen des Kristallhabitus. Auf die Möglichkeit, mit diesen Methoden eine *direkte Bestimmung der absoluten Konfiguration* chiraler Moleküle und auch des Additivs zu erreichen, sei hier nicht weiter eingegangen [1].

An dieser Stelle seien lediglich noch einige Kristallstrukturen bildlich wiedergegeben, die beim *Kristallisieren von Glycin* ohne und mit verschiedenen Additiven erhalten wurden. Reines *Glycin* kristallisiert aus Wasser in Form von Bipyramiden mit der *b*-Achse senkrecht zur Basisfläche (Abb.6a). Außer der Aminosäure Prolin bewirken alle natürlichen (*S*)-Aminosäuren eine drastische *Morphologie-Änderung* auf der *b*-Seite der Kristalle: Es treten Pyramiden mit ausgeprägter (010)-Fläche auf (Abb.6b). Alle (*R*)-Aminosäuren induzieren dagegen die Bildung einer großen (010)-Fläche (Abb.6c), und ein racemisches Additiv schließlich führt zur Kristallisation von {010}-Plättchen [2] (Abb.6d). In den plättchenförmigen Glycinkristallen sind jeweils 0.02-0.2 % des Additivs eingeschlossen. Durch HPLC-Analyse dieser eingeschlossenen Aminosäuren wurde bewiesen, daß ein vollständiger *enantioselektiver Einschluß* entlang der *b*-Achse erfolgt.

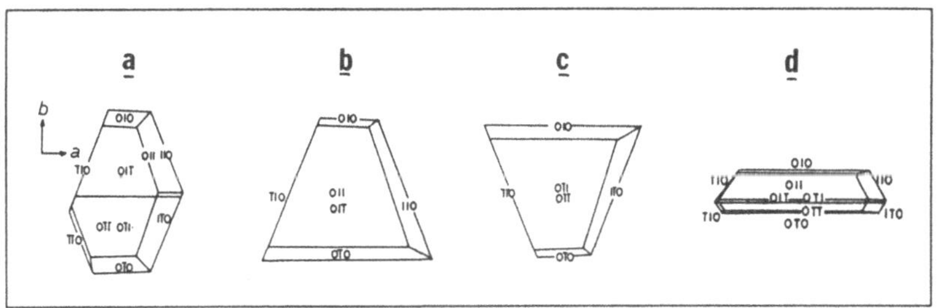

Abb.6. Glycin-Kristalle, die bei Zusatz verschiedener Additive erhalten wurden: a) ohne Additiv, b) mit (*S*)-α-Aminosäuren als Additiv, c) mit (*R*)-α-Aminosäuren als Additiv, d) mit (*R,S*)-Aminosäuren als Additiv

Auch die Möglichkeit, die *spontane Entstehung optischer Aktivität* im Rahmen der Evolution zu deuten, sei nur angedeutet: Angenommen, der erste aus der "Ursuppe" entstehende plättchenförmige Glycinkristall mit seiner (010)-Fläche ordnet sich zur Grenzfläche hin an. Während des Wachstums wird dieser Kristall ausschließlich (*S*)-Aminosäuren aus der Ursuppe einschließen, was zu einer Anreicherung der (*R*)-Enantiomere in der Lösung führt. Der so erzeugte Überschuß hydrophober (*R*)-Aminosäuren wird dann die darauffolgend an der Grenzfläche gebildeten Kristalle wieder mit ihren (010)-Flächen zur Grenzfläche hin ausrichten und so zu einer weiteren Anreicherung der Lösung an (*R*)-Enantiomeren führen. Auf diese Weise hat man ein Modell für die Entstehung und nachfolgende replikative Vermehrung von optischer Aktivität in einer ursprünglich symmetrischen Welt.

6.6   Maßgeschneiderte Ätz–Additive für organische Kristalle

Wachstum und Auflösung von Kristallen sind einander entgegengesetzte Prozesse, die durch Änderung des Sättigungsgrades einer Lösung realisiert werden können. Dies bedeutet, daß ein Inhibitor für das Wachstum einer bestimmten Kristallfläche prinzipiell auch die Auflösungsgeschwindigkeit der gleichen Fläche beeinflussen muß. Um diese Wechselwirkung zu überprüfen, wurde das Anlösen von Kristallen in Gegenwart maßgeschneiderter Kristallwachstums-Inhibitoren systematisch untersucht. Zum Beispiel wurden plättchenförmige *Glycin*-Kristalle mit gut ausgebildeten {010}-Flächen in ungesättigten Glycinlösungen, die zusätzlich wechselnde Mengen anderer Aminosäuren enthielten, angelöst. In Gegenwart von beispielsweise enantiomerenreinem (*R*)-Alanin in der Lösung entstehen lediglich auf den (010)-Flächen gut ausgebildete Ätzfiguren. Diese **Ätzgruben** zeigen eine zweizählige Symmetrie mit Oberflächenrändern parallel zur *a*- und *c*-Achse des Kristalls. Die enantiotope (01̄0)-Fläche wird gleichmäßig angelöst und verhält sich somit wie in einer ungesättigten Lösung von reinem Glycin. Wie erwartet, induziert (*S*)-Alanin Ätzgruben auf der (01̄0)-Fläche und in Gegenwart von (*R,S*)-Alanin werden beide {010}-Flächen geätzt.

Die Auflösung einer gegebenen Oberfläche beginnt, wie man weiß, an Austrittspunkten von Fehlstellen. An solchen Fehlstellen besteht die Grenzfläche zum Lösungsmittel aus mehreren Arten von Oberflächenstrukturen (Abb.7). Die Auflösung erfolgt von diesen Zentren ausgehend in den verschiedenen Richtungen mit der gleichen relativen Geschwindigkeit wie beim Wachstum; unter solchen Bedingungen bleibt die Struktur des Kristalls insgesamt erhalten. Enthält die Lösung jedoch ein Additiv, das sich selektiv an eine bestimmte Fläche des Kristalls bindet, so wird der Kristall in den verschiedenen Richtungen mit Geschwindigkeiten aufgelöst, die von denen in

reinem Lösungsmittel abweichen. Die Geschwindigkeit der Auflösung wird
also senkrecht zur beeinflußten Fläche relativ zu einer unbeeinflußten
Fläche abnehmen und an den Austrittspunkten von Fehlstellen der erstgenannten Flächen werden sich Ätzgruben ausbilden.

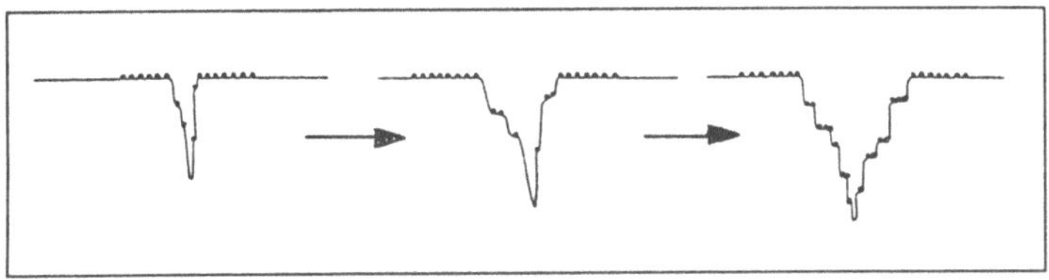

Abb.7. Zur Ausbildung von Ätzgruben an Austrittspunkten von Fehlstellen
durch unterschiedliche Belegung der Flächen mit einem Additiv

6.7   Das "Resorcin-Problem"

1949 fand *Wells*, daß *α-Resorcin*-Kristalle (Raumgruppe *Pna* 2_1) in wäßriger Lösung ausschließlich in Richtung der polaren *c*-Achsen wachsen.

Die Kristalle (Abb.8) sind an einem Ende der *c*-Achse durch Phenyl-rei-
che (011)- und (0$\bar{1}$1)-Flächen und am anderen Ende durch Hydroxy-reiche
(01$\bar{1}$)- und (0$\bar{1}\bar{1}$)-Flächen begrenzt (Abb.8 unten). Die absolute Wachstumsrichtung entlang der polaren Achse in Bezug auf die Packung der Moleküle
konnte allerdings lange Zeit nicht bestimmt werden.

Es war also nicht bekannt, welches Ende eines gegebenen Kristalls Phe-
nyl- und welches Hydroxy-reich war. Nach *Wells* hatte das Wachstum entlang
der *c*-Achse seine Ursache in einer ausgeprägten Adsorption von Wasser an
den Hydroxy-reichen {0$\bar{1}\bar{1}$}-Flächen, wodurch deren Wachstum gegenüber
dem der Phenyl-reichen {010}-Flächen verzögert wird.

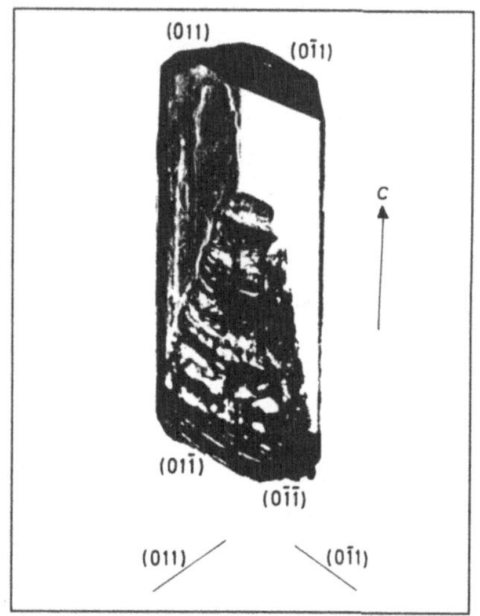

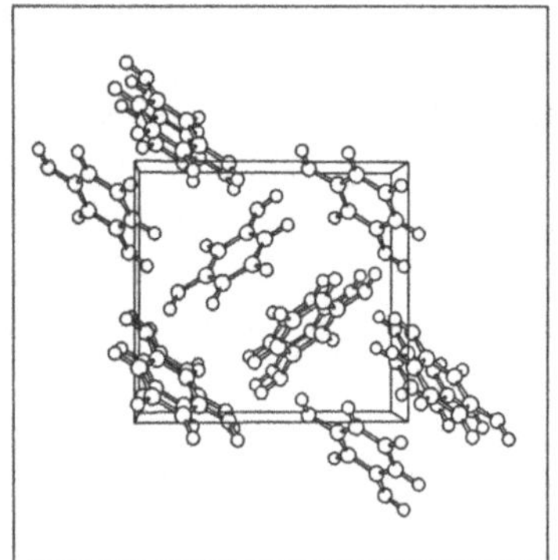

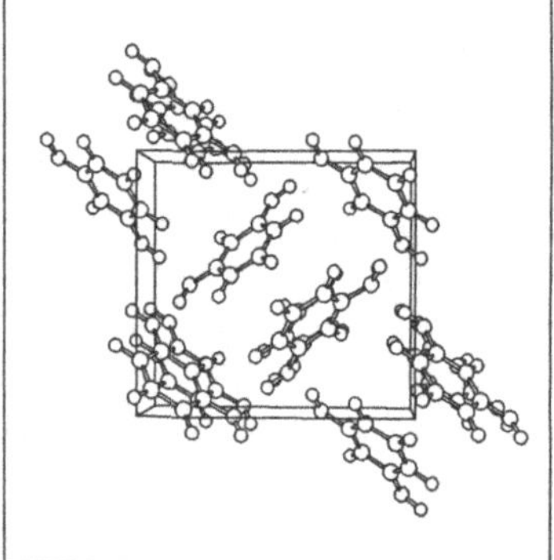

<u>Abb.8</u>. <u>Oben</u>: Aus wäßriger Lösung gewachsene typische α-*Resorcin*-Kristalle; die Endflächen {011}, d.h. (011) und (0Ī1), sowie {0ĪĪ}, d.h. (01Ī) und (0ĪĪ), sind ebenso gekennzeichnet wie die zu den Phenyl-reichen Flächen {011} und zu den Hydroxy-reichen Flächen {0ĪĪ} parallelen Ebenen (nach [1]). <u>Unten</u>: Packung der *Resorcin*-Moleküle (Stereobild), Blickrichtung entlang der *a*-Achse

Um zu entscheiden, ob die OH-reichen Flächen in wäßriger Lösung wirklich schneller als die anderen Flächen wachsen, wurde die **absolute Wachstumsrichtung** von Resorcin-Kristallen in wäßriger Lösung unter Verwendung der Additive 1-5 und unabhängig davon röntgenographisch nach der *Bijvoet*-Methode bestimmt.

Danach erfolgt das einseitig gerichtete Wachstum in wäßriger Lösung bevorzugt an den Hydroxy-reichen Flächen. Es scheint so, daß das Wachstum an den Hydroxy-reichen {0Ī1}-Flächen durch Hemmung des Wachstums an den Phenyl-reichen Flächen {011} zustandekommt, weil diese eine höhere Affinität zu Wasser als die Hydroxy-reichen Flächen haben. Es ergab sich darüber hinaus, daß es sinnvoller ist, im Lösungsmittel Wasser die Flächen {011} und {0Ī1} als sauer bzw. basisch und nicht als Phenyl-reich bzw. Hydroxy-reich zu bezeichnen. Die Deutung von *Wells*, daß das Wachstum einer Kristallfläche durch starke Adsorption von Lösungsmittel-Molekülen gehemmt ist, hat sich daher im wesentlichen bestätigt, obwohl er bei Resorcin unter der irrigen Annahme, daß das Wasser bevorzugt an der Hydroxy-reichen Fläche absorbiert wird, bezüglich der *Wachstumsrichtung* den falschen Schluß gezogen hatte.

Die oben beschriebene Methode zur Untersuchung von *Oberflächen-Lösungsmittel-Wechselwirkungen* ist ein Ansatzpunkt zu einer allgemeinen quantitativen Erklärung der Rolle, welche die Kristallstruktur und die Lösungsmittel-Oberflächen-Wechselwirkungen bei der Festlegung der Kristallmorphologie spielen.

6.8   Schlußfolgerung und Ausblick

Mit spezifischen Additiven ist es also möglich, sowohl *Wachstum* als auch *Auflösung organischer Kristalle* zu steuern. Für das Verfahren ist es wichtig, ein bestimmtes Additiv an eine bestimmte Kristallfläche und damit an ausgewählte Zentren des Kristalls zu bringen.

Die *Kristallisation mit Additiven* ist darüber hinaus auch eine Methode, um schwache intermolekulare Wechselwirkungen in Kristallen, z.B. O···O-Abstoßungen im System *Benzamid/Benzoesäure*, mit Hilfe der durch sie induzierten Morphologie-Änderungen aufzuzeigen.

Der Einfluß der maßgeschneiderten Additive ist vermutlich nicht auf die Wachstumsphase beschränkt, sondern erstreckt sich auch auf die der Keimbildung vorgelagerte *Aggregation der Moleküle zu höhermolekularen Einheiten*, die dem fertigen Kristall strukturell bereits weitgehend entsprechen.

Bisher hat man sich auf Additive beschränkt, die den Wirtmolekülen ähneln. Diese Ähnlichkeit kann in Zukunft verringert werden. Damit ergibt sich die Möglichkeit, den Einfluß des Lösungsmittels auf die Kristallmorphologie zu untersuchen. Solche Studien könnten auch zu einem besseren Verständnis von *Kristallisations-Prozessen* an strukturierten biologischen *Grenzflächen* wie der Bildung von Knochen, Zähnen und Gehäusen (von Schalentieren) beitragen. Auch zur Klärung der Frage, warum sich kein Eis in Fischen bildet, die bei Temperaturen unterhalb des Gefrierpunktes von Wasser leben, sind entsprechende Untersuchungen interessant. Insgesamt eröffnet diese Modifikation der alten und bisher weitgehend empirischen Technik, das Kristallwachstum durch Zusatz von *"Verunreinigungen"* bzw. maßgeschneiderten Additiven zu modifizieren, für die theoretische und praktische Chemie und für die Werkstoffkunde eine Fülle neuer Aspekte [3].

7 Photosensible Wirt/Gast-Systeme:
Organische Schalter vom Azobenzen-Typ
7.1 Einleitung

Das Ziel der Wirt/Gast-Forschung war anfangs meist die Synthese neuer Wirtverbindungen, die hohe Komplexkonstanten oder ausgeprägte Gast-selektivitäten aufweisen. Aus dem heutigen Kenntnisstand erwächst aber auch der Wunsch, Wirtverbindungen in Händen zu haben, deren Einschluß-vermögen und Selektivität sich durch "äußere" Einwirkung reversibel steuern lassen und die so als *"chemische Schalter"* fungieren können.

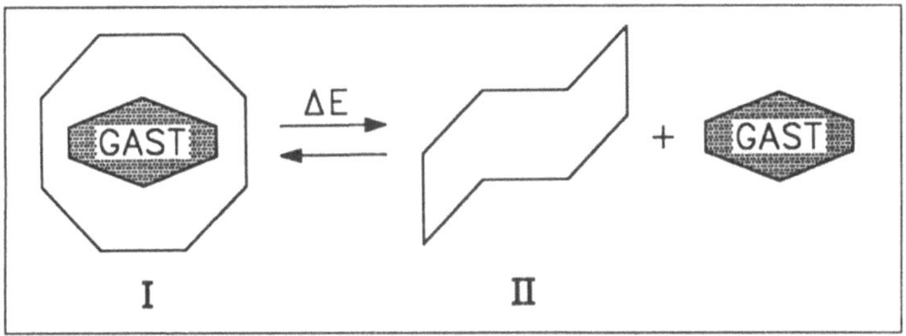

<u>Abb.1</u>. Prinzip des schaltbaren Wirtmoleküls (II)

Ein chemischer Schalter sollte so beschaffen sein, daß ein im Komplex-Zustand I befindliches Wirtmolekül sein Einschlußvermögen nach Überführung in den freien Wirt-Zustand II durch Energiezufuhr möglichst verliert oder seine Gastselektivität deutlich ändert.

Solche chemischen Schaltvorgänge lassen sich sowohl unter Konstitutions-änderung (Öffnen oder Schließen des Hohlraums), als auch unter Erhaltung der Konstitution durchführen. Im zweiten Fall ist für die Änderung der Gastselektivität eine Konformations- oder Konfigurationsänderung (Rotation um C-C-Bindungen, Isomerisierung von Doppelbindungen) verantwortlich. Zur Veranschaulichung seien folgende Beispiele genannt:

a) *Nagai* et al. synthetisierten eine Reihe von *ß-Cyclodextrin-Derivaten* (1a-c), die komplementäre Nucleobasen [z.B. Adenin (2) und Thymin (3)] als Seitenkette tragen [1]. Die Komplexierungsfähigkeit von 1a-c bezogen auf Natrium-adamantyl-1-carboxylat als Gast sinkt bei Erhöhung des *p*H-Wertes drastisch, was darauf zurückgeführt wird, daß die zwischen den Nucleobasen bestehenden Wasserstoffbrückenbindungen infolge Enolbildung gelöst werden, und die Base Adenin bei der Komplexierung in Konkurrenz zum einzuschließenden Gastsubstrat tritt.

1a–c (unterschiedliche Substitution am Cyclodextrin)

b) Ein schon länger bekanntes reversibles Redoxsystem, das auch biochemisch bedeutsam ist, besteht aus den Komponenten *Thiol* und *Disulfid*. Es lag daher nahe, diese für Ringschluß bzw. Öffnung eines Hohlraums einzusetzen, wie es bei den Molekülen **4a** und **4b** verwirklicht wurde [2].

4a   **4b**

c) Als Beispiel für unter Erhaltung der Konstitution schaltbare Verbindungen seien die von *Kaifer* et al. untersuchten Komplexe von *Kronenverbindungen* genannt [3]. Sie beobachteten, daß die Stabilität der mit Alkali-Kationen gebildeten Komplexe von **5** und **6** bei elektrochemischer Reduktion zum Radikalanion um mehrere Zehnerpotenzen ansteigt, was auf zusätzliche Bindungskräfte der reduzierten Gruppe hinweist. Da die elektrochemische Reduktion bei diesen Komplexen reversibel durchgeführt werden kann, läßt sich auch ein solches System zum Bau eines chemischen Schalters verwenden.

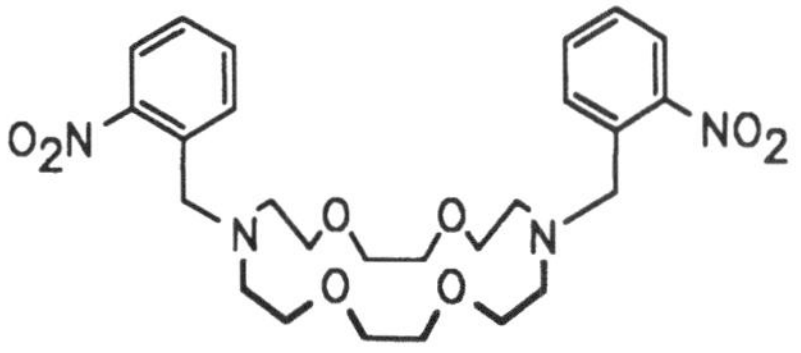

Bei den hier aufgeführten Wirtmolekülen bedeutet der jeweilige Schaltvorgang jedoch immer einen drastischen Eingriff (Einsatz von Oxidationsmitteln, *p*H-Änderung u.ä.). Eine elegantere Variante besteht in der Möglichkeit, Doppelbindungen durch Lichteinstrahlung zu isomerisieren, während die Reisomerisierung thermisch durchgeführt wird.

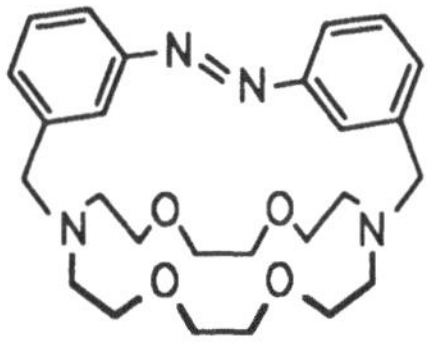

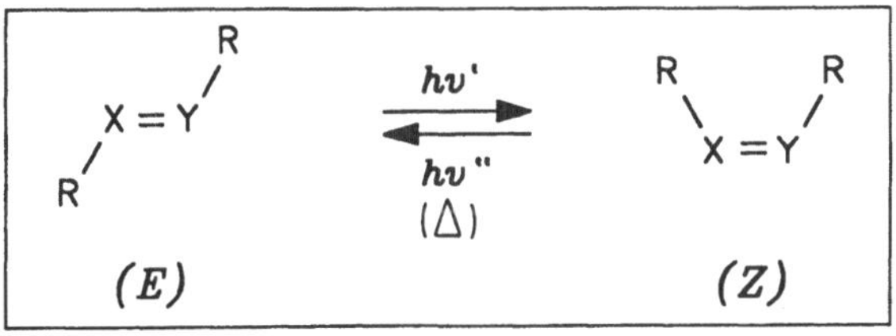

Abb.2. Isomerisierung von Doppelbindungen

Tab.1. Anregungswellenlängen konjugierter Polyene

n	Anregungswellenlängen
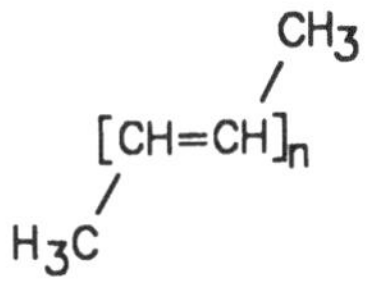 2	227 nm
3	263 nm
4	352 nm
5	413 nm

Als klassisches Beispiel kann *Stilben* (X = Y = CH, R = Ph) genannt werden [4]. Die Photoisomerisierung wird durch Promotion eines Elektrons in ein höheres Niveau ausgelöst, wobei es sich meist um $\pi \to \pi^*$-Übergänge handelt. Mit zunehmenden Konjugationseffekten tritt dabei eine bathochrome Verschiebung der Absorptionsbanden auf [5].

Analog zu C=C-Doppelbindungen lassen sich aber auch andere Doppelbindungen wie P=C [6], P=P [7] und N=N isomerisieren, wobei im Fall des Stilben-analogen Azobenzens bereits sichtbares Licht zur Isomerisierung ausreicht.

7.2   Azobenzen als Photoschalter

Azobenzen wurde bereits 1834 von *Mitscherlich* erstmals beschrieben [8]. Er isolierte aus alkoholisch-alkalischer Lösung von Nitrobenzen eine rote Kristalle bildende Substanz, für die er die Summenformel $C_{12}H_{10}N_2$ ermittelte: Azobenzen (7). In den darauffolgenden Jahren wurden diverse Verfahren zur Synthese entwickelt und patentiert [9].

$$(E)-7 \qquad\qquad (Z)-7$$

Es dauerte über 100 Jahre, bis *Hartley* den Einfluß von Licht auf die Konfiguration der N=N-Doppelbindung erkannte, als er eine Lösung von Azobenzen in Aceton dem Sonnenlicht aussetzte [10]. Daraufhin begann eine systematische Erforschung der Eigenschaften der beiden konfigurationsisomeren Azobenzene und ihrer gegenseitigen Umwandlung.

Es sei an dieser Stelle darauf hingewiesen, daß die Photo-Isomerisierung stets zu einem *photostationären Gleichgewicht (PSG)* führt, dessen Lage von der Wellenlänge des eingestrahlten Lichts abhängig ist. So läßt sich durch Einstrahlung von λ = 313 nm eine Anreicherung von ca. 80 % (Z)-Azobenzen [(Z)-7] erreichen; bei λ = 365 nm hingegen nur etwa 40 % [11a]. Zudem ist eine Abhängigkeit des PSG von der Polarität des Lösungsmittels erkennbar [11b]. Besonders die thermische Reisomerisierung von (Z)-7 und seinen Derivaten ist gründlich untersucht worden. Die (Z)-Isomere sind als

Feststoffe meist relativ beständig, wandeln sich aber in Lösung mit steigender Temperatur und abnehmender Polarität des Lösungsmittels mehr oder weniger schnell in die entsprechenden (*E*)-Isomere um [12]. So steigt die Halbwertszeit von (*Z*)-Azobenzen [(*Z*)-7] von **94** Stunden in Tetrachlorkohlenstoff auf 600 Stunden in wäßriger Lösung an. Aus diesen Experimenten wurde eine Aktivierungsenergie von 90 bis 100 kJ/mol ermittelt.

Für den Mechanismus der thermischen Reisomerisierung bieten sich zwei Möglichkeiten an (Abb.3):

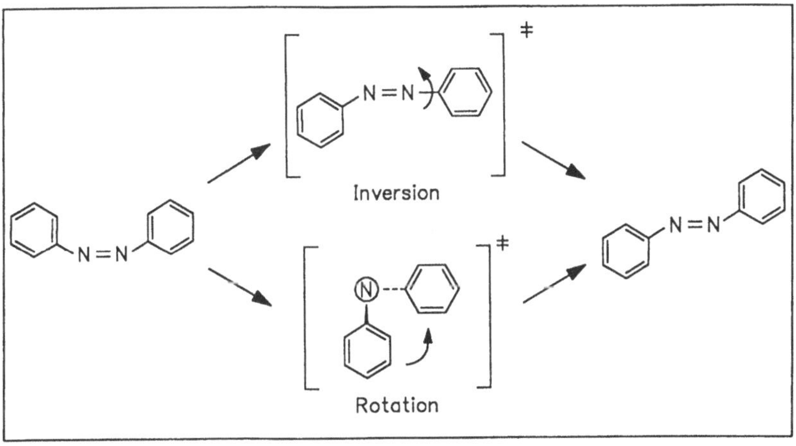

Inversion

Rotation

Abb.3. Mechanismen zur thermischen Reisomerisierung von Azobenzen

Im Falle des *Rotations-Mechanismus* wird ein $\pi \rightarrow \pi^*$-Übergang postuliert, der eine Rotation um eine N=N-Doppelbindung ermöglichen sollte. Die heutige Lehrmeinung scheint aber dem *Inversions-Mechanismus*, dem ein $n \rightarrow \pi^*$-Übergang zuzuordnen ist, mehr Bedeutung beizumessen. So zeigen eine Reihe von Azobenzen-Derivaten keine Druck- und Lösungsmittel-Abhängigkeit bei der Reisomerisierung, wie es bei einem bipolaren Übergangszustand im Rotationsmechanismus zu erwarten wäre [13]. Zu weiteren Betrachtungen wurden die Verbindungen **8 - 10** herangezogen, in denen eine Rotation um die N=N-Doppelbindung ausgeschlossen werden kann, was auch thermodynamische Berechnungen belegen [14].

Bei *"push-pull"*-Systemen wie 4-Dimethylamino-4'-nitroazobenzen (11) wurde eine deutliche Lösungsmittelabhängigkeit gefunden, welche die Autoren auf einen Rotations-Mechanismus zurückführen.

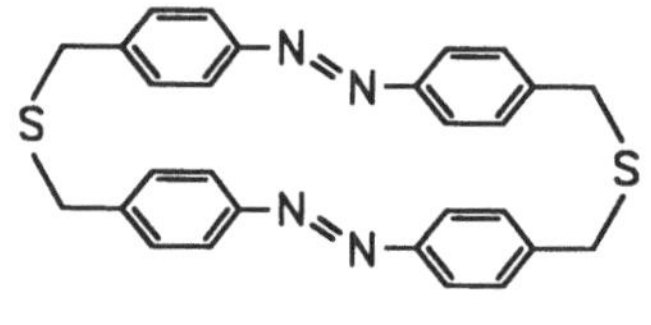

8

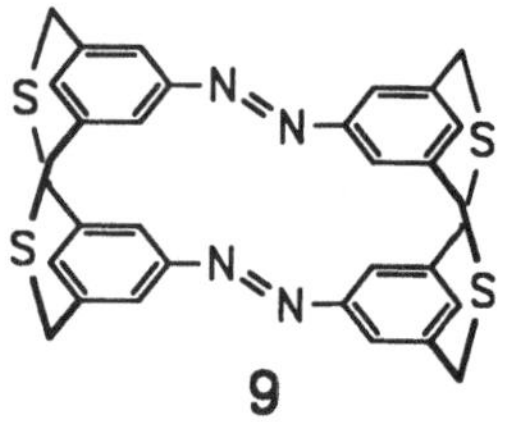

9

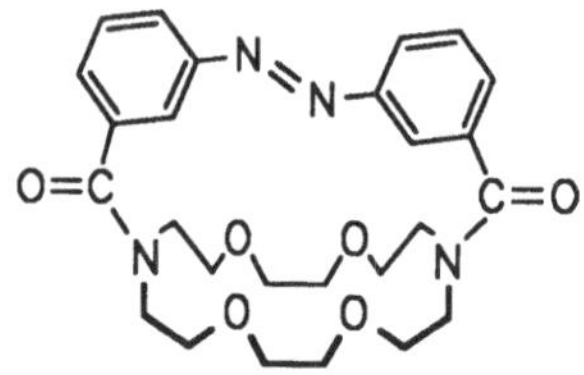

10

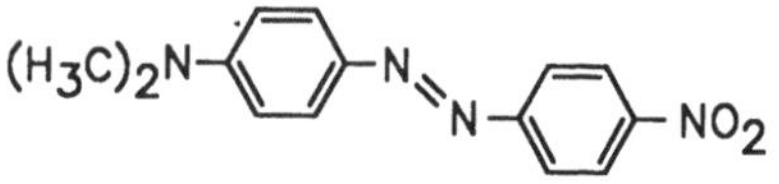

11

Aufgrund thermodynamischer Berechnungen wird aber für das gleiche Beispiel auch ein Inversions-Mechanismus diskutiert [15]. Eine eindeutige Aussage, welcher Mechanismus vorliegt, scheint noch nicht möglich.

7.3   Photoschaltbare Wirtsysteme vom Azobenzen–Typ

Die meisten Azobenzen enthaltenden photosensitiven Wirtsysteme basieren auf einer Verknüpfung von Kronenethern und Azobenzen [16]. Vertreter dieses Typs sind auch von ihrer Anwendung als *"ionenselektive Farbstoffkronenether"* bekannt, bei denen teilweise beträchtliche Änderungen der UV/Vis-Absorption im Zuge der Komplexbildung beobachtet werden [17]. Mit Beginn der 80er Jahre wurde man aber auch auf die Möglichkeit aufmerksam, die Konformation der Kronenether durch Isomerisierung der N=N-Doppelbindung zu beeinflussen. Seitdem vergeht kaum ein Monat, in dem nicht über photochemisch schaltbare Moleküle berichtet wird.

Bevor nun einige Beispiele eingehender erörtert werden, soll eine Einteilung in die verschiedenen Typen vorgenommen werden:

> *Azo-Phane*
> *Azo-Kronen*
> *Azo-Cryptanden*
> *Azo-Cyclodextrine*
> *Azo-Porphyrine*

7.3.1   Azo-Phane

Zu den ersten Versuchen, Azobenzen als Ringglied in Kronenethern zu verwenden, gehören die aus 2,2'-Dihydroxyazobenzen und Polyethylenglycol dichloriden bzw. -ditosylaten hergestellten Moleküle **12a**, **12b** und **13** [18].

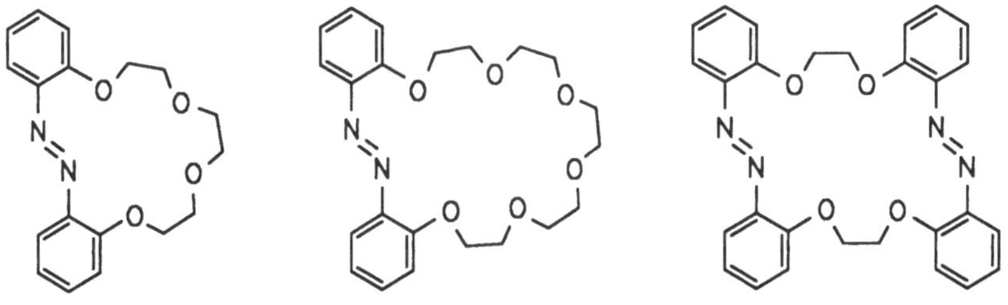

12a **12b** **13**

Diese als Chromoionophore zu bezeichnenden Spezies (vgl. <u>Abschn.2.2</u>) bilden rötlich-orange Kristalle und sind wie manche einfache Kronenether mäßig wasserlöslich. Die Verbindungen **12a** und **12b** lassen sich daher ähnlich den Kronenethern zur Extraktion von Alkali-Kationen wie $Na^{\oplus}$ oder $K^{\oplus}$ einsetzen. Dennoch scheint ihre Anwendung als photosensible Wirtmoleküle wenig sinnvoll, da es bei Bestrahlung ($\lambda > 300$ nm) neben Photozersetzung zu einer nur geringen Anreicherung an (Z)-Isomeren (20 %) kommt, während sich die offenkettige Vergleichsverbindung (Z)-2,2'-Dimethoxyazobenzen immerhin bis zu 60 % anreichern läßt. Zudem verläuft die thermische Reisomerisierung recht langsam, die Halbwertszeit liegt bei einigen Tagen. Hier scheint eine zu hohe sterische Hinderung im Molekül vorzuliegen, um ein vollständig reversibles System zu ermöglichen. Ein weiterer Aspekt wird hier auch schon deutlich: Die Extraktionsfähigkeit für die erwähnten Kationen nimmt in gleichem Maß wie der Anteil an (E)-Isomer ab, woraus geschlossen werden darf, daß die (Z)-Isomere keine nennenswerte Komplexierungs-Fähigkeit mehr aufweisen.

Um sterische Spannungen bei der Isomerisierung zu verringern, erhöhte *Shinkai* die Zahl der Ringglieder und verlagerte zudem die Verknüpfung mit Azobenzen von der 2- bzw. 2'-Stellung in die 4- bzw. 4'-Positionen [19]. Das Ergebnis waren die Moleküle **14a-c**.

Diese Verbindungen sind in mehrfacher Hinsicht von Interesse: Schon die Synthese stellte offenbar gewisse Ansprüche; die Autoren bezeichnen diese Arbeit als eine der schwierigsten, die sie je durchgeführt hätten. Nach mehreren ergebnislosen Versuchen, eine Cyclisierung durch Überbrückung von 4,4'-Dihydroxyazobenzen mit entsprechenden 1,ω-Dihalogen-Verbindungen oder durch schrittweisen Ringschluß zu erreichen, wurde hierfür die oxidative Azokupplung der entsprechenden Diamine angewandt:

Im Gegensatz zu den offenkettigen Diaminen zeigen die mittleren Ethanoprotonen der cyclischen Verbindungen mit abnehmender Ringgröße eine zunehmende Hochfeldverschiebung, die auf Anisotropieeffekte des Azobenzens zurückgeführt wird.

Die Erwartungen bezüglich der Isomerisierungs-Möglichkeiten wurden voll erfüllt. So läßt sich der *photostationäre Gleichgewichtszustand* bereits nach 30 s Bestrahlung mittels einer gefilterten Hg-Hochdrucklampe (330 nm < λ < 380 nm) bei einer 70-80-proz. Anreicherung der (Z)-Isomere erreichen. Der Gehalt der (Z)-Isomere wird üblicherweise anhand der Ab- oder Zunahme der (E)-Bande im UV-Spektrum (hier 363 nm für **14a** und **14b**, 361 nm für **14c**) abgeschätzt. Auch die Reisomerisierung gelingt vollständig, sowohl thermisch als auch photochemisch (λ > 460 nm). Die (E)-Isomere zeigen gegenüber Alkali-Kationen kein Extraktionsvermögen, was auf eine gestreckte Anordnung der Polyethylenglycol-Einheiten zurückzuführen ist. Bei der *Isomerisierung* des (E)- zum (Z)-Isomer verringert sich der Abstand der *para*-Positionen von 0.9 nm auf 0.55 nm [20), was die Ausbildung von Kronenether-analogen Ringen zur Folge hat (s.o.), woran die phenolischen Sauerstoffatome jedoch nicht beteiligt sind, so daß sie zur Komplexierung nicht beitragen können. Formal entsprechen also **14a** der [15]Krone-5, **14b** der [18]Krone-6 und **14c** der [21]Krone-7.

Tatsächlich zeigen sich ähnliche Komplexierungs-Eigenschaften: (Z)-**14a** bindet vorzugsweise Na$^\oplus$, aber auch K$^\oplus$ und Rb$^\oplus$, nicht aber Cs$^\oplus$! (Z)-**14b** bevorzugt K$^\oplus$, bindet aber auch Na$^\oplus$, Rb$^\oplus$ und Cs$^\oplus$. (Z)-**14c** zeigt schließlich die stärksten Komplexierungseigenschaften und bindet alle genannten Kationen bei Bevorzugung von Rb$^\oplus$, besitzt aber auch die geringste Selektivität.

Als Folge der recht stabilen Komplexe wird auch die thermische Reisomerisierung in Gegenwart von Alkali-Kationen gehemmt, wobei die jeweils am stärksten gebundenen Kationen auch den größten Effekt verursachen. Die photochemische Reisomerisierung läßt sich auf diese Weise hingegen nicht hemmen.

Man kann also die Verbindungen **14a-c** als *"alles oder nichts"-Schalter* bezeichnen, da die (*E*)-Isomere *kein* Komplexierungsvermögen zeigen, während die (*Z*)-Isomere zur Extraktion von Alkali-Kationen geeignet sind. Auf neuere, von *Grützmacher* et al. [43g)] und *Tamaoki* et al. [43e)] erhaltene Azo-Phane sei hier nur hingewiesen.

7.3.2   Azo-Kronen

Die Synthese von Azo-Phanen, bei denen die Azogruppe Ringbestandteil ist, gestaltet sich teilweise präparativ recht aufwendig. Einfacher lassen sich Moleküle darstellen, die Azobenzen als Seitengruppe enthalten (vgl. Abschn.2.2). Ein herausragender Vertreter ist der Azobis(kronenether) **16**, der durch Reduktion von 4'-Nitrobenzo[15]krone-6 (**15**) erhältlich ist [21)]; Kronenringe mit größerer oder kleinerer Gliederzahl lassen sich analog herstellen.

15

Zn →

16

Isomerisiert man **16** in Gegenwart von Alkali-Kationen, so zeigt sich eine deutliche Abhängigkeit der Isomerisierungs-Kinetik von der Art des Kations. Zum einen läßt sich die Lage des photostationären Gleichgewichts zugunsten der (*Z*)-Isomere beeinflussen, zum anderen aber auch die Geschwindigkeit der thermischen und - im Gegensatz zu **14a-c** - der photochemischen Reisomerisierung verringern, wie aus Tab.2 deutlich wird:

Tab 2. Einfluß von Kationen auf die Photochemie des Azobis(kronenethers) 16 [22,23]

Kation	[%] (Z)-Isomer im photostationären Gleichgewicht	Relative Geschwindigkeit der Re-Isomerisierung	
		thermisch	photochemisch
--	52	1.00	3.10
$Na^{\oplus}$	55	0.89	1.70
$K^{\oplus}$	57	0.36	0.76
$Rb^{\oplus}$	98	0.11	0.15
$Cs^{\oplus}$	92	0.18	k.A.[a]

[a] k.A. = keine Angabe

Es zeigt sich deutlich, daß $Rb^{\oplus}$ den stärksten Einfluß auf die *Photochemie* ausübt, was eine Folge des für die Komplexierung günstigsten Ionenradius ist. Bei der (*E*) → (*Z*)-Isomerisierung bildet sich eine Konfiguration aus, bei der die beiden Kronenetherringe übereinander stehen. Die Kationen sollten sich daher zwischen die beiden Ringe einlagern, so daß eine *"Sandwich-Struktur"* entsteht (vgl. <u>Abb.4</u>). Je nach Ionenradius wird damit eine mehr oder weniger stabile Bindung aufgebaut, deren Energie bei der Reisomerisierung zusätzlich aufzubringen ist. $Na^{\oplus}$ sollte als relativ kleines Kation cher zentral in einen Kronenetherring eingebaut werden und damit nur einen geringen Einfluß auf die Isomerisierung ausüben können.

Diese Aussage wird dadurch bestätigt, daß die Fähigkeit, ein Kation aus einer wäßrigen Phase mittels einer 16 enthaltenden organischen Phase zu extrahieren, mit zunehmendem Isomerisierungsgrad in der Reihenfolge $K^{\oplus}$ < $Rb^{\oplus}$ < $Cs^{\oplus}$ zunimmt, für $Na^{\oplus}$ aber abnimmt. Das Ausmaß der Steigerung ist dabei stark von der Hydrophilie des Gegenanions abhängig. Da sowohl (*E*)- als auch (*Z*)-Isomer nur geringe Wasserlöslichkeit zeigen, kann mit steigender Hydrophilie die Konzentration von 16 an der Phasengrenze erhöht und damit der Komplexierungsgrad gesteigert werden. Aufgrund dieser Eigenschaften liegt der Einsatz von 16 als *lichtgesteuertes Ionen-Transportsystem* nahe:

Es zeigt sich, daß die höchsten Transportraten mit dem System $16/K^{\oplus}$ erreicht werden können. Der (*Z*)-16·$Rb^{\oplus}$-Komplex ist derart stabil, daß die Abgabe von Ionen in die wäßrige Lösung eine deutliche Energiebarriere bedingt. Der (Z)-16·Na$^\oplus$-Komplex ist hingegen zu labil, um eine größere Anreicherung in der organischen Phase zu erfahren; Na$^\oplus$ zeigt im Gegenteil seine höchste Transportrate mit dem nicht isomerisierten (E)-Isomer.

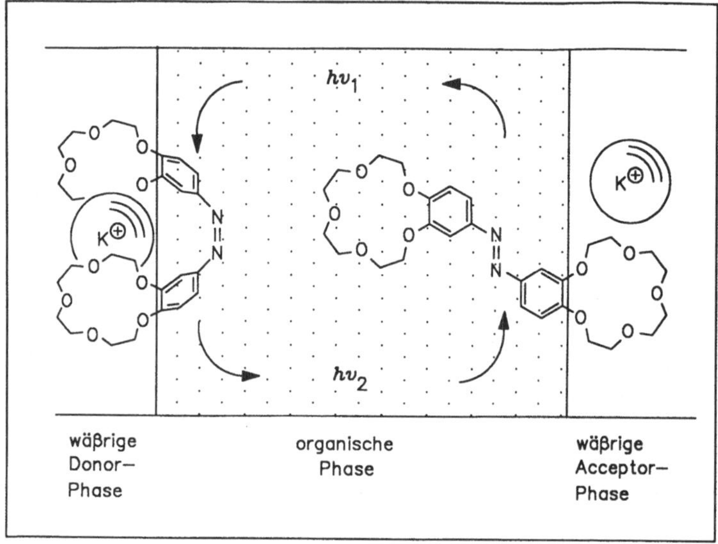

Abb.4. Lichtgesteuerter Ionen-Transport mit dem Azobis(kronenether) 16

Für Transportvorgänge ist also ein "moderat stabiler" Komplex notwendig, was mit anderen Untersuchungen an Kronenethern und Cryptanden in Einklang steht [24].

Das Prinzip des lichtgesteuerten Transports besteht bei 16 darin, die beiden komplexierenden Kronenether-Ringe durch Isomerisierung in eine koordinationsfähige Stellung zu bringen. Ein anderer Weg wird bei dem Liganden 17 beschritten, in dem die Koordinationsstellen photochemisch intraannular blockiert werden [25]:

Im Gegensatz zu 16 läßt sich zwar ein Einfluß der Kationen auf die Geschwindigkeit der thermischen Reisomerisierung verzeichnen (vgl. Tab.3), die Lage des photochemischen Gleichgewichts wird aber nicht wesentlich beeinflußt.

$(E) - 17$ $\qquad\qquad\qquad$ $(Z) - 17$

Bemerkenswert ist der starke Einfluß von $Na^\oplus$. Während das (E)-Isomer anscheinend keine nennenswerte Affinität zu $Na^\oplus$ zeigt, verfügt das (Z)-Isomer über eine ausgeprägte Extraktionsfähigkeit. Man nimmt an, daß $Na^\oplus$ im (Z)-Isomer zentral gebunden wird und so einen relativ stabilen Komplex ausbilden kann. Aus dem Vergleich der Assoziationskonstanten für $Na^\oplus$ mit 17 und Dibenzo[18]krone-6 und der bathochromen Verschiebung der n → π^*-Bande wird zudem eine Koordination über ein Stickstoff-Atom der Azobindung abgeleitet. $Cs^\oplus$, $K^\oplus$ und $Rb^\oplus$ dürften hingegen im Einklang zu Studien mit anderen Kronenethern [26] auf dem Ring aufliegen (vgl. Abb.5) und damit eine schwächere Bindung an die Sauerstoff-Atome erfahren. Dies würde auch die Extraktionsfähigkeit des (E)-Isomers von 17 für die größeren Alkali-Kationen erklären.

Tab.3. Einfluß von Kationen auf die Photochemie des Azo-Kronenethers 17

Kation	Relative Geschw. der thermischen Re-Isomerisierung [a]	Relative Extraktionsfähigkeit	
		(E)-Isomer	$(E)/(Z)$-Gleichgewicht
$Li^\oplus$	1.20	0	0
$Na^\oplus$	0.17	0	0.67
$K^\oplus$	0.28	0.85	1.00
$Rb^\oplus$	k.A.[b]	0.49	0.69
$Cs^\oplus$	0.78	0.52	0.63
$NH_4^\oplus$	k.A.	0.35	0.52

[a] Ohne Kation = 1.- [b] k.A. = keine Angabe

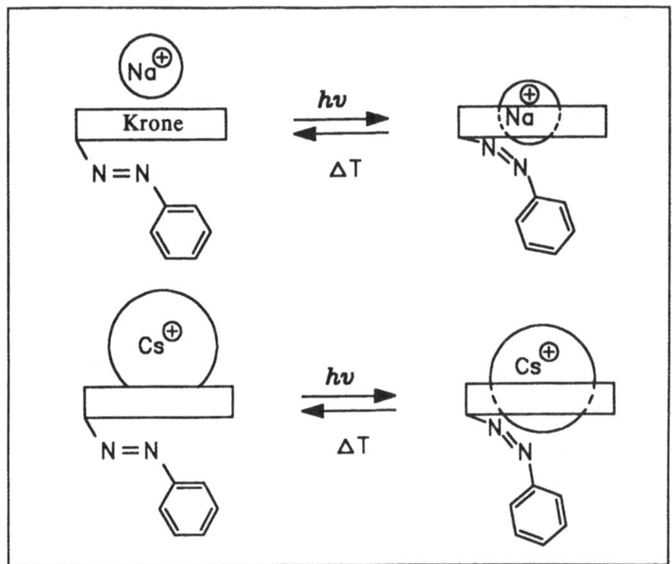

Abb. 5. Komplexierung von Na$^\oplus$ und Cs$^\oplus$ durch den Azokronenether **17**

Der Ionenradius von Li$^\oplus$ ist hingegen für eine Komplexierung durch **17** zu klein. Bemerkenswert ist aber die Tatsache, daß in Gegenwart von Li$^\oplus$ die thermische Reisomerisierung beschleunigt wird; die Autoren geben hierfür keine Erklärung. Die Tatsache, daß auch Ionen wie NH$_4^\oplus$, die befähigt sind, Wasserstoffbrückenbindungen zu den Sauerstoffatomen auszubilden, vom (*Z*)-Isomer besser extrahiert werden können als vom (*E*)-Isomer, läßt darauf schließen, daß die Konfigurationsänderung der Azo-Doppelbindung auch eine Konformationsänderung auslöst. Aufgrund dieser Na$^\oplus$-selektiven Eigenschaften konnte **17** ähnlich wie **16** erfolgreich zum Na$^\oplus$-Transport durch organische Membranen eingesetzt werden.

Beide "Ionen-Carrier", **16** wie **17**, ermöglichen aber nur einen *passiven Transport*, also einen Transport von Ionen aus einer höher konzentrierten Phase in eine niedriger konzentrierte, da die Einstellung eines reinen Komplexierungs-Gleichgewichts zugrunde liegt. Ein *aktiver Ionen-Transport* setzt hingegen unterschiedliche Komplexierungs-Eigenschaften des Ionencarriers zwischen "Donor-" und "Acceptor"-Phase voraus. Ein Beispiel hierfür ist mit dem Azokronenether **18** verwirklicht, dessen Komplexierungsvermögen nicht nur photochemisch beeinflußt werden kann, sondern durch die Aminofunktion in der Seitenkette auch pH-abhängig ist [27].

$$R-[CH_2]_n-O-\text{Azokronenether } \mathbf{18}$$

a: R = NH$_2$
b: R = NH$_3^{\oplus}$

18

Tab.4. Einfluß von K$^{\oplus}$ auf die thermische Reisomerisierung des Azokronenethers **18**

	[%] (Z)-Isomer im photostation. Gleichgewicht	Re-Isomerisierung	
		ohne K$^{\oplus}$	K$^{\oplus}$-Überschuß
(Z)-**18a** (n=4)	63	1.00	1.03
(Z)-**18a** (n=6)	72	0.27	0.33
(Z)-**18a** (n=10)	61	0.96	0.94
(Z)-**18b** (n=4)	77	0.46	0.98
(Z)-**18b** (n=6)	80	0.16	0.32
(Z)-**18b** (n=10)	63	0.60	0.91

Wie aus Tab.4 ersichtlich ist, zeigen die protonierten (Z)-Isomere (18b) generell eine geringere Neigung zur thermischen Reisomerisierung als die analogen (Z)-Aminoverbindungen (18a). Bei K$^{\oplus}$-Überschuß lassen sich hingegen keine nennenswerten Unterschiede der Isomerisierungs-Kinetik zwischen (Z)-**18a** und (Z)-**18b** mehr erkennen. Dies ist mit einer intramolekularen Blockade des Kronenether-Ringes durch die im sauren Medium gebildete Ammonium-Gruppe zu erklären. Den stärksten Effekt zeigt (Z)-**18b** (n=6). Bemerkenswert ist aber auch die Tatsache, daß das nicht protonierte (Z)-Isomer **18a** (n=6) ebenfalls, verglichen mit (Z)-**18a** (n=4) und (Z)-**18a** (n=10), eine deutlich geringere Neigung zur Reisomerisierung zeigt und auch der Einfluß der K$^{\oplus}$-Ionen nicht besonders ausgeprägt ist. Hieraus schließen die Autoren, daß eine Kettenlänge von n=6 die beste Voraussetzung für eine intramolekulare Komplexierung sowohl durch die Ammonium-als auch durch die Amino-Gruppe bietet.

Ammonium- und $K^\oplus$-Ionen bzw. Amino-Gruppe und $K^\oplus$-Ionen konkurrieren also bei der Koordination der Sauerstoff-Atome des Kronenether-Ringes. Bei großem Kationen-Überschuß ist allerdings kein wesentlicher Unterschied bei der thermischen Reisomerisierung von (Z)-**18a** (n=6) und (Z)-**18b** (n=6) mehr erkennbar.

Extraktionsversuche mit **18a** (n=6) und **18b** (n=6) bestätigen die Eignung als *Transportsystem für $K^\oplus$-Ionen* (Tab.5):

Tab.5. Relative $K^\oplus$-Extraktion [%] des Azo-Kronen-ethers **18** (n= 6)

(E)-**18a**	(Z)-**18a**	(E)-**18b**	(Z)-**18b**
100	34	19	3

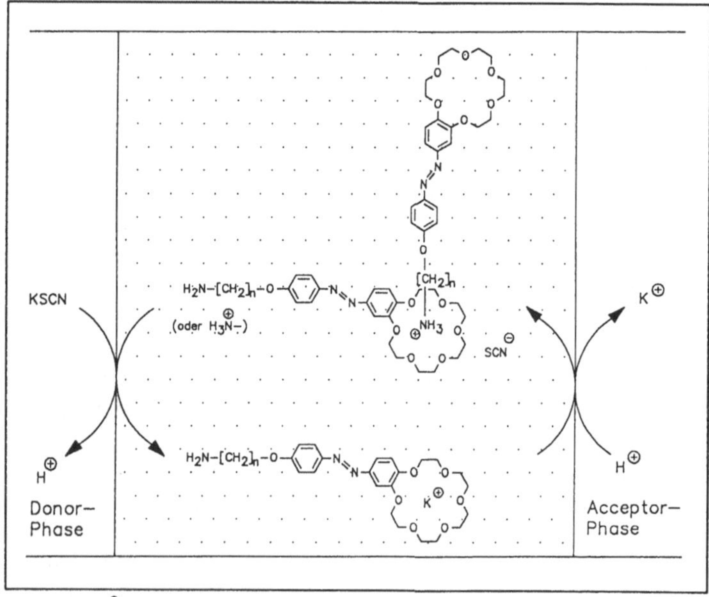

Abb.6a. Aktiver $K^\oplus$-Transport mit hoher Konzentration an **18**

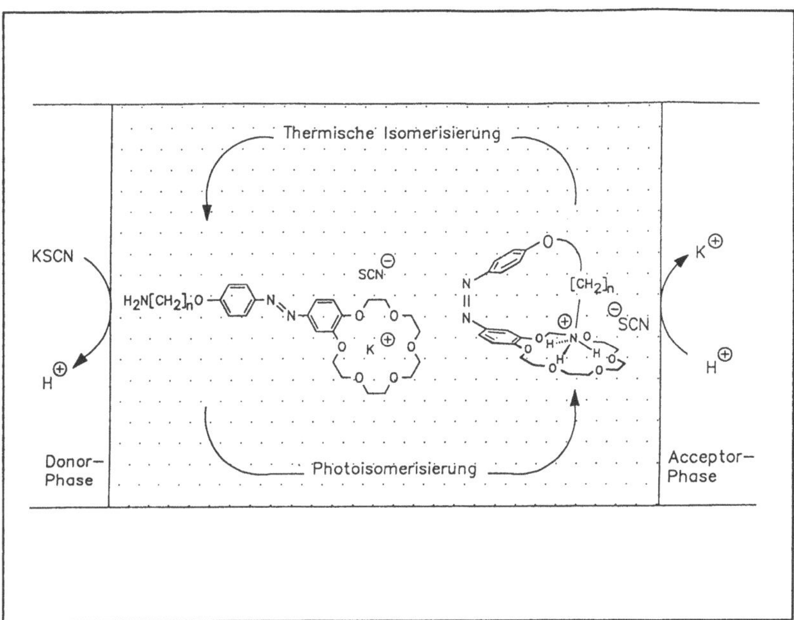

Abb.6b. Aktiver $K^\oplus$-Transport mit niedriger Konzentration an **18**

Das protonierte (*Z*)-Isomer **18b** (n= 6) zeigt eine deutlich geringere Extraktionsfähigkeit als die Amino-Verbindung **18a** (n=6). Es lag daher nahe, ein System für den aktiven Transport von $K^\oplus$ aufzubauen, das über eine basische $K^\oplus$-*Donorphase* (Ausbildung des Gleichgewichts (*E*)-**18a** ⇄ (*Z*)-**18a**) und über eine saure $K^\oplus$-*Acceptorphase* (Ausbildung des Gleichgewichts (*E*)-**18b** ⇄ (*Z*)-**18b**) verfügt. Ein Rücktransport und damit auch eine Gleichgewichtseinstellung sollte so ausgeschlossen sein.

Bei ersten Versuchen mit hoher Ionen-Carrierkonzentration konnte aber überraschenderweise bereits mit (*E*)-**18a** (n= 6) und (*E*)-**18b** (n= 6) ein *aktiver Transport* durchgeführt werden. Nach Isomerisierung zu den jeweiligen (*Z*)-Isomeren ergaben sich etwa gleiche Transportraten. Dies ist auf eine *intermolekulare* Blockade durch die Ammonium-Gruppe zurückzuführen, die auch bei anderen *p*H-abhängigen Transportsystemen beobachtet werden konnte [28]. Bei hohen Ionen-Carrierkonzentrationen liegt also ein *p*H-*gesteuertes System* vor (vgl. **Abb.6a**).

Erst bei weit niedrigeren Konzentrationen zeigen sich deutliche Unterschiede in der Transportrate von $(E)/(Z)$-**18a** (n=6) und $(E)/(Z)$-**18b** (n= 6), so daß ein aktiver K$^{\oplus}$-Transport photochemisch kontrolliert werden kann (vgl. Abb.6b).

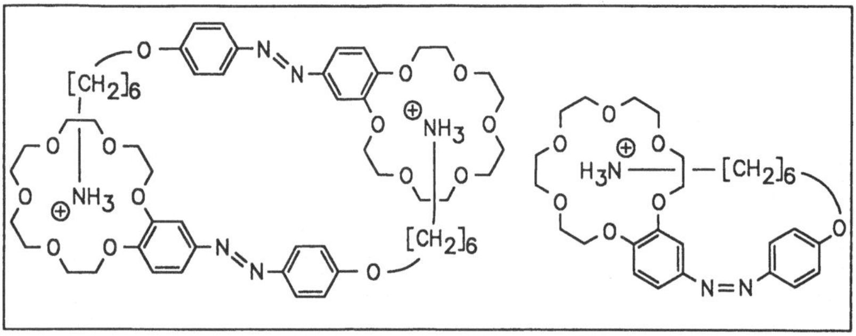

Abb.7. Pseudo-cyclisches Dimer und "tail-biting monomer" des Azo-Kronenethers **18b**

Neuere Untersuchungen (osmometrische Molekulargewichts-Bestimmungen) haben ergeben, daß *alle* (E)-Isomere von **18b** (n= 4, 6, 10) sowie das (Z)-Isomer (n= 4) als "pseudocyclische Dimere", nicht aber als polymere Aggregationen vorliegen, während (Z)-**18b** (n= 6) und (Z)-**18b** (n= 10) cyclische Monomere bilden [29]. Die Autoren sprechen von "tail-biting-monomers" (vgl. Abb.7). Dies wird auch durch Leitfähigkeitsmessungen belegt, da mit steigendem (Z)-Gehalt für **18b** (n= 6) und **18b** (n= 10) die Leitfähigkeit ansteigt, nicht aber für **18b** (n= 4). Analog sind Kationen, die von **18a** oder **18b** komplexiert werden, befähigt, intra- oder intermolekulare Assoziationen zu stören.

Man sollte sich bei diesem Beispiel der Tatsache bewußt sein, daß der *aktive Transport* Protonen-abhängig ist, während durch die $(E)/(Z)$-Isomerisierung nur eine *Beschleunigung* bzw. *Hemmung des Transports* erreicht werden kann.

7.3.3   Azo-Cryptanden

Eine weitere Möglichkeit, photosensible Wirt/Gast-Systeme herzustellen, besteht darin, einen Makrocyclus mit bekannten Einschlußeigenschaften mit einer photo-isomerisierbaren Azobenzen-Brücke geeigneter Länge zu versehen. Durch die (*E*)/(*Z*)-Isomerisierung sollten sich die sterischen Spannungen im Makrocyclus drastisch verändern und damit die Konformation beeinflußt werden.

Die Komplexierungs-Eigenschaften von Kronenethern sind seit langem bekannt [30]. Es lag daher nahe, einen Kronenether mit Azobenzen zu verbrücken, wie es durch die beiden nachstehenden Beispiele (**10** und **22**) demonstriert wird:

$$ 19 \quad + \quad 20 \quad \longrightarrow \quad 10 $$

$$ 19 \quad + \quad 21 \quad \longrightarrow \quad 22 $$

Bei beiden Synthesen wird von 1,10-Diaza-4,7,13,26-tetraoxa[18]krone-6 (**19**) ausgegangen, die zur Komplexierung von Alkali-Kationen gut geeignet ist [31]. Der Einsatz von **19** bietet sich nicht nur aus synthetischen Gründen an (einfache Cyclisierung eines Säurechlorids mit einem Amin unter Verdünnungsbedingungen), sondern läßt gegenüber reinen Oxa-Kronen einige Vorteile bezüglich der Komplexierung erwarten.

So hat die Einführung von Stickstoffatomen in Kronenether in der Regel höhere Löslichkeit in Wasser und *p*H-abhängige Komplexbildung zur Folge. Durch die rasche Inversion des Stickstoffs steigt zudem die Flexibilität des Liganden. Die höhere Polarisierbarkeit führt auch eher zu Komplexen mit kleinen hochgeladenen Schwermetall-Kationen, allerdings sinkt zugleich die Affinität zu Alkali-Kationen.

1979 wurde von *Shinkai* mit dem Cryptanden **10** der erste *photochemisch schaltbare Kronenether* vorgestellt, dessen Synthese aus dem Diaza-Kronenether **19** und dem 3,3'-Bis(chlorcarbonyl)azobenzen (**20**) mit 23% Ausbeute gelang [32]. Die Isomerisierung führt nach UV-Spektren [Abnahme der (*E*)-Bande bei 324 nm] zu einem photostationären Gleichgewicht von etwa 60 % (*Z*)-Isomer. Das ursprüngliche UV-Spektrum wird bei thermischer Reisomerisierung quantitativ zurückerhalten. Für die Aktivierungsenergie konnte aus temperaturabhängigen Messungen ein Wert von ca. 80 kJ/mol ermittelt werden, der damit etwas unter dem Wert des Azobenzens (**7**: 90-100 kJ/mol) liegt [12]. Mechanistische Untersuchungen [14,33] ergaben, daß die thermische Reisomerisierung von (*Z*)-**10** druckabhängig ist, was auf einen Inversions-Mechanismus schließen läßt. Ein Rotations-Mechanismus ist infolge sterischer Spannungen vermutlich gehemmt; seine Aktivierungsenergie sollte deutlich höher liegen. Elektronische Betrachtungen und Messungen der Quantenausbeute der photochemischen Reisomerisierung belegen, daß der $\pi \rightarrow \pi^*$-Übergang, der einem Rotations-Mechanismus zugrunde liegen sollte, weniger wahrscheinlich als der $n \rightarrow \pi^*$-Übergang ist, welcher der Inversion zugeordnet wird [14c].

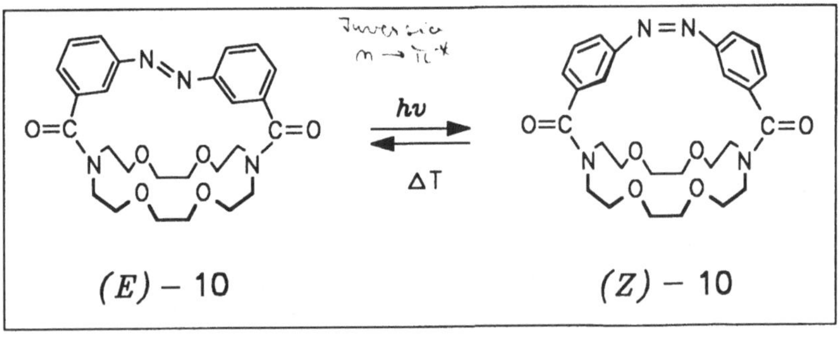

Abb.8. (*E*)/(*Z*)-Isomerisierung des Azo-Cryptanden **10**

Ähnlich den einfachen Azo-Kronen läßt sich auch bei **10** die thermische Reisomerisierung durch Kationen-Zugabe ($K^\oplus$) hemmen, während aber $Na^\oplus$ und $Li^\oplus$ keine nennenswerten Einflüsse ausüben. Organische Ammonium-Ionen haben in der Regel sogar einen noch stärkeren Einfluß. CPK-Kalottenmodelle von (*E*)- und (*Z*)-**10** zeigen, daß beim (*E*)-Isomer die Azobenzen-Brücke vertikal planar über dem Kronenring steht, während beim (*Z*)-

Isomer die beiden Benzenringe einen Winkel zueinander bilden und damit einen größeren Hohlraum ermöglichen.

Diese Ergebnisse stehen im Einklang mit den Extraktions-Experimenten. So lassen sich $K^\oplus$ und $Rb^\oplus$ besser von (Z)-10 extrahieren, während $Li^\oplus$ und $Na^\oplus$ eine höhere Affinität zum (E)-Isomer zeigen. Überraschenderweise lassen sich aber auch Ammoniumsalze besser vom (E)-Isomer extrahieren, obwohl sie die thermische Reisomerisierung stärker hemmen als $K^\oplus$. Dies läßt auf Wechselwirkungen der Ionen im Übergangszustand schließen. Die Stabilität der (E)/(Z)-Cryptate kann diese Befunde allein nicht erklären.

Ersetzt man die Azobenzen-Brücke in 10 durch 2,2'-Azopyridin, so erhält man den Cryptanden 22, der analog zu 10 durch Umsetzung des Säurechlorids 21 mit dem Diazakronenether 19 zugänglich ist [34]. Die beiden Pyridin-Stickstoffatome bewirken gegenüber 10 eine deutlich höhere Wasserlöslichkeit und lassen sich als basische Zentren gut protonieren. Dabei ist zu berücksichtigen, daß die (Z)-Isomere von 2,2'-Azopyridin und seinen Derivaten eine geringere Basizität als die (E)-Isomere aufweisen. Dieser Befund wird auf eine Stabilisierung des protonierten (E)-Isomers durch eine intramolekulare Wasserstoffbrückenbindung mit einem Stickstoffatom der Azobindung zurückgeführt, die im (Z)-Isomer nicht möglich ist. Hieraus, möglicherweise aber auch durch die elektronenziehende Wirkung des Pyridinium-Stickstoffs, resultiert bei 2,2'-Azopyridin auch eine pH-abhängige Verschiebung des photostationären Gleichgewichts: mit abnehmendem pH steigt die Stabilität der (E)-Isomere. Dagegen konnte für den Cryptanden 22 im Bereich von pH 1 bis 7 kein solcher Effekt festgestellt werden. In stark saurer Lösung ist hingegen eine irreversible Änderung des UV-Spektrums zu beobachten, die auf eine Spaltung der Amid-Bindung zurückgeführt werden muß.

Pyridin und *Bipyridin* lassen sich als ***Komplexliganden für Schwermetall-Kationen*** einsetzen [35]. Laut CPK-Kalottenmodell-Studien ist auch für 22 eine vertikal-planare Stellung der 2,2'-Azopyridin-Brücke anzunehmen. Eine *Röntgen*-Kristallstrukturanalyse [36] bestätigt diese Annahme. Der Abstand zwischen den beiden Pyridin-Stickstoffatomen beträgt 70.9 pm, zwei Sauerstoffatome sind in den Hohlraum gerichtet, die anderen beiden nach außen. Die Bindungslängen im Kronenether-Ring entsprechen denen der [18]Krone-6 [37]. Im Gegensatz zur unsubstituierten Krone ist für 22 eine Bevorzugung der *anti*-Konformation der C-O-Bindung zu erkennen. Da die Azopyridin-Brücke die konformative Beweglichkeit des Kronenether-Ringes stark ein-

schränken dürfte, ist anzunehmen, daß zwischen einem Komplex von **22** und
22 selbst nur geringe konformative Unterschiede bestehen. Im (*E*)-Isomer
sollten daher stärkere Wechselwirkungen zu Kationen als im (*Z*)-Isomer auftreten, da dort wegen fehlender Koplanarität der Pyridin-Ringe die Koordi-
nationsfähigkeit deutlich geringer sein sollte.

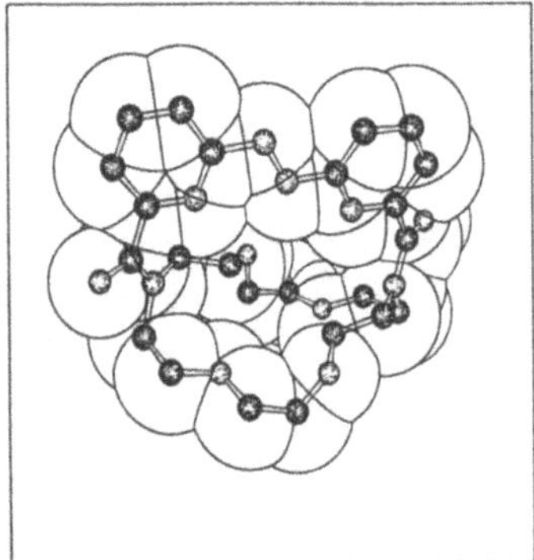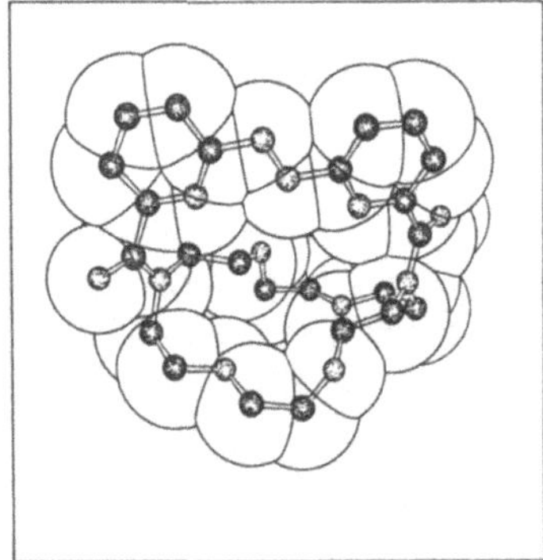

Abb.9. Stereobild des Azo-Cryptanden **22** (nach der *Röntgen*-Kristallstruk-
turanalyse)

In der Tat wird die Geschwindigkeit der *thermischen Reisomerisierung*
in Gegenwart von $Cu^{2\oplus}$ und $Pb^{2\oplus}$ um den Faktor 26 bzw. 11 beschleunigt,
das photostationäre Gleichgewicht aber nicht verschoben. Bei der Extraktion
von Metallsalzen mit **22** in eine organische Phase ergeben sich einige Analogien zu **10** (vgl. Tab.6). Während für **10** aber kein wesentlicher Unterschied der (*E*)/(*Z*)-Isomere gegenüber Schwermetall-Kationen erkennbar ist,
zeigt (*E*)-**22** eine deutlich höhere Affinität zu $Cu^{2\oplus}$, $Ni^{2\oplus}$, $Co^{2\oplus}$ und $Hg^{2\oplus}$
als das (*Z*)-Isomere. $Pb^{2\oplus}$ scheint hingegen von beiden Isomeren etwa gleich
gut extrahiert zu werden, was seine Ursache in der Bildung stabiler Kronen-
ether-Komplexe haben dürfte. Für den Diazakronenether **19** sind ähnlich
stabile Komplexe beobachtet worden [38]. Diese Ergebnisse lassen die Annahme zu, daß im (*E*)-Isomer eine Koordination der Pyridin-Stickstoffatome
zum Kation erfolgt, die im (*Z*)-Isomer durch die fehlende Koplanarität er-
schwert oder sogar unmöglich ist. Da aber auch die (*Z*)-Isomere von **10** und
22 eine teilweise recht hohe Neigung zur Komplexierung von Schwermetall-
Kationen zeigen, sollte der Einfluß der Kronenringe auf die Komplexierung
nicht vernachlässigt werden.

Tab.6. Relative Extraktionsfähigkeit [%] der Azo-Cryptanden **10** und **22** für Metall-Kationen, als (*E*)-Isomer und im photostationären Gleichgewicht (PSG)

Kation	(*E*)-**10**	(*E*)/(*Z*)-**10** (PSG)	(*E*)-**22**	(*E*)/(*Z*)-**22** (PSG)
$Na^{\oplus}$	14.8	13.5	39.8	35.6
$K^{\oplus}$	15.8	27.2	22.0	37.8
$Rb^{\oplus}$	-	1.1	17.2	10.8
$Cs^{\oplus}$	-	-	8.9	5.1
$Ca^{\oplus\oplus}$	k.A.[a]	k.A.	6.7	5.3
$Ba^{\oplus\oplus}$	k.A.	k.A.	8.1	11.6
$Cu^{\oplus\oplus}$	1.9	2.2	9.5	1.0
$Ni^{\oplus\oplus}$	1.0	0.4	0.6	-
$Co^{\oplus\oplus}$	3.0	2.6	3.7	-
$Hg^{\oplus\oplus}$	1.9	2.3	3.1	-
$Pb^{\oplus\oplus}$	7.9	4.3	10.8	8.8

[a] k.A. = keine Angabe

Von dem Tris(azobenzen)-verbrückten Cyclophan **22a** mit großem, starren Hohlraum konnten alle vier theoretisch möglichen Konfigurationsisomere [(*E,E,E*), (*Z,Z,Z*), (*E,E,Z*), (*E,Z,Z*)] durch Bestrahlung erzeugt und chromatographisch isoliert werden [39]. Die Verbindung ist - trotz ihrer dreizähligen Struktur - kein Cryptand; sie soll hier zu den Azo-Cyclodextrin-Hohlräumen überleiten.

Die Substitution in 3,3'-Stellung der Azobenzen-Einheiten in **22a** erwies sich allgemein als günstig zur Einstellung von schaltbaren Gleichgewichten bei Azobenzenen [39].

22 a

7.3.4   Azo–Cyclodextrin

Die beiden Azo-Cryptanden **10** und **22** zeigen eindrucksvoll, daß die Kombination eines Kronenethers mit bekannten Komplexierungs-Eigenschaften und Azobenzen zu einem *photoschaltbaren Wirt/Gast-System* führen kann. Der Nachteil der Azo-Kronenether und Azo-Cryptanden besteht darin, daß sie in der Regel nur Metall-Kationen zu binden vermögen, seltener auch einige organische Ammonium-Ionen [20,32b,40].

Es liegt daher nahe, auch andere Wirt-Gerüste derart zu modifizieren. Hier bieten sich die *Cyclodextrine* an, die für eine Vielzahl von organischen Einschlüssen bekannt sind [41] (s. Abschn.4). Zudem zeigen meist auch überbrückte Cyclodextrine beträchtliche Einschluß-Eigenschaften, wenn auch deutliche Unterschiede zu den zugrundeliegenden freien Cyclodextrinen registriert wurden [42].

Als beispielhafter Vertreter solch modifizierter Cyclodextrine sei **23** genannt, der aus 4,4'-Bis(chlorcarbonyl)azobenzen und ß-Cyclodextrin synthetisiert wurde [43]. Dieser Wirt zeigt gegenüber organischen Gastmolekülen bemerkenswerte Komplexierungs-Eigenschaften, die mit Hilfe des Circulardichroismus (CD) studiert werden können. (*E*)-Isomer und (*E*)/(*Z*)-Gemisch im photostationären Gleichgewicht zeigen unterschiedliche CD-Kurven, wie aus Abb.10 erkennbar ist. Bei Gegenwart von Gastmolekülen verlieren die CD-Banden an Intensität, wobei aus der Konzentrationsabhängigkeit der Elliptizität sowohl auf die Stöchiometrie als auch auf die Assoziations-Konstanten der Komplexe geschlossen werden kann.

Als Gäste wurden zunächst 4,4'-Bipyridin, Cyclohexanol, Toluen, Methoxybenzen sowie die konfigurationsisomeren Terpene Nerol und Geraniol eingesetzt. Bei allen Gastmolekülen ergibt sich für *(Z)*-**23** eine Wirt/Gast-Stöchiometrie von 1:2 (Ausnahme: 4,4'-Bipyridin), für das (*E*)-Isomer werden hingegen 1:1-Komplexe gefunden. Außerdem zeigen die (*Z*)-**23**-Wirt·Gast-Komplexe eine höhere Stabilität als die analogen ß-Cyclodextrin·Gast-Komplexe (Ausnahme: Toluen), während das (*E*)-Isomer schwächere Bindungseigenschaften aufweist. Besonders deutlich wird dies für 4,4'-Bipyridin, mit dem (*E*)-**23** im Gegensatz zu ß-Cyclodextrin überhaupt keinen Komplex bilden kann. Interessant ist auch die Tatsache, daß der (*Z*)-**23**·Geraniol-1:1-Komplex stabiler als der (*Z*)-**23**·Nerol-1:1-Komplex ist, während sich die Verhältnisse für die 1:2-Komplexe umkehren.

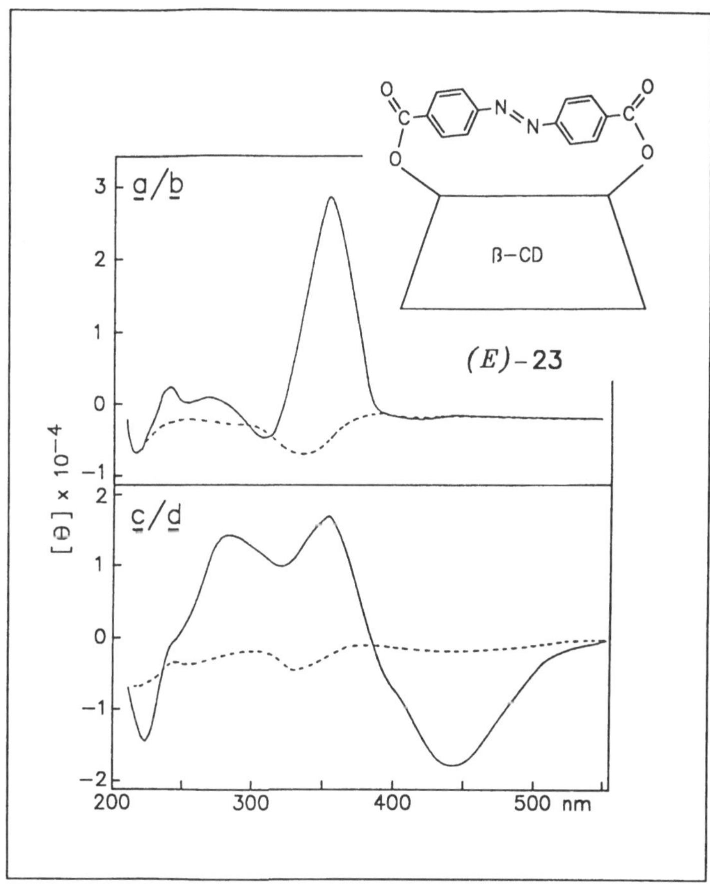

<u>Abb.10</u>. Circulardichrogramme des Azo-Cyclodextrins **23**:
<u>a</u>) (---): (*E*)-**23**; <u>b</u>) (···): (*E*)-**23** bei 2000-fachem Überschuß an
Cyclohexanol; <u>c</u>) (---): (*E*)/(*Z*)-**23** im PSG; <u>d</u>) (···): (*E*)/(*Z*)-**23**
im PSG bei 2000-fachem Überschuß an Cyclohexanol

Die unterschiedlichen Komplexierungs-Eigenschaften der (*E*)- und (*Z*)-
Isomere werden auf die ***Abhängigkeit der Hohlraumgröße von der Konfiguration der Azobindung*** zurückgeführt. Es wird angenommen, daß (*Z*)-**23**
einen tieferen Hohlraum als (*E*)-**23** ausbildet, dem ein flacher, aber breiter
Hohlraum zugeordnet wird. Dies würde auch die Tatsache erklären, daß (*Z*)-

23 im Gegensatz zu (*E*)-**23** eher 1:2-Wirt/Gast-Komplexe bildet, wobei das erste Gastmolekül infolge des tieferen Eindringens in den hydrophoben Hohlraum des Cyclodextrins stärker gebunden wird als das zweite. Hierfür spricht auch die unterschiedliche Hydrolysegeschwindigkeit von *p*-Nitrophenylacetat in Gegenwart von (*E*)- oder (*Z*)-**23**. So wird für das (*E*)-Isomer eine höhere Hydrolyserate als für das (*Z*)-Isomer beobachtet [43d], der stabilere Komplex wird aber von (*Z*)-**23** gebildet. Infolge des flachen Hohlraums wird beim (*E*)-Isomer eine günstigere Substrat-Orientierung und damit eine schnellere Hydrolyse als bei (*Z*)-**23** erreicht. Dieses System bietet also ein Beispiel einer *photogesteuerten Katalyse!*

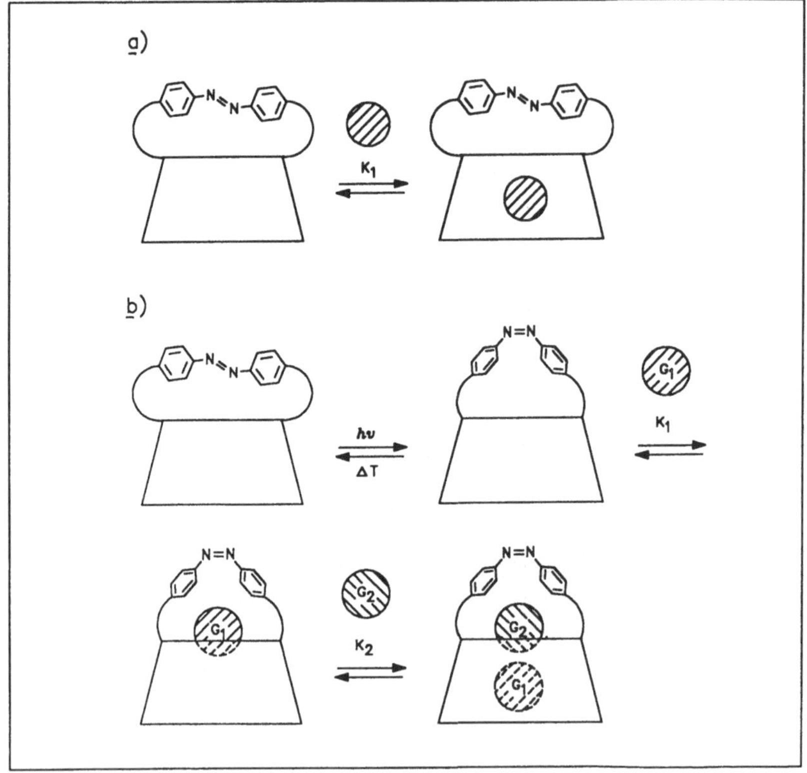

Abb.11. Bildung von Wirt·Gast-Komplexen mit a) (*E*)- und b) (*Z*)- 23 (G$_1$ ≙ erstem Gast, G$_2$ ≙ weiterem Gast)

Neben 1:1- und 1:2-Komplexen wird aber in einigen Fällen für (E)-23 auch eine unstöchiometrische Konzentrationsabhängigkeit der CD-Spektren beobachtet [43b]. Dies wird darauf zurückgeführt, daß sich Gastmoleküle außen an das Wirtmolekül anlagern und ab einer bestimmten Konzentrationsgrenze eine Konformationsänderung bei 23 bewirken.

Von besonderem Interesse ist das Einschlußverhalten gegenüber *chiralen Gästen.* Hier stellt sich die Frage, ob eine chirale Diskriminierung bei Enantiomeren beobachtet werden kann.

<u>Tab.7.</u> Enantiodifferenzierende Komplexierung chiraler Gastmoleküle durch das Azo-Cyclodextrin **23**

Gast	Gast-Enantiomer	Wirt	$K_2[M^{-1}]$	K(*L*)/K(*D*)
Carvon	*L*(-)	(*E*)-**23**	204	1.29
	D(+)	(*E*)-**23**	158	
	L(-)	(*Z*)-**23**	1550	0.92
	D(+)	(*Z*)-**23**	1680	
Phenylalanin	*L*	(*E*)-**23**	1.2	0.82
	D	(*E*)-**23**	1.47	
	L	(*Z*)-**23**	45	1.22
	D	(*Z*)-**23**	37	
N-Acetyl-1-amino-1-phenylethan	*L*	(*E*)-**23**	27.5	0.73
	D	(*E*)-**23**	37.9	
	L	(*Z*)-**23**	2090	2.23
	D	(*Z*)-**23**	993	

Zur Klärung dieser Problemstellung wurden u.a. die optischen Isomere von Carvon, Phenylalanin und N-Acetyl-1-amino-1-phenylethan als Gastmoleküle eingesetzt [43c]. Sie bilden sowohl mit dem (*E*)- als auch dem (*Z*)-Isomer 1:2-Wirt/Gast-Komplexe, wobei die (*Z*)-Komplexe eine deutlich höhere Stabilität zeigen, was im Einklang mit anderen Untersuchungen steht. Zudem lassen sich Unterschiede der Assoziationskonstanten bei den Enantiomeren der Gastmoleküle feststellen, wobei (*E*)- und (*Z*)-Isomere genau entgegengesetzte *Enantioselektivitäten* zeigen (vgl. Tab.7). Als Ursache dieser Selektivität werden Wechselwirkungen der Substrate mit der Wandung oder dem Rand des Cyclodextrin-Gerüsts angenommen.

Wenn auch die Enantiodifferenzierung bei den Komplexen von chiralen Gästen mit dem Azo-Cyclodextrin 23 recht gering ist, so kann doch von einer *photokontrollierten chiralen Erkennung* bei der Komplexierung gesprochen werden.

Zum Schluß sei noch die verblüffend einfache Synthese des - allerdings nicht komplexierenden - [2.2](4,4')Azobenzenophans 24 (und seiner "Oligologen" 25, 26) skizziert (Ausbeute 0.3%) [43e]:

LiAlH₄, THF

24

25; 26: n = 1, 2

Auf ein Beispiel der *Azo-Porphyrine* sei lediglich hingewiesen (vgl. Abschn.4.6.8) [43f].

7.4   Schlußbemerkung

Die Photochemie spielt in der Natur eine bedeutsame Rolle, man denke nur an die Photosynthese bei Pflanzen oder an die Umsetzung von Lichtsignalen im menschlichen Auge. Viele dieser Vorgänge sind bisher kaum geklärt und so komplex, daß sie zu ihrer Erforschung einfacher Modelle bedürfen. Zur Klärung von Struktur/Eigenschafts-Beziehungen sind noch andere photosensible Systeme, z.B. auf Thioindigo-Basis, untersucht worden [44]. Azobenzen bietet nur ein Beispiel dafür, seine Bedeutung sollte daher auch nicht überschätzt werden.

Dennoch zeigt diese knappe Abhandlung über photoschaltbare Wirt·Gast-Systeme auf der Basis von Azobenzen, daß es heutzutage durchaus möglich ist, den Einfluß von Licht auf supramolekulare Strukturen zu untersuchen - im Sinne einer *"supramolekularen Photochemie"* [45].

Das erste, Azobenzen enthaltende, photoschaltbare Wirt/Gast-System wurde erst 1979 veröffentlicht. Die hier vorgestellten Anwendungsbeispiele - als Querschnitt der Forschungsarbeit von nur etwa zehn Jahren - lassen erahnen, daß auf diesem Gebiet noch eine Reihe von Erkenntnissen zu erwarten ist.

8 Flüssigkristalle

8.1 Einleitung

Flüssigkristalline Stoffe sind heute aufgrund ihrer vielfältigen Anwendungen als "Displays" für Uhren, Spielzeug, kleine Fernsehbildschirme, Armaturen bei Autos, allgemein bekannt. Der Name Flüssigkristalle scheint einen Widerspruch auszudrücken, denn die Eigenschaften von Kristallen und Flüssigkeiten sind gut definiert. Warum kann man sich hier offenbar nicht zwischen diesen beiden Phasen entscheiden? Im folgenden geht es um Phasenbereiche, in denen weder eine genau zu charakterisierende Flüssigkeit noch eine kristalline Phase vorliegt, sondern in gewissen Temperaturbereichen beide Phasen nebeneinander vorkommen.

Die Flüssigkristallinität ist nicht die Eigenschaft eines einzelnen, isolierten Moleküls, sondern die einer Ansammlung von Molekülen, die gezielt (supramolekular) miteinander wechselwirken. Insofern gibt es auch bei den flüssigkristallinen Phasen Wirt/Gast-Wechselwirkungen und supramolekulare Bereiche, d.h. solche, in denen mehrere bis viele Moleküle miteinander so wechselwirken, daß bestimmte Phasenzonen entstehen.

8.2 Historisches

Im Jahre 1889 berichtete der österreichische Botaniker *F. Reinitzer* dem Physiker *O. Lehmann* über Beobachtungen, die er beim Schmelzen des Benzoesäurecholesterylesters **1b** gemacht hatte [1]:

1a: R = H$_3$C– (Cholesterylacetat)

1b: R = ⬡– (Cholesterylbenzoat)

"Die Substanz zeigt zwei Schmelzpunkte, wenn man sich so ausdrücken darf. Bei 145.5°C schmilzt sie zu einer trüben, jedoch völlig flüssigen Flüssigkeit. Dieselbe wird erst bei 178.5°C plötzlich völlig klar. Läßt man

sie abkühlen, so tritt zunächst eine violette und blaue Farberscheinung auf, die aber rasch verschwindet, worauf die Masse milchig trübe, aber flüssig bleibt. Beim weiteren Abkühlen tritt dann abermals die violette und blaue Färbung auf und gleich darauf erstarrt die Substanz zu einer weißen, krystallinischen Masse. Durch Beobachtung unter dem Mikroskope läßt sich leicht folgendes feststellen: Beim Abkühlen treten zuerst sternförmige, später große strahlenförmige nadelige Aggregate auf; die ersten bewirken die Trübung. Beim Schmelzen der festen Substanz zur trüben Flüssigkeit wird die Trübung jedoch nicht durch Krystalle, sondern durch eine Flüssigkeit bewirkt, welche in der geschmolzenen Masse ölige Streifen bildet und bei gekreuzten Nicols hell erscheint."

Damit hatte die Entdeckung der flüssigkristallinen Zustandsformen der Materie, die heute allgemein **Mesophasen** genannt werden, begonnen. Den widersprüchlichen Begriff "flüssige Krystalle" prägte *O. Lehmann* 1899 [2,3], dem wir neben *R. Schenk* [4] und *D. Vorländer* [5] die ersten detaillierten Untersuchungen verdanken. *G. Friedel* nahm erste eingehende (Textur-)Untersuchungen der makroskopischen Erscheinungen beim Schmelzen [6] vor.

Manche organischen Kristalle gehen beim Erwärmen nicht direkt in den *flüssigen Zustand* über, sondern durchlaufen innerhalb eindeutig begrenzter Temperaturbereiche eine oder mehrere zusätzliche Phasen. Diese Phasen haben richtungsabhängige *(anisotrope) physikalische Eigenschaften*, wie sie in Kristallen vorkommen, lassen sich aber zugleich wie gewöhnliche isotrope Flüssigkeiten bewegen. Sie werden als *'thermotrope flüssige Kristalle'* bezeichnet [7].

Anisotrope Eigenschaften zeigen – unabhängig vom Aggregatzustand – nur Stoffe mit einer regelmäßigen Anordnung der molekularen Bausteine. Ist dabei das Ordnungsprinzip dreidimensional, liegt ein kristalliner Festkörper vor, ist es zwei- oder eindimensional, spricht man von **kristallinen Flüssigkeiten** oder **flüssigen Kristallen** [8,9]. <u>Abb.1</u> gibt eine Übersicht über verschiedene Arten von Mesophasen.

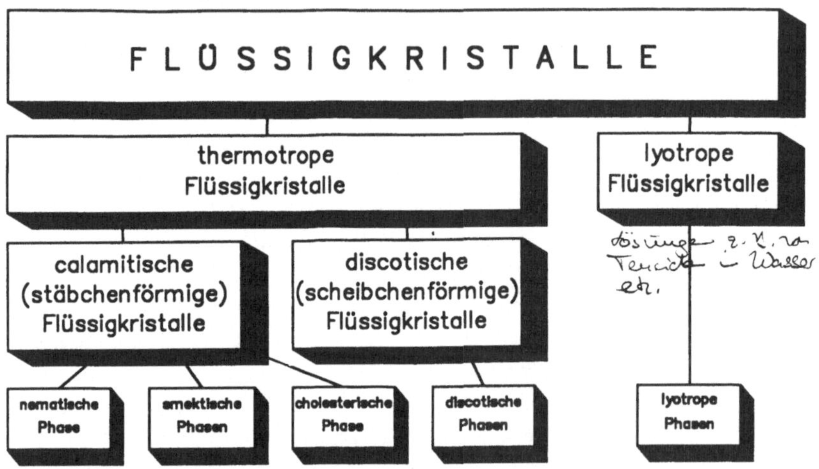

<u>Abb.1</u>. Überblick über die Flüssigkristall-Typen

Die Anzahl der neu entdeckten flüssigkristallinen Substanzen nahm rasch zu. Auch der bekannte Chemiker *Gattermann* stellte einige vom 4,4'-Alkoxyazoxybenzen-Typ (2) her [10].

a: R = CH₃
b: R = C₂H₅
c: R = C₅H₁₁
d: R = C₁₁H₂₃

2

Aus etwa drei Dutzend im Jahre 1903 waren um die Jahrhundertwende (1907) mehr als hundert flüssigkristalline Verbindungen geworden. Damit wurden die zunächst als unbrauchbares wissenschaftliches Spielzeug angesehenen Flüssigkristalle für weitere Forscher attraktiv: *Vorländer* fand beispielsweise [11], daß Substanzen, die selbst nicht flüssigkristallin sind, durch Zumischen anderer Substanzen flüssigkristalline Eigenschaften annehmen können.

Mouguin und *Björnstahl* untersuchten den Einfluß magnetischer und elektrischer Felder auf Flüssigkristalle [12], *van der Lingen* und *E. Hückel,* später auch *de Broglie* und *Friedel*, studierten das Verhalten gegenüber Röntgenstrahlen [13].

Um die entstandene Begriffsverwirrung zu beenden, wurden von *Friedel* 1922 die Klassifizierungen *'smektisch'*, *'nematisch'* und *'cholesterisch'* für flüssigkristalline Phasen vorgeschlagen [6]. 1931 führte *Friedel* die Bezeichnung *'Textur'* für die beim Schmelzen erscheinenden Polarisations-mikroskopischen Bilder flüssigkristalliner Phasen ein [14].

In den 40er Jahren waren bereits etwa 1000, in den 50er Jahren über 2000 und bis 1980 weit mehr als 6000 Flüssigkristalle bekannt. Aber noch 1924 konnte man sich eine potentielle Anwendung der Flüssigkristalle nicht vorstellen; *Vorländer* schrieb damals: *"Man hat mir wohl die Frage gestellt, ob sich die flüssigkristallinen Substanzen technisch verwerten lassen. Ich sehe keine Möglichkeit dazu"* [5,15,16].

Besonders Verbindungen, in denen der flüssigkristalline Zustand nur in einem schmalen Temperaturbereich (Bruchteile von °C) auftritt und der dadurch früher übersehen worden war, wurden entdeckt. Auch im biologischen Bereich wurden Mesophasen gefunden und zum Verständnis des Funktionierens lebender Zellen herangezogen. Theoretische Grundlagen wurden gelegt, und insbesondere der Zusammenhang zwischen Molekülbau und dem Auftreten flüssigkristalliner Phasen wurde theoretisch angegangen. Jedoch blieben die Flüssigkristalle weiterhin von akademischem Interesse und waren für andere Wissensgebiete von geringer Bedeutung. Erst Ende der 60er Jahre wurde erkannt, daß die anisotropen physikalischen Eigenschaften von Flüssigkristallen in flachen optischen Displays für Anzeigen genutzt werden können. Heute ist das kommerzielle Interesse an Flüssigkristallen groß, da sich herausgestellt hat, daß sich die optischen und elektrooptischen Erscheinungen nematischer und cholesterischer Phasen in der Tat in Anzeigen von großen und kleinen Uhren, Taschenrechnern, digitalen Meßinstrumenten, Datenanzeigeschirmen, Computer-Spielzeug, Armaturen und flachen Fernsehbildschirmen nutzen lassen. Hinzu kommen spezielle Anwendungen in der medizinischen Diagnostik, der Werkstoffprüfung, im Polymerbereich und in der chemischen Analytik (s.u.).

8.3   Flüssigkristall-Typen

Allgemein zeigen Flüssigkristalle Eigenschaften sowohl von Festkörpern (Doppelbrechung) als auch von Flüssigkeiten (Viskosität); jedoch sind ihre Moleküle nicht drei-, sondern lediglich ein- bzw. zweidimensional geordnet. Dieser *Ordnungsgrad* ist durch magnetische und elektrische Felder beeinflußbar. Flüssigkristalle haben eine hohe *Formanisotropie* und eine starke molekulare *Anisotropie der Polarisierbarkeit. Friedel* benutzte 1922 [6] die optische Anisotropie flüssigkristalliner Substanzen, die er durch Polarisationsmikroskopie untersuchte, für die Klassifizierung thermotroper Flüssigkristalle, die noch heute gültig ist (Abb.1). Demnach werden Flüssigkristalle in **nematische, cholesterische** und **smektische Phasen** eingeteilt, die unten näher erläutert sind.

Abb.2. Eine typische Textur: "Marmorierte Textur" am Beispiel des Di-*para*-*n*-pentyloxyazoxybenzens (2c) (Gekreuzte Polarisation, 120fache Vergrößerung) [17,18]

Unter der *Textur* (vgl. Abb.2) versteht man das unter dem Polarisationsmikroskop zu beobachtende Bild dünner Schichten von flüssigkristallinen Substanzen. Diese Texturen sind für bestimmte Mesophasen charakteristisch. Sie entstehen durch Diskontinuitäten und Defektanordnungen in der Mesophasenstruktur. Zum Unterschied von Festkörpern treten Texturen im lichtmikroskopisch sichtbaren Bereich auf, weil zu ihrer Stabilisierung weniger

Energie erforderlich ist. Zur Stabilisierung tragen vor allem Grenzflächeneffekte bei. Die den Texturen zugrundeliegenden Effekte können durch elektrische und magnetische Felder, Temperaturgradienten und durch mechanische Einflüsse manipuliert werden.

Bevor wir mit der Behandlung der einzelnen Mesophasen-Typen beginnen, sei noch auf die große Gruppe der *lyotropen Flüssigkristalle* (Abschn.8.3.7) hingewiesen, bei denen die Mesophasen nicht durch Temperaturänderungen einer reinen Substanz entstehen (thermotrope Flüssigkristalle; Erwärmen eines festen Kristalls oder Kristallgemisches über den Schmelzpunkt hinaus), sondern die bei *gelösten* Substanzen beim Abkühlen meist gesättigter Lösungen in Wasser oder anderen Lösungsmitteln entstehen (Beispiel: viele Tenside; s. Abschn.9).

Typen thermotroper Flüssigkristalle: Kristalline Festkörper zeichnen sich durch eine dreidimensionale Gitterstruktur aus. Am Schmelzpunkt werden die Anziehungskräfte durch die thermische Energie kompensiert, und mit dem Zerfall der Kristallordnung entsteht eine *isotrope Schmelze,* in der nur noch eine gewisse Nahordnung der Moleküle vorliegt (vgl. Abb.3a).

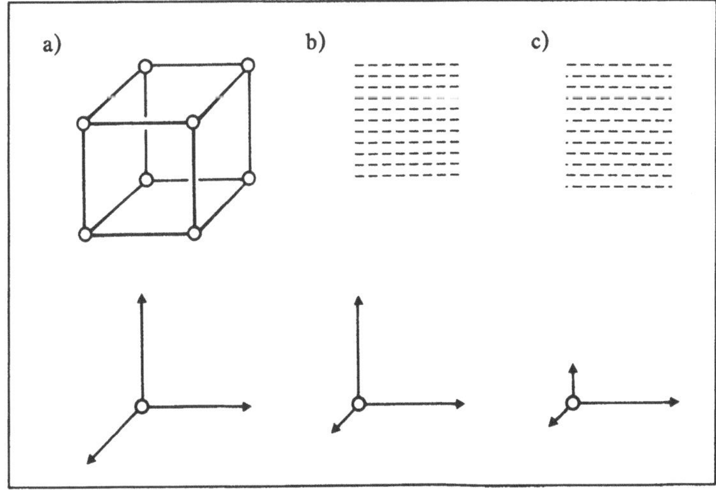

Abb.3. Richtung und Stärke der Wechselwirkungskräfte in a) kristallinen, b) smektischen, c) nematischen Phasen (schematisch)

Wenn die Anziehungskräfte in den drei Raumrichtungen des Kristallgitters unterschiedlich sind (vgl. Abb.3b,c), so werden mit zunehmender Temperatur zunächst die schwächeren Kräfte egalisiert. Es entsteht eine
anisotrope Schmelze, in der Ordnungsgebiete von einer Ausdehnung bis in
den visuell erkennbaren Bereich hinein existieren. Wegen der Diskontinuitäten sind derartige *mesomorphe Phasen* trübe.

Beim Erwärmen eines Flüssigkristalls (liquid crystal, LC) über den
Schmelzpunkt hinaus können eine oder mehrere verschiedene flüssigkristalline "Modifikationen" definierter Reihenfolge auftreten, bevor die Substanz
am *"Klärpunkt"* aus der nematischen oder auch cholesterischen Phase in die
isotrope flüssige Phase übergeht. Diese *Polymorphie* [19] erscheint beim Abkühlen in umgekehrter Reihenfolge. In manchen Fällen läßt sich eine Mesophase nur durch Unterkühlen erreichen. Solche metastabilen Zustände werden zur Unterscheidung von den *enantiotropen* Modifikationen als *monotrop*
bezeichnet.

Die am längsten bekannten sind die nematischen (a), cholesterischen (b)
und die smektischen Phasen (c) (Abb.3) [20].

Smektische, nematische und cholesterische Phasen: Den zweidimensional
geordneten *smektischen Phasen* (von griech.: σμῆγμα = Seife, Leim) liegt
eine Schichtstruktur (zweidimensionaler Ordnungszustand) zugrunde
(Abb.3,4). Da zwischen den Schichten nur geringe Anziehungskräfte herrschen, sind diese leicht gegeneinander verschiebbar. Der hohe Ordnungszustand bedingt die hohe Viskosität und Oberflächenspannung smektischer
Phasen.

Das entscheidende Strukturmerkmal *nematischer Phasen* (von griech.:
γῆμα = Faden) ist eine Parallelorientierung der Molekül-Längsachsen
(eindimensionaler Ordnungszustand). Den Molekülen fehlt die laterale Kohäsion, wodurch diese Phase dünnflüssiger ist als die smektische.

Mikroskopisch unterscheiden sich nematische und smektische Phasen
durch die schon erwähnten charakteristischen Strukturen, die *"Texturen",* die
man im polarisierten Licht gut erkennt. Für nematische Phasen sind die
"Schlierentexturen" charakteristisch (vgl. Abb.6). Man beobachtet fadenähnliche Diskontinuitätslinien (in Lit. [20,21] sind zahlreiche Textur-Beispiele
abgebildet).

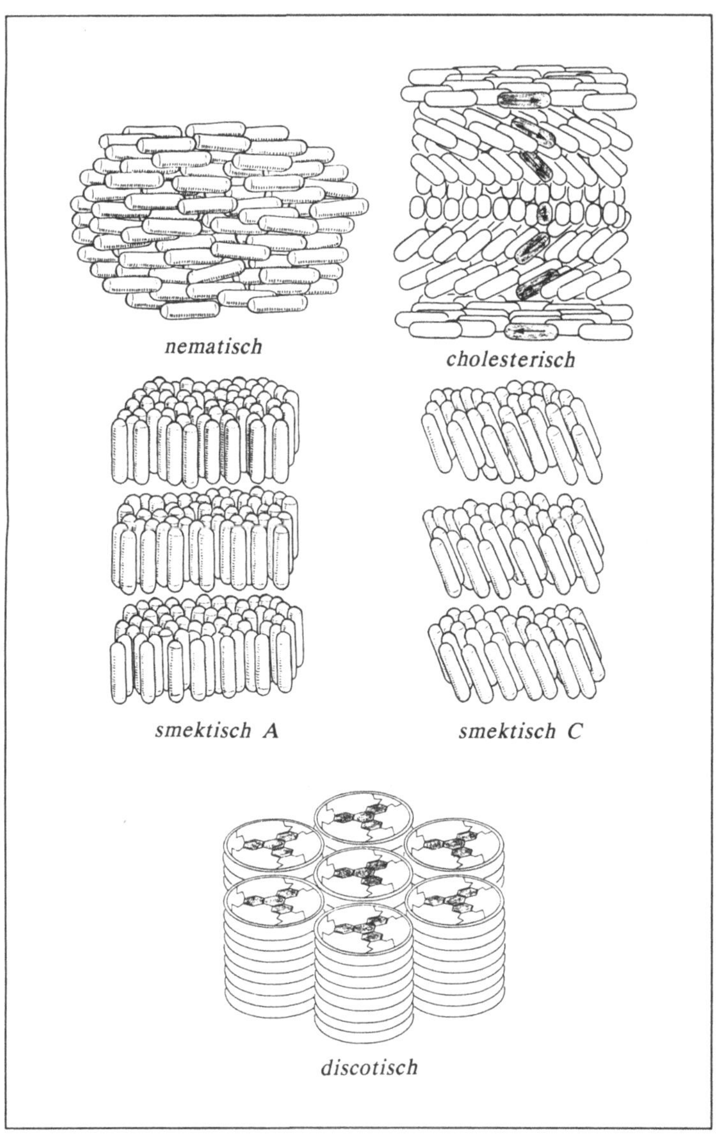

<u>bb.4.</u> Anordnung der Moleküle in den verschiedenen thermotropen
Flüssigkristall-Typen (modifiziert nach Lit. [22])

Cholesterische Mesophasen (abgeleitet von den zugrundeliegenden Chole-sterolester-Molekülen, vgl. 1) unterscheiden sich von den nematischen da-durch, daß sich die Vorzugsrichtung der Molekül-Längsachsen von Ebene zu Ebene um einen bestimmten Winkel ändert (Abb.4). Beim Betrachten der ganzen Schicht liegt also eine helixartige Windung (Schraubung) der Mole-külachsen vor (Abb.5).

Cholesterische Phasen werden einerseits aus geeigneten optisch aktiven Molekülen aufgebaut, andererseits können sie auch durch Mischen nemati-scher Flüssigkristalle mit einer chiralen Fremdsubstanz *(Gastverbindung)* er-zeugt werden. Da die optische Aktivität cholesterischer Phasen einige Zeh-nerpotenzen höher ist als bei Verbindungen, die ihre optische Aktivität nur zugemischten Molekülen mit asymmetrisch substituierten C-Atomen verdan-ken, kann man so geringe Mengen optisch aktiver Verbindungen nachweisen.

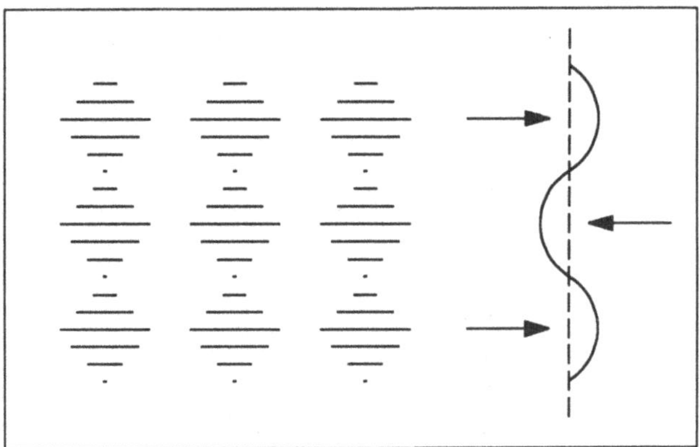

Abb.5. Die cholesterische Phase als aus Molekülen aufgebaute Helix (schematisch) [22]

Polymorphie: Bei einer einzigen Verbindung können mehrere smektische und eventuell nematische oder cholesterische Phasen auftreten, die vonein-ander durch thermisch definierte Umwandlungspunkte getrennt sind [23]. Die smektischen Phasen erscheinen bei allen polymorphen Flüssigkristallen stets bei tieferen Temperaturen als die nematische oder cholesterische Phase.

Ein charakteristisches Beispiel ist der 4-*N*-(4'-Ethoxybenzyliden)amino-zimtsäureester (3). Beim Erwärmen über den Schmelzpunkt hinaus durch-läuft er nacheinander zwei smektische und eine nematische Phase, bevor er am Klärpunkt in eine isotrope Flüssigkeit übergeht. Am Klärpunkt verschwindet die charakteristische Trübung der Flüssigkristall-Phase.

<u>Tab.1</u>. Phasenumwandlungen der flüssigkristallinen Schiffschen Base 3

$$H_5C_2O\text{—}\bigcirc\text{—CH=N—}\bigcirc\text{—CH=HC—COOC}_2H_5$$

3

Phasenumwandlung	[°C]
fest/smekt. B	81.0
smekt. B/smekt. A	118.5
smekt. A/nemat.	156.5
nemat./isotrop	159.0 [a]

[a] Klärpunkt

Die Temperaturdifferenzen zwischen den Umwandlungspunkten lassen Aussagen über die Stabilität der Mesophasen zu. Zur Identifizierung der Phasen und ihrer Umwandlungstemperaturen werden differentialthermoanalytische, polarisationsmikroskopische und *Röntgen*-analytische Methoden herangezogen. Die Anzahl der verschiedenen Phasen hat sich inzwischen auf mehr als ein Dutzend erhöht. Jedoch sind noch nicht alle Texturen theoretisch abgesichert und strukturell erklärbar.

Zur Beschreibung der Phasen (-übergänge) werden international vereinbarte Symbole verwendet:

K	= kristallin-fester Zustand
N	= nematische Modifikation (einschl. cholesterisch)
S_A, S_B	= smektische A-Phase, smektische B-Phase
I	= isotrop-flüssiger Zustand

Die alphabetische Reihenfolge der Indices ($_A$, $_B$ ...) gibt lediglich die zeitliche Reihenfolge ihrer Entdeckung wieder. Ihr Auftreten bei Wärmezufuhr entspricht der Abnahme des molekularen Ordnungsgrades und weicht demzufolge von der alphabetischen Reihenfolge ab. Zum Beispiel:

$$K \to S_G \to S_F \to S_E \to S_B \to S_C \to S_D \to S_A \to N \to I$$

Gladis beobachtete 1975 abweichend hiervon an binären Systemen gewisser *p*-Cyano-substituierter Biphenyle und Azomethine erstmals nematische Phasen bei tieferer Temperatur als es der smektisch A-Phase entspricht [24]. Sie werden als *"reentrant"-nematische Phasen* bezeichnet. Inzwischen wurden auch an 4-*N*-Alkyloxybenzoesäure-[4-(ß-cyanoethyl)phenyl]estern "reentrant"-smektische [25] und an Truxinhexaalkanoaten (s.u.) auch *"reentrant"-discotische Phasen* beobachtet [26].

Einige konkrete Beispiele von organischen Verbindungen mit mesogenen Eigenschaften gibt Tabelle 2.

__Tab.2__. Mesophasen-Bereiche einiger flüssigkristalliner Substanzen

Molekülbau	Bezeichnung des Moleküls	Mesophasen-Typ	Bereich der Mesophase [°C]
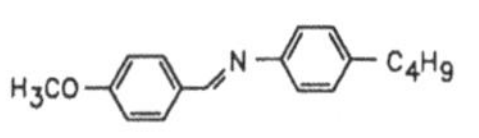 $H_3CO-\langle\rangle-CH=N-\langle\rangle-C_4H_9$	4-Methoxybenzyliden-4'-*n*-butylanilin (MBBA)	nem.	21- 27
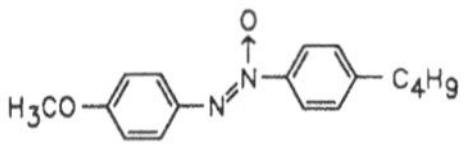 $H_3CO-\langle\rangle-N=N(\to O)-\langle\rangle-C_4H_9$	4-Methoxy-4'-*n*-butylazoxybenzen (Isomerengemisch)	nem.	19- 76
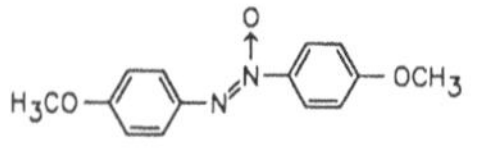 $H_3CO-\langle\rangle-N=N(\to O)-\langle\rangle-OCH_3$	*p*-Azoxyanisol (PAA)	nem.	117-137

<u>Tab.2</u>. Forts.

Molekülbau	Bezeichnung des Moleküls	Mesophasen-Typ	Bereich der Mesophase [°C]
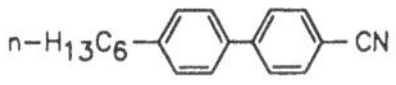 $n-H_{13}C_6$—⬡—⬡—CN	4-n-Hexyl-4'-cyanobiphenyl	nem.	14- 28
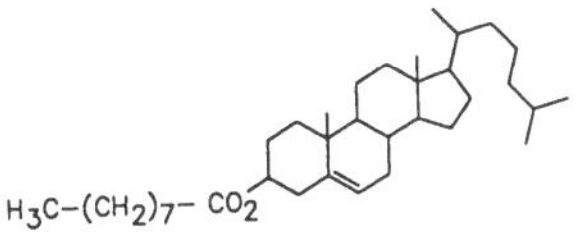 $H_3C-(CH_2)_7-CO_2$— (Cholesterylgerüst)	Cholesterylnonanoat	chol.	145-179
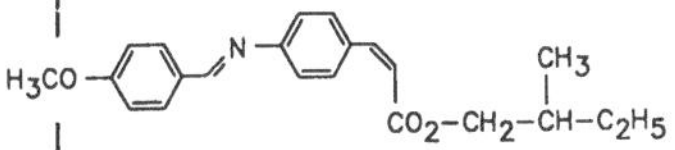 H_3CO—⬡—N=CH—⬡—CH=CH—$CO_2-CH_2-CH(CH_3)-C_2H_5$	(-)-2-Methylbutyl-4-methoxybenzyliden-4'-aminocinnamat	chol.	76-125
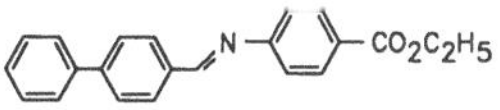 ⬡—⬡—CH=N—⬡—$CO_2C_2H_5$	Ethyl-p-(p'-phenylbenzalamino)-benzoat	smekt.A	121-131
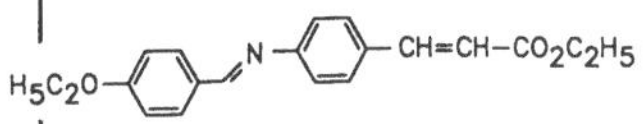 H_5C_2O—⬡—CH=N—⬡—$CH=CH-CO_2C_2H_5$	Ethyl-p-ethoxybenzal-p'-aminocinnamat	smekt.B	77-116
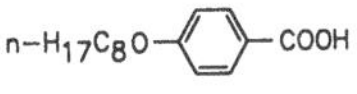 $n-H_{17}C_8O$—⬡—COOH	p-n-Octyloxybenzoesäure	smekt.C	108-147
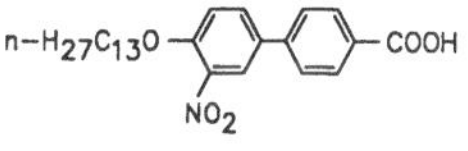 $n-H_{27}C_{13}O$—⬡(NO_2)—⬡—COOH	4'-Octadecyloxy-3'-nitrodiphenyl-4-carbonsäure	smekt.D	159-195

<u>Tab.2</u>. Forts.

Molekülbau	Bezeichnung des Moleküls	Mesophasen-Typ	Bereich der Mesophase [°C]
$H_5C_2O_2C$—〈〉—〈〉—〈〉—$CO_2C_2H_5$	Diethyl-*p*-ter-phenyl-*p'*,*p''*-di-carboxylat	smekt.E	173-189
n–$H_{11}C_5O$—〈〉—〈N〉—〈〉—C_5H_{11}	2-(*p*-Pentylphe-nyl)-5-(*p*-pentyl-oxyphenyl)pyri-midin	smekt.F,G	103-114 (F) 79-103 (G)
H_9C_4O—〈〉—N=〈〉—C_2H_5	4-Butyloxy-benzal-4'-ethyl-anilin	smekt.H	40.5-60.5
$H_{21}C_{10}O$—〈〉—N=〈〉—$CH=CH-CO_2C_5H_{11}$	*n*-Pentyl-4-(4'-*n*-decyloxybenzyli-denamino)-cinnamat	smekt.I	78.3-97.0
Triphenylen mit OC_4H_9, OC_4H_9, H_9C_4O, H_9C_4O, OC_4H_9, OC_4H_9	2,3,6,7,10,11-Hexakis(butyl-oxy)triphenylen	discot.	88.6-145.6

8.3.1   Nematische Flüssigkristalle

Die Bezeichnung "nematisch" basiert auf den Diskontinuitäten der für diese Phasen typischen Schlierentextur (Abb.6) [6].

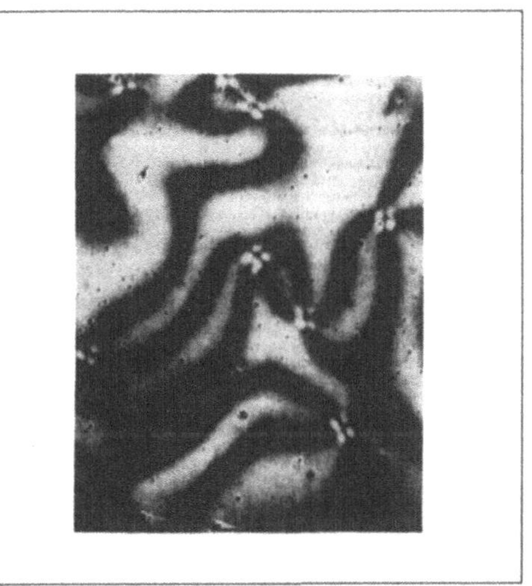

Abb.6. Typische nematische Schlierentextur

Von isotropen Flüssigkeiten unterscheiden sich nematische Phasen durch die Parallelorientierung der Molekülachsen. Die Molekülschwerpunkte sind statistisch verteilt, so daß man von einer eindimensionalen Ordnung sprechen kann (vgl. Abb.3). Die Umwandlungsenergie nematisch → isotrop liegt im Bereich von 1-10 kJ/mol. Der Phasenübergang bewirkt keine auffallende Viskositätsänderung. Die gemittelte Ausrichtung der Molekül-Längsachsen definiert den sogenannten Direktor" $\vec{n}$, einen Einheitsvektor, der im Idealfall mit der optischen Achse der unendlich-zähligen Symmetrieachse nematischer Flüssigkristalle zusammenfällt. Ohne besondere Vorkehrungen (Anlegen elektrischer oder magnetischer Felder oder Vorbehandlung der Glasoberflächen) ist die Vorzugsrichtung nicht einheitlich, sondern weicht aufgrund der Temperaturbewegung der Moleküle von der Parallel-Orientierung ab.

Der *Ordnungsgrad S* nematischer Phasen ist abhängig vom Winkel θ zwischen der Molekül-Längsachse $\vec{M}$ und dem Direktor $\vec{n}$:

$$S = \frac{1}{2} \,\, \overline{3 \cos^2 \theta - 1}$$

(der Querstrich deutet die Mittelwert-Bildung an)

S ist temperaturabhängig und bei konstanter Temperatur abhängig vom Molekülbau [27].

In isotropen Flüssigkeiten ist S = 0. S-Werte am Klärpunkt nematischer Mesophasen liegen zwischen 0.3 und 0.4, bei niedrigeren Temperaturen werden Werte bis 0.8 erreicht. Bei Parallelität der Molekülachsen gilt S = 1.

Die Textur-Charakteristik (Polarisationsmikroskop) ist meist durch lineare Defekte verursacht, die als **Disclinationen** bezeichnet werden (soweit sie Molekülrotationen betreffen). Die Art der Defekte hängt von der Probenvorgeschichte ab, z. B. der Schichtdicke und der Vorbehandlung der Glasoberflächen. Bei nematischen Phasen tritt bei einer Schichtdicke von 100 µm eine fadenförmige Disclinationslinien aufweisende **Schlierentextur** (Abb.6) auf, bei 5 µm Schichtdicke jedoch eine charakteristische Schlierentextur mit Disclinationspunkten (Abb.7) [28]. Die Schlieren entstehen aufgrund der Ortsabhängigkeit des Direktors $\vec{n}$ in der Umgebung der Fadenachse [29].

Zwischen unbehandelten Glasflächen kann sich bei dünnen Schichten eine marmorierte Textur ausbilden (Abb.2) [30,17]. In der Nähe des Klärpunkts können beim Abkühlen der isotropen Flüssigkeit sogenannte **nematische Tropfen** (nematic droplets) entstehen, die charakteristisch sind und zuweilen kreuzförmige Extinktionsmuster zeigen (Abb.8) [16].

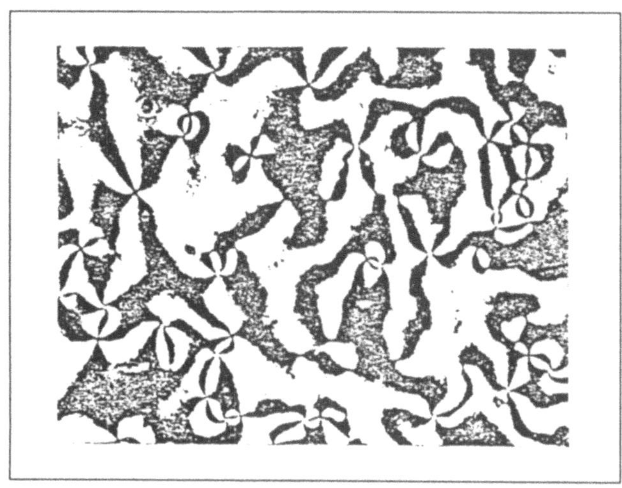

Abb.7. Schlierentextur mit Disclinationspunkten von 4-*n*-Caproyloxy-4'-ethoxyazobenzen bei 130°C. Zwischen Deckgläschen, Schichtdicke 5 µm, gekreuzte Polarisatoren, 200fache Vergrößerung (modifiziert nach 17))

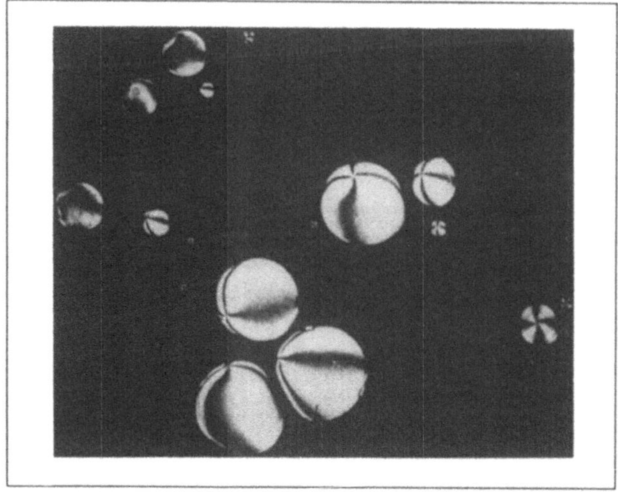

Abb.8. Nematische Tropfentextur (nematic droplets), modifiziert nach [17]

Die einheitliche Orientierung der Molekül-Längsachsen ist für die industrielle Verwendung nematischer und cholesterischer Flüssigkristalle Voraussetzung (smektische sind weniger geeignet). Sie wird durch Vorbehandlung der Oberflächen des Behälters erreicht. Durch Dispersions-Wechselwirkungen wird die Anordnung der Moleküle ins Probeninnere weitergegeben. Man unterscheidet homöotrope und homogene Orientierungen der Moleküle und der optischen Achse; im ersten Fall bilden sie einen rechten Winkel, im zweiten liegen sie parallel zu den Grenzflächen (Abb.9).

Eine *homöotrope Orientierung* kann durch Behandlung (Einreiben, Eintrocknenlassen) der Begrenzungsflächen (meist Glas) mit ethanolischer Lecithin-Lösung, Zusatz von Polyamid-Harzen, quartären Ammoniumsalzen, aromatischen Carbonsäuren oder durch sorgfältiges Reinigen erreicht werden. Homöotrope quasi-Einkristalle erscheinen bei der Beobachtung durch gekreuzte Polarisatoren und bei parallel einfallendem Licht (orthoskopisch) schwarz.

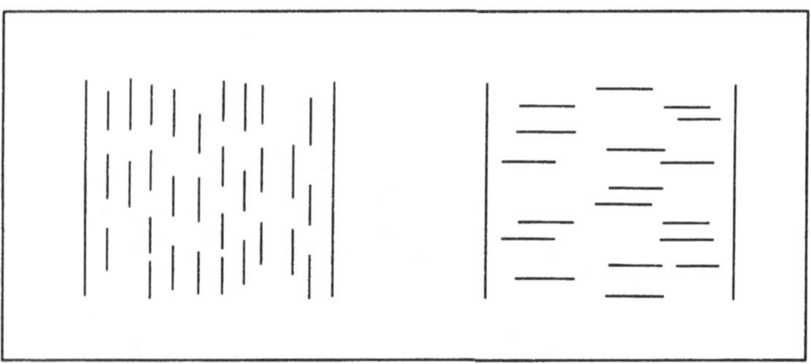

Abb.9. Homöotrope (links) und homogene Orientierung (rechts) von Molekülen (schematisch) zu den Begrenzungsflächen (Behälterwände)

Um eine *homogene Orientierung* zu erreichen, verwendet man Bürsten, Poliertücher oder Diamantstaub enthaltende Pasten, mit denen man in der gewünschten Orientierungs-Richtung entlangfährt; auch Kronenether und Chrom-Komplexe werden eingesetzt. Dank der Grenzflächenadsorption ist die homogene Textur gegenüber mehrfachem Phasenwechsel (N→I) stabil.

8.3.2   Smektische Flüssigkristalle

Die smektische Mesophase erhielt ihren Namen nach entsprechenden bei Seifen auftretenden Texturen (s.o.). Sie unterscheidet sich von der nematischen durch die zweidimensionale Ordnung ihrer Moleküle (vgl. Abb.3) und eine dem größeren Ordnungsgrad entsprechende höhere Viskosität und Oberflächenspannung. Die einzelnen Lagen können jedoch leicht gegeneinander verschoben werden. Die über ein Dutzend bisher bekannten smektischen Modifikationen (vgl. Tab.1) unterscheiden sich durch die Nahordnung der Moleküle innerhalb dieser Lagen. Bei orthogonalen Phasen schließen die Molekül-Längsachsen einen rechten Winkel mit den Schichtebenen ein (optisch einachsige Phase), bei geneigten ("tilted") Phasen sind diese gekippt (optisch zweiachsige Phase, smekt. C).

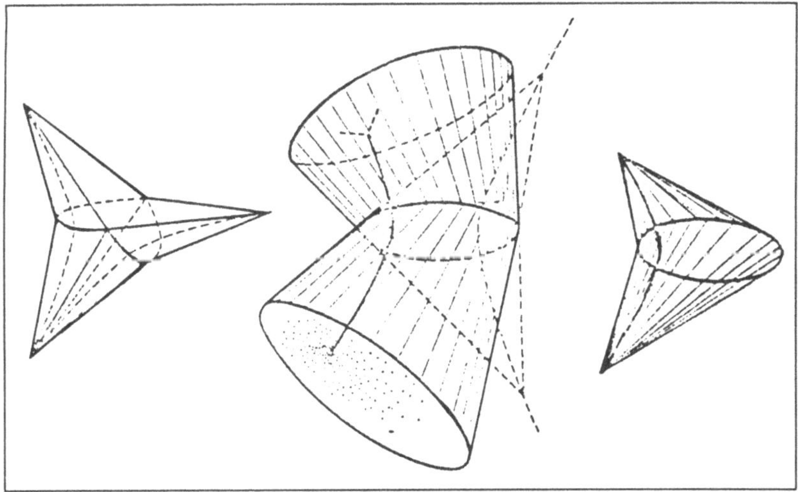

Abb.10. Fokal-Kegelschnitte zur Deutung der Texturen von smekt. A-Phasen
       31)

Zur weiteren Einteilung wurde die Position der Molekülschwerpunkte herangezogen: Statistisch, z. B. bei S_A; hexagonal, S_B. Die Phase smekt. A tritt am häufigsten auf. Sie ist eine Hochtemperatur-Form, weil sie bei Temperaturanstieg entweder in die nematische oder cholesterische Phase (mit niedriger Umwandlungsenthalpie <5.4 kJ/mol) oder zur isotropen Flüssigkeit ($\Delta H_{Umw.} > 8$ kJ/mol) übergeht [28]. Der Ordnungsgrad S ist weniger temperaturabhängig als bei nematischen Phasen und erreicht Werte von 0.8-0.9. Die für Flüssigkristalle des Typs smekt. A typische Textur wurde bereits von *Friedel* und *Grandjean* mathematisch erfaßt [16,31] (Abb.10).

Die elliptischen Disclinationen bilden sich an den Flüssigkristall/Glasoberflächen. Ihre zu den Hyperbeln konfokale Anordnung ist optisch mehrfach wahrnehmbar (Beispiele siehe Lit. [32,17]. Die smekt. B-Phase repräsentiert Flüssigkristalle höchsten Ordnungsgrades. Im Polarisationsmikroskop erkennt man die für Mesophasen mit strukturierten hexagonalen Schichten (hexagonale Molekülschwerpunkte) typische ***Mosaiktextur***, die im Vergleich zu nematischen und cholesterischen Phasen nicht Disclinations*linien*, sondern Disclinations*flächen* aufweisen [28]. Dies geht auf geringere molekulare Beweglichkeit und höhere Deformationsenergien zurück ("Domänenbildung") [32]. Anders als bei den Modifikationen S_A und S_B ist in S_C der Direktor $\vec{n}$ bis zu 45° gegen die Schichtebene geneigt (vgl. Abb.4). Wie in der S_A-Phase sind die Molekülschwerpunkte dieser "tilted"-Phase statistisch verteilt. Die Texturen sind oft schlierenartig oder fokal konisch, jedoch nicht so regelmäßig wie bei nematischen Phasen, und sie sind oft durch zusätzliche Disclinationen unterbrochen [16].

8.3.3   Cholesterische Flüssigkristalle

Cholesterische Mesophasen kennt man von Cholesterol-Derivaten [z. B. Cholesterylbenzoat (**1b**) und -acetat (**1a**)], aber auch von anderen chiralen mesogenen Substanzen, z. B. dem Isoamylester **4** [32]:

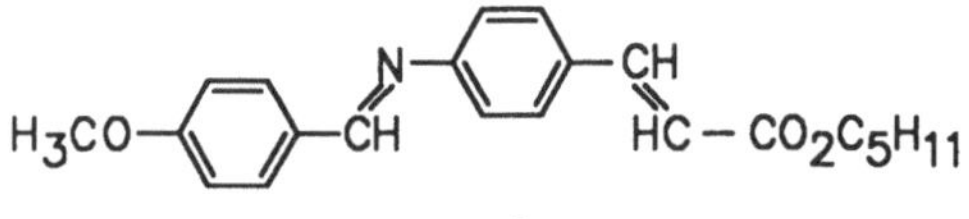

$$H_3CO-\!\!\bigcirc\!\!-CH=N-\!\!\bigcirc\!\!-CH=CH-CO_2C_5H_{11}$$

4

Sie können auch durch Zusatz optisch aktiver Verbindungen zu nematischen Phasen induziert werden. Ihre Molekülanordnung entspricht der gegeneinander um einen konstanten Winkel gedrehten paralleler nematischer Schichten (Abb.11) [22].

$$\lambda_0 = n\, p \qquad (n = \text{mittlerer Brechungsindex})$$

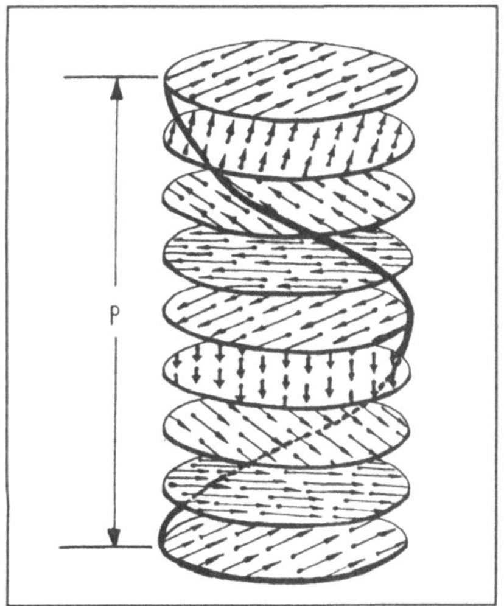

Abb.11. Cholesterische Helixstruktur (schematisch, modifiziert nach [22]); p= Ganghöhe

Der "Direktor" dieser Moleküle beschreibt eine Helix, deren Ganghöhe p zwischen 0.2 und 2.0 µm beträgt. Die Farbe der cholesterischen Phase geht nach *de Vries* auf die selektive Reflexion der rechts- bzw. links-circular polarisierten Komponenten des einfallenden Lichts zurück [33]. Nach *Ferguson* ist die reflektierte Wellenlänge proportional zur Ganghöhe p, wenn zur Messung Licht, das sich parallel zur Helixachse fortpflanzt, verwendet wird [34].

Die Reflexionswellenlänge und damit die Ganghöhe sind bei kleinem p durch ORD-Messungen bestimmbar, wie sie *Stegemeyer et al.* erstmals an induziert cholesterischen Phasen ausführten [35]. Das Zumischen von (-)-Menthol zu dem nematischen MBBA (*p*-Methoxybenzyliden-*p'*-*n*-butylanilin) führt ebenso wie der Zusatz chiraler Moleküle ohne asymmetrisch substituiertes Kohlenstoffatom {wie z. B. das Diazocin 5, 6,7-Diphenyl[5,8-diaza-(dinaphtho-2',1;1,2;1,2',2";3,4)cyclooctatetraen]} zu einer den reinen cholesterischen Phasen analogen Optischen Rotationsdispersion. Wie beim molekularen Cotton-Effekt beobachtet man eine CD-Bande, deren λ_{max}-Wert zur Ganghöhen-Bestimmung dienen kann (Abb.12) [36].

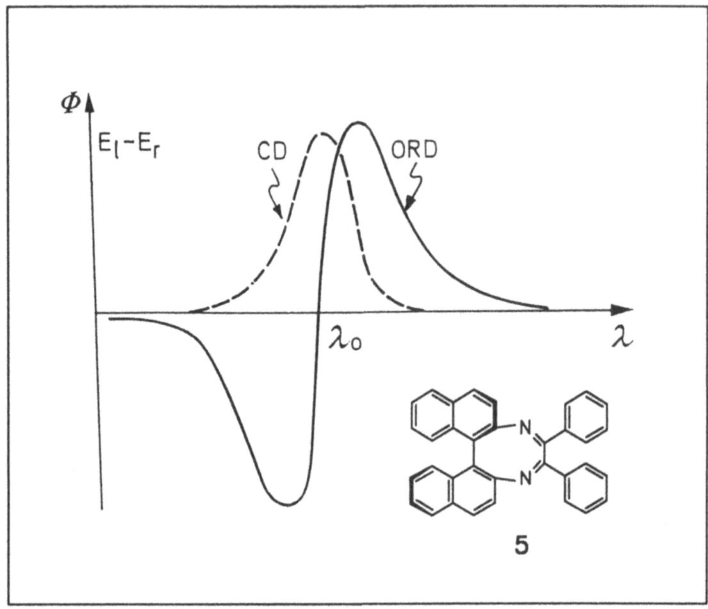

Abb.12. Zur optischen Rotationsdispersion (ORD) und zum Circulardichroismus (CD) cholesterischer oder induziert cholesterischer Phasen [37]

Ganghöhen im Bereich von 10^{-1} bis 10^{-2} μ lassen sich nach *Schrader* [38] durch Infrarot-Rotationsdispersion (IRD) bestimmen. Dabei zeigt ein positiver Reflexions-Cottoneffekt eine linksgängig-helicale Struktur an und umgekehrt.

Bei der polarisationsmikroskopischen Methode nach *Grandjean/Cano* [39] werden cholesterische Präparate in keilförmigen Zellen untersucht. Dabei erkennt man "*Grandjean/Cano*-Stufen" als dunkle Linien; ihr Abstand voneinander gibt die halbe Ganghöhe an (Abb.13).

Ein Maß für die induzierende Kraft chiraler (Gast-)Verbindungen ist die *Verdrillungsstärke* ß, die bei linearer Abhängigkeit der Ganghöhe von der Gastkonzentration (c> 10mol%) durch

$$1/p = ß_m\,c$$

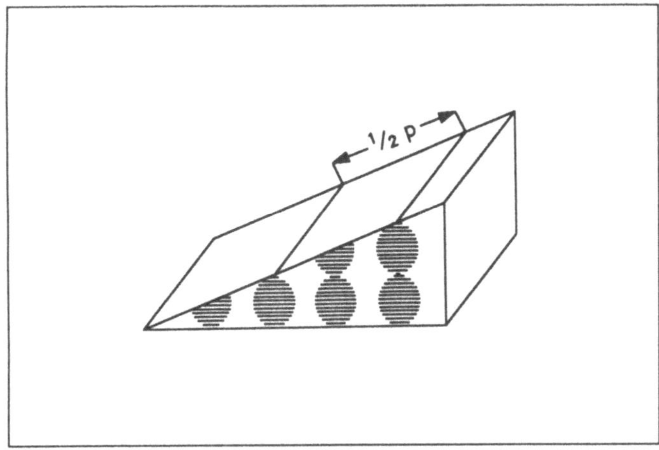

Abb.13. Keilzelle zur Bestimmung von Ganghöhen nach *Grandjean/Cano*

definiert ist. Unter diesen Bedingungen wird die helicale Struktur ausschließlich durch Wechselwirkungen der Gastmoleküle mit der Wirtphase verursacht.

Cholesterische Phasen sind in ihren thermodynamischen Eigenschaften nematischen Phasen ähnlich; man nimmt einen analogen Ordnungsgrad an. Durch Mischen P- und M-helicaler Phasen werden optisch inaktive "kompensiert nematische" Flüssigkristall-Phasen erzeugt. Dies kann zur Bestimmung des Schraubungssinns genutzt werden [22]. Die Verwandtschaft beider Phasen erlaubt es überdies, je nach Mischungsverhältnis, beliebige Zwischenzustände zwischen rein nematischen und hochverdrillten cholesterischen Flüssigkristallen herzustellen. Defekte und Texturen sind den nematischen Vertretern gleichfalls ähnlich. Erwähnt seien die länglichen, an Papierschiffchen erinnernden Gebilde ("bâtonnets"), die anstelle der nematischen Tropfen am Klärpunkt auftreten. In dünnen Schichten beobachtet man wie bei smekt. A-Phasen fächerförmige Texturen.

8.3.4   Discotische Flüssigkristalle

Die aus diskus- oder tellerförmigen Molekülen gebildeten flüssigkristallinen Phasen wurden 1977 an Hexakis(acyloxy)benzenen entdeckt [40]. Heute sind über hundert derartige Verbindungen beschrieben.

Charakteristische Molekülstrukturen enthielten zunächst persubstituierte Aromaten vom Benzen-, Naphthalen- und Triphenylen-Typ [42]:

a) $R = O-\overset{O}{\overset{\|}{C}}-C_5H_{11}$

b) $R = O-\overset{O}{\overset{\|}{C}}-C_7H_{15}$

c) $R = O-\overset{O}{\overset{\|}{C}}-C_9H_{19}$

6

Der Hexansäureester 6a ist dabei nicht mesogen, während die längerkettigen Ester 6b, c einen Mesophasen-Bereich von 50-60°C aufweisen.

Von *Praefcke* wurden 1983 die ersten schwefelhaltigen Hexakis(alkylthio)benzene (7) beschrieben [42a]. Auch entsprechende Octakis(alkylthio)naphthalene wurden erhalten. Es zeigte sich, daß nur die entsprechenden Hexasulfone der Benzen-Verbindungen 7 flüssigkristalline Eigenschaften besitzen. Für die Mesophase wurde eine hexagonale Säulenpackung vorgeschlagen. Ähnliche Strukturen werden für die mesogenen Hexakis(alkylthio)triphenylene [42a] (6, mit $R = SC_6H_{13}$, SC_8H_{17}, $SC_{10}H_{21}$) angenommen. Letztere sind als Sulfide, nicht aber als Sulfone mesogen.

$R = C_nH_{2n+1}$

7 $n = 9, 11, 13$

Da der Ersatz von Benzenringen durch 1,4-Cyclohexadiyl-Reste zur Verbesserung elektrooptischer Eigenschaften in nematischen Phasen beitragen kann, wurden Hexa-*O*-alkanoylscylloinosite (8) als erste gesättigte alicyclische Verbindungen mit stabilen Mesophasenbereichen von über 100°C Breite synthetisiert [42a].

$$R = O-\overset{O}{\overset{\|}{C}}-C_nH_{2n+1} \quad (n = 5,7,9)$$

8

Bei der Ausbildung discotischer Mesophasen ist offenbar eine annähernde Diskus- (Scheiben-)Form der zugrundeliegenden Moleküle wichtig.

9

$$R = O-\overset{O}{\overset{\|}{C}}-C_nH_{2n+1}$$
$$(n = 7-14)$$

Neben der hexagonalen optisch einachsigen Säulenpackung [32] werden im Fall der Truxinhexaalkanoate **9** [26] auch nematische, hexagonal fehlgeordnete und rechteckig fehlgeordnete ("disordered") Strukturen angenommen (Abb.14a-c).

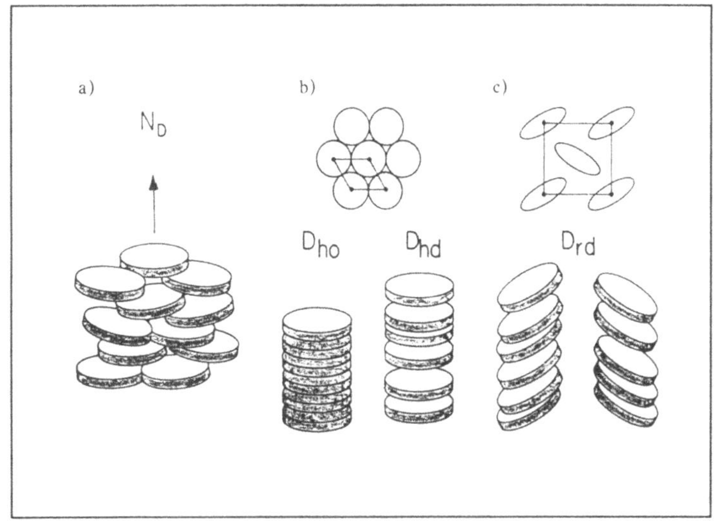

Abb.14. Discotische Phasen (schematisch) [29a]: a) nematische (N_D), b) hexagonal geordnete (D_{ho}), fehlgeordnete (D_{nd}), c) rechteckig fehlgeordnete (D_{rd})

Aufgrund von 2D-NMR-Untersuchungen wird für c) ein einachsig/zweiachsiger Phasenübergang angenommen. Bei diesen Verbindungen wurden auch "reentrant"-nematische (**9**, mit n= 7-12) und "reentrant"-discotische Phasen beobachtet (**9**, mit n= 13, 14). Die Umwandlungsenthalpien D → I der Discoten **9** liegen in der Größenordnung von 37 kJ/mol [44].

8.3.5   Ferroelektrische Flüssigkristalle [45]

Ferroelektrische Flüssigkristalle (FLC) sind anisotrop-flüssigkristalline, chirale Substanzen, die durch ein permanentes makroskopisches Dipolmoment bei Abwesenheit eines angelegten Felds gekennzeichnet sind. Dieses Moment, das ferroelektrische Polarisation (P) genannt wird, rührt von der Orientierung von molekularen Dipolen in der flüssigen Phase her.

Der Physiker *Meyer* postulierte 1974 aufgrund von Symmetrieüberlegungen, daß von *chiralen* Molekülen gebildete smektische C-Phasen ferroelektrische Eigenschaften aufweisen sollten. Sie werden heute als ***smekt. C^*-Phasen*** unterschieden [46]. Von solchen ferroelektrischen flüssigkristallinen Phasen verspricht man sich wesentlich kürzere Schaltzeiten in Flüssigkristall-Displays.

Kurzgefaßt sind SmC^*-Flüssigkristalle Materialien, die elektrische Polarisation zeigen, ohne daß ein externes elektrisches Feld angelegt wurde, und deren Polarisation durch ein derartiges Feld reorientiert werden kann.

Abb.15 zeigt eine typische Mikro-Photographie einer fokal-konischen Textur einer SmC^*-Phase. Es sei betont, daß der Ursprung der Ferroelektrizität hier völlig verschieden von dem ferroelektrischer und ferromagnetischer Festkörper ist. Wegen Details sei auf die Übersicht von *C. Escher* [45] hingewiesen.

Die Ursache der Ferroelektrizität von SmC^*-Phasen ist also die Folge der Molekülanordnung in der smektischen Phase.

Als ein Vorteil ferroelektrischer Flüssigkristalle wurde angesehen, daß mit Hilfe eines außen angelegten Feldes zwischen zwei stabilen Zuständen geschaltet werden kann. Dabei orientieren sich die gleichgerichteten Molekül-Dipole in Feldrichtung. Diese Eigenschaft kann für die optische Informationsspeicherung genutzt werden. Die im Vergleich zu üblichen Displays raschere Schaltbarkeit interessiert vor allem im Hinblick auf den Einsatz für Fernseh- und andere Anzeige-Bildschirme. In Abb.16 sind einige handelsübliche ferroelektrische Verbindungen zusammengestellt [45a]:

Abb.15. Fokal-konische Textur einer smektisch C^*-Phase bei gekreuzten Polarisatoren. Vergrößerung ca. 300fach [45]

Abb.16. Einige käufliche ferroelektrische Flüssigkristall-Verbindungen

Außerdem sind die FLC für neue elektrooptische Technologien von Interesse.

Identifizierung und Charakterisierung flüssigkristalliner Phasen: Die wichtigste Methode zum Erkennen und zum Klassifizieren flüssigkristalliner Phasen ist die Betrachtung der **Texturen** zwischen gekreuzten Polarisatoren im Polarisationsmikroskop. Das mikroskopische Bild hängt allerdings von der Vorgeschichte des Flüssigkristalls ab: Aufheizen/Abkühlen der Probe, Geschwindigkeit der Temperaturänderung, Betrachtung mit und ohne Deckglas, Vorbehandlung der Glasoberflächen, Schichtdicke. Die meisten Texturen sind doppelbrechend und im durchtretenden Licht zu beobachten; cholesterische Phasen werden meist mit circular polarisiertem Licht in Reflexion untersucht. Dabei helfen Abbildungen und Vergleichsangaben, wie sie in dem Buch von *Demus/Richter*, "Textures of Liquid Crystals" [16] oder bei *Gray* [47,29] zu finden sind (vgl. Abb.2.6-8.15). Eine homöotrope Orientierung kann durch Verschieben der Glasflächen gegeneinander erreicht werden.

Bei der **Differentialthermoanalyse** (DTA) [48] werden Substanz und Referenzprobe gleich rasch aufgeheizt (Abb.17). Die absolute Temperatur und der Temperaturunterschied zwischen Probe und Referenzsubstanz werden registriert. An Phasenumwandlungspunkten nimmt die betreffende Probe Wärme auf, ohne ihre Temperatur zu verändern, während die Temperatur der Bezugssubstanz steigt. Dies führt zu einem Ausschlag der ΔT-Kurve, aus deren Richtung zur Ordinate hervorgeht, ob die Phasenumwandlung exo- oder endotherm verläuft. Zur Integration wird zuvor mit Substanzen bekannter Schmelzwärme geeicht.

Bei der **Differential-Scanning-Calorimetrie** (DSC) wird beim Aufheizen eine konstante Temperaturdifferenz ΔT aufrecht erhalten; bei der Phasenumwandlung muß also ein verstärkter Wärmefluß zur Probe gewährleistet sein. DTA und DSC werden auch zur Untersuchung des Übergangs von Lipiden aus der Gel-Phase in die flüssigkristalline Phase eingesetzt [49]. Die erhaltenen thermodynamischen Daten sind für technische Anwendungen wichtig.

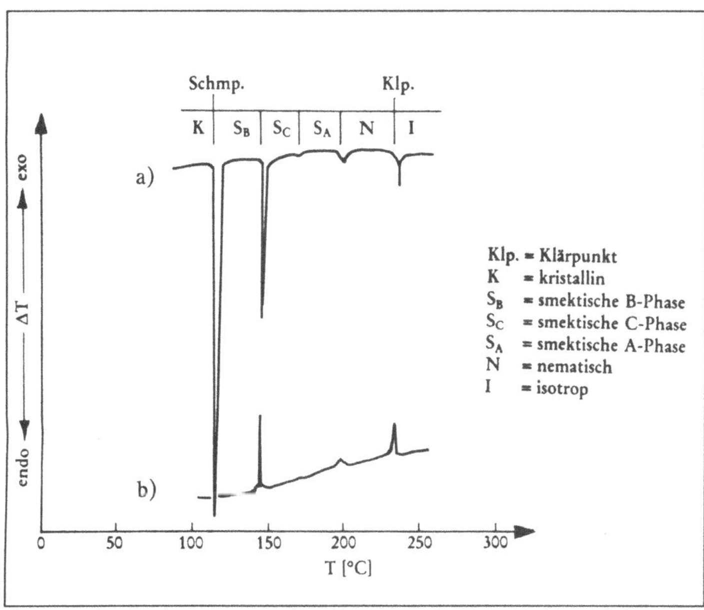

<u>Abb.17</u>. Differentialthermogramm einer flüssigkristallinen Verbindung mit mehreren Mesophasenbereichen: a) Aufheiz-, b) Abkühl-Kurve (modifiziert nach *Eidenschink* [7])

Seit einheitlich orientierte Proben flüssigkristalliner Substanzen verfügbar sind, erfolgt die Phasenzuordnung auch durch **Röntgenbeugung**. Man beobachtet charakteristische Beugungsmuster (<u>Abb.18</u>) [44], die Halbmond- und Sichel-förmige Formen aufweisen; sie sind auf inter- bzw. intramolekulare Streuung zurückzuführen. Auch die Lage der optischen Achse kann ermittelt werden. Der innere Ring des Röntgenbeugungs-Musters läßt Rückschlüsse auf die Moleküllänge zu. Cholesterische Phasen sind so allerdings schwer zu analysieren, da in den Ebenen senkrecht zur Helixachse für alle Orientierungen der Molekül-Längsachsen gleiche Wahrscheinlichkeit besteht.

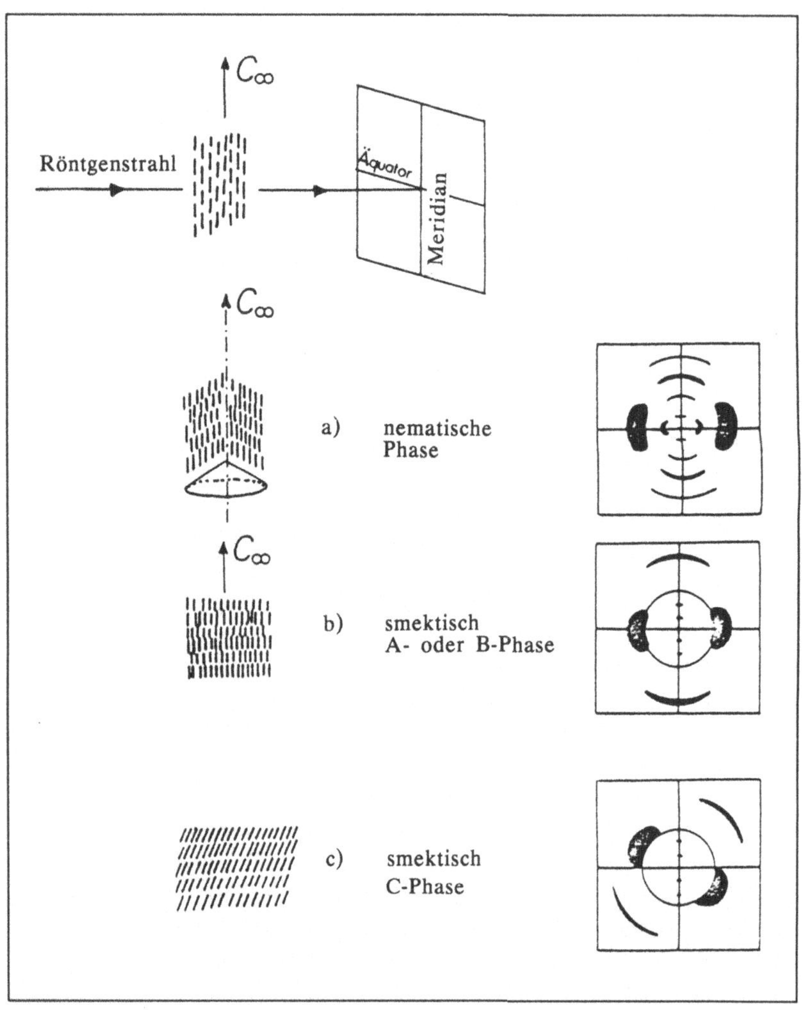

Abb.18. *Röntgen*-Beugungsmuster einiger Flüssigkristall-Typen [50]

Eine weniger aufwendige Methode zur Klassifizierung bieten Mischbarkeits-Beziehungen flüssigkristalliner Phasen in binären Systemen. Mit der **Kontaktmethode** [51] lassen sich qualitative Zustandsdiagramme erstellen:

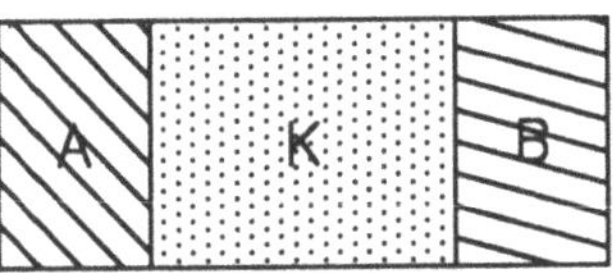

<u>Abb.19</u>. Zur Herstellung eines Kontaktpräparates (A, B: Reinsubstanzen; K: Kontaktzone)

Kontaktpräparate werden durch Diffusion der beiden reinen flüssigen Komponenten ineinander erhalten (<u>Abb.19</u>). Die Reinsubstanzen werden zuvor als Schmelzen hälftig auf ein Deckgläschen aufgebracht und durch Luftkühlung verfestigt. Die Untersuchung wird bei geringer Heizrate (0.3°C/min) zwischen gekreuzten Polarisatoren vorgenommen.

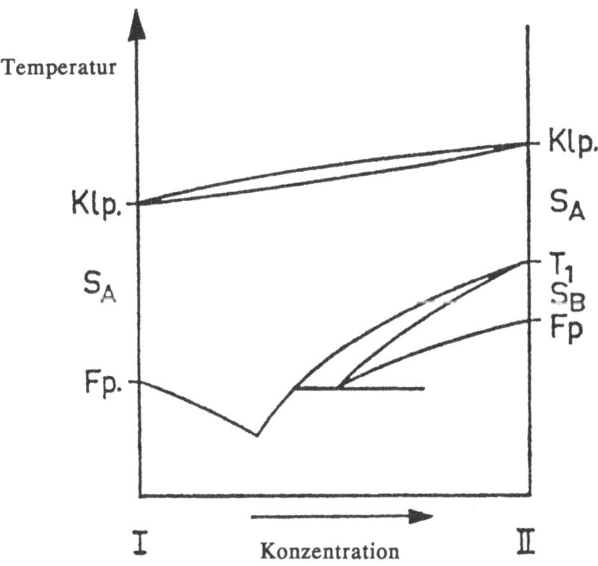

<u>Abb.20</u>. Zustandsdiagramm einer smektischen Phase: $S_A(I)$ und $S_A(II)$ sind lückenlos mischbar [30]

Zur Auswertung ist eine Mischbarkeitsregel, die 1963 von *Sackmann* aufgestellt wurde, nützlich [51]: *"Alle flüssigkristallinen Phasen von Verbindungen, die in binären Systemen durch ein Gebiet lückenloser Mischbarkeit verbunden sind, lassen sich widerspruchsfrei mit einer gemeinsamen Kennzeichnung versehen. D.h., die gemeinsam gekennzeichneten Phasen dürfen in keinem Falle eine lückenlose Mischbarkeit mit einer Phase anderer Kennzeichnung zeigen."* [22]

8.3.6   Polymere Flüssigkristalle

Polymere Mesophasen können mesogene Strukturen entweder in den Haupt- oder in den Seitenketten enthalten: flüssigkristalline Hauptketten-Polymere bzw. flüssigkristalline Seitenketten-Polymere. Erstere sind Anfang der 70er Jahre als Polyamide, z.B. die Aramidfaser (Kevlar-Faser), bekannt geworden (DuPont, Poly-*p*-phenylenterephthalamid) [47] (Abb.21).

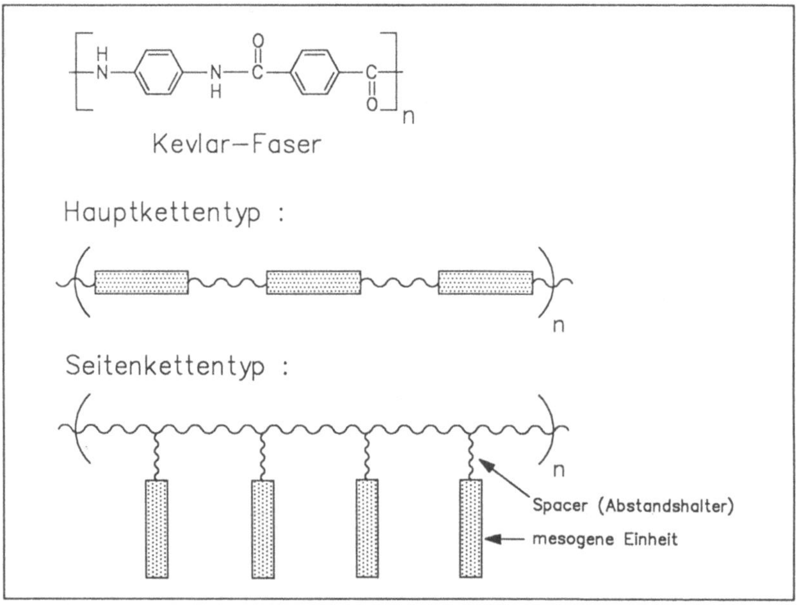

Abb.21. Polymere Flüssigkristalle (schematisch) und Molekülbau der Kevlar-Faser

Die ersten nematischen *Seitenketten-Polymere* wurden von *Ringsdorf,* *Finkelmann* und *Wendorff* beschrieben [52], die ersten smektischen von *Shibaev* und *Platé* [53]. Dabei handelte es sich um Polymethacrylate mit *para*-substituierten Benzoesäurephenylestern als mesogener Seitenkette. Diese zeigen im Vergleich zur erstgenannten Polymerfamilie flüssigkristalline Eigenschaften, die eher denen der Monomeren entsprechen. Um die Ausbildung polymerer Mesophasen zu gewährleisten, sollte die Seitenkette einen gewissen Mindestabstand von der Hauptkette enthalten, weshalb Abstandshaltergruppen ("Spacer") günstig sind (Abb.21). Bei nematischen polymeren Flüssigkristallen ist der Ordnungsgrad unabhängig von der Spacerlänge, sofern diese drei Methylengruppen nicht unterschreitet [54].

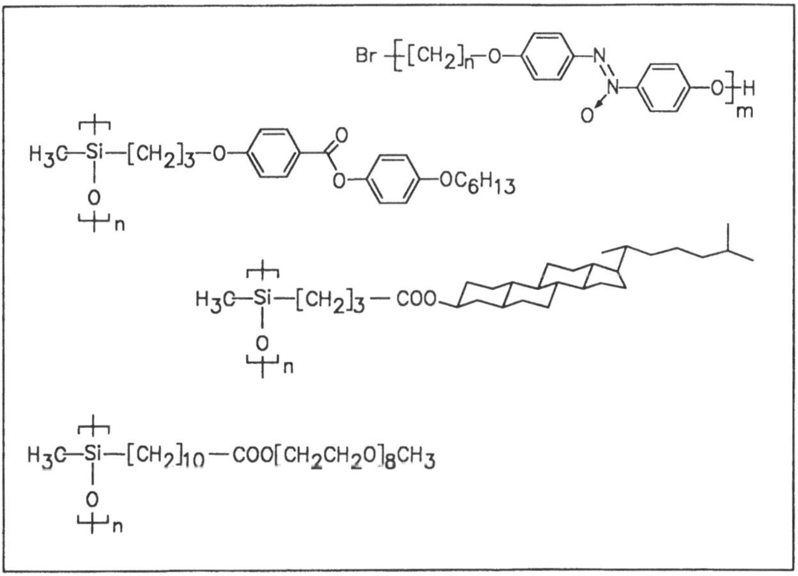

Abb.22. Beispiele für flüssigkristalline Polymere

Die "Glastemperatur" von Polysiloxanen (s. Abb.22) liegt verglichen mit der von Polyacrylaten unterhalb von Raumtemperatur, was anwendungstechnisch günstig ist. So wurden Polymethyl-hydrogensiloxane mit mesogenen Cholesterylacrylat- und *para*-Vinyloxybenzoesäurephenylester-Gruppen ausgestattet [55], wobei die Spacerlänge drei bis sechs CH_2-Gruppen betrug

(Abb.22). Beim Erstarren bilden diese Polymere anisotrope Gläser, die mit steigender Temperatur wie monomere Flüssigkristalle in nematische, smektische oder cholesterische Phasen übergehen können; diese sind durch Abschrecken fixierbar.

Lineare nematische LC-Polymere werden als niedrig flüchtige Säulenmaterialien, cholesterische als selektive Reflektoren und Filter eingesetzt.

Bei den flüssigkristallinen Seitenketten-Polymeren ist im allgemeinen die Phasenübergangstemperatur im Vergleich zu dem am freien Mesogen gemessenen Wert erhöht. Dies läßt sich auf eine höhere Packungsdichte der Moleküle im polymeren Flüssigkristall im Vergleich zur niedermolekularen mesogenen Phase zurückführen, d.h. die Moleküle rücken enger zusammen und stabilisieren damit die geordnete Phase. Außerdem schränkt die Verknüpfung des Mesogens mit der Hauptkette dessen Bewegungsmöglichkeiten ein. Auch dies führt zu einer Verbesserung der Ordnung und fördert zudem die Bildung von Schichtstrukturen, also von smektischen Phasen.

Es hat sich gezeigt, daß mit Hilfe von polymeren Flüssigkristallen [56] Phasen organisiert werden können, die bei niedermolekularen Analogen noch nicht beobachtet wurden [57].

Ein weiterer Vorteil der polymeren Flüssigkristalle ist, daß durch *Einfrieren* flüssigkristalline Phasen *fixiert* werden können (s.o.). Während niedermolekulare Flüssigkristalle beim Sinken der Temperatur kristallisieren und die Mesophase damit oft zerstört wird, kann bei entsprechender Polymerfixierung der mesogenen Einheiten die Kristallisation unterbunden werden. Sinkende Temperatur führt in diesem Fall zum Erreichen des *Glaspunktes* T_g bei dem die Mesophase in ein **anisotropes Glas** übergeht. Durch optische Messungen wurde belegt, daß im Glaszustand die flüssigkristalline Struktur unverändert erhalten bleibt. Solche flüssigkristallinen Seitenketten-Polymere können wie niedermolekulare mesogene Verbindungen durch Anlegen von magnetischen oder elektrischen Feldern makroskopisch orientiert werden; dabei verhalten sie sich bezüglich ihrer optischen Eigenschaften wie Einkristalle gleicher Dimension. Durch Abkühlen unter die Glastemperatur wird dieser Zustand dauerhaft eingefroren. Dies ermöglicht neue Anwendungsperspektiven für den Bau optischer Speicher. So ist bereits ein hochauflösendes, für holographische Aufnahmen geeignetes Speicherelement konstruiert worden.

Weitere Möglichkeiten, die niedermolekulare Flüssigkristalle nicht bieten, ergeben sich aus den *flüssigkristallinen Elastomeren.* Sie bilden sich, wenn man lineare Polymere, die mesogene Gruppen tragen, zu einem "Gummi" dreidimensional vernetzt. Diese Materialien verhalten sich oberhalb der Übergangstemperatur wie gewöhnlicher Kautschuk, Temperaturerniedrigung führt jedoch zum Übergang in ein flüssigkristallines Elastomer. Wird dieses durch Anlegen einer mechanischen Zugspannung deformiert, so werden die mesogenen Seitengruppen ausgerichtet. Dieses Anlegen eines "mechanischen Feldes" führt zu einem "nematischen Einkristall". Die einzigartige Kombination der Eigenschaften anisotrope Phasenstruktur, Gummi-Elastizität und Orientierbarkeit der optischen Achse legt gleichfalls neuartige Anwendungen zum Bau optischer Schaltelemente nahe.

Flüssigkristalline Hauptketten-Polymere [56]: Die in diesem Zusammenhang zuerst hergestellten Polyamide und Polyester sind in üblichen organischen Lösungsmitteln recht schwerlöslich. Um den flüssigkristallinen Zustand dieser schwerlöslichen Polymere dennoch zu realisieren, mußte ihre Schmelztemperatur erniedrigt werden. Dies ist auf folgendem Weg möglich: Einbau flexibler Spacer, z.B. N-Alkylketten, die die Kristallisation stören und in Lösung zu einer geknäuelten Konformation führen.

Gewinkelte oder versetzte monomere Einheiten stören die Linearität des Makromoleküls, womit gleichfalls eine Störung der Kristallisation bewirkt wird. Schließlich können flexible Seitenketten eingeführt werden, welche die Wechselwirkung zwischen den Polymer-Hauptketten erniedrigen und damit auch den Schmelzpunkt herabsetzen. Es hat sich gezeigt, daß durch Einbau solcher *Störbausteine* der Schmelzpunkt soweit gesenkt werden kann, daß nematische Phasen herstellbar sind. Je nach Phasenzustand können diese Makromoleküle als Knäuel oder in gestreckter Gestalt vorliegen. Mit zunehmender Länge der flexiblen Spacer kommt es bei diesen Polymeren auch zur Ausbildung von Schichtstrukturen, also von *smektischen Phasen.* Bei bestimmten Co-Polyestern wird die nematische Phase beim Einbau weiterer Störbausteine zunehmend destabilisiert, wodurch es zum vollständigen Verlust der kristallinen Ordnung kommen kann. Da diese Polymere aus preiswerten Ausgangsstoffen herstellbar sind und darüber hinaus hoch temperaturbeständig und Chemikalien-resistent sind, haben sie bereits eine gewisse industrielle Bedeutung. Ein weiterer Vorteil ist die niedrige Schmelzviskosität der nematischen Co-Polyester, die eine Verarbeitung im Spritzguß-Verfahren mit relativ geringem Energieaufwand erlaubt.

Unschmelzbare Polymere können durch spezielle Wechselwirkungen mit besonderen Lösungsmitteln zur Lösung gebracht werden (z. B. starke Säuren wie Schwefelsäure, wobei Protonierung eintritt). Solche *anisotropen Lösungen der Polymere* können durch Spinndüsen versponnen werden, wobei die dort auftretenden Scherfelder zu einer makroskopischen Ausrichtung der Makromoleküle führen. Durch Ausfällen mit einem Nicht-Lösungsmittel erhält man dann Fasern, bei denen die Ordnung der Molekül-Längsachsen erhalten ist. Da die Polymermoleküle parallel liegen und ihre maximale Länge erreicht haben, ist die Festigkeit dieser Fasern nur durch die Stärke der chemischen Bindung im Molekül limitiert. Das bekannteste Beispiel ist die oben erwähnte, auf dem Markt befindliche *Kevlar-Faser,* die wegen ihrer hohen Festigkeit zur Herstellung von Tiefsee-Kabeln, kugelsicheren Westen usw. eingesetzt wird. Solche hochzugfeste Fasern können nicht nur über nematische Lösungen steifer Makromoleküle hergestellt werden, sondern auch durch *Verspinnen aus thermotropen nematischen Phasen.*

Im folgenden seien noch einige neuere Flüssigkristall-Molekülstrukturen erwähnt:

Das Mesophasen-Verhalten trimerer discotischer Verbindungen, die wie das Wappen der Stadt Mainz (Mainzer Rad) aussehen, wurden von *Ringsdorf et al.* untersucht, insbesondere im Hinblick auf die interessante Eigenschaft dieser formanisotropen Moleküle, durch *Selbstorganisation* supramolekulare Systeme zu bilden [59]. Es zeigte sich, daß Typ und Grad dieser molekularen Ordnung durch Design und Synthese von niedermolekularen Verbindungen mit geeigneter Molekülgeometrie weitgehend vorausbestimmbar ist. Im discotischen System bilden sich durch Aufeinanderlagern der einzelnen Moleküle die Stapelstrukturen der columnaren Phasen. Diese elementaren Geometrien konnten in letzter Zeit noch durch *dimere Discogene* ("discotic twins") erweitert werden. Es stellte sich auch heraus, daß Moleküle mit pyramidenförmigen Zentralteilen *"pyramidale Mesophasen"* bilden. Discogene (= discotische Mesophasen scheibchenförmiger Moleküle) mit einem kleinen "Loch" im flachen Zentralteil führen zu *"tubularen Phasen".* Stabmesogene, an deren Enden ein oder zwei halbe Discogene starr gebunden sind, bilden *"phasmidische Phasen"* [59]. *Ringsdorf et al.* gelang es, Verbindungen des Typs 10, 11 zu synthetisieren, deren Moleküle aus jeweils einem Stab- und zwei Scheiben-Mesogenen bestehen (C und D in <u>Abb.23</u>).

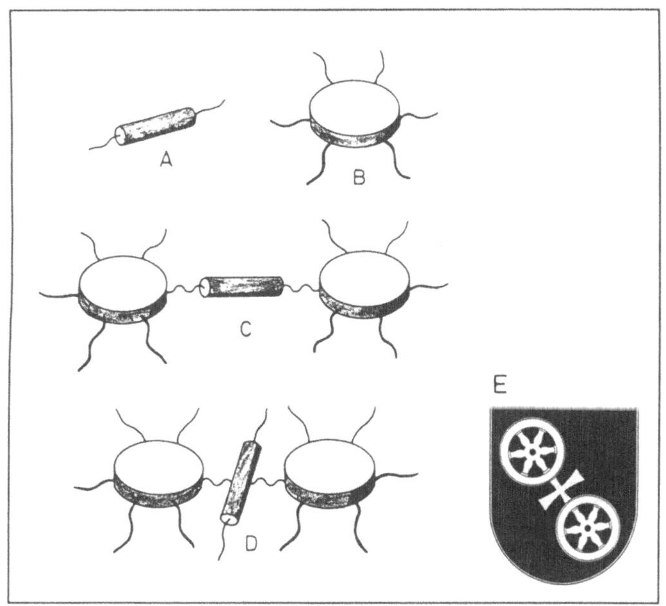

Abb.23. Zur Geometrie von Flüssigkristall-Molekülen. A: stabförmiges Mesogen (bildet calamitische Mesophasen), B: scheibenförmiges Mesogen (= Discogen; bildet discotische Mesophasen), C: zwei Discogene und ein Stabmesogen terminal verknüpft, D: zwei Discogene und ein Stabmesogen lateral verknüpft. Daneben zum Vergleich: E: das Mainzer Rad, das Wappen der Stadt Mainz [59]

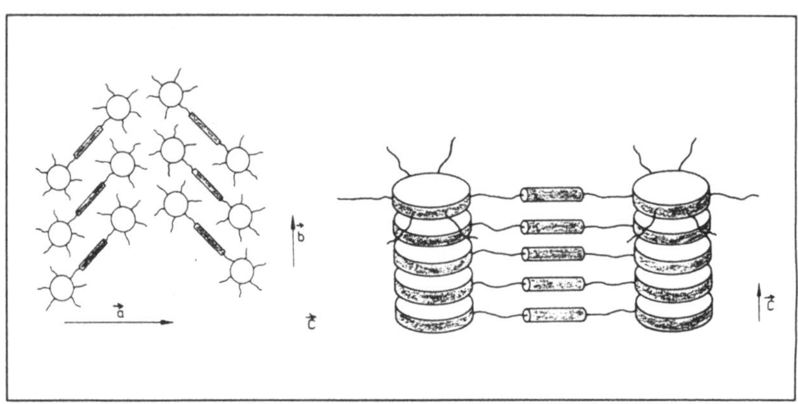

12

Während das trimere Mesogen **10** (Struktur C in <u>Abb.23</u>) amorph ist, bildet das homologe Tri-Mesogen **11** eine neuartige hochgeordnete Mesophase, während **12** hervorragend kristallisiert. Auf diese Weise konnte bewiesen werden, daß durch Verknüpfen verschiedener Strukturelemente in einem Molekül neue und unerwartete *supramolekulare Strukturen* erzeugt werden.

Die Struktur der Mesophase **11** ist in <u>Abb.24</u> schematisch gezeigt.

<u>Abb.24</u>. Struktur der Mesophase von **11**. Links: Schichtstruktur der regelmäßig entlang der c-Achse gestapelten Trimesogene, rechts: die entsprechende Stapelstruktur [59]

Beispiele für pyramidale Flüssigkristall-Molekülstrukturen geben die Formeln **13** [60]:

$$R = -OC_nH_{2n+1}$$
$$-O(CO)C_{n-1}H_{2n-1}$$
$$-O(CO)-C_6H_4-OC_{n-1}H_{2n-1}$$
$$-O(CO)-C_6H_4-C_{n-1}H_{2n-1}$$

13

Solche *pyramidischen Flüssigkristalle* sind Mesogene, die von einem konusförmigen Tribenzocyclononen- (TBCN-)Mittelstück ausgehen, das mit entsprechenden Seitenarmen ausgerüstet ist. Die pyramidalen Mesophasen bestehen aus zweidimensionalen *Columnar-Strukturen* (Säulenstrukturen), in denen die starren Pyramiden-Mittelstücke der Mesogen-Moleküle parallel aufeinandergestapelt sind. Im vorliegenden Fall der Verbindungen **13** bilden die Säulen eine zweidimensionale hexagonale Anordnung mit einem einzigen Molekül in der Elementarzelle. Innerhalb der Säulen sind die Moleküle zum Teil beweglich, was mit Hilfe der dynamischen Kernresonanz gezeigt werden konnte. Die Aktivierungsenergie ΔE wurde zu 63 kJ/mol bestimmt.

14

$$R = -CO-CH=CH-\langle\text{C}_6\text{H}_4\rangle-OC_{14}H_{29}$$

Von *Ringsdorf* wurden diskusförmige *N*-acylierte cyclische Oligoamide des Typs **14** beschrieben, die *höher geordnete Columnarphasen* (d_{ho} = discotic hexagonal ordered) über einen breiten Temperaturbereich bilden [62]. Dies führt zu einer Säulenstruktur mit einer hydrophoben Peripherie und einem hydrophilen Inneren, was das intermolekulare Vernetzen ("cross linking") zwischen benachbarten Molekülen in der Säule erlaubt. Wie ersichtlich, enthalten Moleküle des Typs **14** Doppelbindungen, die in einer Photoreaktion zu Cyclobutan-Ringen cyclisiert werden könnten, wobei die säulenförmig angeordneten Discogene intermolekular verklammert werden. Auf diese Weise bieten [2+2]Photocycloadditionsreaktionen von *N*-Cinnamoyl-substituierten Hexacyclenen die Möglichkeit, die columnare Ordnung zu stabilisieren und zu fixieren:

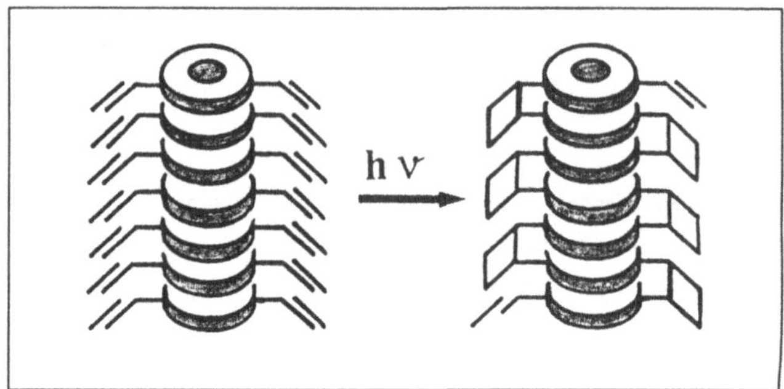

<u>Abb.25</u>. Licht-induzierte intracolumnare Quervernetzung von Discogenen des Typs **14**

Die Verbindungen des Typs **14** sind zugleich Amphiphile, da sie eine Cyclooligoamin-Einheit als hydrophile und die Cinnamoyl-Seitenketten als hydrophobe Teile enthalten. Sie können damit für lyotrope Flüssigkristalle und deren *supramolekulare Selbstorganisation und Aggregation*, eventuell für Micellen und Liposomen eingesetzt werden (<u>Abb.26</u>; vgl. <u>Abschn.9</u>).

Ringsdorf et al. gelang es auch, discotische Phasen zu dotieren ("doping") [61]. Hierzu eignen sich discoide Moleküle, die einen elektronenreichen Mittelteil, z.B. Triphenylen-Einheiten, enthalten. Sie können mit Elektronenacceptoren, z.B. Trinitrofluorenon, dotiert werden, was zur *Induktion flüssigkristalliner Phasen* und zu funktionalisierten Charge-Transfer-Komplexen führt. Als besonders interessant stellte sich heraus, daß sogar nicht-flüssigkristalline Verbindungen, die Triphenylen-Kerne enthalten, nach der Dotierung ein flüssigkristallines Verhalten zeigen [61]. In allen Fällen stabilisiert die Charge-Transfer-Wechselwirkung zwischen Donor und Acceptor die Mesophase. Die Klärtemperatur wird höher, weil Kristall- oder Glas-Übergangstemperaturen erniedrigt werden. *Röntgen*-Messungen zeigen, daß die Insertion des Acceptors sowohl in die Säulen als auch zwischen die Säulen der Donormoleküle erfolgt. Ausbringen dieser *supramolekularen Aggregate* auf eine Wasseroberfläche führt zu Charge-Transfer-Komplexen von monomolekularer Dicke. Sie sind stabiler als undotierte Proben, und es können mit Hilfe der *Langmuir-Blodgett*-Technik (vgl. Abschn.9.4) Vielfach-Schichten ("multi layers") hergestellt werden (Abb.26b).

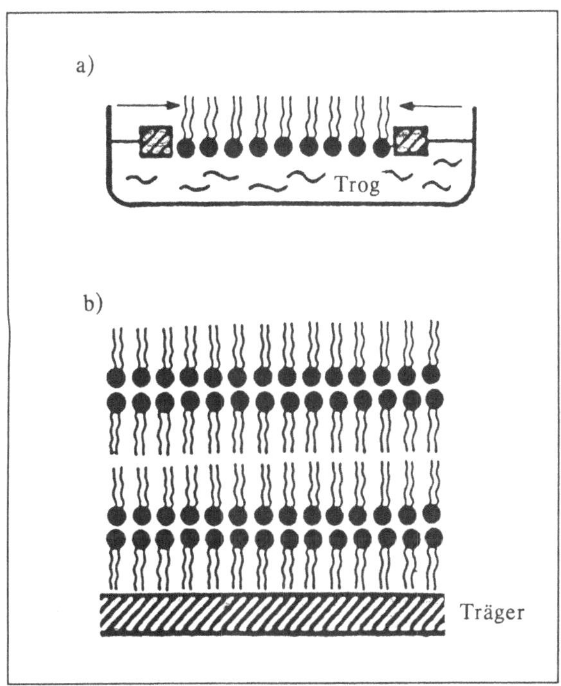

Abb.26. Ausbildung a) einer Monoschicht und b) von *Langmuir-Blodgett*-Multischichten

8.3.7   Lyotrope Flüssigkristalle

Es war *Lehmann*, der zuerst das anisotrope (flüssigkristalline) Verhalten von Ammoniumoleat in *wäßriger* Lösung beobachtete. Lyotrope Flüssigkristalle weisen verglichen mit den im allgemeinen molekulardispers verteilten thermotropen Mesophasen normalerweise eine micellare und lamellare Verteilung auf (Abb.27) [63,64]. Wir beschränken uns im folgenden auf die aus Amphiphilen und Wasser gebildeten Aggregate (anstelle von Wasser sind andere polare Lösungsmittel möglich) [32].

Die von üblichen Amphiphilen (vgl. Abschn.9) gebildeten Mesophasen sind durch die Anordnung multimolekularer Einheiten (Aggregate, Micellen; vgl. Abschn.9) charakterisiert. Diese können sphärisch, lamellar oder zylindrisch sein, wobei je nach den Konzentrationsverhältnissen polare oder unpolare Gruppen die Aggregate nach außen hin begrenzen (Abb.27) [65].

Die Mesophasen bilden sich bei steigender Wasserkonzentration üblicherweise in der Reihenfolge:

Feststoff → lamellar → kubisch (sphärisch) →

hexagonal → micellar → homogene Lösung

Die lamellare Phase, die auch G-Phase genannt wird [a) in Abb.27], hat smektischen (Schicht-)Charakter. Die einzelnen Lagen sind durch Wassermoleküle getrennt.

Röntgen-Untersuchungen an der M1-Phase [b) in Abb.27] enthüllen einen Aufbau aus zylindrischen Aggregaten ("Clustern"), die längsseitig hexagonal angeordnet sind. Zwischen der G- und der M_1-Phase kann auch eine viskose kubische, optisch isotrope "V_1-Phase" auftreten [c) in Abb.27]. Bei hoher Amphiphil-Konzentration werden inverse Strukturen gebildet, in denen die hydrophoben Reste peripher angeordnet sind [Abb.27(d)].

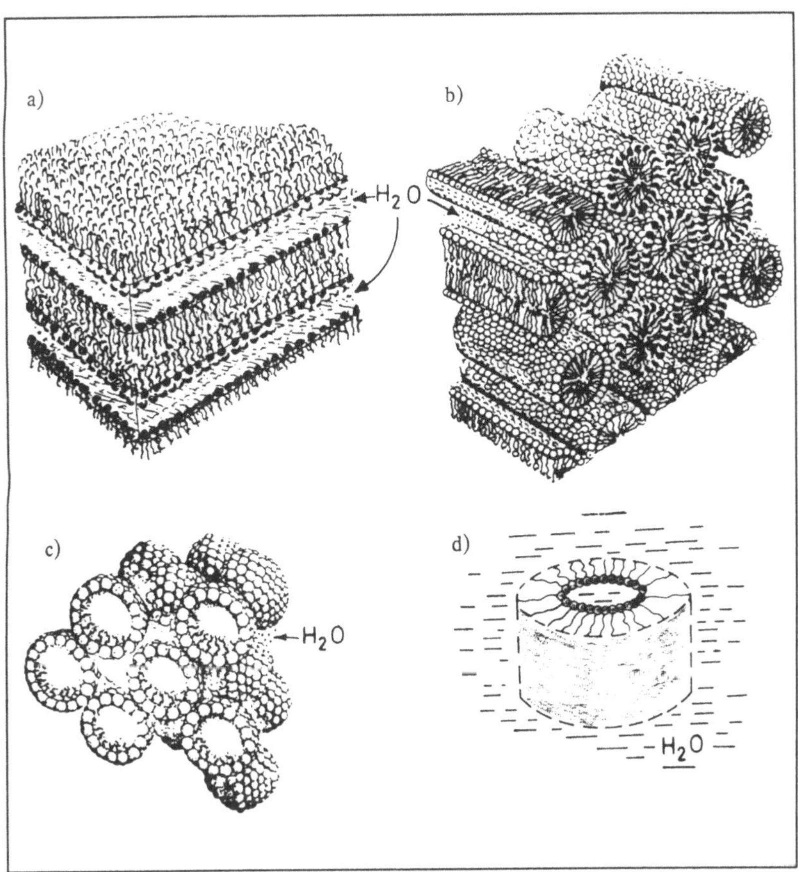

Abb.27. Packungstypen amphiphiler Moleküle in Wasser. a) lamellar, b) hexagonal, c) kubisch, d) inverse Packung; modifiziert nach [66]

Lyotrope Mesophasen kommen häufig in biologischen Systemen, z.B. in
Zellmembranen vor [63] und spielen in der Waschmittel-Industrie (Seifen,
Detergentien, vgl. Abschn.9.2) eine Rolle. Zellmembranen können als
"flüssiges Mosaik" aus einer lyotrop flüssigkristallinen Lipidmatrix mit ein-
gelagerten Proteinen angesehen werden (Abb.28) [68].

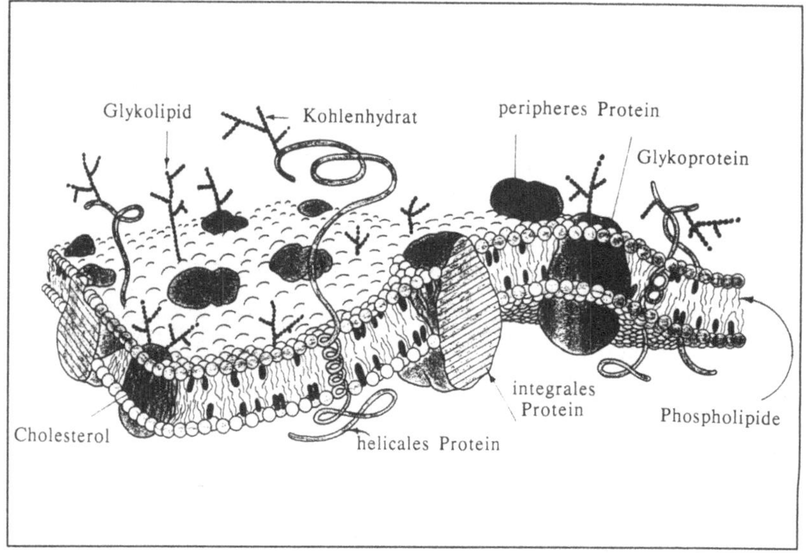

Abb.28. Aufbau einer biologischen Membran (Doppelschicht; modifiziert nach Lit. [66a])

Lamellare Phasen haben sich bei Untersuchungen von Stoff- und Ladungstransportphänomenen ("schwarze Membran", "black lipid-Membran") [66] als nützlich erwiesen.

In Abb.29 sind die verschiedenen Phasen und Zusammensetzungen von *Dodecylsulfonsäure/Wasser-Gemischen* graphisch wiedergegeben [17]. Die lyotrop-flüssigkristallinen Bereiche sind naturgemäß Konzentrations- und Temperatur-abhängig.

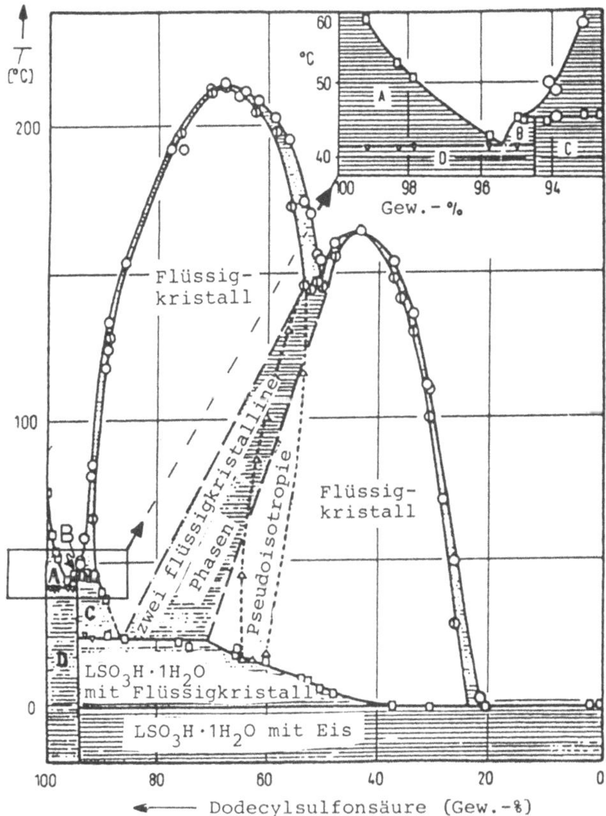

Abb.29. Phasendiagramm des binären lyotropen Systems Dodecylsulfonsäure (LSO$_3$H)/Wasser [17]. Rechts oben: Vergrößerung des Bereichs ABCD (eingerahmter Ausschnitt) bei 40-60°C und 92-100% Dodecylsulfonsäure

8.4   Molekülbau thermotroper Flüssigkristalle

Vorländer hatte schon erkannt [63], daß Mesophasen-bildende Moleküle normalerweise langgestreckt und unverzweigt sein sollten (Stäbchenform der Moleküle). Gemeinsames Merkmal von LC-Molekülen (LC= liquid crystal) ist die mit hoher Formanisotropie verknüpfte starke molekulare Anisotropie der Polarisierbarkeit. Sie wird in den üblichen Mesogenen durch permanente und induzierte Dipole verstärkt. Die Schmelzpunkte von flüssigkristallinen Substanzen sollen nicht zu hoch liegen, da sonst bei Raumtemperatur lediglich unterkühlte metastabile monotrope Mesophasen gebildet werden.

Zur Charakterisierung der thermodynamischen Stabilität flüssigkristalliner Zustände können die Klärpunkte (Temperatur des Übergangs der anisotropen in die isotrope Flüssigkeit) herangezogen werden. Ihr Vergleich erlaubt Aussagen über Struktur/Eigenschafts-Beziehungen.

Die Molekülstruktur-Typen **I-III** liegen der Mehrzahl der mesogenen Moleküle zugrunde (Abb.30):

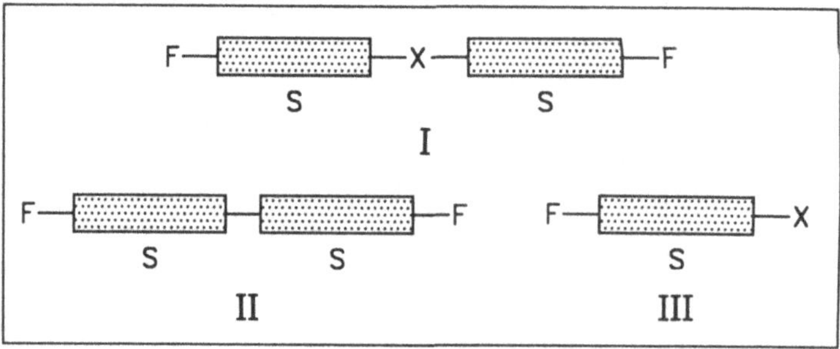

Abb.30. Zum Molekülbau mesogener Verbindungen (F= Flügelgruppe, S= starrer Molekülbaustein, X= Mittelteil bzw. polare Gruppe)

Als *starre Gruppen* (S) dienen in den meisten Fällen Benzenringe und andere Aromaten, als *Mittelteil* X meist Imino-, Azoxy-, Azo- und Carbonyloxy-Gruppen [27]. X kann auch als endständige polare Gruppe, z.B. als Carboxylgruppe auftreten (Strukturtyp **III**). Die *Flügelgruppen* F werden meist aus Alkyl-, Alkoxyl-, Ester- und Cyano-Funktionen gebildet. Eine davon ist in der Regel deutlich polar. Die annähernde Linearität der Moleküle wird durch Aromateneinheiten und durch *(E)*-konfigurierte Doppelbindungen im Mittelteil gewährleistet. Dieser sollte dementsprechend aus einer geraden Anzahl von Atomen bestehen. Ether-O-, Thia-S-, Amino-NH- und Methylen-

Brücken wirken sich in der Regel ungünstig aus (Abwinkelung), während CH_2CH_2-, CH_2O-, CH_2S-Brücken nicht ungünstig sind (Abstufung).

Die Flügelgruppen verursachen im allgemeinen eine Depression der Schmelzpunkte; sie erhöhen mit steigender Kettenlänge die Tendenz zur Ausbildung smektischer auf Kosten nematischer Phasen (Abb.31), indem sie Gleitbewegungen der Moleküle gegeneinander stören.

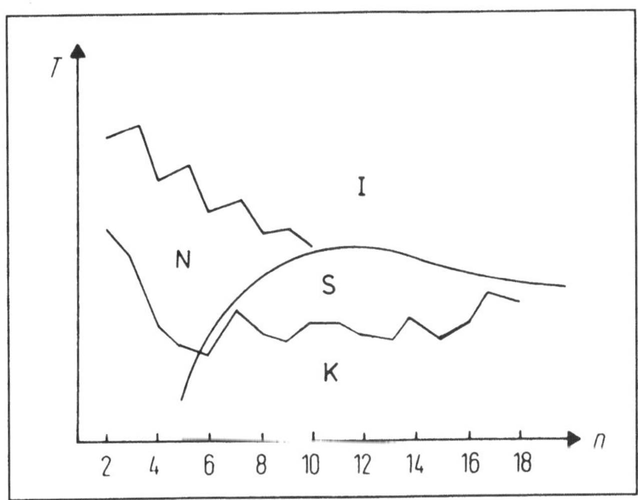

Abb.31. Verlauf der Umwandlungstemperaturen von flüssigkristallinen Verbindungen (vgl. Abb.32) mit homologen Flügelgruppen $[CH_2]_n$ (n= Anzahl der Atome in der Kette der Flügelgruppe F). I, N, S, K: Isotrop, nematisch, smektisch, kristallin

Klärpunkte nematischer Flüssigkristalle alternieren, so daß Flügelgruppen ungerader Atomzahl zu höheren Werten führen (Abb.31). Nach *Gray* geht dies darauf zurück, daß der Polarisierbarkeitsvektor in Richtung der Molekülachse durch die betreffenden Bindungen 2-3, 4-5, 6-7 eine Verstärkung erfährt (Abb.32) [27].

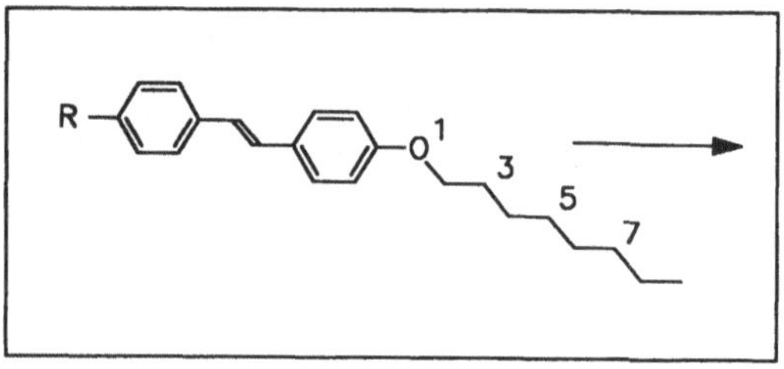

Abb.32. Zur Orientierung von O-Alkyl-Flügelgruppen zum Polarisierbarkeitsvektor (→)

Von *Eidenschink* wurden Aromateneinheiten in flüssigkristallinen Verbindungen durch Cyclohexan-Ringe ersetzt [a) in Abb.33] [23e). Auch Bicyclo-
[2.2.2]octan-Gerüste [b) in Abb.33] sowie 1,3-Dioxan- und Piperazin-Einhei-
ten [c), d) in Abb.33] dienten als Mittelstücke S.

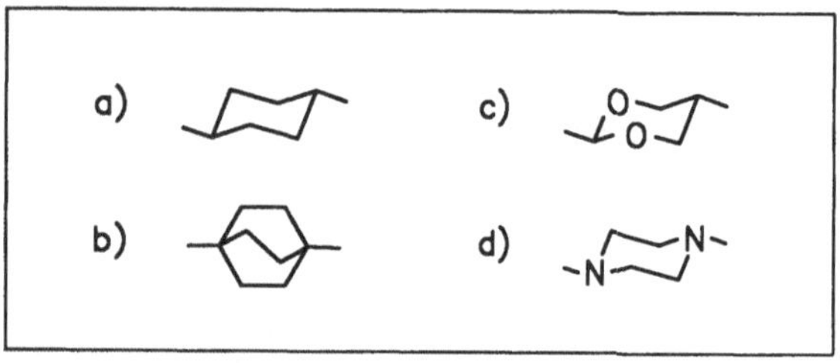

Abb.33. Nichtaromatische "starre Gruppen" S

Letztere sind wie die meisten Stickstoff-haltigen Gruppen aufgrund ihrer
geringen Beständigkeit gegen Sauerstoff (und Licht) industriell nicht verwert-
bar. Bicyclohexyl-Gruppen wurden auch durch Perhydrophenanthren-Einhei-
ten ausgetauscht [69).

Aliphatische Ringe als Mittelstücke S sind vorteilhaft, weil
- sie die starre lineare Geometrie des Moleküls aufrechterhalten,
- häufig smektische Phasen (S_B) auftreten,
- die Viskositäten meist niedrig sind.

Der Cyclohexan-Ring sollte allerdings nicht beidseitig von polaren oder aromatischen Gruppen flankiert sein, denn dadurch wird oft der Klärpunkt erniedrigt, d.h. der Mesophasenbereich eingeschränkt.

Bei höheren Temperaturen beeinträchtigt das Auftreten der diaxialen Konformation von Cyclohexanen den Mesophasenbereich [23e]: Cyclohexan-1,4-diol-dicarboxylate (15, R = Alkyl) bilden beispielsweise im Gegensatz zu deren (nematischen) Hydrochinon-Analogen smektische Phasen, die analogen Nitrile 16 lediglich schmale nematische, und mit zunehmender Kettenlänge monotrope Phasen [70]:

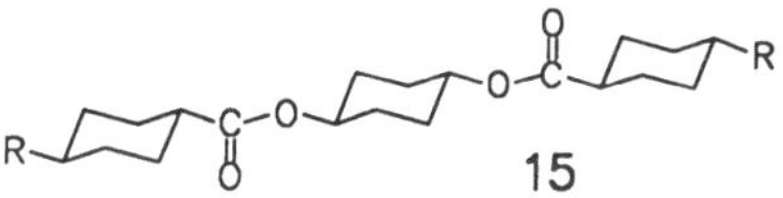

15

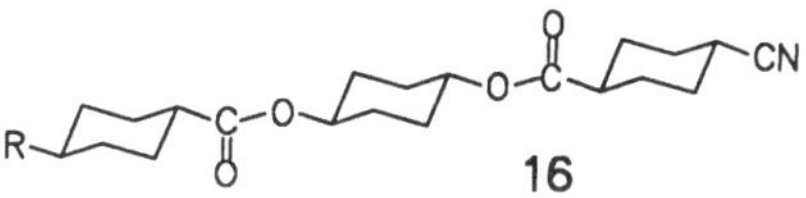

16

Der Phenylcyclohexancarbonsäureester 17 mit "quer polarisierender" Cyanogruppe ist jedoch wiederum nematogen [23e].

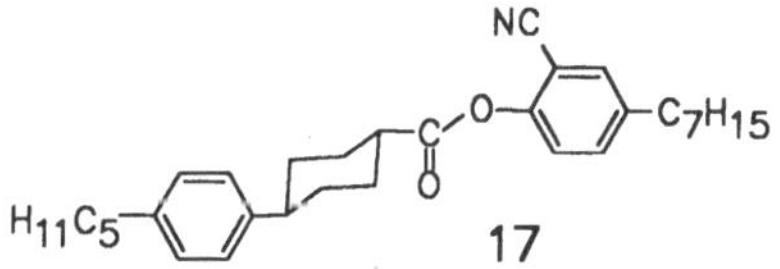

17

18

R = C_3H_7, C_5H_{11}, C_7H_{15}

Die Cyclohexylcyclohexane des Typs 18 und die Phenylcyclohexane des Typs 19 weisen technisch verwertbare dielektrische Anisotropien auf ($\Delta\epsilon \approx$ 10 bzw. $\approx$ 4) sowie eine höhere UV-Stabilität als ihre aromatischen (Biphenyl-) Analoga 20 (λ_{max} = 235 bzw. 200 nm) [23e].

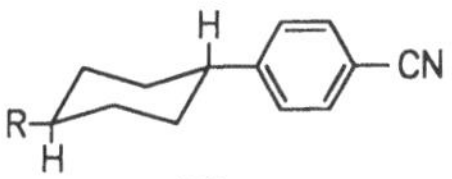

19

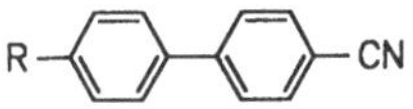

20

R = Alkyl, Alkoxy

Laterale Substituenten (R^2) in den Molekültypen I-III stören die Molekülanordnung. Dies wirkt sich in der Regel in einer Herabsetzung der Klärpunkte aus, die ungefähr dem *van der Waals*-Radius des betreffenden Substituenten proportional ist (Abb. 34) [69b].

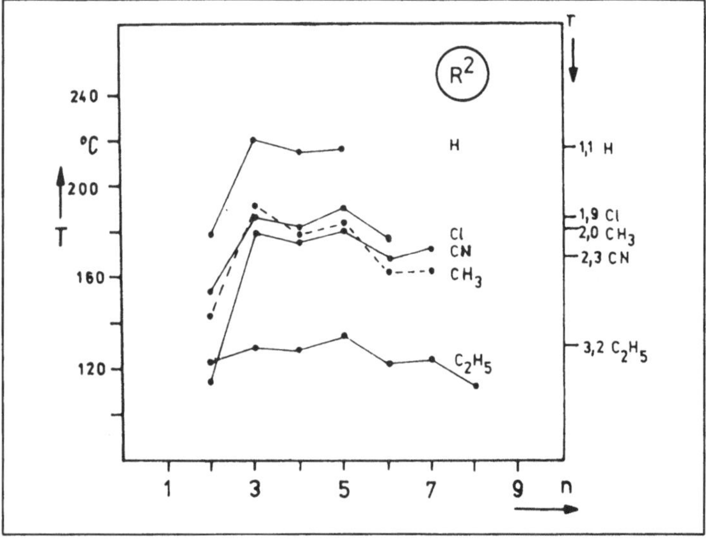

Abb.34. Beziehung zwischen der Klärtemperatur T und dem *van der Waals-*Radius r des lateralen Substituenten R^2 im Molekül **21** [69b)]

Der Einfluß von Fluor-Substituenten ist schwierig vorhersehbar: Nematische Phasen werden entweder destabilisiert oder stabilisiert [71)] wie bei 4-Cyanophenylestern **22** ; smektische Mesophasenbereiche werden erweitert wie bei 4-Cyanophenylestern **23** [72)].

Allgemein hat Fluor-Substitution eine Herabsetzung der Viskositäten zur Folge, was für Anwendungszwecke wichtig ist, bei denen die Geschwindigkeit der Schaltvorgänge und damit der Umorientierung der Mesophasen-Moleküle eine Rolle spielt.

Thermotrope Flüssigkristalle der Typen **24**, **25**, welche die Dispiro-[5.1.5.1]tetradecan-Einheit enthalten, wurden von *Vögtle et al.* [73] beschrieben:

24   **25**

Als Flügelgruppen (R^1, R^2) fungieren gleichfalls aliphatische, z.B. Cyclohexyl-Einheiten. Diese Spiro-Verbindungen besitzen niedrige Schmelzpunkte und in einigen Fällen breite enantiotrope flüssigkristalline Phasenbereiche. Das Thioketon **24** ($R^1 = R^2 = $ *trans*-4-Propyl-1-cyclohexyl) weist zusätzlich zu einer 84.5°C breiten nematischen Phase eine 34°C breite smekt. B-Phase auf.

8.5   Hypothesen und Theorien zur Wechselwirkung mesogener Moleküle

Wenn auch heute noch nicht alle Phänomene der Mesophasen exakt gedeutet sind, so sollen hier doch einige theoretische Interpretationen angesprochen werden. Ansätze zur Deutung der Ursachen mesogener Wechselwirkungen auf molekularer Ebene bieten die Schwarm-Theorie, die Kontinuums-Theorie und die molekularstatistische Behandlung:

Die *Schwarm-Theorie* [74] stützt sich auf die Beobachtung der in typischen Flüssigkristallen auftretenden Turbulenzen und interpretiert diese als Folge variierender Orientierung doppelbrechender Volumenelemente. Schon mit bloßem Auge ist selbst bei homogen ausgerichteten nematischen Mesophasen eine Trübung zu erkennen. Nach *Ornstein* und *Kast* liegen "Schwärme" von ca. 10^5 parallel ausgerichteten Molekülen vor, deren Orientierung untereinander willkürlich ist, wenn keine homogenisierenden Einflüsse wie beispielsweise Magnetfelder auftreten [75]. Diese Schwärme werden ständig auf- und abgebaut. Nach *Bose* sind die Wechselwirkungen zwischen den Schwärmen so gering, daß die Substanz als ganze isotrop und ungeordnet erscheint (*"interne Ordnung"* und *"externe Unordnung"*).

Untersuchungen des zeitlichen Verlaufs von Orientierung und Desorientierung durch äußere Einflüsse berechtigen zu Zweifeln an der "Unabhängigkeit" der Schwärme [27,76]: Geringe Magnetfeldstärken (1000-2000 Gauß) reichen schon für eine vollkommene Orientierung aus. Nach dem Abschalten des Feldes erfordert die Desorientierung z.B. von PAA [4,4'-Di(methoxyazoxy)benzen] immerhin einige Minuten. Der Einfluß von Magnetfeldern auf die Temperaturbewegung der Moleküle ist gering. Dies deutet darauf hin, daß Moleküle in nematischen Phasen stärker orientiert sind. Die Annahme einer kontinuierlichen Struktur geht auf die Beobachtung zurück, daß dünne Schichten nematischer Flüssigkristalle im Polarisationsmikroskop klar erscheinen. Die von *Zocher* [77] und *Oseen* [78] begründete *Kontinuum-Theorie* schließt smektische und cholesterische Phasen mit ein. Der flüssigkristalline Zustand wird als anisotropes elastisches Medium mit eigenen Parametern betrachtet, und es wird davon ausgegangen, daß die Vorzugsrichtung der Molekül-Längsachsen kontinuierlich ortsabhängig ist: Aus den entsprechenden elastischen Konstanten lassen sich die Deformationsenergien für Längsbiegung, Querbiegung und Verdrillung berechnen. Sie sind auch für große Deformationen recht klein. Die bei spontaner Parallelorientierung der Moleküle freiwerdende Energie ist etwa 10^5 mal größer [27]. Die Kontinuum-Theorie hat die Schwarm-Theorie bald verdrängt [79].

In einer *molekularstatistischen Theorie* [80] behandelten *Maier* und *Saupe* die Wechselwirkung der Moleküle in nematischen Phasen. Sie nahmen als intermolekulare Kräfte Dispersionskräfte (Coulomb-Wechselwirkungen zweiter Ordnung) an, die lediglich durch Dipol-Dipol-Wechselwirkungen bestimmt werden. Die Wechselwirkung eines jeden Moleküls mit allen anderen wurde durch eine Kopplung an ein inneres Feld ersetzt. Die Anisotropie senkrecht zur Molekül-Längsachse wird vernachlässigt. Der Klärpunkt sollte nach dieser Theorie proportional zur zweiten Potenz der molekularen Polarisierbarkeits-Anisotropie sein. Mit dieser Theorie ist jedoch eine quantitativ richtige Beschreibung des nematischen Zustands nicht möglich.

Die Eigenschaften der technisch wichtigen Cyclohexan-Abkömmlinge wie *PCH* (Phenylcyclohexane) [20] und *CCH* (Cyclohexylcyclohexane) [21] waren mit den vorhandenen Theorien weder vorhersehbar noch erklärbar. Der sukzessive Ersatz des Phenylkerns in den entsprechenden Biphenylen durch Cyclohexyl-Einheiten, die weniger polarisierbar sind, hatte entgegen den Erwartungen höhere Klärpunkte zur Folge. Der Mesophasen-Bereich ist verglichen mit den ebenfalls technisch angewandten Biphenyl-Derivaten größer. Der Einfluß der Formanisotropie auf die Stabilität nematischer Phasen erwies sich als größer als bis dahin angenommen.

Die hohen Klärpunkte wurden zunächst durch Assoziation antiparallel ausgerichteter äquatorialer Nitril-Gruppen (ähnlich den durch H-Brücken-Bindungen dimerisierten Carbonsäuren) zu Molekülpaaren gedeutet. Das nematogene Verhalten der Cyclohexylcyclohexane mit axialer Nitril-Gruppe spricht jedoch dagegen [81].

Auf diesen Erkenntnissen aufbauend versuchte *Eidenschink* die Bildung der Mesophasen auf **elektrodynamische Wechselwirkungen** zurückzuführen, die zusätzlich zu Dispersionskräften auftreten [82]. Langgestreckte mesogene Moleküle werden dabei als Sender und Empfänger betrachtet: Der übertragene Energiefluß hängt mit dem elektrischen Widerstand zusammen, der erstmals in Betrachtungen molekularer Wechselwirkungen einbezogen wurde. Der Energiefluß (P) zwischen den Molekülen soll dann maximal sein, wenn diese in optimaler Sender/Empfänger-Position zueinander stehen, was im Hinblick auf ihr Schwingungsverhalten Parallelanordnung voraussetzt. P hängt quantentheoretisch in der vierten Potenz von der Dipol-Oszillations-frenquenz ν ab. Es erreicht verständlicherweise ein Maximum für solche Frequenzen ν, die bei Raumtemperatur in der Größenordnung der Valenz- und Gerüstschwingungen organischer Moleküle liegen. Die IR-aktiven Schwingungen der oben genannten Biphenyle sind aber relativ weit von ν_{max} entfernt, während sie im Falle der Cyclohexan-Verbindungen diesem sehr nahe kommen. Bei ersteren schreibt man dies einem phenylogen Transfer des induktiven Effekts der Nitrilgruppe auf den Cyclohexyl-Kern zu, im Fall der CCH-Verbindungen seiner direkten Einwirkung. Wie die sinkenden Klärpunkte zeigen, wirkt sich jedoch die räumliche Trennung zweier polarisierbarer Gruppen durch Cyclohexadiyl- bzw. Bicyclo[2.2.2]octadiyl-Einheiten nachteilig aus, da diese den Ladungstransport in der Schwingungsrichtung unterbrechen. Mit diesem Modell scheint auch eine Deutung der "reentrant-Phasen" aussichtsreich.

8.6   Anwendungen der Flüssigkristalle

Die Entwicklung der dynamischen Streuung und die Synthese des MBBA
(Tab.2), der ersten bei Raumtemperatur nematischen Substanz (20°C; Klärpunkt 47°C) [83] gaben die ersten Anstöße für einen industriellen Einsatz
der Flüssigkristalle.

8.6.1   Flüssigkristall-Displays

Wichtig für technische Anwendungen ist die Möglichkeit, die Lichtstreu-
ung, Doppelbrechung und Absorption flüssigkristalliner Zustände zu steuern.
Die *Freedericksz-Deformation* [17,84] bildet die Grundlage für einige wichtige Display-Typen wie die DAP-Zelle (Deformation aufgerichteter Phasen,
"deformation of alined phases", elektrisch kontrollierte Doppelbrechung), die
sogenannte Wirt/Gast-Zelle ("colour switching mode") und die Schadt-
Helfrich-Zelle oder verdrillt nematische Zelle ("twisted nematic device",
TN).

Der Übergang von homogener zu homöotroper Orientierung und umgekehrt wird durch diese Deformation als elastische Verformung nematischer
Flüssigkristalle beschrieben, die bei Anlegen elektrischer oder magnetischer
Felder erfolgt. Ein Vorteil für die Anwendung ist, daß niedrige Spannungen
zum Schalten ausreichen.

Die Mesophase wird zwischen zwei Platten im Abstand von 10-25 µm
eingebracht, die transparente Elektroden (aus SnO_2 oder In_2O_3) tragen
(Abb.35).

Die Zellen können je nach Einsatzzweck mit gekreuzten Polarisatoren
oder reflektierenden Schichten ausgestattet sein.

Mesophasen mit negativer dielektrischer Anisotropie ($\epsilon_{senkrecht} >
\epsilon_{parallel}$ zur Feldrichtung) bestehen aus Molekülen, die senkrecht zur Mole-
kül-Längsachse dipolar sind; sie richten sich daher im elektrischen Feld homogen aus (vgl. Abb.9). Der dielektrischen Orientierung kann sich ein hy-
drodynamischer Effekt überlagern, der durch Ladungstransport bewirkt wird.
Dies macht man sich durch Zusatz von Leitsalzen (quartäre Ammoniumverbindungen) zunutze. Oberhalb einer Schwellenfeldstärke wird die Flüssigkristallschicht immer stärker turbulent, da ihre Orientierung durch die Leit-
ionen-Wanderung gestört wird. Auf diese Weise wird in einem weiten
Raumwinkelbereich die *dynamische Streuung des Lichts* (dynamic scattering)
bewirkt [86]. Die Flüssigkristallschicht besteht nun aus doppelbrechenden

Zonen von etwa 3 µm Durchmesser mit unregelmäßigen Brechungsindex-Gradienten; sie erscheint milchig-trüb, während sie im feldlosen Zustand transparent ist. Die negative dielektrische Anisotropie kann durch Zusatz geeigneter mesogener Verbindungen des Typs 17 (s.o.), 26 und 27 verstärkt werden [23e].

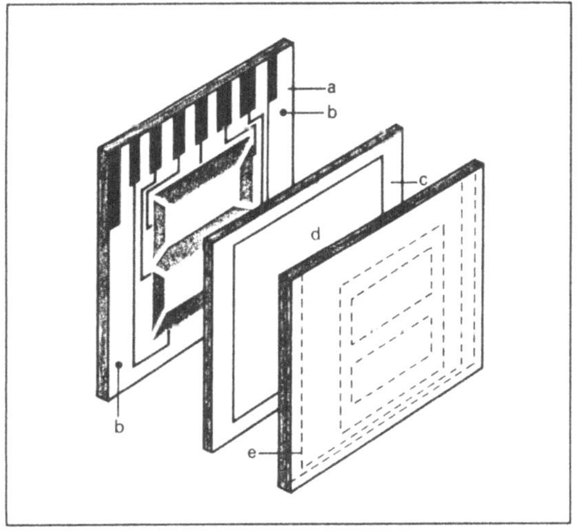

Abb.35. Aufbau einer digitalen Flüssigkristall-Siebensegment-Anzeige: a) Glasplatte mit eingeätztem Zahlenmuster, b) Einfüll-Öffnung, c) Abstandsrahmen, d) Flüssigkristall-Schicht, e) transparente elektrisch leitende Schicht (Elektroden) [85]

In *DAP-Anordnungen* (s.o.) sind Flüssigkristall-Gemische negativer dielektrischer Anisotropie homöotrop orientiert [87]. Ihre Moleküle lassen sich durch Anlegen eines elektrischen Feldes parallel zur optischen Achse aus ihrer Lage heraus verdrehen. Die Lichtdurchlässigkeit der Schicht zwischen gekreuzten Polarisatoren ändert sich in Abhängigkeit vom Deformationswinkel und ist bei weißem Licht von der Wellenlänge abhängig. Mit monochromatischem Licht entstehen gute Kontraste. Nach dieser Methode können in einer einzigen Zelle alle Farben elektrisch gesteuert werden. Allerdings sind sie vom Betrachtungswinkel abhängig.

Schadt-Helfrich-Anzeigen funktionieren nach dem Prinzip der Deformation homogen orientierter verdrillter nematischer Schichten [87]. Die Flüssigkristalle sind an gegenüberliegenden Elektrodenschichten um 90° gegeneinander verdreht ausgerichtet. Bei gekreuzten Polarisatoren ist die Anordnung transparent; sie erfordert Flüssigkristalle positiver dielektrischer Anisotropie (z.B. *p*-Cyanobiphenyle). Einwirkung elektrischer Felder führt zu homöotroper Orientierung der Moleküle, wodurch die Schicht lichtundurchlässig wird. Die Anzeigen haben den Vorteil niedriger Arbeitsspannung, hoher Kontraste und langer Lebensdauer und verbrauchen wenig Strom. Durch Verwendung selektiver Polarisatoren, doppelbrechender Schichten sowie Hintereinanderschalten von Flüssigkristallschichten und doppelbrechenden Folien werden Mehrfarben-Anzeigen erzielt.

Farbige Displays sind auch durch Zusatz von *pleochroitischen Farbstoffen* (Abb.36) herstellbar, die parallel und senkrecht zu ihrer Längsachse verschiedene Absorptionskoeffizienten besitzen [88,89]. Sie reagieren auf Texturveränderungen. Drei hintereinander geschaltete Schichten reichen aus, um die Farbe des sichtbaren Spektrums wiederzugeben.

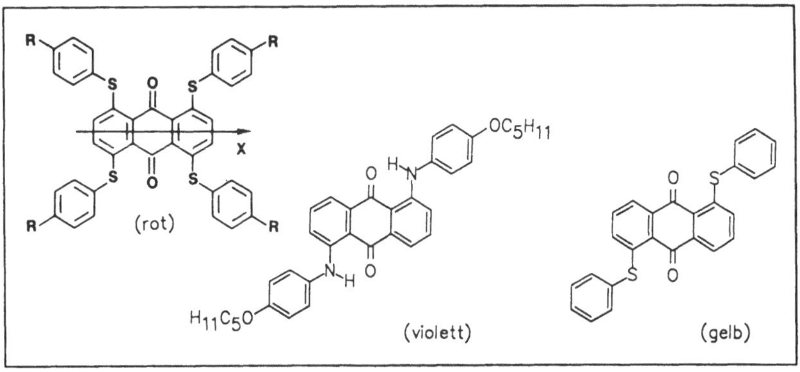

R R S S O O X (rot) OC_5H_{11} H N O O N H $H_{11}C_5O$ (violett) O O S S (gelb)

Abb.36. Einige zum Zusatz zu Flüssigkristallen geeignete Farbstoff-Typen 89a)

8.6.2 Analytische und andere Anwendungen

Die in induziert cholesterischen Phasen (s.o.) auftretende optische Rotation ist um Größenordnungen stärker als die der Gastmoleküle allein. Bei 1 µm Ganghöhe können bis zu 360000 Grad optische Drehung pro Millimeter Schichtdicke erreicht werden [32,22]. Daher läßt sich optische Aktivität chiraler Verbindungen selbst dann noch nachweisen, wenn polarimetrische Methoden aufgrund geringer Substanzmengen oder schwachen Drehvermögens nicht zum Ziel führen.

Die induzierte Rotation kann zudem zu der *absoluten Konfiguration* des Gasts in Beziehung gesetzt werden, sofern man genügend Information über die diastereomere Wechselwirkung im Komplex nematische Phase/gelöster Stoff und dessen Orientierungseigenschaften hat. In der durch Dotierung nematischer Phasen erzeugten chiralen Matrix zeigen Chromophore anders als bei Circulardichroismus-Messungen unabhängig von ihrer Entfernung vom chiralen Zentrum optische Aktivität an [89,90].

Im Gemisch ß-Aminoalkohol/MBBA (vgl. Tab.2) [89] konnte beispielsweise der Drehsinn der induzierten Helix anhand der optischen Aktivität des konjugierten Imin-Chromophors des Lösungsmittels bei 380-400 nm durch positiven bzw. negativen Cotton-Effekt bestimmt werden (rechts- bzw. linksgängige Helix). Zum Einsatz kam ein 20 µm dicker Film einer 0.05-1%igen Lösung des chiralen Gasts in MBBA. Die induzierende Spezies (chirale Schiffsche Base) entsteht nach DNMR-Untersuchungen durch Um-Aminierung der Aldehyd-Komponente des MBBA durch den chiralen Aminoalkohol:

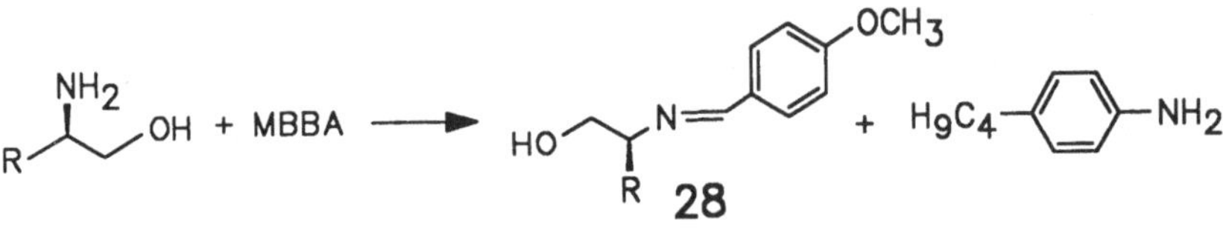

Die Helicität optisch aktiver verbrückter Biaryle (auch des Colchicins) bestimmt die hohe Verdrillungsstärke in nematischen Biphenylen [91]: Eine P-helicale Biaryl-Komponente induziert hier P-helicale cholesterische Phasen. Es wird eine enge ("face-to-face-")Wechselwirkung (vgl. hierzu: *F. Vögtle*, "Cyclophan-Chemie". Teubner, Stuttgart 1990) mit den Flüssigkristallmolekülen unter Verdrillung derselben angenommen (Abb.37).

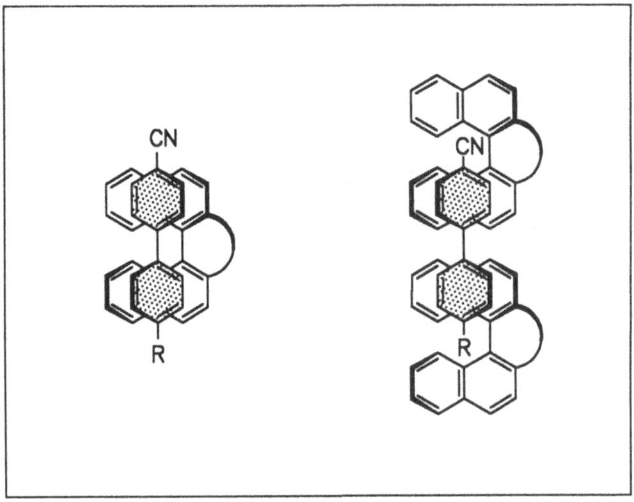

Abb.37. Zur Fläche-an-Fläche- ("face-to-face")-Wechselwirkung helicaler Biaryl-Verbindungen [22] mit nematischen *p*-Cyanobiphenyl-Verbindungen

Die Korrelation zwischen Helicität der Mesophase und dem chiralen Gast ist umso besser, je ähnlicher er dem nematischen Lösungsmittel ist, je stärker die Wechselwirkungen sind und je höher die Verdrillungsstärke ist. Als nematische Phase wurden Gemische von 4'-Aryl- und 4'-Alkylbiphenyl-carbonitrilen und 4'-Pentyl-4-cyanobiphenyl eingesetzt [22].

Zur Bestimmung von *Racemisierungsbarrieren* mißt man die Veränderung der Ganghöhe induziert cholesterischer Phasen in Abhängigkeit von der Zeit. Das Formyl-substituierte Diazocin **29** wurde in einer nematischen "Licrystal"-Phase (Gemisch aromatischer Ester, die von -20 bis +60°C nematisch sind) untersucht [22,91]. Die erster Ordnung ablaufende Racemisierung erlaubt nach

$$\ln 1/p = -2\,kT + \ln 1/p_0$$

eine genaue Bestimmung der Geschwindigkeitskonstanten; dabei werden nur kleine Substanzmengen (<10 mg) benötigt.

Die Ganghöhen-Variation für **29** betrug 5-50 µm, die Racemisierungsbarriere ergab sich zu $\Delta G^{\ddagger} = 163$ kJ/mol (bei 188°C).

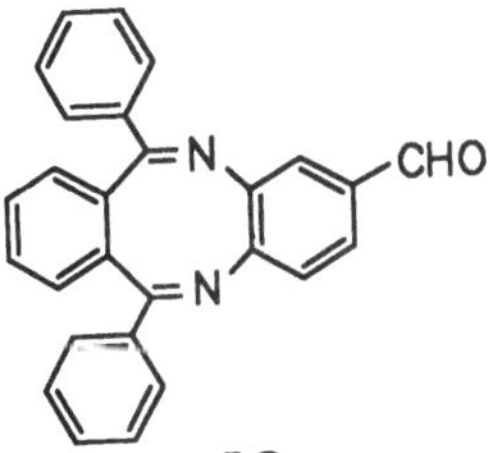

29

Die von *Saupe* und *Englert* [93] vorgeschlagene Anwendung thermotroper **nematischer Lösungsmittel** [94] in der **NMR-Spektroskopie** erlaubt die Bestimmung von Bindungswinkeln und relativen Bindungsabständen in (protonenarmen) Molekülen:

Die gelösten Moleküle richten sich gemeinsam mit den Flüssigkristall-Molekülen im Magnetfeld aus. Dies ermöglicht die Messung richtungsabhängiger Moleküleigenschaften wie der innermolekularen Dipol-Dipol-Wechselwirkung. Sie ist proportional zu $(3 \cos^2 \theta - 1)/r^3$, also dem Ordnungsgrad *S,* wobei θ den Mittelwert des Winkels zwischen Magnetfeld und der Verbindungsachse der koppelnden Kerne (r = Abstand der koppelnden Kerne voneinander) ist (s.o.). Bei bekanntem r ist mit Hilfe der Kopplungskonstanten der Ordnungsgrad S bestimmbar. Bei gegebenem S lassen sich relative Protonenabstände ermitteln [95]. Lösungsmittel mit positiver diamagnetischer Anisotropie ($\chi_{\text{parallel}} > \chi_{\text{senkrecht}}$) richten sich mit ihrer Längsachse parallel zum Magnetfeld aus (Abb.38a) [96].

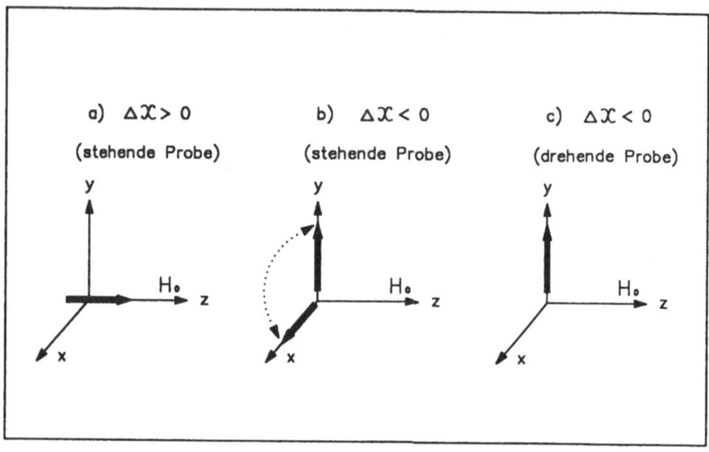

Abb.38. Zur Anordnung nematischer Moleküle in einem außen angelegten Magnetfeld

Bei senkrechter Anordnung der Substratmoleküle muß die übliche Rotation des NMR-Röhrchens auf 1-6 Hz eingeschränkt werden, da sonst die Orientierung der Moleküle zusammenbricht. Die Resonanzsignale weisen daher eine hohe Halbwertsbreite von 3-20 Hz auf, weshalb kleine Kopplungen nicht auflösbar sind. Protonenreiche Moleküle führen durch direkte Dipol-Kopplungen zu stark aufgespaltenen Resonanzen, wodurch die Lösungsmittel selbst im Rauschen verschwinden. Es können daher lediglich kleine Moleküle wie z.B. *Benzen* untersucht werden (Abb.39) [27].

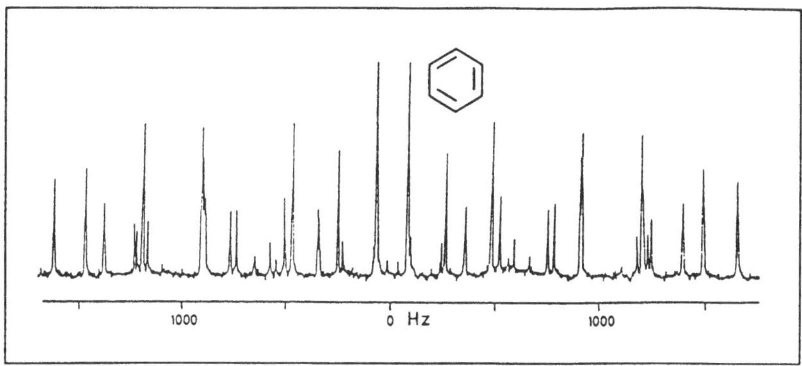

Abb.39. ^{1}H-NMR-Spektrum von Benzen in nematischer Phase (100 MHz, 50°C). Man beachte die hohe Linienzahl. Lösungsmittel: 60% 4-Heptyloxy-4'-ethoxyazobenzen/40% 4-Hexyloxy-4'-ethoxyazobenzen

Der Meßbereich erfaßt in anisotropen Lösungsmitteln mehrere tausend Hertz, da die direkten Dipol-Kopplungen ein Vielfaches der indirekten Kopplungen ausmachen.

Die Cyclohexylcyclohexane **18** (s.o.) [21] bieten negative diamagnetische Anisotropie; die Moleküle richten sich senkrecht zum Magnetfeld aus (Abb.38b). Durch Rotation bildet sich ein einachsiger nematischer Flüssigkristall, in dem auch die gelösten Probenmoleküle senkrecht zum Magnetfeld ausgerichtet bleiben (Abb.38c).

Man erhält so Spektren geringer Linienbreite und hohen Auflösungsvermögens. Im Falle des 1,2,3,5-Tetrachlorbenzens konnte in einem eutektischen Gemisch obiger Mesophasen die Signalhalbwertsbreite von 6-8 Hz auf 2 Hz verkleinert und das S/N-Verhältnis von 20:1 auf 60:1 vergrößert werden. Die Aufspaltung $\Delta\nu$ ($\approx$ 4 ppm) entspricht der direkten Spin-Spin-Kopplung (Abb.40) [96].

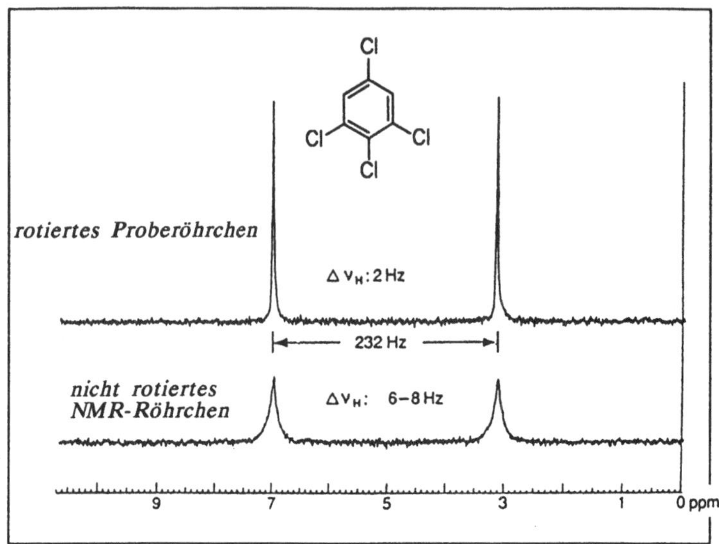

Abb.40. ^{1}H-NMR-Spektrum des 1,2,3,5-Tetrachlorbenzens in einer nematischen Phase. Oben: Rotation der Probe mit 20 Hz (Raumtemperatur) führt zu höherer Auflösung

Die Verwendung anisotroper Lösungsmittel in der ***IR- und UV-Spektroskopie*** [94] vereinfacht die Aufnahme polarisierter optischer Spektren. Meist werden 10^{-2} molare, 10-50 µm dicke Filme zwischen Quarzplatten erzeugt, die mit Lederlappen (ergibt homogene Oberfläche) oder Lecithin (ergibt homöotrope Oberfläche) vorbehandelt wurden. Analoge Banden im IR-Spektrum differieren dann bei Einstrahlung parallel oder senkrecht zu den Molekül-Längsachsen in ihrer Intensität (IRD). Mit Hilfe des IR-Dichroismus können der Ordnungsgrad, die Polarisation und die Schwingungsklasse von IR-Banden charakterisiert werden.

Für polarisierte ***UV-Spektren*** sind kompensierte cholesterische Phasen und die 4'-Alkylbicyclohexylcarbonitrile **18** gebräuchlich, weil sie oberhalb 250 bzw. 200 nm nicht absorbieren [21].

ESR-Spektren in nematischen Phasen zeigen gegenüber denjenigen in isotropen Medien zusätzliche Aufspaltungen, deren Größe Aussagen über den Ordnungsgrad und die geometrischen Verhältnisse erlaubt. Die Anzahl ungepaarter Elektronen kann gleichfalls bestimmt werden [95].

Flüssigkristalline Substanzen wurden für mechanistische Untersuchungen eingesetzt [97,98a]: Die thermische *(E)/(Z)*-Isomerisierung schwach bipolarer Azobenzene wurde in einem Gemisch aus Cholesterylchlorid und Cholesterylnonanoat sowie in Benzen und in Stearinsäurebutylester studiert. Die erhaltenen Aktivierungsparameter weisen auf einen Inversions- ("in plane"-)-Mechanismus der *(E)/(Z)*-Isomerisierung an der Azo-Gruppe hin, während ein Rotationsmechanismus um die N=N-Doppelbindung ("out of plane") nicht wahrscheinlich ist [97].

Nematische Phasen [98b] wurden bei physikalisch-chemischen Analysenmethoden, abgesehen von ihrer Rolle als anisotropes Lösungsmittel in der NMR-Spektroskopie (s.o.) [99], als stationäre Phase in der Gaschromatographie eingesetzt [17].

Der Übergang der farblosen Cholesterol-Derivate in farbige Mesophasen wird in der Thermotopographie, zum Sichtbarmachen von Temperaturfeldern in der zerstörungsfreien Werkstoffprüfung [100] und in der medizinischen Diagnostik [101] angewandt.

In das Gitter eingelagerte Fremdmoleküle bedingen ebenfalls Farbänderungen, da sich die Ganghöhe der molekularen Schraubenachse ändert, und ermöglichen so den Einsatz cholesterischer Flüssigkristalle als empfindliche Detektoren (Sensoren) z.B. für gefährliche Mengen an Lösungsmitteldämpfen [102].

Ultraschall- und Druckbelastungen können durch cholesterische Phasen sichtbar gemacht und quantitativ erfaßt werden [103].

Ein aktuelles Ziel der Flüssigkristall-Technologie ist die Entwicklung eines flachen Fernsehbildschirms [104].

9 Tenside, Micellen, Vesikel, LB–Filme: Präorganisation Grenzflächen–aktiver Stoffe

9.1 Wirkung von Tensiden auf Grenzflächen

Zu den *Tensiden* (von lat. *tensio* = Spannung) gehören jene Stoffe, deren Moleküle zugleich mit ausgeprägt *lipophilen* (hydrophoben) und ausgeprägt *hydrophilen* Strukturelementen ausgestattet sind (**amphiphatische Moleküle**, Abb.1), die sich bevorzugt an Phasengrenzen anreichern und in die dort vorliegenden energetischen Verhältnisse eingreifen [1].

Die *hydrophoben* Molekülteile werden in der Regel von Kohlenwasserstoffketten, auch Aromaten oder ihren perfluorierten Analoga [2], gelegentlich Kombinationen davon, bereitgestellt. Nach Art der *polaren* Gruppen unterscheidet man mehrere Typen von Tensiden: (1) *anionische*, (2) *kationische*, (3) *amphotere* und (4) *nichtionogene*. In Abb.2 ist für jeden einzelnen Typ ein charakteristischer Vertreter angeführt.

Das Feld der Wechselwirkungskräfte, das von solchen Molekülen ausgeht, ist zwangsweise polarisiert. Tensidmoleküle reichern sich daher stets dort an, wo ähnliche Gradienten vorliegen, also an Grenzflächen unterschiedlicher Medien (z.B. Wasser/Luft).

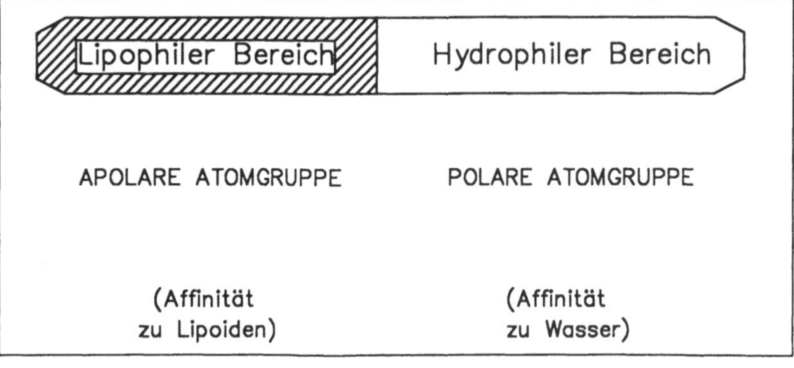

Abb.1. Aufbau eines Tensidmoleküls (klassischer Hydrophilie/Lipophilie-Dualismus); schematisch

In Wasser hydratisiert sich die polare Gruppe des Tensids und wird in die Wasserphase hineingezogen, während die hydrophoben Ketten aus dem Wassermilieu herausgedrängt werden. Tenside finden sich deshalb in der

Oberflächenzone (Wasser/Luft) und bilden dort eine *monomolekulare Schicht* ("monomolekulare Bürste"), vgl. Abb.3).

Durch den Besitz sowohl nichtpolarer als auch polarer Atomgruppen baut das Tensidmolekül gewissermaßen eine Brücke von der Lipidphase zur Wasserphase (orientierende Adsorption).

Struktur	Bezeichnung	Typ
$H_3C-(CH_2)_{16}-COO^{\ominus}Na^{\oplus}$	Natriumstearat (Seife)	anionisch
$R_{alkyl}N^{\oplus}(CH_3)_3Cl^{\ominus}$	quartäre Ammoniumsalze	kationisch
$R-\underset{\overset{\|}{\oplus N(CH_3)_3}}{CH}-COO^{\ominus}$	Betaine	amphoter
$RO-(CH_2CH_2O)_n-H$	Fettalkoholethoxylate	nichtionisch

Abb.2. Typologie der Tenside

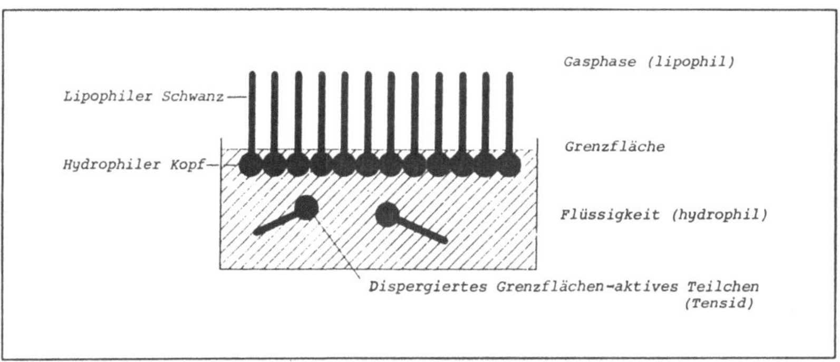

Abb.3. Anreicherung und Orientierung von Tensidmolekülen an der Grenzfläche (Erniedrigung der Oberflächenspannung)

Die Anreicherung der Tensidmoleküle in der Grenzfläche tritt nur ein, wenn mit ihr eine Erniedrigung der freien Grenzflächenenergie parallel geht [1]. Somit ist die Oberflächenaktivität einer Substanz auch vom Lösungsmittel abhängig.

Wasser hat dank der großen zwischenmolekularen Kräfte (multiple Wasserstoffbrücken) eine besonders große Oberflächenspannung (γ = 72.583 mN/m). Die Anziehungskräfte zwischen den hydrophoben Kohlenwasserstoffketten sind aber beträchtlich kleiner, so daß die Oberflächenspannung generell sinkt, wenn Tensidmoleküle in die Oberflächenschicht (Flotte) eingelagert sind. Folge dieser *"Oberflächenaktivierung"* sind die mit den Begriffen "Spreiten, Benetzen, Solubilisieren, Emulgieren, Dispergieren, Schäumen" usw. umschriebenen physikalischen Effekte. Sie spielen für die **Netzkraft** und das Schmutztragevermögen bei der Wasch-, Spül- und Reinigungsarbeit von Tensiden und in anderen Anwendungsbereichen eine entscheidende Rolle [3].

9.2   Micellen, Schichten, Vesikel und andere geordnete Aggregate

Ein anderer Vorgang, mit dem gelöste Tensidmoleküle auf die entgegengesetzte Tendenz des umgebenden Wassers reagieren, ist die Aggregation zu *Micellen* [4,5,6].

Eine grobe Vorstellung von dieser speziellen Form von Tensidaggregaten liefert das klassische Tröpfchenbild (sphärische Micelle, Abb.4), bei dem die hydrophoben Gruppen (Alkylketten) der Micell-bildenden Tensidmoleküle zu einem kugelförmigen Kern verschmolzen sind. Auf der Oberfläche befinden sich die hydrophilen Gruppen und vermitteln den Kontakt zum umgebenden Wasser.

Micellare Lösungen stellen also mikroheterogene Medien dar, bei denen der lipophile Kern der Tensidmicelle in Wasser eine mikroskopisch verteilte ölartige Phase bildet (intramolekulare Emulgierung).

Micellen *anionischer und kationischer Tenside* bestehen nach dieser Modellvorstellung aus drei Schichten:

(1) Dem *hydrophoben Kern* mit einem Radius von 1 bis 3 nm (was in etwa der Länge des hydrophoben Anteils eines Tensidmonomeren entspricht),

(2) der *Stern-Schicht*, die von den geladenen Endgruppen (mit einem Teil ihrer Gegenionen) gebildet wird (Schichtdicke etwa 0.3 - 0.6 nm),

(3) der *Gouy-Chapman-Doppelschicht*, die sich aus den hydratisierten Gegenionen der Micelle zusammensetzt.

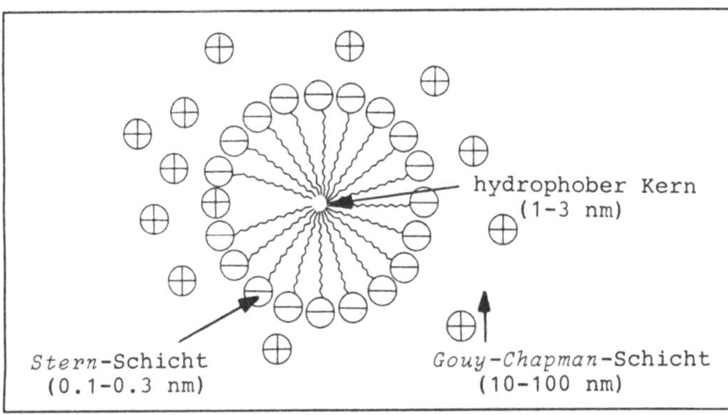

Abb.4. Schnitt durch eine idealisiert-kugelförmige anionische Micelle mit positiv geladenen Gegenionen

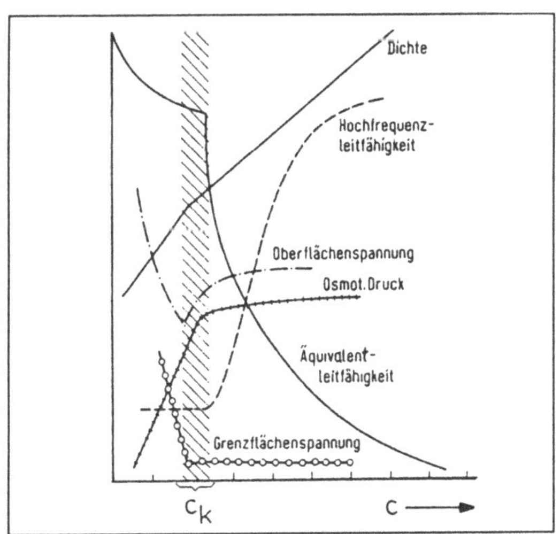

Abb.5. Konzentrationsabhängigkeit, physikalische Eigenschaften und kritische Micellkonzentration c_k der Micellbildung (= cmc) von wäßrigem Natriumdodecylsulfonat [1b)

Die Bildung von Micellen findet nur oberhalb einer als *"kritische Micell-bildungs-Konzentration"* (c.m.c. oder *cmc*) bezeichneten Konzentrationsgrenze an Tensidmolekülen statt. Sie läßt sich durch die sprunghafte Unstetigkeit in der konzentrationsabhängigen Meßkurve verschiedener physikalischer Größen des Systems, z.B. Dichte, Leitfähigkeit, Ober-/Grenzflächenspannung, osmotischer Druck (<u>Abb.5</u>) relativ exakt bestimmen, ferner durch Lichtstreuungs- und Adsorptions-Experimente mit Farbstoffen [1c].

Die Tendenz zur *Micellbildung* ist umso größer und die *cmc* umso kleiner, je höher der hydrophobe Anteil im Tensidmolekül ist. Verzweigungen in der hydrophoben Kette wirken der Micellbildung entgegen, ein Benzenkern beeinflußt die cmc so wie eine Kettenverlängerung um drei bis vier CH_2-Gruppen. Die ionischen Endgruppen (wie Ammonium, Sulfat, Carboxylat) ähneln einander in ihrem Einfluß auf die Micelleigenschaften.

Bei *nichtionischen Tensiden* ist die Micellbildung aufgrund von geringer elektrostatischer Abstoßung auf der *Stern*-Schicht begünstigt, so daß die cmc niedriger liegt als bei ionischen Tensiden ($\approx$ 100-fach, <u>Tab.1</u>). Nichtionische Tenside bilden aus dem gleichen Grund auch wesentlich größere Micellen aus als ionische (vgl. <u>Tab.1</u>). Welche *Micellgröße* im Einzelfall bevorzugt wird, hängt also von der Konstitution des jeweiligen Tensidmoleküls (ionisch/ungeladen, Raumbedarf der hydrophilen/hydrophoben Teilstrukturen usw.) und von den experimentellen Bedingungen ab.

<u>Tab.1</u>. Kritische Micellbildungs-Konzentration (cmc) und mittlere Monomerenzahl *n* für verschiedene Tenside (in Wasser bei 20°C) [7]

	cmc [mol/l]	n
$H_3C(CH_2)_{11}\text{-}N^{\oplus}(CH_3)_3Br^{\ominus}$	14.4	50
$H_3C(CH_2)_{11}\text{-}OSO_3^{\ominus}Na^{\oplus}$	8.1	62
$H_3C(CH_2)_{11}\text{-}COO^{\ominus}K^{\oplus}$	12.5	50
$H_3C(CH_2)_{11}\text{-}(OCH_2CH_2)_6OH$	0.1	400

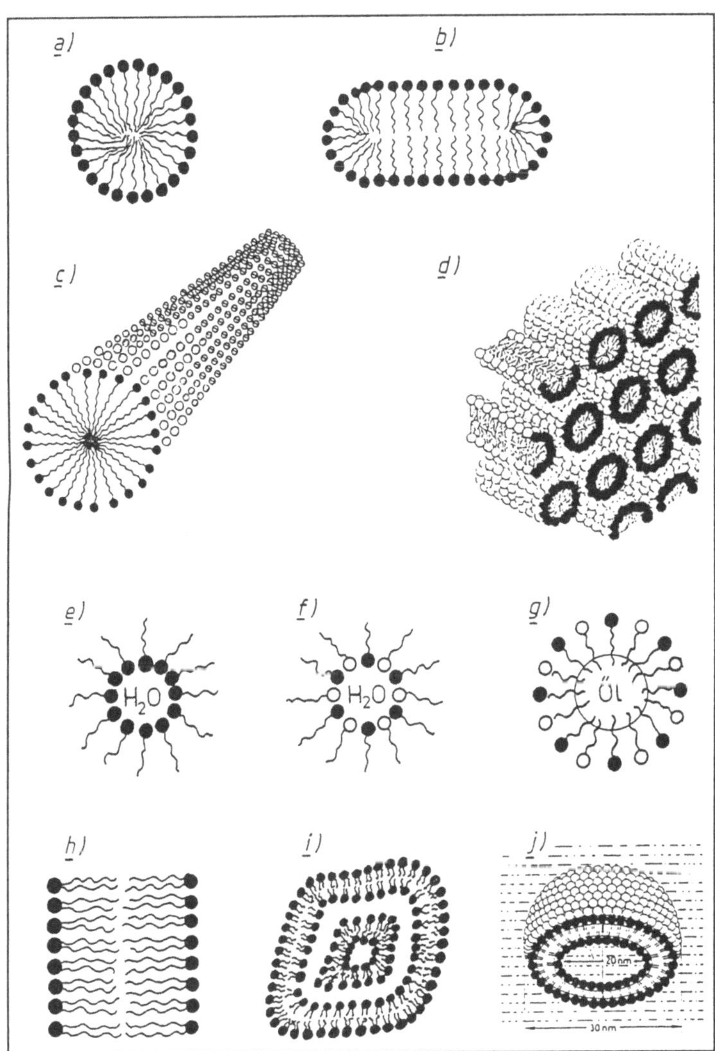

<u>Abb.6</u>. Beispiele für organisierte Tensidstrukturen (schematische Wiedergabe verschiedener Formen der Tensid-Aggregation)

Erhöht man die Konzentration einer oberflächenaktiven Substanz wesentlich über ihre cmc hinaus, so beginnen sich die ursprünglich sphärischen Micellen über *ellipsoide* zu *zylinderförmigen* Aggregaten zu vergrößern (Abb.6a-c), die durch Kleinwinkelstreuung von Röntgenstrahlen in Lösung nachgewiesen wurden [6c].

Diesem Übergang ist eine *zweite cmc* zuzuordnen (z.B. ≈ 0.3 mol/l für Cetyltrimethylammonium-bromid) [4].

In noch höherer Tensidkonzentration können sich diese Zylindermicellen schließlich erneut zusammenlagern und bei Überschreitung einer dritten cmc *flüssigkristalline Mesophasen* [8] (vgl. Abschn.8) mit meist fadenähnlicher (nematischer) Struktur ausbilden (Abb.6d); bei Derivaten des Cholesterins und anderen chiralen Molekülen sind die einzelnen nematischen Schichten zusätzlich um einen bestimmten Winkel gleichsinnig gegeneinander verdreht, so daß aus mehreren aufeinanderfolgenden Schichten eine Helix resultiert (*cholesterische Flüssigkristalle*, vgl. Abschn.8).

Mesophasen, bei denen die Anwesenheit eines Lösungsmittels, meist Wasser, in bestimmter Menge, für das Zustandekommen der Flüssigkristallinität maßgeblich ist, bezeichnet man als *lyotrope* Systeme, im Gegensatz zu *thermotropen*, bei denen der flüssigkristalline Charakter innerhalb eines bestimmten Temperaturintervalls auftritt [9]. Lyotrope Systeme sind stark doppelbrechend und können in ihrer Konsistenz von einer trüben, beweglichen Flüssigkeit bis zur wachsartigen Paste varriieren (vgl. Abschn.8).

In unpolaren Solventien bilden sich aus geeigneten Tensiden sog. *"umgekehrte"* oder *"invertierte" Micellen* [10], bei denen die hydrophoben Molekülbereiche des Amphiphils jetzt an der Außenfläche liegen und die hydrophilen Teile ins Innere ragen (Abb.6e). Die strukturellen Verhältnisse gegenüber der Micelle in Wasser kehren sich also um. Aus energetischen Gründen benötigt die Bildung einer invertierten Micelle aber zumindest Spuren von Wasser, die in den hydrophilen Kern eingelagert werden. Ein solches System kann daher als ein in Öl eingeschlossener Wassertropfen aufgefaßt werden. Wird die Konzentration an Wasser graduell erhöht, dann beginnen sich zunächst *Wasser-in-Öl-Emulsionen* auszubilden, bis schließlich der Micelltyp wieder in die endolipophile Form (normale Form) überspringt und *Öl-in-Wasser-Emulsionen* entstehen [8a,8d,11] (vgl. Abb.6f.g).

Beim Spreiten einer organischen Lösung eines Tensids auf der Wasseroberfläche eines "*Langmuir*-Trogs" (s. u.) resultiert ein Oberflächenfilm, der mit Hilfe einer beweglichen Barriere zu einer geordneten *monomolekularen Schicht* [12] (Abb.3) zusammengeschoben werden kann. Es ist möglich, in diese Schichten, ähnlich den gemischten Micellen, Fremdmoleküle einzubetten. Die Schichten lassen sich nach der Eintauchmethode auch in beliebiger Anzahl und mit spezifischer Orientierung lagenweise auf Träger aufbringen (Abschn.9.4) [13].

Diskrete *Tensiddoppelschichten* existieren in zwei Erscheinungsformen [14]: (1) Als schwarze Membran (*"black liquid membrane"*, Abb.6h) [15], die an der Öffnung einer kleinen Öse präpariert wird und (2) als in sich geschlossene *Doppelschichtvesikel* [16]. Letztere werden durch Quellen und mechanisches Rühren bzw. Ultrabeschallung von Tensiden geringer Wasserlöslichkeit erzeugt. Es handelt sich dabei um bläschenförmige Aggregate aus mehreren zwiebelhautartig ineinandergelagerten Doppelschichtmembranen mit wassergefüllten Zwischen- und Innenräumen ("multicompartment vesicle", Abb.6i). Ein spezieller Fall ist die *Mikrovesikel;* sie wird nur von einer Tensiddoppelschicht begrenzt ("single compartment vesicle", Abb.6j) [10c]. Obwohl rein äußerlich von einer sphärischen Micelle nicht zu unterscheiden, besteht doch ein prinzipieller Unterschied: Das Innere einer Mikrovesikel ist mit Wasser und nicht mit unpolaren Molekülteilen des Tensids gefüllt. Dennoch ist der Vergleich erlaubt: Was im Bereich der Monoschichten die Micelle, ist bei den Doppelschichten die Mikrovesikel. In jüngster Zeit sind allerdings auch Vesikel mit einschichtiger Membran entwickelt worden [16b].

9.3   Der Trübungspunkt

Nichtionogene Tenside vom Typ der Ethylenoxid-Addukte (vgl. Tab.1) führen ein Phänomen vor Augen, das als *"umgekehrte Löslichkeit"* bekannt ist: [1c,17] Für wäßrige Lösungen solcher Substanzen besteht eine scharfe Temperaturgrenze, unterhalb welcher die Lösungen klar und homogen sind, bei deren Überschreiten jedoch eine *Trübung* und nach einiger Zeit *Entmischung* in zwei flüssige Phasen erfolgt. Die Übergangstemperatur wird per Definition als *Trübungspunkt* (TP) bezeichnet.

Trübung und Phasentrennung sind reversible Erscheinungen und gehen beim Abkühlen unter den TP wieder zurück *(Klarschmelzpunkt).* Der Trübungspunkt variiert auch mit der Tensidkonzentration. Beobachtet wird er nur oberhalb einer *kritischen Entmischungskonzentration,* die nach physikalischer Gesetzmäßigkeit immer größer als die kritische Micellbildungskonzentration (cmc) ist, d.h. Trübung setzt *Micellbildung* voraus [18].

Da die Löslichkeit dieses Tensidtyps in Wasser vorwiegend auf einer Hydration der Ethylenglycolether-Ketten beruht [17-19], wurde das Trübungsphänomen ursprünglich so interpretiert, daß ab einer bestimmten Temperatur, nämlich *TP*, die Bindekraft der H-Brücken zwischen Wasser und Tensid nicht mehr ausreicht, um das Tensid in Lösung zu halten [1c].

Experimente bestätigen, daß von den beiden sich bildenden Phasen die eine in der Tat zum überwiegenden Teil aus Tensid besteht [18]. Trotzdem enthält sie aber noch wesentlich mehr Wasser, als man nach einer Dehydratisierung der Tensidmoleküle erwarten könnte, z.B. im Falle von Hexaethylenglycol-*n*-octylester im Mittel noch 8.7 Wassermoleküle pro Ethergruppe.

Neuere Untersuchungen führten zu dem Ergebnis, daß die Trübung und Entmischung beim Erwärmen wäßriger Lösungen nichtionischer Tenside nach denselben thermodynamischen Gesetzen zu behandeln sind, wie andere Entmischungserscheinungen in flüssigen Zweikomponentensystemen, jedoch unter micellaren Vorzeichen [1c]: Bei der Erhöhung der Temperatur erfolgt ein Anwachsen der anisometrischen Micellen, wodurch es zu einer gegenseitigen Behinderung der Bewegungsfreiheit kommt. Aus Entropiegründen teilt sich das System in zwei Phasen, in das *emulgierte Koazervat*, reich an hydratisierten großen Micellen und in die Gleichgewichtsflüssigkeit mit wenig zurückgebliebenen Micellen. Deren wiedergewonnene Bewegungsfreiheit liefert den notwendigen Entropiezuwachs für das ganze System.

Dies schließt nicht aus, daß eine durch Wasserstoffbrückenbindung hervorgerufene Hydration der hydrophilen Etherfunktionen [1c] ursächlich an der *Entmischung* beteiligt ist, jedoch nur insofern, als für die thermodynamischen Größen, die eine untere Entmischungsgrenze bedingen, günstige Voraussetzungen entstehen [18]. In dieser Hinsicht bieten nichtionische Tenside mit ihrer dualistischen Molekülstruktur ideale Verhältnisse.

9.4 Langmuir–Blodgett–Filme

9.4.1 Einleitung

Im Jahre 1920 gelang es *Irvin Langmuir*, eine einzige Schicht von einer Wasseroberfläche auf feste Substanzen zu übertragen. 1935 erreichte *Katharina Blodgett* eine mehrfache Monoschicht-Übertragung. 1962 entwarf und synthetisierte *Hans Kuhn* speziell konstruierte Moleküle für aktive molekulare Organisate (Aggregate). Um 1975 wuchs das Interesse an *Langmuir-Blodgett-Filmen (LB)* [1] aufgrund ihrer optischen und spezifischen chemischen Eigenschaften. Derzeit findet eine explosionsartige Entwicklung der LB-Techniken statt [1-4], denn die möglichen Anwendungen sind zahllos: Integrierte Optiken, nichtlineare Optik, neue Materialien für die Elektronik, Mikrolithographie, Katalyse, Biologie.

9.4.2 Herstellung von Langmuir-Blodgett-Schichten

Langmuir-Filme sind aus amphiphilen Molekülen (vgl. Abschn.8.9) aufgebaut, d.h. Molekülen, die hydrophile und hydrophobe Teilbereiche enthalten. Ein Beispiel bietet die Docosansäure ($C_{21}H_{43}CO_2H$) mit der Carboxylgruppe als hydrophiler Funktion und der 21 Kohlenstoffatome langen gesättigten aliphatischen Kette als hydrophobem Teil (Abb.1).

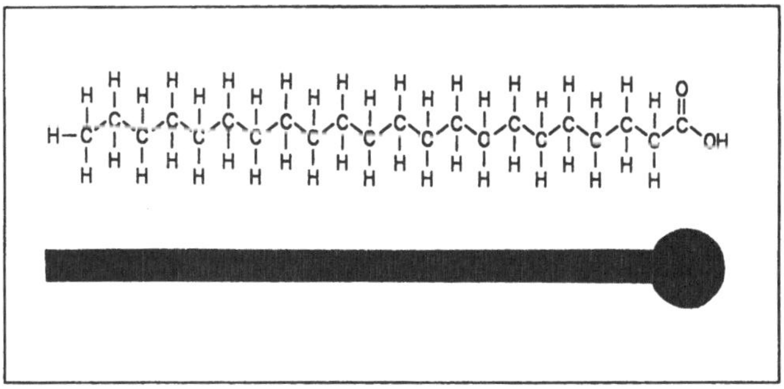

Abb.1. Docosansäure als amphiphiles Molekül (oben); unten die im folgenden benutzte vereinfachte graphische Repräsentation dieses Moleküls und ähnlicher Amphiphile [1]

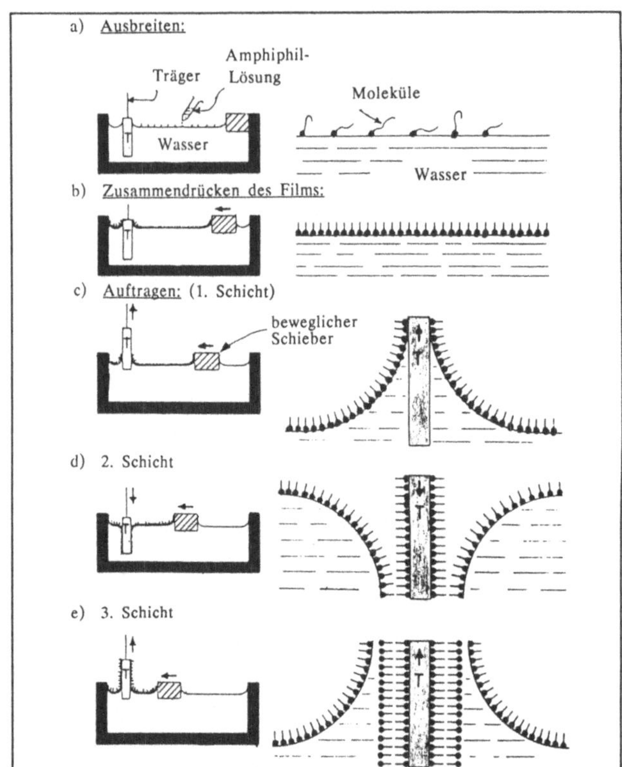

Abb.2. *Langmuir*-Arbeitsweise: Ausbreiten, Kompression, Deposition [1,2]

In **Abb.2a,b** ist veranschaulicht, wie ein monomolekularer Film solcher amphiphilen Moleküle zunächst auf der Wasseroberfläche ausgebreitet und dann auf einen festen Träger (support) übertragen wird [1,2]. Die Reihenfolge des Vorgehens ist dabei folgende:

a) Ausbreiten des Amphiphils:

Eine bekannte Menge der amphiphilen Moleküle wird in einem hydrophoben Lösungsmittel, das nicht mit Wasser mischbar ist, gelöst und diese Lösung in einem "*Langmuir*-Trog" auf eine saubere Wasseroberfläche getropft. Man läßt daraufhin das Lösungsmittel verdunsten, wodurch die Moleküle sich auf der Wasseroberfläche verteilen (**Abb.2a**).

b) Verdichtung (Kompression) einer monomolekularen Schicht:

Der Langmuir-Trog (Pockel-Trog) ist mit einer beweglichen Barriere ausgestattet, mit Hilfe derer der Film seitlich zusammengedrückt wird. Der Film wird allmählich so lange zusammengeschoben, bis der Oberflächendruck gerade bis unterhalb des Kollapsdruckes angestiegen ist (Elastizitätsgrenze).

Die amphiphilen Moleküle können sich aufgrund ihrer langen aliphatischen Ketten weder in Wasser vollständig auflösen, noch können sie wegen ihrer hydrophilen Gruppen die Wasse*roberfläche* verlassen. Sie bilden daher einen zusammenhängenden, kompakten monomolekularen und in den meisten Beispielen stabilen Film an der Wasser/Luft-Grenzfläche (interface). Der seitliche Druck, der 150 kg/cm^2 überschreiten kann, verhindert das Entstehen von Löchern im Film, wie durch dielektrische Messungen gezeigt wurde.

<u>Abb.2c</u> zeigt die Übertragung des monomolekularen Films auf einen festen Träger (z.B. Glasplatte, Objektträger). Wird der hydrophile Träger, der vorher in den Trog eintaucht, langsam aus der Wasseroberfläche herausgehoben, so wird sich am Träger ein Film bilden, da die Moleküle wegen ihres hydrophilen Kopfs an der hydrophilen Oberfläche haften und den Wasserfilm herausdrängen, der die Oberfläche des Trägers bedeckte. Während dieses Vorgangs wird der Oberflächendruck durch geeignetes Bewegen des beweglichen Schiebers konstant gehalten. Das Substrat (Träger) ist nun hydrophob belegt. Wird der Träger wieder nach unten geschoben, dann kann eine zweite Schicht auf seine Oberfläche aufgebracht werden. Die Trägerschicht wird dann hydrophil, wie sie früher war. Beim Herausnehmen des Trägers lagert sich eine dritte Schicht ab usw. Die soeben beschriebene LB-Technik unterscheidet sich stark von klassischen Kristallwachstums-Methoden: Man kann damit eine vollständige Schicht nach der anderen übereinanderlegen. Dies bedeutet auch, daß man unterschiedliche Moleküllagen gezielt aufeinanderbringen kann, indem man einfach die Art des Films, durch den der Träger hindurchgeschoben wird, variiert. Außer der Dodecansäure gibt es eine Vielzahl von für *LB-Deposite* geeignete Moleküle, darunter Farbstoffe, biologische Moleküle, Charge-Transfer-Komplexe, amphiphatische Polymere usw.

Auch die Wasserphase läßt sich durch andere Medien austauschen, darunter Glycerin und Quecksilber.

9.4.3   Langmuir–Troge

<u>Abb.3</u> zeigt einen Langmuir-Trog, der mit der üblichen verschiebbaren Barriere ausgestattet ist:

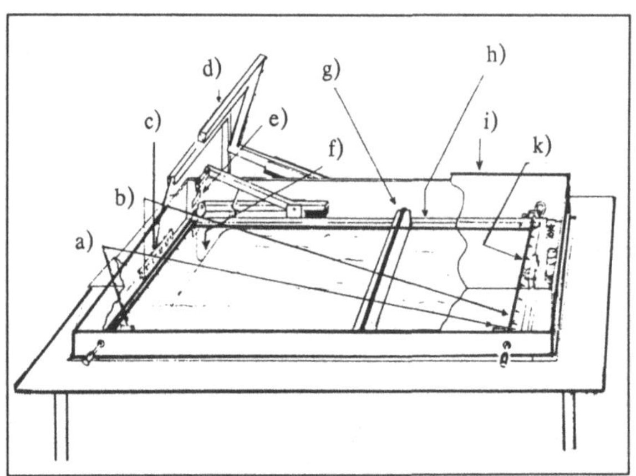

<u>Abb.3</u>. *Langmuir*-Trog: a) Barrierenstopper, b) Saugkapillaren zur Reinigung der Trog-Oberfläche, c) Vielfach-Probenhalter, d) programmierbarer Taucharm, e) *Wilhelmy*-Waage zur Messung der Oberflächenspannung, f) Eintauchwelle, g) verschiebbare Polytetrafluorethylen-(PTFE-)Barriere, h) PTFE-Trog, i) verschiebbare Abdekkung, die mit Stickstoff bespült werden kann, k) Wasserniveau-Kontrolle [1]

Gemeinsame Bestandteile des Langmuir-Trogs sind folgende: Ein Wasserbehälter aus Glas oder Kunststoff (vorzugsweise aus Polytetrafluorethylen; h in <u>Abb.3</u>) enthält einen beweglichen Schieber (g in <u>Abb.3</u>), der den Filmteil des Trogs von der freien Wasserphase trennt. Außer dem klassischen PTFE-Schieber gibt es solche, bei denen der Perimeter konstant gehalten wird (<u>Abb.4</u>). Zur Messung der Oberflächenspannung werden *Wilhelmy*- oder *Langmuir*-Waagen verwendet. Darüber hinaus muß eine geeignete *Langmuir*-Anordnung noch einen Arm (Träger) enthalten, dessen Eintauchen programmiert werden kann.

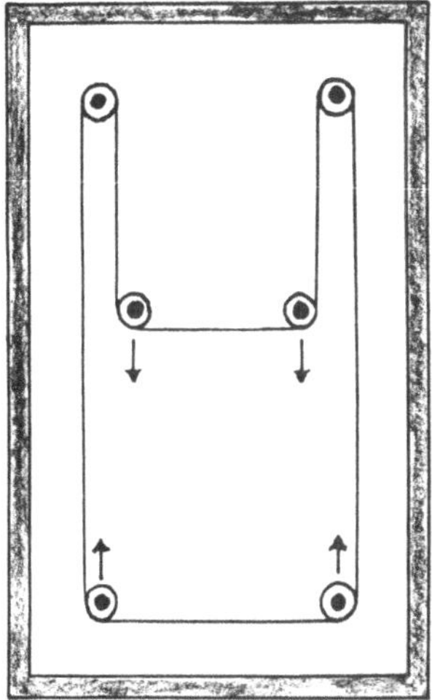

<u>Abb.4</u>. Prinzip des Schiebers (Barriere) mit konstantem Perimeter

Aufbringen alternierender Schichten auf feste Träger: Die übliche LB-Methode führt zu vielschichtigen Anordnungen (<u>Abb.5</u>), in denen die polaren "Köpfe" zweier aneinander haftender Schichten gepaart sind. Sie bilden hydrophile Doppelebenen.

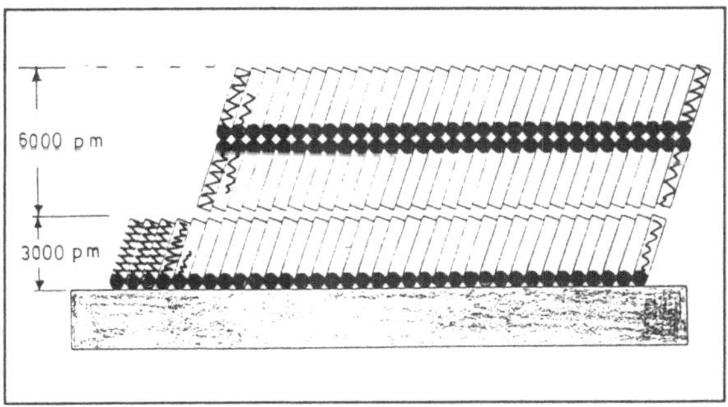

<u>Abb.5</u>. Anordnung innerhalb klassischer Y- (head-to-head, tail-to-tail) LB-Multischichten. Der Abstand zwischen Molekülen mit einer Länge von 20-24 C-Atomen beträgt bei wenig verbogenen Ketten ungefähr 6000 pm [1]

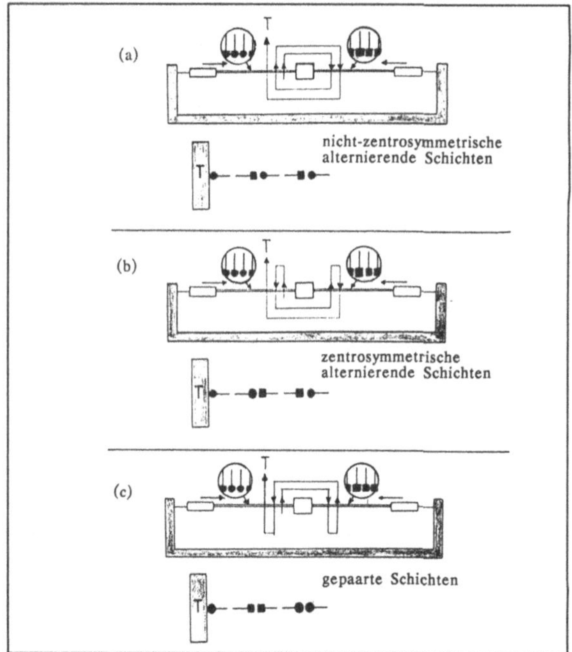

Abb.6. Doppelter *Langmuir*-Trog für alternierende LB-Schichten. Ein Hilfs-arm bringt den festen Träger von einem Kompartiment in das an-dere. Wenn der Träger sowohl ober- als auch unterhalb der Was-seroberfläche bewegt wird, entstehen nicht-zentrosymmetrische alter-nierende Schichten (a). Wird der feste Träger nur unterhalb der Wasseroberfläche von einem Trog in das andere Kompartiment be-wegt, so entstehen zentrosymmetrische alternierende Schichten (b). Bewegen des Trägers ausschließlich oberhalb der Wasseroberfläche führt zu paarweise alternierenden Schichten (c) [1]

Diese Struktur der Vielschichten ist im wesentlichen zentrosymmetrisch und eignet sich für Untersuchungen der dritten HG (Harmonic Generation). Für SHG-Zwecke (Second Harmonic Generation, vgl. Abschn.14, NLO) wer-den nicht-zentrosymmetrische Strukturen benötigt. Sie sind in alternierenden LB-Schichten zu finden. Diese bestehen aus zwei aneinanderhaftenden Lagen unterschiedlicher Art (**A**, **B**), die in der Reihenfolge **A--B--A--B--A--B** an-geordnet sind, wobei die Moleküle **A** und **B** über ihre polaren Gruppen

Kontakt zueinander haben. Solche alternierenden Schichten können manuell durch Wechseln des Films bei jedem Eintauchen erzeugt werden. Automatisch lassen sie sich mit einem Doppeltrog erhalten, in dem der Träger alternierend durch beide Filme in den beiden verschiedenen Trögen gezogen wird.

Abb.6 zeigt einen solchen doppelten *Langmuir*-Trog zur automatischen Herstellung alternierender LB-Schichten.

Die *Langmuir*-Sequenztröge haben alle den Nachteil, daß sie grundsätzlich diskontinuierlich Filme erzeugen. Dies ist für industrielle Anwendungen ungünstig. Deshalb wurde eine kontinuierliche Methode zur Filmherstellung entwickelt. Ihr Prinzip ist in Abb.7 gezeigt.

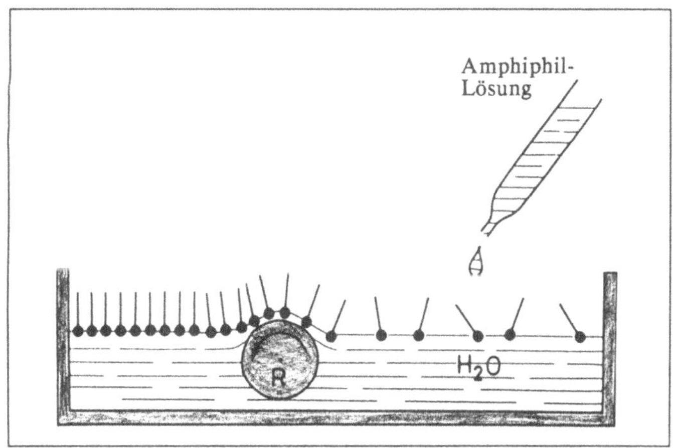

Abb.7. Filmherstellung mit dem "Roller-Trog" ("roller trough"). Eine partiell eintauchende Rolle (R) sammelt die Moleküle und komprimiert sie [1] [vgl. f) in Abb.3]

Ein kontinuierlicher Film entsteht, wenn die amphiphilen Moleküle mit einer Rolle, die teilweise in die flüssige Phase eintaucht, von einer Seite der Rolle zur anderen befördert und sie zugleich zusammengedrückt werden (Abb.7). Der Trog ist also in zwei Kompartimente geteilt, die durch die Rolle getrennt sind. Der Durchsatz dieses Trogtyps ist etwa 10fach höher als der eines einfachen *Langmuir*-Trogs vergleichbarer Größe.

9.4.4   Zur Charakterisierung von LB-Filmen

Wie können die mechanischen Eigenschaften derartiger Filme untersucht werden? Erste Informationen können durch Messen der Kompressions-Isoterme (Auftragen des Drucks gegen Druck pro Fläche) erhalten werden: Daraus ist der Raumbedarf pro Molekül zu entnehmen, das zweidimensionale Kompressibilitätsmodul. Diese ersten Informationen können durch optische Untersuchungen am Trog selbst vervollständigt werden. Sobald die Filme auf den festen Träger aufgetragen sind, ist ihre Struktur quasi eingefroren, und es können statische Methoden zur Strukturuntersuchung angewandt werden. Auch Methoden wie die Elektronenmikroskopie, die nicht am Trog selbst eingesetzt werden können, lassen sich nun benutzen. Wegen des hohen Ordnungsgrads der Filme liefern die meisten Untersuchungsmethoden konkrete Ergebnisse: z.B. führen *Röntgen-* und Elektronenbeugung ähnlich wie bei Kristallen zu Gitterparametern. Optische spektroskopische Methoden erlauben Aussagen über die molekulare Umgebung (Aggregation, Dimerbildung). Elektronenspin-Resonanz und *Raman*-Streuung in polarisiertem Licht geben Aufschluß über molekulare Konformationen; die verschiedenen Typen der Mikroskopie können zur Untersuchung von Defekten des Films eingesetzt werden. Leider läßt sich die Kernresonanz nicht gut einsetzen, da sie zu wenig empfindlich ist, selbst bei 100fachen Schichten.

Außer der optischen Spektroskopie (UV/Vis, IR) bieten auch Fluoreszenz-Messungen Aufschluß über die Morphologie und Organisation des Films und eventuell zugesetzte Bestandteile wie z.B. Farbstoffe.

In Abb.8 ist das Beispiel eines **Photonen-Trichters** (funnel) illustriert. Hier sind Doppelschichten von zwei unterschiedlichen *Farbstoffen* A und B durch mehrere Schichten des Amphiphils (Stearinsäure) von dem Quarzträger getrennt. Wird der Farbstoff A mit Licht entsprechender Wellenlänge angeregt, dann fluoresziert fast ausschließlich der Farbstoff B (*Möbius*, 1978). Dies wird auf den hohen Organisationsgrad des Films zurückgeführt, der eine Resonanzwanderung der Anregung durch einen *Förster*-Mechanismus erlaubt. Die parallel zueinander liegenden Farbstoffe sind optisch gekoppelt, und der angeregte Zustand wird auf den Farbstoff B übertragen, der einen etwas niedriger liegenden angeregten Zustand aufweist und wie eine Falle für den angeregten Zustand wirkt, der nun nicht länger "wandern" kann. Dieser Photonentrichter-Effekt war eines der ersten Beispiele hochorganisierter molekularer Strukturen, die für einen spezifischen Zweck konstruiert waren *(molecular engineering)*.

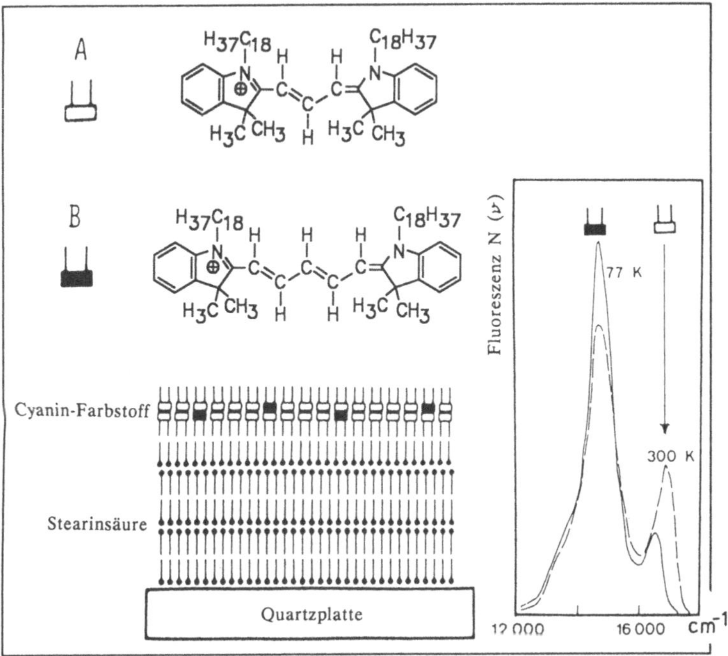

Abb.8. Zum Photonentrichter-Effekt: Zwischen Quartzträger und den Cyanin-Farbstoffen A und B befinden sich mehrere Lagen des Amphiphils Stearinsäure. Wenn der Farbstoff A selektiv angeregt wird (16500 cm^{-1}), fluoresziert fast ausschließlich der Farbstoff B (14400 cm^{-1}) [1)]

Manchmal ist der Ordnungsgrad der Moleküle in den Filmen so hoch, daß eine genaue Bestimmung des vertikalen Elektronendichte-Profils möglich ist. Dies erlaubt die Messung der Abstände einer polaren Ebene zur nächsten, z.B. in einem 64-Schichten-Film.

LB-Filme erlauben das Zusammenbringen einer Vielzahl von Molekülen in kontrollierter Weise, sowohl hinsichtlich der Richtung als auch des Abstands. Das Ergebnis kann eine metastabile Struktur sein, die außerhalb des thermodynamischen Gleichgewichts liegt. Es erhebt sich dann die Frage, ob eine lange oder kurze Reorganisationsphase erfolgt (Frage der Stabilität). Insgesamt wurde für LB-Filme eine hohe Stabilität gefunden.

Ringsdorf gelang es, molekulare Selbstorganisation und molekulare Erkennung an Monoschichten zu funktionellen supramolekularen Modell-Biomembran-Systemen - mit Analogien zur lebenden Zelle - zu kombinieren. Als Beispiel sei die Molekulare Erkennung von über Lipidmonoschichten an Goldoberflächen aufgebrachten Biotin-Molekülen und des Streptavidin-Proteins illustriert. Durch Raster-Tunnelmikroskopie und mit anderen Methoden konnte gezeigt werden, daß damit Proteinschichten hochorientiert werden können: "2D-Krisallisation" [4]:

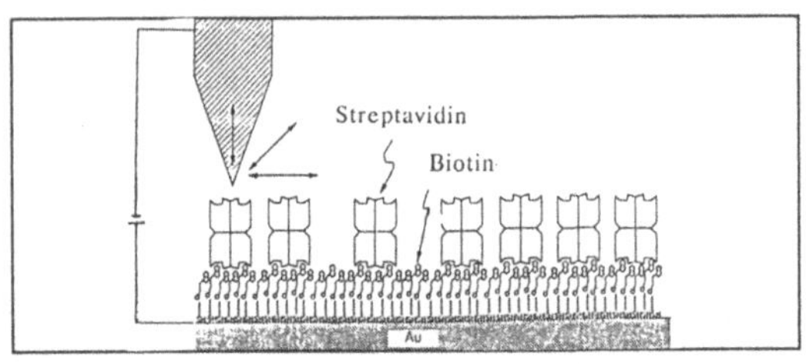

<u>Abb.9</u>. Raster-Tunnelmikroskopie hochorientierter Proteinschichten nach *Ringsdorf* [4]

Obwohl einzelne LB-Filme im Grunde ultradünn sind (*UDS, Ultradünne Schichten*) [5], können durch zahllose Übereinanderlagerungen dicke optische Filme entstehen. So liefern beispielsweise tausend Schichten einen Film mit ca. 3 µm Dicke. Anders als bei Fettsäuren, deren Filme häufig Phasen-Defekte enthalten, die sie trübe machen, gibt es andere Moleküle, die bemerkenswert transparente Filme liefern, auch wenn sie sehr dick sind. Vor allem diese Eigenschaft macht LB-Filme gut geeignet für optische Anwendungen einschließlich *nichtlinearer Optik* [5] (s. <u>Abschn.14</u>). Wichtig für *nichtlineare optische Materialien* ist, daß man anders als in Kristallen die Moleküle so ausrichten kann, daß sie nicht zentrosymmetrisch sind, auch wenn sie zentrosymmetrisch kristallisieren. Auf diese Weise bieten LB-Filme die Möglichkeit, Moleküle der gleichen oder auch verschiedener Art in verschiedener räumlicher Anordnung nahe beieinander oder auch in einer gewissen Entfernung zueinander anzuordnen. Durch Maßschneidern von Molekülen innerhalb dieser supramolekularen Organisation lassen sich *neuartige Materialien* erhalten, die entsprechend neuartige optische und andere Effekte ermöglichen. LB-Schichten bieten also eine *Alternative zum Kristall* (·aufbau).

Über elektroaktive LB-Filme siehe z.B. Lit. [6].

10 Organische Halbleiter, Leiter und Supraleiter

10.1 Einleitung

Das Forschungsgebiet der *"organischen Metalle"* hat sich in den letzten Jahren rasch entwickelt. Leitende, lösliche und thermoplastisch verarbeitbare Chemiewerkstoffe sind industriell interessant und von wirschaftlichem Interesse. Geringe Leitfähigkeit bewirkt bereits antistatische Eigenschaften, die für Bodenbeläge, Textilfasern, Lacke und viele andere Bereiche wichtig sind. Elektronische Geräte lassen sich beispielsweise mit leitfähigen Kunststoffgehäusen gegen elektromagnetische Felder abschirmen. Organische Leiter werden für korrosionsbeständige Elektrodenmaterialien, z.B. auch in neuartigen Batterien, entwickelt. In der Reproduktionstechnik (Elektrophotographie) sind photoleitende organische Verbindungen bereits weit verbreitet.

Die vorgesehenen Anwendungsbereiche sind so vielschichtig, daß auch ein hoher Preis kein Hindernis für den Einsatz organischer Leiter wäre. Dies gilt in besonderem Maße für einen - bereits konzipierten - organischen Hochtemperatur-Supraleiter.

Wie der in Abb.1 gezeigte Vergleich der Leitfähigkeiten anorganischer (linke Seite) und organischer Stoffe (rechte Seite) zeigt, sind übliche organische Substanzen Isolatoren. Im folgenden sollen die in Abb.1 rechts senkrecht eingefügten beiden Gruppen organischer Leiter vom Charge-Transfer-Typ und die metallisch leitfähigen Polymere erörtert werden.

10.2 Elektrisch leitende Charge-Transfer-Komplexe

Im Jahre 1973 wurde annähernd gleichzeitig von zwei Gruppen gefunden, daß ein aus dem Donor Tetrathiafulvalen (1) und dem Acceptor Tetracyano-*p*-chinodimethan (2) in Acetonitril auskristallisierter 1:1-Komplex *(Donor-Acceptor-* oder *Charge-Transfer-Komplex)* in einem weiten Temperaturbereich metallähnliche elektrische Leitfähigkeit zeigt [1].

Tetrathiafulvalen (TTF)

1

Tetracyano-*p*-chinodimethan (TCNQ)

2

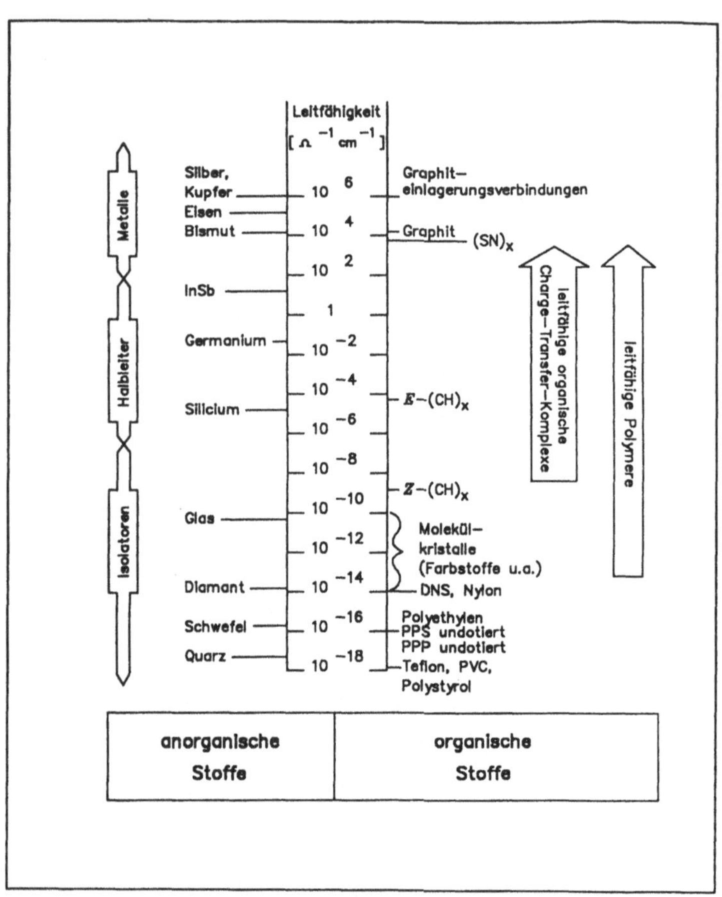

Abb.1. Elektrische Leitfähigkeit anorganischer (linke Seite) und organischer Leiter (rechte Seite), Halbleiter und Isolatoren (bei Raumtemperatur)

Die Kristalle sind im reflektierten Licht undurchsichtig schwarz, im durchscheinenden Licht dagegen olivgrün. Die höchste elektrische Leitfähigkeit ($\sigma = 1.47 \cdot 10^4$ S cm^{-1}) haben sie bei 66 K. Zum ersten Mal wurden dabei Leitfähigkeiten erreicht, die denjenigen metallischer Leiter nahekommen (Kupfer bei 298 K: $\sigma = 6 \cdot 10^5$ S cm^{-1}).

Es zeigt sich, daß bei kristallinen organischen Leitern dieses Typs einige besondere geometrische und elektronische Voraussetzungen erfüllt sein müssen, wenn Leitfähigkeit erzielt werden soll. In kristallinen Molekülverbänden fließen Elektronen in *"supramolekularen"*, d.h. sich über eine Reihe von Molekülen erstreckenden, Orbitalen, die sich aus in Säulen angeordneten MO zusammensetzen. Zur Ausbildung von hoher Leitfähigkeit ist es erforderlich, daß Donor- und Acceptormoleküle in ein- und demselben Kristall *in getrennten Stapeln* kristallisieren (Abb.2).

Kommt es dagegen zu gemischten Stapeln innerhalb desselben Kristallgitters, so ist ein Ladungsübergang während des Leitungsvorganges kaum möglich; es liegt ein *Isolator* vor (Abb.2a).

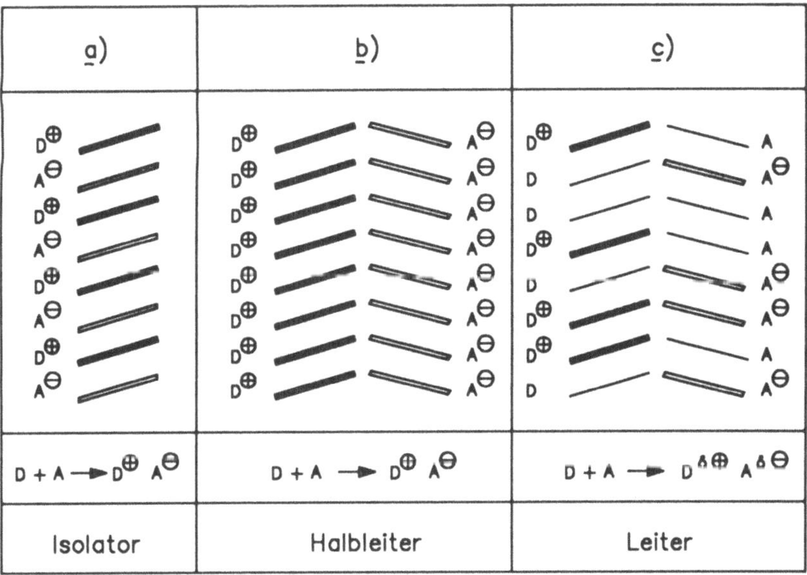

Abb.2. Kristallpackung in Einkristallen organischer Charge-Transfer-Komplexe. a) gemischte Stapelung von Donor- (D-) und Acceptor- (A-) Molekülen; b) und c) getrennte Stapel von D und A

Getrennt gestapelte Donor- und Acceptormoleküle reichen aber allein nicht aus, um hohe Leitfähigkeiten zu erreichen. Die Donoren und Acceptoren müssen so gebaut bzw. aufeinander abgestimmt sein, daß das Ausmaß ihrer elektronischen Wechselwirkung, der Ladungsübergang (Charge Transfer) ausbalanciert ist: Erfolgt nämlich vollständige Ladungsübertragung (Abb.2b), so erhält man *CT-Komplexe* mit bestenfalls Halbleiterverhalten. Eine nur partielle Elektronenübertragung dagegen liefert Komplexe mit der gewünschten hohen Leitfähigkeit (Abb.2c).

Nach einer Valenzband-Betrachtung (VB) besitzen bei vollständiger Ladungsübertragung alle Acceptormoleküle eine negative, und alle Donoren eine positive Ladung.

Dies hat zur Folge, daß während des Leitungsvorganges Elektronen nur so transportiert werden können, daß intermediär energetisch ungünstige doppelt geladene Moleküle auftreten und zusätzlich noch hohe Elektronenabstoßungs-Potentiale zu überwinden sind:

$$A^{\ominus} + A^{\ominus} \;\rightleftharpoons\; A + A^{2\ominus}$$
$$D^{\oplus} + D^{\oplus} \;\rightleftharpoons\; D + D^{2\oplus}$$

Deshalb sind in diesem Fall im allgemeinen nur Leitfähigkeiten im Halbleiter-Bereich zu finden.

Ist jedoch die Ladungsübertragung nur partiell, so liegen auch neutrale neben geladenen Donor- und Acceptormolekülen vor. Damit ist ein Ladungstransport ohne großen Energieaufwand möglich, und CT-Komplexe mit hoher elektrischer Leitfähigkeit sind zu erwarten:

$$A^{\ominus} + A \;\rightleftharpoons\; A + A^{\ominus}$$
$$D + D^{\oplus} \;\rightleftharpoons\; D^{\oplus} + D$$

Im Falle von Acceptorverbindungen (A) des Typs Tetracyanochinodimethan *(TCNQ)* wird das durch Elektronenaufnahme entstehende Radikalanion des Acceptors durch die Ausbildung eines Benzenrings stabilisiert:

TCNQ und eine große Zahl strukturell ähnlicher Acceptoren bilden daher auch mit anderen Donoren, z.B. mit Alkali- und Erdalkalimetallen, aber auch mit organischen Ammoniumsalzen, elektrisch leitende Verbindungen.

Der Donor Tetrathiafulvalen *(TTF)* stabilisiert sich ebenfalls durch Ausbildung eines aromatischen Sextetts:

Der Charge-Transfer-Komplex *TTF-TCNQ* gehört zur Reihe der gemischtvalenten Salze, da die Ladungsübertragung infolge des Verhältnisses von Oxidationspotential des Acceptors zum Reduktionspotential des Donors nicht vollständig ist. Durch *Charge-Transfer-Wechselwirkungen* der geladenen und ungeladenen planaren Acceptor- bzw. Donormoleküle kommt es schon bei der Kristallisation zur Bildung getrennter Acceptor- bzw. Donor-Stapel (vgl. Abb.2c). Offenbar ist diese Anordnung bei gemischter Wertigkeit günstiger als die in Abb.2a skizzierte Stapelbildung mit alternierender Donor-Acceptor-Anordnung.

Organische Charge-Transfer-Komplexe zeigen beim Abkühlen die sog. *Peierls-Verzerrung* (s.u.), der metallisch leitfähige Komplex aus Tetrathiafulvalen und Tetracyanochinodimethan *(TTF/TCNQ)* z.B. bei 58 K. Die Leitfähigkeit steigt zunächst wie bei allen Metallen zu tiefen Temperaturen hin an und fällt dann plötzlich um drei bis vier Zehnerpotenzen ab, wobei es gleichzeitig zu einer Gitterverzerrung innerhalb der Molekülstapel kommt. Dieser Übergang vom "Metall" zum Halbleiter und Isolator wird bei vielen molekularen Charge-Transfer-Komplexen und Radikalkationen-Salzen beobachtet und nur bei wenigen, wie z.B. dem Tetramethyltetraselenofulvalen-

perchlorat, *(TMTSF)$_2$ClO$_4$*, durch ein anderes elektronisches Ordnungs-
phänomen abgelöst: die *Supraleitung.*

π-Acceptoren [*]:

"TNAP"   "TCNP"   "TCNTP"

"OCNAQ"   "HCBD, TCM"   "HCP"

---

[*] Die Kurzbezeichnungen sind oft nicht von korrekten IUPAC-Namen ab-
     geleitet:
     Tetracyanonaphthochinodimethan;
     Tetracyanopyrenochinodimethan;
     Tetracyanotetrahydropyrenochinodimethan;
     11,11,12,12,13,13,14,14-Octacyano-1,4;5,8-anthradiquinotetramethan;
     Hexacyanobutadien bzw. Tetracyanomuconitril;
     Hexacyanotrimethylencyclopropan.

π-Donoren **):

"TTT"

"BEDT–TTF"

1i)

"TSF"

"TMTSF"

"HMTSeF"

Diese beruht wie die *Peierls*-Verzerrung nach der BCS-Theorie (nach den Physikern <u>B</u>ardeen, <u>C</u>ooper und <u>S</u>hrieffer, die sie entwickelten) auf Wechselwirkungen [1c] zwischen den Elektronen und Phononen (s.u.) eines Festkörpers.

Zur Beeinflussung der Redoxpotentiale sind die Acceptor- und die Donormoleküle in mannigfaltiger Weise abgewandelt worden [1-3]. Die Ziele bei der Optimierung von *Donor-Acceptor-Paaren* sind kurzgefaßt folgende:

- eine Ladungsübertragung zwischen den radikalischen Spezies innerhalb der Grenzwerte 0 (kein CT) und 1 (vollständiger CT)
- Wechselwirkungen zwischen den Stapeln, um Phasenübergänge zu unterdrücken, die elektrisch leitende Gitter zu isolierenden Gittern werden lassen
- Steigerung der molekularen Polarisierbarkeit.

Hohe elektrische Leitfähigkeiten werden auch erzielt, wenn Acceptorverbindungen zu Radikalanionen-Salzen reduziert werden, z.B. mit Alkalimetallen, und umgekehrt, wenn Donorverbindungen zu Radikalkationensalzen

---

**) Abgeleitet von:
   Tetrathiatetracen;
   Bis(ethylendithiotetrathiafulvalen);
   Tetraselenafulvalen;
   Tetramethyltetraselenafulvalen;
   Hexamethylentetraselenafulvalen.

oxidiert werden, z.B. mit Halogenen zu den Halogeniden. __Tab.1__ gibt einige Beispiele.

__Tab.1__. Leitfähigkeiten einiger CT-Komplexe und einiger Radikalsalze

CT-Komplexe	σ [S cm^{-1}]	Radikalsalze	σ [S cm^{-1}]
TTF·TCNQ	$5\cdot10^2$	Li(TCNQ)	$5\cdot10^{-6}$
HMTSeF·TCNQ	$2\cdot10^3$	$Cs_2(TCNQ)_3$	$2\cdot10^{-3}$
$TTF\cdot TCNQ_2$	$1\cdot10^2$	$Et_3NH^{\oplus}(TCNQ)_2^{\ominus}$	$5\cdot10^{-2}$
BEDT-TTF·TCNQ	$5\cdot10^1$	Chinolinium$(TCNQ)_2$	$1\cdot10^2$
TSF·TCNQ	$1\cdot10^4$	$TTF\cdot Cl_{0.68}$	$6\cdot10^{-1}$
		$(TMTSF)_2\cdot PF_6$	$1\cdot10^3$

Mit einem neuen, gut zugänglichen Acceptor-Typ, den N,N'-Dicyano-chinondiiminen *(DCNQI)* konnte *Hünig* 1986 hohe elektrische Leitfähigkeiten erreichen [3]. Sie sind mit breiter Substituentenpalette einstufig aus den entsprechenden Chinonen zugänglich. Infolge der nur schwach gewinkelten =N-CN-Gruppe bleibt selbst bei Tetrasubstitution - anders als bei den TCNQ-Derivaten - die Molekülplanarität weitgehend erhalten. Aus diesem Grund bildet z.B. *syn*-N,N'-1,4-Dicyanonaphthochinon-diimin mit Tetra-thiafulvalen (TTF) einen *Charge-Transfer-Komplex*, der hohe elektrische Leitfähigkeit aufweist.

2,5—DM—DCNQI

Noch höhere Leitfähigkeit wurde an einem von DCNQI abgeleiteten *Radikalanionensalz* gefunden, das metallischen Charakter hat:

Vereinigt man Acetonitril-Lösungen von 2,5-Dimethyl-N,N'-dicyanochinon-diimin *(2,5-DM-DCNQI)* und Kupfer(I)-iodid, so fällt ein schwarzes Kristall-pulver der Zusammensetzung $(2,5\text{-DM-DCNQI})_2Cu$ an, das eine Pulverleitfähigkeit von 0.4 S cm^{-1} hat. Dabei ist anzunehmen, daß die Kontaktwiderstände zwischen den Kristallit-Oberflächen die Leitfähigkeit begrenzen.

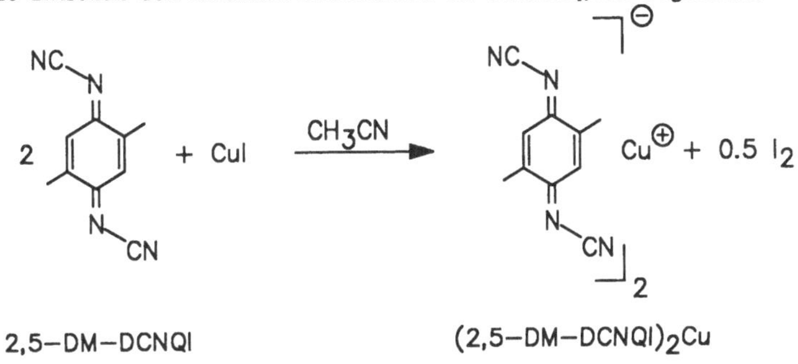

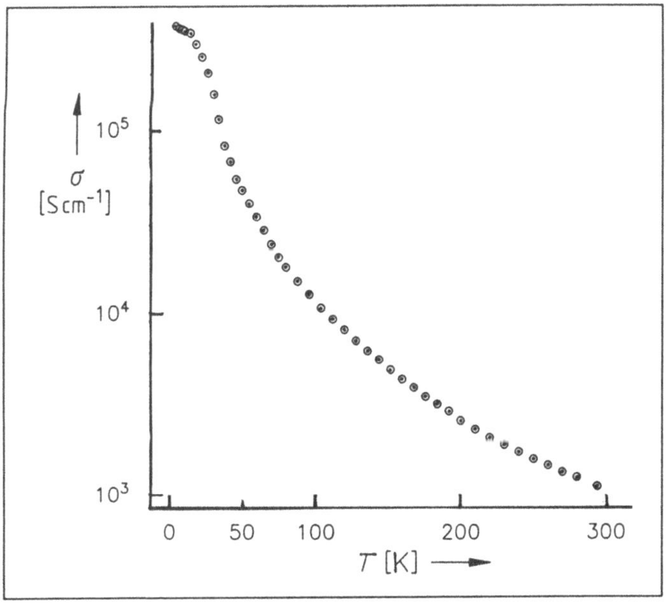

Abb.3. Temperaturabhängigkeit der elektrischen Leitfähigkeit σ von (2,5-DM-DCNQI)$_2$Cu-Einkristallen [3]

Einkristalle derselben Zusammensetzung entstehen durch Elektrolyse von 2,5-DM-DCNQI und Kupfer(II)-bromid in Acetonitril. Sie zeigen bereits bei 295 K eine Leitfähigkeit von 800-1000 S cm^{-1}, die bei 1.3 K *kontinuierlich ansteigt* (<u>Abb.3</u>). Dieses Verhalten demonstriert den metallischen Charakter des Salzes, der bei keiner Temperatur von einem Phasenübergang *(Peierls-Verzerrung)* unterbrochen wird.

Besonders reine Kristalle von $(2,5\text{-DM-DCNQI})_2\text{Cu}$ erreichen schon bei 3.5 K die extrem hohe Leitfähigkeit von 500000 S cm^{-1} [das analoge TCNQ-Salz $(\text{TCNQ})_2\text{Cu}$ ist lediglich ein Halbleiter, dessen Leitfähigkeit von $1.5 \cdot 10^{-5}$ S cm^{-1} bei 530 K auf $2 \cdot 10^{-6}$ S cm^{-1} bei 290 K sinkt].

Wie die *Röntgen*-Kristallstrukturanalyse zeigt, sind die Kupferatome in nahezu gleichen Abständen von den N-Atomen von vier N-Cyangruppen leicht verzerrt tetraedrisch koordiniert (<u>Abb.4</u>).

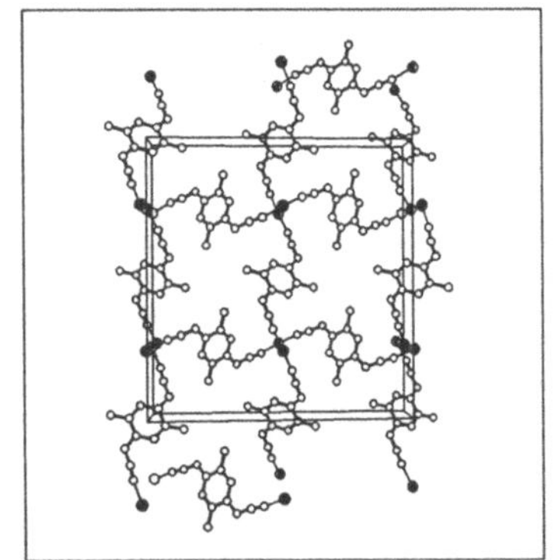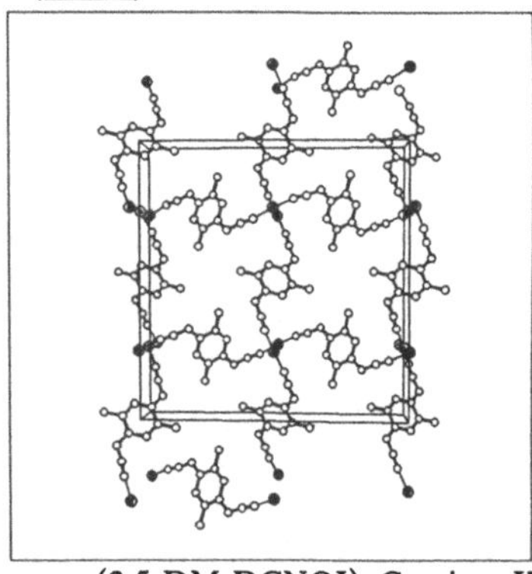

<u>Abb.4</u>. a,b-Projektion der Struktur von $(2,5\text{-DM-DCNQI})_2\text{Cu}$ im Kristall (Stereobild; kleine Kreise = C, N; größere Kreise (●) = Cu; H-Atome sind der Übersichtlichkeit halber weggelassen) [3]

Im Kristall sind die Kupfer-Ionen als Ketten aufgereiht, die jeweils von vier Stapeln des Cyanchinondiimins umgeben sind. Eine elektrische Leitfähigkeit entlang der Kupfer-Ionen ist aufgrund des großen Cu-Cu-Abstands (388 pm; zum Vergleich: Cu-Metall 256 pm) unwahrscheinlich. Sie kann besser über die Stapel der π-Elektronensysteme erfolgen. Den Kupfer-Ionen kommt dann die Funktion einer Leitungsbrücke zwischen den einzelnen Stapeln zu. Der Umstand, daß keine ESR-Signale registriert wurden und die hohe Leitfähigkeit bei fehlendem Phasenübergang deuten auf das Vorliegen eines mehrdimensionalen Leiters hin.

Im folgenden sind die wichtigsten Charakteristika von *einkristallinen organischen Metallen*, soweit wir sie heute kennen, etwas ausführlicher, aber vereinfacht, zusammengestellt [1c]:

a) Das Kristallgitter organischer Metalle besteht aus getrennten Stapeln von planaren (D_{2h}) Donoren und planaren (D_{2h}) Acceptoren oder Radikalanionen-Stapeln mit "closed-shell"-Gegenionen (D_mX_n und A_mM_n, m > n).

b) Die Stapel müssen partiell geladen sein, d.h. aus geladenen *und* neutralen Molekülen bestehen, wie z.B. $(TTF^{0.59\oplus})(TCNQ^{0.59\ominus})$ = "TTF·TCNQ" oder $(TTF^{0.58\oplus})(SCN^{\ominus})_{0.58}$ = $TTF_{12}SCN_7$.

c) Organische Metalle sind pseudo-eindimensionale Leiter. Dies ist eine Folge ihrer Kristallstruktur; die Leitfähigkeit ist am höchsten entlang der Stapelachsen (in den meisten Fällen ist dies die längste Achse der nadelförmigen Kristalle) und am geringsten in den verbleibenden zwei Kristallachsen. Die Anisotropie der elektrischen Leitfähigkeit kann um einen Faktor 10^3 differieren.

d) Organische Metalle sind Grundzustands-Isolatoren und erfahren bei einer bestimmten *Temperatur (T_{MI})* einen *Übergang Metall/Isolator.* Vom theoretischen Standpunkt aus ist T_{MI} eine Konsequenz von c).

e) Ersatz von Schwefel durch Selen in Donormolekülen erhöht die Raumtemperatur-Leitfähigkeit und erniedrigt T_{MI}.

f) Die meisten D_mX_n-Kristalle sind hoch leitfähig und metallisch, während A_mM_n-Kristalle dies nicht sind.

In neutralem TTF ist der Interplanar-Abstand zwischen Molekülen entlang eines Stapels 362 pm, während diese Entfernung in TTF-TCNQ auf 347 pm reduziert ist, obwohl im Durchschnitt kaum mehr als eines von jeweils zwei TTF-Molekülen in einem Stapel eine positive Ladung trägt. Deshalb muß eine Art anziehende *"intermolekulare Zwischenstapel-Bindung"* existieren, um die kationische *Coulomb*-Abstoßung zu überwinden. Wegen der relativ großen Distanzen (verglichen mit üblichen Kovalenzbindungsabständen) muß die Überlappung in diesen "Bindungen" zwangsweise von der Größenordnung 0.1 eV oder 8-13 kJ/mol sein.

Das *supramolekulare Orbital* oder *Band*, das von allen molekularen Überlappungen in einem Stapel gebildet wird, verschafft einen Mechanismus für die metallische Delokalisation von Elektronen entlang der Stapel. Nach *Soos* ist dieser Bindungstyp theoretisch schwierig zu behandeln, weil er im Grenzbereich zwischen der korrekten Anwendbarkeit von VB- und MO-Modellen liegt. Bisher konnte gezeigt werden, daß, je größer das Heteroatom eines Donormoleküls ist, auch die "Überlappung" oder die "intermolekulare Bindung" umso größer bzw. stärker (größere Bandbreite) und daher die Raumtemperatur-Leitfähigkeit umso höher ist.

Es gibt mehrere mechanistische Deutungen dafür, wie die Leitfähigkeit eines organischen Metalls mit abnehmender Temperatur höher wird [1c]: *Erstens* verursacht das Abkühlen eines Einkristalls eines organischen Metalls eine anisotrope Kontraktion: das Schrumpfen ist entlang der Stapelachse stärker ausgeprägt als entlang der übrigen beiden Kristallachsen. Folglich nimmt die intermolekulare Überlappung (und Leitfähigkeit) mit abnehmender Temperatur drastisch zu.

Zweitens sollte die intermolekulare Überlappung, da schwach, auf Gitterschwingungen sensibel reagieren, besonders entlang der Stapelachse. Wenn der Kristall gekühlt wird, nimmt die Anzahl der **Phononen** ab (d.h. die Amplitude der Gitterschwingungen); die Überlappung wird eher aufrechterhalten, und die Leitfähigkeit steigt. Schließlich könnte eine kohärente Kopplung der Elektronenbewegung mit der Gitterschwingung (*Elektron-Phononen-Kopplung*, "collective mode") in einer Leitfähigkeit resultieren, die oberhalb derer liegt, die man aufgrund der engen Bandbreite organischer Metalle wie TTF·TCNQ erwarten würde.

Die Elektronen-Phononen-Kopplung wird allerdings leicht durch Gitterdefekte oder *Coulomb*-Wechselwirkungen gestört, so daß sich unterhalb der Temperatur T_{MI} die *"collective mode"-Wellen* nicht frei durch den ganzen Kristall bewegen und folglich keinen Strom leiten können. Neuere spektroskopische Ergebnisse unterstützen die Ansicht, daß die "collective mode"-Wellen in der Tat einen Beitrag zur metallischen Leitfähigkeit von TTF·TCNQ leisten.

Insgesamt können die relativ hohen Raumtemperatur-Leitfähigkeiten, die in organischen Metallen gefunden wurden, der Bildung eines schmalen *Bandes* durch Überlappung einer Kombination von "open shell"- und "closed shell"-Molekülorbitalen zugeschrieben werden. Metallisches Verhalten, d.h. abnehmender Widerstand mit abnehmender Temperatur, ist höchstwahrscheinlich einer Kombination von Gitterkontraktionen und abnehmenden Gitterschwingungen mit abnehmender Temperatur zuzuschreiben und vielleicht einem "gleitenden" collective mode-Beitrag.

10.3   Metall → Isolator-Übergang

Es gibt mehrere mechanistische Vorschläge für den Übergang Metall → Isolator in ein- und zweidimensionalen Festkörpern. Die Phänomene, die dafür verantwortlich sind, daß der Elektronenfluß abgeschaltet wird, gehen im allgemeinen auf eine Kombination von elektronischen und Gitterschwingungsenergien zurück [1c]. In einer eindimensionalen Anordnung geladener Moleküle, die periodische Änderungen innerhalb dieser einen Dimension unterliegen, wird es alternierende Regionen im Kristallgitter geben, die höhere und niedrigere Ladungsdichten haben, d.h. eine Ladungsdichtewelle (charge density wave, *CDW*). Dies ist als die *Peierls-Instabilität* bekannt.

Der Grad der Instabilität eines eindimensionalen metallischen Bandes hängt von dem Ausmaß der Füllung des Bandes ab, d.h. von der Anzahl neutraler und von Radikalionen-Spezies in einem Stapel. Jedes Molekül hat einen ungepaarten Spin, und es gibt eine elektronische Antriebskraft zur Spinpaarung. Die Moleküle in einem Stapel tendieren dazu, zu dimerisieren und eine "Kovalenzbindung" auszubilden, wobei sie die Elementarzelle verdoppeln [wenn die ursprüngliche Elementarzellendimension (a) die Ausdehnung eines Moleküls war, dann wird die neue Elementarzellendimension (2a) sein].

Verbunden mit der "Kovalenzbindung" des dimerisierten Zustands sind bindende und antibindende Bänder. Die Energielücke zwischen den bindenden und antibindenden Bändern führt zu Halbleiterverhalten und ist verantwortlich für den Verlust freier Elektronen und den Verlust metallischer elektrischer Leitfähigkeit. Im Falle eines halbgefüllten Bandes entspricht die Periodizität der Ladungsdichte der Gitterperiodizität. Wenn die Periode der Ladungsdichtewelle der Gitterperiodizität entspricht, ist die CDW fixiert und das Gleiten der Elektronen gehindert, wodurch das Material zum Isolator wird.

Wenn man nun Neutralmoleküle in den Stapel einbaut, dann ist das resultierende Band weniger als halb gefüllt. Da nun die CDW-Periodizität nicht mehr dem Gitter entspricht, ist der Energiegewinn beim Übergang zu einer verdrillten Struktur weniger günstig. Dies hat seinen Grund darin, daß der Aufbau von Ladungen zwischen Molekülen schwächer ist als im dimerisierten halbgefüllten Fall; der Übergang zu einer verdrillten Phase tritt dann bei relativ niedrigen Temperaturen ein. In diesem Fall ist ein metallischer Zustand zwischen Raumtemperatur und der *Gitterverzerrungstemperatur*

(T_{MI}) erlaubt. Wenn hinreichend Neutralmoleküle im Stapel eingebaut sind, so daß die Hälfte der Gesamtzahl von Molekülen im Stapel neutral ist, dann entspricht der Ladungsübergang (Charge Transfer) wieder einem Verhältnis ganzer Zellen, d.h. es kommt ein Elektron auf zwei Moleküle. Auf diese Weise kann sich eine entsprechende CDW ausbilden, wenn sich die Moleküle von ihrer einheitlichen Gitterpositon bewegen und ein *Supergitter* mit einer Periode (4a) ausbilden. Dies ist schematisch in <u>Abb.2c</u> für ein viertelgefülltes Band gezeigt, wobei der Stapel aus einer gleichen Anzahl von neutralen und ionischen Molekülen besteht. Im TTF·TCNQ-Komplex entsprechen sich CDW und zugrundeliegende Gitterperiodizität in Wirklichkeit nicht, da die Ladung pro Stapel nicht ganzzahlig ist, d.h. z.B. 0.59. Jedoch bleibt noch eine Triebkraft vorhanden, die die Ladungsdichtewellen in verschiedenen Stapeln relativ zueinander ordnet; ein dreidimensionaler Effekt. Im Falle von TTF·TCNQ zwingt dieser die Moleküle in den Stapeln dazu, unterhalb T_{MI} ein großes *"Supergitter"* auszubilden [1c].

10.4   Supraleitende Charge-Transfer-Komplexe

Die bisherigen Ergebnisse erlauben die Schlußfolgerung: Elektronen fließen in kristallinen *organischen Metallen* entlang *supermolekularer Orbitale*, die aus gestapelten Molekülorbitalen aufgebaut sind. Die metallische elektronische Bänderstruktur, die mit diesen *Riesenorbitalen* (giant orbitals) verbunden ist, ist unstabil und der Bildung einer Energielücke durch Phasenübergänge unterworfen. Die für die Phasenübergänge verantwortlichen Phänomene gehen auf Elektron-Phonon-Wechselwirkungen (CDW), magnetische Wechselwirkungen (Spin Density Wave, SDW) oder "mechanische" (Anion-Anordnungs-) Wechselwirkungen zurück.

Auf diese spezielleren Effekte soll hier nicht näher eingegangen werden. Es sei lediglich noch angedeutet, daß das Interesse von Chemikern und Physikern an organischen Metallen jahrelang darauf gelenkt war, den metallischen Zustand bis zu niedrigen Temperaturen zu stabilisieren, indem man irgendwie den Metall → Isolator-Übergang zu unterdrücken versuchte. Das spektakulärste Ergebnis dieser Versuche war die Entdeckung, daß hoher Druck in bestimmten Fällen [(TMTSF)$_2$PF$_6$] nicht nur den Metall → Isolator-Übergang eliminiert, sondern auch dazu führt, daß bei 0.9 K (und 12 kbar) der Widerstand plötzlich abfällt, also ein *Metall → Supraleiter-Übergang* beobachtet wurde.

In einigen Fällen kann der metallische Zustand durch hydrostatischen Druck erhalten werden. Das prominenteste Beispiel ist die Familie der $(TMTSF)_2X$-Salze, die in der Regel bei niedrigem Druck supraleitend werden. In einer Familie dieser Verbindungen des Typs $(TMTSF)_2X_T$ gibt es zwei Ausnahmen: Das Salz mit $X_T = ClO_4^{\ominus}$ als Anion ist der einzige Supraleiter bei atmosphärischem Druck, und das Salz mit $X_T = FSO_3^{\ominus}$ als Anion bildet den einzigen *organischen Supraleiter* mit T_c nahe 3 K (unter Druck). In dieser Familie von Substanzen steht T_{MI} direkt in Beziehung zur Elektronegativität des Anions, so daß die Elektronenfluß-Unterbrechungstemperatur im Prinzip kontrollierbar ist.

Kürzlich wurde gefunden, daß das Salz $(BEDT\text{-}TTF)_2ReO_4$ [BEDT-TTF = Bis(ethylendithiotetrathiafulvalen)] ein Supraleiter bei 1.5 K und 7 kbar ist. Dieses Ergebnis ist von hoher Bedeutung, da in der Kristallstruktur dieses Salzes im wesentlichen die gleichen Chalkogen-Chalkogen-Wechselwirkungen innerhalb und zwischen den Stapeln vorkommen wie in den $(TMTSF)_2X$-Salzen, und weil die Beobachtung der Supraleitfähigkeit nicht länger auf einen Organoselen-Donor beschränkt ist.

Neuerdings wurde entdeckt, daß $(BEDT\text{-}TTF)_2IBr_2$ sogar etwas oberhalb von 4 K supraleitende Eigenschaften hat und damit die organische Verbindung mit der höchsten *Sprungtemperatur* ist.

Das wichtigste Problem der organischen Supraleiter-Forschung ist es, die Temperatur T_c anzuheben. Es scheint noch eine theoretische Frage zu sein, ob organische Supraleiter Temperaturen T_c höher als 30 K aufweisen können. Hoffnung wird in Tellur-analoge Donoren gesetzt. Ferner ist unklar, ob die Supraleitfähigkeit der oben beschriebenen Verbindungen von einem BCS-Mechanismus herrührt, wie Deuterium-Isotopeneffekte nahelegen.

10.5   Polymere Leiter
10.5.1   Materialien und Leitfähigkeit

Polymere mit *polykonjugierter* Hauptkette sind im Grundzustand Isolatoren oder bei hoher Kristallinität bestenfalls Halbleiter mit Leitfähigkeiten um 10^{-9} S cm^{-1}. Auch bei der thermischen oder photochemischen Anregung werden freie Ladungsträger nur in geringem Maß erzeugt.

Der bekannteste Vertreter *leitfähiger konjugierter Polyene* ist Polyacetylen *(PA)*, das durch *Ziegler-Natta*-Polymerisation von Acetylen nach *Shirakawa* in Form dünner Schichten mit silbernem, fast metallischem Glanz hergestellt wird. Dabei wird Acetylen auf die ruhende Oberfläche einer konzentrierten Lösung eines *Ziegler*-Katalysators in einem inerten Lösungsmittel gegeben. Ein hierfür bewährter Katalysator ist Titantetra(1-butanolat)/Triethylaluminium. Er bildet eine schwarz glänzende Schicht von Polyacetylen. Die Schichtdicke kann je nach verwendeter Acetylen-Menge zwischen 1 µm und mehreren mm betragen; in dieser Form wird sie Reinigungs- und Dotierungsoperationen unterworfen. Die zunächst erhaltene all-(*Z*)-Konfiguration **1** läßt sich durch Tempern in das (*E*)-Isomer **2** überführen:

$$\ldots \text{/\!\char`\\\!/\!\char`\\\!/\!\char`\\} \quad \xrightarrow{\;\Delta\;} \quad \text{/\!\char`\\/\!\char`\\/\!\char`\\} \ldots$$

1   **2**

Durch *"Dotieren"* mit Oxidationsmitteln (Halogenen, AsF$_5$, FeCl$_3$, XeOF$_4$) oder Reduktionsmitteln (z.B. Alkalimetallen) kann die Leitfähigkeit von Polyacetylen von $\sigma = 10^{-9}$ S cm^{-1} ("*cis*-PA") [all-(*Z*)-PA] bzw. $\sigma = 10^{-5}$ S cm^{-1} ("*trans*-PA") [all-(*E*)-PA] auf $\sigma = 10^2$-10^3 S cm^{-1} gesteigert werden. Die nun schwarzen und metallisch glänzenden dotierten Polymere haben allerdings den Nachteil, nicht stabil zu sein. Sie verlieren ihre Leitfähigkeit an der Luft innerhalb von Stunden. Trotzdem ist elektrochemisch oxidiertes bzw. reduziertes Polyacetylen als Anoden- bzw. Kathodenmaterial in wiederaufladbaren Batterien mit Erfolg eingesetzt worden.

Bei der "Dotierung" geht das Dotierungsmittel mit dem konjugierten System eine Redoxreaktion ein, wobei eine Ladungsübertragung erfolgt. Das Polymer wird z.B. zu einem Polykation oxidiert; aus dem Dotierungsmittel entstehen die Gegenanionen. Das Dotieren kann in Lösung, in der Gasphase oder elektrochemisch erfolgen. (Der Ausdruck *"Dotieren"* wird hier also in etwas anderem Sinne gebraucht als in der Halbleitertechnik.)

Als Mechanismus der Leitfähigkeit in solchen dotierten Polyacetylenen wird die Bildung von Radikalkationen diskutiert, wobei formal positive Ladungen entlang der Kette wandern (in Wirklichkeit werden elektronenarme Stellen mit Elektronendichte gefüllt). Allerdings gibt es deutliche Anzeichen dafür, daß Elektronen vorzugsweise von Kette zu Kette wechseln, weil durch die Dotierung günstige Vernetzungen entstehen.

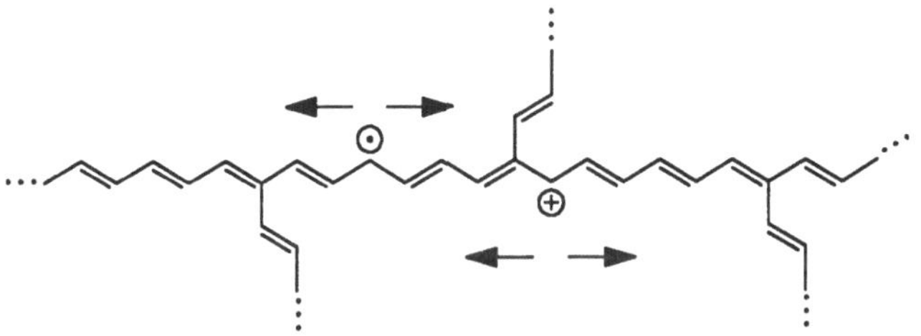

Weitere polymere Leiter sind *Poly-para-phenylen (PPP)* und *Polypyrrol (PP)* [11].

<u>Tab.2</u>. Leitfähigkeiten dotierter polymerer Materialien

Bezeichnung	Ausschnitt aus der Polymer-Struktur	Dotierungsmittel bzw. Gegenion	elektrische Leitfähigkeit $[S\ cm^{-1}]$
(Z)-PA		I_2	360
		AsF_5	560
PPP	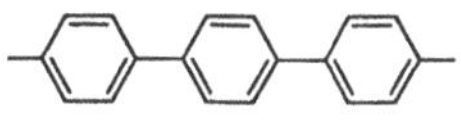	AsF_5	145
PP	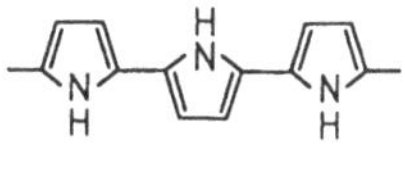	$BF_4^{\ominus}$	100
PPS	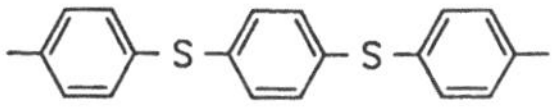	AsF_5	1

Letzteres ist ein thermisch stabiles Polymer, das durch elektrochemische Polymerisation von Pyrrol mit $BF_4^{\ominus}$ als Gegenion hergestellt wird.

Poly-para-phenylensulfid (PPS) ist nicht konjugiert und ohne Dotierung ein guter Isolator ($\sigma = 10^{-16}$ S cm^{-1}). Seine Leitfähigkeit steigt jedoch mit der Dotierung durch AsF_5 um 16 Größenordnungen auf ca. 1 S cm^{-1} (vgl. Tab.2). Dieser Wert wird zwar von einigen dotierten Polymeren übertroffen; PPS ist aber dennoch wichtig, da es das erste lösliche und auch thermoplastisch verarbeitbare Polymer ist, das im dotierten Zustand hohe Leitfähigkeit aufweist.

Polypyrrol entsteht in einem Einstufen-Verfahren in schon dotierter Form, wenn man eine wäßrige Lösung eines "Leitsalzes" (z.B. $LiClO_4$) elektrolysiert, die neben Pyrrol (0.06M) ein organisches Lösungsmittel enthält. Das Polypyrrol scheidet sich an der Anode ab; verwendet man eine trommelförmige Anode, so lassen sich lange Folien herstellen, die an der Luft und gegenüber Feuchtigkeit stabil sind.

10.5.2   Leitfähigkeit und elektronische Struktur

In einem Festkörper gruppieren sich elektronische Zustände durch die Vielzahl der an der Bindungsbildung beteiligten Atome in Bereichen großer energetischer Ausdehnung, den *Bändern.* Deren Gestalt, Anordnung und Auffüllungsgrad werden durch die *Bandstruktur* beschrieben. Sie bestimmt die elektronischen Eigenschaften und damit die elektrische Leitfähigkeit eines Festkörpers. Abb.5 zeigt die Bandstruktur eines *Metalls* neben der eines *Halbleiters* und eines *Isolators* schematisch.

In metallisch leitfähigen Polymeren gibt es im Grundzustand starke bindende Wechselwirkungen vornehmlich in einer Richtung entlang der makromolekularen Kette. Demgemäß kommt es nur in Kettenrichtung zu einer signifikanten Bandaufspaltung; die Verteilung der elektronischen Zustände, d.h. die Bandstruktur für π-Elektronen-konjugierte Polyene ist *eindimensional.* Würde man dieses Band mit Elektronen füllen, wäre es im Falle des Polyacetylens halb besetzt. Als Folge davon sollte undotiertes Polyacetylen ein metallischer Leiter sein. Tatsächlich ist es ein Isolator.

Dafür ist die *Peierls*-Verzerrung verantwortlich, eine *Überstruktur* des Gitters der eindimensionalen Kette, in der je zwei Atome zusammen- bzw. auseinanderrücken. [Das molekulare Analogon der *Peierls*-Verzerrung ist der *Jahn-Teller*-Effekt, der ebenfalls einen Gewinn elektronischer Energie durch

Verringerung der Molekülsymmetrie herbeiführt (z.B. durch axiales Strecken eines oktaedrischen Komplexes)]. Dies hängt chemisch mit der Lokalisierung von Elektronen in Doppel- und Einfachbindungen zusammen. Als Folge dieser Bindungslokalisierung verändert sich die Bandstruktur.

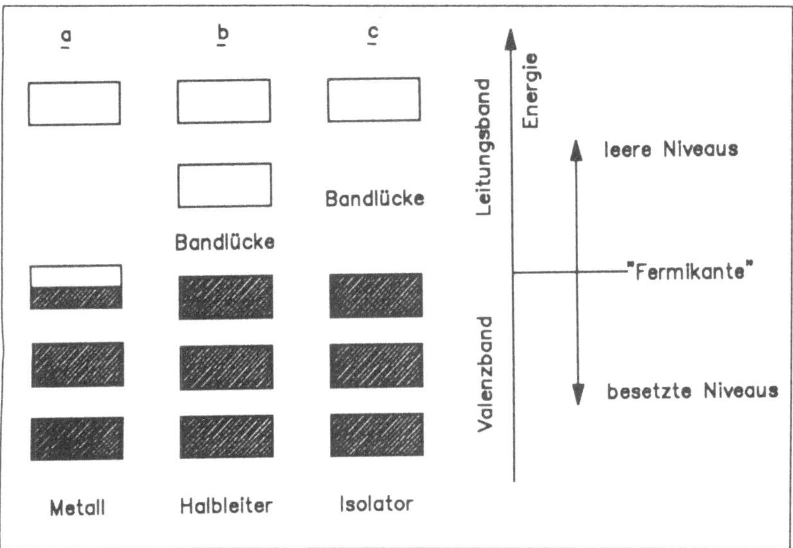

Abb.5. Bandstruktur eines Metalls, Halbleiters und Isolators ("Bändermodell"; schematisch):

a) *Metall:* Ein teilweise gefülltes Band an der *Fermi*-Grenze führt zu Elektronenbeweglichkeit und Ladungstransport im elektrischen Feld.

b) *Halbleiter:* Bis zur *Fermi*-Grenze sind alle Energiebänder voll besetzt, die darüber befindlichen sind leer. Eine kleine Energielücke (ca. 0.5 bis 1.5 eV) ermöglicht jedoch thermisch eine Anhebung von Elektronen aus dem energetisch höchsten besetzten Band (Valenzband) in das darüber liegende unbesetzte Band (Leitungsband).

c) *Isolator:* Hier findet man eine große Energielücke (> 3 eV) zwischen voll besetztem Valenz- und leerem Leitungsband; sie kann bei Normaltemperatur nicht übersprungen werden.

In der Nähe der *"Fermi-Kante"* werden Zustände entfernt und bei höheren und tieferen Energien gleichmäßig angesiedelt. Da nur die energetisch tiefer liegenden Zustände mit Elektronen aufgefüllt werden müssen, ist die Energiebilanz für diese Umschichtung positiv. Dies führt zu einer Lücke zwischen einem voll besetzten Valenz- und einem leeren Leitungsband, und Polyacetylen ist - wie man es auch beobachtet - ein Isolator.

Die *Peierls-Verzerrung* ist eine Folge der *Elektronen-Phonon-Wechselwirkung* und eine typisch eindimensionale Erscheinung. Da die entsprechende Gitterverzerrung elastische Energie kostet, kann sie nur auftreten, wenn durch den Gewinn elektronischer Energie die Bilanz insgesamt positiv ausfällt. Dies ist im Eindimensionalen, wo Elektronen und Phononen (Gitterschwingungen) nur parallel zueinander wandern können, gegeben. Durch eine Anhebung der Phononenenergie, z.B. durch Temperaturerhöhung, läßt sich die *Peierls*-Verzerrung unterdrücken oder umgekehrt durch Abkühlung herbeiführen. Zur Unterdrückung wären bei den konjugierten Polyenen allerdings Temperaturen von einigen 1000 °C erforderlich, was weit über der Zersetzungstemperatur dieser Materialien liegt.

Die bei den konjugierten Polyenen auftretende Bandlücke ist bei den undotierten Polymeren im optischen Absorptionsspektrum zu erkennen. Zu einer deutlichen Absorption kommt es nämlich erst dann, wenn die Energie der Lichtquanten ausreicht, um Elektronen aus dem Valenz- ins Leitungsband zu heben. Die Lage der Absorptionskante entspricht also der Größe der Bandlücke und beträgt z.B. beim *all*-(E)-Polyacetylen 1.4 eV, beim Poly-*para*-phenylen 2.8 eV.

Beim *Dotieren* beobachtet man bereits bei kleinen Dotierkonzentrationen bei 0.6 bis 0.7 eV starke Lichtabsorptionen. Demzufolge entstehen in der Bandlücke neue elektronische Zustände, durch die schon bei wesentlich geringeren Quantenenergien eine elektrische Anregung möglich wird. Verantwortlich dafür sind die beim Dotieren entstehenden Ladungen auf den Polymerketten.

Diese Ladungen sind, wie in <u>Abb.6</u> schematisiert, durch π-Konjugation über einen größeren Abschnitt der Kohlenstoffkette delokalisiert. In diesem Bereich, der etwa 15 Kohlenstoffatome umfaßt, wird die *Peierls*-Verzerrung lokal unterdrückt. Als Folge davon entstehen wieder elektronische Zustände dort, wo sie vor der *Peierls*-Verzerrung waren: in der Mitte zwischen dem Valenz- und dem Leitungsband. Mit zunehmender Ladungsdichte dehnen sie

sich aus und überbrücken im metallischen Zustand die Bandlücke vollständig.

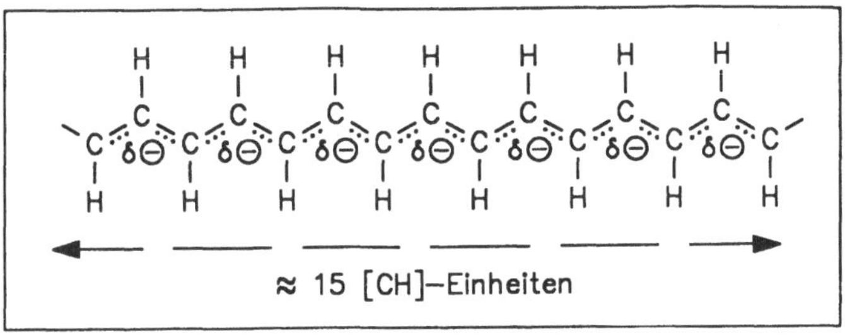

<u>Abb.6</u>. Beim Dotieren gebildete Ladungen auf einer Polymer-Kette [*all*-(*E*)-
Polyacetylen, Ausschnitt]

10.5.3   Das Soliton-Konzept

Ein physikalisches Konzept, das den Ladungstransport entlang einer
Polyenkette beschreibt, ist das der *Solitonen.* Allerdings kann es nur die
Leitfähigkeiten im Polyacetylen und auch dort nur diejenige in der *all*-(*E*)-
transoiden Kettenkonfiguration beschreiben. <u>Abb.7</u> zeigt ein Soliton im *all*-
(*E*)-Polyacetylen. Im neutralen Zustand ist es ein freies ungepaartes Elek-
tron (freies Radikal), das sich eindimensional über das konjugierte π-
Bindungssystem einer Kette bewegt.

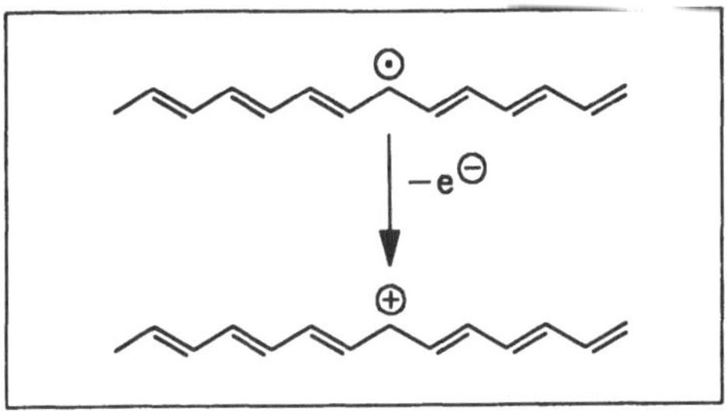

<u>Abb.7</u>. Neutraler und geladener solitärer Defekt in der π-Elektronenkonju-
gation von *all*-(*E*)-Polyacetylen (schematisch)

Der Ausdruck *"Soliton"* bezeichnet die mathematische Beschreibungsweise als Lösung einer nichtlinearen Differentialgleichung. Charakteristisch für ein Soliton ist, daß es nicht "zerfließt" (dispergiert), wenn es sich bewegt. Für ein einzelnes Elektron erscheint dies trivial, doch für eine Überlappung von *Bloch*-Wellen, mit denen man die Elektronen in einem Metall beschreiben kann, ist die Formerhaltung nicht selbstverständlich. De facto ist ein freies Elektron im π-Orbitalsystem über mehrere Kohlenstoffatome delokalisiert. Es führt zu einer lokalen Gitterverzerrung und damit zur punktuellen Unterdrückung der *Peierls*-Verzerrung.

In der Bandstruktur schafft und besetzt das Soliton Zustände, die genau in der Mitte zwischen Valenz- und Leitungsband liegen (*"Midgap-Zustände"*). Durch ihre höhere Energie werden freie Elektronen bei der Dotierung mit Oxidationsmitteln als erste aus diesen Zuständen entfernt. Das Soliton verschwindet dadurch nicht, sondern bekommt eine positive Ladung: Diese ist entlang einer ungestörten Polyenkette ebenso delokalisiert und beweglich wie das freie Elektron. Ein derart geladenes *Soliton* ist spinlos und kann Ladungen im elektrischen Feld transportieren. Durch Tausch von Ladung und Spin kann es auch auf benachbarte Polyenketten hüpfen.

Das *Soliton-Konzept* wird durch magnetische und optische Eigenschaften der Polymere bestätigt. Da bei fortschreitender Dotierung weitere π-Bindungen aufgebrochen werden und solitonenartige Ladungen entstehen sollten, muß es eine Ausdehnung der Midgap-Zustände geben. Dies wird im optischen Absorptionsspektrum in der Tat beobachtet.

Ein neutrales *Soliton* trägt ein freies Elektron und damit einen Spin, der ein magnetisches Moment besitzt und sich mit der Elektronenspinresonanz-Spektroskopie (ESR) nachweisen läßt. Im neutralen *all*-(E)-Polyacetylen sind es ca. 400 ppm (1 ppm = $1:10^6$) freie Elektronen, die innerhalb eines größeren Bereiches beweglich sind, was sich aus Intensität und Linienbreite des ESR-Signals ableiten läßt. Mit fortschreitender Dotierung verschwindet das ESR-Signal; das dotierte Polyacetylen ist zwar elektrisch leitfähig, besitzt aber keine ungepaarten Elektronen mehr. Der Ladungstransport muß über spinlose Ladungsträger, wie es geladene Solitonen sind, ablaufen.

Diese Befunde sind als Beweis für den *Solitonen-Mechanismus* herangezogen worden. Sie können jedoch auf andere Weise physikalisch interpretiert werden. Abb.8a zeigt vergleichbare Bindungsfehler im *all*-(Z)-Polyacetylen, im Poly-*para*-phenylen und im Polypyrrol.

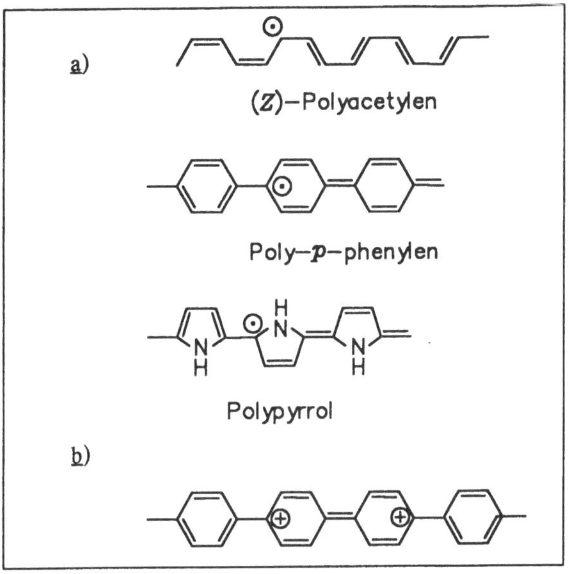

(Z)–Polyacetylen

Poly–*p*–phenylen

Polypyrrol

a)

b)

Abb.8 **a)** Bindungsdefekte im (Z)-Polyacetylen, Poly-*para*-phenylen und Polypyrrol. Die Strukturen auf beiden Seiten des Defekts haben unterschiedliche Energie.

b) Schematische Illustration eines Bipolarons im Poly-*para*-phenylen. Die positiven Ladungen nähern sich soweit, bis der Gewinn an Gitterenergie durch die Verringerung der Zahl der chinoiden Ringe durch *Coulomb*-Abstoßung kompensiert wird

In diesen Polymeren muß das Soliton-Konzept versagen, da Strukturen unterschiedlicher Energie voneinander getrennt werden; ein einzelner solitärer Defekt würde stets bis zum Konjugationsende laufen. Zwei freie Elektronen, die sich dabei begegnen, würden unter Bindungsbildung rekombinieren. Die bei der Dotierung erzeugten positiven Ladungen können sich jedoch nur soweit nähern, bis die *Coulomb*-Abstoßung ebenso groß wird wie die Gitterenergie, die durch Wiederherstellung der energetisch günstigeren Form gewonnen wird. Sie bilden dann ein Paar, das, durch elektronische Energie und Gitterkräfte zusammengehalten, auf kleinstmöglichen Raum beschränkt wird. In der Physik spricht man von *Bipolaronen;* aus chemischer

Sicht könnte man sie als dimerisierte Radikalkationen bezeichnen. <u>Abb.8b</u> zeigt ein solches Bipolaron am Beispiel des Poly-*para*-phenylens.

10.5.4   Ladungstransport zwischen den Ketten

Solitonen und Bipolaronen können sich nur innerhalb einer Kette bewegen. Zwischen den Polymer-Molekülketten müssen "konventionelle" Ladungsträger fließen, hüpfen oder tunneln. Es gibt zwar eine Theorie für einen Solitonen-*Hüpfmechanismus*, das "Inter-Soliton-Hopping", sie ist jedoch nur bei schwach oder undotiertem all-(E)-Poylacetylen anwendbar. Dabei wird zwischen neutralen und geladenen Solitonen, die sich auf benachbarten Kernen begegnen, Ladung ausgetauscht.

Die Meßergebnisse am Polyacetylen lassen sich auch mit einer allgemeinen *Hüpftheorie ohne Solitonen* beschreiben, bei der nur statistisch verteilte Ladungszentren vorausgesetzt werden, zwischen denen es zum Elektronenaustausch kommt. Dieses Hüpfmodell beschreibt auch die Leitfähigkeit in anorganischen Halbleitern, z.B. in amorphem Silicium. Entscheidend ist es für den Ladungsaustausch zwischen den Fibrillen der Polymermatrix.

Soliton-Modell und *Hüpftheorie* versagen, wenn von einer bestimmten Dotierungskonzentration an der metallische Zustand des Polymeren erreicht wird. Dann sollte die Leitfähigkeit wie bei einem richtigen Metall mit einem *Drude*-Modell des freien Elektronengases zu beschreiben sein. In einem Metall ist dies unabhängig von der Richtung möglich. Polymere, deren Makromoleküle nur in einer Richtung feste kovalente Bindungen besitzen, zeigen aber quer und längs zu den makromolekularen Ketten ganz unterschiedliche elektronische Profile. Längs besteht eine große Bandbreite, die zu hoher Elektronenbeweglichkeit und metallischer Leitfähigkeit führt. Quer zur Kette gibt es im undotierten Zustand kaum bindende Wechselwirkungen, und es bilden sich damit auch keine Energiebänder. Daher sollte auch bei metallisch leitfähigen Polymeren, ebenso wie im $(SN)_x$ und bei einkristallinen organischen Charge-Transfer-Komplexen, *anisotrope* Leitfähigkeit zu beobachten sein.

10.5.5   Leitfähigkeit und chemische Struktur

Bei den leitfähigen organischen Charge-Transfer-Komplexen und Radikal-kationen-Salzen sind weitgehend planare organische Moleküle als "moleku-lare Scheibchen" in Stapeln übereinander geschichtet (Abb.9a). Partielle Oxidation und dichte Annäherung dieser Scheibchen führen zu Ladungs-transport und metallischer Leitfähigkeit (s.o.). Nach dem gleichen Prinzip aufgebaut, wäre die Struktur von dotierten, metallisch leitfähigen Polymeren mit *"molekularen Bretterstapeln"* vergleichbar, zwischen denen Gegenionen und Neutralmoleküle eingebettet sind. Die Bretter sind dabei die ebenso planaren Molekülketten der Polymere mit konjugiertem π-System.

In dotiertem Zustand können sie sich so weit annähern, daß intensive Charge-Transfer-Wechselwirkungen zwischen ihnen möglich werden und zwei übereinander liegende Ketten in der für diesen Zweck optimalen Konfigu-ration, d.h. in der Längsrichtung versetzt, angeordnet sind. Abb.9b illustriert dieses Prinzip am Beispiel des Poly-*para*-phenylens.

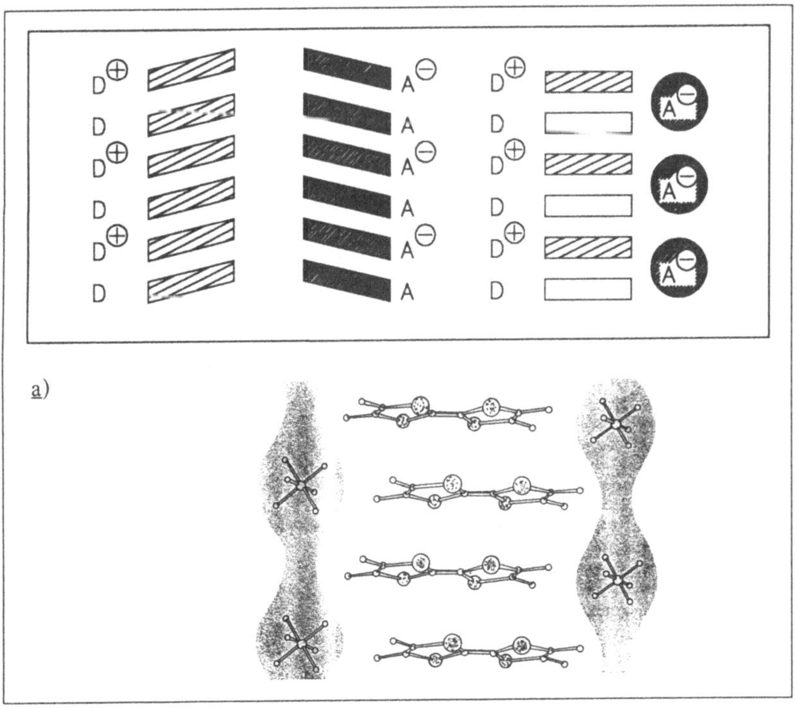

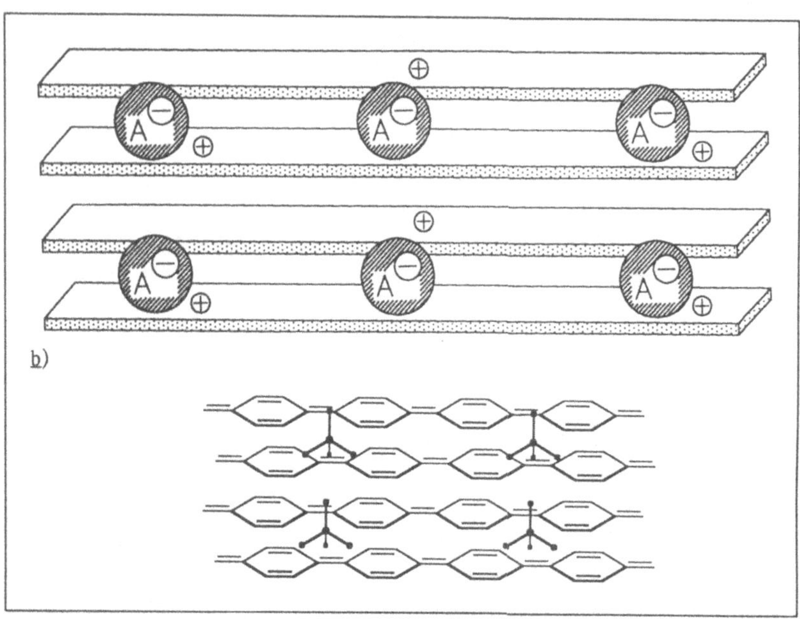

<u>Abb.9</u>. Aufbau organischer Leiter [1h]:

<u>a</u>) Molekülkristalle organischer Charge-Transfer-Komplexe und Radikalkationen-Salze. Das Vorliegen getrennter Stapel von Donor- und Acceptormolekülen bei partiellem Ladungstransfer oder das Vorliegen von Stapeln gemischtwertiger Donor- und Acceptormoleküle mit der entsprechenden Zahl von Gegenionen ist Voraussetzung für das Zustandekommen metallischer Leitfähigkeit in Stapelrichtung des Kristallgitters von $(TMTSF)_2PF_6$.

<u>b</u>) Vergleichbares Strukturmodell für dotierte, metallisch leitfähige Polymere (Poly-*para*-phenylen mit $ClO_4^{\ominus}$ als Gegenion). Nach diesem Modell formieren sich die Molekülketten beim Dotieren zu einer Stapelstruktur, die intensive Charge-Transfer-Wechselwirkungen zwischen ihnen ermöglicht

10.6 Leitfähige polymere Metallmakrocyclen

Eine weitere Gruppe polymerer Materialien mit elektrischer Leitfähigkeit bilden polymere *makrocyclische Metallkomplexe,* deren Ligandeinheiten aus Phthalocyanin- oder Porphin-Ringen bestehen [1]:

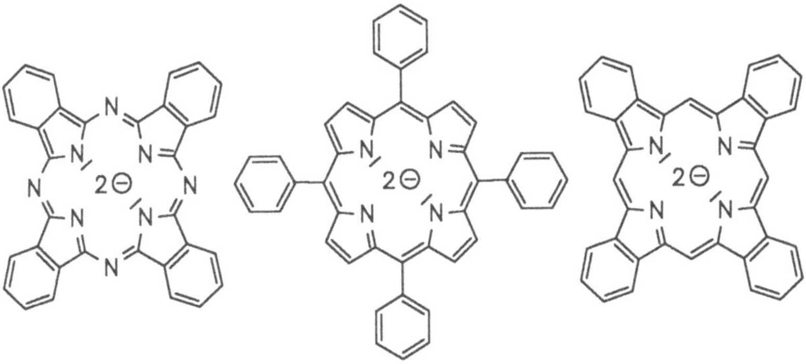

$$Pc^{2\ominus} \qquad TPP^{2\ominus} \qquad TBP^{2\ominus}$$

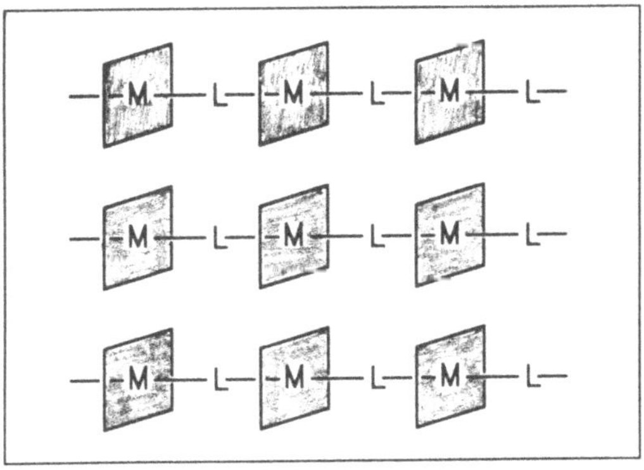

Abb.10. Polymere Metallmakrocyclen. ◢ = Phthalocyanin oder Porphin, M = Metall, L = Ligand

Ausgehend von Phthalocyaninen, von denen z.B. der Pb(II)-Komplex in einer Säulenstruktur mit Metall-Metall-Kontakt kristallisiert und dadurch Leitfähigkeit zeigt, sind auch stapelförmige, quasi eindimensionale Anordnungen der Metallmakrocyclen durch Verknüpfung der zentralen Metallatome erzwungen worden (Abb.10). Als Zentralatome sind hierzu solche Übergangsmetalle M geeignet, die eine Hexakoordination bei oktaedrischer Anordnung bevorzugen, z.B. Fe, Co, Cr. Als die Metallionen miteinander verknüpfende Liganden L haben sich u.a. Pyrazin, 4,4'-Bipyridin und Tetrazin bewährt.

Oxidatives Dotieren dieser durch zwei koordinative Bindungen "polymerisierten" Metallkomplexe, z.B. mit Iod, hat eine beträchtliche Leitfähigkeitssteigerung zur Folge (Tab.3). Die dotierten Substanzen sind bis ca. 100°C stabil.

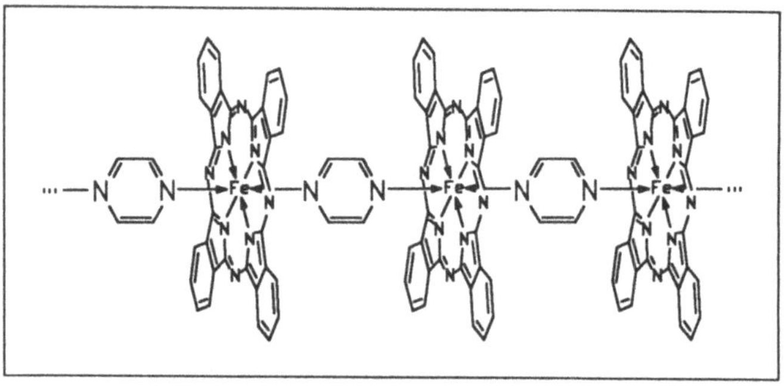

Abb.11. Polymeres Phthalocyanato(μ-pyrazin)eisen(II) [*Pc*Fe(pyz)]$_n$; pyz = Pyrazin

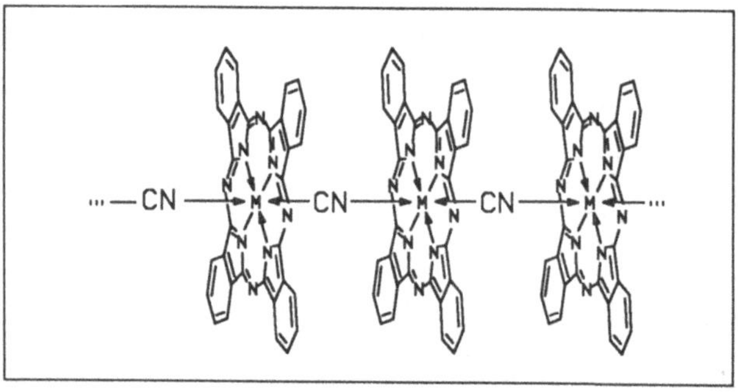

Abb.12. Polymerer Cyanid-verknüpfter Phthalocyanato-Metallkomplex [*Pc*MCN]$_n$

Neben diesen reinen *"Koordinationspolymeren"* (s. auch Abb.11) gibt es auch solche, deren Brückenliganden zwei σ-Bindungen oder auch eine σ-Bindung in die eine und eine Metall-Ligand-Bindung in die andere Richtung ausbilden. Zum letztgenannten Typ gehören die polymeren Metallmakrocyclen mit -CN als verknüpfenden Liganden (Abb.12) [4].

Tab.3. Leitfähigkeiten polymerer Makrocyclen (pyz = Pyrazin)

polymerer Metallkomplex	σ [S cm^{-1}]
PcPb(II)	$1 \cdot 10^{-4}$
$[(tert\text{-Bu})_4 Pc\text{SiO}]_n$	$2 \cdot 10^{-7}$
$[(tert\text{-Bu})_4 Pc\text{SiO} \cdot \text{I}_x]_n$	$2 \cdot 10^{-3}$
$[Pc\text{Fe(pyz)}]_n$	$1 \cdot 10^{-6}$
$[Pc\text{Fe(pyz)} \cdot \text{I}_{2.6}]_n$	$2 \cdot 10^{1}$
$[Pc\text{CoCN}]_n$	$1 \cdot 10^{-2}$

10.7   Informationsspeicherung auf molckularer Ebene

Obwohl der Leitfähigkeitsmechanismus in organischen Metallen noch nicht voll geklärt ist, sind bereits Konzepte entwickelt worden, die den Ladungs- und Spintransport entlang einer Polyen-Kette für die Informationsspeicherung auf molekularer Ebene ausnutzen sollen. Elektronische Bauteile dieses Typs wären dann beträchtlich kleiner als diejenigen der derzeitigen Chips (einige tausendstel Millimeter) und integrierten Schaltkreise; sie lägen im molekularen Bereich, also um einen Faktor 1000 reduziert.

Dabei geht man von den oben erwähnten Soliton-artigen Defekten in *all*-(*E*)-Polyacetylenen aus. Numeriert man die Kohlenstoffatome einer Kette, dann würde ein derartiger Defekt die Lage von Doppel- und Einfachbindungen gerade vertauschen.

Bei Molekülen ist dies dann sinnvoll, wenn funktionelle Gruppen oder aromatische Ringe mit der Polyen-Kette verknüpft sind, so daß eine unterschiedliche Lage der Doppelbindungen auch zu Strukturen mit unterschiedlicher Energie führt. Abb.13 zeigt ein Beispiel.

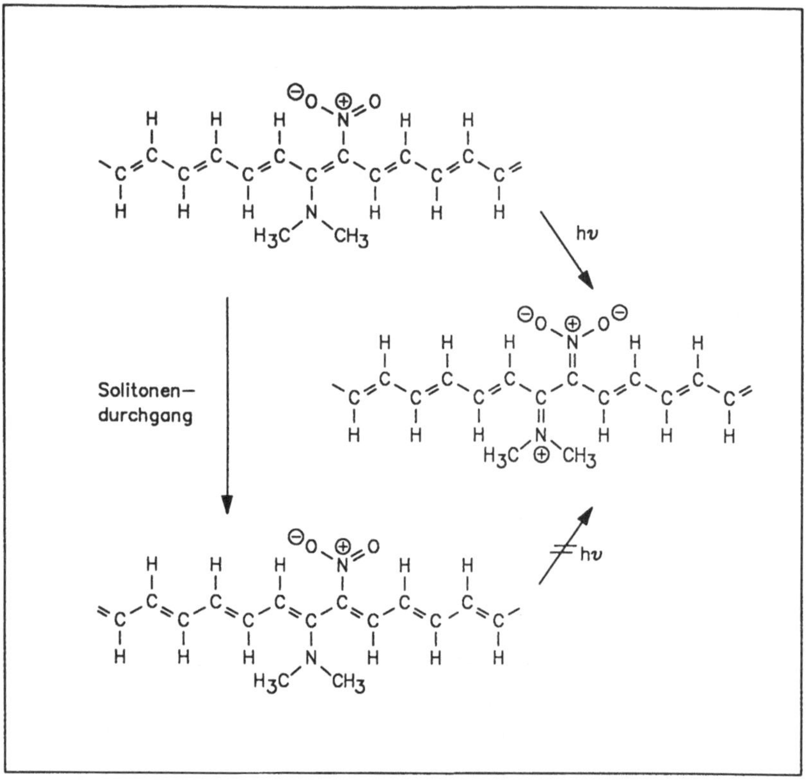

<u>Abb.13</u>. Polyen-Kette mit elektronenschiebenden [N(CH$_3$)$_2$] und elektronen-ziehenden (NO$_2$) Substituenten ("push-pull"-Substituenten) als Schaltelement für Solitonen in einer Leiterbahn aus *all*-(*E*)-Poly-acetylen. Der photochemisch anregbare Chromophor sperrt durch Verschiebung der mittleren Doppelbindung die gesamte Polyen-Kette für den Durchgang von Solitonen. Darüber hinaus ist der Chromophor nach dem Durchgang eines Solitons wegen der verla-gerten Doppelbindungen der Polyen-Kette nicht mehr anregungsfä-hig. Solche Molekülstrukturen könnten als Schaltelemente in einem Computer auf molekularer Basis eingesetzt werden

Dabei könnte der Zustand höherer Energie durch photolytische Anregung des Grundzustandes erreicht werden. Ein Soliton könnte diese Bindungsstelle nur dann passieren, wenn die Doppelbindung dort in Phase mit der übrigen Polyen-Kette ist. Andererseits könnte der Chromophor nach Durchgang eines Solitons photochemisch nicht mehr angeregt werden, d.h. er wäre abgeschaltet.

Bei dem Modell eines *molekularen Computers* entspricht die Polyen-Kette einer Leiterbahn; das Soliton ist verantwortlich für den Signaltransport, und die in Abb.13 gezeigte Einheit stellt einen *elektronischen Schalter* ("gate") dar.

Dieses Modell vernachlässigt allerdings die Wechselwirkungen einer Polyen-Kette mit ihrer Umgebung. Auch wenn es gelänge, chemische Reaktionen zwischen den Ketten zu unterdrücken, dann ist immer noch ungeklärt, ob Solitonen im Polyacetylen wirklich wie im Modell existieren und sich "bewegen". Was zukünftige Anwendungen solcher Spekulationen betrifft, so kann man gespannt und gedämpft optimistisch sein.

Zum Schluß sei noch auf Bemühungen hingewiesen, *ferromagnetische* organische Materialien herzustellen [5].

11 Molekulare Drähte, molekulare Gleichrichter und molekulare Transistoren

11.1 Molekulare Drähte

Die Frage nach der Funktionsweise und dem Mechanismus biologischer Mediatoren (s.u.), Katalysatoren, Transport- und Redox-Systeme führte zu einem neuen Aufgabengebiet der Chemie, das als *Molekulare Elektronik* bezeichnet wurde [1].

Grundlage dieser Forschungsrichtung ist die Synthese von Molekülen, die neben einer konjugierten Polymethinkette über endständige, elektroaktive, polare Gruppen verfügen. Sie bilden den Grundbaustein für eine Elektronenleitung auf molekularer Ebene.

Durch Eingliederung in bimolekulare Doppelschichten von z.B. Vesikeln (flüssigkeitsgefüllte Bläschen mit mono- oder bimolekularen Membranen, deren Inneres im Gegensatz zu den Micellen nicht mit unpolaren Molekülketten, sondern mit Wasser gefüllt ist, s. Abschn.9 [2]) könnten Systeme mit bestimmten Lagerungs-, Prozeß- und Übermittlungsfunktionen von Signalen und Informationen erhalten werden.

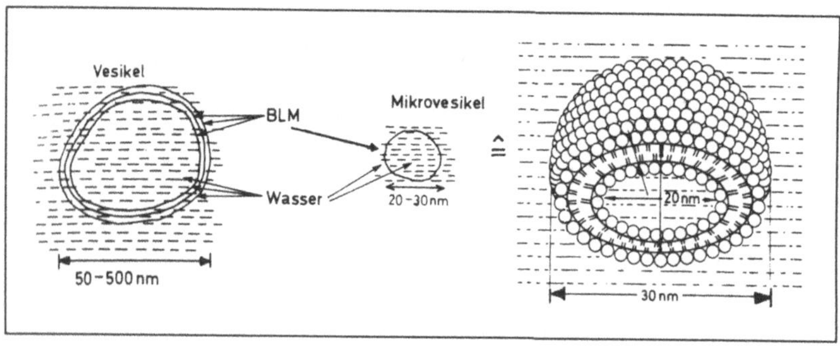

Abb.1. Vesikel, bestehend aus mehreren zwiebelschalenartig ineinander gelagerten bimolekularen Schichten (BLM) mit wassergefüllten Zwischen- und Innenräumen. Mikrovesikel enthalten nur eine BLM. Die innere Oberfläche ist nur etwa halb so groß wie die äußere, d.h. sie besteht aus etwa halb so vielen Molekülen

Als *Mediatoren* könnten Elektronen, Photonen, Protonen oder Ionen eine wichtige Rolle übernehmen.

Die Annahme, daß in biologischen Systemen Carotinoide oder Poly-isoprenketten an der Elektronenleitung beteiligt sein könnten, veranlaßte *Lehn* 1986 zur Darstellung von vier, in ihrer Moleküllänge unterschiedlichen Modellverbindungen $1^{2\oplus}$ - $4^{2\oplus}$, deren Synthese folgende Kriterien zugrunde gelegt wurden [3a]:

1. Eine konjugierte (Polymethin-)Kette, welche die Elektronenweiter-leitung ermöglicht.

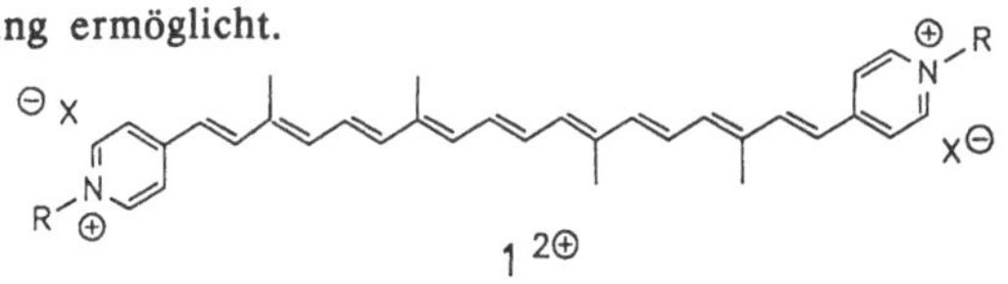

$$1^{\,2\oplus}$$

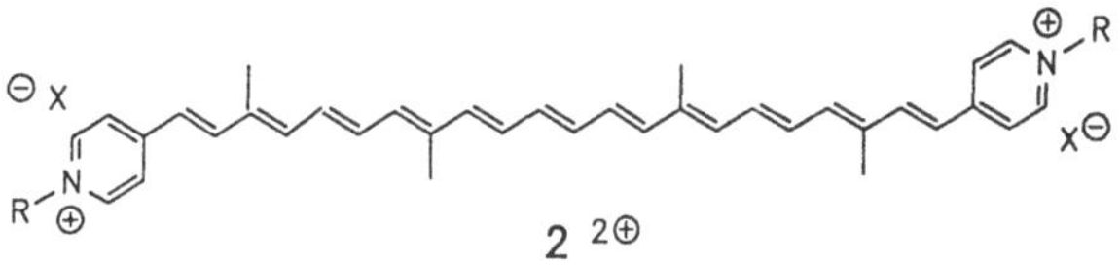

$$2^{\,2\oplus}$$

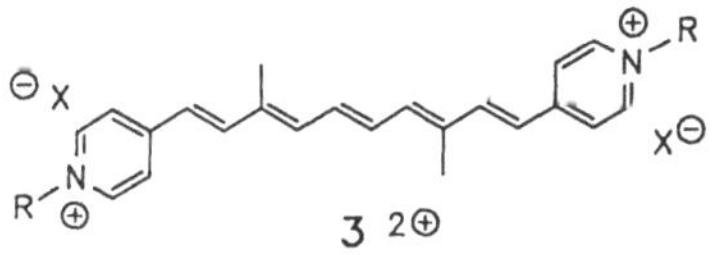

$$3^{\,2\oplus}$$

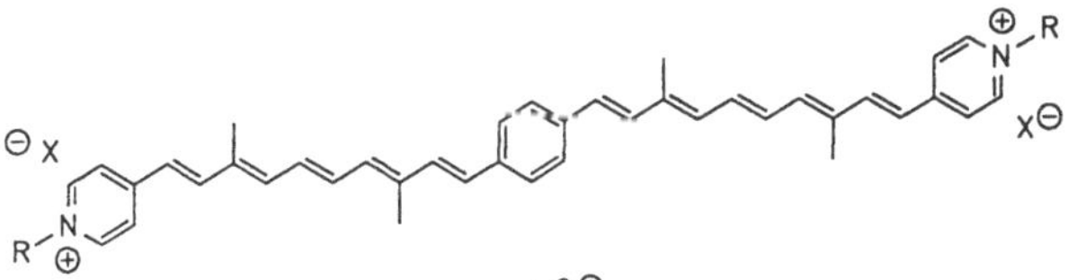

$$4^{\,2\oplus}$$

R=CH$_3$ und X=I

2. Zwei terminale, elektroaktive polare Gruppen für einen reversiblen Elektronenaustausch.
3. Eine ausreichende Moleküllänge, die dem Grenzflächenabstand einer Doppelmembran entspricht.

Als Elektronenleitungsketten wurden konjugierte Doppelbindungssysteme gewählt, die nach UV- und NMR-spektroskopischen Untersuchungen in der *all*-(*E*)-Konfiguration vorliegen und strukturell mit natürlichen Carotinoiden vergleichbar sind. Endständig sind diese Ketten mit je zwei N-substituierten Pyridinringen in 4-Position verknüpft.

N-substituierte Pyridinderivate sind in der Lage, unter Reduktion langlebige Radikale zu bilden, die leicht zu *"Viologenen"* dimerisieren und durch anschließende Oxidation in die noch stabileren Viologen-Radikal-Kationen übergehen. Im Elektronenabsorptionsspektrum geben sich diese Radikalkationen durch eine Bande nahe 600 nm zu erkennen.

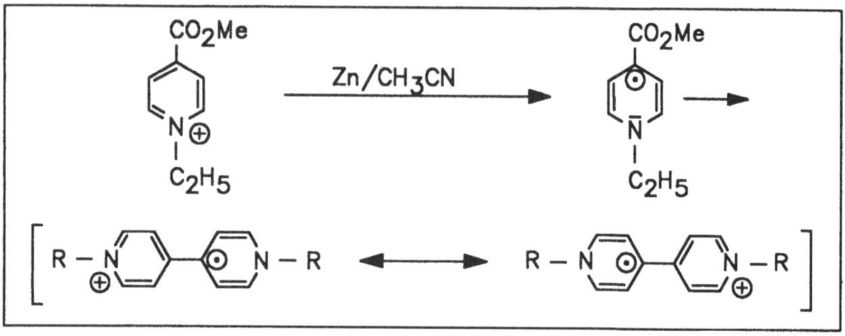

Abb.2. Viologenbildung aus N-Ethyl-pyridinium-4-carbonsäure-methylester

Viologene, deren Pyridinringe durch konjugierte Doppelbindungen räumlich getrennt sind, wurden als *Caroviologene* bezeichnet [1]. Cyclovoltammetrische Messungen, die einen Hinweis auf die Reversibilität elektronischer Vorgänge liefern, ergaben für die Caroviologene $1^{2\oplus}$ bis $4^{2\oplus}$ einen reversiblen 2-Elektronen-Reduktionsprozeß. Aufgrund ihrer Struktur und Funktionalisierung lassen sie sich in Lipidmembranen derart einlagern, daß ihre polaren Kopfgruppen in die polaren Regionen einer bimolekularen Membran reichen. Von den verschiedenen synthetischen Vesikelbildnern wie Ammoniumsalzen, Phosphorsäurediestern oder Sulfonsäuren mit zwei Oligomethylenketten wurde im vorliegenden Fall Natrium-dihexadecylphosphat gewählt.

Ein wesentliches Charakteristikum von Vesikelmembranen [2] besteht in einem Phasenübergang, der in vielen Fällen bei Temperaturen von nahe 36 °C abläuft. Während unterhalb von 36 °C die Oligomethylenketten vorwiegend in einer gestreckten Konformation vorliegen und die Membran flüssigkristalline Eigenschaften besitzt, kommt es oberhalb von 36 °C zu einem

Schmelzen dieser kristallinen Bereiche, wobei der hydrophobe Bereich der Membran flüssigkeitsähnliche Eigenschaften annimmt.

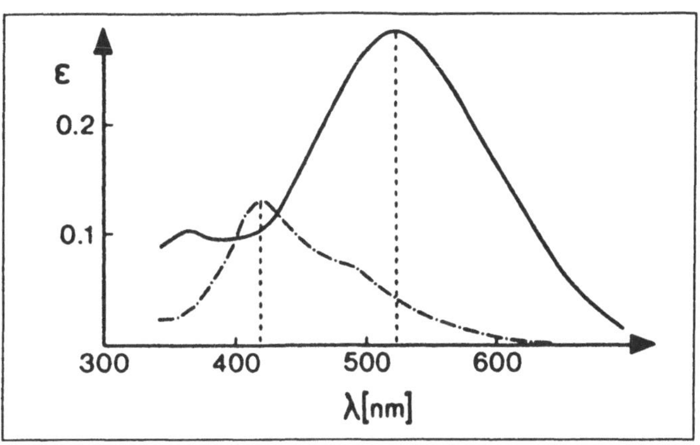

<u>Abb.3</u>. Elektronenspektrum von $2^{2\oplus}$ in Natrium-dihexadecyl-phosphat bei 23°C ($\cdot\!-\!\cdot$) und 72°C (——)

Dieses Verhalten wurde auch für Natrium-dihexadecylphosphat-Vesikel beobachtet, in denen die Caroviologene $1^{2\oplus}$, $2^{2\oplus}$ und $3^{2\oplus}$ eingelagert waren. <u>Abb.3</u> zeigt ein Elektronenspektrum von $2^{2\oplus}$ in Natrium-dihexadecylphosphat bei Temperaturen von 23° (strichpunktiert) und 72° (durchgezogene Kurve). Die Änderung des Absorptionsbereiches mit der Temperatur läßt sich den Aggregaten bzw. Monomeren von $2^{2\oplus}$ zuordnen.

Zusätzlich tritt ein Gel → Flüssigkristall-Phasenübergang der Membran mit kritischen Temperaturen von durchschnittlich 59°C auf. Dieser Wert entspricht gut dem für die undotierte Lipidmembran gemessenen von 60°C. Diese und weitere Messungen führten zu dem Ergebnis, daß die Caroviologene analog der <u>Abb.4</u> in die Lipidmembran eingelagert sind.

Caroviologene dürften deshalb als erste Modellsubstanzen für eine Elektronenleitung auf molekularer Ebene zu werten sein. Neben der Eingliederung in ein komplexes Redoxsystem und der Untersuchung des Leitungsverhaltens gehört die Kombination von Caroviologenen mit photoaktiven Gruppen sowie die gezielte Synthese von Push-pull-Carotinoiden zu den Aufgaben der Zukunft [3b].

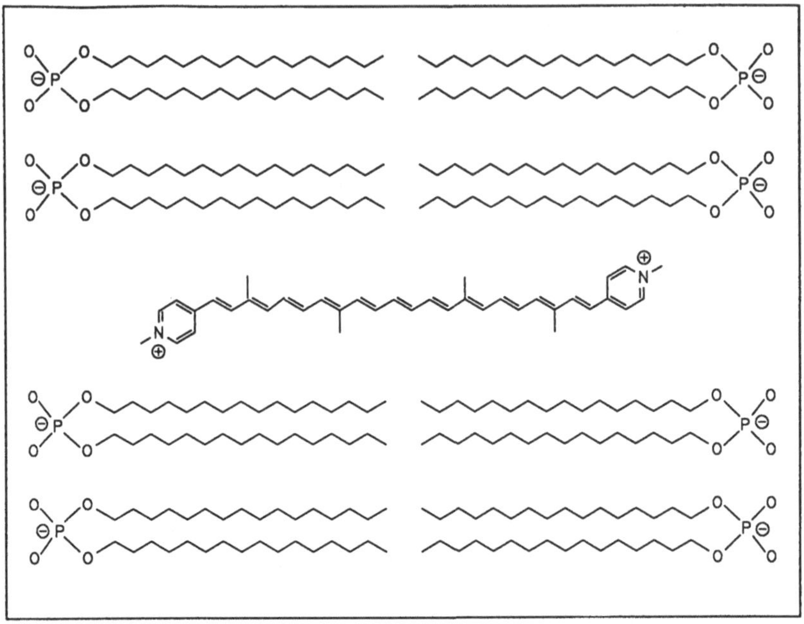

Abb.4. Caroviologen $2^{2\oplus}$, eingelagert in Dihexadecylphosphat

11.2 Molekulare Gleichrichter

Die aus der Halbleiterentwicklung hervorgegangenen, herkömmlichen kristallinen Gleichrichter beruhen auf dem Grenzflächenkontakt zwischen einem Metall und einem Halbleiter und dem daraus resultierenden Aufbau einer elektrischen Doppelschicht (Sperrschicht).

Zum besseren Verständnis sind die in einem Gleichrichter ablaufenden Prozesse schematisch in den Abb.5,6 wiedergegeben [4]. Betrachtet man einen Halbleiter und ein Metall getrennt, beide ohne freie Ladungen und ohne Verbindung miteinander, so ist gemäß Abb.5 ihre relative energetische Lage durch das als Nullpunkt zu wählende Potential des Außenraumes gegeben.

Bei der Berührung zwischen einem Überschuß- oder n-Halbleiter und einem Metall fließen aufgrund der angegebenen Lage der Energieniveaus (Abb.6) Elektronen aus dem über dem Metallelektronenband gelegenen Leitungsband des Halbleiters in das Metall ab.

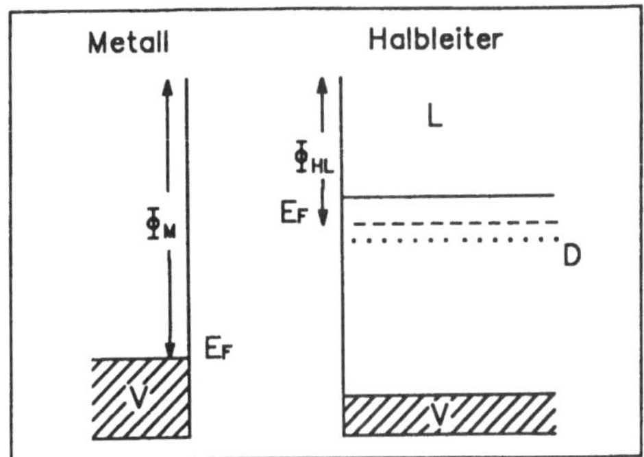

Abb.5. Potentialverhältnisse in Metallen (links) und in Halbleitern (rechts); getrennt voneinander: V= Valenzband, L= Leitungsband, $E_F=$ *Fermi*-Grenze, D= Donoratom (P, As, usw.). Φ_M: Austrittsarbeit für Metallelektronen, Φ_{HL}: Austrittsarbeit für Halbleiterelektronen

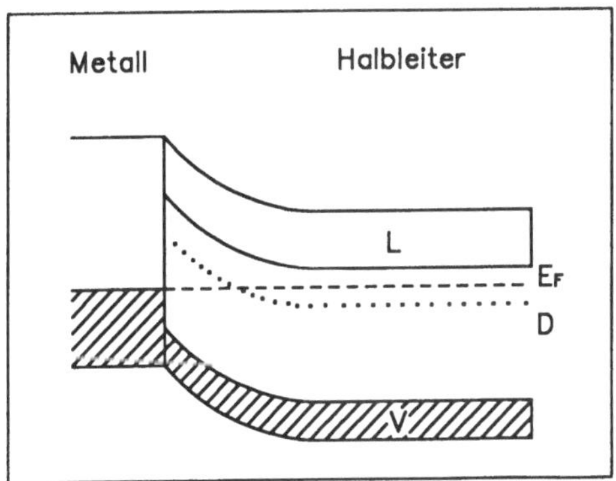

Abb.6. Potentialverhältnisse im n-Halbleiter bei Kontakt mit einem Metall

Dadurch kommt es zu einer negativen Aufladung des Metalls bzw. positiven Aufladung des Halbleiters, d.h. in der Grenzschicht zwischen Halbleiter und Metall bildet sich eine elektrische Doppelschicht (Sperrschicht). Legt man nun ein äußeres Feld an den Gleichrichter, so weitet sich je nach Polung die Sperrschicht weiter aus, so daß ein Stromfluß durch den Gleichrichter verhindert wird. Bei umgekehrter Polung wird die Sperrschicht abgebaut, und damit ein Stromfluß ermöglicht. Legt man eine Wechselspannung an den Gleichrichter, so erzeugt diese je nach Polung den Auf- oder Abbau der Sperrschicht. Dies hat zur Folge, daß die Wechselspannung in eine Gleichspannung umgewandelt wird.

Herkömmliche Feststoff-Gleichrichter basieren auf einer p-n-Verbindungsstelle. Für eine *Gleichrichtung auf molekularer Ebene* [5,1)] muß das organische Molekül ebenfalls eine p-n-Verbindungsstelle besitzen. Sowohl für n- als auch p-Bausteine eignen sich besonders aromatische Systeme, da sie durch Substituenten in elektronenreiche (n) und elektronenarme π-Systeme übergeführt werden können. Sie fungieren so als Elektronendonor bzw. Elektronenacceptor.

Analog zu ihren Halbleiter-Vorbildern müssen für eine korrekte Funktion Donor und Acceptor voneinander getrennt sein. Dies kann durch Einführung eines σ-Elektronensystems erreicht werden. Zwei Prototypen eines molekularen Gleichrichters sollen näher vorgestellt werden. Sie besitzen beide ein elektronenarmes (Acceptor-) und ein elektronenreiches (Donor-) π-System, die durch aliphatische Brückeneinheiten voneinander getrennt sind. Die dreifache Brücke des Bicyclus in 2 führt zu einem starren linearen Molekül.

Eine mögliche Funktionsweise, die trotz unterschiedlicher Strukturen für beide Moleküle 1 und 2 gleich ist, soll exemplarisch am Beispiel von 1 erklärt werden. Zu diesem Zweck muß 1 derart in ein Elektronsystem eingegliedert werden, daß der elektronenarme Aromat mit der Kathode, der elektronenreiche mit der Anode in Kontakt steht. Nur bei dieser Polung ist ein Stromfluß von der Kathode zum Acceptor, vom Acceptor zum Donor und vom Donor zur Anode möglich.

Entsprechend <u>Abb.7</u> müssen für ein Funktionieren des Gleichrichters diejenigen Orbitale (B), welche die Elektronen von der Kathode aufnehmen, unbesetzt sein und in Höhe des *Fermi*-Niveaus der Elektrode bzw. oberhalb des Ionisationsniveaus (C) des Donors liegen.

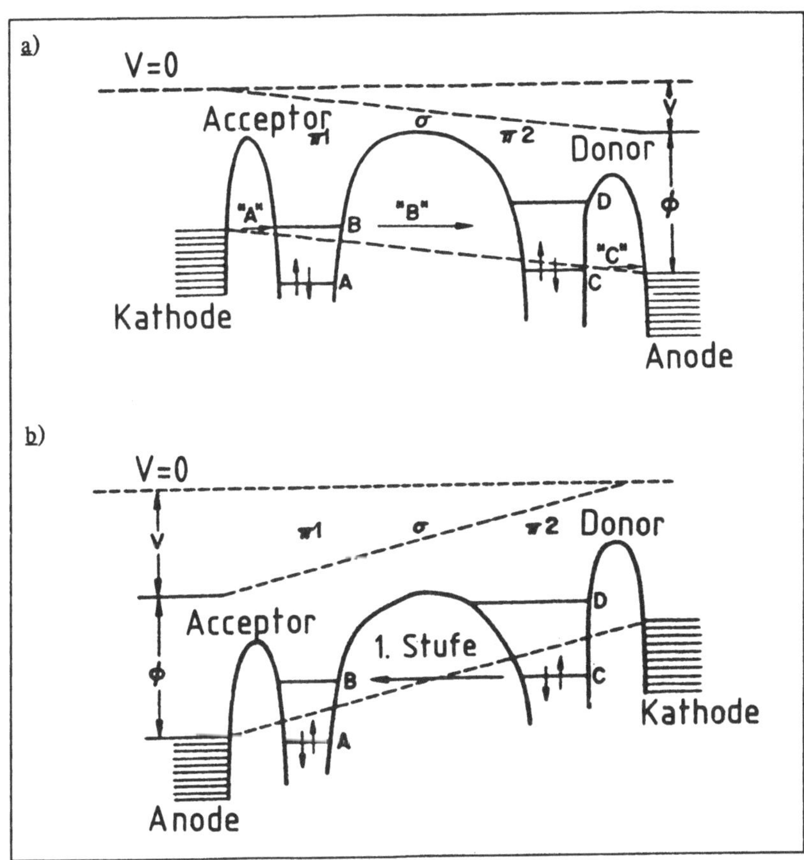

Abb.7. Zur Funktion des molekularen Gleichrichters: a) Stromfluß ("A", "B" und "C" sind Tunnel-Prozesse) b) Stromsperrung

Sobald das äußere angelegte Feld stark genug ist, um eine Überlappung von Kathoden- und Acceptor-Orbitalen zu ermöglichen, werden Elektronen in das unbesetzte Orbital B des Acceptors übertragen. Die Energieschwelle für diesen Prozeß hängt von verschiedenen Faktoren wie relative Lage der Energieniveaux, Austrittsarbeit usw. ab.

Der gleiche Prozeß vollzieht sich auch auf der Anodenseite, wo ein Elektronentransfer vom C-Orbital des Donors zur Anode stattfindet. Auf diese Weise wird auf der Acceptorseite ein Ladungsüberschuß, auf der Donorseite ein Ladungsunterschuß erzeugt. Ein Ladungsausgleich zwischen Donor und Acceptor erfolgt nun durch einen *Tunnelprozeß.*

Der geladene Acceptor enthält im Orbital B ein Elektron im Schwingungsgrundzustand (Abb.8). Aufgrund des geringen energetischen Unterschieds zwischen Orbital B und C kann es unter Energieerhalt in das leere Orbital C tunneln.

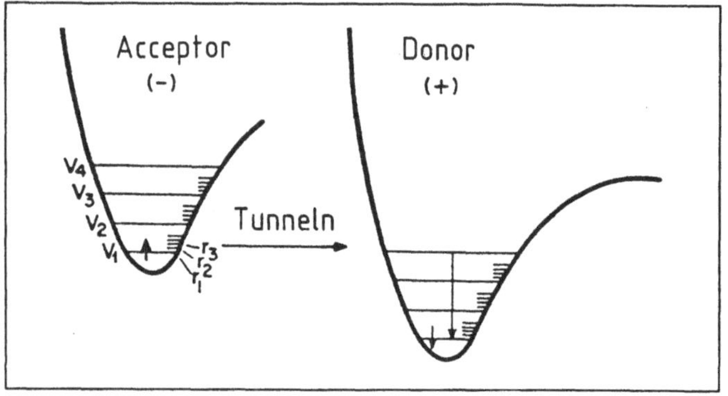

Abb.8. Tunnel-Vorgang zwischen Acceptor und Donor, und deren Potentialkurven [V steht für Vibration (Schwingungsniveau)]

Außer in Elektronenübergängen unter Resonanzbedingungen liegt das Orbital B gewöhnlich über dem Energieniveau des Orbitals C, so daß das Elektron einen angeregten *Frank-Condon-Zustand* besetzt und von diesem strahlungslos in den Grundzustand übergeht. Damit ist der Stromkreis geschlossen und der Gesamtprozeß bleibt solange irreversibel, wie das Orbital B über dem Orbital C liegt.

Bei umgekehrter Polarität (Abb.7b) müßte Niveau D unter die Fermigrenze der rechten Elektrode und die Fermigrenze der linken Elektrode unter das Niveau A abgesenkt werden, um einen kontinuierlichen Stromfluß zu ermöglichen. Wie jedoch aus der Abbildung zu entnehmen ist, liegt das dafür erforderliche Potential V ungünstiger als im Fall der Abb.7a.

Zum Problem des "Superaustausch"-vermittelten Elektronen-Transfer-(ET-)Verhaltens über mehrere Porphin-Einheiten hinweg siehe Lit. [6], zur Frage der **Transistoren auf molekularer Basis** (Molecule-Based Transistors) sei auf die Literatur verwiesen [7].

12 Organische Verbindungen mit nichtlinearen optischen (NLO-)Eigenschaften

Der erst etwas über 25 Jahre alte Laser eröffnete neue Möglichkeiten, um nichtlineare optische Phänomene zu studieren [1]. Nach dem Bau des ersten erfolgreichen Lasers verging nur ein Jahr, bis die *optische zweite harmonische Generation* ("second harmonic generation", *SHG*) des Quarzes entdeckt wurde. Kurz darauf folgte die erste Beobachtung von SHG in organischen Kristallen einiger polynuclearer aromatischer Kohlenwasserstoffe. In der Zwischenzeit hat sich eine bemerkenswerte Evolution beim Verständnis geeigneter Strukturen organischer Verbindungen herauskristallisiert. Letztere sind die kritischen Medien, in denen die nichtlinearen optischen Effekte, die wir im folgenden näher beschreiben, erfolgen. Gegenüber den anorganischen Kristallen haben die organischen, u.a. dank der Möglichkeit des *"molecular engineering"*, zunehmende Bedeutung erhalten. Es ist interessant, daß gerade *Harnstoff* eine der bestuntersuchten kristallinen Verbindungen im Hinblick auf *nichtlineare optische Eigenschaften ("NLO")* war. Nach etwa 20jähriger Entwicklung der Theorie der nichtlinearen Optik, die durch den Nobelpreis 1981 an *Bloembergen* gekrönt wurde, tragen organische Chemiker heute durch das 'molecular engineering' an der Entwicklung neuer NLO-Materialien mit einer breiten Palette faszinierender Eigenschaften bei. Dies geschieht in Kooperation der organischen Synthese mit Physikern auf den Spezialgebieten Optik, *Röntgen*-Kristallstrukturanalyse, Kristallwachstum. Für den organischen Chemiker ist interessant, daß ein Zusammenhang zwischen der chemischen Reaktivität und spektroskopischen Eigenschaften von Molekülen mit jenen Faktoren besteht, die für das nichtlineare Verhalten und die optische Hyperpolarisierbarkeit verantwortlich sind [1]. Neuartige Materialien mit entsprechenden NLO-Eigenschaften sind heutzutage sehr gesucht.

Das ideale organische NLO-Material muß eine Reihe von Voraussetzungen erfüllen, von denen einige allgemein sind, andere jedoch von ganz bestimmten Anwendungszwecken diktiert werden, wie z.B. im Falle von NLO-Kristallen für das Frequenzverdoppeln von Diodenlaserlicht. Viele der im folgenden genannten Substanzen wurden wegen ihrer günstigen Balance zwischen der Verdopplungseffizienz und ihren Transparenzeigenschaften ausgewählt. Wie auf dem Gebiet der organischen Leiter und der Flüssigkristalle ist auch hier eine gewisse Korrelation zwischen Molekül- und Kristallstruktur wünschenswert und doch sehr schwierig.

Substanzen mit hoher makroskopischer optischer Nichtlinearität findet man vor allem bei *nicht-zentrosymmetrischen,* hochpolarisierbaren organischen Molekülen:

Vor allem konjugierte Doppelbindungen tragende Moleküle mit Donor- und Acceptor-Substituenten an beiden Enden führen häufig zu nichtlinearen optischen Eigenschaften (vgl. Tab.1).

Diese werden in der Regel verstärkt, wenn die Moleküle sich zum Kristall anordnen oder aber, wie es bei der Ordnung zu flüssigkristallinen Phasen erfolgt, in organisierte supramolekulare Systeme eingebettet werden. Hierfür können auch *Langmuir-Blodgett-Filme* dienen (vgl. Abschn.9.4).

In Donor-Acceptor- (DA-)Molekülen der o.g. Art kann die Elektronenverteilung durch Wechselwirkung mit einem Strahlungsfeld gestört werden, wie beispielsweise durch ein starkes optisches E-Feld, das von einem Laser erzeugt wird; wenn die Störung asymmetrisch ist, resultiert eine quadratische Nichtlinearität (*Chemla et al.,* 1981). Dies ist z.B. bei der kurzen polaren π-Bindung der Carbonylgruppe des Harnstoffs der Fall.

In Gleichung (1) ist die Polarisation p eines Moleküls als Summe der Grundzustandspolarisationen p_0 und den induzierten Polarisationen durch ein externes elektrisches Feld E ausgedrückt. Der Koeffizient α ist hier die *lineare Polarisierbarkeit,* die zum Brechungsindex des betreffenden Materials in Beziehung steht, während ß die *quadratische Hyperpolarisierbarkeit* ist, die für SHG optimiert werden muß. γ ist die *kubische Hyperpolarisierbarkeit,* die für eine Reihe von weiteren NLO-Eigenschaften wichtig ist:

$$p = p_0 \quad + \quad \alpha\, E \; + \quad \text{ß}\; EE \quad + \quad \gamma\; EEE \quad + \quad \dots \tag{1}$$

ß und γ sind also für die nichtlinearen optischen Eigenschaften charakteristisch. Es gibt eine Reihe von Methoden, mit denen der ß-Wert eines Moleküls bestimmt werden kann. Die populärste ist die *electric field induced second harmonic generation (EFISH),* die experimentell und theoretisch optimiert wurde.

Die Hauptaufgabe für den organischen Chemiker ist das 'molecular engineering', das von *Le Fèvre* 1970 definiert wurde als *"die geplante Synthese von Materialien, die vorgeschriebene Eigenschaften haben".* Am Beispiel des 'molecular engineering' von nichtlinearen molekularen Kristallen kann diese Definition folgendermaßen umgeändert werden: "als die geplante Synthese von Materialien, welche die simultane Optimierung von molekularen und Kristall-Eigenschaften, die verantwortlich für wirksame SHG sind", bieten [1]. Die schwierigste Aufgabe hierbei ist die gleichzeitige Optimierung der molekularen Hyperpolarisierbarkeit und die Transparenz des betreffenden molekularen Kristalls. Hinzu kommt die Optimierung der molekularen Hyperpolarisierbarkeit und die Fähigkeit solcher Moleküle, sich im Kristall auf nützliche Weise anzuordnen. Allerdings sieht es so aus, als sei es in der Organischen Chemie leichter als in der Anorganischen Chemie, Kristalle zu produzieren, die sich für SHG eignen.

Um die Auswahl an geeigneten organischen Verbindungen zu erleichtern, die SHG-Eigenschaften haben, wurden Tabellen aufgestellt, in denen die Voraussetzungen hinsichtlich Punktgruppe vorgegeben sind.

Es ist vom Standpunkt der Organischen Chemie aus besonders interessant, daß auch die *Chiralität* für organische NLO-Materialien herangezogen werden kann. Aus achiralen Molekülen können so durch Einführung von Chiralität Kristallgitter gebildet werden, die für NLO-Eigenschaften günstig sind. Optische Aktivität allein garantiert jedoch nicht ein nützliches SHG-Material, da noch die notwendigen Polarisierbarkeits-Funktionalitäten hinzukommen müssen. In Tab.1 sind einige gut untersuchte NLO-Substanzen aufgeführt.

Hierzu gehören besonders aromatische Nitroverbindungen, die also sowohl das oben angesprochene π-Elektronensystem als auch Donor- und Acceptor-Substituenten aufweisen. Das Methyl-2,4-dinitrophenylaminopropanoat (*MAP*, 2) ist besonders gut untersucht; durch geeignete Substitution am Stickstoff wird das Gerüst chiral, was die gewünschte nicht-zentrosymmetrische Kristallstruktur verursacht. Zwei Jahre nach der Entdeckung des MAP wurden Einkristallstudien am 2-Methyl-4-nitranililn (*MNA*, 3) durchgeführt, die SHG- und lineare elektrooptische Effekte ergaben. Auch das 3-Methyl-4-nitropyridin-N-oxid (*POM*, 4) ist einzigartig darin, daß es ein kleines Grundzustands-Dipolmoment aufweist, das die Tendenz des Materials erhöht, nicht zentrosymmetrisch zu kristallisieren. POM ist zudem hochtransparent verglichen mit anderen Nitroaromaten und hat eine hohe NLO-Effizienz (Tab.1).

Tab.1. Organische Verbindungen mit SHG-Eigenschaften [2)]

Verbindung	Kurzbe-zeichnung	Raum-gruppe
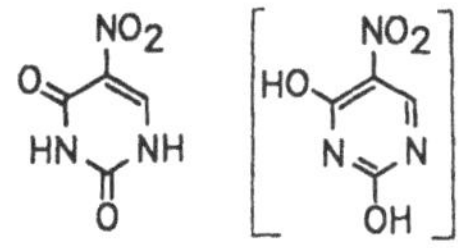 (5-Nitrouracil-Struktur, NO_2, HN, NH, O / Tautomer HO, NO_2, OH)	5NU	$P\,2_12_12_1$
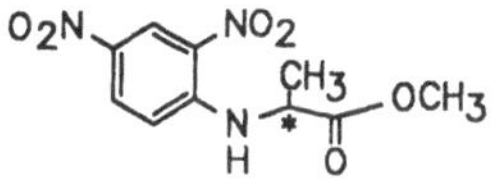 (Struktur: O_2N, NO_2, CH_3, OCH_3, N, H, O)	MAP	$P\,2_1$
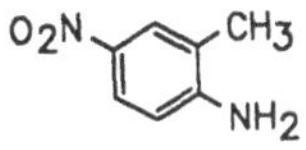 (Struktur: O_2N, CH_3, NH_2)	MNA	$C\,c$
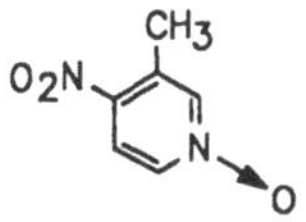 (Struktur: O_2N, CH_3, N, O)	POM	$P\,2_12_12_1$
(Struktur: O_2N, N, CH_3)	NMBA	Pb
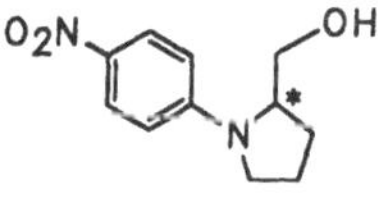 (Struktur: O_2N, OH, N)	NPP	$P\,2_1$

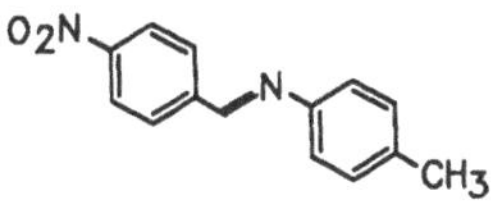

So wie bei flüssigkristallinen Phasen *Langmuir-Blodgett*-Schichten nützliche Anwendungen finden (vgl. Abschn.9.4), so sind auch bei den nichtlinearen optischen Eigenschaften *Langmuir-Blodgett*-Monoschichten für SHG
im Reflexionsmodus angewandt worden. Auch die Verknüpfung von flüssigkristallinen Phasen mit NLO-Phänomenen wird forschungsmäßig bearbeitet.

13 Licht-induzierte H_2O-Spaltung

Die Verwertung von Lichtenergie durch Pflanzenzellen zur Biosynthese ihrer Zellkomponenten ist als Photosynthese bekannt und ein Stoffwechselvorgang von fundamentaler Bedeutung.

Obwohl nur die grünen Pflanzen neben anderen Autotrophen Licht als Energiequelle verwerten können, nehmen auch alle anderen Organismen indirekt durch die Photosynthese - über die Nahrungskette - Energie auf. Außerdem bestehen etwa 90% der zur Erzeugung von Wärme, Licht und anderen Energieformen benutzten Rohstoffe wie Kohle, Erdöl und Erdgas aus Produkten der Photosynthese.

Der Gesamtprozeß der Photosynthese läßt sich in eine Licht- und eine Dunkelreaktion aufteilen, die durch die <u>Gleichungen</u> (1) und (2) bzw. die <u>Bruttogleichung</u> (3) wiedergegeben werden [CH_2O im Sinne von $(CH_2O)_x$].

$$2\ NAD^{\oplus} + 2H_2O \xrightarrow{\ h\nu\ } 2\ H^{\oplus} + 2\ NADH + O_2 \qquad (1)$$

$$2\ H^{\oplus} + CO_2 + 2\ NADH \longrightarrow CH_2O + 2\ NAD^{\oplus} + H_2O \qquad (2)$$

$$CO_2 + H_2O \longrightarrow CH_2O + O_2 \qquad (3)$$

Sie besteht daher im wesentlichen aus der photochemischen Spaltung von Wasser in Sauerstoff und Wasserstoff, der jedoch in Form von NADH + $H^{\oplus}$ gebunden wird.

<u>Abb.1</u> zeigt das bekannte *"Z-Schema"* der Photosynthese. Dieses beruht auf zwei miteinander gekoppelten Photosystemen I und II, die nach dem gleichen Prinzip funktionieren [1]: Durch die Absorption eines Lichtquants wird ein Elektron auf ein höheres Energieniveau gehoben und auf einen Acceptor übertragen (Photoreduktion des Acceptors). Als photoaktives System enthalten sie das Chlorophyll, das in beiden Photosystemen bei unterschiedlichen Redoxpotentialen arbeitet (Photosystem I ca. -0.6 V, Photosystem II -0.1 V).

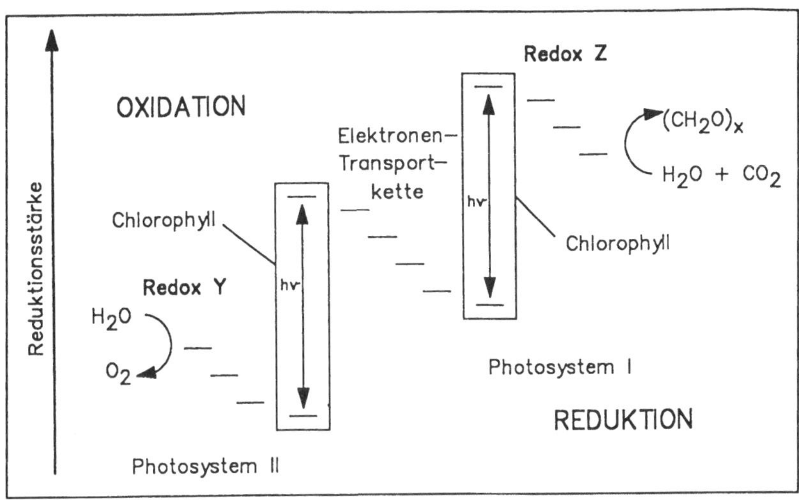

<u>Abb.1</u>. Z-Schema der Photosynthese

Die aus dem Chlorophyll des Photosystems II angeregten Elektronen werden unter Bildung von Chlorophyll-Kationen an eine Elektronentransportkette abgegeben und nach dem *"Förster-"* bzw. "Excitonen-Mechanismus" auf das Photosystem I übertragen.

Hier findet eine weitere Anregung und Übertragung auf ein Redox-Z-System statt, die formal mit der Reduktion von CO$_2$ endet. Zugleich werden auf der Oxidationsseite die angeregten und darauf übertragenen Elektronen des Chlorophylls (Photosystem II) durch Oxidation des Wassers mit Hilfe des Redoxsystems Y nachgeliefert.

Aufgrund der Bedeutung von Wasserstoff als alternativer Energiequelle (Herstellung von Methan aus H$_2$ + C) sind in letzter Zeit Pläne entwickelt worden, die auf einer photochemischen Wasserspaltung beruhen [2].

Ein einfaches Verfahren zur Umwandlung von Licht in Redoxenergie besteht in der reversiblen Photo-Oxidation organischer Farbstoff-Moleküle wie Metalloporphyrinen, die in eine bimolekulare Membran eingelagert sind (<u>Abb.2</u>). Unter e$^\ominus$-Abgabe wandern sie durch die Membran zu der gegenüberliegenden Grenzfläche, an der sie wieder reduziert werden. Das dabei aufgebaute Potential von etwa 100 mV reicht jedoch nicht für die Photolyse des Wassers aus, für die Potentialdifferenzen von ca. 1 V benötigt werden.

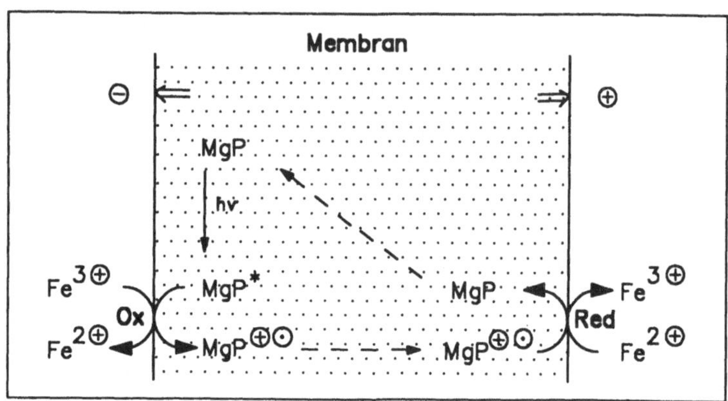

Abb.2. Zur Umwandlung von Licht in Redoxenergie durch reversible Photooxidation organischer Farbstoffkomplexe (P = Porphyrin-Ligand, Mg = Magnesiumion)

Von *Shilov* wurde erstmals ein komplexes System vorgeschlagen, das aus vier wasserlöslichen Komponenten besteht:

1) Ascorbinsäure oder Ethylendiamintetraessigsäure

2) Tris(2,2'-bipyridin)-ruthenium(II)-Komplex (als Sensibilisator) [2d]:

$$[Ru^{II}(bipy)_3]^{2\oplus} \equiv$$

3) N,N'-Dimethylviologen (wirkt als Redoxkatalysator bzw. "Elektronen-Relais") [2e]:

4) Kolloidales Platin (als Katalysator).

Abb.3 zeigt den Reaktionsverlauf schematisch sowie einen wahrscheinlichen, bislang nicht vollständig bewiesenen Mechanismus.

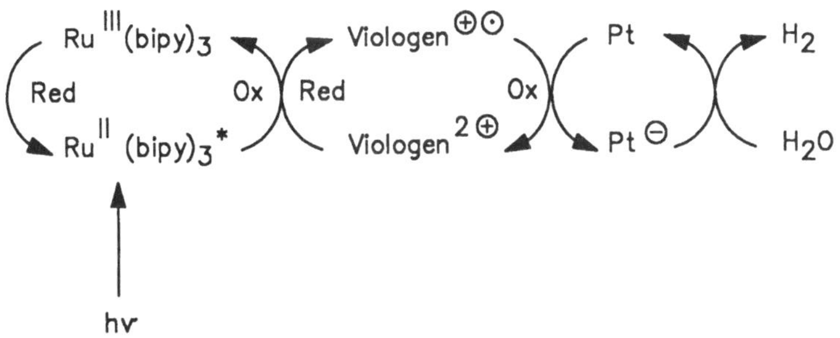

Mechanismus:

(1) $4[Ru^{III}(bipy)_3]^{3\oplus} \xrightarrow{+4OH^{\ominus}} 4[Ru^{II}(bipy)_3]^{2\oplus} + O_2 + 2H_2O$

(2) $4[Ru^{II}(bipy)_3]^{2\oplus} \xrightarrow[h\nu]{+4H_2O} 4[Ru^{III}(bipy)_3]^{3\oplus} + 2H_2 + 4OH^{\ominus}$

(3) $2H_2O \xrightarrow[h\nu]{} 2H_2 + O_2$ (Bruttogleichung)

Abb.3. Reaktionsverlauf und Mechanismus einer photochemischen H_2O-Spaltung

Die komplexe Reaktion beginnt mit der Reduktion des Ru^{III}-Komplexes zum Ru^{II}-Komplex [Gl.(1)]. Nach photochemischer Anregung wird ein Elektron auf das Viologen übertragen. Das so gebildete Viologen-Radikal-Kation überträgt nun ein Elektron auf das kolloidale Platin, an dessen Oberfläche anschließend die Reduktion der $H_3O^{\oplus}$-Ionen abläuft.

Auch Halbleitermaterialien könnten in Form photoelektrochemischer Zellen zur Wasserspaltung verwendet werden, wie in Abb.4 gezeigt ist. Das Halbleitermaterial übernimmt dabei eine Doppelfunktion, indem es einerseits das einfallende Licht absorbiert, seine Oberfläche andererseits als Katalysezentrum dient.

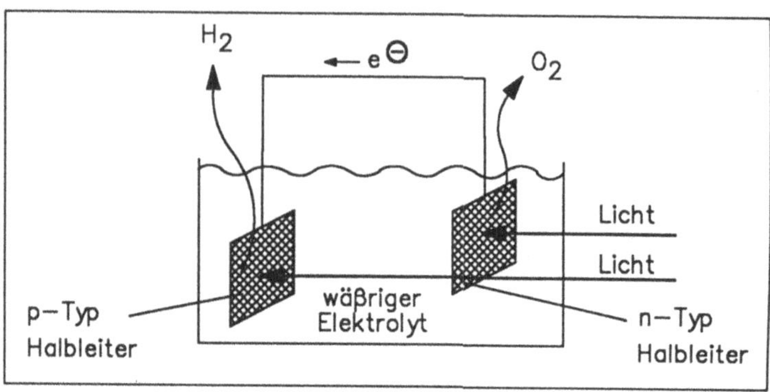

Abb.4. Halbleiter zur photochemischen Wasserspaltung

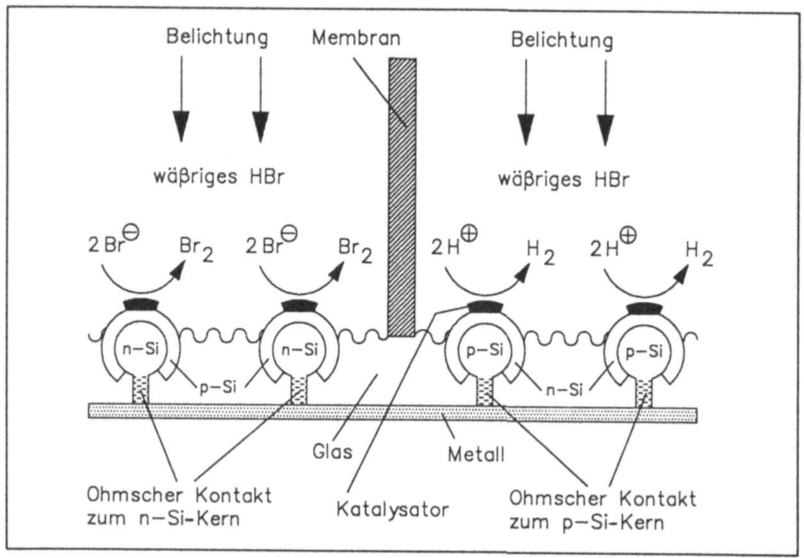

Abb.5. System zur Umwandlung von Sonnenlicht in speicherbare chemische Energie durch Licht-getriebene Zerlegung von 2 HBr in H$_2$ und Br$_2$

Da die für die H$_2$O-Spaltung erforderliche Potentialdifferenz von ca. 1V nur durch Reihenschaltung von mehreren photoelektrochemischen Zellen erhalten werden kann, wurde ein Multikomponentensystem auf Silicium-Halbleiterbasis zur photochemischen Spaltung von HBr in H$_2$ und Br$_2$ entwickkelt.

Nachteilig an solchen *Halbleiter-Photosynthese-Systemen* ist die Bildung eines Ohmschen Kontakts an der Verbindungsstelle mit Metallen, wodurch die Photospannung signifikant vermindert wird.

Ein weiteres, auf molekularer Ebene funktionierendes Modell ist in Abb.7 gezeigt. Der zentrale Baustein dieses Systems besteht aus Makromolekülen, die neben der Fähigkeit, Licht zu absorbieren, die angeregten Elektronen analog zur natürlichen Photosynthese weiterleiten können. Der an das Grundgerüst (Porphyrin-System) kovalent gebundene Donor ist mit einer Elektrode verbunden, welche die über den Chromophor an den Acceptor abgegebenen Elektronen nachliefert:

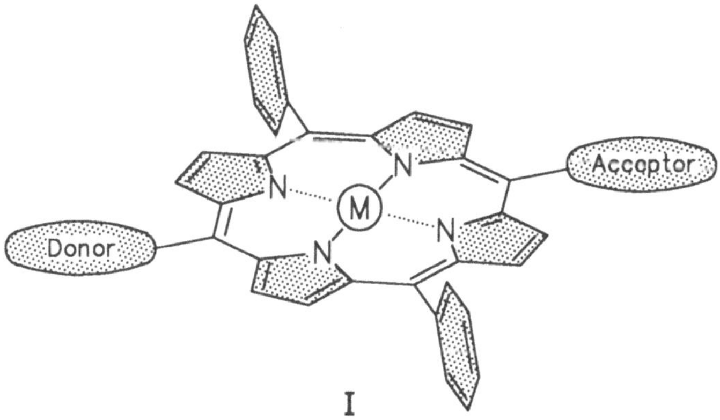

Alternativ zu Porphyrinderivaten wie **I** wurde von *Merrifield* ein Modell entwickelt, das aus Redox-Untereinheiten definierter Reihenfolge besteht und an einen elektrochemischen Leiter gebunden ist. Die Synthese derartiger Makromoleküle erinnert an die Peptidsynthese, für die *Merrifield* 1984 den Nobelpreis erhielt.

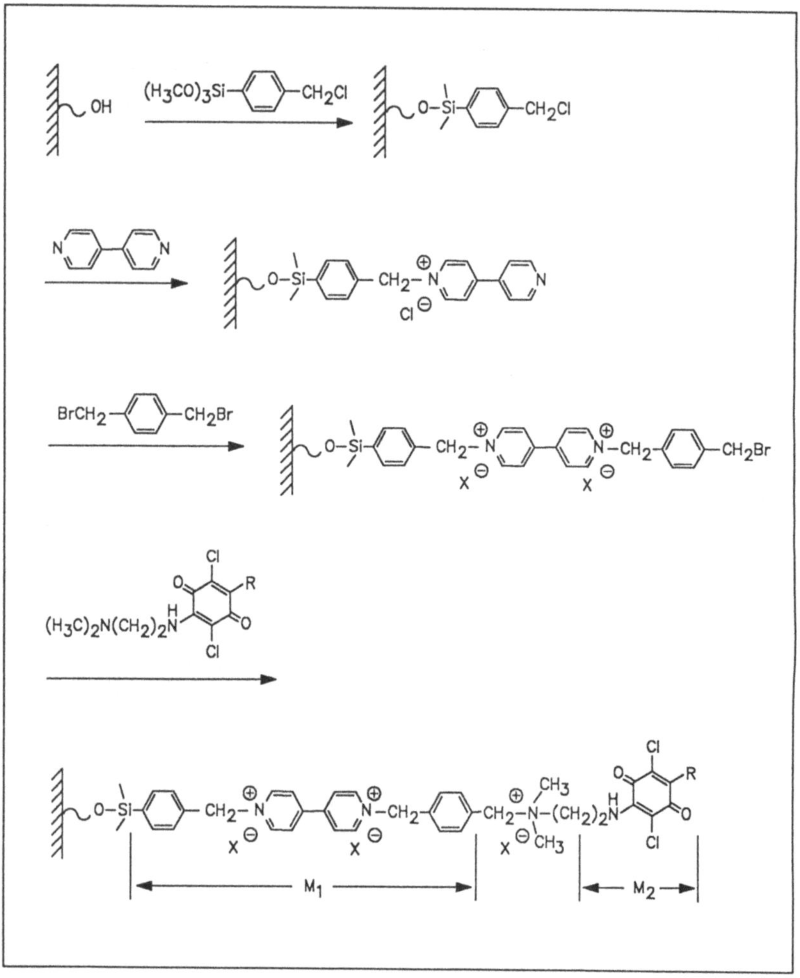

Abb.6. Festphasen-Synthese eines Oberflächen-gebundenen Makromoleküls, das aus zwei Redoxeinheiten besteht (M$_1$ = N,N'-Dibenzyl-4,4'-bipyridinium-, M$_2$ = 2,5-Dichlor-p-benzochinon-Derivat)

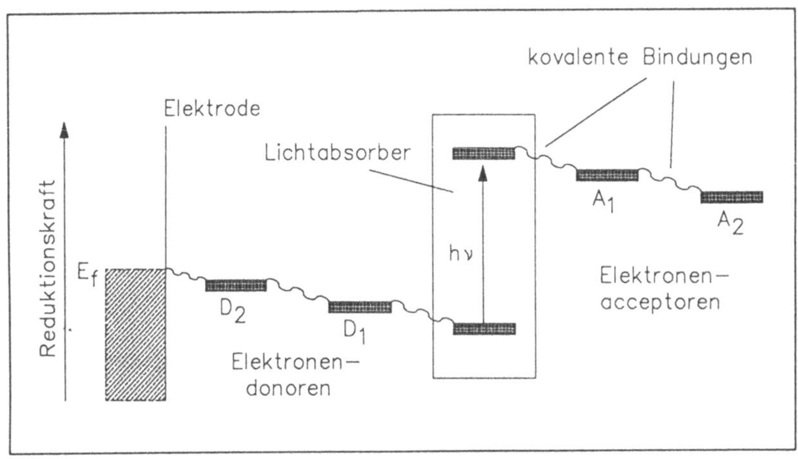

Abb.7. Aufbau eines molekularen Lichtabsorptionssystems, das einen Licht-induzierten Elektronentransfer in einer Richtung ermöglicht

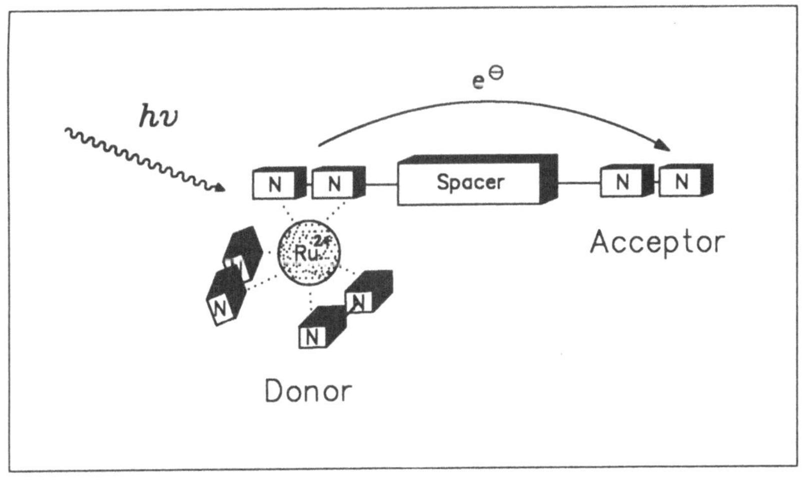

Abb.8. Photo-induzierter Ladungsübergang zwischen Donor und Acceptor (N-N ≙ 2,2'-Bipyridin)

In **Abb.8** ist ein solcher Photo-induzierter Ladungstransfer nochmals illustriert [4]. Die Wahrscheinlichkeit, mit der ein Elektron übergeht, hängt näherungsweise von der Distanz zwischen Donor und Acceptor und der Energie E des "tunnelnden" Elektrons ab. E wiederum ist dabei sowohl von den Orbitalenergien der besetzten Donor- und der unbesetzten Acceptororbitale, als auch von der Wechselwirkung dieser mit Brückenorbitalen abhängig.

Abb.9 gibt eine Skizze der Energieübertragung zwischen zwei in bestimmtem Abstand voneinander angebrachten Chromophoren [4].

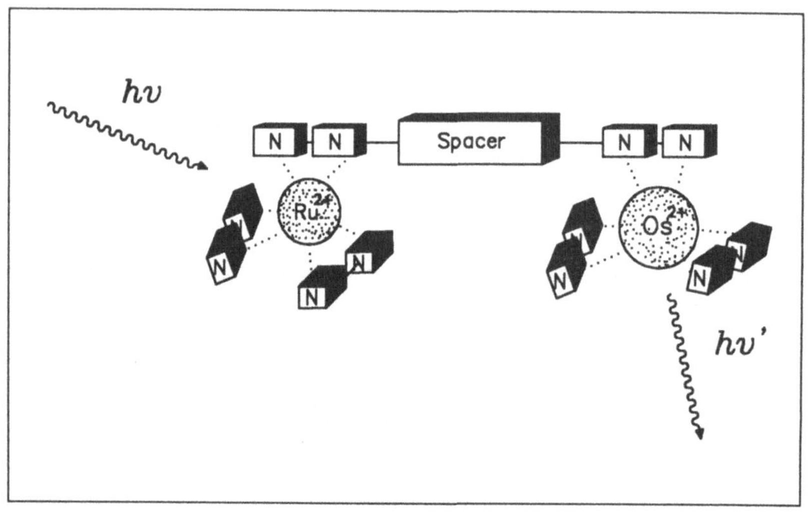

Abb.9. Energietransfer zwischen zwei über einen Abstandshalter getrennten Chromophoren (schematisch). N-N ≙ 2,2'-Bipyridin; hν = absorbiertes Licht; hν' = emittiertes Licht

Die Verknüpfung von Redox-Untereinheiten zu einem Makromolekül und dessen Eingliederung in ein Photosystem, wie in Abb.7 gezeigt, könnte in Zukunft möglicherweise zu einer effektiven H_2O-Spaltung verwendet werden.

Zur photosensibilisierten Reduktion von CO_2 zu CH_4 und H_2 siehe Lit. [3].

14   Chemische Sensoren

In diesem Abschnitt sei ausgehend von organisch-chemischen Fragestellungen eine Brücke zur Sensor-Technologie und -Forschung geschlagen. Dabei ist zu berücksichtigen, daß nicht in allen Sensoren organische supramolekular-chemische Anordnungen oder Prozesse eine Rolle spielen. Oft sind Metall- oder Metalloxid-Oberflächen die Wechselwirkungspartner organischer Moleküle; jedoch können diese "sensitiven" Oberflächen durch Aufbringen Gast-selektiver Wirtverbindungen modifiziert werden.

Als *chemische Sensoren* [1] werden Meßwert-Aufnehmer bezeichnet, mit denen die Konzentration bestimmter Teilchen über ein elektrisches Signal bestimmt werden kann. Als Teilchen können Atome, Moleküle oder Ionen fungieren, die Bestandteile von Gasen oder Flüssigkeiten sind.

Für chemische Sensoren besteht ein großer Bedarf. Besonders zur Kontrolle von CO, NO_x, SO_2 in der Luft und in Abgasen werden sie dringend benötigt. Dies gilt auch für die Bereiche Medizin, industrielle Prozeßregelung, Heizung, Lüftung, Klima, landwirtschaftliche Fertigungstechniken, Automobil, Haushaltsgeräte, Warn- und Sicherheitssysteme. Die Möglichkeiten für derartige elektronische Meß- und Regelungsverfahren sind heutzutage noch nicht voll genutzt, weil optimale chemische Sensoren noch nicht verfügbar sind. Bisher scheint es lediglich einige "Insel-Lösungen" für chemische Sensoren zu geben. Aus diesem Grunde ist das Gebiet forschungsintensiv.

Dabei ist der Nachweis bestimmter Teilchen prinzipiell kein Problem, denn hierfür stehen die ausgefeilten analytischen Untersuchungsmethoden der Chemie wie Massenspektrometrie, Gaschromatographie usw. zur Verfügung. Das Problem liegt darin, daß die bisherige Analytik aufwendige und meist diskontinuierlich arbeitende Untersuchungsverfahren einsetzte: Der große Bedarf bezieht sich daher auf chemische Sensoren, die klein, robust und Mikroelektronik-kompatibel aufgebaut sind. Außerdem sollen sie kostengünstig und mit den üblichen Methoden der Halbleiter-Technologie rasch, zuverlässig und in großer Stückzahl reproduzierbar herstellbar sein. Sie brauchen lediglich spezifisch auf eine bestimmte chemische Verbindung anzusprechen. In Geräten einer Preisklasse um DM 1000 sollen sie flächendeckend einsetzbar sein.

Bis zum Fernziel eines idealen chemischen Sensors, bei dem auf einem Halbleiter-Chip ein integriertes analytisch-chemisches Labor untergebracht ist, müssen allerdings noch viele Probleme gelöst werden.

Funktionsprinzipien der chemischen Sensorik:

Chemische Sensoren können nach einer Reihe von unterschiedlichen Funktionsprinzipien arbeiten. Am wichtigsten sind derzeit die Festkörper-Sensoren, auf die unten näher eingegangen werden soll. Prinzipiell kann der Nachweis chemischer Verbindungen über alle physikalischen Eigenschaften eines Festkörpers erfolgen, die sich bei der Wechselwirkung mit den nachzuweisenden Spezies in spezifischer Weise ändern. Dies können optische, magnetische Eigenschaften, Wärmetönungen, akustische Oberflächenwellen, Oberflächenpotentiale oder elektrische Leitfähigkeiten sein. Die letztgenannten Eigenschaften eignen sich aus heutiger Sicht am besten für Mikroelektronik-kompatible Sensoren.

Wie ein einfacher Sensor zum spezifischen Nachweis von Molekülen aus einem Molekülgemisch funktioniert, ist in <u>Abb.1</u> skizziert. Bei dieser Anordnung wird der Effekt genutzt, daß bei der Wechselwirkung von Molekülen mit Halbleiter-Oberflächen freie Elektronen des Halbleiters in dem sich bildenden Adsorptionskomplex eingefangen bzw. Elektronen vom Adsorptionskomplex an einen Halbleiter abgegeben werden können [1]. Der elektronische Nachweis des Teilchens wird aufgrund der Eigenschaft des nachzuweisenden Moleküls ermöglicht, an der Oberfläche Elektronen-Acceptor- bzw. Elektronen-Donor zu sein. Dies führt zur Erniedrigung bzw. Erhöhung der Konzentration freier Ladungsträger im Halbleiter und bewirkt entsprechende Änderungen der Leitfähigkeit.

Eine ideale Festkörper-Sensor-Oberfläche bildet ganz spezifische Bindungen zu den nachzuweisenden Atomen oder Molekülen aus. Jedoch ist hier noch ein Bedarf an solchen spezifischen Wechselwirkungen vorhanden.

Die chemischen Sensoren lassen sich nach ihren Anwendungsbereichen, den nachzuweisenden Teilchen, oder wie im folgenden nach ihren physikalisch-chemischen Funktionsprinzipien einteilen. Zu den wichtigsten chemisch empfindlichen Halbleiter-Bauelementen gehören die chemisch sensitiven Halbleiter-Anordnungen (*CSSD*, chemically sensitive semiconductor devices). In einem CSSD werden Teilchen durch Veränderungen des elektronischen Ladungstransports nachgewiesen. Der Begriff CSSD ist dabei weitgehend mit dem des chemischen Festkörper-Sensors (*SSCS*, solid state chemical sensor) identisch. Im folgenden seien einige Typen von chemischen Festkörper-Sensoren kurz vorgestellt.

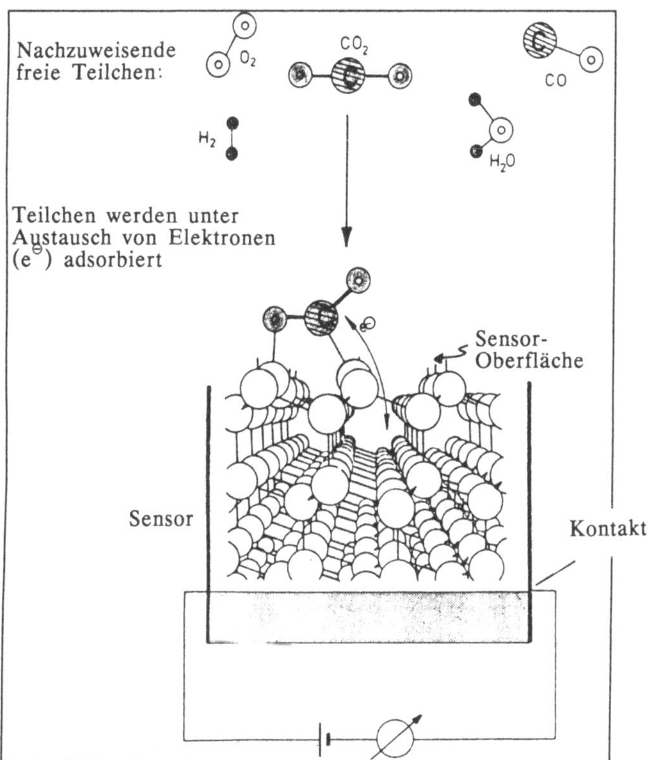

Abb.1. Schema eines Halbleiter-Gas-Sensors: Ein nachzuweisendes Molekül, z.B. CO_2, bildet mit den Oberflächenatomen des Sensors einen Adsorptionskomplex, der freie Elektronen des Sensors aufnimmt oder abgibt. Über Änderungen der Leitfähigkeit des Sensors wird das adsorbierte CO_2 nachgewiesen [1]

Homogene Halbleiter-Sensoren bestehen aus einem homogen aufgebauten Festkörper. Die Wechselwirkung mit Gasen bewirkt Änderungen der elektronischen Leitfähigkeit. Bei den homogenen Halbleiter-Sensoren werden wegen ihrer thermischen Stabilität überwiegend Metalloxide eingesetzt. Die Leitfähigkeits-Änderungen bei der Wechselwirkung mit Gasen wird als Sensor-Effekt genutzt. Solche Sensoren werden in Warngeräten gegen austretende Gase (Stadtgas) oder Feuer oder zum Nachweis von CO oder H_2S (beispielsweise in Raffinerien) oder auch zur Kontrolle des Atemalkohols eingesetzt. Sie beruhen darauf, daß Metalloxide mit n-Typ-Elektronenleitung wie z.B. SnO_2, ZnO, TiO_2, Fe_2O_3 bei Temperaturen zwischen 100 und 500°C auf oxidierbare Gase wie H_2, CH_4, CO, C_2H_5OH oder H_2S ansprechen, wobei ihre Leitfähigkeit erhöht wird. Umgekehrt sprechen p-Typ-Halbleiter wie CuO, NiO und CoO auf reduzierbare Gase an. Kommerzielle Bedeutung haben Metalloxid-Sensoren auf der Basis von ZnO, SnO_2 und Fe_2O_3. Metallatom-Zusätze (Pd, Cu, Pt, Au, Ag) führen zur Modifizierung oder Optimierung der Sensoren. Homogene Gas-Sensoren werden auf der Basis von polykristallinem Material, dünnen Schichten und Einkristallen hergestellt. Abb.2 zeigt schematisch den Aufbau verschiedener Typen von homogenen Gas-Sensoren. Das SnO_2 wird direkt oder indirekt beheizt. Der Nachweis reduzierender Gase erfolgt über den reziproken Widerstand.

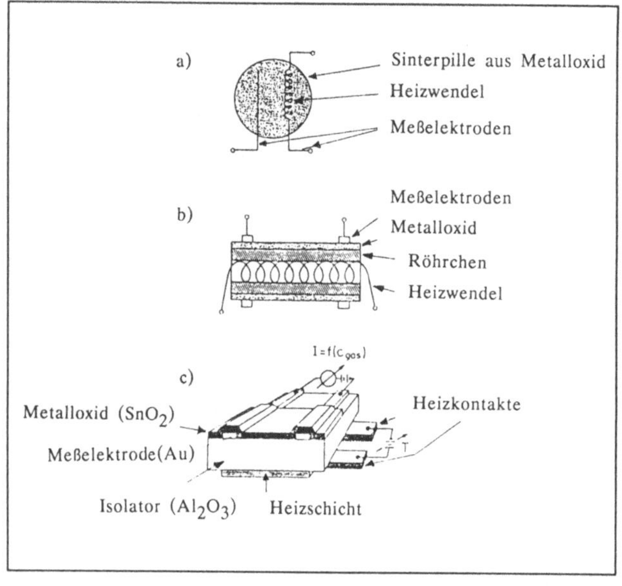

Abb.2. Aufbau homogener Gas-Sensoren (schematisch): a) polykristalliner Sensor mit eingesinterter Platinheizwendel, b) polykristalliner Gas-Sensor mit getrennter Heizwendel, c) Dünnschicht-Sensor mit separater Heizschicht (nach l.c. [1])

Quantitative Messungen mit solchen Sensoren sind jedoch aus verschiedenen Gründen schwierig: Nach dem Einschalten verstreichen einige Minuten, bis sich stabile Betriebsbedingungen einstellen. Konzentrationsänderungen verschiedener Gase können Widerstandsänderungen hervorrufen.

Bei den *Dünnschicht-Metalloxid-Sensoren* liegt die Empfindlichkeit für Gase wie H_2S, CO, NO_2 oder C_2H_5OH in der Größenordnung von einigen ppm, jedoch liegen die Ansprechzeiten in der Größenordnung von Minuten, und es gibt Querempfindlichkeiten, z.B. gegenüber Luftfeuchtigkeit. Dünne Metalloxid-Schichten von SnO_2 führen zu relativ guten Selektivitäten für H_2S, was u.a. darauf beruht, daß H_2S am Sensor schon bei relativ tiefen Temperaturen zerfällt, bei denen Kohlenwasserstoffe noch kein Signal ergeben.

Quantitative und reproduzierbare Ergebnisse konnten allerdings bisher lediglich an Einkristall-Oberflächen erzielt werden, deren Herstellung noch relativ teuer ist.

Strukturierte Halbleiter-Sensoren: Während bei den homogenen Halbleiter-Sensoren die Änderung der Leitfähigkeit zum Nachweis von Gasen ausgenutzt wird, basiert das Meßprinzip der strukturierten Halbleiter-Sensoren auf einer Änderung der elektrischen Doppelschicht an der Halbleiter/Metall-Phasengrenze. Zwei charakteristische Ausführungsformen sind in Abb.3a,b gezeigt. Als Metall wird in der Regel Palladium und als Halbleiter SiO_2, TiO_2 oder ZnO verwendet. Über veränderte Charakteristika der Bauelemente kann z.B. H_2 schon bei Raumtemperatur nachgewiesen werden. Dies wird durch die Dissoziation von H_2 an Pd-Oberflächen gedeutet sowie durch die hohe Diffusionsgeschwindigkeit von H in Pd und eine Anreicherung von H an der Pd-Halbleiter-Grenzfläche unter Ausbildung einer Grenzflächen-Dipol-Barriere.

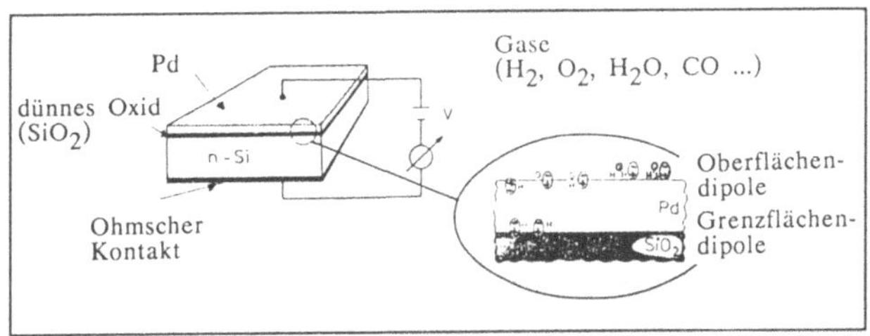

Abb.3a. Aufbau einer MOS-Diode [1]

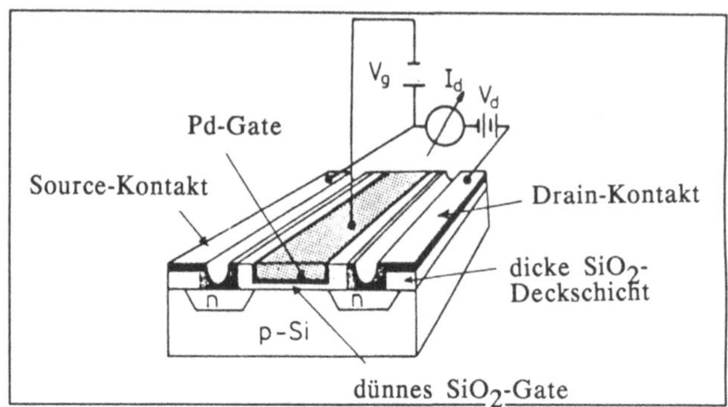

Abb.3b. Bau eines Adsorptions-MOS-Feldeffekt-Transistors [1]

Katalytische Gas-Sensoren (Pellistoren): Bei obigen Sensoren wird häufig nicht das Gas selbst, sondern es werden Oxidations-, Reduktions- oder Zersetzungsprodukte an der Oberfläche nachgewiesen.

Bei solchen Oberflächenreaktionen eines Gases tritt eine Wärmeentwicklung auf, die bei der katalytischen Oxidation reduzierender Gase an Oberflächen recht hoch ist. Aus diesem Grunde werden seit Jahren kleine Kalorimeter (Pellistoren) eingesetzt, deren Aufbau in **Abb.4** gezeigt ist.

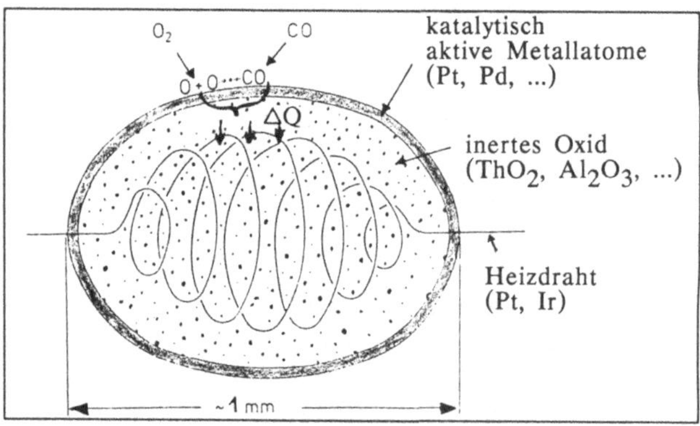

Abb.4. Aufbau eines katalytischen Gas-Sensors (Pellistors) [1]

Damit können reduzierbare Gase in Luft nachgewiesen werden. Aufheizen des Pellistors auf 550°C führt - in Anwesenheit von dissoziiertem Luft-Sauerstoff - zur Oxidation der Gase CO, CH_4 an der Oberfläche. Der Temperaturanstieg des Pellistors führt zu einem entsprechenden Anstieg des Widerstands der Platin-Heizwendel, der annähernd proportional zur Konzentration des brennbaren Gases ist. Als katalytisch aktive Metalle werden im wesentlichen Pd, Pt und Rh eingesetzt. Schwefel- oder Chlor-haltige Gase führen zu Vergiftungen.

Elektrochemische Gas-Sensoren nutzen gleichfalls die katalytische Wirkung von Übergangsmetallen, jedoch in flüssiger Phase aus. Sie werden heutzutage wegen ihrer guten Reproduzierbarkeit und Genauigkeit häufig zum Nachweis von CO, NO, SO_2 und O_2 eingesetzt. Der Aufbau eines solchen elektrochemischen Gas-Sensors ist in __Abb.5__ schematisiert.

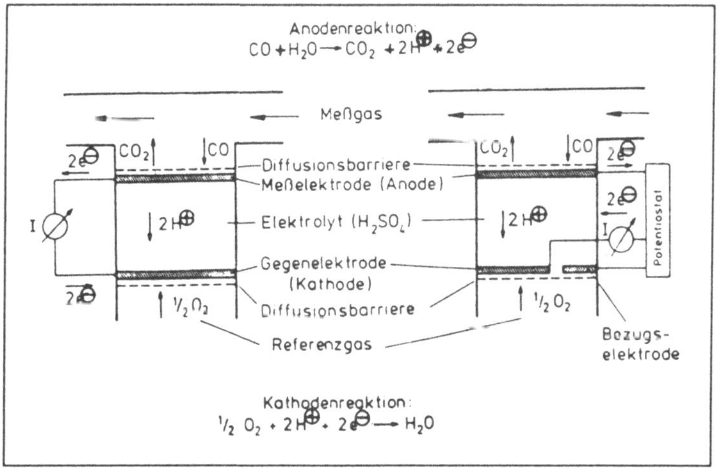

__Abb.5.__ Aufbau von elektrochemischen Gas-Sensoren (schematisch): a) Zweielektroden-Zelle, b) Dreielektroden-Zelle mit potentiostatischer Schaltung [1]

Die katalytisch aktive Meßelektrode ist nur über eine Diffusionsbarriere für das zu messende Gas zugänglich. Die Oxidation des Gases findet als Anodenreaktion an der Oberfläche statt. An der Gegenelektrode werden die anodisch frei gewordenen $H^\oplus$-Ionen und Elektronen in einer Kathodenreaktion unter Bildung von Wasser verbraucht, wie es für Brennstoffzellen typisch ist. Während als Kathode gesintertes Platin eingesetzt wird, richtet sich das polykristalline Anodenmaterial nach dem nachzuweisenden Gas: für SO_2 Aktivkohle oder Gold bei Spannungen um 950 mV, für CO Platin, für NO_2 Gold usw.

Festkörper-Elektrolyt-Sensoren werden z.B. zum Nachweis von Sauerstoff in Auto-Abgasen verwendet (λ-Sonde). Der Aufbau ist in <u>Abb.6</u> gezeigt [1].

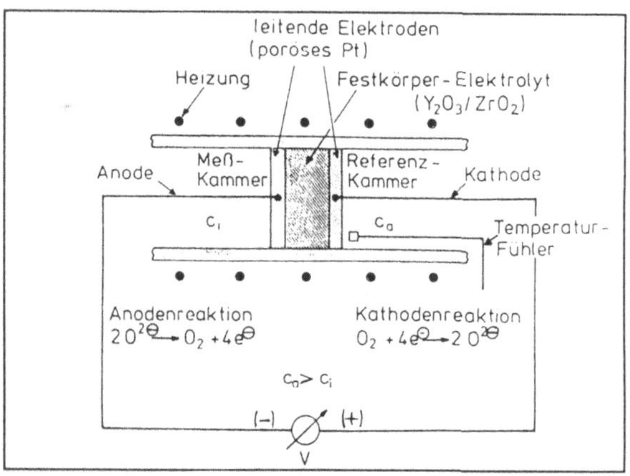

<u>Abb.6.</u> Festkörper-Elektrolyt-Sensor

Festkörper-Elektrolyt-Sensoren basieren auf der hohen elektrischen Leitfähigkeit von Ionen im Festkörper bei vernachlässigbarer Elektronen-Leitfähigkeit. Dies kann zum Nachweis der den Ionen entsprechenden Atome oder Moleküle in der Gasphase genutzt werden. Ein bekanntes Beispiel ist Yttrium-dotiertes ZrO_2, das schon bei relativ niedrigen Temperaturen (350°C) ein guter Sauerstoffionen-Leiter ist.

Ionensensitive Elektroden und Transistoren: Während die bisher beschriebenen Sensoren dem Nachweis von Gasen dienen, werden die elektrochemischen Sensoren zum Nachweis von Ionen in elektrisch leitenden Flüssigkeiten eingesetzt. Die älteste ionenselektive Elektrode ist die *pH-*

Glaselektrode, die zum selektiven Nachweis von $H_3O^\oplus$-Ionen dient. Bei ihr wird durch Ionenaustausch-Reaktionen an der Glaselektrode an der Elektrodenoberfläche zur Meßlösung hin ein Potentialstrom erzeugt, dessen Höhe von der $H_3O^\oplus$-Konzentration abhängt.

Elektroden zum Nachweis anderer Ionen, z.B. $K^\oplus$ oder $Na^\oplus$, lassen sich durch geeignete Wahl von Materialien mit selektiven Ionenaustausch-Potentialen, selektiver Ionenleitung oder selektivem Ioneneinschluß erhalten (Abb.7).

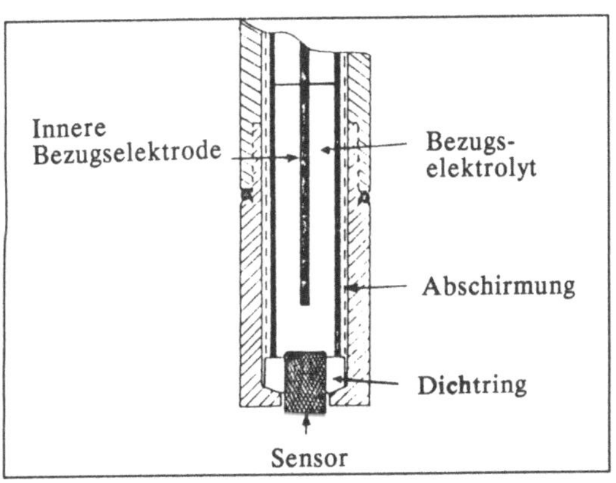

Abb.7. Aufbau einer ionenselektiven Elektrode mit Festkörper als Membran (vgl. hierzu Abschn.2.2, insbesondere Abb.43)

Dabei wird der Potentialabfall am Festkörper-Elektrolyt durch den Konzentrationsgradienten der selektiv diffundierenden Spezies ($K^\oplus$, $Na^\oplus$) bestimmt. Ein Beispiel für einen Membran-*Sensor* ist *Valinomycin* in Weichmacher-haltigem PVC (vgl. hierzu Abschn.2), der zur $K^\oplus$-Selektivität der ionenselektiven Elektrode führt.

Solche Anordnungen benötigen aufwendige Elektrometer-Schaltungen mit hohem Eingangswiderstand, um Spannungen von ionenselektiven Elektroden mit Innenwiderständen von mehreren 10^6 Ohm erfassen zu können. Technische Ausführungen solcher Sensoren waren bislang mechanisch oft anfällig und relativ teuer.

Bei *ionensensitiven Feldeffekt-Transistoren (ISFET)* können diese Nachteile vermieden werden (Abb.8). Im Aufbau ähneln ISFETs im wesentlichen

Adsorptions-Feldeffekt-Transistoren, wobei jedoch am "gate" neben der stabilen Si_3N_4-Schutzschicht eine ionensensitive Beschichtung (IS in Abb.8) angebracht ist, an der Potentialsprünge bei vorgegebener gate-Spannung über die veränderte ISFET-Charakteristik nachgewiesen werden können. Gast-sensitive und -selektive *"ultradünne" Schichten* können z.B. hergestellt werden, indem *Rezeptor-Verbindungen* vom Kronen- oder allgemein Wirt-Typ in LB-Schichten eingelagert werden (vgl. Abschn.9,4). Das chemische Signal (Rezeptor/Substrat-Bindung) wird dann direkt in ein elektrisches Signal (Änderung des Stromflusses) umgesetzt. Voraussetzung ist die selektive, aber reversible *Wirt/Gast-Bindung.*

Der Vorteil der ISFET gegenüber ionenselektiven Elektroden besteht darin, daß der Potentialsprung an der ionensensitiven Schicht stromlos gemessen werden kann. Während einige Ionophore wie *Valinomycin* und offenkettige Dicarbonsäurediamide (vgl. Abschn.2) ausgezeichnete Ionenselektivitäten zeigen, besitzen SiO_2-Schichten eine relativ geringe Stabilität und hohe Querempfindlichkeit gegenüber $Na^\oplus$. Das Valinoymcin muß stabil auf die Schichten des ISFET aufgebracht werden können; dies bereitet in manchen Fällen noch technologische Schwierigkeiten.

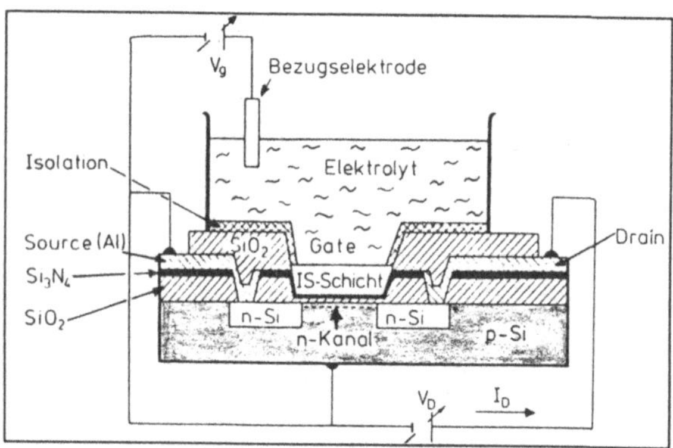

Abb.8. Aufbau eines ionensensitiven Feldeffekt-Transistors (ISFET; schematisch) [1]

Schwingquarz-Waagen-Anordnung: Einen großen Anwendungsbereich hat die Quarzwaage, insbesondere die elektrochemische Schwingquarz-Waage. Mit ihr ist es möglich, Detektoren aufzubauen, die sehr spezifisch auf bestimmte Substanzen ansprechen. So lassen sich Wasserspuren (0.1 ppm), SO_2, H_2S, NH_3, HCl, Toluen, Mononitrotoluen, Hg, CO genau und mit geringem apparativen Aufwand detektieren. Dabei werden Schwingquarze mit Substanzen beschichtet, die mit dem nachzuweisenden Substrat (chemische Verbindung) spezifische Reaktionen eingehen. Die resultierende Massenveränderung wird durch die Frequenzänderung des Quarzes meßbar. Beispielsweise wird für die Wasserbestimmung der Quarzkristall mit Silicagel oder einem hygroskopischen Polymer beschichtet. Aufgrund der Wasseraufnahme aus der Luft verändert sich die Masse auf dem Quarz. Zum Nachweis von HCl wird beispielsweise die Salzbildung mit tertiären Aminen genutzt. *Kronenether* können als Beschichtungsmaterial dazu dienen, organische Lösungsmittel in der Dampfphase nachzuweisen. Dies beruht auf dem Einschluß der Lösungsmittelmoleküle in den Hohlraum des Wirtmoleküls bzw. über H-Brückenbindungen.

Auf prinzipiell ähnlichem Wege lassen sich z.B. Reaktionen von Antikörpern mit Antigenen quantitativ verfolgen (*AMISA*, amplified mass immuno sorbent assay). Verglichen mit anderen in der Biochemie üblichen Verfahren hat diese Methode den Vorteil der raschen Durchführbarkeit in nur wenigen Stunden. Die Quarzwaagen-Methode weist eine hohe Empfindlichkeit und hohe Meßgenauigkeit auf. Hinzu kommt der geringe materielle Aufwand. Die Schwingquarzwaage erobert sich daher als Meßmethode einen immer größeren Bereich in Forschung und technischer Anwendung.

Die Wirkungsweise der Quarzwaage beruht auf der Umkehrung des Piezo-elektrischen Effekts: Die mechanische Verformung eines Piezo-Kristalls (Quarzplättchen) verursacht entgegengesetzte Ladungen an den gegenüberliegenden Oberflächen.

Bei der Quarzwaage befindet sich also ein Quarzplättchen zwischen zwei Elektroden, an denen ein elektrisches Wechselfeld angelegt wird. Der Quarzkristall wird in mechanische Schwingung versetzt, die von den räumlichen Dimensionen des Kristalls abhängt. Aufbringen von Fremdsubstanz verändert die Eigenfrequenz der Schwingung, wobei die Frequenzänderung proportional der aufgebrachten Masse ist. Die Quarzwaage bietet also eine Methode zur Massenbestimmung und ermöglicht es, Massenänderungen auf der Quarzoberfläche auch in situ zu beobachten, ohne das Reaktionsmedium zu beeinflussen. Damit können z.B. Elektrodenprozesse in der Elektrochemie oder Adsorptions-/Desorptions-Phänomene an der Grenzfläche fest/flüssig bzw. fest/gasförmig untersucht werden. Die Genauigkeit dieser Wägemethode ist hoch; sie reicht bis zu Mono- und sogar Submonoschichten.

Die Kunst des Chemikers besteht daher darin, Sensormaterialien zu entwickeln, die, auf die Oberfläche des Schwingquarzes gebracht, dort zu messende gasförmige oder flüssige chemische Verbindungen hochselektiv binden.

Elektrochemische Schwingquarzwaage: Diese beruht auf einer Kombination aus der Schwingquarzwaage (s.o.) und elektrochemischen Methoden. Dabei wird die der Flüssigkeit zugewandte Elektrode des Quarzes als Arbeitselektrode einer elektrochemischen Zelle benutzt. Abb.9 gibt schematisch den Aufbau einer elektrochemischen Schwingquarzwaage wieder [3]:

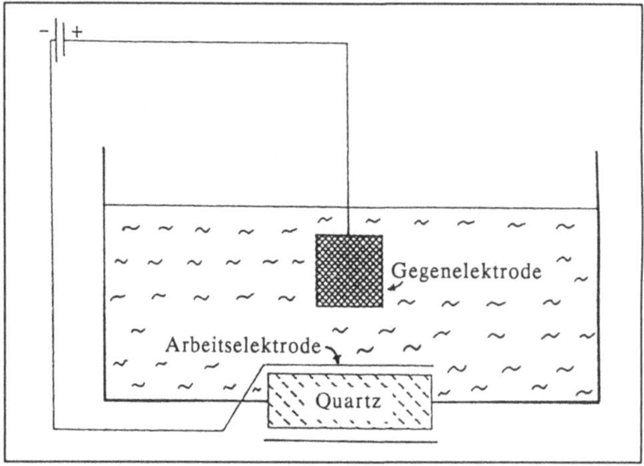

Abb.9. Aufbau einer elektrochemischen Schwingquarzwaage (schematisch). Wegen der Genauigkeit dieser Meßanordnung läßt sich z.B. die Sauerstoff-Adsorption an einer Goldelektrode beim Durchfahren des Potentials zwischen der Abscheidung von Wasserstoff und Sauerstoff veranschaulichen

Über neue Methoden zur Immobilisierung biologischer Reagentien auf metallischen Oberflächen zur Herstellung von Piezo-elektrischen und elektrochemischen Bio-Sensoren siehe z.B. [4].

Schlußbetrachtung

In diesem Band wurde der Blick über das einzelne Molekül hinaus gelenkt; auf Wechselwirkungen zwischen hierfür sinnvoll entworfenen Molekülen und auf die neuen Materialeigenschaften, die sich daraus ergeben. Aggregate, (Über-)Komplexe und makroskopische Strukturen bildende Verbände von Molekülen standen im Mittelpunkt.

Der Stoffumfang mußte durch Auswahl bestimmter Themen begrenzt werden. Weitere interessante supramolekulare Strukturen sind mühelos zu finden, der Bereich der biologisch wichtigen Selbstorganisation von Molekülen (Membranen, Micellen etc.) konnte nur gestreift werden. Bio- und Polymer-chemische Fragestellungen blieben weitgehend unberücksichtigt; sie sind unschwer in entsprechenden Lehrbüchern und Monographien zu finden.

Trotz der Beschränkung auf einzelne Themen wurden viele moderne Forschungszweige und -methoden angesprochen. Der interdisziplinäre Charakter der supramolekularen Chemie dürfte deutlich geworden sein. Biologische und physikalische Phänomene spielen hier in vielfältiger Weise mit der Chemie zusammen. Manches ist noch zu neu, um endgültig eingeordnet oder abschließend beurteilt zu werden. Die angesprochenen Themen werden jedenfalls noch längere Zeit für die Forschung ergiebig bleiben. Man darf gespannt sein, wann es gelingen wird, metallische Leiter und Magnete durch organische Materialien zu ersetzen oder zu ergänzen.

Das Buch lehrt, daß Chemiker nicht mehr nur das einzelne Molekül studieren sollten, sondern auch jene Strukturen und Eigenschaften, die sich aus dem Zusammenwirken mehrerer molekularer Einheiten ergeben: Das Supramolekül (Übermolekül) [1] leistet aufgrund kooperativer Effekte mehr als seine isolierten Komponenten.

Fazit: Es gibt nicht nur reizvolle Moleküle (vgl. Band "Reizvolle Moleküle der Organischen Chemie"), sondern auch reizvolle supramolekulare Strukturen, die durch ihre mikro- oder makroskopische "Architektur" oder durch ihre Funktionsweise bestechen können.

Das Gebiet der Supramolekularen Chemie wird umso rascher an Bedeutung zunehmen, je eher es gelingt, im Übergang von der Grundlagenforschung zur Anwendung effiziente Katalysatoren und brauchbare Wirk- und Werkstoffe mit vorteilhaften Eigenschaften zu entwickeln.

Literaturhinweise und Anmerkungen –
zu den einzelnen Abschnitten

Literatur zu Abschn.: 1
Supramolekulare Chemie

1) Mit geringfügigen Abänderungen aus: *J.Fuhrhop*, Bioorganische Chemie. Thieme, Stuttgart 1982
2) *J.-M.Lehn*, Science **227** (1985) 849
3) *J.Simon, J.André, A.Skachios*, Nouv.J.Chim. **10** (6) (1986) 295
4) *J.-M.Lehn*, Pure Appl.Chem. **52** (1980) 2441
5) Erläuterung der Chemie-Nobelpreise 1987: *E.Weber, F.Vögtle*, Nachr. Chem.Tech.Lab. **35** (1987) 1149; *H.J.Schneider*, Chem.in uns. Zeit **6** (1987) A60; *J.F.Stoddart*, Ann.Rep.Progr.Chem. Sect.B **85** (1988-9) 353
6) *J.-M.Lehn*, Angew.Chem. **100** (1988) 92. Vgl. auch: *H.Inokuchi*, Molecular Assemblies, Higher-Order Structures and Organizations, and their Functions. Summary Report of Special Research Project 1983-1985, Institute for Molecular Science, Japan, Dezember 1986; *Y.Murakami* (Hrsg.): Supramolecular Assemblies. Collective Report on Special Research Project. Mita Press, Tokyo, Japan; *D.H.Busch, N.A.Stephenson*, Coord.Chem.Rev. **100** (1990) 119; *G.W.Gokel* (Hrsg.): Advances in Supramolecular Chemistry, JAI Press, Tokio 1990
7) *D.Karlin*, J.Am.Chem.Soc. **109** (1987) 2668
8) *D.J.Cram*, Angew.Chem. **98** (1986) 1041; **100** (1988) 1041
9) *H.Ringsdorf, B.Schlarb, J.Venzmer*, Angew.Chem. **100** (1988) 117
10) a) *V.Balzani* (Hrsg.), Supramolecular Photochemistry. Reidel, Dordrecht 1987; *V.Balzani*, Pure Appl.Chem. **62** (1990) 1099
   b) *A.Benzini, A.Bianchi, E.Garcia-Espana, M.Giusti, S.Mangani, M.Micheloni, P.Oriollo, P.Paoletto*, Inorg.Chem. **26** (1987) 3902; *M.Gubelmann, A.Harriman, J.-M.Lehn, J.L.Sessler*, J.Chem.Soc., Chem. Commun. **1988**, 77
11) *M.W.Hosseini, J.-M.Lehn*, ebenda **1988**, 397
12) *J.-M.Lehn*, Angew.Chem. **102** (1990) 1347; *M.Ahlers, W.Müller, A.Reichert, H.Ringsdorf, J.Venzmer*, ebenda **102** (1990) 1310; *D.Seebach*, ebenda **102** (1990) 1363; *H.J.Schneider, H.Dürr* (Hrsg.) : Frontiers in Supramolecular Organic Chemistry and Photochemistry, VCH-Verlag, Weinheim, New York 1991

Literatur zu Abschn.: 2.1
Bipyridin

1) a) *F.Blau*, Ber.Dtsch.Chem.Ges. **21** (1888) 1077;
    b) *F.Blau*, Monatsh.Chem. **19** (1898) 647

2) *W.W.Brandt, F.P.Dwyer, E.C.Gyartas*, Chem.Rev. **54** (1954) 959

3) a) *K.V.Thimann, S.Satler*, Proc.Natl.Acad.Sci.USA **76** (1979) 2770;
    b) *J.W.Earl, R.Kennedy*, Phytochemistry **14** (1975) 1507

4) a) *R.F.Homber, T.E.Tomlinson*, J.Chem.Soc. **1960**, 2498;
    b) *L.A.Summers*, "The Bipyridinium Herbicides". Academic Press, New
    York 1980

5) *S.Mierturs, O.Kysel, P.Majek*, Chem.Zvesti **33** (1979) 153

6) *L.G.Cannell*, J.Am.Chem.Soc. **94** (1972) 6867

7) *K.E.Langford*, Elektroplat.Met.Finish. **9** (1956) 39

8) *H.Ishii, T.Tanaka, A.Yamada*, Jpn.Pat. **101** (1977) 111 [Chem.Abstr.
    88 (1978) 172078]

9) *F.Blau*, Monatsh.Chem. **10** (1889) 375

10) *C.R.Smith*, J.Am.Chem.Soc. **52** (1930) 397

11) a) *F.H.Burstall*, J.Am.Chem.Soc. **60** (1938) 1662;
    b) *T.A.Geissmann, M.I.Schlatter, I.D.Webb, J.D.Roberts*, J.Org.Chem.
    11 (1946) 741

12) a) *F.H.Case*, J.Am.Chem.Soc. **68** (1946) 2574;
    b) *F.H.Case, T.J.Kasper*, ebenda **78** (1956) 5842;
    c) *J.J.Porter, J.C.Murray*, ebenda **87** (1965) 1628;
    d) *T.Kauffmann, E.Wienhofer, A.Woltermann*, Angew.Chem. **83** (1971)
    796;
    e) *J.A.H.MacBride, P.M.Wright, B.J.Wakefield*, Tetrahedron Lett. **22**
    (1981) 4545

13) *G.M.Badger, W.H.F.Sasse*, J.Chem.Soc. **1956**, 616; vgl. *U.Neumann,
    F.Vögtle*, Chem.Ber. **112** (1989) 589

14) *F.W.Cagle*, Acta Crystallogr. **1** (1948) 158

15) *L.L.Merritt, E.O.Schroeder*, Acta Crystallogr. **9** (1956) 801; *K.Nakatsu,
    H.Yoshioka, M.Matsui, S.Koda, S.Ooi*, ebenda **28** (1972) 24

16) a) *C.A.Goethals*, Rec.Trav.Chim.Pays-Bas **54** (1935) 299;
    b) *C.W.N.Cumper, R.F.A.Ginman, A.I.Vogel*, J.Chem.Soc. **1962**, 1188;
    c) *P.H.Cureton, C.G.Le Fevre, R.I.Le Fevre*, ebenda **1963**, 1736;

    d) *D.Kranbuhl, D.Klug, W.Vaughan*, Natl.Acad.Sci.Natl.Res.Counc.,Publ. **1705** (1969) 22;

    e) *P.E.Fielding, R.I.W.Le Fevre*, J.Chem.Soc. **1951**, 1811

17) *P.Krumholz*, J.Am.Chem.Soc. **75** (1953) 2163

18) a) *C.R.Smith*, J.Am.Chem.Soc. **50** (1928) 1936;

    b) *M.T.Beck, M.Halmos*, Nature (London) **191** (1961) 1090;

    c) *G.O.Khandelwal, G.A.Swan, R.B.Roy*, J.Chem.Soc., Perkin I, **1974**, 891

19) *C.R.Smith*, J.Am.Chem.Soc. **53** (1931) 277

20) *P.N.Rylander, D.R.Steele*, U.S.Pat. (1968) 3,387,048 [Chem.Abstr. **69** (1968) 26968]

21) a) *Y.N.Forostyan, A.P.Oeilnik, V.M.Artemora*, Elektrokhimiya **7** (1971) 715;

    b) *H.Erhard, W.Jaenicke*, J.Electroanalchem.Interfacial Electrochem. **81** (1977) 79

    c) *H.Erhard, W.Jaenicke*, ebenda **81** (1977) 89

22) *W.H.Taplin*, U.S.Pat. (1969) 3,420,833 [Chem.Abstr. **71** (1969) 3279]

23) *R.D.Chambers, O.Lomas, W.K.R.Musgrave*, Tetrahedron **24** (1968) 5633

24) *S.H.Ruetman*, U.S.Pat. (1974) 3,819,538 [Chem.Abstr. **81** (1974) 91363]

25) *O.S.Otroshchenko, Y.V.Kurbatov, A.S.Sadykov*, Nauchn.Tr.Tash.Gos. Uni. in: V.I.Leniva **263** (1964) 27 [Chem.Abstr. **63** (1965) 4248]

26) *Y.V.Kurbatov, O.S.Otroshchenko, A.S.Sadykov*, Nauchn.Tr.Tash.Gos. Univ. in: V.I.Leniva **263** (1964) 36 [Chem. Abstr. **63** (1965) 8309]

27) *N.H.Pirzada, P.M.Pojer, L.A.Summers*, Z.Naturforsch. **31b** (1976) 115

28) a) *T.A.Geissman, M.I.Schlatter, I.D.Webb, J.D.Roberts*, J.Org.Chem. **11** (1946) 741;

    b) *G.R.Newkome, D.C.Hager, F.R.Fronczek*, J.Chem.Soc., Chem.Commun. **1981**, 858;

    c) *R.F.Knott, J.G.Breckenridge*, Can.J.Chem. **32** (1954) 512

29) *T.Kaufmann, J.Koenig, A.Woltermann*, Chem.Ber. **109** (1976) 3864

30) *F.H.Westheimer, O.T.Benjey*, J.Am.Chem.Soc. **78** (1956) 5309

31) a) *P.Krumholz*, J.Am.Chem.Soc. **73** (1951) 3487;

    b) *S.Hünig, J.Gross, W.Schenk*, Liebigs Ann.Chem. **1973**, 324;

    c) *F.G.Mann, J.Watson*, J.Org.Chem. **13** (1948) 502

32) *J.F.Cairns, J.A.Corran*, Ger.Pat. (1969) 1,801,365 [Chem.Abstr. **71** (1969) 81424]

33) *I.C.Calder, W.H.F.Sasse*, Tetrahedron Lett. **1965**, 1465

34) *F.D.Popp, D.K.Chesney*, J.Heterocycl.Chem. **9** (1972) 1165

35) *I.C.Calder, T.M.Spotswood, W.H.F.Sasse*, Tetrahedron Lett. **1963**, 95

36) *I.C.Calder, W.H.F.Sasse*, Aust.J.Chem. **18** (1965) 1819

37) a) *J.Haginiwa*, J.Pharm.Soc.Jpn. **75** (1955) 731, 733;

b) *I.Murase*, Nippon Kagaku Zasshi **77** (1956) 682;

c) *P.G.Simpson, A.Vinciguerra, J.V.Quagliano*, Inorg.Chem. **2** (1963) 282;

d) *N.S.Bazhenova, Y.C.Kurbatov, O.S.Otroshchenko, A.S.Sadykov*, Tr. Samark.Gos.Univ. in Alishera Navoi **206** (1972) 226 [Chem.Abstr. **80** (1974) 95678];

e) *I.Antonini, F.Claudi, G.Cristalli, P.Franchetti, M.Grifantini, S.Martelli*, J.Med.Chem. **24** (1981) 1181

38) *C.P.Whittle*, J.Heterocycl.Chem. **14** (1977) 191

39) a) *F.H.Burstall*, J.Chem.Soc. **1938**, 1662;

b) *M.Pitman, P.W.Sadler*, ebenda **1961**, 759

40) a) *J.Rebek, J.F.Trend, R.V.Wattley, S.Chakravorti*, J.Am.Chem.Soc. **101** (1979) 4333;

b) *J.Rebek, R.V.Wattley*, ebenda **102** (1980) 4853

41) *E.Buhleier, W.Wehner, F.Vögtle*, Chem.Ber. **111** (1978) 200

42) *J.Rebek, J.E.Trend*, J.Am.Chem.Soc. **100** (1978) 4315

43) Gmelins Handbuch der anorganischen Chemie, 8.Aufl., Band Eisen 59, Teil B, S. 671, Verlag Chemie, Weinheim 1932

44) *B.M.Tassaert*, Ann.Chim. **28** (1799) 92

45) *L.J.Thénard*, Ann.Chim. **42** (1803) 210

46) *E.Fremy*, Liebigs Ann.Chem. **83** (1853) 227

47) *S.M.Jörgensen*, J.Prakt.Chem. [2], **39** (1889) 1

48) *C.W.Blomstrand*, Die Chemie der Jetztzeit vom Standpunkt der elektrochemischen Auffassung aus Berzelius Lehre entwickelt. K.Winters Universitätsbuchhandlung, Heidelberg 1869, S. 280

49) *A.Werner*, Z.Anorg.Allgem.Chem. **3** (1893) 267

50) *N.V.Sidgwick*, J.Chem.Soc. **123** (1923) 725

51) *L.Pauling*, J.Am.Chem.Soc. **53** (1931) 1367

52) *H.Hartmann, H.L.Schläfer*, Angew.Chem. **66** (1954) 768

53) *H.B.Gray*, Coord.Chem.Rev. **1** (1966) 2

54) *F.Kober*, Grundlagen der Komplexchemie. Salle, Sauerländer, Frankfurt am Main, Aarau 1979

55) *E.König*, Coord.Chem.Rev. **3** (1968) 471. - Zur Bedeutung der Aufspaltung ("splitting") von d-Orbitalenergien im Kristallfeld (D_q = 1/10 Δ_0) siehe: *N.N.Greenwood, A.Earnshaw*, Chemistry of the Elements. Pergamon Press, Oxford 1984, S. 1085

56) a) *F.H.Burstall, R.S.Nyholm*, J.Chem.Soc. **1952**, 3570;
    b) *F.Hein, S.Herzog*, Z.Anorg.Allgem.Chem. **267** (1952) 337

57) *G.F.Condike, A.R.Martell*, J.Inorg.Nucl.Chem. **31** (1969) 2455

58) *H.H.Baxendale, P.George*, Trans.Faraday Soc. **46** (1950) 55

59) a) *I.R.Beattle, M.Webster*, J.Phys.Chem. **66** (1962) 115;
    b) *F.H.Westheimer, O.T.Benley*, J.Am.Chem.Soc. **78** (1956) 5309

60) a) *R.G.Pearson*, J.Am.Chem.Soc. **85** (1963) 3533;
    b) *B.Saville*, Angew.Chem. **79** (1967) 966;
    c) *R.G.Pearson*, Science **151** (1966) 172

61) *F.Kröhnke*, Synthesis **1976**, 1

62) *W.A.E.McBride*, "A Critical Review of Equilibrium Data for Proton and Metal Complexes of 1,10-Phenanthroline, 2,2'-Bipyridyl and Related Compounds". IUPAC Chem.Data Ser.No. 17, Pergamon Press, Oxford 1978

63) *W.R.McWhinnie, J.D.Miller*, Adv.Inorg.Radiochem. **12** (1969) 135; vgl. *G.Nord*, Comments Inorg.Chem. **4** (1985) 193

64) *P.Besler, A.v.Zelewsky*, Helv.Chim.Acta **63** (1980) 1675

65) a) *B.Martin, W.R.McWhinnie, G.M.Waind*, J.Inorg.Nucl.Chem. **23** (1961) 207;
    b) *S.P.Sinka*, Spectrochim.Acta **20** (1964) 879

66) *R.G.Inskeep*, J.Inorg.Nucl.Chem. **24** (1962) 763

67) a) *G.Favini, A.Gamba*, Gazz.Chim.Ital. **96** (1966) 391;
    b) *L.Gil, E.Moraga, S.Bunel*, Mol.Phys. **12** (1967) 333

68) *A.Kiss, J.Csaszar*, Acta Chim.Acad.Sci.Hung. **38** (1963) 405, 421

69) a) *K.Sone, P.Krumholtz, H.Stammreich*, J.Am.Chem.Soc. **77** (1955) 777;
    b) *B.Martin, G.M.Waind*, J.Chem.Soc. **1958**, 4284

70) *H.L.Schläpfer*, Z.Phys.Chem. **8** (1956) 373

71) *S.M.Al, F.M.Brewer, J.Chadwick, G.Garton*, J.Inorg.Nucl.Chem. **9** (1959) 124

72) *S.Castellano, H.Günther, S.Ebersole*, J.Phys.Chem. **69** (1965) 4166

73) *E.C.Constable, S.M.Elder, J.Healy, M.D.Ward*, J.Am.Chem.Soc. **112** (1990) 4590; *E.C.Constable, M.D.Ward et al.*, J.Chem.Soc., Chem. Commun. **1990**, 621.

512   Literatur zu <u>Abschn. 2.1</u>

74) *G.R.Newkome, J.K.Kohli, F.Fronczek,* J.Chem.Soc., Chem. Commun. **1980,** 9

75) *B.Alpha, J.-M.Lehn, G.Mathis,* Angew.Chem. **99** (1987) 259

76) *J.-C.Chambron, J.-P.Sauvage,* Tetrahedron Lett. **27** (1986) 865

77) *S.Grammenudi, F.Vögtle,* Angew.Chem. **98** (1986) 1119; Zur Photophysik und Photochemie des lumineszierenden Ruthenium-Komplexes von **30** vgl.: *L.De Cola, F.Barigelletti, V.Balzani, P.Belser, A.von Zelewsky, F.Vögtle, F.Ebmeyer, S.Grammenudi,* J.Am.Chem.Soc. **100** (1988) 7210; *P.Belser,* Chimia **44** (1990) 226; *V.Balzani, F.Barigelletti, L.De Cola,* Top.Curr.Chem. **158** (1990) 31

78) *S.Grammenudi, F.Vögtle, M.Franke, E.Steckhan,* J.Incl. Phenom. **5** (1987) 695

79) a) *X.Ch.Wang, H.N.C.Wong,* Pure Appl.Chem. **62** (1990) 565;
   b) *U.Lüning, M.Müller,* Chem.Ber. **123** (1990) 643;
   c) Zur Katalyse enantioselektiver Reaktionen von Aldehyden mit Zinkdiethyl und chiralen Hydroxyalkylbipyridinen siehe: *C.Bolm, M.Zehnder, D.Bur,* Angew.Chem. **102** (1990) 206; *C.Bolm, M.Ewald,* Tetrahedron Lett. **31** (1990) 5011; vgl. auch *S.Masamune et al.,* ebenda **31** (1990) 6005

80) *J.-M.Lehn, A.Rigault, J.Siegel, J.Harrowfield, B.Chevrier, D.Moras,* Proc.Natl.Acad.Sci. USA **84** (1987) 2565; *J.-M.Lehn, A. Rigault,* Angew.Chem. **100** (1988) 1121; *J.-M.Lehn et al.,* J.Chem.Soc., Chem. Commun. **1990,** 557; *J.-M.Lehn,* Angew.Chem. **100** (1988) 92; vgl. auch: *T.Nabeshima, T.Inaba, N.Furukawa,* Tetrahedron Lett. **31** (1990) 6543

81) *J.F.Stoddart et al.,* Tetrahedron Lett. **29** (1988) 1575; dort weitere Hinweise

82) a) *J.-Y.Ortholand, A.M.Z.Slavin, N.Spencer, J.F.Stoddart, D.J.Williams,* Angew.Chem. **101** (1989) 1402; Adv.Mat. **28** (1989) 1405;
   b) *J.F.Stoddart,* Workshop on Supramolecular Organic Chemistry and Photochemistry. Saarbrücken, 28.8.-1.9.1989 (L 04)

<u>Literatur zu Abschn.:</u> 2.2

Kronenether, Cryptanden, Podanden, Spheranden, mehrkernige Cryptate

1) a) *C.J.Pedersen*, J.Am.Chem.Soc. **89** (1967) 2495, 7017; Angew.Chem. **100** (1988) 1053;

   b) Neuere Übersichten: *E. Weber*, in "Phase Transfer Catalysts, Properties and Applications" (Hrsg. Merck-Schuchardt). Darmstadt 1987; *H.J.Schneider*, Chem.in uns.Zeit **6** (1987) A60; *E.Weber, F.Vögtle*, Nachr.Chem.Tech.Lab. **35** (1987) 1149;

   c) *J.-M.Lehn*, Angew.Chem. **100** (1988) 91 (Nobelvortrag); *D.J.Cram*, ebenda **100** (1988) 1041 (Nobelvortrag); *H.M.Colquhoun, J.F.Stoddart, D.J.Williams,* ebenda **98** (1986) 483; *E.Weber* (Hrsg.), Molecular Inclusion and Molecular Recognition - Clathrates, II. Top.Curr.Chem. **149** (1988), Springer, Berlin;

   d) *J.F.Stoddart*, Ann.Rep.Progr.Chem.Sect. B **85** (1988-9) 353;

   e) *D.H.Busch, N.A.Stephenson,* Coord.Chem.Rev. **100** (1990) 119

2) Alkali Metal Complexes with Organic Ligands. Struct.Bonding **16**, Springer, Berlin, Heidelberg, New York, 1973

3) *G.A.Melson* (Hrsg.), Coordination Chemistry of Macrocyclic Compounds. Plenum Press, New York, London 1979

4) *F.de Jong, D.N.Reinhoudt* (Hrsg.), Stability and Reactivity of Crown Ether Complexes. Academic Press, New York 1981

5) *G.W.Gokel, S.J.Korzeniowski* (Hrsg.), Macrocyclic Polyether Synthesis. Springer, Berlin, Heidelberg, New York 1982

6) *M.Hiraoka* (Hrsg.), Crown Compounds, Their Characteristics and Applications. Studies in Organic Chemistry 12, Elsevier, Amsterdam, Oxford, New York 1982

7) *R.M.Izatt, J.J.Christensen* (Hrsg.), Synthetic Multidentate Macrocyclic Compounds. Academic Press, New York, San Francisco, London 1978

8) *R.M.Izatt, J.J.Christensen* (Hrsg.), Progress in Macrocyclic Chemistry, Vol.1, Wiley, New York 1979

9) *R.M.Izatt, J.J.Christensen* (Hrsg.), Progress in Macrocyclic Chemistry, Vol.2, Wiley, New York 1981

10) *R.M.Izatt, J.J.Christensen* (Hrsg.), Progress in Macrocyclic Chemistry, Vol.3, Wiley, New York 1986

11) a) *E.Weber, F.Vögtle*, Nachr.Chem.Tech.Lab. **35** (1987) 1149;

b) *F.Vögtle* (Hrsg.), Host Guest Complex Chemistry, I. Top.Curr. Chem. **98**, Springer, Berlin, Heidelberg, NewYork 1981

12) *F.Vögtle* (Hrsg.), Host Guest Complex Chemistry, II. Top.Curr. Chem. **101**, Springer, Berlin, Heidelberg, New York 1982

13) *F.Vögtle, E.Weber* (Hrsg.), Host Guest Complex Chemistry, III. Top.Curr.Chem. **121**, Springer, Berlin, Heidelberg, New York 1984

14) *F.Vögtle, E.Weber* (Hrsg.), Host Guest Complex Chemistry - Macrocycles - Synthesis, Structures, Applications. Springer, Berlin, Heidelberg, New York, Tokyo 1985

15) *F.Vögtle, E.Weber* (Hrsg.), Biomimetic and Bioorganic Chemistry. Top.Curr.Chem. **128**, Springer, Berlin, Heidelberg, New York 1985

16) *C.J.Pedersen*, Aldrichimica Acta **4** (1971) 1

17) *R.M.Truter, C.J.Pedersen*, Endeavour **1971**, 142

18) *J.J.Christensen, J.O.Hill, R.M.Izatt*, Science **174** (1971) 459

19) *H.Klamberg*, Chem.Lab.Betr. **29** (1971) 97

20) *D.St.C.Black, A.J.Hartshorn*, Coord.Chem.Rev. **9** (1972) 219

21) *C.J.Pedersen, H.K.Frensdorff*, Angew.Chem. **84** (1972) 16

22) *B.Dietrich, J.-M.Lehn, J.P.Sauvage*, Chem.Unserer Zeit **7** (1973) 120

23) *F.Vögtle, P.Neumann*, Chemiker-Ztg. **97** (1973) 600

24) *J.S.Bradshaw, J.Y.K.Hui*, J.Heterocycl.Chem. **11** (1974) 649; *C.McDaniel, J.S.Bradshaw, R.M.Izatt*, Heterocycles **30** (1990) 665

25) *J.J.Christensen, D.J.Eatough, R.M.Izatt*, Chem.Rev. **74** (1974) 351

26) *D.J.Cram, J.M.Cram*, Science **183** (1974) 803

27) *P.N.Kapoor, R.C.Mehrotra*, Coord.Chem.Rev. **74** (1974) 1

28) *C.Kappenstein*, Bull.Soc.Chim.Fr. **1974**, 89

29) *D.J.Cram, R.C.Helgeson, L.R.Sousa, J.M.Timko, M.Newcomb, P. Moreau, F.de Jong, G.W.Gokel, D.H.Hoffman, L.A.Domeier, S.C.Peacock, K.Madan, L.Kaplan*, Pure Appl.Chem. **43** (1975) 327

30) *L.F.Lindoy*, Chem.Soc.Rev. **4** (1975) 421

31) *J.Lipkowski*, Wiadomosci Chemiczne **29** (1975) 435

32) *D.J.Cram* in: Application of Biochemical Synthesis in Organic Systems, Teil II (*J.B.Jones, C.J.Sih, D.Perlmann*, Hrsg.). Techniques of Chemistry, Vol. X, Wiley, New York, 1976, S.815

33) *G.W.Gokel, H.D.Durst*, Aldrichimica Acta **9** (1976) 3

34) *G.W.Gokel, H.D.Durst*, Synthesis **1976**, 168

35) *A.C.Knipe*, J.Chem.Educ. **53** (1976) 618

36) *E.Weber, F.Vögtle*, Chem.Exp.Didakt. **2** (1976) 115

37) *W.Burgermeister, R.Winkler-Oswatitsch*, Top.Curr.Chem. **69** (1977) 91

38) *R.C.Hayward*, Chem.Tech.Lab. **25** (1977) 15

39) *R.M.Izatt, L.D.Hansen, D.J.Eatough, J.S.Bradshaw, J.J.Christensen* in: Metal-Ligand Interactions in Organic Chemistry and Biochemistry, Teil 1 (*B.Pullman, N.Goldblum*, Hrsg.). D.Reidel, Dordrecht, Holland, 1977, S.337

40) *J.-M.Lehn*, Pure Appl.Chem. **49** (1977) 857

41) *G.R.Newkome, J.D.Sauer, J.M.Roper, D.C.Hager*, Chem.Rev. **77** (1977) 513

42) *M.R.Truter* in: Metal Ligand Interactions in Organic Chemistry and Biochemistry, Teil 1 (*B.Pullman, N.Goldblum*, Hrsg.). D.Reidel, Dordrecht, Holland, 1977, S.317;
   a) Zur *Röntgen*-Kristallstruktur des 18C6-Kalium-Komplexes vgl.: *P. Seiler, M.Dobler, J.D.Dunitz*, Acta Crystallogr. **B30** (1974) 2744, 2733;
   b) Zur *Röntgen*-Kristallstruktur des Kalium-Cryptats vgl. *D.Moras, B. Metz, R.Weiss*, ebenda **B29** (1973) 383

43) *F.Vögtle, E.Weber*, Kontakte (Darmstadt) **1977/1**, 11

44) *F.Vögtle, E.Weber*, Kontakte (Darmstadt) **1977/2**, 16

45) *E.Weber, F.Vögtle*, Kontakte (Darmstadt) **1977/3**, 36

46) *D.J.Cram, J.M.Cram*, Acc.Chem.Res. **11** (1978) 8

47) *J.-M.Lehn*, Acc.Chem.Res. **11** (1978) 49

48) *J.-M.Lehn*, Pure Appl.Chem. **50** (1978) 871

49) *V.Prelog*, Pure Appl.Chem. **50** (1978) 893

50) *E.Weber, F.Vögtle*, Kontakte (Darmstadt) **1978/2**, 16

51) *F.Vögtle, E.Weber, U.Elben*, Kontakte (Darmstadt) **1978/3**, 32

52) *J.S.Bradshaw, G.E.Maas, R.M.Izatt, J.J.Christensen*, Chem.Rev. **79** (1979) 37

53) *A.C.Coxon, W.D.Curtis, D.A.Laidler, J.F.Stoddart*, J.Carbohydrates-Nucleosides-Nucleotides **6** (1979) 167

54) *R.M.Izatt, J.D.Lamb, D.J.Eatough, J.J.Christensen, J.H.Rytting*, Drug Design Vol. **III** (1979) 356

55) *J.-M.Lehn*, Pure Appl.Chem. **51** (1979) 979

56) *N.S.Poonia, A.V.Bajaj*, Chem.Rev. **79** (1979) 389

57) *W.Saenger, I.H.Suh, G.Weber*, Isr.J.Chem. **18** (1979) 253

58) *J.F.Stoddart*, Chem.Soc.Rev. **8** (1979) 85

59) *F.Vögtle*, Chimia **33** (1979) 239

60) *F.Vögtle, E.Weber*, Angew.Chem. **91** (1979) 813

60a) *E.Buhleier, W.Wehner, F.Vögtle*, Synthesis **1978**, 155; *G.R.Newkome et al.*, J.Am.Chem.Soc. **108** (1986) 849; *D.A.Tomalia, A.M.Naylor, W.A. Goddard III*, Angew.Chem. **102** (1990) 119; *C.J.Hawker, J.M.J.Fréchet*, J.Am.Chem.Soc. **102** (1990) 7631

61) *F.Vögtle, E.Weber, U.Elben*, Kontakte (Darmstadt) **1979**/1, 3

62) *J.S.Bradshaw, P.E.Stott*, Tetrahedron **36** (1980) 461

63) *J.Dale*, Isr.J.Chem. **20** (1980) 3

64) *F.de Jong, D.N.Reinhoudt* in: Advances in Physical Organic Chemistry, Vol. **17** (V.Gold, D.Berthell, Hrsg.). Academic Press, London, 1980, S.279

65) *I.Goldberg* in: The Chemistry of the Ether Linkage, Suppl.E., Part 1 (*S.Patai*, Hrsg.). Wiley, London 1980, S.175

66) *J.L.Dye*, "Elektride", Spektrum der Wissenschaft **1987**, 50

67) *J.-M.Lehn*, Pure Appl.Chem. **52** (1980) 2303

68) *J.-M.Lehn*, Pure Appl.Chem. **52** (1980) 2441

69) *J.F.Stoddart*, Lect.Heterocycl.Chem. **5** (1980) 47

70) *F.Vögtle, E.Weber* in: The Chemistry of the Ether Linkage, Suppl.E, Part 1 (*S.Patai*, Hrsg.). Wiley, London 1981, S.59.- Über Molekülmechanik-Berechnungen zur Metallionen-Erkennung siehe: *R.D.Hancock*, Acc.Chem.Res. **23** (1990) 253; vgl. auch *P.A.Kollman, K.M.Merz, Jr.*, ebenda **23** (1990) 246

71) *F.Vögtle, E.Weber, U.Elben*, Kontakte (Darmstadt) **1980**/2, 36

72) *R.G.H.Kirstetter*, Math.Naturwiss.Unterricht **34** (1981) 78

73) *J.-M.Lehn*, La Recherche **127** (1981) 1213

74) *E.Weber, F.Vögtle*, Kontakte (Darmstadt) **1981**/1, 24

75) *G.W.Gokel, D.M.Dishong, R.A.Schultz, V.J.Gatto*, Synthesis **1982**, 997

76) *S.T.Jolley, J.S.Bradshaw, R.M.Izatt*, J.Heterocycl.Chem. **19** (1982) 3

77) *V.K.Majestic, G.R.Newkome*, Top.Curr.Chem. **106** (1982) 79

78) *E.Weber*, Kontakte (Darmstadt) **1982**/1, 24

79) *R.C.Hayward*, Chem.Soc.Rev. **12** (1983) 285

80) *J.-M.Lehn*, Proceedings of the 2nd International Kyoto Conference on New Aspects of Organic Chemistry, Kodansha, Tokyo 1983

81) *J.-M.Lehn* in: Physical Chemistry of Transmembrane Ion Motions (*G.Spach*, Hrsg.). Elsevier Science Publishers, Amsterdam, 1983, S.181

82) *D.Parker*, Adv.Inorg.Chem.Radiochem. **27** (1983) 1

83) *J.F.Stoddart*, Ann.Reports B, The Royal Society of Chemistry, London 1983, S.353

84) *E.Weber*, Kontakte (Darmstadt) **1983**/1, 38

85) *J.C.G.Bünzli, D.Wessner*, Coord.Chem.Rev. **60** (1984) 191

86) a) *B.Dietrich* in: Inclusion Compounds (*J.L.Atwood, J.E.D.Davies, D.D.Mac Nicol*, Hrsg.), Vol.2. Academic Press, London, 1984, S.337;
     b) Zur Bindung von ATP vgl: *M.W.Hosseini, A.J.Blacker, J.-M.Lehn*, J.Chem.Soc., Chem.Commun. **1988**, 596;
     c) Anion-Bindung mit Sauerstoff-freien Makrotricyclen: *F.P.Schmidtchen, G.Müller*, J.Chem.Soc., Chem.Commun. **1984**, 1115;
     d) Anion-Rezeptoren vom Guanidinium-Typ: *J.-M.Lehn et al.*, Helv. Chim.Acta **71** (1988) 685; *G.Müller, J.Riede, F.P.Schmidtchen*, Angew.Chem. **100** (1988) 1574;
     e) Fluorid als Gast in "Expanded-Porphyrin"-Liganden: *J.L.Sessler, M.J.Cyr, V.Lynch*, J.Am.Chem.Soc. **112** (1990) 2810

87) *M.Dobler*, Chimia **38** (1984) 415

88) *I.Goldberg* in: Inclusion Compounds (*J.L.Atwood, J.E.D.Davies, D.D. MacNicol*, Hrsg.), Vol.2. Academic Press, London, 1984, S.261

89) *D.W.McBride, R.M.Izatt, J.D.Lamb, J.J.Christensen* in: Inclusion Compounds (*J.L.Atwood, J.E.D.Davies, D.D.Mac Nicol*, Hrsg.), Vol.3. Academic Press, London, 1984, S.261

90) *I.O.Sutherland*, Heterocycles **21** (1984) 235

91) *F.Vögtle, W.M.Müller, W.H.Watson*, Top.Curr.Chem. **125** (1984) 131

92) *E.Weber*, Kontakte (Darmstadt) **1984**/1, 26

93) *R.M.Izatt, J.S.Bradshaw, S.A.Nielsen, J.D.Lamb, J.J.Christensen, D. Sen*, Chem.Rev. **85** (1985) 271

94) *K.G.Heumann*, Top.Curr.Chem. **127** (1985) 77

95) *J.Jurczak, M.Pietraszkiewicz*, Top.Curr.Chem. **130** (1986) 183

96) *B.C.Pressman, H.J.Harris, W.S.Jagger, J.H.Jonson*, Proc.Nat.Acad.Sci. (USA) **58** (1967) 1948

97) Übersicht: *U.Gräfe, R.Schlegel, M.Bergholz*, Pharmazie **39** (1984) 661; Totalsynthese des Antibioticums Ionomycin: *D.A.Evans, R.L.Dow, T.L.Shih, J.M.Takacs, R.Zahler*, J.Am.Chem.Soc. **112** (1990) 5290

98) *E.Weber, F.Vögtle*, Inorg.Chim.Acta **45** (1980) L65; siehe auch: *E. Weber, H.-P.Josel*, J.Incl.Phenom. **1** (1983) 79

99) Übersicht: *E.Weber, F.Vögtle* in l.c.[11], S.1; l.c.[14], S.1; Templat-Effekt bei der Bildung von C=N-Doppelbindungen: *L.-Y.Chung, E.C.*

Constable, A.R.Dale, M.S.Khan, M.C.Liptrot, J.Lewis, P.R.J.Raithby, J.Chem.Soc., Dalton Trans. **1990** (4) 1397

100) *E.Weber,* Chem.Ber. **118** (1985) 4439

101) *C.J.Pedersen,* J.Am.Chem.Soc. **92** (1970) 391

102) Übersicht: *D.N.Reinhoudt, F.de Jong,* in l.c. [8], S.157

103) *E.Weber, F.Vögtle,* Chem.Ber. **109** (1976) 1803

104) Übersicht: *E.Kimura* in l.c.[15], S.113

105) *T.Kauffmann, J.Ennen,* Chem.Ber. **118** (1985) 2714

106) Übersicht: *J.-M.Lehn* in l.c.[2], S.1

107) *A.C.Coxon, J.F.Stoddart,* J.Chem.Soc., Perkin Trans. 1, **1977**, 767

108) *D.G.Parson,* J.Chem.Soc., Perkin Trans. 1, **1978**, 451

109) Übersicht: *J.Smid,* Angew.Chem. **84** (1972) 127

110) Übersicht: *W.E.Morf, D.Ammann, R.Bissig, E.Pretsch, W.Simon,* in l.c. [8], S.1

111) *E.Weber, F.Vögtle,* Tetrahedron Lett. **1975**, 2415

112) *F.Vögtle, E.Weber,* Angew.Chem. **86** (1974) 896

113) *R.Fornasier, F.Montanari, G.Podda, P.Tundo,* Tetrahedron Lett. **1976**, 1381

114) *G.W.Gokel, D.M.Dishong, C.J.Diamond,* J.Chem.Soc., Chem.Commun. **1980**, 1053

115) *E.Weber,* Angew.Chem. **91** (1979) 230

116) *E.Weber,* Angew.Chem. **95** (1983) 632

117) Übersichten: *D.J.Cram, K.N.Trueblood* in l.c. [11], S.43; l.c. [14], S.125; *D.J.Cram,* Angew.Chem. **98** (1986) 1041

118) *C.J.Pedersen,* Org.Synth. **52** (1972) 66

119) *G.W.Gokel, D.J.Cram, C.L.Liotta, H.P.Harris, F.L.Cook,* Org.Synth. **57** (1977) 30

120) Übersicht: *A.Leo, C.Hansch, D.Elkins,* Chem.Rev. **71** (1971) 525

121) *M.R.Truter* in l.c.[2], S.71

122) *R.Hilgenfeld, W.Saenger* in l.c.[12], S.1; l.c.[14], S.43

123) *N.S.Poonia* in l.c.[8], S.115

124) *T.-L.Ho* (Hrsg.), Hard and Soft Acids and Bases Principle in Organic Chemistry. Academic Press, New York 1977

125) *J.-M.Lehn, P.Vierling,* Tetrahedron Lett. **1977**, 317

126) *B.Dietrich, T.M.Fyles, J.-M.Lehn, G.Pease, D.L.Fyles,* J.Chem.Soc., Chem.Commun. **1978**, 934

127) *J.-M.Lehn, E.Sonveaux, A.K.Willard,* J.Am.Chem.Soc. **100** (1978) 4914

128) *F.P.Schmidtchen*, Angew.Chem. **89**, 751 (1977)

129) *B.Metz, J.M.Rosalky, R.Weiss*, J.Chem.Soc., Chem.Commun. **1976**, 533

130) *F.P.Schmidtchen*, Tetrahedron Lett. **1984**, 4361

131) *C.J.Pedersen*, J.Org.Chem. **36** (1971) 1690

132) *G.W.Gokel, D.J.Cram, C.L.Liotta, H.P.Harris, F.L.Cook*, J.Org.Chem. **39** (1974) 2445

133) Übersicht: *F.Vögtle, H.Sieger, W.M.Müller* in l.c.[11], S.107; l.c.[14], S.319

134) *G.Weber*, J.Mol.Struct. **98** (1983) 333

135) *G.Weber, P.G.Jones*, Acta Crystallogr. **C39** (1983) 1577

136) *D.J.Cram*, Science **219** (1983) 1177

137) *F.Diederich*, Chem.in uns.Zeit **17** (1983) 105

138) *Y.Murakami*, Top.Curr.Chem. **115** (1983) 107

139) *F.Vögtle, W.M.Müller*, J.Incl.Phenom. **2** (1984) 369

140) *F.Vögtle, W.M.Müller*, Naturwissenschaften **67** (1980) 255

141) *G.W.Gokel, G.W.Weber*, J.Chem.Educ. **55** (1978) 350, 429

142) *W.P.Weber, G.W.Gokel*, Phase Transfer Catalysis in Organic Synthesis. Reactivity and Structure Concepts in Organic Chemistry **4**. Springer, Berlin-Heidelberg-New York 1977

143) *C.M.Starks, C.L.Liotta* (Hrsg.), Phase Transfer Catalysis, Principles and Techniques. Academic Press, New York-San Francisco-London 1978

144) *W.E.Keller* (Hrsg.), Compendium of Phase Transfer Reactions and Related Synthetic Methods. Fluka AG, Buchs, Schweiz, 1979

145) *E.V.Dehmlow, S.S.Dehmlow* (Hrsg.), Phase Transfer Catalysis. Monographs in Modern Chemistry **117**, Verlag Chemie, Weinheim, 1980, 1983

146) *K.Koga*, Yuki Gosei Kagaku Kyokai Shi **33** (1975) 163

147) *E.V.Dehmlow*, Angew.Chem. **89** (1977) 521

148) *C.L.Liotta*, in l.c. [7], S. 111

149) *C.L.Liotta*, in: The Chemistry of Functional Groups, Suppl. E, Part 1 (*S.Patai*, Hrsg.). Wiley, London 1980, S.157

150) *F.Montanari, D.Landini, F.Rolla*, in l.c.[12], S. 147

151) *P.Cocagne, R.Gallo, J.Elguero*, Heterocycles **20** (1983) 1379

152) *D.J.Sam, H.E.Simmons*, J.Am.Chem.Soc. **94** (1972) 4024

153) *M.Mack, H.D.Durst*, unveröffentlichte Ergebnisse; vgl. l.c.[44]

154) *K.Ganboa, J.M.Aizpurua, C.Palomo*, J.Chem.Res.(S) **1984**, 92

520   Literatur zu <u>Abschn. 2.2</u>

155) *O.Cardillo, M.Orena, S.Sandri,* J.Chem.Soc., Chem.Commun. **1976**, 190

156) *J.San Filippo, Jr., C.I.Chern, J.S.Valentine,* J.Org.Chem. **40** (1975) 1678

157) *R.A.Johnson, E.G.Nidy,* J.Org.Chem. **40** (1975) 1680

158) *A.Knöchel, G.Rudolph,* Tetrahedron Lett. **1974**, 3739

159) *C.J.Pedersen,* US-Pat. (1972) 3686225; Brit.Pat. (1969) 1149229 [Chem. Abstr. **71** (1969) 60685m]

160) *B.Dietrich, J.-M.Lehn,* Tetrahedron Lett. **1973**, 1225

161) *C.L.Liotta, H.P.Harris,* J.Am.Chem.Soc. **96** (1974) 2250

162) *H.Handel, J.L.Pierre,* Tetrahedron Lett. **1976**, 741

163) *A.Loupy, J.Seyden-Penne, P.Tchoubar,* Tetrahedron Lett. **1976**, 1677

164) *J.L.Pierre, H.Handel, R.Perraud,* Tetrahedron Lett. **1977**, 2013

165) *H.Handel, J.L.Pierre,* Tetrahedron **31** (1975) 2799

166) *A.G.M.Barrett, J.C.A.Lana,* J.Chem.Soc., Chem.Commun. **1978**, 471

167) *A.G.M.Barrett, J.C.A.Lana, S.Tograie,* J.Chem.Soc., Chem.Commun. **1980**, 300

168) *S.G.Smith, M.P.Hanson,* J.Org.Chem. **36** (1971) 1931

169) *C.Cambillau, G.Braun, J.Corset, C.Richa, C.Pascard-Billy,* Tetrahedron **34** (1978) 2675

170) Übersicht: *R.A.Bartsch,* Acc.Chem.Res. **8** (1975) 239

171) *D.T.Sepp, K.V.Scherer, W.P.Weber,* Tetrahedron Lett. **1974**, 2983

172) *M.Makosza, M.Ludwikow,* Angew.Chem. **86** (1974) 744; vgl. auch die Katalyse der MeSiCN-Addition: *S.Kim, R.Bishop, D.C.Craig, I.G. Dance, M.L.Scudder,* J.Org.Chem. **55** (1990) 355

173) *S.Kwon, Y.Nishimura, M.Ikeda, Y.Tamura,* Synthesis **1976**, 249

174) *I.Belsky,* J.Chem.Soc., Chem.Commun. **1977**, 237

175) *D.J.Cram, G.D.Y.Sogah,* J.Chem.Soc., Chem.Commun. **1981**, 625

176) Übersicht: *S.L.Regen,* Angew.Chem. **91** (1979) 464

177) *M.N.H.Irving,* Pure Appl.Chem. **50** (1978) 1129

178) *I.M.Kolthoff,* Anal.Chem. **51** (1979) 1R

179) *E.Blasius, K.P.Janzen* in l.c. [11], S.163; l.c. [14], S.189

180) *T.Sekine, Y.Hasegawa,* Kagakuno Ryoiki **33** (1979) 464

181) *Y.Takeda* in l.c. [13], S.1

182) *P.R.Danesi, H.Meider-Gorican, R.Chiarizia, G.Scibona,* J.Inorg.Nucl. Chem. **37** (1975) 1479

183) *V.V.Yakshin, V.M.Abashkin, N.G.Zhukova, N.A.Tsarenko, B.N.Laskorin,* Dokl.Akad.Nauk SSSR **252** (1980) 373

184) *M.Jawaid, F.Ingman*, Talanta **25** (1978) 91

185) *H.Sumiyoshi, K.Nakahara, K.Ueno*, Talanta **24** (1977) 763

186) *M.Takagi, H.Nakamura, Y.Sanui, K.Ueno*, Anal.Chim.Acta **126** (1981) 185

187) *A.Sanz-Medel, D.B.Gomis, J.R.G.Alvarez*, Talanta **28** (1981) 425

188) *T.Iwachido, M.Minami, H.Naito, K.Toei*, Bull.Chem.Soc.Jpn. **55** (1982) 2378

189) *A.V.Bogatskii, N.G.Luk'yanenko, M.U.Mamina, V.A.Shapkin, D.Taubert*, Dokl.Chem. (engl.) **250** (1980) 82

190) *T.Kimura, T.Maeda, T.Shono*, Talanta **26** (1979) 945

191) *K.Kimura, K.Iwashima, T.Ishimori, H.Hamaguchi*, Chem.Lett. **1977**, 563

192) *B.E.Jepson, R.DeWitt*, J.Inorg.Nucl.Chem. **38** (1976) 1175

193) *L.R.Sousa, G.D.Y.Sogah, D.H.Hoffman, D.J.Cram*, J.Am.Chem.Soc. **100** (1978) 4569

194) *V.Prelog*, Chimia **37** (1983) 12

195) *T.Maeda, M.Ouchi, K.Kimura, T.Shono*, Chem.Lett. **1981**, 1573

196) *I.Tabushi, Y.Kobuka, K.Ando, M.Kishimoto, E.Ohara*, J.Am.Chem.Soc. **102** (1980) 5947

197) *E.Weber*, Liebigs Ann.Chem. **1983**, 770

198) *E.Blasius, K.P.Janzen, W.Adrian, G.Klautke, R.Lorschneider, P.G.Maurer, B.V.Nguyen Tien, G.Scholten, J.Stockemer*, Z.Anal.Chem. **284** (1977) 337

199) *E.Blasius, K.P.Janzen, G.Klautke*, Z.Anal.Chem. **277** (1975) 374

200) *G.Dotsevi, G.D.Y.Sogah, D.J.Cram*, J.Am.Chem.Soc. **98** (1976) 3028

201) *G.J.Moody, J.D.R.Thomas* (Hrsg.), Selective Ion Sensitive Electrodes. Merrow Publishing Co., Watford, England 1971

202) *K.Cammann* (Hrsg.), Das Arbeiten mit ionenselektiven Elektroden. Springer, Berlin-Heidelberg-New York 1973

203) *M.Kessler, K.C.Clark, Jr., D.W.Lübbers, I.A.Silver, W.Simon* (Hrsg.), Ion and Enzyme Electrodes in Biology and Medicine. Urban und Schwarzenberg, München-Berlin-Wien 1976

204) *J.Koryta* (Hrsg.), Ion-selective Electrodes. Wiley, Chichester-New York-Brisbane-Toronto, 1980

205) *D.C.Cornish*, Chimia **29** (1975) 398

206) *E.Pretsch, R.Büchi, D.Ammann, W.Simon,* in: Analytical Chemistry, Essays in Memory of Anders Ringbohm (*E.Wänninen,* Hrsg.). Pergamon Press, Oxford, New York, 1977, S.321

207) *W.E.Morf, W.Simon,* in: Ion-selective Electrodes in Analytical Chemistry, Vol.1 (*H.Freiser,* Hrsg.). Plenum Press, New York-London 1978, S.211

208) *D.Ammann, F.Lauter et al.* in: Ion-selective Microelectrodes and their Use in Excitable Tissues (*E.Sykova, P.Hnik, L.Vyklicky,* Hrsg.). Plenum Press, New York-London 1981, S.13

209) *E.Pretsch, D.Ammann, W.Simon,* Res.Developm. **25** (1974) 20

210) *R.B.Fischer,* J.Chem.Educ. **51** (1974) 387

211) *A.P.Thoma, Z.Cimerman, U.Fiedler, D.Bedekovic, M.Güggi, P.Jordan, K.May, E.Pretsch, V.Prelog, W.Simon,* Chimia **29** (1975) 344

212) *W.Bussmann, J.-M.Lehn, U.Oesch, P.Plumeré, W.Simon,* Helv.Chim. Acta **64** (1981) 657

213) *P.C.Meier, D.Ammann, H.F.Osswald, W.Simon,* Med. Progr.Technol. **5** (1977) 1

214) *P.C.Meier, D.Ammann, W.E.Morf, W.Simon,* in: Medical and Biological Applications of Electrochemical Devices (*J.Koryta,* Hrsg.). Wiley, Chichester-New York-Brisbane-Toronto 1980, S. 13

215) *J.G.Schindler, R.Dennhardt, W.Simon,* Chimia **31** (1977) 404

216) *J.G.Schindler, M.v.Gülich,* J.Clin.Chem.Clin.Biochem. **19** (1981) 49

217) *M.Takagi, K.Ueno,* in l.c.[13], S.39; l.c.[14], S.217

218) Übersicht: *H.-G.Löhr, F.Vögtle,* Acc.Chem.Res. **18** (1985) 65; *S.Misumi,* Pure Appl.Chem. **62** (1990) 493.- Chelatselektive Fluoreszenzstörung siehe *M.E.Huston, C.Engleman, A.W.Czarnik,* J.Am.Chem.Soc. **112** (1990) 7054; *A.P.de Silva, K.R.A.S.Sandanayake,* Angew.Chem. **102** (1990) 1159

219) *F.Vögtle,* Pure Appl.Chem. **52** (1980) 2405

220) *T.Kaneda, K.Sugihara, H.Kamiya, S.Misumi,* Tetrahedron Lett. **22** (1981) 4407

221) *K.Nakashima, S.Nakatsuji, S.Akiyama, T.Kaneda, S.Misumi,* Chem.Lett. **1982**, 1781

222) *J.P.Dix, F.Vögtle,* Chem.Ber. **114** (1981) 638

223) *H.-G.Löhr, F.Vögtle,* Chem.Ber. **118** (1985) 905

224) Merck Patent GmbH, Eur.Pat.Appl. (14.1.1983) 83100281

225) *H.Nishida, Y.Katayama, H.Katsuki, H.Nakamura, M.Takagi, K.Ueno,* Chem.Lett. **1982**, 1853

226) *T.J.Rink,* Pure Appl.Chem. **55** (1983) 1977; *S.Fery-Forgues, M.T.Le Bris, J.P.Guetté, B.Valeur,* J.Chem.Soc., Chem.Commun. **1988**, 384

227) *S.Lindenbaum, J.H.Rytting, L.A.Sternson,* in l.c.[8], S.225

228) *J.D.Lamb, J.J.Christensen, R.M.Izatt,* J.Chem.Educ. **57** (1980) 227

229) *J.D.Lamb, R.M.Izatt,* in l.c. [9], S.41

230) *G.R.Painter, B.C.Pressman,* in l.c.[12], S.83

231) *M.Newcomb, J.L.Toner, R.C.Helgeson, D.J.Cram,* J.Am.Chem.Soc. **101** (1979) 4941

232) *H.Tsukube,* Tetrahedron Lett. **23** (1982) 2109

233) *J.J.Christensen, J.D.Lamb, S.R.Izatt, S.E.Starr, G.C.Weed, M.S.Astin, B.D.Stitt, R.M.Izatt,* J.Am.Chem. Soc. **100** (1978) 3219

234) *H.Tsukube,* J.Chem.Soc., Perkin Trans. 1, **1982**, 2359

235) *H.Tsukube,* J.Chem.Soc., Perkin Trans. 1, **1983**, 29

236) *N.Yamazaki, S.Nakahama, A.Hirao, S.Negi,* Tetrahedron Lett. **1978**, 2429

237) *T.M.Fyles, V.A.Malik-Diemer, D.M.Whitfield,* Can.J.Chem. **59** (1981) 1734

238) *T.M.Fyles, V.A.Malik-Diemer, C.A.McGavin, D.M.Whitfield,* Can.J. Chem. **60** (1982) 2259

239) Übersicht: *S.Shinkai, O.Manabe,* in l.c.[13], S.67; l.c.[14], S.245

240) *S.Shinkai, T.Ogawa, Y.Kusano, O.Manabe,* Chem.Lett. **1980**, 283

241) *S.Shinkai, T.Ogawa, Y.Kusano, O.Manabe, K.Kikukawa, T.Goto, T.Matsuda,* J.Am.Chem.Soc. **104** (1982) 1960

242) *S.Shinkai, K.Inuzuka, O.Manabe,* Chem.Lett. **1983**, 747

243) *F.Riedlberger, T.Näbauer,* Bild der Wissenschaft **1985** (3), 118

244) *R.Günther, O.Hauswirth, R.Ziskoven,* Naunyn-Schmiedeberg's Arch. Pharmakol. **310** (1979) 79

245) *C.Achenbach, O.Hauswirth, J.Kossmann, R.Ziskoven,* Physiol.Chem. Phys. **12** (1980) 277

246) *R.C.Kolbeck, L.B.Hendry, E.D.Bransome, W.A.Speir,* Experientia, **40** (1984) 727

247) *E.J.Harris, B.Zaba, M.R.Truter, D.G.Parsons, J.N.Wingfield,* Arch.Biochem.Biophys. **82** (1977) 311

248) *P.Georgiou, C.H.Richardson, K.Simmons, M.R.Truter, J.N.Wingfield,* Inorg.Chim.Acta **66** (1982) 1

249) *P.Georgiou, K.Simmons, A.Sharp, M.R.Truter, J.N.Wingfield*, Inorg. Chim.Acta **69** (1983) 89

250) *V.A.Popova, J.V.Podgornaya, I.Y.Postovskii, N.N.Frovola*, Khim.Farm. Zh. **10** (1976) 66

251) *C.J.Kauer*, US-Pat. (19.9.1975) 3,997,565, appl. 615 185 [Chem.Abstr. **86**, 121388s]

252) *G.R.Brown, A.J.Foubister*, J.Med.Chem. **26** (1983) 590

253) *F.Vögtle, B.Jansen*, Tetrahedron Lett. **1976**, 4895

254) *U.Elben, B.Fuchs, K.Frensch, F.Vögtle*, Liebigs Ann.Chem. **1979**, 1102

255) *G.Sosnovsky, J.Lukszo*, University of Wisconsin, Milwaukee, Wisconsin, U.S.A., and National Foundation for Cancer Research (U.S.A.)

256) *M.G.Voronkov, I.G.Kuznetsov, S.K.Suslova, G.M.Tizenberg, V.I.Knutov, M.K.Butin*, Khim.Farm.Zh. **19** (1985) 819

257) *J.F.Pilichowski, J.Michelot, M.Borel, G.Meyniel*, Naturwissenschaften **70** (1983) 201

258) *J.Le Moigne, J.Simon*, J.Phys.Chem. **84** (1980) 170

259) *L'Oreal* SA (31.10.1979) 17.03.78-FR-007914

260) *M.Fujimoto, T.Nogami, H.Mikawa*, Chem.Lett. **1982**, 547

261) *K.Matsuoka, T.Nogami, T.Matsumoto, H.Tanaka, H.Mikawa*, Bull. Chem.Soc.Jpn. **55** (1982) 2015

262) *I.Haller, W.R.Young, G.L.Gladstone, D.T.Teaney*, Mol.Cryst.Liq.Cryst. **24** (1973) 249

263) *L.Horner, W.Brich*, Chem.Ber. **111** (1978) 574

264) Übersicht: *N.J.Turro, M.Grätzel, A.M.Braun*, Angew.Chem. **92** (1980) 712

265) *R.Kaufmann, F.Hillenkamp, P.Wechsung*, Europ.Spectroscopy News **20** (1978) 3

266) *J.-M.Lehn*, Angew.Chem. **100** (1988) 92

267) *J.-M.Lehn*, Pure Appl.Chem. **52** (1980) 2441

268) *J.-M.Lehn*, Science **227** (1985) 849

269) *E.Weber, F.Vögtle*, Nachr.Chem.Tech.Lab. **35** (1987) 1149

270) *D.Karlin*, J.Am.Chem.Soc. **109** (1987) 2668; vgl. hierzu auch *J.B. Vincent, J.C.Huffmann, G.Christou, Q.Li, M.A.Nanny, D.N.Hendrick-son, R.H.Fong, R.H.Fisch*, J.Am. Chem.Soc. **110** (1988) 6898; *P.P.Paul, Z.Tyeklar, A.Farooq, K.D.Karlin, S.Liu, J.Zubieta*, ebenda **112** (1990) 2430; *H.Adams, N.A.Bailey, W.D.Carlisle, D.E.Fenton, G.Rossi*, J.Chem.Soc., Dalton Trans. **1990**, 1271

271) *J.-M.Lehn*, Helv.Chim.Acta **67** (1984) 2264

272) *J.-M.Lehn*, Angew.Chem. **98** (1987) 259

273) B.*Alpha*, *V.Balzani*, *J.-M.Lehn*, *S.Perathoner*, *N.Sabbatini*, Angew. Chem. **99** (1987) 1310

274) *V.Balzani*, *N.Sabbatini*, *F.Scandola*, Chem.Rev. **86** (1986) 319. Zur Photophysik und Photochemie lumineszierender Ruthenium-Komplexe vgl. *L.De Cola*, *F.Barigelletti*, *V.Balzani*, *P.Belser*, *A.von Zelewsky*, *F.Vögtle*, *F.Ebmeyer*, *S.Grammenudi*, J.Am.Chem.Soc. **100** (1988) 7210; *B.M.Krasovitskii*, *B.M.Bolotin*, Organic Luminescent Materials. VCH-Verlagsgesellschaft, Weinheim 1988

Literatur zu Abschn.: 2.3
Siderophore

1) *C.E.Lankford*, Krit.Rev.Microbiol. **2** (1973) 273; Übersicht: *G.Winkelmann*, *D.van der Helm*, *J.B.Neilands* (Hrsg.), Iron Transport in Microbes, Plants and Animals. VCH-Verlagsgesellschaft, Weinheim 1987

2) *J.B.Neilands*, Ann.Rev.Biochem. **50** (1981) 715

3) *J.Francis*, *J.Madinaveitia*, *H.M.Macturk*, *G.Snow*, Nature **163** (1949) 365

4) *A.G.Lockhead*, *M.O.Burton*, *R.H.Thexton*, Nature **170** (1952) 282

5) *J.R.Pollack*, *J.B.Neilands*, Biochim.Biophys.Res.Commun. **38** (1970) 989

6) *I.G.O'Brien*, *F.Gibson*, Biochem.Biophys.Acta **21** (1970) 393

7) *E.J.Corey*, *S.Bhattacharyya*, Tetrahedron Lett. **1977**, 3919

8) *W.H.Rastetter*, *T.J.Erichson*, *M.C.Venuti*, J.Org.Chem. **46** (1981) 3579

9) *A.Shanzer*, *J.Libmann*, J.Chem.Soc., Chem.Commun. **1983**, 846; vgl. auch *Y.Tor*, *J.Libman*, *A.Shanzer*, *S.Lifson*, J.Am.Chem.Soc. **109** (1987) 6517.- Zum Templateffekt allgemein vgl. *D.H.Busch*, *N.A.Stephenson*, Coord.Chem.Rev. **100** (1990) 119

10) *K.T.Greenwood*, *K.R.Luke*, Biochim.Biophys.Acta **614** (1980) 185

11) *F.L.Weitl*, *W.R.Harris*, *K.N.Raymond*, J.Med.Chem. **22** (1979) 1281

12) *W.R.Harris*, *K.N.Raymond*, *F.L.Weitl*, J.Am.Chem.Soc. **103** (1981) 2667

13) *V.L.Pecoraro*, *F.L.Weitl*, *K.N.Raymond*, J.Am.Chem.Soc. **103** (1981) 5133

14) *W.R.Harris*, *K.N.Raymond*, J.Am.Chem.Soc. **101** (1979) 6534

14a) Vgl. hierzu *R.C.Hider, D.Bickar, I.E.G.Morrison, J.Silver,* J.Am.Chem. Soc. **106** (1984) 6983

15) *K.N.Raymond, St.S.Isied, L.D.Brown, F.R.Fronczek, J.H.Nibert,* J.Am. Chem.Soc. **98** (1976) 1767

16) *B.F.Anderson, D.A.Buckingham, G.B.Robertson, J.Webb, K.S.Murray, P.E.Clark,* Nature **262** (1976) 722

17) *S.Salana, J.D.Stong, J.B.Neilands, T.G.Spiro,* Biochemistry **17** (1978) 3781

18) *S.S.Isied, G.Kao, K.N.Raymond,* J.Am.Chem.Soc. **98** (1976) 1763

19) *W.R.Harris, C.J.Carrano, K.N.Raymond,* J.Am.Chem.Soc. **101** (1979) 2213

20) *A.Shanzer, J.Libman, S.Lifson, C.E.Felder,* J.Am.Chem.Soc. **108** (1986) 7619

21) *E.J.Corey, S.D.Hurt,* Tetrahedron Lett. **1977**, 3923

22) Übersicht: *K.N.Raymond, G.Müller, B.F.Matzanke,* Top.Curr.Chem. **123** (1984) 49

23) *J.B.Neilands,* Struct.Bonding **1** (1966) 59; ebenda **11** (1972) 145

24) *J.Leong, K.N.Raymond,* J.Am.Chem.Soc. **96** (1974) 1757

25) *T.P.Tufano, K.N.Raymond,* J.Am.Chem.Soc. **103** (1981) 6617

26) *J.Leong, K.N.Raymond,* J.Am.Chem.Soc. **96** (1974) 6628

27) *D.A.Buckingham,* Inorganic Biochemistry (*G.Eichhorn,* Hrsg.). Elsevier, New York 1973

28) *J.Leong, J.B.Neilands, K.N.Raymond,* Biochem.Biophys.Res.Commun. **60** (1974) 1066

29) *J.Leong, K.N. Raymond,* J.Am.Chem.Soc. **97** (1975) 293

30) *G.Anderegg, F.L'Eplattenier, G.Schwarzenbach,* Helv.Chim.Acta **46** (1963) 1409

31) a) *W.Kiggen, F.Vögtle,* Angew.Chem. **96** (1984) 712;
b) *W.Kiggen, F.Vögtle, S.Franken, H.Puff,* Tetrahedron **42** (1986) 1859;
c) *P.Stutte, W.Kiggen, F.Vögtle,* ebenda **43** (1987) 2065;
d) *T.J.McMurry, M.W.Hosseini, T.M.Garrett, F.E.Hahn, Z.E.Reyes, K.N.Raymond,* J.Am.Chem.Soc. **109** (1987) 7196;
e) Analoge Bipyridin-"Sideranden" siehe: *S.Grammenudi, F.Vögtle,* Angew.Chem. **98** (1986) 1119; *F.Ebmeyer, F.Vögtle,* ebenda **101** (1989) 95; *F.Ebmeyer, F.Vögtle* in: Bioorganic Chemistry Frontiers, 1 (*H.Dugas,* Hrsg.). Springer, Berlin 1990, S.143;

f) *T.J.McMurry, S.J.Rodgers, K.N.Raymond*, J.Am.Chem.Soc. **109** (1987) 3451; *T.J.McMurry, M.W.Hosseini, T.M.Garret, F.Hahn, Z.E. Reyes, K.N.Raymond*, ebenda **109** (1987) 7196;

g) *F.Seel, F.Vögtle*, Angew.Chem **103** (1991), im Druck

32) *G.Anderegg, P.Nägeli, F.Müller, G.Schwarzenbach*, Helv.Chim.Acta **42** (1952) 827

33) *T.J.Wenzel, M.E.Ashley, R.E.Sievers*, Anal.Chem **54** (1982) 615

34) *F.R.Weitl, K.N.Raymond, P.W.Durbin*, J.Med.Chem. **24** (1981) 203

35) *K.N.Raymond, W.L.Smith*, Struct.Bonding **43** (1981) 159

36) *S.P.Sinha*, Struct.Bonding **25** (1976) 69

37) *P.W.Durbin, E.S.Jones, K.N.Raymond, F.L.Weitl*, Radiation Res. **81** (1980) 170

38) *F.L.Weitl, K.N.Raymond, W.L.Smith, T.R.Howard*, J.Am.Chem.Soc. **100** (1978) 1170

39) *R.C.Bruening, E.M.Oltz, J.Farukawa, K.Nakanishi*, J.Am.Chem.Soc. **107** (1985) 5298

40) *A.R.Bulls, C.G.Pippin, F.E.Hahn, K.N.Raymond*, J.Am.Chem.Soc. **112** (1990) 2627

41) Broschüre: Komplexometrische Bestimmungsmethoden mit Titriplex[®]. E.Merck, Darmstadt

42) *J.Fries, H.Getrost*, Organische Reagenzien für die Spurenanalyse. E.Merck, Darmstadt 1975

43) *T.A.Kaden*, Nachr.Chem.Tech.Lab. **38** (1990) 728

44) Vgl. *G.Winkelmann* (Hrsg.), "Biology of Metals". Springer International, Berlin 1988; "Iron Carriers and Iron Proteins" (*T.M.Loehr*, Hrsg.). Physical Bioinorganic Chemistry Bd.5, VCH, Weinheim 1989

Literatur zu Abschn.: 2.4
π-Spheranden

1) *J.E.McMurry, G.J.Harley, J.R.Matz, J.C.Clardy, J.Mitchell*, J.Am. Chem.Soc. **108** (1986) 515

2) Vgl. *F.Vögtle, W.Kißener*, Chem.Ber. **117** (1984) 2538

3) *C.Cohen-Addad, P.Baret, P.Chautemps, J.-L.Pierre*, Acta Crystallogr. **C39** (1983) 1346

4) *H.C.Kang, A.W.Hanson, B.Eaton, V.Boekelheide*, J.Am.Chem.Soc. **107** (1985) 1979

5) *H.Schmidbauer, R.Hager, B.Huber, G.Müller*, Angew.Chem. **99** (1987) 354; vgl. *C.Elschenbroich, J.Schneider, M.Wünsch, J.L.Pierre, P.Baret, P.Chautemps*, Chem.Ber. **121** (1988) 177

<u>Literatur zu Abschn.:</u> 2.5
Topologische Stereochemie

1) *H.L.Frisch, E.Wasserman*, J.Am.Chem.Soc. **83** (1961) 3789

2) a) *C.O.Dietrich-Buchecker, J.P.Sauvage, J.P.Kintzinger*, Tetrahedron Lett. **1983**, 5095;

    b) *C.O.Dietrich-Buchecker, J.P.Sauvage, J.M.Kern*, J.Am.Chem.Soc. **106** (1984) 3043

3) *D.M.Walba*, Tetrahedron **41** (1985) 3161; *D.M. Walba, R.M.Richards, M.Hermsmeier, R.C.Haltiwanger*, J.Am.Chem.Soc. **109** (1987) 7081

4) *D.M.Walba, R.M.Richards, S.P.Sherwood, R.C.Haltiwanger*, J.Am.Chem. Soc. **103** (1981) 6213

5) *D.M.Walba, R.M.Richards, R.C.Haltiwanger*, J.Am.Chem.Soc. **104** (1982) 3112

6) *D.M.Walba, J.D.Armstrong, A.E.Perry, R.M.Richards, T.C.Homan, R.C.Haltiwanger*, Tetrahedron **42** (1986) 1883

7) *M.Nakazi, K.Yamamoto, S.Tanaka*, J.Org.Chem. **41** (1976) 4081

8) *J.Simon*, Abstr.Am.Math.Soc. **5** (2) (1984) 185

9) *G.Schill*, Catenanes, Rotaxanes, and Knots. Academic Press, NewYork, 1971

10) a) *H.L.Frisch*, Monatsh.Chem. **84** (1983) 250;

    b) *H.L.Frisch, E.Wasserman*, J.Am.Chem.Soc. **83** (1961) 3789;

    c) *E.Wasserman*, ebenda **82** (1960) 4433

11) *G.Schill, N.Schweickert, H.Fritz, W.Vetter*, Angew.Chem. **95** (1983) 909; Chem.Ber. **121** (1988) 961

12) a) *C.O.Dietrich-Buchecker, J.P.Sauvage, J.M.Kern*, J.Am.Chem.Soc. **106** (1984) 3043;

    b) *C.O.Dietrich-Buchecker, J.P.Sauvage, J.P.Kintzinger*, Tetrahedron Lett. **1983**, 5095;

    c) *J.P.Sauvage, J.Weiss*, J.Am.Chem.Soc. **107** (1985) 6108;

d) *C.O.Dietrich-Buchecker, J.Guilhem, A.K.Khemiss, J.P.Kintzinger, C.Pascard, J.P.Sauvage*, Angew.Chem. **99** (1987) 711; vgl. *J.P.Sauvage et al.*, J.Am.Chem.Soc. **112** (1990) 8002

e) *C.O.Dietrich-Buchecker, J.P.Sauvage*, Chem.Rev. **87** (1987) 795;

f) *A.-M.Albrecht-Gary, C.D.Buchecker, Z.Saad, J.-P.Sauvage*, J.Am. Chem.Soc. **110** (1988) 1467;

g) *J.-P.Sauvage, C.O.Dietrich-Buchecker*, Angew.Chem. **101** (1989) 192; *C.O.Dietrich-Buchecker, J.Guilhem, C.Pascard, J.P.Sauvage*, ebenda **102** (1990) 1202;

h) *J.-Y.Ortholand, A.M.Z.Slavin, N.Spencer, J.F.Stoddart, D.J.Williams*, Angew.Chem. **101** (1989) 1402; Adv.Mat. **28** (1989) 1405

<u>Literatur zu Abschn.</u>: 3
Bioanorganische Modellverbindungen

1) *J.P.Collman, R.R.Gagne, T.R.Halbert, J.C.Harchon, C.A. Reed*, J.Am. Chem.Soc. **95** (1973) 7868

2) *J.Almog, J.E.Baldwin, R.L.Dyer, M.Peters*, J.Am.Chem.Soc. **97** (1975) 226; Übersicht: *J.E.Baldwin, P.Perlmutter*, Bridged, Capped and Fenced Porphyrins (*F.Vögtle, E.Weber*, Hrsg.). Top.Curr.Chem. **121**, 181 Springer, Berlin-Heidelberg 1984

3) *A.W.Maverick, S.C.Buckingham, Q.Yao, J.R.Bradbury, G.G.Stanley*, J. Am.Chem.Soc. **108** (1986) 7430

4) Vgl. hierzu auch: *D.Ramprasad, W.K.Lin, K.A.Goldsby, D.H.Busch*, J. Am.Chem.Soc. **110** (1988) 1408

5) *S.Grammenudi, F.Vögtle*, Angew.Chem. **98** (1986) 1119; *S.Grammenudi, M.Franke, F.Vögtle, E.Steckhan*, J.Incl.Phenom. **5** (1987) 695; *P.Belser*, Chimia **44** (1990) 226; *V.Balzani, F.Barigelletti, L.DeCola*, Top.Curr.Chem. **158** (1990) 31

6) *J.Jazwinski, J.-M.Lehn, D.Lilienbaum, R.Ziessel, J.Guilhem, C.Pascard*, J.Chem.Soc., Chem.Commun. **1987**, 1691; *J.-M.Lehn*, Angew.Chem. **100** (1988) 92; vgl. *J.-M.Lehn et al.*, J.Chem.Soc., Chem.Commun. **1991**, 62

7) *D.Beltrán et al.*, Inorg.Chem. **27** (1988) 19; *L.K.Thompson, F.L.Lee, E.J.Gabe*, ebenda **27** (1988) 39; *R.T.Stibrany, S.M.Gorun*, Angew. Chem. **102** (1990) 1195; *K.Wieghardt*, ebenda **101** (1989) 1179

8)   a) *M.Bell, A.J.Edwards, B.F.Hoskins, E.H.Kachab, R.Robson,* J.Chem. Soc., Chem.Commun. **1987**, 1852;

b) *V.McKee, S.S.Tandon,* ebenda **1988**, 385; vgl. *K.P.McKillop, S.M.Nelson, J.Nelson, V.McKee,* ebenda **1988**, 387

9)   *K.D.Karlin, Y.Gultneh,* Prog.Inorg.Chem. **35** (1987) 217

10) *T.D.P.Stack, R.H.Holm,* J.Am.Chem.Soc. **110** (1988) 2484; *T.Tanaka et al.,* Inorg.Chem. **27** (1988) 137; *E.Sappa et al.,* Prog.Inorg.Chem. **35** (1987) 437

11) Studienbuch: *W.Kaim, B.Schwederski,* Bioanorganische Chemie. Teubner, Stuttgart 1990

12) "Iron Carriers and Iron Proteins" (*T.M.Loehr,* Hrsg.). Physical Bioinorganic Chemistry, Bd.5, VCH, Weinheim 1989

13) *K.Wieghardt,* Angew.Chem. **101** (1989) 1179

14) *R.J.P.Williams,* Coord.Chem.Rev. **100** (1990) 573; dort weitere Literaturhinweise

Selektive Komplexierung topologisch komplementärer organischer Moleküle

1)   Übersichten:

a) *F.Vögtle, E.Weber* (Hrsg.), Host Guest Complex Chemistry I-III. Top.Curr.Chem. **98** (1981), **101** (1982), **121** (1984); *F.Vögtle,* Cyclophan-Chemie. Teubner, Stuttgart 1990

b) *J.L.Atwood, J.E.D.Davies, D.D.MacNicol* (Hrsg.), Inclusion Compounds. Bde. 1-3, Academic Press, London 1984;

c) *F.Diederich,* Angew.Chem. **100** (1988) 372;

d) Vancomycin-Modelle: *N.Pant, A.D.Hamilton,* J.Chem.Soc. **110** (1988) 2002;

e) *T.Endo,* Top.Curr.Chem. **128** (1985) 91;

f) *J.F.Stoddart,* Ann.Rep.Progr.Chem.Sect. B **85** (1988-9) 353;

g) Computer Modelling der Wechselwirkungen komplexer Moleküle: *P.A.Kollman, K.M.Merz, Jr.,* Acc.Chem.Res. **23** (1990) 246;

h) *H.-J.Schneider, H.Dürr* (Hrsg.), Frontiers in Supramolecular Organic Chemistry and Photochemistry. VCH, Weinheim 1990

2) *I.Tabushi*, Top.Curr.Chem. **113** (1983) 145; *R.Breslow*, Science **218** (1982) 532; vgl. auch *J.-M.Lehn*, Angew. Chem. **100** (1988) 91; *H.D. Lutter, F.Diederich*, ebenda **98** (1986) 1125; *S.Sasaki, Y.Takase, K.Koga*, Tetrahedron Lett. **31** (1990) 6051

3) *K.Freudenberg, F.Cramer*, Z.Naturforsch. **B3** (1948) 464

4) *E.Weber*, Top.Curr.Chem. **140** (1987)

5) a) *F.Cramer, H.Hettler*, Naturwissenschaften **54** (1967) 625;

b) *W.Saenger*, Angew.Chem. **92** (1980) 343;

c) *W.Saenger*, in Inclusion Compounds (*J.L.Atwood, J.E.D.Davies, D.D.MacNicol*, Hrsg.), Bd.2. Academic Press, London 1984; *Th.Steiner, S.A.Mason, W.Saenger*, J.Am.Chem.Soc. **112** (1990) 6184

d) *J.Szejtli*, Kontakte (Darmstadt) **1988** (1), 31

6) *K.Harata, H.Uedaira, J.Tanaka,* Bull.Chem.Soc.Jpn. **51** (1978) 1627

7) *F.Vögtle, W.M.Müller*, Angew.Chem. **91** (1979) 676

8) *S.Kamitori, K.Hirotsu, T.Higuchi*, J.Am.Chem.Soc. **109** (1987) 2409

9) a) *Y.Matsui, T.Nishioka, T.Fujita*, Top.Curr.Chem. **128** (1985) 61. - Artifizielle Transaminasen auf Cyclodextrin-Basis: *R.Breslow et al.*, J.Am.Chem.Soc. **112** (1990) 5212;

b) *N.Muller*, Acc.Chem.Res. **23** (1990) 23

10) *F.Diederich*, Chem.in uns.Zeit **17** (1983) 105

11) Siehe z.B. *K.R.Rao, T.N.Srinivasan, N.Bhanumathi, P.B.Sattur*, J.Chem. Soc., Chem.Commun. **1990**, 10; dort weitere Hinweise

12) *F.Vögtle, H.Puff, E.Friedrichs, W.M.Müller*, J.Chem.Soc., Chem. Commun. **1982**, 1398

13) *F.Behm, W.Simon, W.M.Müller, F.Vögtle*, Helv.Chim.Acta **68** (1985) 940

14) Zur selektiven Bindung von Imidazolen bzw. Barbituraten in organischen Lösungsmitteln vgl.

a) *J.D.Kilburn, A.R.MacKenzie, W.C.Still*, J.Am.Chem.Soc. **110** (1988) 1307;

b) *S.K.Chang, A.D.Hamilton*, J.Am.Chem.Soc. **110** (1988) 1318

532   Literatur zu <u>Abschn. 4.3.1; 4.3.2</u>

<u>Literatur zu Abschn.</u>: 4.3.1

Komplexierung kleiner Moleküle mit Cryptophanen

1) *A.J.Ewins*, J.Chem.Soc. **95** (1909) 1486

2) *G.M.Robinson*, J.Chem.Soc. **107** (1915) 267

3) *A.S.Lindsey*, J.Chem.Soc. **1965**, 1685; *A.Goldup, A.B.Morrison, G.W. Smith*, ebenda **1965**, 3864

4) *A.Lüttringhaus, K.C.Peters*, Angew.Chem. **78** (1966) 603

5) *V.K.Bhagwat, D.K.Moore, F.L.Pyman*, J.Chem.Soc. **1931**, 443

6) *H.Zimmermann, R.Poupko, Z.Luz, J.Billard*, Z.Naturforsch. **40a** (1985) 149

7) *J.A.Hyatt*, J.Org.Chem. **43** (1978) 1808

8) *K.Frensch, F.Vögtle*, Liebigs Ann.Chem. **1979**, 2121

9) *J.Canceill, A.Collet, J.Gabard, F.Kotzyba-Hibert, J.-M.Lehn*, Helv. Chim.Acta **65** (1982) 1894

10) a) *J.Canceill, L.Lacombe, A.Collet*, J.Am.Chem.Soc. **107** (1985) 6993;
    b) *A.Collet* in: Inclusion Compounds (*J.L.Atwood, J.E.D.Davies, D.D. MacNicol*, Hrsg.). Bd.II, S.97 (1984)

11) a) *J.Canceill, M.Cesario, A.Collet, J.Guilhem, C.Pascard*, J.Chem.Soc., Chem.Commun. **1986**, 361;
    b) *J.Canceill, M.Cesario, A.Collet, J.Guilhem, C.Riche, C.Pascard*, J.Chem.Soc., Chem.Commun. **1986**, 339

12) *J.Canceill, L.Lacombe, A.Collet*, J.Am.Chem.Soc. **108** (1986) 4230

13) *J.Canceill, L.Lacombe, A.Collet*, J.Chem.Soc., Chem.Commun. **1987**, 219; ebenda **1988**, 583

14) *D.J.Cram et al.*, J.Am.Chem.Soc. **110** (1988) 2554

<u>Literatur zu Abschn.</u>: 4.3.2

Synthetische Großhohlräume und Nischen für Gastmoleküle

1) *K.Odashima, K.Koga* in: "Cyclophanes", Vol. 2, S. 629 (*P.M.Keehn, S.M.Rosenfeld*, Hrsg.). Academic Press, New York 1983; *K.Odashima, A.Ita, Y.Iitaka, K.Koga*, J.Org.Chem. **50** (1985) 4478. Neuere Arbeiten: *C.-F.Lai, K.Odashima, K.Koga*, Chem.Pharm.Bull. **37** (1989) 2351; dort weitere Hinweise

2) *F.Vögtle, W.M.Müller, U.Werner, J.Franke*, Naturwissenschaften **72** (1985) 155

3) *F.Vögtle, W.M.Müller*, Angew.Chem. **96** (1984) 711

4) *T.Merz, H.Wirtz, F.Vögtle*, Angew.Chem. **98** (1986) 549

5) *F.Vögtle, W.M.Müller, U.Werner, H.-W.Losensky*, Angew.Chem. **99** (1987) 930

6) *C.S.Wilcox, M.D.Cowart*, Tetrahedron Lett. **27** (1986) 5563

7) *J.Franke, F.Vögtle*, Angew.Chem. **97** (1985) 224

8) Siehe: *F.Vögtle, J.Franke, W.Bunzel, A.Aigner, D.Worsch, K.-H Weiß-barth*, Stereochemie in Stereobildern. VCH-Verlagsgesellschaft, Weinheim 1987, S.78

9) a) *U.Werner, W.M.Müller, H.-W.Losensky, T.Merz, F.Vögtle*, J.Incl. Phenom. **4** (1986) 379; vgl. *J.Franke, T.Merz, H.-W.Losensky, W.M. Müller, U. Werner, F.Vögtle*, ebenda **3** (1985) 471;

    b) *S.Shinkai, K.Araki, O.Manabe*, J.Chem.Soc., Chem.Commun. **1988**, 187;

    c) *C.D.Gutsche*, Calixarenes. Monographs in Supramolecular Chemistry (*J.F.Stoddart*, Hrsg.). Royal Society of Chemistry, Cambridge, U.K. 1989

10) a) *H.-J.Schneider, K.Philippi*, Chem.Ber. **117** (1984) 3056;

    b) *H.-J.Schneider, W.Müller, D.Güttes*, Angew.Chem. **96** (1984) 909;

    c) *H.-J.Schneider, R.Busch*, ebenda **96** (1984) 910; *H.-J.Schneider, T.Blatter*, ebenda **100** (1988) 1211; *H.-J.Schneider, I.Theis*, ebenda **101** (1989) 757; *H.-J.Schneider, A.Junker*, Chem.Ber. **119** (1986) 2815; *H.-J. Schneider, D.Güttes, U.Schneider*, J.Am.Chem.Soc. **110** (1988) 6449

11) *D.J.Cram, J.M.Cram*, Science **183** (1974) 803

11a) vgl. *Y.Murakami et al.*, J.Am.Chem.Soc. **112** (1990) 7672

12) a) *F.Diederich, K.Dick*, Tetrahedron Lett. **23** (1982) 3167;

    b) *F.Diederich, K.Dick*, Angew.Chem. **95** (1983) 730;

    c) *F.Diederich, D.Dick*, J.Am.Chem.Soc. **106** (1984) 8024;

    d) *F.Diederich, D.Griebel*, ebenda **106** (1984) 8037;

    e) *F.Diederich, K.Dick*, Angew.Chem. **96** (1984) 789;

    f) Übersicht: *F.Diederich*, ebenda **100** (1988) 372;

    g) Großhohlräumiger Cyclophan-Wirt zur Einschlußkomplexierung von Steroiden und [m.n]Phanen: *D.R.Carcanague, F.Diederich*, Angew.Chem. **102** (1990) 836

13) *H.-D.Lutter, F.Diederich*, Angew.Chem. **98** (1986) 1125

14) *D.O'Krongly, S.R.Denmeade, M.Y.Chiang, R.Breslow*, J.Am.Chem.Soc. **107** (1985) 5544

15) a) *S.P.Miller, H.W.Whitlock*, J.Am.Chem.Soc. **106** (1984) 1492;
    b) *R.E.Sheridan, H.W.Whitlock*, ebenda **108** (1986) 7120; *B.J.Whitlock, H.W.Whitlock et al.*, ebenda **112** (1990) 3910

16) *M.A.Petti, T.J.Shepodd, D.A.Dougherty*, Tetrahedron Lett. **27** (1986) 807; vgl. auch *T.J.Shepodd, M.A.Petti, D.A.Dougherty*, J.Am.Chem. Soc. **110** (1988) 1983

17) *R.Dharanipragada, F.Diederich*, Tetrahedron Lett. **28** (1987) 2443; *R.Dharanipragada, S.B.Ferguson, F.Diederich*, J.Am.Chem.Soc. **110** (1988) 1679; Übersicht: *F.Diederich*, Angew.Chem. **100** (1988) 372;

17a) *K.Koga et al.*, Tetrahedron Lett. **31** (1990) 6051

18) Übersicht: *F.P.Schmidtchen*, Nachr.Chem.Tech.Lab. **36** (1988) 8

19) *D.Heyer, J.-M.Lehn*, Tetrahedron Lett. **27** (1986) 5869

20) *A.J.Blacker, J.Jazwinski, J.-M.Lehn*, Helv.Chim.Acta **70** (1987) 1; vgl. Übersicht: *J.-M.Lehn*, Angew.Chem. **100** (1988) 91

21) *R.A.Pascal, J.Spergel, D. Van Engen*, Tetrahedron Lett. **27** (1986) 4099

22) *F.Stoddart*, Nature **334** (1988) 10; *P.R.Ashton, N.S.Isaacs, F.H. Kohnke, G.Stagno d'Alcontres, J.F.Stoddart*, Angew.Chem. **101** (1989) 1269

23) *H.Stetter, E.-E.Roos*, Chem.Ber. **88** (1955) 1390

24) *F.Vögtle, W.M.Müller, L.Rossa*, unveröffentlichte Ergebnisse

25) *R.Hilgenfeld, W.Saenger*, Angew.Chem. **94** (1982) 788

26) a) *J.Rebek, Jr., D.Nemeth*, J.Am.Chem.Soc. **108** (1986) 5637;
    b) *J.Rebek, Jr., B.Askew, N.Islam, M.Killoran, D.Nemeth, R.Wolak*, J.Am.Chem.Soc. **107** (1985) 6736;
    c) Vgl. auch *J.Rebek, Jr., B.Askew, P.Ballester, A.Costero*, J.Am. Chem.Soc. **110** (1988) 923; *J.Wolfe, D.Nemeth, A.Costero, J.Rebek,Jr.*, ebenda **110** (1988) 983; *J.B.Huff, B.Askew, R.J.Duff, J.Rebek,Jr.*, ebenda **110** (1988) 5908; *J.Rebek, Jr.*, Top.Curr.Chem. **149** (1988) 189; J.Incl.Phenom. **7** (1989) 7; vgl. *J.Rebek, Jr., et al.*, J.Am.Chem.Soc. **111** (1989) 1082; Heterocycles **30** (1990) 707

27) *F.Vögtle, E.Weber*, Chemie in uns.Zeit **23** (1989) 210

28) Vgl. auch *T.R.Kelly, M.P.Maguiere*, J.Am.Chem.Soc. **109** (1987) 6549; *T.R.Kelly, G.J.Bridger, C.Zhao*, ebenda **112** (1990) 8024; *J.F.Blake,*

W.L.Jorgensen, ebenda 112 (1990) 7269; *G.M.Whitesides et al.*, J.Am. Chem.Soc. 112 (1990) 6409

29) Vgl. *S.C.Zimmerman, C.M.Van Zyl*, J.Am.Chem.Soc. 109 (1987) 7894

30) *F.Vögtle, T.Papkalla, H.Koch, M.Nieger*, Chem.Ber. 123 (1990) 1097

31) *R.Leppkes, F.Vögtle*, Angew.Chem. 93 (1981) 404; Chem.Ber. 115 (1982) 926; *F.Vögtle, H.Schäfer, C.Ohm*, ebenda 117 (1984) 948, 955; vgl. auch *A.W.Czarnik et al.*, Tetrahedron Lett. 31 (1990) 5413

<u>Literatur zu Abschn.:</u> 4.3.3
Neuere Wirt/Gast-Systeme

1) *F.Vögtle, Th.Papkalla, H.Koch, M.Nieger*, Chem.Ber. 123 (1990) 1097

2) *S.C.Zimmerman, M.Mrksich, H.Baloga*, J.Am.Chem.Soc. 111 (1989) 8054, 8528; vgl. hierzu *T.R.Kelly, P.Meghani, V.S.Ekkundi*, Tetrahedron Lett. 31 (1990) 3381; *M.Harmata, Ch.L.Barnes*, J.Am.Chem.Soc. 112 (1990) 5655. - Zur Natur von π-π-Wechselwirkungen siehe: *C.A.Hunter, J.K.M.Sanders*, ebenda 112 (1990) 5525

3) *A.Gleich, F.P.Schmidtchen, P.Mikulcik, G.Müller*, J.Chem.Soc., Chem. Commun. 1990, 55; vgl. *J.de Mendoza*, First International Summer School of Supramolecular Chemistry. Strasbourg, 16.-28.Sept. 1990

4) *M.W.Hosseini, A.J.Blacker, J.-M.Lehn*, J.Am.Chem.Soc. 112 (1990) 3896

5) *T.Tjivikua, P.Ballester, J.Rebek, Jr.*, J.Am.Chem.Soc. 112 (1990) 1249; Übersicht: *J.Rebek, Jr.*, Angew.Chem. 102 (1990) 261

6) *K.-S.Jeong, K.Parris, P.Ballester, J.Rebek, Jr.*, Angew.Chem. 102 (1990) 550; vgl. *B.Kobbe, J.Huff, J.Rebek, Jr.*, Tetrahedron Lett. 31 (1990) 5121

7) *S.C.Hirst, A.D.Hamilton*, Tetrahedron Lett. 31 (1990) 2401.- Zur selektiven Komplexierung von Dicarbonsäuren mit Pyridinophan-Wirten siehe *A.D.Hamilton et al.*, J.Am.Chem.Soc. 112 (1990) 7393

8) *V.Hedge, P.Madhvkar, J.D.Madura, R.P.Thummel*, J.Am.Chem.Soc. 112 (1990) 4549.- Vgl. Guanidin-Rezeptoren: *T.W.Bell, J.Liu*, Angew.Chem. 102 (1990) 931; *T.W.Bell, J.Liu*, Internat.Symposium on Molecular Recognition and Inclusion, Berlin 10.-14.Sept. 1990 (L20)

9) *F.Ebmeyer, J.Rebek*, Angew.Chem. 102 (1990) 1191; *H.-J.Schneider, D.Ruf*, ebenda 102 (1990) 1192

Literatur zu Abschn.: 4.4
Calixarene

1) a) *C.D.Gutsche*, Calixarenes, Monographs in Supramolecular Chemistry (*J.F.Stoddart*, Hrsg.), Royal Society of Chemistry, Cambridge 1989;
   b) *C.D.Gutsche*, Top.Curr.Chem. **123** (1984) 1;
   c) *C.D.Gutsche* in: Host Guest Complex Chemistry, Macrocycles (*F. Vögtle, E.Weber*, Hrsg.). Springer Verlag, Berlin 1985, S. 375;
   d) *C.D.Gutsche*, Acc.Chem.Res. **16** (1983) 161;
   e) Da in den Übersichten [1a-c] Hunderte von Literaturzitaten angegeben sind, schien es nicht notwendig, im vorliegenden Abschnitt jede Aussage oder Verbindung mit einem Literaturhinweis zu versehen;
   f) *J.Vicens, V.Böhmer* (Hrsg.), Calixarenes, A Versatile Class of Macrocyclic Compounds, Kluwer, im Druck

2) *A.Baeyer*, Ber.Dtsch.Chem.Ges. 5 (1872) 25, 280, 1094.

3) *H.Kämmerer, G.Happel, F.Caesar*, Makromol.Chem. **162** (1972) 179; *G.Happel, B.Mathiasch, H.Kämmerer*, ebenda **176** (1975) 3317

4) *J.H.Munch*, Makromol.Chem. **178** (1977) 69

5) *C.D.Gutsche, B.Dhawan, K.H.No, R.Muthukrishnan*, J.Am.Chem.Soc. **103** (1981) 3782

6) *A.Zinke, E.Ziegler*, Ber.Dtsch.Chem.Ges. **74** (1941) 1729

7) *A.Ninagawa, H.Matsuda*, Makromol.Chem., Rapid Commun. **3** (1982) 65

8) *Y.Nakamoto, S.Ishida*, Makromol.Chem., Rapid Commun. **3** (1982) 705

9) *M.de S.Healy, A.J.Rest*, J.Chem.Soc., Chem.Commun. **1981**, 149

10) *H.Kämmerer, G.Happel, B.Mathiasch*, Makromol.Chem. **182** (1981) 1685

11) *V.Böhmer, P.Chhim, H.Kämmerer*, Makromol.Chem. **180** (1979) 2503

12) *J.W.Cornforth, P.D'Arcy Hart, G.A.Nicholls, R.J.W.Rees, J.A.Stock*, Brit.J.Pharmacol. **10** (1955) 73

13) *W.Saenger, Ch.Betzel, B.Hingerty, G.M.Brown*, Nature **296** (1982) 581; *G.A.Jeffrey, W.Saenger*, Hydrogen-Bonding in Biological Structures. Springer, Berlin 1990

14) *J.R.Moran, S.Karbach, D.J.Cram*, J.Am.Chem.Soc. **104** (1982) 5826

15) *M.Coruzzi, G.D.Andreetti, V.Bocchi, A.Pochini, R.Ungaro*, J.Chem.Soc., Perkin Trans. II, **1982**, 1133

16) *G.D.Andreetti, R.Ungaro, A.Pochini*, J.Chem.Soc., Chem.Commun. **1979**, 1005

17) *R.M.Izatt, J.D.Lamb, R.T.Hawkins, P.R.Brown, S.R.Izatt, J.J.Christensen*, J.Am.Chem.Soc. **105** (1983) 1782

18) *S.Shinkai, K.Araki, O.Manabe*, J.Am.Chem.Soc. **110** (1988) 7214

19) *H.-J.Schneider, R.Kramer, S.Simova, U.Schneider*, J.Am.Chem.Soc. **110** (1988) 6442

20) a) *S.Shinkai, K.Araki, J.Shibata, O.Manabe*, J.Chem.Soc., Perkin Trans. I, **1989**, 195; *T.Arimura, T.Nagasaki, S.Shinkai, T.Matsuda*, J.Org. Chem. **54** (1989) 3766;

    b) *S.Shinkai*, J.Incl.Phenom.Mol.Recogn. **7** (1989) 193;

    c) *S.Shinkai et al.*, J.Chem.Soc., Perkin Trans. II, **1989**, 1167;

    d) *S.Shinkai et al.*, J.Chem.Soc., Chem.Commun. **1989**, 736;

    e) *D.N.Reinhoudt et al.*, Tetrahedron Lett. **30** (1989) 2681;

    f) *N.Sabbatini, M.Guardigli, A.Mecati, V.Balzani, R.Ungaro, E.Ghidini, A.Casnati, A.Pochini*, J.Chem.Soc., Chem.Commun. **1990**, 878

Literatur zu Abschn.: 4.5
Spheranden

1) Übersichten:

    a) *D.J.Cram*, Angew.Chem. **100** (1988) 1041; *D.J.Cram, K.N.Trueblood*, in: Host Guest Complex Chemistry, Macrocycles (*F.Vögtle, E.Weber*, Hrsg.). Springer, Berlin 1985, S. 125; *D.J.Cram et al.*, J.Am.Chem. Soc. **112** (1990) 5837

    b) *E.Weber*, in: Crown Ethers and Analogs (*S.Patai, Z.Rappoport*, Hrsg.). Wiley, New York 1989, S. 305;

    c) *J.L.Toner*, ebenda S. 77

2) *H.A.Staab, F.Binnig*, Chem.Ber. **100** (1967) 293

3) Vgl. *E.Weber, F.Vögtle*, Chemie in uns.Zeit **23** (1989) 210

4) *K.Paek, C.B.Knobler, E.F.Maverick, D.J.Cram*, J.Am.Chem.Soc. **111** (1989) 8662; vgl. auch l.c. [3]

5) *G.R.Newkome, H.W.Lee*, J.Am.Chem.Soc. **105** (1983) 5956

6) *J.L.Toner*, Tetrahedron Lett. **24** (1983) 2707; vgl. l.c. [1c]

7) *J.E.B.Ransohoff, H.A.Staab*, Tetrahedron Lett. **26** (1985) 6179; *T.W. Bell, A.Firestone*, J.Am.Chem.Soc. **108** (1986) 8109

8) Übersicht: *H.-G.Löhr, F.Vögtle*, Acc.Chem.Res. **18** (1985) 65

9) Übersicht: *M.Takagi, K.Ueno*, in: Host Guest Complex Chemistry, Macrocycles (*F.Vögtle, E.Weber*, Hrsg.). Springer Berlin, 1985, S. 217

538   Literatur zu <u>Abschn. 4.5; 4.6</u>

10) *D.J.Cram, R.A. Carmack, R.C.Helgeson*, J.Am.Chem.Soc. **110** (1988) 571

11) *J.R.Moran, S.Karbach, D.J.Cram*, J.Am.Chem.Soc. **104** (1982) 5826; *D.J. Cram, S.Karbach, H.-E.Kim, C.B.Knobler, E.F.Maverick, J.L. Erickson, R.C.Helgeson*, ebenda **110** (1988) 2229; vgl. l.c. [1]

12) *D.J.Cram, S.Karbach, Y.H.Kim, L.Baczynskyj, G.W.Kalleymeyn*, J.Am. Chem.Soc. **107** (1985) 2575; *D.J.Cram, S.Karbach, Y.H.Kim, L.Baczynskyj, K.Marti, R.M.Sampson, G.W.Kalleymeyn*, ebenda **110** (1988) 2554

<u>Literatur zu Abschn.:</u> 4.6
Porphyrine als Wirtverbindungen

1) a) Ausführliche Übersicht: *J.E.Baldwin, P.Perlmutter*, Top.Curr.Chem. **121** (1984) 181; dort zahlreiche weitere Hinweise;

   b) *H.Ogoshi, Y.Kuroda*, Yuki Gosei Kagaku Kyokaishi **47** (1989) 514;

   c) Metal Complexes with Tetrapyrrole Ligands: *J.W.Buchler* (Hrsg.). Struct.Bonding **64**, Springer, Berlin 1987;

   d) *J.P.Collman, F.C.Anson, S.Bencosme, A.Chong, T.Collins, P.Denisevich, E.Evitt, T.Geiger, J.A.Ibers, G.Jameson, Y.Konai, C.Koval, K.Meier, P.Oakley, R.Pettman, E.Schmittun, J.Sessler:* Organic Synthesis Today and Tomorrow (*B.M.Trost, C.R.Hutchinson*, Hrsg.). Per-gamon Press, Oxford 1981

   e) *D.Dolphin, J.Hiom, J.B.Paine, III*, Heterocycles **16** (1981) 417;

   f) Über Tetraphenylporphyrin selbst als Ligand für Alkalimetall-Salze siehe *J.S.Manka, D.S.Lawrence*, Tetrahedron Lett. **31** (1990) 5869

2) *M.F.Perutz*, Sci.Amer. **239** (1978) 68

3) *L.Pauling*, Nature (London) **203** (1964) 61

4) a) *J.P.Collman, T.R.Halbert, K.S.Suslick*, Metal Ion Activation of Dioxygen (*T.G.Spiro*, Hrsg.). Wiley, New York 1980;

   b) *R.D.Jones, D.A.Summerville, F.Basolo*, Chem.Rev. **79** (1979) 139;

   c) *T.G.Traylor, P.S.Traylor*, Annu.Rev.Biophys.Bioeng. **11** (1982) 105

5) *J.E.Baldwin, J.Huff*, J.Am.Chem.Soc. **95** (1973) 5757

6) *J.P.Collman, R.R.Gagne, T.R.Halbert, J.-C.Marchon, Ch.A.Reed*, J.Am. Chem.Soc. **95** (1973) 7868

7) *J.Lindsey*, J.Org.Chem. **45** (1980) 5215

8) *G.B.Jameson, G.A.Rodley, W.T.Robinson, R.R.Gagne, C.A.Reed, J.P. Collman*, Inorg.Chem. **17** (1978) 850

9) *J.P.Collman, J.I.Brauman, K.M.Doxsee, T.R.Halbert, E.Bunnenberg, R. E.Linder, G.N.LaMar, J.Del Gaudio, G.Lang, K.Spartalian*, J.Am. Chem.Soc. **102** (1980) 4182

10) *G.B.Jameson, F.S.Molinaro, J.A.Ibers, J.P.Collman, J.I.Brauman, E.Rose, K.S.Suslick*, J.Am.Chem.Soc. **102** (1980) 3224

11) *J.P.Collman, J.I.Brauman, T.J.Collins, B.Iverson, J.L.Sessler*, J.Am. Chem.Soc. **103** (1981) 2450

12) *A.R.Amundsen, L.Vaska*, Inorg.Chim. **14** (1975) L49

13) *J.Almog, J.E.Baldwin, M.J.Crossley, J.F.DeBernardis, R.L.Dyer, J.R. Huff, M.K.Peters*, Tetrahedron **37** (1981) 3589

14) *J.Almog, J.E.Baldwin, J.Huff*, J.Am.Chem.Soc. **97** (1975) 227

15) *A.R.Battersby, D.G.Buckley, S.G.Hartley, M.D.Turnbull*, J.Chem.Soc., Chem.Commun. **1976**, 879

16) *J.E.Baldwin, M.J.Crossley, T.Klose, E.A.O'Rear, III, M.K.Peters*, Tetrahedron **38** (1982) 27

17) *C.K.Chang*, J.Am.Chem.Soc. **99** (1977) 2819

18) *T.G.Traylor, D.Campbell, S.Tsuchiya, M.Mitchell, D.V.Stynes*, J.Am. Chem.Soc. **102** (1980) 5939

19) *A.R.Battersby, A.D.Hamilton*, J.Chem.Soc., Chem.Commun. **1980**, 117

20) *M.Momenteau, J.Mispelter, B.Loock, E.Bisagni*, J.Chem.Soc., Perkin Trans. I, **1983**, 189

21) *M.Momenteau, D.Lavalette*, J.Chem.Soc., Chem.Commun. **1982**, 341

22) *W.B.Cruse, O.Kennard, G.M.Sheldrick, A.D.Hamilton, S.G.Hartley, A.R. Battersby*, J.Chem.Soc., Chem.Commun. **1980**, 700

23) *J.T.Groves, R.C.Haushalter, M.Nakamura, T.E.Nemo, B.J.Evans*, J.Am. Chem.Soc. **103** (1981) 2884

24) *J.P.Collman, S.E.Groh*, J.Am.Chem.Soc. **104** (1982) 1391

25) *A.R.Battersby, W.Howson, A.D.Hamilton*, J.Chem.Soc., Chem.Commun. **1982**, 1266

26) *D.A.Buckingham, M.J.Gunter, L.N.Mander*, J.Am.Chem.Soc. **100** (1978) 2899; *M.J.Gunter, L.N.Mander, G.M.McLaughlin, K.S.Murray, K.J.Berry, P.E.Clark, D.A.Buckingham*, ebenda **102** (1980) 1470

27) *M.J.Gunter, L.N.Mander*, J.Org.Chem. **46** (1981) 4792

28) *C.K.Chang, M.S.Koo, B.Ward*, J.Chem.Soc., Chem.Commun. **1982**, 716

29) *J.T.Landrum, C.A.Reed, K.Hatano, W.R.Scheidt*, J.Am.Chem.Soc. **100** (1978) 3232

30) *R.G.Wollmann, D.N.Hendrickson*, Inorg.Chem. **16** (1977) 3079

31) *R.C.Haushalter, W.M.Butler, R.W.Rudolph*, J. Am.Chem.Soc. **103** (1981) 2620

32) *N.E.Kagan, D.Mauzerall, R.B.Merrifield*, J.Am.Chem.Soc. **99** (1977) 5484

33) *K.N.Ganesh, J.K.M.Sanders*, J.Chem.Soc., Chem.Commun. **1980**, 1129

34) *C.Krieger, J.Weiser, H.A.Staab*, Tetrahedron Lett. **26** (1985) 6055; *D.Mauzerall, J.Weiser, H.A.Staab*, Tetrahedron **45** (1989) 4807

35) *K.-H.Neumann, F.Vögtle*, J.Chem.Soc., Chem.Commun. **1988**, 520

36) *D.R.Benson, R.Valentekovich, F.Diederich*, Angew.Chem. **102** (1990) 213

37) Siehe z.B. *J.P.Collman, P.S.Wagenknecht, R.T.Hembre, N.S.Lewis*, J.Am. Chem.Soc. **112** (1990) 1294; *J.T.Groves, P.Viski*, ebenda **111** (1989) 8537; *C.A.Quintana, R.A.Assink, J.A.Shelnutt*, Inorg.Chem. **28** (1989) 3421; *D.Mandon, R.Weiss, M.Franke, E.Bill, A.X.Trautwein*, Angew. Chem. **101** (1989) 1747; *D.Gust, T.A.Moore, A.L.Moore, G.Seely, P.Liddell, D.Barrett, L.O.Harding, X.C.Ma, S.-J.Lee, F.Gao*, Tetra-he-dron **45** (1989) 4867; *A.Osuka, K.Maruyama, S.Hirayama*, ebenda **45** (1989) 4815; *J.S.Lindsey, P.A.Brown, D.A.Siesel*, ebenda **45** (1989) 4845; *M.Momenteau, B.Loock, P.Seta, E.Bienvenue, B.d'Epenoux*, ebenda **45** (1989) 4893; *S.O'Malley, T.Kodadek*, J.Am.Chem.Soc. **111** (1989) 9116; *P.Maillard, C.Schaefer, C.Tétreau, D.Lavalette, J.-M.Lhoste, M.Momenteau*, J.Chem.Soc., Perkin Trans. II, **1989**, 1437; *M.J.Gunter, M.R.Johnston*, Tetrahedron Lett. **31** (1990) 4801

Literatur zu Abschn.: 5
Clathrat-Einschlußverbindungen

1) *W.Schlenk Jr.*, Chem.in uns.Zeit **3** (1969) 120

2) *O.Kratky*, Monatsh.Chem. **69** (1936) 427

3) *F.Cramer*, Angew.Chem. **64** (1952) 437

4) *G.Reddelien*, Z.Angew.Chem. **36** (1923) 515

4a) Neuere Übersichten: *I.Goldberg, E.Weber, M.Czugler, R.Bishop, F.To-da* in: Top.Curr.Chem. **149**, Springer, Berlin 1988; *J.L.Atwood* (Hrsg.),

Inclusion Phenomena and Recognition. Plenum Press, New York - London 1990; *J.L.Atwood, J.E.D.Davies, D.D.Mac Nicol,* Inclusion Compounds, Bd. 4,5. Oxford University Press, Oxford 1991

5) *H.M.Powell,* J.Chem.Soc. **1948**, 61

6) a) *M.v.Stackelberg,* Naturwissenschaften **86** (1949) 327, 359;
    b) *M.v.Stackelberg, H.R.Müller,* ebenda **38** (1951) 456; **39** (1952) 20

7) *F.Wöhler,* Liebigs Ann.Chem. **69** (1849) 297

8) *A.Clemm,* Liebigs Ann.Chem. **110** (1859) 357

9) *F.Mylius,* Ber.Dtsch.Chem.Ges. **19** (1886) 999

10) a) *D.E.Palin, H.M.Powell,* J.Chem.Soc. **1947**, 208;
    b) *D.E.Palin, H.M.Powell,* Nature **156** (1945) 334;
    c) *D.E.Palin, H.M.Powell,* J.Chem.Soc. **1948**, 571, 815;
    d) *H.M.Powell,* ebenda **1950**, 298; ebenda **1950**, 300; ebenda **1950**, 468

11) *A.P.Dianin,* J.Russ.Phys.Chem.Soc. **46** (1914) 1310 [Chem.Zentralbl. **1915**, I, 1063]

12) *H.M.Powell, B.D.P.Wetters,* Chem.Ind. (London) **1955**, 256

13) a) *W.Baker, A.J.Floyd, J.F.W.McOmie, G.Pope, A.S.Weaving, J.H. Wild,* J.Chem.Soc. **1956**, 2010;
    b) *W.Baker, J.F.W.McOmie, A.S.Weaving,* J.Chem.Soc. **1956**, 2018;
    c) *J.L.Flippen, J.Karle, I.L.Karle,* J.Am.Chem.Soc. **92** (1970) 3749;
    d) *A.D.U.Hardy, J.J.McKendrick, D.D.MacNicol,* J.Chem. Soc., Chem. Commun. **1974**, 972

14) *L.K.Kispert, J.Pearson,* J.Phys.Chem. **76** (1972) 133

15) a) *J.F.Kropp, M.G.Allen, G.W.B.Warren,* Ger.Offen. 2012103 [Chem. Abstr. **74** (1971) 43074];
    b) *R.J.Cross, J.J.McKendrick, D.D.MacNicol,* Nature **245** (1973) 146

16) *F.Wöhler,* Ann.Phys. **12** (1828) 253

17) *H.Bengen,* Angew.Chem. **63** (1951) 207

18) a) *W.Schlenk Jr.,* Liebigs Ann.Chem. **1973**, 1145;
    b) *W.Schlenk Jr.,* ebenda **565** (1949) 204;
    c) *W.Schlenk Jr.,* Angew.Chem. **62** (1950) 299;
    d) *W.Schlenk Jr.,* Fortschr.Chem.Forsch. **2** (1951) 92

19) *J.F.Brown, D.M.White,* J.Am.Chem.Soc. **82** (1960) 5671

20) a) *H.Clasen,* Z.Elektrochem. **60** (1956) 983;
    b) *A.Colombo, G.Allegra,* Macromolecules **4** (1971) 579;
    c) *M.Miyata, K.Takemoto,* Angew.Makromol.Chem. **55** (1976) 191;
    d) *Y.Chatani, S.Kuwata,* Macromolecules **8** (1975) 12;

e) *M.Farina*, Makromol.Chem. 4 (1981) 21

21) *H.Wieland, H.Sorge*, Hoppe-Seylers Z.physiol.Chem. **97** (1916) 1

22) *K.H.Frömming*, Pharm.in uns. Zeit 2 (1973) 109

23) *J.E.D.Davies, P.Finocchiaro, F.H.Herbstein*, in "Inclusion Compounds" (*J.L.Atwood, J.E.D.Davies, D.D.MacNicol*, Hrsg.). Academic Press, New York 1984, Vol.2, S.418

24) *A.Kekulé, A.Franchimont*, Ber.Dtsch.Chem.Ges. **5** (1872) 906

25) *R.Anschütz*, Liebigs Ann.Chem. **235** (1887) 208

26) *U.Lehmann*, Zeit.Kryst.Min. **5** (1881) 472

27) *H.Hartley, N.G.Thomas*, J.Chem.Soc. **1906**, 1013

28) *J.F.Norris*, J.Am.Chem.Soc. **38** (1916) 702

29) a) *J.E.Driver, S.F.Mok*, J.Chem.Soc. **1955**, 3914;
     b) *J.E.Driver, T.F.Lai*, J.Chem.Soc. **1958**, 3219

30) *G.B.Barlow, A.C.Clamp*, J.Chem.Soc. **1961**, 393

31) *P.Finocchiaro, A.Recca, F.A.Bottino, E.Libertini*, Gazz.Chim.Ital. **109** (1979) 213

32) *J.E.D.Davies, P.Finocchiaro, F.H.Herbstein* in "Inclusion Compounds" (*J.L.Atwood, J.E.D.Davies, D.D.MacNicol*, Hrsg.). Academic Press, New York, 1984, Vol 2, S.407; *F.H.Herbstein, M.Kapon, G.M.Reisner*, Acta Crystallogr. **B41** (1985) 348

33) *D.J.Duchamp, R.E.Marsh*, Acta Crystallogr. **B25** (1969) 5

34) *F.H.Herbstein, R.E.Marsh*, Acta Crystallogr. **B33** (1977) 2358

35) *F.H.Herbstein, M.Kapon, S.Wassermann*, Acta Crystallogr. **B34** (1978) 1613

36) *R.Spallino, R.Provenzal*, Gazz.Chim.Ital. **39** (1909) II, 325

37) *W.Baker, B.Gilbert, W.D.Ollis*, J.Chem.Soc. **1952**, 1443

38) *D.J.Williams, D.Lawton*, Tetrahedron Lett. **1975**,111

39) a) *A.C.D.Newman, H.M.Powell*, J.Chem.Soc. **1952**, 3747;
     b) *J.E.D.Davies, W.Kemula, H.M.Powell, N.O.Smith*, J.Incl.Phenom. 1 (1983) 3

40) *R.Arad-Yellin, B.S.Green, M.Knossow*, J.Am.Chem.Soc. **102** (1980) 1157

41) *R.Arad-Yellin, S.Brunie, B.S.Green, M.Knossow, G.Tsoucaris*, J.Am. Chem.Soc **101** (1979) 7529

42) *G.M.Robinson*, J.Chem.Soc. **1915**, 267

43) a) *A.S.Lindsey*, Chem.Ind.(London) **1963**, 823;
     b) *A.S.Lindsey*, J.Chem.Soc. **1965**, 1685

44) *H.Erdtman, F.Haglid, R.Ryhage*, Acta Chem.Scand. **18** (1964) 1249

45) *A.Goldup, A.B.Morrison, G.W.Smith*, J.Chem.Soc. **1965**, 3864

46) *A.Lüttringhaus, K.C.Peters*, Angew.Chem. **78** (1966) 603

47) *V.K.Bhagwat, D.K.Moore, F.L.Pyman*, J.Chem.Soc. **1931**, 443

48) *W.Schrauth, K.Görig*, Ber.Dtsch.Chem.Ges. **56** (1923) 2024

49) a) *M.Farina* in: "Inclusion Compounds" (*J.L.Atwood, J.E.D.Davies, D.D.MacNicol*, Hrsg.). Academic Press, New York 1984, Vol. 2, S.69;

    b) *M.Farina, G.Allegra, G.Natta*, J.Am.Chem.Soc. **86** (1964) 516;

    c) *M.Farina, G.D.Silvestro*, J.Chem.Soc., Chem.Commun. **1976**, 842;

    d) *M.Farina*, Tetrahedron Lett. **1963**, 2097;

    e) *G.Allegra, M.Farina, A.Immirzi, A.Colombo, U.Rossi, R.Broggi, G.Natta*, J.Chem.Soc. (B), **1967**, 1020

50) a) *H.R.Allcock*, Acc.Chem.Res. **11** (1978) 81;

    b) *H.R.Allcock, M.T.Stein, E.C.Bissell*, J.Am.Chem.Soc. **96** (1974) 4795;

    c) *H.R.Allcock, L.A.Siegel*, J.Am.Chem.Soc. **86** (1964) 5140;

    d) *H.R.Allcock, R.W.Allen, E.C.Bissell, L.A.Smeltz, M.Teeter*, J.Am. Chem.Soc. **98** (1976) 5120;

    e) *H.R.Allcock, M.T.Stein*, J.Am.Chem.Soc. **96** (1974) 49;

    f) *J.Finter, G.Wegner*, Makromol.Chem. **180** (1979) 1093

51) a) *D.D.MacNicol, J.J.McKendrick, D.R.Wilson*, Chem.Soc.Rev. **7** (1978) 65;

    b) *D.D.MacNicol, D.R.Wilson*, J.Chem.Soc., Chem.Commun. **1976**, 494;

    c) *D.D.MacNicol, D.R.Wilson*, Chem.Ind. (London) **1977**, 84;

    d) *D.D.MacNicol, A.D.U.Hardy, D.R.Wilson*, Nature **266** (1977) 611,;

    e) *D.D.MacNicol, A.D.U.Hardy, D.R.Wilson*, J.Chem.Soc. Perkin II, **1979**, 1011

52) *F.Vögtle, H.G.Löhr, H.Puff, W.Schuh*, Angew.Chem. **95** (1983) 425

53) a) *H.G.Löhr, H.P.Josel, A.Engel, F.Vögtle, W.Schuh, H.Puff*, Chem. Ber. **117** (1984) 1487;

    b) *H.G.Löhr, F.Vögtle, W.Schuh, H.Puff*, J.Incl.Phenom. **1** (1983) 175;

    c) *H.G.Löhr, F.Vögtle, W.Schuh, H.Puff*, J.Chem.Soc., Chem.Commun. **1983**, 924;

    d) *F.Vögtle, H.G.Löhr, J.Franke, D.Worsch*, Angew.Chem. **97** (1985) 721

54) a) *F.Toda, K.Akagi*, Tetrahedron Lett. **1968**, 3695;

b) *F.Toda, D.L.Ward, H.Hart*, Tetrahedron Lett. **22** (1981) 3865

55) *H.Hart, L.T.W.Lin, D.L.Ward*, J.Am.Chem.Soc. **106** (1984) 4043

56) *J.D.H.Brown, R.J.Cross, P.R.Mallison, D.D.MacNicol*, J.Chem.Soc., Perkin Trans. II, **1980**, 993

57) *H.Hart, L.T.W.Lin, D.L.Ward*, J.Chem.Soc., Chem.Commun. **1985**, 293

58) *B.Helferich, L.Moog, A.Junger*, Ber.Dtsch.Chem.Ges. **58** (1925) 872

59) a) *F.Toda, K.Tanaka, T.Omata, K.Nakamura, T.Oshima*, J.Am.Chem. Soc. **105** (1983) 5151;

b) *F.Toda, K.Tanaka, H.Ueda*, Tetrahedron Lett. **22** (1981) 4669;

c) *F.Toda, K.Tanaka, H.Ueda, T.Oshima*, J.Chem.Soc., Chem.Commun. **1983**, 743;

d) *F.Toda*, Pure Appl.Chem. **62** (1990) 417;

e) *F.Toda, K.Tanaka, T.Fujiwara*, Angew.Chem. **102** (1990) 688

60) *E.Weber, I.Csöregh, B.Stensland, M.Czugler*, J.Am.Chem.Soc. **106** (1984) 3297

61) a) *E.Weber* in: Molecular Inclusion and Molecular Recognition - Clathrates (*E.Weber*, Hrsg.). Top.Curr.Chem. **140** (1987) 1;

b) *E.Weber, M.Czugler* in: Molecular Inclusion and Molecular Recognition - Clathrates II (*E.Weber*, Hrsg.). Top.Curr.Chem. **149** (1988) 45

62) *E.Weber*, J.Mol.Graphics 7 (1989) 12

63) *E.Weber, I.Csöregh, J.Ahrendt, S.Finge, M.Czugler*, J.Org.Chem. **53** (1988) 5831

64) a) *E.Weber, M.Hecker, I.Csöregh, M.Czugler*, J.Am.Chem.Soc. **111** (1989) 7866;

b) *E.Weber, M.Hecker, I.Csöregh, M.Czugler*, Mol.Cryst.Liq.Cryst. **187** (1990) 165

65) a) *I.Csöregh, M.Czugler, E.Weber, A.Sjögren, M.Cserzö*, J.Chem.Soc., Perkin Trans. 2, **1986**, 507;

b) *E.Weber, M.Hecker, E.Koepp, W.Orlia, M.Czugler, I.Csöregh*, ebenda **1988**, 1251

66) *I.Csöregh, M.Czugler, A.Ertan, E.Weber, J.Ahrendt*, J.Incl.Phenom. **8** (1990) 275

67) *F.Toda*, Top.Curr.Chem. **140** (1987) 43

68) *E.Weber, N.Dörpinghaus, I.Csöregh*, J.Chem.Soc., Perkin Trans. 2, **1990**, 2167

69) *D.R.Bond, L.R.Nassimbeni, F.Toda*, J.Incl.Phenom. 7 (1989) 623

70) a) *E.Weber, N.Dörpinghaus, I.Goldberg*, J.Chem.Soc., Chem.Commun. **1988**, 1566;

b) *I.Goldberg, Z.Stein, E.Weber, N.Dörpinghaus, S.Franken*, J.Chem. Soc., Perkin Trans. 2, **1990**, 953

71) *F.Toda, K.Tanaka*, Tetrahedron Lett. **29** (1988) 551

72) *E.Weber, K.Skobridis, I.Goldberg*, J.Chem.Soc., Chem.Commun. **1989**, 1195

73) *M.Czugler, J.Angyan, G.Náray-Szabó, E.Weber*, J.Am.Chem.Soc. **108** (1986) 1275

74) *F.Toda*, Top.Curr.Chem. **149** (1988) 211

75) *M.C.Etter, G.M.Frankenbach*, Materials **1** (1989) 10

76) *E.Weber*, New Materials 90 Japan **1990**, 305

<u>Literatur zu Abschn.:</u> 6
Gezielte Kristallbildung

1) Übersicht: *L.Adachi, Z.Berkovitch-Yellin, I.Weissbuch, J.van Mil, I.J.W.Shimon, M.Lahav, L.Leiserowitz*, Angew.Chem. **97** (1987) 476; vgl. auch *L.J.W.Shimon, M.Vaida, I.Adachi, M.Lahav, L.Leiserowitz*, J.Am. Chem.Soc. **112** (1990) 6215; *I.Weissbuch, G.Berkovic, L.Leiserowitz, M.Lahav*, ebenda **112** (1990) 5874

2) Das Symbol {hkl} steht für einen jeweils vollständigen Satz symmetrie-äquivalenter Flächen; z.B. bezeichnet {011} bei *Serin* die (011)-, (0$\bar{1}$1)-, (01$\bar{1}$)- und (0$\bar{1}\bar{1}$)-Flächen. Das Symbol (hkl) gibt lediglich die so spezifizierte einzelne (hkl)-Fläche an [1]

3) Zur Bedeutung der Kristallstruktur von Silberhalogeniden in der Photographie siehe z.B. *J.J.Marchesi*, Photographie **10** (1990) 108

<u>Literatur zu Abschn.:</u> 7
Photosensible Wirt/Gast–Systeme

1) *K.Nagai, S.Ukai, K.Hayakawa, K.Kanematsu*, Tetrahedron Lett. **26** (1985) 1735

2) a) *S.Shinkai, K.Inuzuka, O.Manabe*, Chem.Lett. **1983**, 747;

b) *S.Shinkai, K.Inuzuka, K.Hara, T.Sone, O.Manabe*, Bull.Chem.Soc.Jpn. **57** (1984) 2150

3) a) *D.A.Gustowski, V.J.Gatto, A.Kaifer, L.Echegoyen, R.E.Godt, G.W. Gokel*, J.Chem.Soc., Chem.Comm. **1984**, 923;

b) *A.Kaifer, D.A.Gustowski, L.Echegoyen, V.J.Gatto, R.A.Schultz, T.P. Cleary, C.R.Morgan, D.M.Goli, A.M.Rios, G.W.Gokel*, J.Am.Chem. Soc. **107** (1985) 1958

4) a) *J.Saltiel, W.L.Chang, E.D.Megarity, A.D.Rousseau, P.T.Shannon, B.Thomas, A.K.Uriarte*, Pure Appl.Chem. **41** (1975) 559;

b) *J.Saltiel, J.T.D.Agostino, E.D.Megarity, L.Metts, K.R.Neuberger, M.Wrighten, O.-C.Zafiriou*, Org.Photochem. **3** (1973) 1;

c) *J.Saltiel*, Surv.Progr.Chem. **2** (1964) 239;

d) *A.Schönberg*, Preparative Organic Photochemistry. Springer, New York 1968, S.56

5) *F.Bohlmann, H.-J.Mannhardt*, Chem.Ber. **89** (1956) 1307

6) a) *M.Yoshifuji, K.Toyota, N.Inamoto*, Tetrahedron Lett. **26** (1985) 1727;

b) *M.Yoshifuji, K.Toyota, N.Inamoto, K.Hirotsu, T.Higuchi*, Tetrahedron Lett. **26** (1985) 6443

7) *M.Yoshifuji, T.Hashida, N.Inamoto, K.Hirotsu, T.Horiuchi, T.Higuchi, K.Ito, S.Nagase*, Angew.Chem. **97** (1985) 230

8) *E.Mitscherlich*, Ann.Pharmacie **12** (1834) 311

9) *Beilsteins* Handbuch der Organischen Chemie, Bd. **16**, System-Nr. 2092. Springer, Berlin-Heidelberg-New York

10) *G.S.Hartley*, Nature **140** (1937) 281

11) a) *I.Hausser*, Naturwissenschaften **1949**, 315;

b) *M.Frankel, R.Wolovsky*, J.Chem.Phys. **23** (1955) 1367;

c) *G.Zimmermann, L.-Y.Chow, U.-J.Paik*, J.Am.Chem.Soc. **80** (1958) 3528

12) a) *G.S.Hartley*, J.Chem.Soc. **1938**, 633;

b) *G.S.Hartley, R.J.W.LeFevre*, J.Chem.Soc. **1939**, 531;

c) *R.J.W.LeFevre, J.Northcott*, J.Chem.Soc. **1953**, 867;

d) *P.Bortolus, S.Monti*, J.Chem.Phys. **83** (1979) 648

13) a) *T.Sueyoshi, N.Nishimura, S.Yamamoto, S.Hasegawa*, Chem.Lett. **1974**, 1131;

b) *P.Haberfield, P.M.Block, S.M.Lux*, J.Am.Chem.Soc. **97** (1975) 5804;

c) *T.Asano*, J.Am.Chem.Soc. **102** (1980) 1205

d) *T.Asano, T.Yano, T.Okada*, J.Am.Chem.Soc. **104** (1982) 4900;

e) *J.P.Otruba III., R.G.Weiss*, J.Org.Chem. **48** (1983) 3448;

f) *T.Asano, T.Okada*, Chem.Lett. **1987**, 695;

g) *N.Nishimura, T.Sueyoshi, H.Yamanaka, E.Imai, S.Yamamoto, S.Hasegawa*, Bull.Chem.Soc.Jpn. **49** (1976) 1381

14) a) *S.Shinkai, Y.Kusano, K.Shigematsu, O.Manabe*, Chem. Lett. **1980**, 1303;

b) *D.Gräf, H.Nitsch, D.Ufermann, G.Sawatzki, H.Patzelt, H.Rau*, Angew.Chem. **94** (1982) 385;

c) *H.Rau, E.Lüddecke*, J.Am.Chem.Soc. **104** (1982) 1616;

d) *H.Rau*, J.Photochem. **26** (1984) 221

15) a) *P.D.Wildes, J.G.Pacifici, G.Irick, Jr., D.G.Whitten*, J.Am.Chem.Soc. **93** (1971) 2004;

b) *T.Asano, T.Okado*, J.Org.Chem. **49** (1984) 4387;

c) ebenda **51** (1986) 4454;

d) *N.Nishimura, T.Tanaka, Y.Sueishi*, J.Chem.Soc., Chem.Commun. **1985**, 903

16) a) *S.Shinkai, O.Manabe*, Top.Curr.Chem. **121** (1984) 67; "Host Guest Complex Chemistry, Macrocycles" (*F.Vögtle, E.Weber*, Hrsg.). Springer, Berlin 1985;

b) *S.Shinkai*, Pure Appl.Chem. **59** (1987) 425

17) a) *J.P.Dix, F.Vögtle*, Angew.Chem. **90** (1978) 893;

b) *T.Yamashita, H.Nakamura, M.Takagi, K.Ueno*, Bull.Chem.Soc.Jpn. **53** (1980) 1550;

c) *J.P.Dix, F.Vögtle*, Chem.Ber. **113** (1980) 457;

d) *T.Kaneda, K.Sugihara, H.Kamiya, S.Misumi*, Tetrahedron Lett. **1981**, 4407;

e) *K.Nakashima, S.Nakatsuji, S.Akiyama, T.Kaneda, S.Misumi*, Chem. Lett. **1982**, 1781

18) *M.Shiga, M.Takagi, K.Ueno*, Chem.Lett. **1980**, 1021

19) a) *S.Shinkai, T.Minami, Y.Kusano, O.Manabe*, Tetahedron Lett. **1982**, 2581;

b) *S.Shinkai, T.Minami, Y.Kusano, O.Manabe*, J.Am.Chem.Soc. **105** (1983) 1851

20) *S.Shinkai, Y.Honda, T.Minami, K.Ueda, O.Manabe, T.Tashiro*, Bull. Chem.Soc.Jpn. **56** (1983) 1700

21) a) *S.Shinkai, T.Ogawa, Y.Kusano, O.Manabe*, Chem.Lett. **1980**, 283;

b) *S.Shinkai, T.Nakaji, T.Ogawa, K.Shigematsu, O.Manabe*, J.Am. Chem.Soc. **103** (1981) 111

22) *S.Shinkai, T.Ogawa, Y.Kusano, O.Manabe, K.Kikukawa, T.Goto, T.Matsuda,* J.Am.Chem.Soc. **104** (1982) 1960

23) *S.Shinkai, K.Shigamatsu, M.Sato, O.Manabe,* J.Chem.Soc., Perkin I **1982**, 2735

24) a) *Y.Kobuke, K.Hanji, K.Horiguchi, M.Asada, Y.Nakayama, J.Furakawa,* J.Am.Chem.Soc. **98** (1976) 7414;

   b) *M.Kirch, J.-M.Lehn,* Angew.Chem. **87** (1975) 542;

   c) *J.D.Lamb, J.J.Christensen, J.L.Nielsen, B.W.Asay, R.M.Izatt,* J.Am. Chem.Soc. **102** (1980) 6820

25) a) *S.Shinkai, K.Miyazaki, O.Manabe,* Angew.Chem. **97** (1985) 872;

   b) *S.Shinkai, K.Miyazaki, O.Manabe,* J.Chem.Soc.Perkin I **1987**, 449

26) a) *F.Vögtle, E.Weber.* "Host Guest Complex Chemistry" I-III, Top. Curr.Chem. **98** (1981); **101** (1982); **121** (1984);

   b) *F.Vögtle, E.Weber,* "Biomimetic and Bioorganic Chemistry" I-III, Top.Curr.Chem. **128** (1985); **132** (1986); **136** (1986)

27) a) *S.Shinkai, M.Ishihara, K.Ueda, O.Manabe,* J.Chem.Soc., Chem. Commun. **1984**, 727;

   b) *S.Shinkai, M.Ishihara, K.Ueda, O.Manabe,* J.Incl.Phenom. **2** (1984) 111

28) *H.Tsukube,* J.Membr.Sci. **14** (1983) 155

29) *S.Shinkai, T.Yoshida, K.Miyazaki, O.Manabe,* Bull.Chem. Soc.Jpn. **60** (1987) 1819

30) a) *C.J.Pedersen,* J.Am.Chem.Soc. **89** (1967) 2495, 7017;

   b) *F.Vögtle, H.Sieger, W.M.Müller,* Top.Curr.Chem. **98** (1981) 107;

   c) *F.Vögtle, W.M.Müller, W.H.Watson,* ebenda **125** (1984) 131

31) *B.Dietrich, J.-M.Lehn, J.P.Sauvage,* Tetrahedron Lett. **1969**, 2885, 2889

32) a) *S.Shinkai, T.Ogawa, T.Nakaji, Y.Kusano, O.Manabe,* Tetrahedron Lett. **1979**, 4569;

   b) *S.Shinkai, T.Nakaji, Y.Nishida, T.Ogawa, O.Manabe,* J.Am. Chem.Soc. **102** (1980) 5860

33) *T.Asano, T.Okado, S.Shinkai, K.Shigematsu, Y.Kusano, O.Manabe,* J.Am.Chem.Soc. **103** (1981) 5161

34) a) *S.Shinkai, T.Minami, T.Kouno, Y.Kusano, O.Manabe,* Chem.Lett. **1982**, 499;

   b) *S.Shinkai, T.Kouno, Y.Kusano, O.Manabe,* J.Chem.Soc., Perkin I **1982**, 2741

35) a) *F.Kober*, Grundlagen der Komplexchemie. Salle, Sauer- länder, Frankfurt-Aarau 1979;

   b) *W.R.McWhinnie, J.D.Miller*, Adv.Inorg.Radiochem. **12** (1969) 135

36) *H.L.Ammon, S.K.Bhattacharjee, S.Shinkai, Y.Honda*, J.Am.Chem.Soc. **106** (1984) 262

37) *E.Maverick, P.Seiler, W.B.Schweizer, J.D.Dunitz*, Acta Crystallogr. **B36** (1980) 615

38) *J.D.Lamb, R.M.Izatt, P.A.Robertson, J.J.Christensen*, J.Am.Chem.Soc. **102** (1980) 2452

39) *H.W.Losensky, H.Spelthann, A.Ehlen, F.Vögtle, J.Bargon*, Angew. Chem. **100** (1988) 1225

40) *E.Weber*, "Synthesis of Macrocycles: The Design of Selective Comple- xing Agents" (*R.M.Izatt, J.J.Christensen*, Hrsg.). Wiley, New York 1987, 337

41) a) *M.L.Bender, M.Komiyama*, "Cyclodextrin Chemistry". Springer, Ber- lin 1978;

   b) *J.Szejtli*, "Cyclodextrins and their Inclusion Comple- xes". Akademiai Kiado, Budapest 1982

42) a) *J.Emert, R.Breslow*, J.Am.Chem.Soc. **97**, 670 (1975);

   b) *T.Tabushi, K.Shimokawa, N.Shimzu, H.Shirakata, K.Fujita*, J.Am. Chem.Soc. **98** (1976) 7855;

   c) *R.Breslow*, Science **218** (1982) 532;

   d) *S.Shinkai, M.Yamada, T.Sone, O.Manabe*, Tetrahedron Lett. **1983**, 3501;

   e) *A.P.Croft, R.A.Bartsch*, Tetrahedron **39** (1983) 1417;

   f) *A.Ueno, T.Osa*, J.Incl.Phenom. **2** (1984) 555;

   g) *J.Franke, T.Merz, H.-W.Losensky, W.M.Müller, U.Werner, F.Vögtle*, J.Incl.Phenom. **3** (1985) 471;

   h) *K.Kano, H.Matsuomoto, Y.Yoshimura, S.Hashimoto*, J.Am.Chem. Soc. **110** (1988) 204

43) a) *A.Ueno, H.Yoshimura, R.Saka, T.Osa*, J.Am.Chem.Soc. **101** (1979) 2779;

   b) *A.Ueno, R.Saka, T.Osa*, Chem.Lett. **1979**, 841, 1007; **1980**, 29;

   c) *A.Ueno, R.Saka, K.Takahashi, T.Osa*, Heterocycles **15** (1981) 671;

   d) *A.Ueno, K.Takahashi, T.Osa*, J.Chem.Soc., Chem.Commun. **1981**, 94;

   e) *N.Tamaoki, K.Koseki, T.Yamaoka*, Angew.Chem. **102** (1990) 66; Te- trahedron Lett. **31** (1990) 3309;

550   Literatur zu Abschn. 7: 8

f) *K.H.Neumann, F.Vögtle*, J.Chem.Soc., Chem.Commun. **1988**, 520;

g) *J.Schmiegel, U.Funke, A.Mix, H.-F.Grützmacher*, Chem.Ber. **123** (1990) 1397; *J.Schmiegel, H.-F.Grützmacher*, ebenda **123** (1990) 1749

44) Siehe z.B. von Thioindigo abgeleitete molekulare Schalter auf Podand-Basis: *M.Irie, M.Kato*, J.Am.Chem. Soc. **107** (1985) 1024

45) *V.Balzani*, Supramolecular Photochemistry. Reidel, Dordrecht 1987

Literatur zu Abschn.: 8
Flüssigkristalle

1) *F.Reinitzer*, Monatsh.Chem. **9** (1888) 421

2) *O.Lehmann*, Z.Phys.Chem. **4** (1889) 462

3) *O.Lehmann*, Flüssige Kristalle. W.Engelmann Verlag, Leipzig 1904; *R.Schenk*, Kristallinische Flüssigkeiten und flüssige Kristalle. W.Engelmann Verlag, Leipzig 1905

4) *D.Vorländer*, Kristallinisch-flüssige Substanzen. Enke, Sutttgart 1908

5) *D.Vorländer*, Chemische Kristallographie der Flüssigkeiten. Akad. Verlagsgesellschaft, Leipzig 1924

6) *G.Friedel*, Ann.Phys. (Paris) **18** (1922) 274

7) *R.Eidenschink*, Chemie in uns.Zeit **18** (1984) 168

8) *R.Steinsträßer, R.Pohl*, Angew.Chem. **85** (1973) 706

9) Eine ausführliche historische Übersicht findet man bei *H.Kelker*, Mol.Cryst.Liq.Cryst. **21** (1973) 1

10) *L.Gattermann, A.Ritschke*, Ber.Dtsch.Chem.Ges. **23** (1890) 1738

11) *D.Vorländer*, Z.Phys.Chem. **57** (1907) 357; *D.Vorländer, A.Gahren*, Ber.Dtsch.Chem.Ges. **40** (1907) 1966

12) *Y.Bjornstahl*, Ann.Phys. **56** (1919) 161

13) *K.Herrmann, A.H.Krummacher*, Z.Krist. **79** (1931) 134

14) *G.Friedel, E.Friedel*, Z.Krist. **79** (1931) 1

15) *H.Kelker, R.Hatz*, Chem.-Ing.-Tech. **45** (1973) 1005

16) Nachr.Chem.Tech. **14** (1966) 29

17) *D.Demus, L.Richter*, Textures of Liquid Crystals. Verlag Chemie, Weinheim - New York 1978

18) *H.Kelker, R.Hatz*, Handbook of Liquid Crystals. Verlag Chemie, Weinheim 1980

19) *G.W.Gray, H.J.Harrison, J.A.Nash*, Electron.Lett. **9** (1973) 130

20) *R.Eidenschink, D.Erdmann, J.Krause, L.Pohl*, Angew.Chem. **89** (1977) 103

21) *R.Eidenschink, D.Erdmann, J.Krause, L.Pohl*, Angew.Chem. **90** (1978) 133

22) *G.Solladié, R.G.Zimmermann*, Angew.Chem. **96** (1984) 335

23) Kurze Übersichten:

a) *A.Mannschreck*, Chemiker-Ztg. **92** (1968) 69;

b) *M.Kubale, H.Krüger*, Physik in uns. Zeit **6** (1975) 66;

c) *D.Erdmann*, Kontakte (Darmstadt) **1988** (2) 3;

d) *U.Finkenzeller*, Physical Properties of Liquid Crystals. Kontakte (Darmstadt) **1988** (2), 7;

e) *R.Eidenschink*, Kontakte 1/1979, 15;

f) Vgl. *H.Redlof*, Dissertation Univ. Bonn, 1984;

g) *H.Finkelmann*, Angew.Chem. **100** (1988) 1019;

h) Siehe auch die Zeitschrift "Liquid Crystals" (*G.R.Luckhurst, E.T. Samulski*, Hrsg.). Taylor & Francis, London, Philadelphia

24) *P.E.Cladis*, Phys.Rev.Lett. **35** (1975) 48

25) *G.Pelzl, D.Demus*, Z.Chem. **21** (1981) 151

26) *D.Goldfarb, I.Belsky, Z.Luz, H.Zimmermann*, J.Chem.Phys. **79** (1983) 6203

27) *A.Saupe*, Angew.Chem. **80** (1968) 99

28) *A.Saupe*, in l.c. [29a], Bd. 1, S. 18f

29) *H.Kléman*, in l.c. [29a], Bd. 1, S. 76

29a) *G.W.Gray, P.A.Winsor* (Hrsg.), Liquid Crystals and Plastic Crystals, Vol. 1, 2. Ellis Horwood Ltd., 1974; Thermotropic Liquid Crystals (*G.W.Gray*, Hrsg.). Wiley, New York 1987

30) *H.Sackmann*, D.Demus, Fortschr.Chem.Forsch. **1969**, 349.

31) *G.Friedel, F.Grandjean*, Bull.Soc.Chim.Fr.Mineral. **33** (1910) 192, 409

32) *G.H.Brown, P.P.Crooker*, Chem.Eng.News (Jan. 31) **1983**, 24

33) *H.de Vries*, Acta Crystallogr. **4** (1951) 219

34) *J.L.Ferguson*, Mol.Cryst. **1** (1966) 293

35) *H.Stegemeyer, K.J.Mainusch*, Chem.Phys.Lett. **6** (1970) 5

36) *H.Stegemeyer, K.J.Mainusch*, Naturwissenschaften **58** (1971) 599

37) Allgemeines zu ORD und CD siehe: *H.R.Christen, F.Vögtle*, Organische Chemie - Von den Grundlagen zur Forschung, Bd. II. Salle-Sauerländer, Aarau/Frankfurt 1990

38) *E.H.Korte, S.Bualek, B.Schrader*, Ber.Bunsenges.Phys.Chem. **78** (1974) 876

39) *F.Grandjean*, C.R.Acad.Sci. **172**, 71 (1921); *R.Cano*, Bull.Soc.Fr.Mineral. **91** (1968) 20

40) *S.Chandrasekhar, B.K.Sadashiva, K.A.Suresh*, Pramana **9**, 471 (1977); *S.Chandrasekhar et al.*, J.Phys.**40** (1979) C3-120

41) *J.Billard* in: Liquid Crystals of One- and Two-dimensional Order (*W. Helfrich, G. Heppke*, Hrsg.). Springer Verlag, Berlin - Heidelberg - New York 1980

42) *C.Destrade, M.C.Mondon, J.Malthete*, J.Phys. (Paris) **40** (1979) C3-17

42a) *K.Praefcke, B.Kohne*, Angew.Chem. **96**, 70 (1984); Chemiker-Ztg. **108** (1984) 113

43) *A.Laschewsky*, Adv.Mater. **101** (1989) 1606

44) *D.Markovitsi, T.-H.Tran-Thi, V.Briois*, J.Am.Chem.Soc. **110**, (1988) 2001

45) Übersicht: *C.Escher*, Kontakte (Darmstadt) **1986** (2), 3; neuere Arbeiten: *H.M.Quhoun, C.C.Dudman, C.A.O'Mahoney, G.C.Robinson, D.J.Williams*, Adv.Mater. **2** (1990) 139; *K.Seto et al.*, Bull.Chem. Soc.Jpn. **63** (1990) 1020

45a) Aldrichimica Acta **21** (1988) 22

46) *R.B.Meyer, L.Liebert, L.Strzelecki, P.Keller*, J.Phys.(Paris) Lett. **36** (1975) L-69

47) *D.Coates, G.W.Gray*, Microscope **24** (1976) 117 [Chem. Abstr. **85** (1976) 39340r]

48) *E.M.Barrall, J.F.Johnson*, in l.c. [29a], Bd. 2, S. 255

49) *R.Harrison, G.G.Lunt*, Biologische Membranen. G.Fischer Verlag, Stuttgart - New York 1977, S. 198

50) *J.Falgueirettes, P.Delord*, in l.c. [29a], Bd. 2

51) *H.Sackmann, D.Demus*, Z.Phys.Chem. **222** (1963) 143

51a) *R.Steinsträßer, H.Krüger*, in: Ullmanns Enzyklopädie der Technischen Chemie. 4.Aufl., Bd. 11, S. 657

52) *H.Finkelmann, H.Ringsdorf, J.H.Wendorff*, Makromol.Chem. **179** (1978) 273

53) *V.P.Shibaev, N.A.Platé*, Polym.Sci.USSR **19** (1978) 1065

54) *H.Finkelmann, H.Benthack, G.Rehage*, J.Chim.Phys. **80** (1983) 163; vgl. *H.Finkelmann*, Angew.Chem. **106** (1988) 1019; *H.Ringsdorf et al.*,

Pure Appl.Chem. **57** (1985) 1009; *B.Reck, H.Ringsdorf,* Makromol. Chem., Rapid Commun. **7** (1986) 389

55) *G.Rehage,* Nachr.Chem.Tech.Lab. **32** (1984) 287

56) Neuere Übersichten über polymere Flüssigkristalle: *M.Ballauff,* Chemie in uns. Zeit **22** (1988) 63; *H.Ringsdorf et al.,* Pure Appl. Chem. **57** (1985) 1009; *J.Economy,* Angew.Chem. **102** (1990) 1296

57) *I.Cabrera, V.Krongauz, H.Ringsdorf,* Angew.Chem. **99** (1987) 1204

58) *W.Kranzig, B.Hüser, H.W.Spiess, W.Keuder, H.Ringsdorf, H.Zimmermann,* Adv.Mat. **2** (1990) 36

59) *W.Kreuder, H.Ringsdorf, O.Herrmann-Schönherr, J.H.Wendorff,* Angew. Chem. **99** (1987) 1300

60) *R.Poupko, Z.Luz, N.Spielberg, H.Zimmermann,* J.Am.Chem.Soc. **111** (1989) 6094

61) *H.Ringsdorf, R.Wüstefeld, E.Zerta, M.Ebert, J.H.Wendorff,* Angew. Chem. **101** (1989) 934

62) *C.Mertesdorf, H.Ringsdorf,* Vortrag beim Workshop on Supramolecular Organic Chemistry and Photochemistry, 27.8.-1.9.1989, Saarbrücken

63) *D.Vorländer,* Ber.Dtsch.Chem.Ges. **40** (1907) 1415, 1970, 4527

64) *P.A.Winsor,* in l.c. [29a], Bd. 1, S. 60, 199

65) *G.H.Brown,* J.Chem.Educ. **1983**, 900

66) *D.Chapman,* in l.c. [29a], Bd. 1, S. 288

66) a) *R.Winter,* Chemie in uns. Zeit **24** (1990) 71

67) *J.H.Fuhrhop,* Bioorganische Chemie. Georg Thieme Verlag, Stuttgart 1982, S. 181

68) *S.J.Singer, G.L.Nicolson,* Science **175** (1972) 720; *R.Winter,* Chemie in uns. Zeit. **24** (1990) 71

69) a) *H.Minas, H.-R.Murawski, H.Stegemeyer, W.Sucrow,* J.Chem.Soc., Chem.Commun. **1982**, 308;
    b) *H.-H.Deutscher, H.-M.Vorbrodt, H.Zaschke,* Z.Chem. **1981**, 9

70) *K.Praefcke, D.Schmidt,* Chem.-Ztg. **105** (1981) 61

71) *S.M.Kelly,* J.Chem.Soc., Chem.Commun. **1983**, 366

72) *Yu.A.Fialkov, I.M.Zalesskaya, L.M.Yagupol'skii,* Zh.Org.Khim. **19** (10) (1983) 2055 [C.I.D. 8406-135]

73) *W.Calaminus, F.Vögtle, R.Eidenschink,* Z.Naturforsch. **41b** (1986) 1011; vgl. *H.Redlof, F.Vögtle, H.Puff, H.Reuter, P.Woller,* J.Chem. Res. **(S) 1984**, 314; **(M) 1984**, 2910

74) *E.Bose,* Phys.Z. **10** (1909) 32, 230

75) *L.S.Ornstein, W.Kast*, Trans.Faraday Soc. **29** (1933) 931

76) *H.Zocher*, in l.c. [29a], Bd. 1, S. 64

77) *H.Zocher*, Z.Phys. **28** (1927) 790

78) *C.W.Oseen*, Trans.Faraday Soc. **29** (1933) 883

79) *P.G.de Gennes*, in l.c. [29a], Bd. 1, S. 60; *P.G.de Gennes*, The Physics of Liquid Crystals. Oxford University Press, Fair Lawn, New York 1974

80) *W.Maier, A.Saupe*, Z.Naturforsch. **14A** (1960) 882; *W.Maier, A.Saupe*, ebenda **15A** (1960) 287

81) *R.Eidenschink, G.Haas, H.Römer, B.S.Scheuble*, Angew.Chem. **96** (1984) 151; und dort zit. Lit.

82) *R.Eidenschink*, Kontakte (Darmstadt) **3/1980**, 12

83) *H.Kelker, B.Scheurle*, Angew.Chem. **81** (1969) 903

84) *V.K.Freedericksz, V.Zdina*, Trans.Faraday Soc. **29** (1933) 919

85) *R.Steinsträsser, H.Krüger*, in Ullmanns Enzyklopädie der Technischen Chemie. 4.Aufl., Bd. 11, S. 657ff

86) *M.F.Schickel, K.Fahrenschon*, Appl.Phys.Lett. **19** (1971) 391

87) *M.Schadt, W.Helfrich*, Appl.Phys.Lett. **18** (1971) 127

88) *G.H.Heilmeier*, Chem.Abstr. **74** (1971) 59298j

89) *P.L.Rinaldi, M.Wilk*, J.Org.Chem. **48** (1983) 2141

89a) *R.Eidenschink*, Chemie in uns. Zeit **18** (1984) 168

90) *W.H.Pirkle, P.L.Rinaldi*, J.Org.Chem. **45** (1980) 1379; *P.L.Rinaldi, M.S.R.Naidu, W.E.Conaway*, ebenda **47** (1982) 3987

91) *G.Gottarelli, M.Hibert, B.Samori, G.Solladié, G.P.Spada, R.Zimmermann*, J.Am.Chem.Soc. **105** (1983) 7318

92) *J.M.Ruxer, G.Solladié, S.Canau*, J.Chem.Res. (S) **1978**, 82

93) *A.Saupe, G.Englert*, Phys.Rev.Lett. **11** (1963) 462; *G.Englert, A.Saupe*, Z.Naturforsch. **19A** (1964) 172

94) *L.Pohl*, Kontakte (Darmstadt) **1/1973**, 33

95) *L.Pohl*, Kontakte (Darmstadt) **3/1973**, 27

96) *L.Pohl, R.Eidenschink*, Kontakte (Darmstadt) **2/1978**, 33

97) *J.P.Otruba III, R.G.Weiss*, J.Org.Chem. **48** (1983) 3448

98) a) *P.de Maria, A.Lodi, B.Samori, F.Rustichelli, G.Torquati*, J.Am.Chem.Soc. **106** (1984) 653;

b) Paramagnetische nematische Phasen: *J.L.Serrano, P.Romero, M.Marcos, P.J.Alonso*, J.Chem.Soc., Chem.Commun. **1990**, 859

99) *G.Englert, A.Saupe*, Z.Naturforsch. **19a** (1964) 172

100) *W.E.Woodmansee*, Appl.Optics **7** (1968) 1721

101) *C.Groß, M.Gautherie, P.Bourjat, F.Archer*, Ann.Radiol. **13** (1970) 333

102) *H.Liebig, K. Wagner*, Chemiker-Ztg. **95** (1971) 733

103) *R.Steinsträßer*, Kontakte (Darmstadt) **1971** (2), 21

104) *J.Grabmaier, H.Krüger*, Umschau **71** (1971) 637

Literatur zu Abschn.: 9.1-9.3
Tenside

1) a) *K.Laux* (Hrsg.), "Die grenzflächenaktiven Stoffe". Chem.Technol., Bd. **4**, Hauser-Verlag, München 1960;

   b) *H.Bueren, H.Großmann* (Hrsg.), "Grenzflächenaktive Substanzen". Chemische Taschenbücher, Weinheim 1974;

   c) *K.Schönfeldt* (Hrsg.), "Grenzflächenaktive Äthylenoxid-Addukte". Wissenschaftl. Verlagsgesellschaft, Stuttgart 1976;

   d) Grenzflächen-aktive Stoffe - Tenside. Nr. 14 der Dia-und Folienserie des *Fonds der Chemischen Industrie*, Frankfurt/Main 1987;

   e) *H.Hoffmann, G.Ebert*, Angew.Chem. **100** (1988) 933

2) *J.N.Meußdoerffer, H.Niederprüm*, Chemiker-Ztg. **104** (1980) 45

3) Henkel & Cie GmbH, Düsseldorf (Hrsg.), "Waschmittel-chemie". Hüthig, Heidelberg 1976

4) *J.H.Fendler, E.H.Fendler* (Hrsg.), "Catalysis in Micellar and Makromolecular Systems". Academic Press, New York 1975

5) *C.Tanford* (Hrsg.), "The Hydrophobic Effect, Formation of Micelles and Biological Membranes". 2nd Ed., Wiley, New York 1980

6) a) *K.Shinoda, I.Nakagawa, B.Tamamushi, T.Isemura*, in: "Colloidal Surfactants". S. 1, Academic Press, New York 1963;

   b) *K.L.Mittel* (Hrsg.), "Solution Chemistry of Surfactants". Vol. 1 und 2, Plenum Press, New York 1979;

   c) *B.Lindman, H.Wennerström*, Top.Curr.Chem. **87** (1980) 1;

   d) *F.Menger*, Acc.Chem.Res. **12** (1979) 111;

   e) *P.Fromherz*, Nachr.Chem.Tech.Lab. **29** (1981) 537;

   f) *H.F.Eicke*, Chimia **36** (1982) 241;

   g) Über das Thema Membranen und insbesondere Membranphospholipide vgl. *J.Seelig*, Nachr.Chem.Tech.Lab. **36** (1988) 1096

7) *J.J.Fuhrhop*, "Bioorganische Chemie". Thieme, Stuttgart 1982

8) a) *P.A.Winsor*, Chem.Rev. **68** (1968) 1;

b) *A.S.C.Lawrence*, Mol.Cryst.Liquid Cryst. **7** (1969) 1;

c) *B.J.Forrest, L.W.Reeves*, Chem.Rev. **81** (1981) 1;

d) *R.von Kleinsorgen, P.H.List*, Pharm.Unserer Zeit **10** (1981) 8;

e) *E.Nürnberg, W.Pohler*, Pharmazeut.-Ztg. **128** (1983) 2601

9) a) *G.H.Brown*, Chem.in uns. Zeit **2** (1968) 42;

b) *R.Steinsträßer, L.Pohl*, Angew.Chem. **85** (1973) 706

10) a) *P.Ekwall, L.Mandell, K.Fontell*, Mol.Cryst.Liquid Cryst. **8** (1969) 157;

b) *H.F.Eicke*, Top.Curr.Chem. **87** (1980) 85;

c) *J.H.Fendler*, Pure Appl.Chem. **54** (1982) 1809

11) *R.von Kleinsorgen, P.H.List*, Pharm.in uns. Zeit **9** (1980) 109

12) a) *D.Möbius*, Chem.Unserer Zeit **9** (1975) 173;

b) *G.A.Somorjai, M.A.van Hove* (Hrsg.), "Monolayers", Struct.Bonding **38**, Springer, Berlin 1979;

c) *D.Möbius*, Acc.Chem.Res. **14** (1981) 63

13) *G.Wegner*, Chimia **36** (1982) 63

14) *H.Ti Tien* (Hrsg.), "Bilayer Lipid Membrans". Marcel Dekker, New York 1974

15) *E.Bamberg, R.Benz, P.Läuger, G.Stark*, Chem.in uns. Zeit **8** (1974) 33

16) a) *J.H.Fendler*, Acc.Chem.Res. **13** (1980) 7;

b) *J.H.Fuhrhop*, Nach.Chem.Tech.Lab. **28** (1980) 792

17) *M.J.Schick* (Hrsg.), "Nonionic Surfactants". Marcel Dekker, New York 1967

18) *H.Lange*, Seifen, Anstrichmittel, **70** (1968) 748

19) a) *R.Heusch*, Makromol.Chem. **182** (1981) 589;

b) *R.Heusch*, Tenside Detergents **20** (1983) 1

<u>Literatur zu Abschn.:</u> 9.4
Langmuir–Blodgett– (LB–)Schichten

1) *A.Barraud, M.Vandevyver*, in: Nonlinear Optical Properties of Organic Molecules and Crystals, Vol. 1 (*D. S. Chemla, J. Zyss*, Hrsg.). Academic Press, New York 1987, S. 357

2) *J.-H.Fuhrhop*, Bioorganische Chemie. Thieme, Stuttgart 1982, S. 137ff

3) Neuere Arbeiten:

a) *H.Rehage, M.Veyssié*, Angew.Chem. **102** (1990) 497;

b) vgl. auch *G.Li, Y.Tian, Y.Liang*, J.Chem.Soc., Chem.Commun. **1990**, 889;

c) *N.Nakashima, Y.Takada, M.Kunitake, O.Manabe*, ebenda **1990**, 845;

d) *A.Ulman, C.S.Willard, W.Köhler, D.R.Robello, D.J.Williams, L.Handley*, J.Am.Chem.Soc. **112** (1990) 7083

4) *R.Blankenburg, P.Meller, H.Ringsdorf, C.Salesse*, Biochemistry **28** (1989) 8214; *M.Ahlers, R.Blankenbureg, D.W.Grainger, P.Meller, H.Ringsdorf, C.Salesse*, Thin Solid Films **180** (1989) 93; *D.W.Grainger, A.Reichert, H.Ringsdorf, C.Salesse*, FEBS Lett. **252** (1989) 73; *D.W. Grainger, A.Reichert, H.Ringsdorf, C.Salesse*, Biochim.Biophys.Acta **1023** (1990) 365; *M.Ahlers, W.Müller, A.Reichert, H.Ringsdorf, J. Venzmer*, Angew.Chem. **102** (1990) 1310

5) *L.De Quan, M.A.Ratner, T.J.Marks*, J.Am.Chem.Soc. **112** (1990) 7389

6) *M.R.Bryce et al.*, J.Chem.Soc., Chem.Commun. **1990**, 970

Literatur zu Abschn.: 10
Organische Halbleiter

1) Übersichten:

a) *H.Meier*, Organic Semiconductors. Verlag Chemie, Weinheim 1974;

b) *C.Hamann, J.Heim, H.Burghardt*, Organische Leiter, Halbleiter und Photoleiter. Vieweg, Braunschweig, Wiesbaden 1981;

c) *F.Wudl*, Acc.Chem.Res. **17** (1984) 227; vgl. *D.Jerome*, Adv.Mater. **2** (1990) 321

d) *G.Wegner*, Angew.Chem. **93** (1981) 352;

e) *M.Hanack*, Chimia **37** (1983) 238;

f) *E.Amberger, H.Fuchs, K.Polborn*, Angew.Chem. **97** (1985) 968;

g) *J.E.Frommer*, Acc.Chem.Res. **19** (1986) 2;

h) *K.Menke, S.Roth*, Chem.in uns. Zeit **20** (1986) 1; ebenda **20** (1986) 33;

i) *S.V.Ley et al.*, Tetrahedron **45** (1989) 7565; vgl. *G.Mahr, F.Vögtle*, J.Chem.Res. (S) **1984**, 312; (M) **1984**, 2901; *F.Wudl, H.Yamochi, T.Suzuki, H.Isotalo, C.Fite, H.Kasmai, K.Liou, G.Srdanov, P.Coppens, K.Maly, A.Frost-Jensen*, J.Am.Chem.Soc. **112** (1990) 2461;

   k) *T.J.Marks*, Angew.Chem. **102** (1990) 886;

   l) vgl. *D.Ofer, R.M.Crooks, M.S.Wrighton*, J.Am.Chem.Soc. **112** (1990) 7869

2) a) *T.Mitsuhashi, M.Goto, K.Honda, Y.Maruyama, T.Sugawara, T.Inabe, T.Watanabe*, J.Chem.Soc.,Chem. Commun. **1987**, 810;

   b) *J.Y.Becker, J.Bernstein, S.Bittner, S.S.Shaik*, Pure Appl.Chem. **62** (1990) 467; *M.R.Bryce, A.J.Moore*, ebenda **62** (1990) 473;

   c) *Y.Yamashita, J.Eguchi, T.Suzuki, C.Kabuto, T.Miyashi, S.Tanaka*, Angew.Chem. **102** (1990) 709

3) a) *A.Aumüller, P.Erk, G.Klebe, S.Hünig, J.U.v.Schütz, H.P.Werner*, Angew.Chem. **98** (1986) 759;

   b) *Ch.Burschka, P.Erk, S.Hünig et al.*, Angew.Chem. **101** (1989) 1297;

   c) *S.Hünig*, Pure Appl.Chem. **62** (1990) 395

4) Über Si-O-verbrückte Phthalocyanin-Kronen als Supramoleküle vgl. *O.E.Sielcken, L.A.van de Kuil, W.Drenth, R.J.M.Nolte*, J.Chem.Soc., Chem.Commun. **1988**, 1232

5) *K.Itoh et al.*, J.Am.Chem.Soc. **112** (1990) 4074; *D.A.Dougherty*, Pure Appl.Chem. **62** (1990) 519; vgl. *J.Thomaides, P.Maslak, R.Breslow*, J.Am.Chem.Soc. **110** (1988) 3970, dort Hinweise auf weitere Arbeiten

Literatur zu Abschn.: 11
Molekulare Drähte, molekulare Gleichrichter und molekulare Transistoren

1) *F.L.Carter*, Molecular Electronic Devices, *M.Dekker*, New York, Basel 1982; siehe auch: J.M.Tour, R.Wu, J.S.Schumm, J.Am.Chem.Soc. **112** (1990) 5662

2) *J.-H.Fuhrhop*, Bioorganische Chemie. Thieme, Stuttgart 1982

3) a) *J.M.Lehn*, Proc.Natl.Acad.Sci. (USA) **83** (1986) 5355;

   b) Zum intramolekularen Energietransport über Polyenketten vgl. auch *F.Effenberger* et al., Angew.Chemie **100** (1988) 274

4) *W.Finkelnburg*, Einführung in die Atomphysik. Springer, Berlin 1976

5) *A.Aviram, M.A.Ratner*, Chem.Phys.Lett. **29** (2) (1974), 277

6) *J.L.Sessler, V.L.Capuano*, Angew.Chem. **102** (1990) 1162

7) *E.T.T.Jones, O.M.Chyan, M.S.Wrighton*, J.Am.Chem.Soc. **109** (1987) 5526

Literatur zu Abschn.: 12
Organische Verbindungen mit NLO-Eigenschaften

1) *J.F.Nicoud, R.J.Tweeg,* Nonlinear Optical Properties of Organic Molecules in Crystals. Bd. 1, 2 (*D.S.Chemlar, J.Zyss,* Hrsg.). Academic Press, New York 1987; vgl. auch *T.Kobayashi* (Hrsg.), Nonlineaar Optics of Organic and Semiconductors. Proceedings in Physics 36, Springer, Berlin 1989; *R.A.Hann, D.Bloor* (Hrsg.), Organic Materials for Non-Linear Optics. Royal Society of Chemistry, London 1989
2) *J.F.Nicoud, R.J.Tweeg,* in l.c. [1], Bd.2, S. 227ff, S. 269
3) Vgl. z.B. *C.Fouquey, J.-M.Lehn, J.Malhede,* J.Chem.Soc., Chem.Commun. **1987**, 1424
4) *B.L.Feringa, B.de Lange, W.F.Jager, E.P.Schadde,* J.Chem.Soc., Chem. Commun. **1990**, 804; vgl. hierzu auch *I.Weissbuch, G.Berkovic, L.Leiserowitz, M.Lahav,* J.Am.Chem.Soc. **112** (1990) 5874

Literatur zu Abschn.: 13
Licht-induzierte H_2O-Spaltung

1) *J.-H.Fuhrhop,* Bioorganische Chemie. Thieme, Stuttgart 1982
2) a) *H.Parlar, W.Schuhmann,* Nachr.Chem.Tech.Lab. **36** (1988) 1101;
   b) *M.S.Wrighton,* Comments Inorg.Chem. **9** (1985) (5) 269;
   c) *G.Renger,* Angew.Chem. **99** (1987) 660;
   d) zur Photolyse und Photochemie neuer Ru-Komplexe verschiedener Bipyridin-Liganden siehe: *L.De Cola, P.Belser, F.Ebmeyer, F.Barigelletti, F.Vögtle, A.von Zelewsky, V.Balzani,* Inorg.Chem. **29** (1990) 495;
   e) vgl. z.B. *H.Dürr, G.Dörr, K.Zengerle, B.Reis,* Chimia 37 (1983) 245; *H.Dürr et al.,* Nouv.J.Chim. **9** (1985) 717; *H.Dürr, K.Zengerle, H.P.Trierweiler,* Z.Naturforsch. **43b** (1988) 361; *H.Dürr, U.Thiery, P.P. Infelta, A.M.Braun,* New J.Chem. **13** (1989) 575
3) *I.Willner, R.Maidan, D.Mandler, H.Dürr, G.Dörr, K.Zengerle,* J.Am. Chem.Soc. **109** (1987) 6080
4) a) Vgl. z.B. *G.F.Strouse, L.A.Worl, J.N.Younathan, Th.J.Meyer,* J.Am. Chem.Soc. **111** (1989) 9101; *R.F.Beeston, S.L.Larson, M.Fitzgerald,* Inorg.Chem. **28** (1989) 4189; *F.Barigelletti, L.De Cola, V.Balzani,*

P.Belser, A.von Zelewsky, F.Ebmeyer, F.Vögtle, in: Photoconversion Processes for Energy and Chemicals (*D.O.Hall, G.Grassi*, Hrsg.). Elsevier, London - New York 1989, S.46; *E.Kimura et al.*, J.Chem. Soc., Chem.Commun. **1990**, 397;

b) *J.v.Gersdorff, M.Huber, H.Schubert, D.Niethammer, B.Kirste, M.Plato, K.Möbius, H.Kurreck, R.Eichberger, R.Kietzmann, F.Willig*, Angew.Chem. **102** (1990) 690;

c) Molekulare Charge-Transfer-Relais: *M.Maslak, M.P.Augustine, J.D. Burkey*, J.Am.Chem.Soc. **112** (1990) 5359;

d) *R.Duesing, G.Tapolsky, T.J.Meyer*, ebenda **112** (1990) 5378

Literatur zu Abschn.: 14
Chemische Sensoren

1) *W.Göpel*, Technisches Messen tm **52** (1985) 47, 92, 175
2) *T.E.Edmonds* (Hrsg.), Chemical Sensors. Blackie and Son, London 1988; zum Thema Bio-Sensoren vgl. *R.D.Schmid*, Nachr.Chem.Tech. Lab. **38** (1990) 868
3) Zur Piezo-Quartz-Waage siehe auch: *R.Schumacher*, Angew.Chem. **102** (1990) 347
4) *R.C.Ebersole, J.A.Miller, J.R.Moran, M.D.Ward*, J.Am.Chem.Soc. **112** (1990) 3239

Literatur zu:
Schlußbetrachtung

1) *K.L.Wolf, H.Frahm, H.Harms*, Z.Phys.Chem. **B36** (1937) 17; *K.L. Wolf, H.Dunken, K.Merkel*, ebenda **46** (1940) 287; *K.L.Wolf, R.Wolff*, Angew.Chem. **61** (1949) 191

Autorenverzeichnis

Sachverzeichnis

Vögtle
Cyclophan-Chemie

Synthesen, Strukturen, Reaktionen

Einführung und Überblick

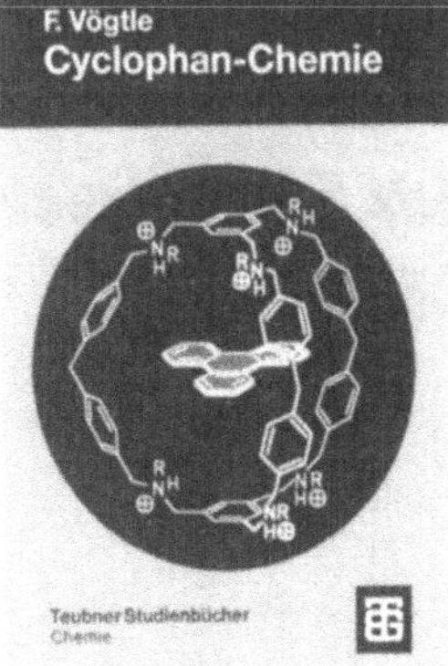

Die Synthesestrategien für Cyclophane sind heute ausgeklügelter als früher, die Strukturen (»bent and battered«) oft atemberaubend gewagt und die Reaktionen häufig ungewöhnlich (transannular).
Die Behandlung der oft ringgespannten und deformierten mittel- und vielgliedrigen Ringverbindungen (Kohlenwasserstoffe und Heterocyclen, Mono- und Polycyclen) schließt moderne Synthesemethodik (z. B. Selen-organische Chemie, Übergangsmetall-Organik, ...), elektronische und sterische Effekte und Wechselwirkungen in und zwischen Molekülen, Reaktionstypen und -mechanismen aller Art mit ein. Der Aufbau der »Phane« (Cyclophane) aus »aromatischen« (Benzen-) und aliphatischen Einheiten ermöglicht zahlreiche chemische Umsetzungen, die durch Moleküldeformationen, π-π-Wechselwirkungen und transannulare Reaktionen ihre besondere Würze erhalten. Phan-Strukturen gehören heute zu den Fundamenten der molekularen Erkennung, Wirt/Gast-Chemie und Supramolekularen Chemie. Mit allen verfügbaren spektroskopischen Methoden wurden achirale und chirale Phane angegangen. Sie sind ein Dorado der Planar-Chiralität und Helicität. Jedoch sind die Phane aus dem Stadium der stereochemisch, spektroskopisch und synthetisch reizvollen Modellverbindungen herausgewachsen. Ohne Zweifel bieten sie auch in Zukunft moderne experimentelle und theoretische Herausforderungen zum Nützen der gesamten Chemie.

Von Prof. Dr. **Fritz Vögtle**
Universität Bonn

1990. 595 Seiten
mit zahlreichen Bildern
13,7 × 20,5 cm.
Kart. DM 48,–
ISBN 3-519-03508-1

(Teubner Studienbücher)

Preisänderungen vorbehalten.

Der Autor versucht, die Vielfalt der Strukturen und Daten so zu ordnen, daß bestimmte Molekülgruppen gut aufzufinden sind. Mancher Abschnitt wurde zum ersten Mal in dieser Form zusammengestellt oder erscheint erstmals in deutscher Sprache.

B. G. Teubner Stuttgart

Das Historische, die Synthese, die Eigenschaften, die Spektroskopie,
die Anwendungen von attraktiven Molekülen sind zum Einstieg in Teile
der Chemie ebenso nützlich wie zur Fortbildung und für Seminare
geeignet. In Streifzügen durch die Organische Chemie ließ sich der Stoff
lebendig gestalten und mit zahlreichen Querverweisen versehen.
Das Buch kann ein Lehrbuch der Organischen Chemie nicht ersetzen.
Es ergänzt dieses jedoch, führt zur Vertiefung und Vernetzung von
Grundlagenkenntnissen und verschiedener Fachdisziplinen und weckt
Interesse an Besonderheiten von Strukturen, Synthesen und Mechanis-
men, spektroskopischen und biologischen Eigenschaften, an Denk-
weisen, Zusammenhängen und an Anwendungen der Chemie. Die
Diskussion wird in der Regel bis in neuere Forschungsentwicklungen der
Primärliteratur ausgedehnt. Literaturangaben führen auf fast allen
Bereichen der Chemie weiter. Mit Vordiplom-Wissen sind weite Teile
lesbar.
Der Autor beginnt mit kleinen, aber kunstvollen aliphatischen Molekülen
und leitet am Ende zu den »Supramolekülen« und »Überstrukturen« über
(Supramolekulare Chemie). Die Behandlung des **Phthalocyanin**-Mole-
küls am Ende des Bandes führt zum zugehörigen Band »Supramoleku-
lare Chemie« (Abschnitt »Organische Leiter«), während das **Bipyridin**-
Molekül am Anfang der »Supramolekularen Chemie« die molekulare
Ebene des zugehörigen Bandes »Reizvolle Moleküle« aufgreift und auf
das supramolekulare Niveau anhebt.
Eine Besonderheit des Bandes sind die zahlreichen Stereobilder der
Moleküle und Kristallpackungen, denen fast immer Ergebnisse von
Röntgen-Kristallstrukturanalysen zugrundeliegen. Eine vergleichbare
Sammlung von Raumstrukturen auf diesem Gebiet war bisher nicht
vorhanden; darüber hinaus sind die 3D-Computerzeichnungen (meist
vom »Schakal«-Typ) oftmals eine Augenweide.

Aus dem Inhalt: *Reizvolle Strukturen in den Naturwissenschaften –*
Symmetrie in der Kunst – *Symmetrie*, Symmetriebrüche, Paritätsver-
letzung – Reizvolle Strukturen in der Chemie / *Aliphaten:* Tetra-*tert*-
butyltetrahedran – Cuban – Dodecahedrane – Adamantan – Pagodan –
[1.1.1] Propellan / *Aromaten:* Triphenylcyclopropenyl-
Kation – Azulen – Biphenylen – Circulene (Coronen, [5]- und [7]
Circulen) – [7] Helicen - und weitere Helicene / *Araliphaten:* Triptycen
und Iptycene – Methanonaphthalen – [2.2.2] (1,3,5) Cyclophane –
Superphan / *Heterocyclen und Wirkstoffe: Tröger*-Base – Acetylsalicyl-
säure – Vitamin B – Phtalocyanine / Schlußbetrachtung / Literaturhinweise und Anmerkungen zu den einzelnen Abschnitten.

B. G. Teubner Stuttgart